现代工程图学

（上册）

王　飞　刘晓杰　主编

北京邮电大学出版社
www.buptpress.com

内 容 简 介

本教材分为上、下两册。上册为工程图学的基础和应用，下册为计算机绘图和三维造型。本书为上册，包括工业产品的设计过程及表达方法、制图的基础知识、正投影基础、投影变换、基本立体及其表面交线、组合体的画图和读图、机件的各种表达法、标准件与常用件、二维零件图和二维装配图、轴测投影和透视投影等内容。

本教材和2014年北京邮电大学出版社出版的《现代工程图学习题集》(第2版)配套使用。

本教材可供普通高等学校工科机械类和近机械类本科生使用，也可作为成人高等教育同类专业的教材或参考书。

图书在版编目(CIP)数据

现代工程图学. 上册 / 王飞，刘晓杰主编. -- 北京 ：北京邮电大学出版社，2016.8

ISBN 978-7-5635-4906-1

Ⅰ. ①现… Ⅱ. ①王… ②刘… Ⅲ. ①工程制图—高等学校—教材 Ⅳ. ①TB23

中国版本图书馆 CIP 数据核字(2016)第192857号

书　　　名：现代工程图学(上册)

著作责任者：王　飞　刘晓杰　主编

责 任 编 辑：刘　颖

出 版 发 行：北京邮电大学出版社

社　　　址：北京市海淀区西土城路10号(邮编：100876)

发　行　部：电话：010-62282185　传真：010-62283578

E-mail：publish@bupt.edu.cn

经　　　销：各地新华书店

印　　　刷：保定市中画美凯印刷有限公司

开　　　本：787 mm×1 092 mm　1/16

印　　　张：25.75

字　　　数：639千字

版　　　次：2016年8月第1版　2016年8月第1次印刷

ISBN 978-7-5635-4906-1　　　　定　价：52.00元

·如有印装质量问题请与北京邮电大学出版社发行部联系·

前　言

本教材是根据教育部高等学校工程图学教学指导委员会2010年制定的《普通高等院校工程图学教学基本要求》和近年来发布的相关国家标准《技术制图》《机械制图》，在《现代工程图学》（以下简称原教材）基础上修订而成。本教材适用于高等学校工科机械类和近机械类专业本科生使用，参考学时为64～128。

原教材自2006年9月出版以来，曾几次重印，2008年获北京邮电大学优秀教学成果（教材类）一等奖，同年被评为北京市精品教材。原教材为北京邮电大学北京市精品课程和长春大学吉林省精品课程“工程图学”的使用教材，此次修订汲取了两校“工程图学”教学长期积累的成功经验和10年来的教学研究及改革的成果，以满足新的人才培养目标对工程图学教育的要求。

本次修订的主要工作有：

（1）为便于教学和减少原一本书的篇幅，将原教材改编为上、下册，上册为工程图学内容，下册为计算机绘图和计算机三维造型内容，相应地将章节的次序进行了调整。

（2）采用了近年来新修订的国家标准，并根据新标准修改了相关的插图。

（3）更换了第1章、第2章、第6章、第9章等章节部分图例，并适当增加了一些新的图例。

（4）在第12章（原教材第17章）透视图中增加了更为实用的量点法和距点法。

（5）修改了部分章节的文字叙述。

本教材具有如下特色：

（1）内容、体系和结构新颖、合理。原教材分为：图学基础篇、图学应用篇、二维计算机绘图篇、计算机三维造型篇四部分。前两个部分属工程图学的传统内容，后两个部分为计算机绘图和造型的新内容。为了便于教学和减少一本教材的篇幅，此次修订将以上四部分改编为上、下册，它们自成系统、相对独立，便于学生学习和安排教学。同时它们又是相互联系和呼应的一个有机的整体，使学生能够融会贯通。

（2）根据新的人才培养目标和课程定位，在工程图学的四项基本任务（构型、表达、看图、制图）中，突出了表达，这在上册的第7章、第9章、第10章和下册中都有所体现。

（3）教材覆盖了《普通高等院校工程图学课程教学基本要求》，并在某些内容上有所加强，便于学生自学。

（4）贯彻了最新的《技术制图》和《机械制图》国家标准。

原教材由王飞、刘晓杰任主编，北京理工大学董国耀教授担任主审。参加编写的有：王飞（第1章、第2章、第13章、第15章、第18～22章和附录）、刘晓杰（第16章）、吕美玉（第3章和第4章）、侯文军（第5～7章、第11章）、卢山（第12章）、贺春山（第8章和第10章）、李庆华(第 9 章和第 14 章)、李晓梅(第 17 章)。

《现代工程图学》(上册)仍由王飞、刘晓杰任主编,北京理工大学董国耀教授担任主审。参加上册修订工作的有:贺春山(第 8 章、第 10 章)、李庆华(第 9 章)、李晓梅(第 11 章、第 12 章)、王飞(第 1~7 章和附录),王飞对全书进行了统稿和修改。配套的《现代工程图学习题集》(第 2 版)由王飞、李庆华、贺春山、李晓梅完成。

在原教材使用的过程中,我们陆续发现了一些问题,使用原教材的教师和学生也提出了一些宝贵意见,北京科技大学窦忠强教授和北京邮电大学徐晓慧教授也给予了许多有益的建议,我们都进行了相应的修改和补充,并在此对上述教师和学生表示感谢。

《现代工程图学》(上册)的修订工作得到了北京市教委、北京邮电大学教务处的资助;在编写过程中,我们参考了一些国内同类教材(列在书末),借此机会向这些教材的作者和提供样书的高等教育出版社、机械工业出版社、清华大学出版社一并表示衷心感谢!

此次修订尽管下了许多功夫,但限于我们的水平 ,错误和不当之处还是在所难免,恳请读者批评指正。

编　者
2016 年 8 月

目　　录

第1章　工业产品的设计过程及表达方法

工程图样是表达工业产品形状和大小的重要技术资料，绘制工程图样也是设计过程中必不可少的一个步骤。本章简要介绍工业产品的设计过程及表达方法。

1.1　工业产品的设计过程

由于工业产品包括的范围极其广泛，产品性质不同，差别很大，这就使工业产品设计这一学科产生许多分支，如机械设计、船舶设计、飞机制造设计、汽车制造设计、家电设计和电子产品设计等。一般情况下，工业产品的设计过程如图1.1所示。从图看出，工业产品的表达（绘制工程图或三维建模）是设计过程中的重要一环，无论是“评价分析”，还是“样机制作”，直至产品的“正式生产”，它都是必不可少的。

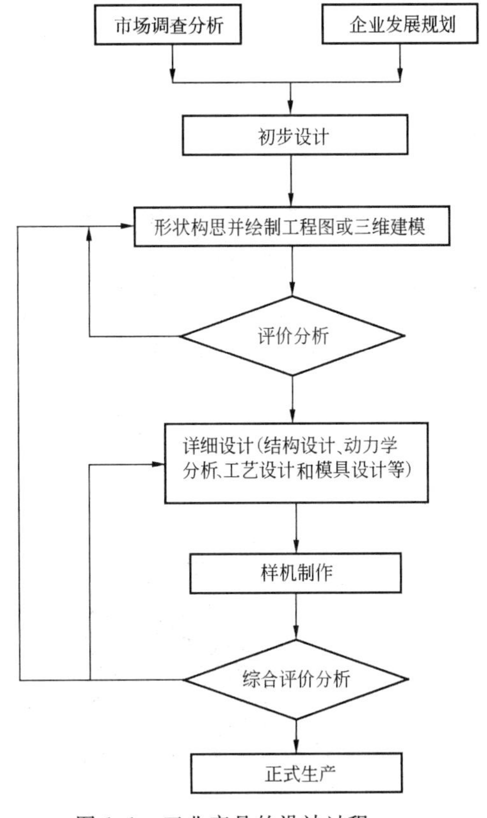

图1.1　工业产品的设计过程

1.2　工业产品的表达方法

多少年来，工业产品的表达都是采用二维工程图，利用图板、圆规等绘图工具手工绘制。随着计算机绘图技术的发展和普及，我国从20世纪80年代后期开始，逐渐以计算机绘图技术代替了手工绘图。使用计算机绘图不仅绘图质量高，而且便于修改，但设计过程没有变化，设计质量也没有明显提高。到了90年代末期，伴随着计算机辅助设计技术的发展，表达方式开始从二维（图1.2）向三维（图1.4）转变，即用三维模型表达工业产品，甚至不再需要二维工程图而直接根据三维模型用数控机床加工（无图加工）。用三维模型表达工业产品不仅可视化程度高、形象直观、设计效率高，而且能为企业数字化提供完整的设计、工艺和制造信息，使设计过程发生变化，设计质量得到提高。可是受制造技术等因素的制约，可能在相当长的一段时间内还需要两种方式并存，但“设计从三维开始”的设计表达方法必然会逐步取代传统的二维工程图方法。图1.3是用二维工程图表达的齿轮油泵的装配图，

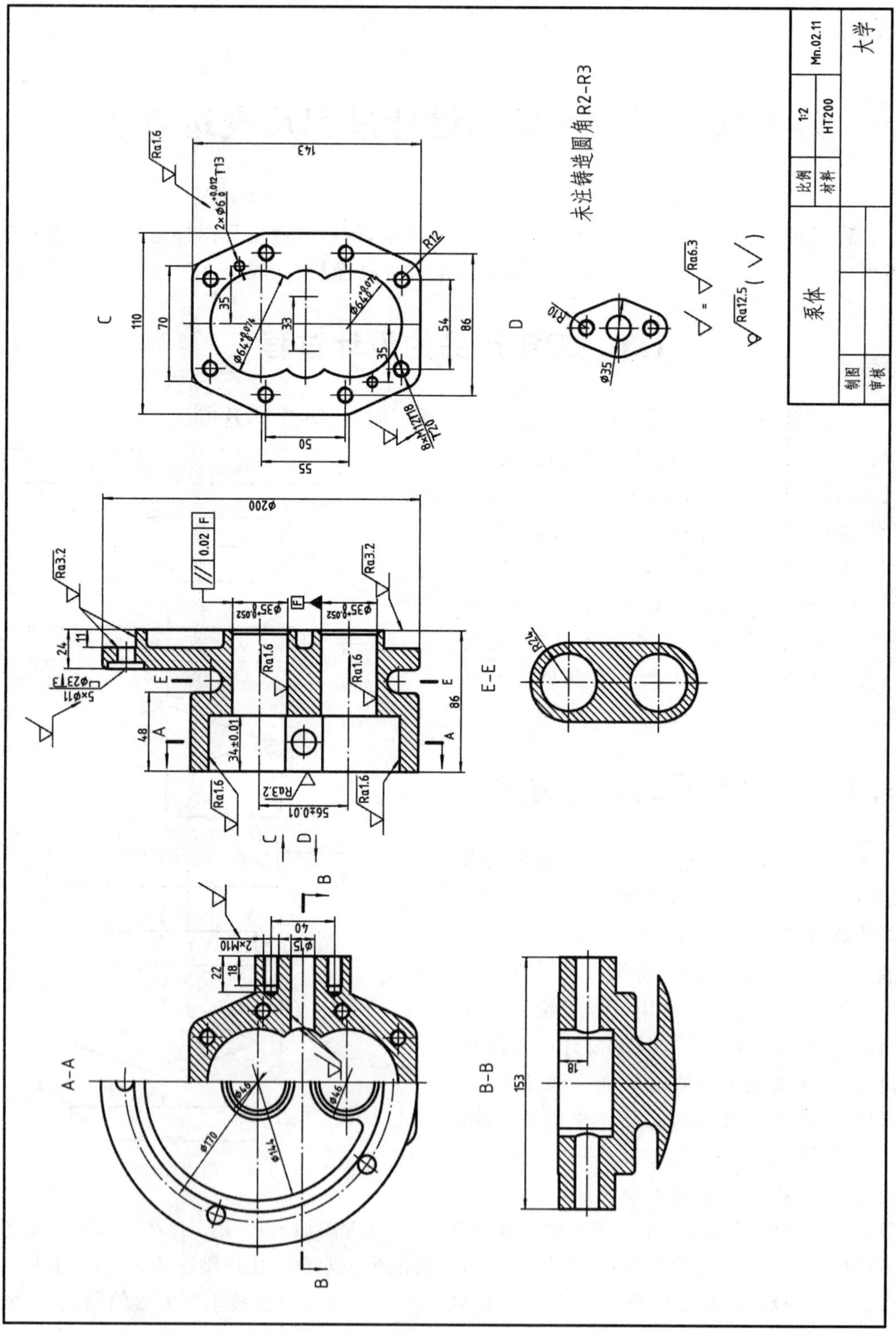

未注铸造圆角R2-R3

泵体	比例	1:2	Mn.02.11
	材料	HT200	
制图			大学
审核			

图 1.2 泵体零件图

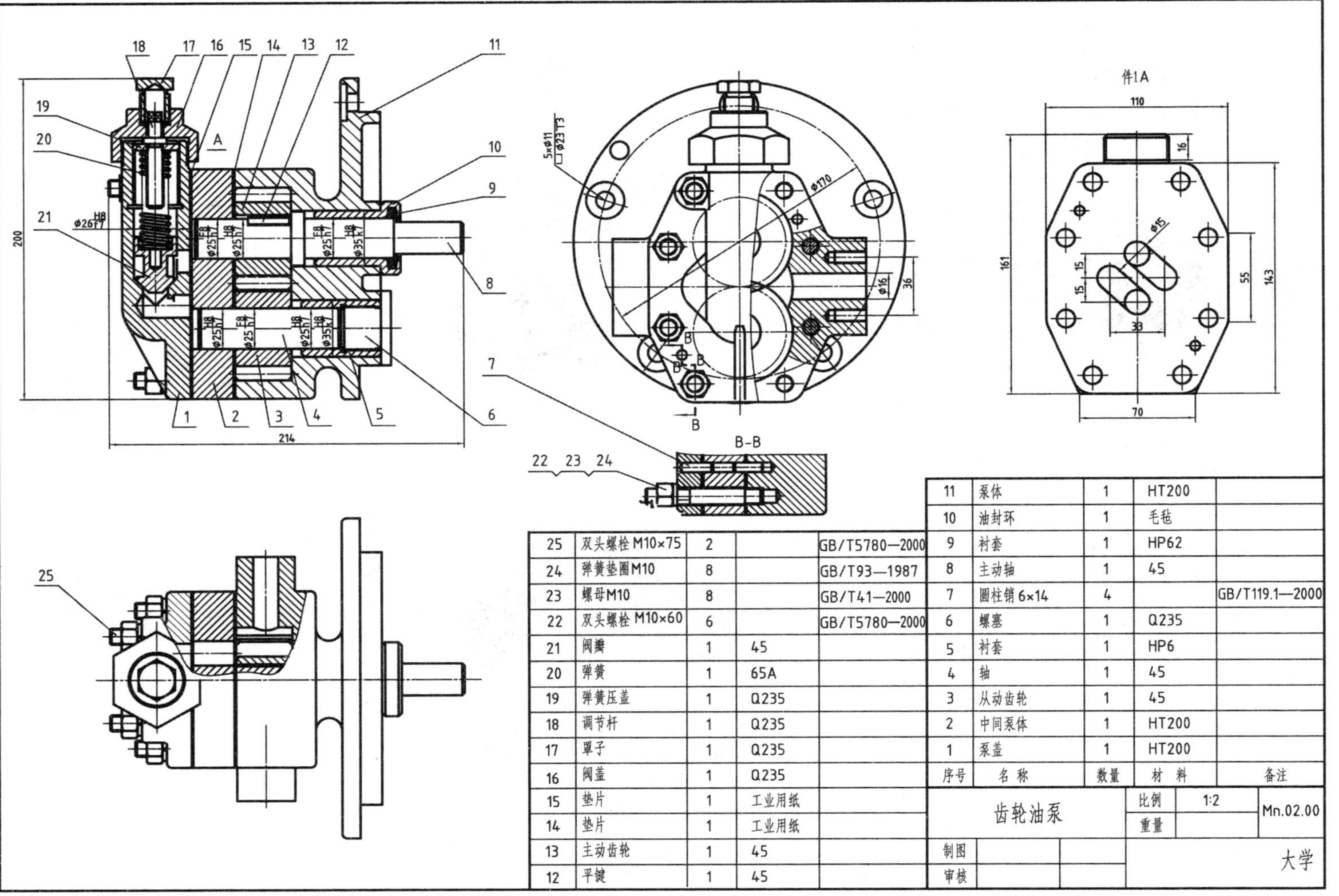

图 1.3　齿轮油泵的装配图

图 1.5 是它的三维装配,图 1.6 是三维装配分解图(爆炸图),利用它可以直接观察一个部件中的所有零件及它们间的装配关系,安装顺序。

尽管是两种方式并存,采用三维设计其过程也有了根本的变化,如图 1.7 所示。采用二维工程图表达的设计过程是先构思产品的三维形状,再用二维工程图表达;而三维表达是构思产品形状后直接进行三维建模,再将三维模型转换成二维工程图。因此,这种三维设计的方法符合人的思维过程,可做到所想即所得;而二维工程图表达不仅需要将三维构思转换成二维工程图表达,而且只有在做出样机或模型之后才能见到所想。

图 1.4 泵体三维模型

本书试图反映这种设计方式的变化,因而不仅要详细介绍二维工程图的知识,也要论述三维建模的技术。

图 1.5 齿轮油泵的三维模型图

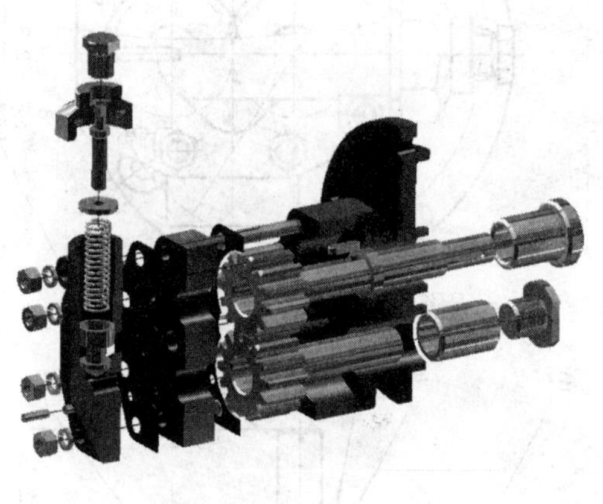

图 1.6 齿轮油泵的分解图

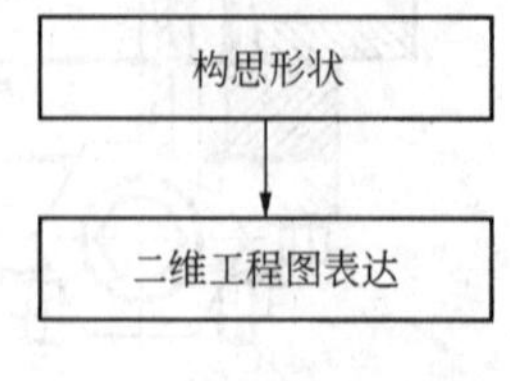

(a) 二维表达

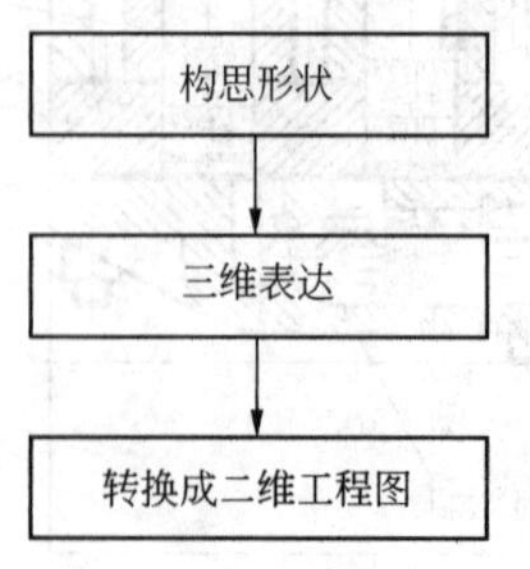

(b) 三维表达

图 1.7 产品的两种表达方式

第 2 章　制图的基础知识

这一章我们将介绍国家标准《技术制图》和《机械制图》的基本内容、绘图工具的使用方法、几何作图和平面图形的尺寸分析等内容。

2.1　制图国家标准简介

工程上使用的工程图形也称为工程图样，它是现代化工业生产和技术交流的重要技术文件，为了适应科学技术的发展和生产实际的需要以及科学地进行图纸管理。对图样的各个方面，如图纸大小、图线、字体、图样画法、尺寸标注等都应有一个统一的规定，以使工程技术人员有章可循。这个规定称作制图标准。每一个工程技术人员都应该树立标准化的概念，自觉贯彻并执行国家标准。

国家标准的代号为汉字“国标”的汉语拼音声母 GB。为了与国际接轨，我国近年来陆继将制图方面的标准进行了修订。我们介绍的是最新的《机械制图》和《技术制图》国家标准。

2.1.1　图纸幅面及格式(GB/T 14689—2008)

1. 幅面

图纸幅面尺寸即图纸的大小，以其长、宽的尺寸来确定。国标中规定的五种基本幅面尺寸如表 2.1 所示，供绘图时优先采用。必要时，也允许采用所规定的加长幅面，即按基本幅面的短边成整数倍增加后的幅面。

表 2.1　幅面及周边尺寸　mm

幅面代号	A0	A1	A2	A3	A4
$B\times L$	841×1 189	594×841	420×594	297×420	210×297
a	25				
c	10			5	
e	20		10		

2. 格式

图纸格式分为有装订边和无装订边两种格式。

有装订边的格式如图 2.1 所示,一般采用 A4 竖装和 A3 横装。有装订边的图纸采用装订成册的方法存档保管,其图框尺寸见表 2.1。

有装订边的格式已逐渐减少,纸质图纸装订成册将被缩微后存档保管或电子文档管理的方式所代替,这时就不需要留装订边了。不留装订边的图框格式,如图 2.2 所示,它也有竖式和横式两种。其图框尺寸见表 2.1。

无论是否留有装订边,都应在图幅内画出图框,图框用粗实线表示。同一产品的图样只能采用上述一种格式。

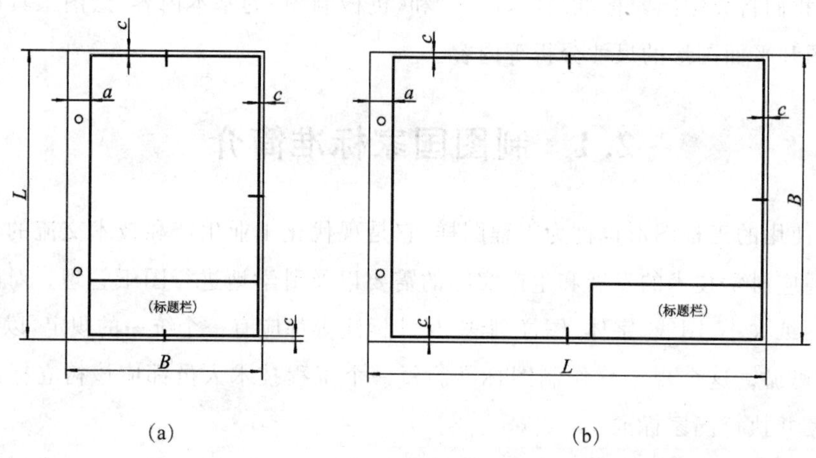

图 2.1　留装订边的图框格式

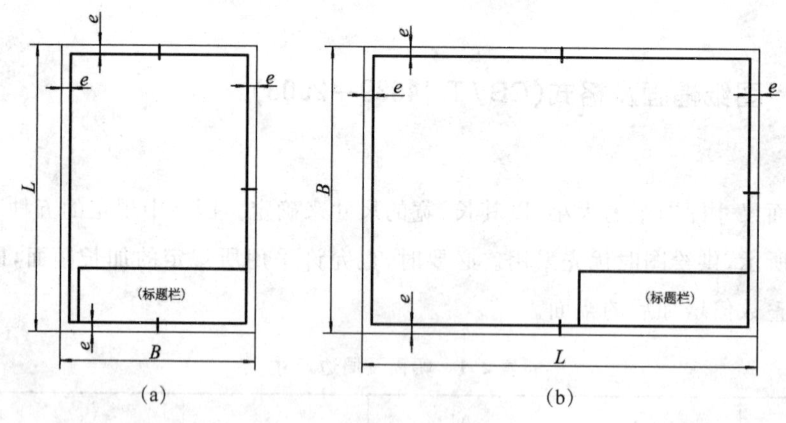

图 2.2　不留装订边的图框格式

3. 标题栏的方位与格式

标题栏用以说明所表达的机件名称、比例、图号、设计者、审核者及机件重量、材料等。一般位于每张图样的右下角,如图 2.1 和图 2.2 所示,必要时也可按图 2.3 所示的位置配置。

国家标准技术制图《标题栏》GB/T 10609.1—2008 对标题栏的内容、格式和尺寸作了规定,如图 2.4 所示。学校制图作业推荐使用图 2.5 所示的简化标题栏。在装配图中,除标题栏外,还有明细栏,用以说明每个零件的序号、代号、名称、数量、材料等,如图 2.6 和图 2.7 所示。

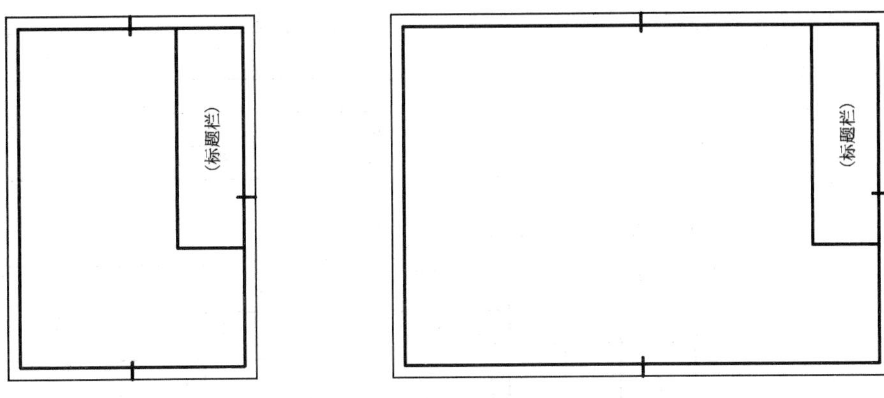

图 2.3　标题栏的另一种配置方式

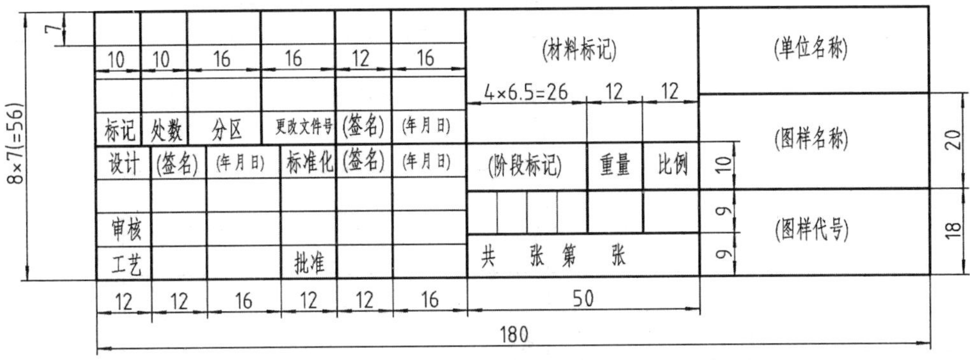

图 2.4　国标规定的标题栏

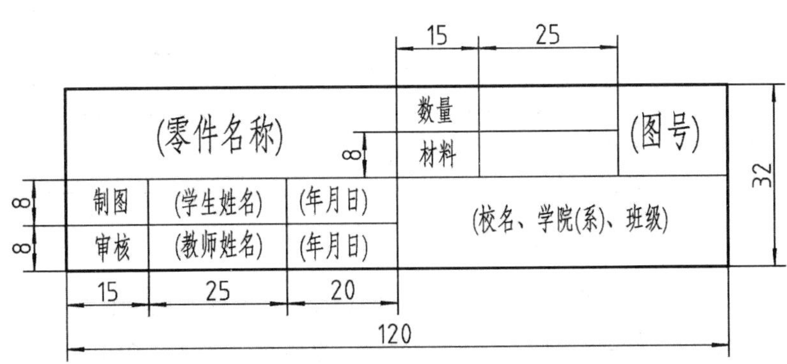

图 2.5　学校制图作业使用的标题栏

2.1.2　比例(GB/T 14690—1993)

国家标准将比例定义为:图中图形与其实物相应要素的线性尺寸之比。画图时应尽量采用 1∶1 的比例,这样可在图形上获得实物的真实大小。不宜采用 1∶1 的比例时,可选择放大或缩小的比例,这时应在国标规定的比例系列中选取,如表 2.2 所示。应优先选用其中不带括号的比例,必要时也允许选取带括号的比例。

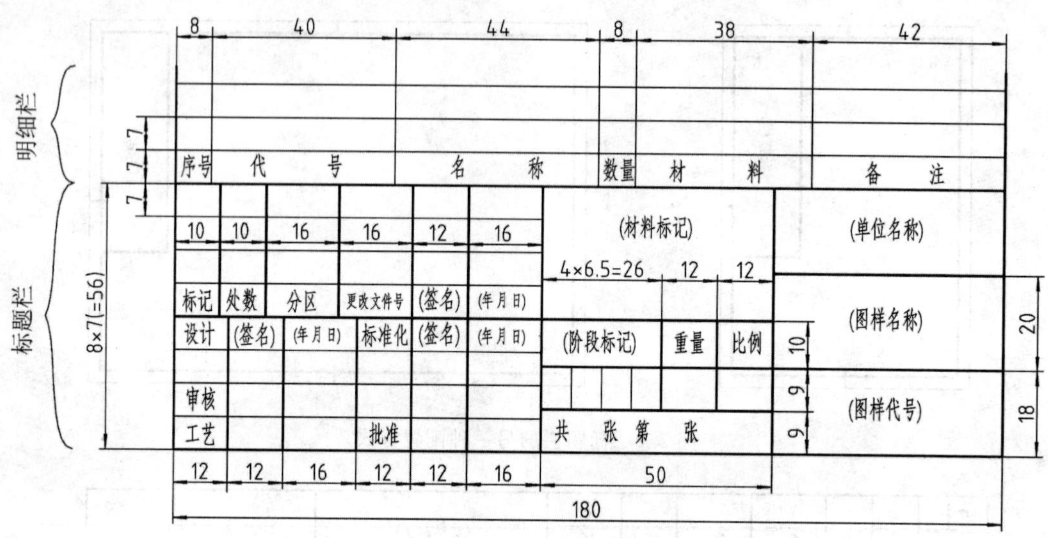

图 2.6 国标规定的标题栏和明细栏

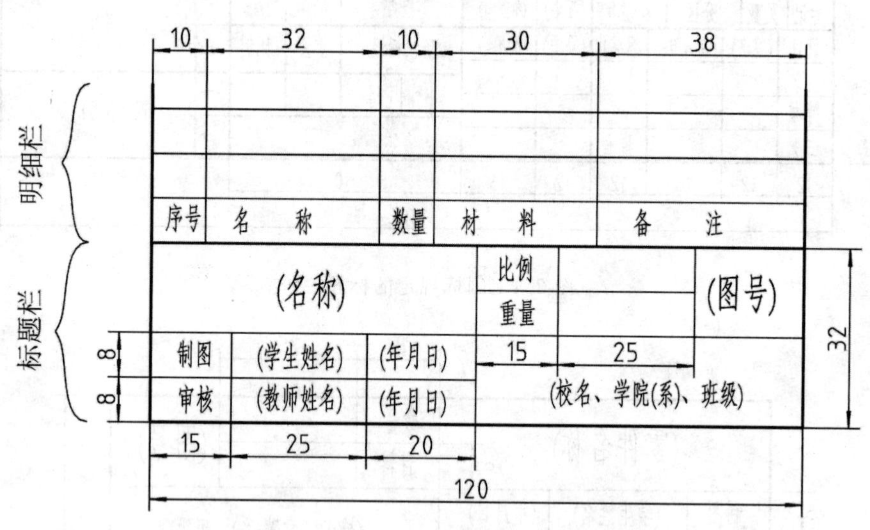

图 2.7 学校制图作业使用的标题栏和明细栏

绘制同一机件的各个视图应采用相同的比例,并在标题栏比例一栏中填写。当某个视图需要采用不同比例或局部放大时,必须另行标注,见第 7 章 7.4.1 小节。

表 2.2 比 例

种 类	比 例				
原值比例	1∶1				
放大比例	2∶1 (4∶1)	5∶1 (2.5∶1)	2×10^n∶1 (4×10^n∶1)	5×10^n∶1 (2.5×10^n∶1)	
缩小比例	1∶2 (1∶1.5) (1∶1.5×10^n)	1∶5 (1∶2.5) (1∶2.5×10^n)	1∶1×10^n (1∶3) (1∶3×10^n)	1∶2×10^n (1∶4) (1∶4×10^n)	1∶5×10^n (1∶6) (1∶6×10^n)

注:n 为正整数。

2.1.3 字体(GB/T 14691—1993)

图样中的字体(汉字、数字、字母等)应按国标的规定书写或设置(计算机绘图)。对手工书写的字体必须做到:字体工整、笔画清楚、排列整齐、间隔均匀。

字体的大小用字号表示,字体的高度值(单位为 mm)即为字号,如 10 号字的高度为 10 mm。字号有八种:20、14、10、7、5、3.5、2.5、1.8。如需要书写更大的字,则字体的高度按 $\sqrt{2}$的比率递增。

汉字应写成长仿宋体(直体),并应采用国务院正式公布推行的《汉字简化方案》中规定的简化字。有些汉字的笔画较多,所以国家标准规定汉字的高度 h 不应小于 3.5 mm,其宽度一般为 $h/\sqrt{2}$。汉字示例如图 2.8 所示。

中文字体应采用长仿宋体

写长仿宋字要领

横平竖直注意起落结构匀称填满方格

机械制图技术要求圆角泵体阀门端盖轴承垫片齿轮蜗杆

图 2.8　长仿宋字示例

阿拉伯数字和字母(拉丁字母和希腊字母)可写成正体或斜体两种形式,如表 2.3 所示。斜体字字头向右倾斜,与水平线成 75°。为便于书写,以往常采用斜体。为美观和减少空间(同样字号,斜体字所占空间较大),本教材在进行尺寸等标注时,阿拉伯数字和字母全部采用正体。

表 2.3　数字和字母

名称	书写示例
阿拉伯数字	0123456789
	0123456789
拉丁字母	ABCDEFGHIJKLMN OPQRSTUVWXYZ
	ABCDEFGHIJKLMN *OPQRSTUVWXYZ*
	abcdefghijkmn opqrstuvwxyz
	abcdefghijkmn *opqrstuvwxyz*
希腊字母	ϕ $\varnothing$

阿拉伯数字和拉丁字母各有 A 型和 B 型两种字体。A 型字体的笔画宽度为其字高的 1/14,B 型字体的笔画宽度为其字高的 1/10。在同一图样上,只能选用一种型式的字体。

数字及字母的书写示例如表 2.3 所示,希腊字母中的ϕ也是工程图中常用的,故将其列在表中。标注示例如图 2.9 所示。

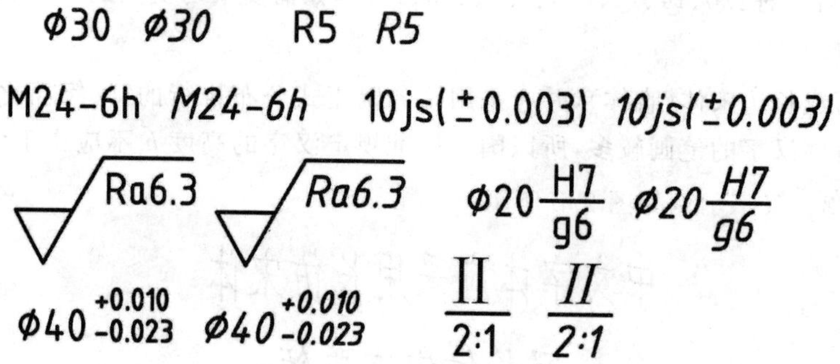

ϕ30 *ϕ30* R5 *R5*

M24-6h *M24-6h* 10js(±0.003) *10js(±0.003)*

Ra6.3 *Ra6.3* $\phi 20\frac{H7}{g6}$ $\mathit{\phi 20\frac{H7}{g6}}$

$\phi 40^{+0.010}_{-0.023}$ $\mathit{\phi 40^{+0.010}_{-0.023}}$ $\frac{\text{II}}{2:1}$ $\frac{\mathit{II}}{\mathit{2:1}}$

图 2.9 标注示例

2.1.4 图线(GB/T 4457.4—2002、GB/T 17450—1998)

在图样中,不同类型的图线具有不同的含义。技术制图国家标准 GB/T 17450—1998 规定了技术制图所用图线的名称、型式、结构和线宽等,它适用于各种技术图样,如机械、电气、建筑等工程图样。而机械制图国家标准 GB/T 4457.4—2002 则规定了图线在机械图样中的应用。

1. 线型

目前绘制机械图样时,采用机械制图《图线》(GB 4457.4—2002),见表 2.4。

2. 图线的宽度

所有线型的宽度应在下列的数系中选择:0.13、0.18、0.25、0.35、0.5、0.7、1、1.4、2 mm。该数系的公比为 $1:\sqrt{2}$。

3. 图线在机械图样中的应用

上述的技术制图《图线》国家标准中,规定了基本线型及其名称、又规定了图线宽度的尺寸系列,以及图线的画法要求等。这项标准广泛应用于机械、电气、建筑和土木工程图样。但它只规定了共同性的内容,而针对各种专业的图样上图线的应用并未做出具体规定。在 2002 年的机械制图国家标准中则规定了绘制机械图样时要用到的各种图线的应用,但在图线的型式和图线的宽度系列等方面应遵循 1998 年技术制图《图线》的国家标准。GB/T 17450—1998技术制图《图线》和 GB/T 4457.4—2002 机械制图图样画法《图线》规定了图线的线型、线宽及各种图线的应用,并没有对点、间隔、短画、长画等作出规定。GB/T 14665—2012 机械工程 CAD 制图规则则对此作出了具体的规定,表 2.4 是结合上述标准给出的,它不仅包含了线型、线宽和各种线型的用途,而且给出了点画线、虚线等线型的点、间隔、短画、长画的具体长度。常见图线的应用如图 2.10 所示。

表 2.4　机械制图的线型及应用(摘自 GB/T 4457.4—2002、GB/T 14665—2012)

名称	型式	线宽	用途
粗实线		d	可见轮廓线；相贯线；螺纹牙顶线；螺纹长度终止线；齿顶圆(线)；剖面符号用线
细实线		$d/2$	过渡线；尺寸线；尺寸界线；指引线；基准线；剖面线；重合断面的轮廓线；短中心线；螺纹牙底线；表示平面的对角线；零件成型前的弯折线；范围线及分界线；重复要素的表示线；锥形结构的基面位置线；辅助线等
波浪线		$d/2$	断裂处的边界线；视图与剖视图的分界线
双折线		$d/2$	
细虚线	3d　12d	$d/2$	不可见轮廓线
粗虚线	3d　12d	d	允许表面处理的表示线
细点画线	24d　3d　0.5d	$d/2$	轴线；对称中心线；分度圆(线)；孔系分布的中心线；剖切线
粗点画线	24d　3d　0.5d	d	限定范围的表示线
细双点画线	24d　3d　0.5d	$d/2$	相邻辅助零件的轮廓线；可动零件的极限位置的轮廓线；成型前轮廓线；轨迹线；毛坯图中制成品的轮廓线等

4. 图线的画法

(1) 绘制机械图样时，图线的宽度分为粗细两种，采用 2∶1 的关系。例如选粗线宽度 $d=0.5$，则细线宽度为 $d/2=0.25$。粗线的宽度 d 在 0.5～2 mm 的范围内选择，即粗线可选择的宽度有 0.5、0.7、1、1.4、2 mm 五种，应根据图幅大小和图样的复杂程度等因素综合考虑选定粗实线的宽度 d，其余各种图线的宽度随之确定。粗实线、粗点画线和粗虚线的宽度相同，其余的各种图线均为细线。最常用的粗线宽度取 0.5 mm 或 0.7 mm。

(2) 同一图样中，同类图线的宽度应基本一致。细虚线、粗虚线、细点画线、粗点画线、细双点画线的短画、间隔、点和画应各自大致相等。

(3) 虚线、细点画线、细双点画线与任何图线相交时，都应在线段处，如图 2.11 所示。

(4) 虚线若是其他图线的延长线时，应在连接处留有空隙，如图 2.11 所示。

(5) 细点画线两端线段应超出图形外 2～5 mm，如图 2.11 所示。

(6) 在较小的图形上绘制细点画线(长度小于 54.5 d)有困难时，可用细实线代替。

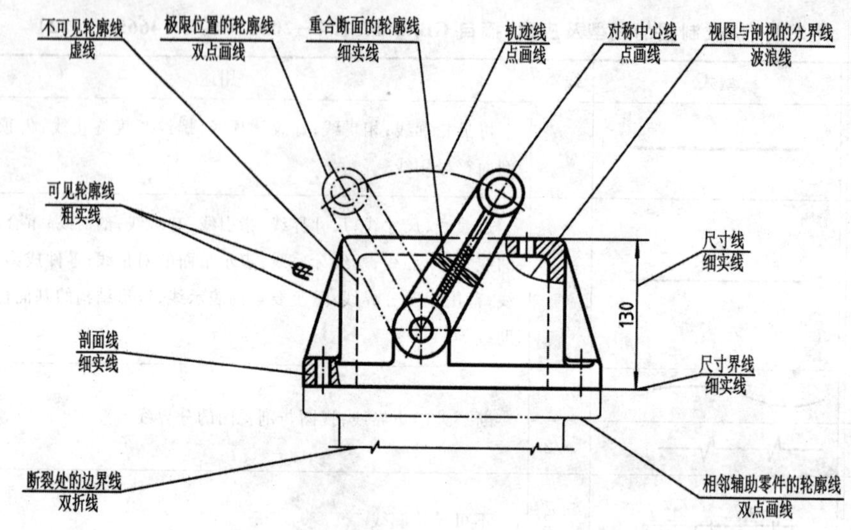

图 2.10　图线的应用

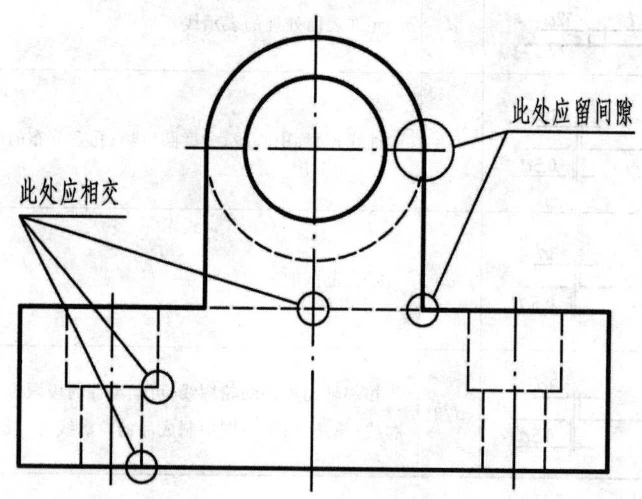

图 2.11　图线的画法

2.1.5　尺寸注法(GB/T 4458.4—2003)

图样中的图形仅表示机件的形状，其大小需用尺寸来标明。国标中对尺寸标注作了一系列的规定，应该严格遵守。

1. 标注尺寸的基本规则

(1) 图样上所注的尺寸数值表示机件的真实大小，与绘图比例及绘图的准确度无关。

(2) 图样(包括技术要求和其他说明)中的尺寸，一般以毫米为单位，并且不标注单位代号和名称。如改用其他尺寸单位，则应注明相应的单位符号，如 1 英寸在图样中标注成 1″；30 度 10 分在图样中标注成 30°10′。

(3) 机件的每一个尺寸，一般只标注一次，并应标注在反映该结构最清晰的视图上。

(4) 图样中所注的尺寸，为该图样所示机件的最后完工尺寸。

2. 尺寸的组成与规格

图样的尺寸由尺寸界线、尺寸线(包括其末端箭头或斜线)和尺寸数字组成,如图 2.12 所示。

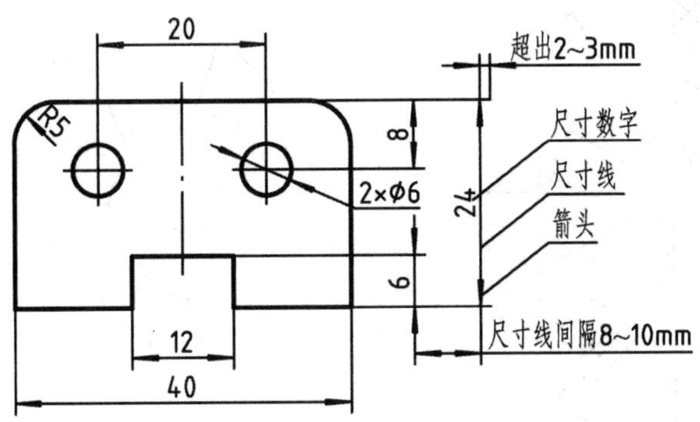

图 2.12　尺寸组成

(1) 尺寸界线

尺寸界线用来指明所注尺寸的边界位置,用细实线绘制,如图 2.12 所示。它由图形的轮廓线、轴线或中心线引出,超出尺寸线终端箭头 2～3 mm。也可直接把轮廓线、轴线或对称中心线作尺寸界线。尺寸界线一般与尺寸线垂直,必要时允许倾斜。

(2) 尺寸线

尺寸线表示所注尺寸的方向和范围,用细实线绘制。尺寸线必须单独画出,不能用其他图线代替,也不能与其他图线重合或在其延长线上。尺寸线两端用箭头指向尺寸界线(箭头尖端与尺寸界线接触)。箭头的尺寸规格见图 2.13。

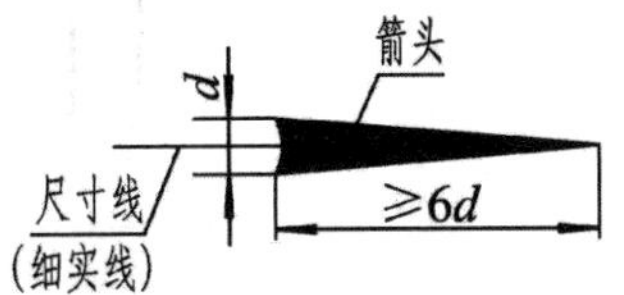

图 2.13　箭头尺寸

(3) 尺寸数字

尺寸数字表示所注尺寸的大小。同一图样内尺寸数字的字号大小应一致,位置不够可引出标注,如图 2.15 所示。

3. 常用尺寸注法

(1) 线性尺寸注法

线性尺寸指两尺寸界线之间为直线段的尺寸。标注时应注意以下几个方面:

① 尺寸线应平行被标注的直线段,如图 2.12 所示。

② 尺寸数字一般注写在尺寸线的上方;水平方向的尺寸数字,字头朝上;垂直方向的尺寸数字,字头朝左;标注倾斜线段的尺寸数字时,字头都应有朝上的趋势,如图 2.14(a)所示。图中 30°的范围内因易造成误解,故尽量不要标注尺寸,需要标注时可引出标注,如图 2.14(b)所示。

③ 互相平行的尺寸,应由小到大从图形近处到远处依次分布,小尺寸放在里面,大尺寸放在外面。尺寸线间的距离 8～10 mm,如图 2.12 所示。

④ 对于没有足够空间画箭头或书写尺寸数字的小尺寸,可以将箭头向里指,数字写不下也可注在外面或引出标注,如图 2.15 所示。若连续标注小尺寸而画不下箭头,可用圆点代替,如图 2.15(b)所示。

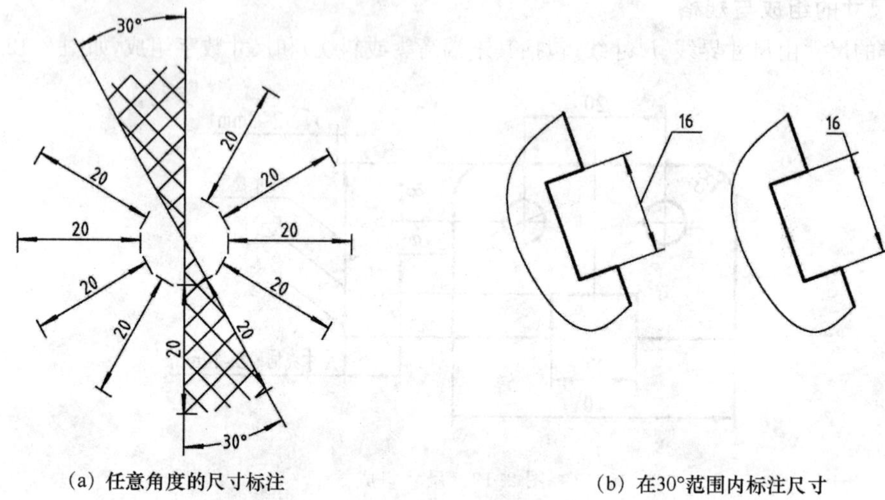

(a) 任意角度的尺寸标注　　(b) 在30°范围内标注尺寸

图 2.14　线性尺寸的书写方向

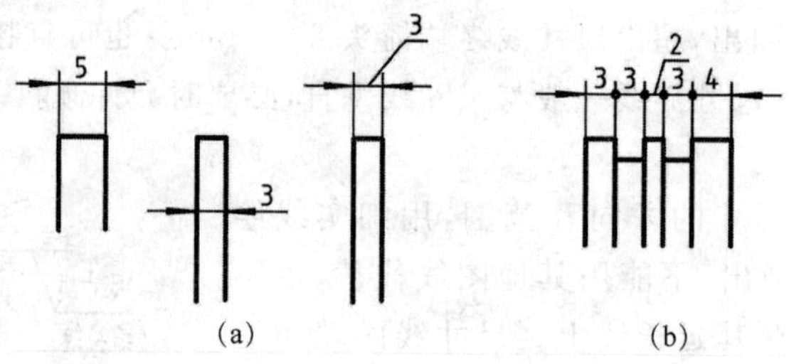

(a)　　(b)

图 2.15　小尺寸的注法

(2) 圆、圆弧及球面的尺寸标注

① 圆或大于半圆的圆弧应标注直径尺寸,尺寸数字前加上希腊字母ϕ,如图 2.16(a)和(b)所示。

② 等于或小于半圆的圆弧应标注半径尺寸,尺寸数字前加上字母 R,如图 2.16(c)所示。

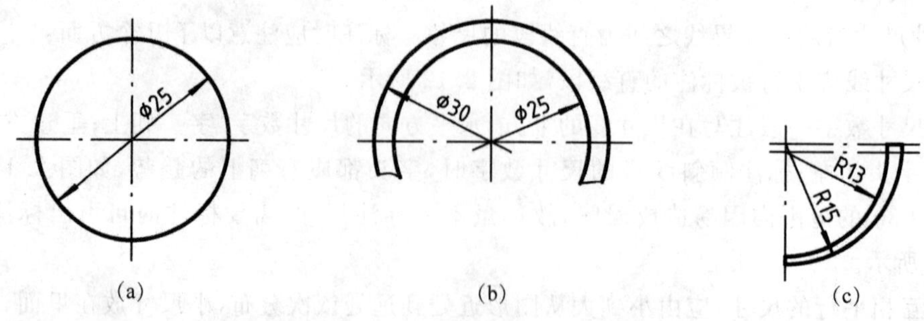

(a)　　(b)　　(c)

图 2.16　圆、圆弧的尺寸标注

③ 当圆弧的半径过大或在图纸范围内无法按常规标出其圆心位置时,可按图 2.17(a)的形式标注;若不需要标出其圆心位置时,可按图 2.17(b)的形式标注。

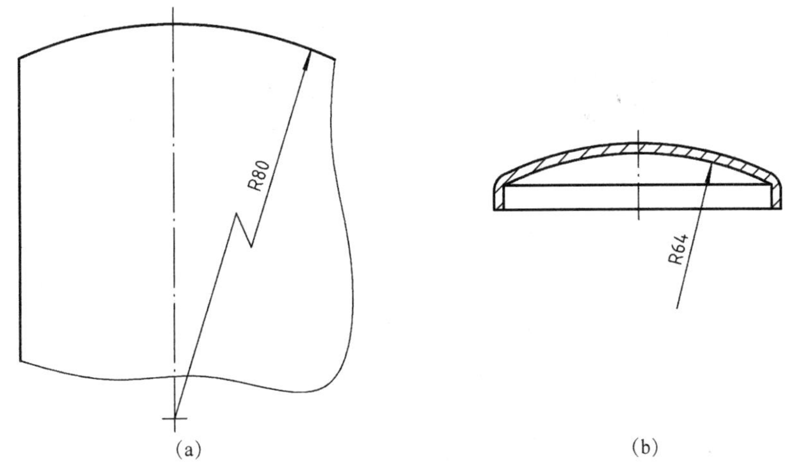

图 2.17　大圆弧尺寸的标注

④ 对于小圆或小圆弧,可按图 2.18 所示的方式标注。

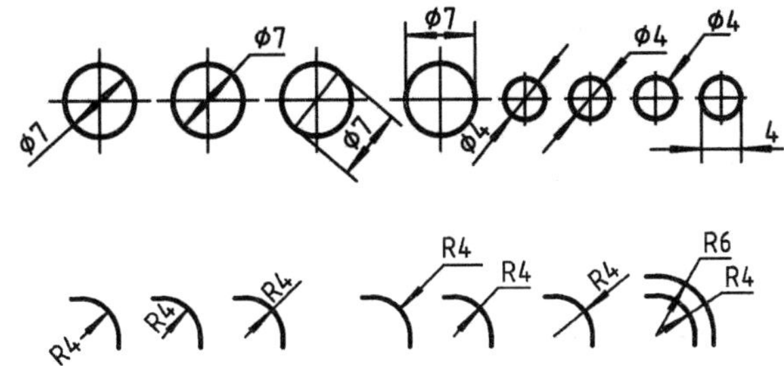

图 2.18　小圆及小圆弧的尺寸标注

⑤ 标注球面的直径或半径时,应在φ或 R 前加上字母 S,如图 2.19 所示。

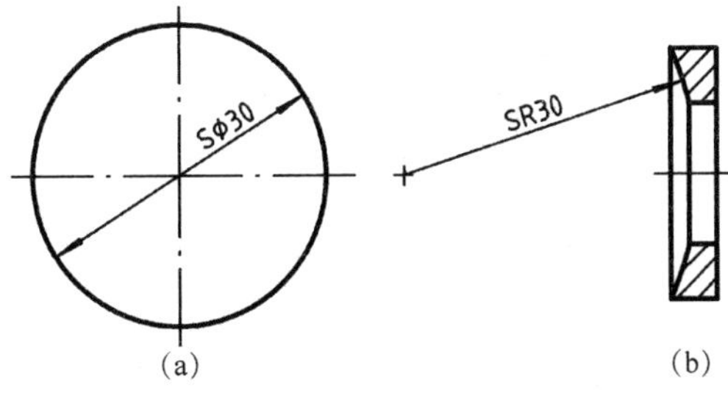

图 2.19　球面的尺寸注法

(3) 角度的尺寸标注

角度的尺寸界线是沿径向引出,尺寸线是以角顶为圆心的一段圆弧,如图 2.20(a)所示。角度数字要求总是字头朝上水平书写,一般注写在尺寸线的中断处,必要时也可写在尺寸线上方或外侧或引出标注,如图 2.20(b)所示。

4. 尺寸符号

除前面用到的尺寸符号φ、R 和 S 外,还有其他一些尺寸符号,如表 2.5 所示。使用尺寸符号,可使某些标注简单明了。

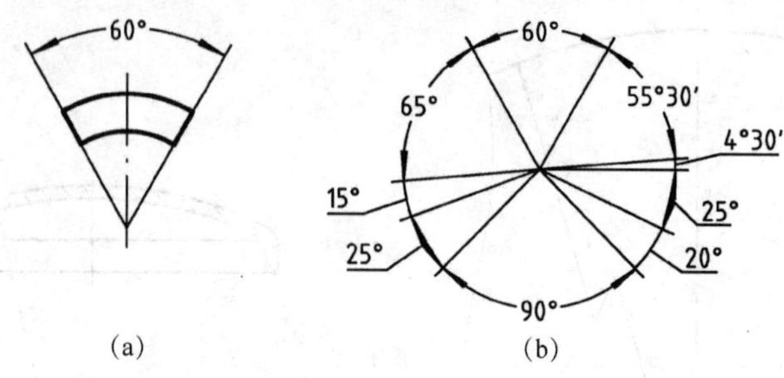

图 2.20　角度的尺寸标注

表 2.5　尺寸符号

符号	含义	符号	含义
ϕ	直径	∠	斜度
R	半径	◁	锥度
S	圆球	⌵	埋头孔
EQS	均布	⌴	沉孔或锪平
C	倒角	↧	深度
t	厚度	□	正方形

5. 其他尺寸的注法

利用尺寸符号、相同要素、对称结构和当图线与尺寸数字重叠时的注法如表 2.6 所示。

表 2.6　其他尺寸的注法

内容	图例及说明
尺寸数字前面的符号	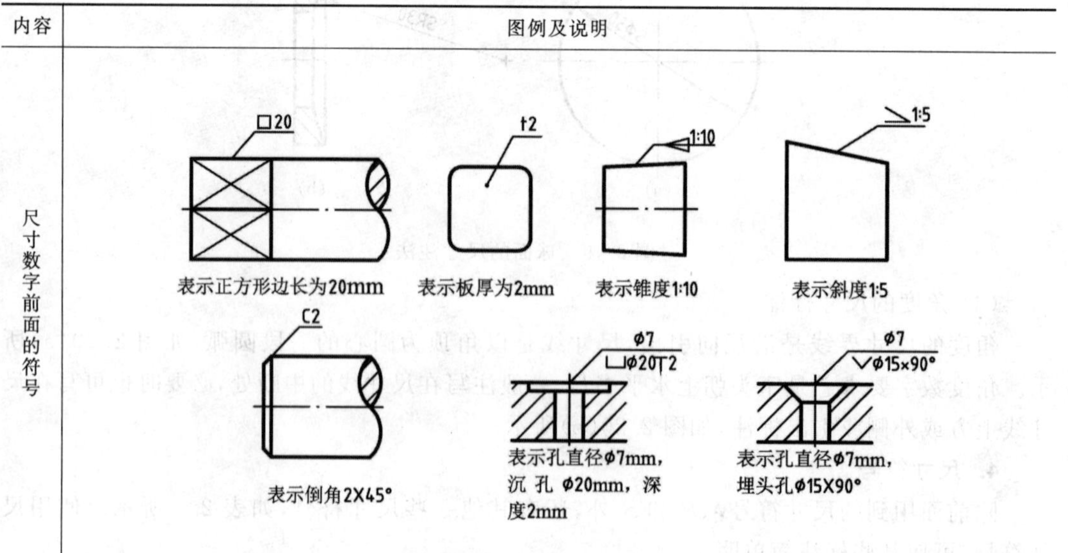

续表

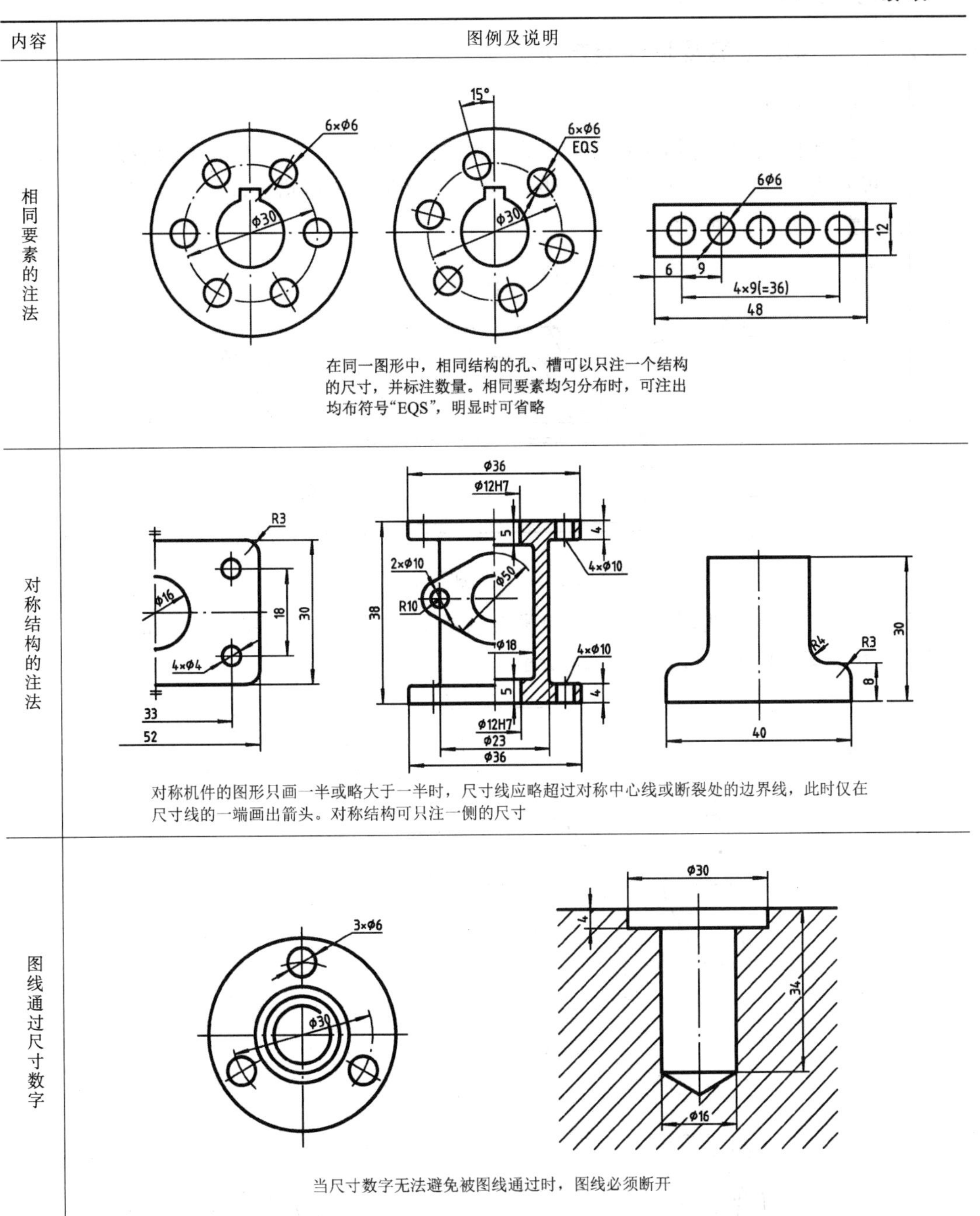

内容	图例及说明
相同要素的注法	在同一图形中，相同结构的孔、槽可以只注一个结构的尺寸，并标注数量。相同要素均匀分布时，可注出均布符号“EQS”，明显时可省略
对称结构的注法	对称机件的图形只画一半或略大于一半时，尺寸线应略超过对称中心线或断裂处的边界线，此时仅在尺寸线的一端画出箭头。对称结构可只注一侧的尺寸
图线通过尺寸数字	当尺寸数字无法避免被图线通过时，图线必须断开

2.2　尺规绘图

在手工绘图时，正确使用尺规制图的工具，是保证绘图质量和效率的一个重要方面，为此，必须养成正确使用尺规制图工具的良好习惯。尺规制图常用的工具有：图板、丁字尺、三角板、圆规、比例尺和铅笔等。

2.2.1 绘图工具及其使用方法

1. 图板与丁字尺

图板是绘图的重要工具,用以铺放图纸,和丁字尺配合使用。因此,图板表面要求平坦光洁,图板左边(导边)是丁字尺的工作边,应该平直光滑。图纸借助胶带纸固定在图板左边偏上的位置,如图 2.21 所示。

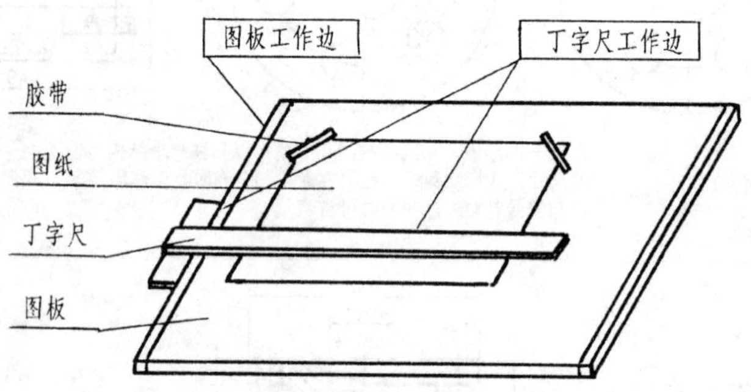

图 2.21 图板、图纸和丁字尺的配置

丁字尺用来画水平线,并可与三角板配合画铅垂线和斜线,使用时丁字尺的尺头要与图板的工作边贴紧,如图 2.22 和图 2.23 所示。

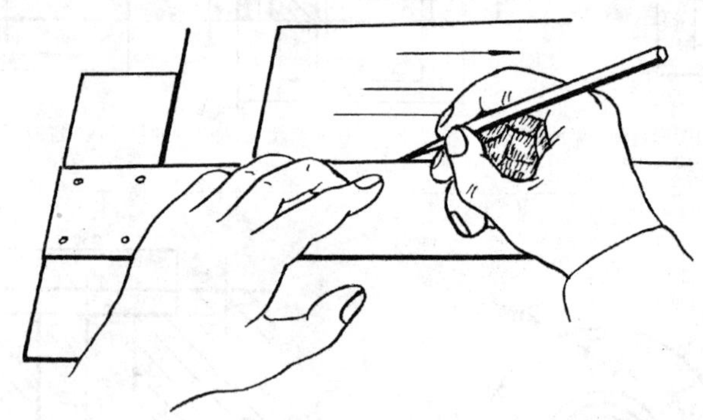

图 2.22 画水平线

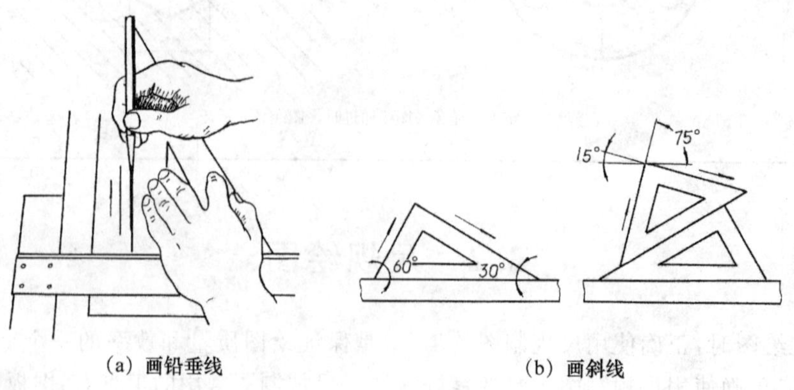

(a) 画铅垂线　　(b) 画斜线

图 2.23 用三角板和丁字尺画垂直线和斜线

2. 三角板

一副三角板有两块，一块两锐角都为 45°，另一块一锐角为 30°，一锐角为 60°。三角板与丁字尺配合使用可画出铅垂线和特殊角度 30°、45°、60°以及 15°×n 的各种斜线，如图 2.23所示。两块三角板配合，还可以画出已知直线的平行线或垂直线。

3. 圆规与分规

（1）圆规

圆规是画圆及圆弧的工具。画圆时，根据圆的半径大小，调整圆规两腿的间距和铅芯的高度，如图 2.24(a)所示。接着将肘形关节朝内弯曲，使钢针和铅芯都垂直纸面(钢针比铅芯稍长)，并让钢针的尖端微微插入图纸。然后用手旋转圆规手柄，使铅芯顺时针方向旋转，一次完成画圆(弧)动作，如图 2.24(b)所示。

画小圆(半径小于 8 mm)时，用点圆规或弹簧圆规比较方便，如图 2.24(c)所示。

画大圆(半径大于 200 mm)时，可在圆规的腿上安上加长杆，其使用方法如图 2.24(d)所示。

圆规用铅芯的磨削方法依所画图线的粗细而定。机械图样有粗细两种线宽，故应准备软硬(或中)各一条铅芯。硬铅芯画细线，磨削成 60°～75°的外倾角，如图 2.22(a)所示。软铅芯画粗线，磨削成楔形，端部的宽度等于所画图线的宽度 d(粗线)或 $d/2$(细线)，如图 2.24(e)所示。

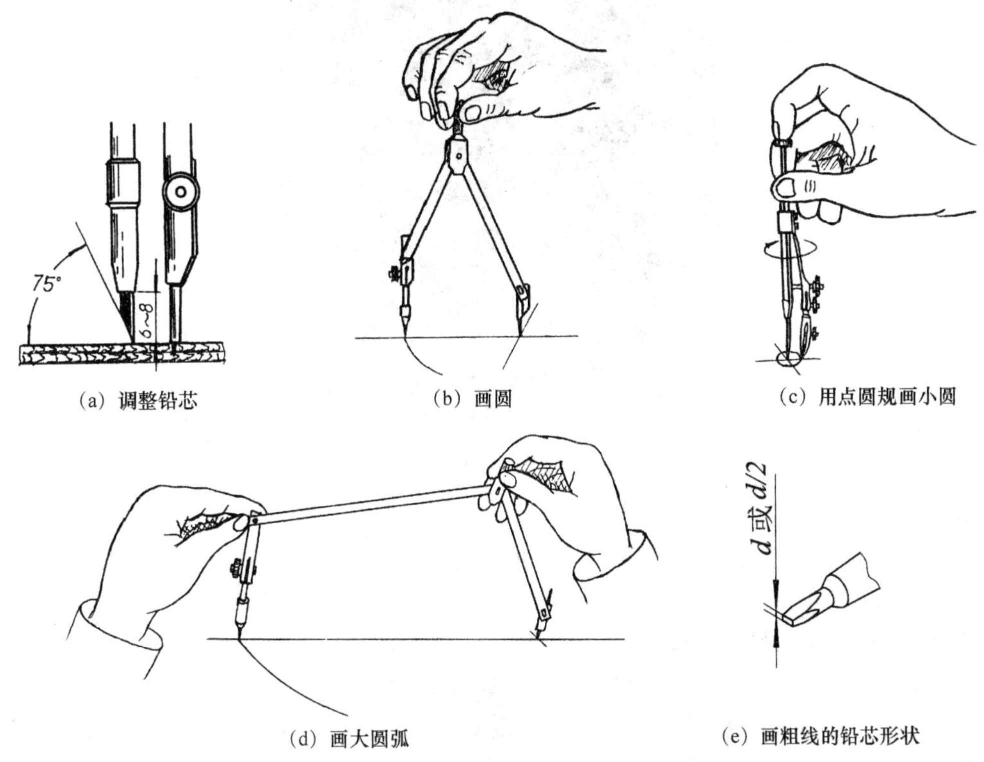

(a) 调整铅芯　(b) 画圆　(c) 用点圆规画小圆

(d) 画大圆弧　(e) 画粗线的铅芯形状

图 2.24　圆规的用法

（2）分规

分规是等分和量取线段长度的工具。用分规分割线段时，先从尺(比例尺或三角板)的刻度上量取需要的长度，然后以该长度分割线段。分规的使用方法如图 2.25 所示。

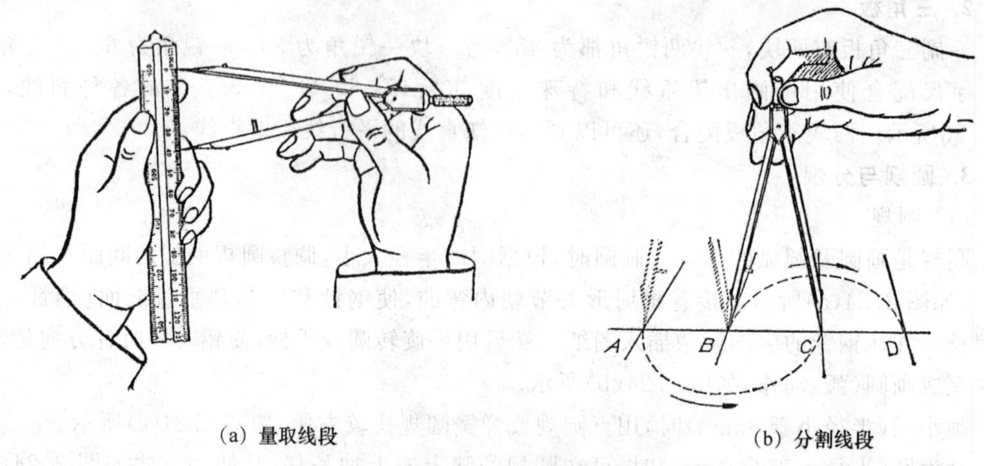

(a) 量取线段　　(b) 分割线段

图 2.25　分规的用法

将圆规装铅芯的插脚换成带钢针的插脚(图 2.26)或直接将铅芯换成锥状的,可当分规使用。

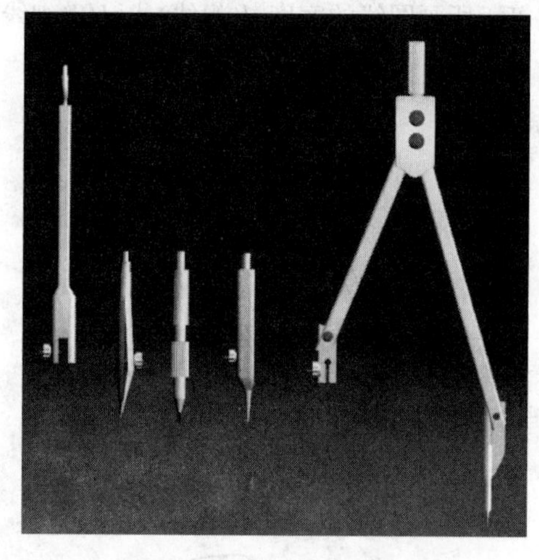

图 2.26　圆规及其附件

(3) 比例尺

比例尺俗称三棱尺,用以绘制各种比例时度量长度。比例尺的三个棱面上刻有六种不同的比例刻度,即1∶100,1∶200,1∶300,…,1∶600,如图 2.27(a)所示。当画某一非1∶1比例图形时,可从比例尺上直接量得尺寸的大小,省去计算的麻烦,例如,1∶2 的比例可用1∶200的刻度(缩小了 100 倍),在刻度 2 m 处量得 20 mm(放大了 100 倍),如图 2.27(b)所示。再如 2∶1 的比例,可用 1∶500 的刻度(缩小了 1000 倍),在刻度 20 m 处,量得20 mm(放大了 1000 倍),如图 2.27(c)所示。

(4) 铅笔

绘图有专用的绘图铅笔,其一端印有表示铅心软硬程度的符号。其中“H”表示硬铅,“B”表示软铅。绘图时,一般用“H”或“2H”铅笔打底稿,用“HB”铅笔写字和加深细线,用“B”或“2B”铅笔加深粗线。

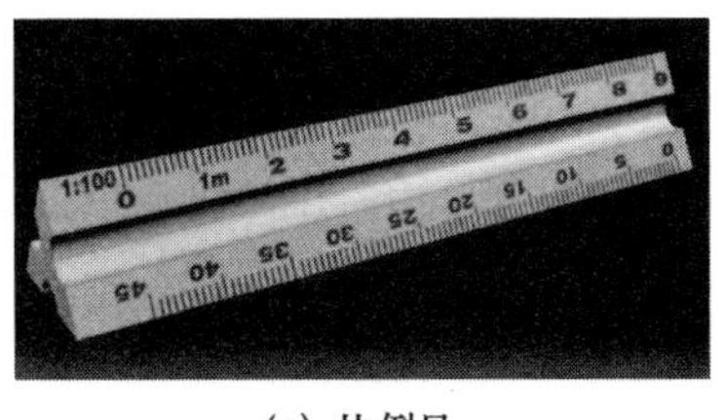

(a) 比例尺

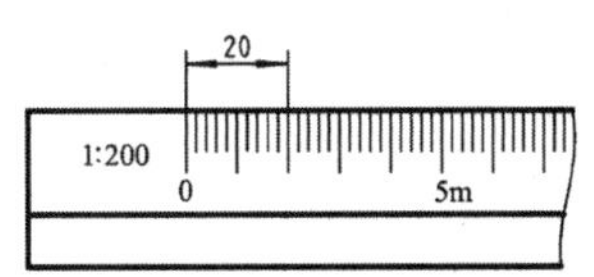

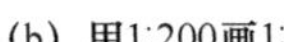

(b) 用1:200画1:2

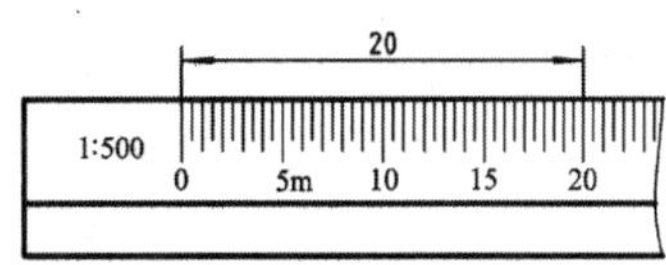

(c) 用1:500画2:1

图 2.27　比例尺及其应用

绘图时，用铅笔画的各种图线应符合国标的规定。图线宽度应符合要求，深浅要一致。为此，除了使用合适硬度的铅笔外，还要学会正确的削磨铅笔，绘图质量在很大程度上取决于此。一般铅笔削去部分的长度为 20～30 mm，铅芯露出部分为 8～10 mm。根据不同的用途，铅笔可削成两种不同的形状：一种削成圆锥形（H 或 HB），用于画底稿线和写字；另一种削成扁平的楔形，用于加深描粗粗细线，粗线用硬度为 B 的铅笔，宽度为 d，细线用硬度为 HB 的铅笔，宽度 $d/2$。两种削成的铅笔形状如图 2.28(a)和(b)。当铅笔和铅芯用钝了，可用砂纸打磨，如图 2.28(c)所示。

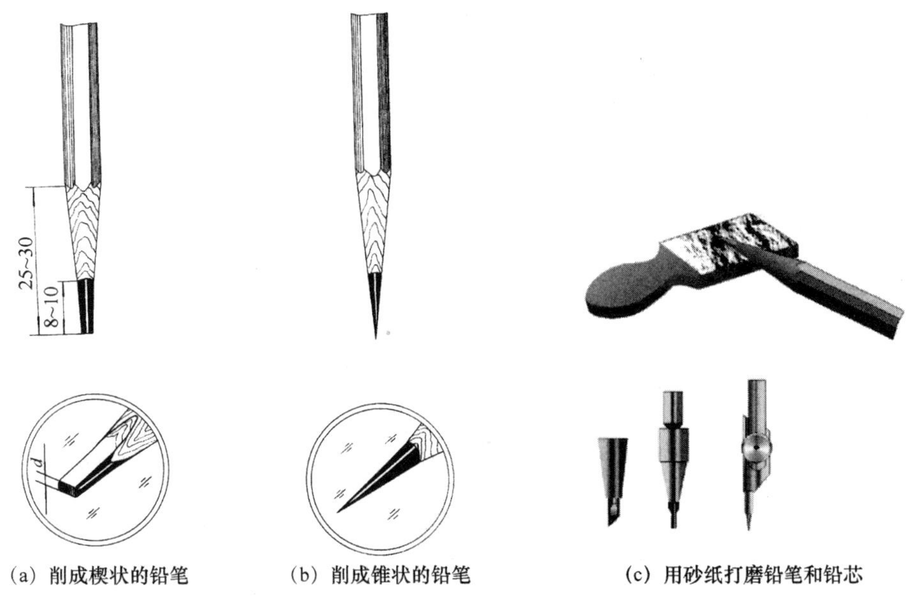

(a) 削成楔状的铅笔　(b) 削成锥状的铅笔　(c) 用砂纸打磨铅笔和铅芯

图 2.28　铅笔的削法

(5) 辅助绘图工具

绘图时除了用到上述主要工具外，一般还会用到一些辅助的工具，如削铅笔的小刀、橡皮、小刷（清除像皮屑）、胶带纸（固定图纸）、擦图片（用橡皮擦去多余图线时，用它遮住不擦除部分）、砂纸（修磨铅笔用）和量角器等，此外，还有曲线板和多功能模板等。机械式绘图机在手工绘图时也经常使用。

2.2.2 几何作图

虽然机件的形状是多种多样的，但它们的图形（视图）大多是由直线、圆、圆弧所组成的平面几何图形，因而在绘制图样时，经常要运用一些最基本的几何作图方法。平面图形(在三维建模中称为草图)的画法和尺寸分析也是三维建模的基础。

1. 正多边形

手工画正多边形一般采用等分外接圆，然后将分点依次连接的方法作图。分别介绍正五边形、正六边形和正七边形的作图，如表 2.7 所示。

表 2.7

正多边形	作图	作图步骤
正五边形	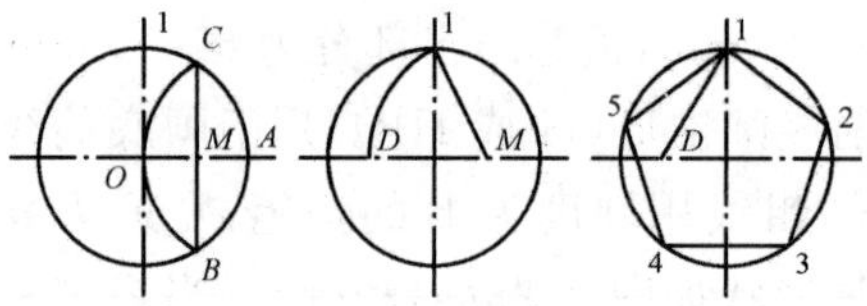	(1) 画出外接圆，然后以点 A 为圆心，OA 为半径，画圆弧交圆于 B、C，连接 BC 得 OA 中点 M。 (2) 以 M 为圆心，$M1$ 为半径画圆弧得交点 D。 (3) 以 $D1$ 长从 1 起截圆，在圆周上得点 2、3、4、5；依次连接各点即得到正五边形。
正六边形	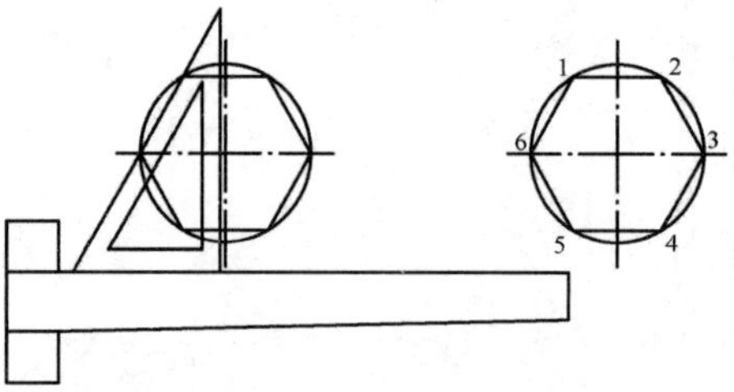	用 60°三角板和丁字尺配合即可画出正六边形，如图所示。也可以量取外接圆的半径，以 3、6 为圆心用圆规在圆周上得到 2、4 和 1、5 分点，依次连接各点得到正六边形。
正七边形	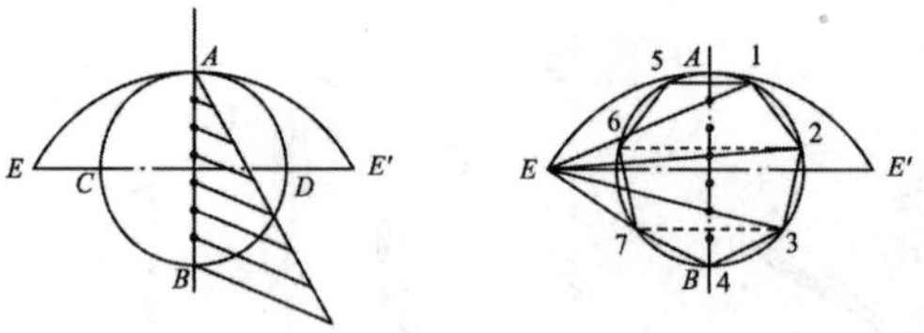	(1) 将直径 AB 七等分(n 边形则 n 等分)； (2) 以点 B 为圆心，AB 为半径画圆弧得 DC 延长线于 E 点及对称点 E'； (3) 作点 E(或 E')与 AB 上的奇数点连线，延长到圆周得 1、2、3、4(即点 B)及对称点 5、6、7； (4) 依次连接各点即得到七边形。

2. 圆弧连接

圆弧连接就是用圆弧光滑地连接两直线、直线与圆弧、两圆弧，即使圆弧(称为连接弧)相切于已知的直线或圆弧。为了正确地画出连接弧，必须知道它的半径(已知)、圆心位置以及与被连接线段的接点(即切点)。连接弧的圆心位置和切点是通过作图得到的，因此，确定它们是圆弧连接的关键。

1) 圆弧连接的基本原理

(1) 圆弧与直线连接

由初等几何原理可知，与已知直线相切的圆弧(半径为 R)，其圆心的轨迹是一条与已知直线平行且距离等于 R 的直线。从选定的圆心向已知直线作垂线，垂足就是切点，如图 2.29(a)所示。

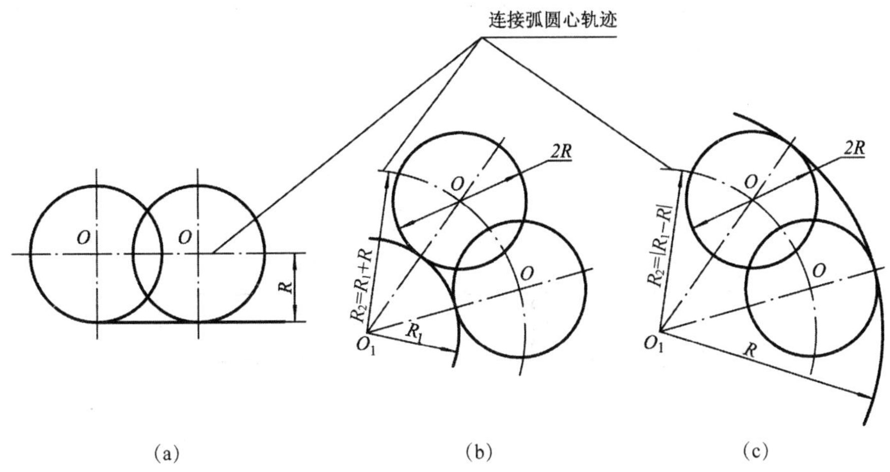

图 2.29　圆弧与直线、圆弧与圆弧连接

(2) 圆弧与圆弧连接

与已知圆(已知圆心位置 O_1,半径 R_1)相切的圆弧(已知半径 R),其圆心轨迹为已知圆弧的同心圆,该圆半径 R_2 根据相切情形而定:

① 两圆弧外切时,$R_2 = R_1 + R$(图 2.29(b));

② 两圆弧内切时,$R_2 = |R_1 - R|$(图 2.29(c))。

为了准确画出连接弧,必须先求出它与已知圆弧的切点。其切点为两圆(弧)连心线(或其延长线)与已知圆弧的交点。

2) 圆弧连接的基本作图

(1) 用半径为 R 的圆弧连接两条已知直线

① 用半径为 R 的圆弧连接两条成锐角的直线(如 AB、CD),已知条件如图 2.30(a)所示,作图步骤如下:

(a) 作 $A'B'$ 平行于 AB,$C'D'$ 平行于 CD,且使各平行线之间的距离等于 R。$A'B'$ 和 $C'D'$ 交于 O 点,如图 2.30(b)所示。

(b) 过 O 点分别作两直线的垂线,得垂足 E、F,即为切点,如图 2.30(b)所示。

(c) 以 O 点为圆心、R 为半径画弧连接 E、F 两点即为所求,如图 2.30(c)所示。

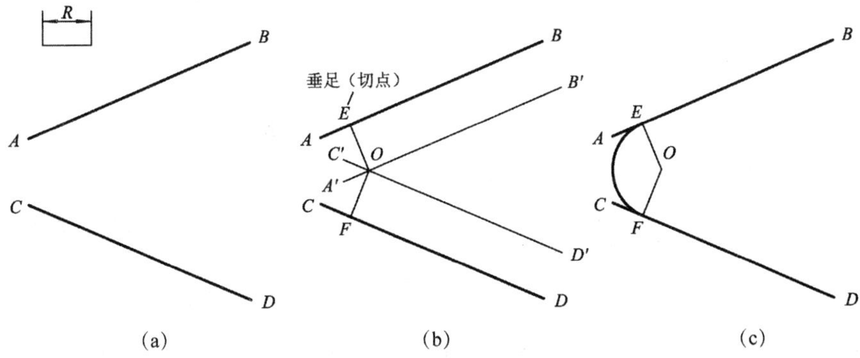

图 2.30　圆弧连接成锐角的两条直线

② 用半径为 R 的圆弧连接两条成直角或钝角的直线，如图 2.31 所示，作图方法与图 2.30 类似，这里不再赘述。

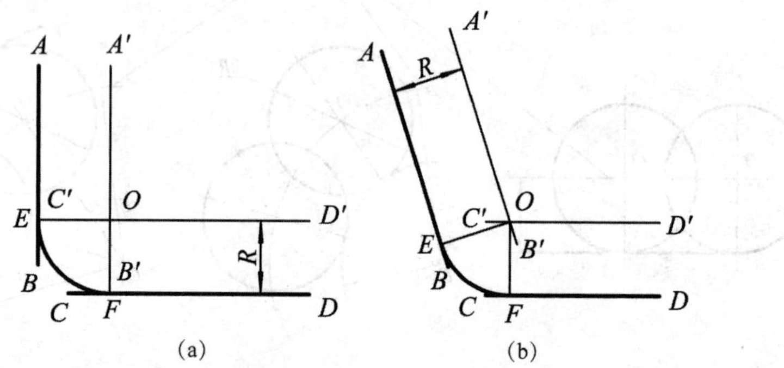

图 2.31　圆弧连接成直角或钝角的两条直线

(2) 用半径为 R 的圆弧连接两已知圆(弧)

分为内切连接、外切连接和内外切连接三种。

① 圆弧内切两已知圆(已知条件如图 2.32(a)所示)

(a) 分别以已知圆(弧)的圆心 O_1、O_2 为圆心，以 $|R-R_1|$ 和 $|R-R_2|$ 为半径画圆弧交于 O 点，如图 2.32(b)所示。

(b) 连 OO_1、OO_2，并延长交两圆(弧)于 K_1、K_2 两点，如图 2.32(b)所示。

(c) 以 O 点为圆心，R 为半径，用圆弧连接 K_1 与 K_2，如图 2.32(c)所示。

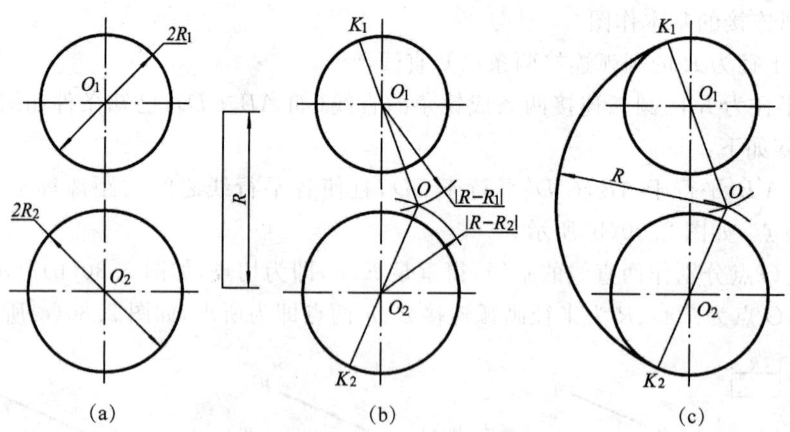

图 2.32　圆弧内切连接两已知圆(弧)

② 圆弧外切两已知圆(弧)(已知条件如图 2.33(a)所示)

(a) 分别以已知圆(弧)的圆心 O_1、O_2 为圆心，以 $R+R_1$ 和 $R+R_2$ 为半径画圆弧交于 O 点，如图 2.33(b)所示。

(b) 连 OO_1、OO_2，分别交两圆(弧)于 K_1、K_2 两点，如图 2.33(b)所示。

(c) 以 O 点为圆心，R 为半径，用圆弧连接 K_1 与 K_2，如图 2.33(c)所示。

③ 圆弧内外切两已知圆(弧)(已知条件如图 2.34(a)所示)

(a) 分别以已知圆(弧)的圆心 O_1、O_2 为圆心，以 $|R-R_1|$ 和 $R+R_2$ 为半径画圆弧交于 O 点，如图 2.34(b)所示。

(b) 连 OO_2、连 OO_1 并延长，分别交两已知圆(弧)于 K_2、K_1 两点，如图 2.34(b)所示。

(c) 以 O 点为圆心，R 为半径，用圆弧连接 K_1 与 K_2，如图 2.34(c)所示。

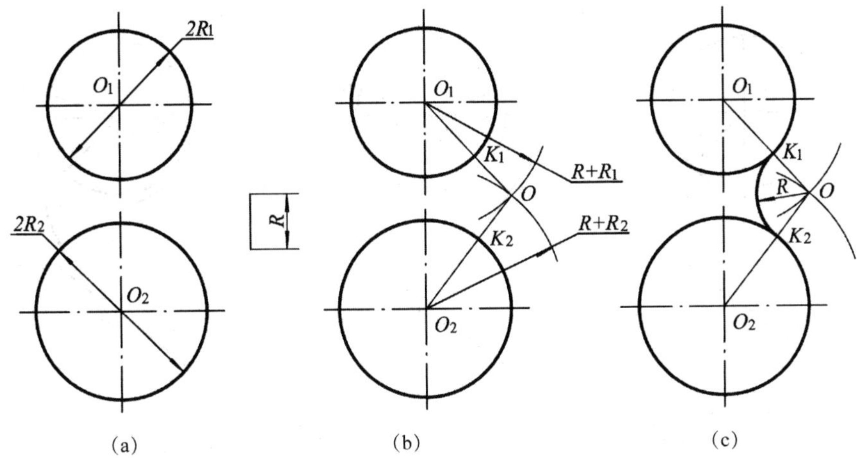

图 2.33　圆弧外切连接两已知圆(弧)

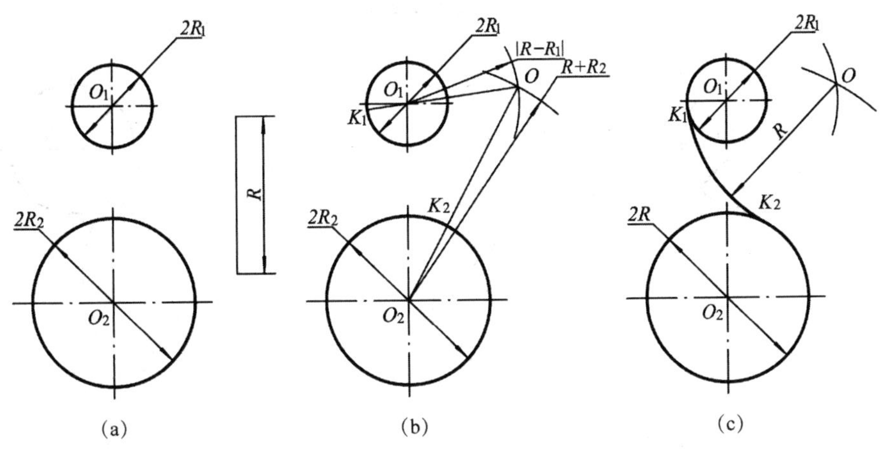

图 2.34　圆弧内外切连接两已知圆(弧)

(3) 用半径为 R 的圆弧连接一已知圆弧和一已知直线

① 圆弧内切一已知圆弧(O_1)和一已知直线(AB)(已知条件如图 2.35(a)所示)

(a) 作 AB 的平行线 $A'B'$，并使其距离等于 R，然后以已知圆的圆心 O_1 为圆心，以 $|R-R_1|$ 为半径画圆弧，交 $A'B'$ 于 O 点，如图 2.35(b)所示。

(b) 由 O 点向 AB 作垂线，得垂足点 K，然后连接 OO_1 并延长交已知圆于点 K_1，如图 2.35(b)所示。

(c) 以 O 点为圆心，R 为半径，用圆弧连接 K、K_1，如图 2.35(c)所示。

② 圆弧外切一已知圆弧(O_1)和一已知直线(AB)(已知条件如图 2.36(a)所示)

(a) 作 AB 的平行线 $A'B'$，并使其距离等于 R，然后以已知圆的圆心 O_1 为圆心，以 $R+$

R_2 为半径画圆弧,交 $A'B'$ 于 O 点,如图 2.36(b)所示。

(b) 由 O 点向 AB 作垂线,得垂足点 K,然后连接 OO_1 交已知圆于点 K_1,如图 2.36(b)所示。

(c) 以 O 点为圆心,R 为半径,用圆弧连接 K、K_1,如图 2.36(c)所示。

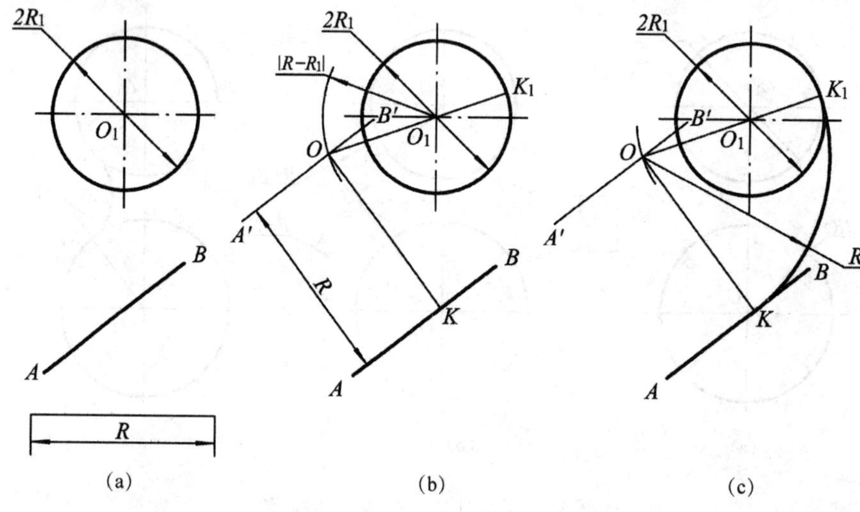

图 2.35　圆弧内切圆弧与直线

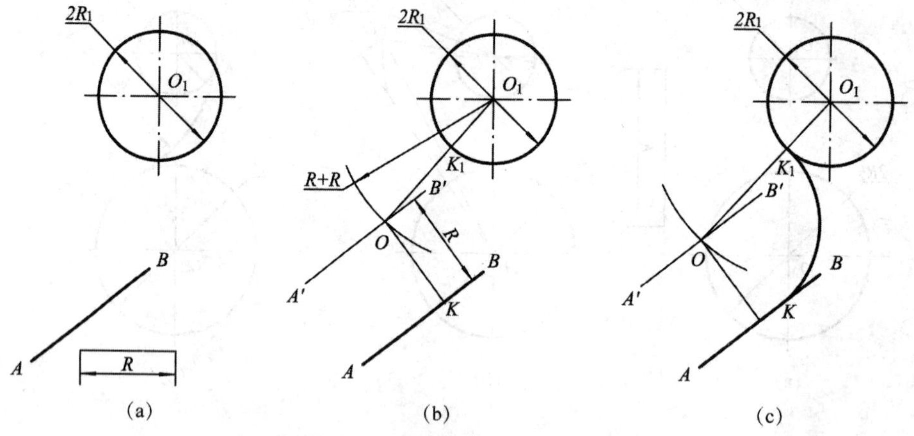

图 2.36　圆弧外切圆弧与直线

3. 斜度

斜度是指一直线对另一直线或一平面对另一平面的倾斜程度。在图样中通常以 1∶n 的形式标注。在图样中标注斜度时,在比值前加斜度符号"∠",并使符号"∠"斜线的方向与斜度方向一致,如图 2.37(a)所示,斜度符号的尺寸如图 2.37(b)所示。

斜度的基本画法是,根据斜度比值 1∶n,取一合适的长度单位,直角三角形的两直角边长度分别为 1 个单位长和 n 个单位长,斜边即为斜度线。实际作图时,根据已知条件,如图 2.38(a)所示,可过已知点直接绘制斜度线;也可在图形旁边作出所要求的斜度线,然后过已知点作该斜度线的平行线,如图 2.38(b)所示。

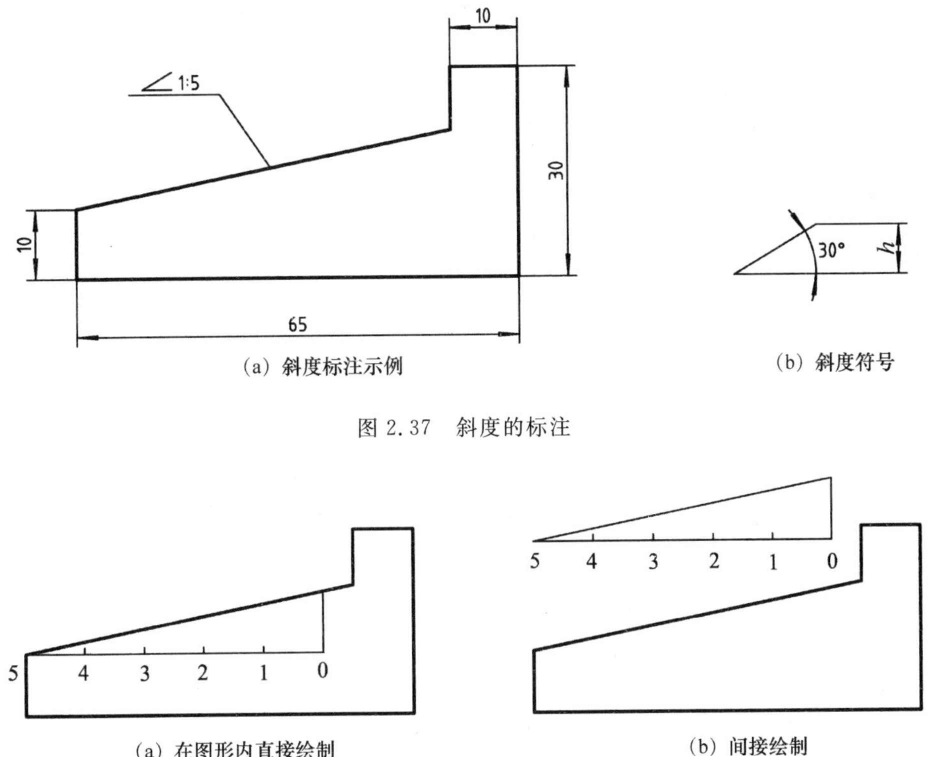

(a) 斜度标注示例　　(b) 斜度符号

图 2.37　斜度的标注

(a) 在图形内直接绘制　　(b) 间接绘制

图 2.38　斜度线的画法

4. 锥度(GB 4458.4—2003 及 GB/T 15754—1995)

锥度是指正圆锥底圆直径与圆锥高度之比，也以 1∶n 的形式标注。对于正圆锥台，其锥度则是大小圆直径的差与锥台高度的比。标注时，比值前面另加符号“◁”，并使符号“◁”的指向与锥度方向一致，规定“◁”符号应通过基准线，如图 2.39(a)所示，锥度符号的尺寸如图 2.39(b)所示。

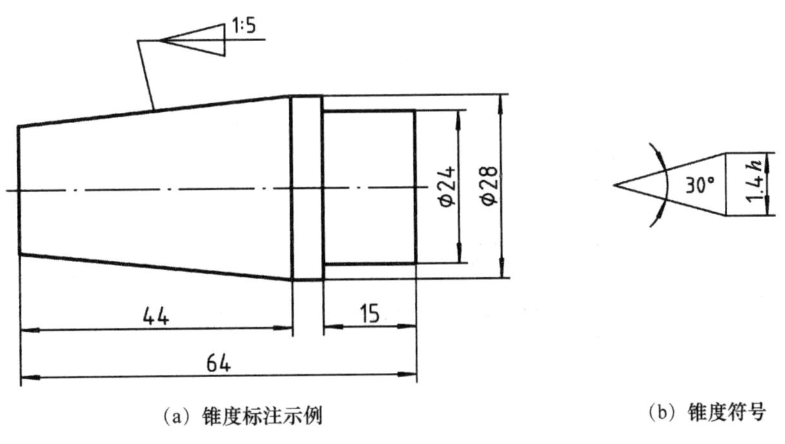

(a) 锥度标注示例　　(b) 锥度符号

图 2.39　锥度的标注

锥度的画法与斜度的画法类似,图 2.40 表明绘图时画锥度的方法。

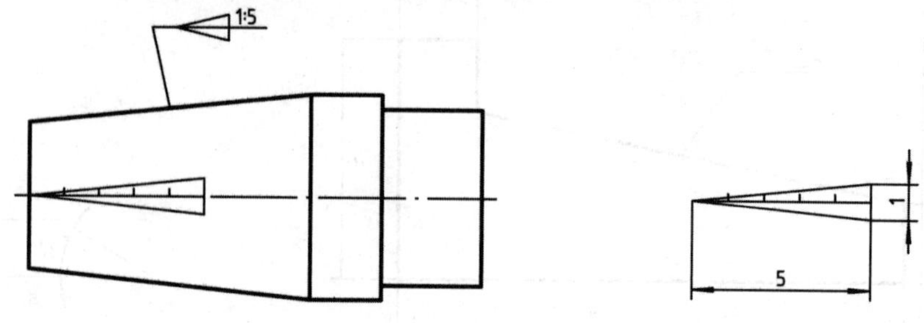

图 2.40 锥度线的画法

2.2.3 平面图形尺寸分析

机件的视图为平面几何图形,由线段(一般为直线和圆(弧))组成。对于图 2.41 所示的这种主要是圆弧连接而成的图形,首先要进行尺寸分析和线段分析。

1. 图形的尺寸分析

图形中的尺寸根据其作用可分为定形尺寸和定位尺寸。

(1) 定形尺寸　确定图形各部分大小和形状的尺寸称为定形尺寸。图 2.41 中的 20、32(线性尺寸)和 R40、R27、R28(半径尺寸)及ϕ20、ϕ27(直径尺寸)都属定形尺寸。

(2) 尺寸基准　确定尺寸位置的几何元素(点、直线)称为尺寸基准。一般以对称图形的对称线(对称面或轴线)、较大圆的中心线(或圆心)以及较长的直线(重要平面)作为尺寸基准。如图 2.41 中是以中心线作为长、高两个方向的尺寸基准。

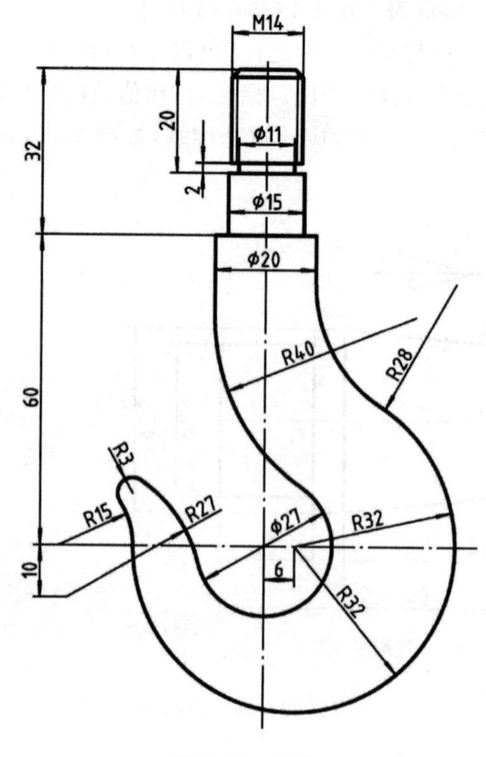

图 2.41 吊钩

(3) 定位尺寸　确定图形各部分之间相对位置的尺寸称为定位尺寸，定位尺寸从基准注出，如图 2.41 中的 60、6、10 等。

2. 图形的线段分析

从图形的尺寸分析可以看出，一线段需要知道其定形和定位尺寸才能画出。例如要画一圆弧，需要知道其半径 R 和圆心 O（水平和垂直两个方向的定位尺寸）（也可用圆心、圆弧的起点和终点等条件来确定一段圆弧）。因此，一圆弧需要一个定形尺寸(R)和两个定位尺寸确定。根据线段在图形中所具有的定位尺寸数量可分为：已知线段、中间线段和连接线段三种。

(1) 已知线段　定形尺寸和定位尺寸都齐全的线段称为已知线段，可以直接画出。如图 2.41 中的 ϕ11、M14、ϕ15、ϕ27、R32 和直线段 20、32 等。

(2) 中间线段　有定形尺寸但定位尺寸不全的线段称为中间线段。所缺的定位尺寸需要通过几何作图求出。例如图 2.41 中的半径为 R27 的圆弧，已知其定形尺寸 R27 和一个定位尺寸 10（铅垂方向），另一定位尺寸（水平方向）需根据与圆弧 ϕ27 外切的条件作图确定。图中的中间线段还有 R15。

(3) 连接线段　只有定形尺寸而无定位尺寸的线段称为连接线段。它的位置需根据与两端相邻线段的连接情况作图确定。如图 2.41 中的圆弧 R40、R28 和 R3。

由此可以看出，一条由多段线段连接成的组合线段，两端的线段必是已知线段，其中间部分可以有若干段中间线段，也可没有，但必须有一条也只能有一条连接线段。否则图形中不是有多余尺寸就是遗漏了尺寸。如有多余尺寸，在满足尺寸要求的情况下，就不能满足几何连接要求；遗漏了尺寸则不能画出图形。因此，线段之间的约束关系是靠尺寸约束和几何约束（相切、平行、垂直等）确定的。

3. 绘图步骤

根据尺寸与线段分析可知，在绘制图形时应先画出已知线段，接着画中间线段，最后画连接线段。

下面以图 2.41 的吊钩为例，说明绘图步骤。

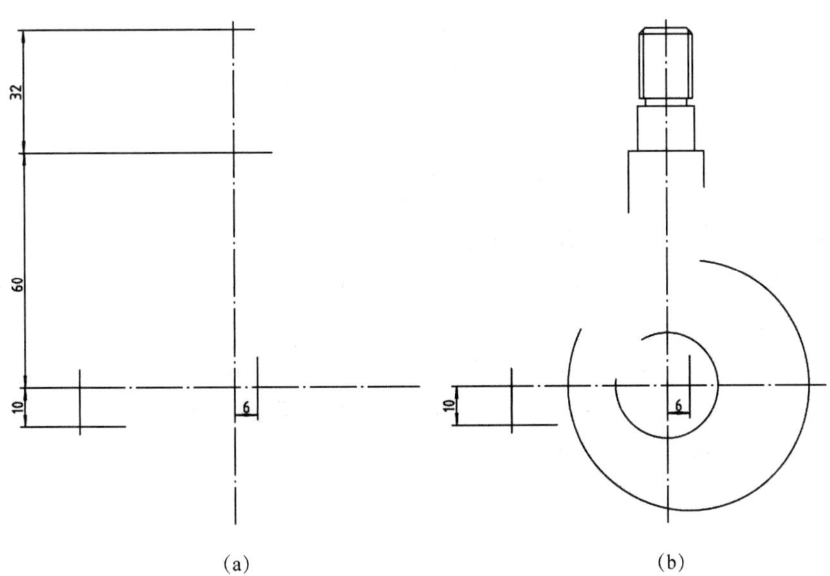

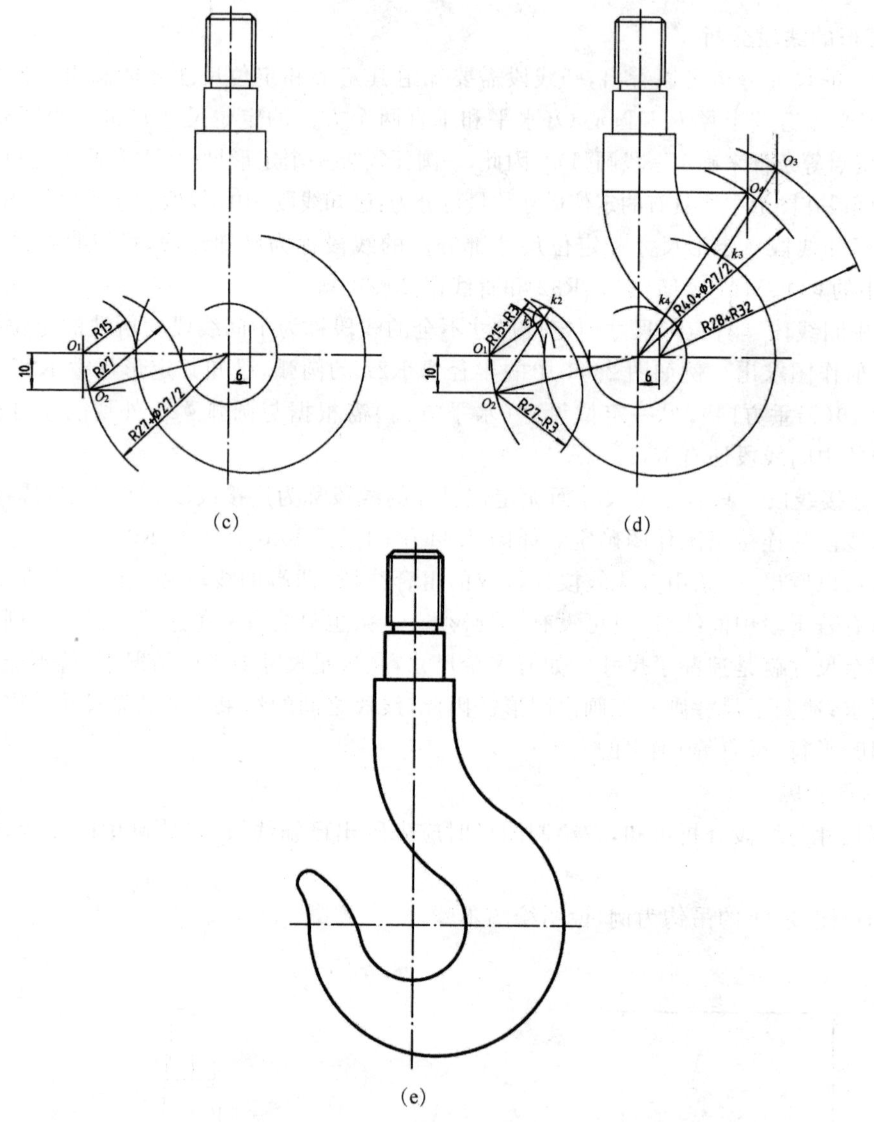

图 2.42 平面图形的画法

(1) 画基准线,确定图形位置,如图 2.42(a)所示。

(2) 画已知线段:φ14、φ11、φ15、φ20、20、32 等直线段和 φ27、R32 等圆弧,如图 2.42(b)所示。

(3) 画中间线段:圆弧 R15 和 R27,如图 2.42(c)所示。

(4) 画连接线段:圆弧 R40、R28 和 R3,如图 2.42(d)所示。

(5) 描深:擦去作图线等多余线,然后描深,如图 2.42(e)所示。

(6) 尺寸标注:如图 2.41 所示。

2.3　草图的画法

前面介绍的作图要借助丁字尺、三角板、圆规、铅笔等绘图工具，叫做尺规绘图。在实际工作中还经常遇到下列情形：在现场测绘零件；修配零件；以图的形式进行技术交流；设计构思。这时因受现场条件和时间的限制，只用铅笔进行徒手绘图，所画的图形称为草图。用草图方便快捷，便于修改，时间紧急时，还可代替正规图（尺规图或计算机绘制的图形），直接用于生产。草图在很多情况下要整理成正规图。草图往往也是进行前期设计常用的表达形式，有助于设计构思，提出若干套设计方案。

因此，工程设计和技术人员除了要掌握尺规绘图、计算机绘图外，还需要掌握徒手画草图的方法。

2.3.1　画草图的方法

草图并不意味着潦草，它虽然是徒手画出的，但它包含着正规图所包含的全部内容。所以草图不草，在绘制时也应认真仔细。

画草图的要求：

(1) 线型、线宽分明；

(2) 保证图形各部分的比例关系；

(3) 字体工整、尺寸无误；

(4) 图形正确；

(5) 符合标准。

1. 草图画法

根据徒手画草图的要求，选用合适的铅笔，按照正确的方法就可以画满意的草图。画草图的铅笔可以不止一支，一般都削成圆锥形，画中心线和尺寸界线、尺寸线等细线的铅笔稍硬（如 HB），削磨得尖，画轮廓线等粗线的铅笔稍软（如 B），较钝。所用的图纸如果没有特殊要求，既可用方便绘图的方格纸，也可用普通白纸。

一个物体无论多么复杂，其图形总是由直线和圆弧、圆和曲线所构成，因此，画好各种线条是掌握草图画法的基础。

(1) 握笔

手握笔的位置一般比写字高些，距笔尖 35 mm 左右。以利于运笔和观察目标。执笔稳健且有力。

(2) 直线画法

徒手绘图时，笔对纸面要保证合适的压力，画直线时，手腕不动，使铅笔与所画的线始终保持约 90°，眼睛看着线的终点，轻移手腕和手臂，使笔尖向着要画的方向作直线运动。图 2.43 表示了画水平、垂直和斜线的运笔方法。画斜线时，为了运笔方便，可以将图纸旋转一个角度。

(3) 圆及圆角的画法

徒手画圆时，应先确定圆心和画出中心线，再根据半径大小用目测在中心线上定出 4 点，然后过这 4 点画圆，如图 2.44(a)所示。当圆的直径较大时，为了作图准确，可过圆心做

图 2.43 直线的画法

两条 45°线,在线上再确定 4 个点,然后过这 8 个点画圆,如图 2.44(b)所示。

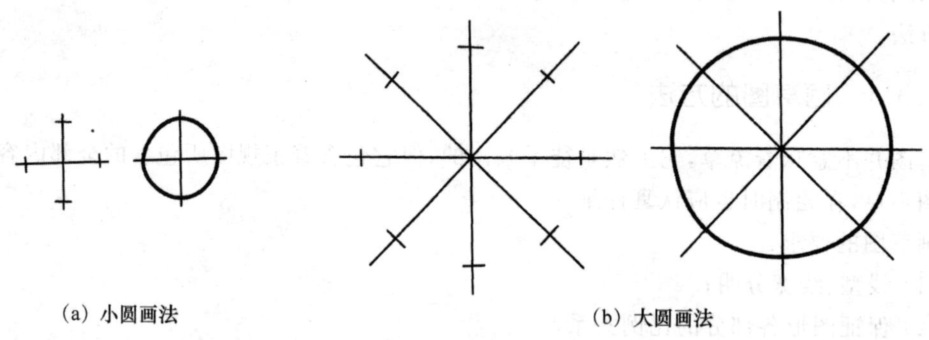

(a) 小圆画法　　(b) 大圆画法

图 2.44 圆的画法

画圆角时,先以目测在分角线上选取圆心位置,使它与角的两边距离等于圆角半径的大小。过圆心向两边作垂线定出圆弧的起点和终点,并在分角线上也定出一圆周点,然后以圆弧将这 3 点连接,如图 2.45(a)所示,在此基础上可以画出圆弧连接的平面图形,如图 2.45(b)所示。

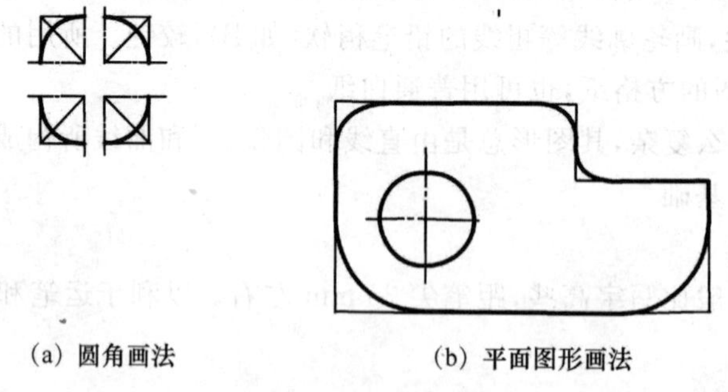

(a) 圆角画法　　(b) 平面图形画法

图 2.45 圆角和平面图形的画法

2.3.2 测量物体大小的方法

草图不要求按物体真实大小画出,但要保证物体各部分的相对比例。为此,画图前要根据物体的大小确定其长、宽、高的相对比例。为便于确定大小,可用绘图方格纸画草图。

物体的实际大小可以用游标卡尺或钢板尺结合卡钳测量(见第 9 章),在没有测量工具的情况下,也可以用铅笔测量或目测来确定物体的大小,如图 2.46 所示。

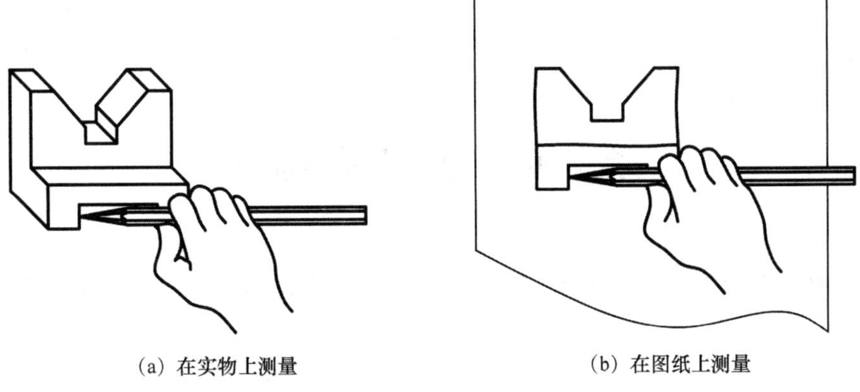

(a) 在实物上测量　　(b) 在图纸上测量

图 2.46　用铅笔测量

第 3 章　正投影基础

在工程技术领域中，广泛采用投影的方法绘制工程图样，它是在平面上表示空间物体的基本方法。

物体的表面可看成由点、线、面等几何元素组合而成，因此，本章首先介绍投影的基本知识，然后介绍空间几何元素(点、线、面)的投影规律及其定位和度量问题。本章所介绍的投影理论和作图方法是后续内容的基础。

3.1　投影的基本知识

3.1.1　投影法概述

投影是一种自然现象，在日常生活中经常能够见到这种现象，例如，物体在光源的照射下，在墙面或地面上就会出现该物体的影子。投影法就是从这一自然现象抽象出来，并随着科学技术的发展而发展起来的。

如图 3.1 所示，光源用点 S(称为投射中心)表示，自 S 引出的射线称为投射线(如 SA、SB、SC)；呈现影子的墙面或地面 P 称为投影面；SA、SB、SC 与 P 的交点 a、b、c 就是空间三角形三个顶点 A、B、C 在 P 上的投影。而$\triangle abc$ 即为空间$\triangle ABC$ 在 P 上的投影。这种用投射线通过物体向选定的面投射，并在该面上得到图形的方法称为投影法，而根据投影法得到的图形称为投影。

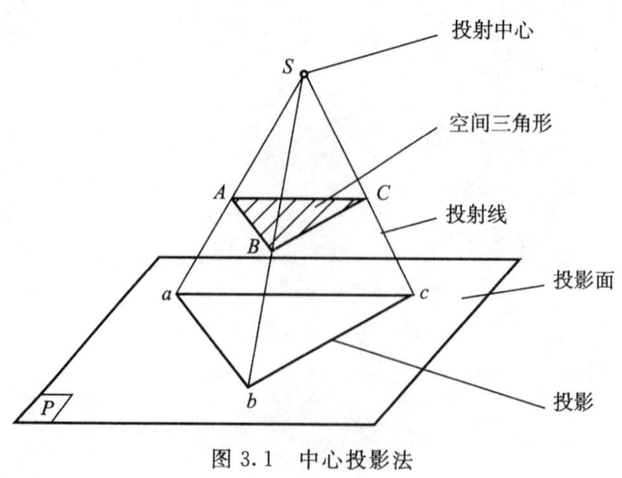

图 3.1　中心投影法

工程上常用的投影法有中心投影法和平行投影法。

3.1.2　中心投影法

如图 3.1 所示，投射线均发自投射中心时，称为中心投影法；据此投影法得到的图形称为中心投影。空间物体中心投影的大小与该物体距投射中心、投影面间的距离有关。

3.1.3　平行投影法

如果把中心投影法中的投射中心移至无穷远处，那么各投射线就会相互平行，这种投影法称为平行投影法，投射中心以一个方向矢量 S 表示，如图 3.2 所示。空间物体投影的大小和形状，只与物体相对投影面的位置、投射线角度有关，而与投影面间的距离无关。

平行投影法又分两类，当投射线倾斜于投影面时，称为斜投影法(见图 3.2(a))，所得投影称为斜投影(又称为斜角投影)；当投射线垂直于投影面时，称为正投影法(见图 3.2(b))，所得投影称为正投影(又称为直角投影)。这是工程上常用的投影法，除第 11 章 11.3 节斜二等轴测图和第 12 章透视投影外，后面章节所说的投影，均指用正投影法得到的正投影。

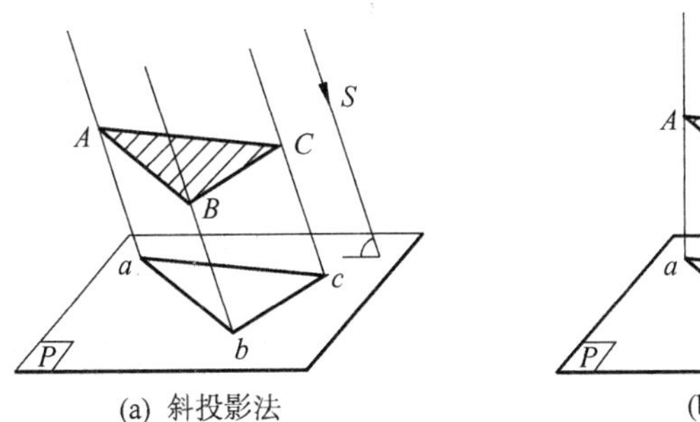

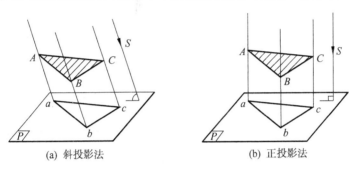

(a) 斜投影法　(b) 正投影法

图 3.2　平行投影法

3.1.4　直线和平面的投影特性

正投影法中，直线和平面的投影有以下特点。

1. 平行性

平行两直线的投影仍相互平行。如图 3.3 所示，即已知 $AB /\!/ CD$，则 $ab /\!/ cd$。

2. 从属性

属于直线的点，其投影仍属于直线的投影。如图 3.4 所示，即已知 $C \in AB$，则 $c \in ab$。

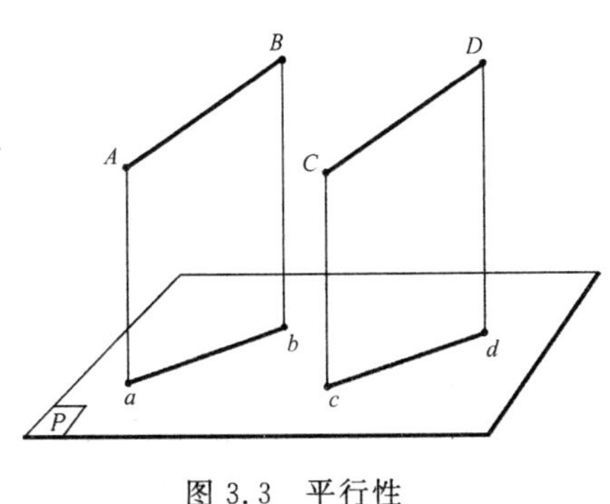

图 3.3　平行性

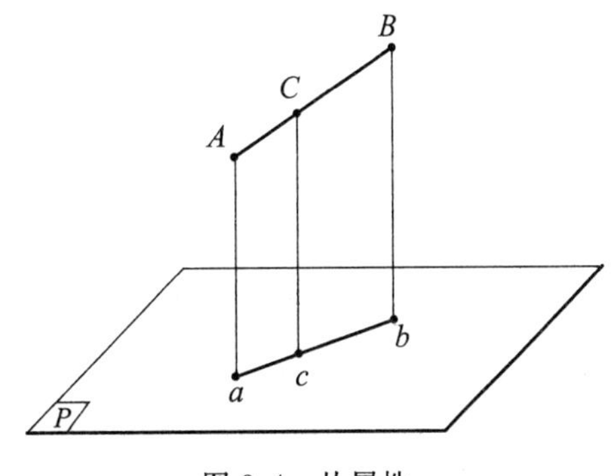

图 3.4　从属性

3. 定比性

(1) 两平行线段长度之比等于其投影长度之比。如图 3.3 所示,即 $AB:CD=ab:cd$。

(2) 直线上两线段长度之比等于其投影长度之比。如图 3.4 所示,即 $AC:CB=ac:cb$。

4. 真实性

如图 3.5 所示,直线 AB 平行投影面 H,AB 与投射线所组成的矩形平面与投影面交线 ab,即为直线 AB 在 H 面上的投影,并与 AB 等长;同理,AC、BC 也平行投影面,其投影均反映实长。投影$\triangle abc$ 与空间平面$\triangle ABC$ 为全等图形。

结论:直线平行投影面,其上线段的投影长度等于实长;平面平行投影面,其上平面图形的投影反映实形。这种投影反映线段实长、平面图形实形的特性,称为真实性。

5. 积聚性

如图 3.6 所示,直线 AB 垂直投影面 H,则 AB 上所有的点均位于同一投射线上,各点投影重合在一点。平面$\triangle ABC$ 垂直于投影面 H,该平面在 H 面上的投影则表现为一条直线,并且平面上的所有点、直线或平面图形的投影均重合在该直线上。

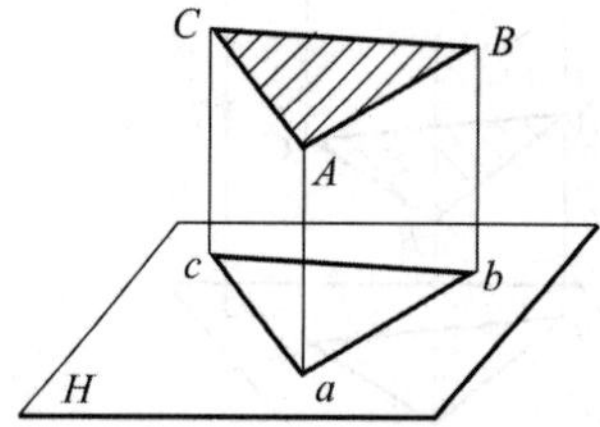

图 3.5　直线、平面投影的真实性

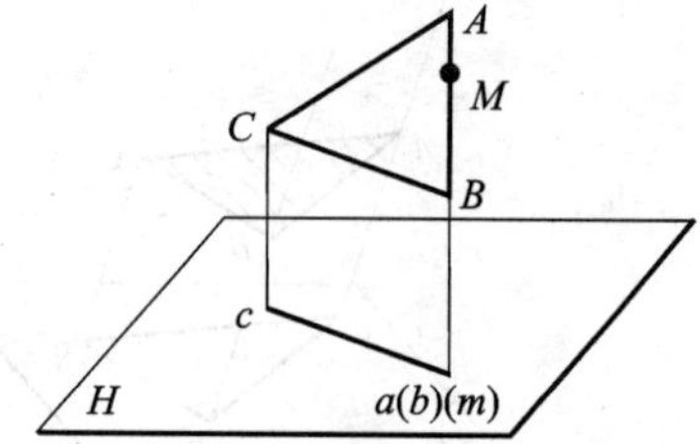

图 3.6　直线、平面投影的积聚性

结论:直线垂直投影面,其投影积聚为一点;平面(包括任何平面图形)垂直投影面,其投影积聚为一直线。这种投影特性称为积聚性。

6. 类似性

如图 3.7 所示,直线 AB 倾斜投影面 H,其投影为小于实长的直线。平面倾斜投影面,平面形的投影发生变形,而边数、线段间的平行关系、凸凹均不变,这种性质称为类似性。

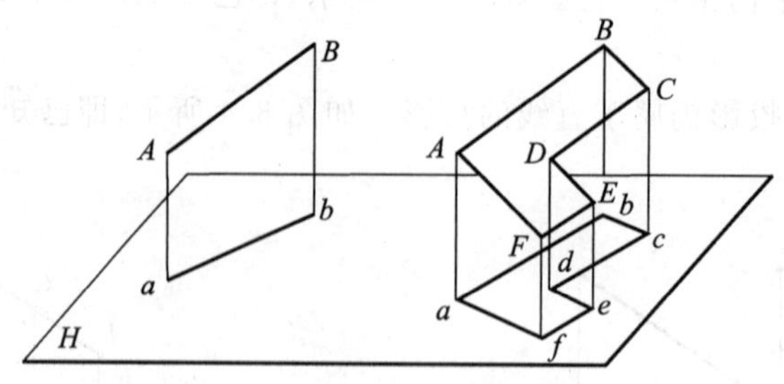

图 3.7　直线、平面投影的类似性

结论:直线倾斜于投影面,其线段的投影小于该线段的实长;平面倾斜于投影面,其平面图形的投影为原形的类似形。

由上述直线和平面的投影特性看出,平行投影法中的正投影法,在投影图上能表示空间物体的形状和大小,使作图方法简便,度量性好,所以在工程上得到了广泛应用。

工程上常用4种图样，即正投影图、标高投影图、轴测图和透视图，其中前3种采用平行投影，后一种采用中心投影。本书主要介绍正投影图，轴测图和透视图分别在第11章、第12章中介绍。

3.2 点的投影

点是构成物体的最基本的几何元素，本节介绍点的投影规律及其定位等问题，以正确掌握正投影的规律。

3.2.1 点的投影与空间位置的关系

如图3.8(a)所示，过空间点 A 向投影面 H 作投射线，与投影面 H 的交点 a，即是点 A 在投影面上的投影。所以，空间点在确定的投影面 H 上的投影是唯一的。反之，如图3.8(b)所示，若已知点 A 的一个投影 a，过 a 作垂直于投影面 H 的投射线，空间点 A，A_1，A_2，A_3，…各点都可能是投影 a 对应的空间点。因此，空间点的一个投影不能唯一确定该点的空间位置。为此，可以再增加一个铅垂的投影面 V，并使 V 面垂直 H 面，如图3.8(c)所示，在 V 面上得到点 A 的另一个投影 a'，由点的两个投影 a、a'，就能唯一确定点的空间位置。

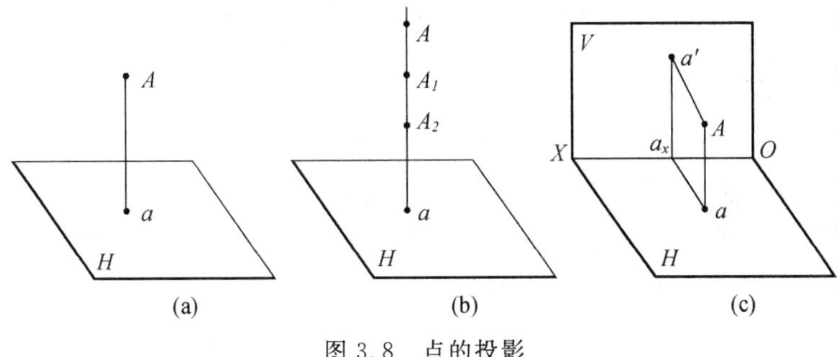

图3.8　点的投影

3.2.2 点的三面投影

由前述可知，点的两面投影即可确定该点的空间位置，但对于较复杂的物体，可能需要三面投影才能表达清楚，因此需要研究点在三面投影体系中的投影规律。

1. 三面投影体系的建立和点的三面投影图的形成

在图3.8(c)所示的两投影面基础上，再增加一个投影面 W，使之同时垂直于 V 面和 H

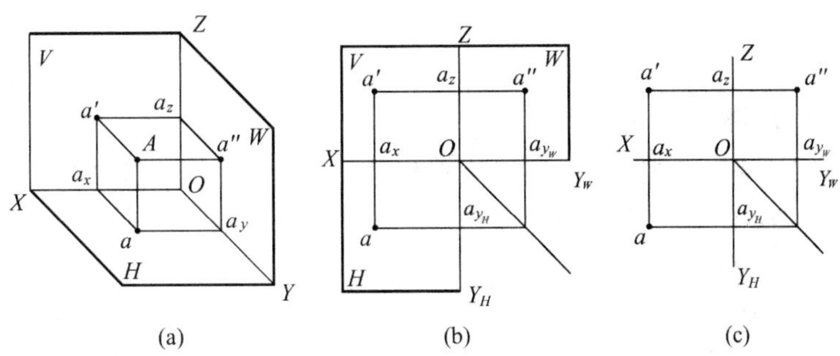

图3.9　点在三面投影体系中的投影

面，如图 3.9(a)所示，这就构成三面投影体系。其中，水平放置的投影面称为水平投影面，用 H 表示；与水平投影面垂直的投影面称为正立投影面，用 V 表示；与正立投影面及水平投影面同时垂直的投影面称为侧立投影面，用 W 表示。V 面与 H 面交于 OX 轴，H 面与 W 面交于 OY 轴，V 面与 W 面交于 OZ 轴，OX、OY、OZ 称为投影轴，它们的交点 O 称为原点。

由空间点 A 向 W 面投影，在 W 面上的投影为 a''。点 A 的三个投影分别称为正面投影 a'、水平投影 a、侧面投影 a''(空间点通常用大写字母表示，它的三个投影都用同一个小写字母表示，其中水平投影不加撇，正面投影加一撇，侧面投影加两撇)。

为了使三个投影面位于同一平面，规定投影面的展开如图 3.9(b)所示：令 V 面位置不变，H 面绕 OX 轴向下旋转 90°，W 面绕 OZ 轴向后旋转 90°，使 H 面、W 面与 V 面均位于同一平面上。应注意的是，三面投影展开后，空间的 OY 轴分为两部分，在 H 面上的用 OY_H 表示，在 W 面上的用 OY_W 表示，它们表示的都是空间 OY 轴。

投影面可以认为是任意大的，通常在投影图上不画它们的范围，如图 3.9(c)所示，称为点的三面投影图；投影图上各投影点之间的细实线称为投影连线。

2. 点在三面投影图中的投影规律

(1) 点的正面投影和水平投影的连线垂直于 OX 轴，即 $a'a \perp OX$。

(2) 点的正面投影和侧面投影的连线垂直于 OZ 轴，即 $a'a'' \perp OZ$。

(3) 点的水平投影到 OX 轴的距离等于其侧面投影到 OZ 轴的距离，即 $aa_x = a''a_z$。

例 3.1 已知点 A 两个投影 a'、a''，如图 3.10(a)所示，求第三投影 a。

作图

(1) 由点 O 作与水平线成 45°的辅助线，如图 3.10(b)所示。

(2) 由 a' 作 OX 轴的垂线，交 OX 轴并延长，如图 3.10(c)所示。

(3) 由 a'' 作 OY_W 轴的垂线，并延长与 45°辅助线相交，由此交点再作 OY_H 轴的垂线与过 a' 的垂线交于一点，即为空间点 A 的水平投影 a，如图 3.10(c)所示。

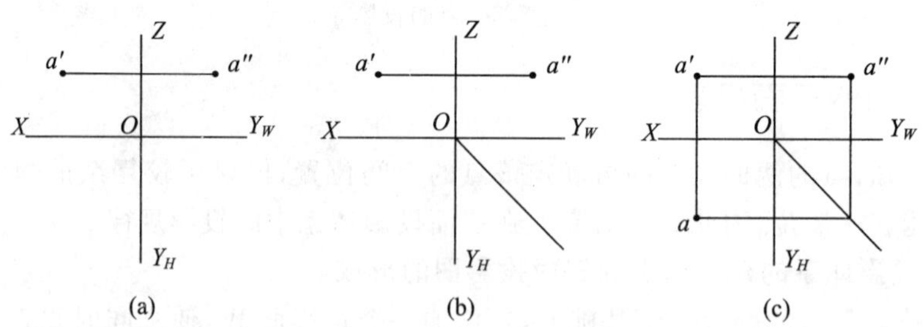

图 3.10 已知点的两个投影求第三投影

3. 点的投影与坐标之间的关系

在三面投影体系中，由于 OX、OY、OZ 轴相互垂直，可在其上建立笛卡尔直角坐标体系，O 为原点。空间点的位置就可由三个坐标 x、y、z 表示，它们分别代表点到 W、V、H 面的距离，如图 3.11(a)所示。

在点的三面投影图中，点的每个投影都可以由两个坐标确定，如图 3.11(b)所示，a' 由 x_A、z_A 确定，a 由 x_A、y_A 确定，a'' 由 y_A、z_A 确定。由此可知，点的任意两个投影都包含三个坐

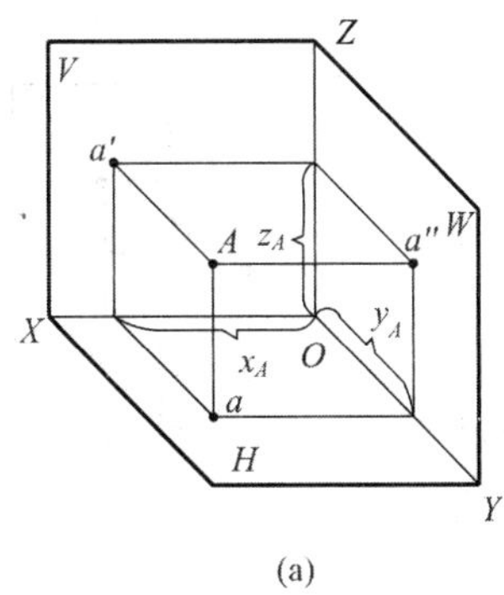

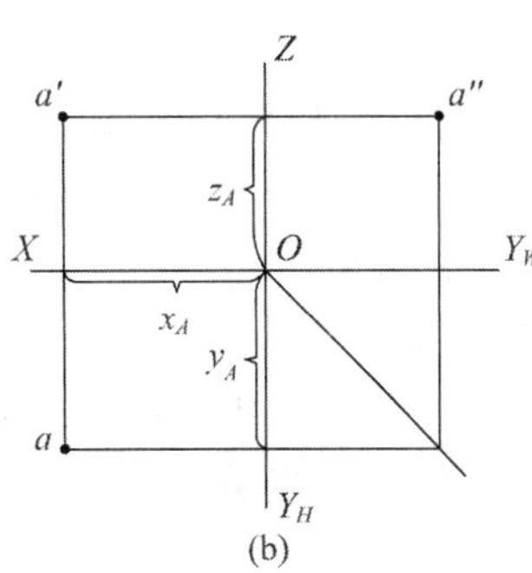

图 3.11　点的投影与坐标的关系

标，即两个投影可确定点的空间位置。利用投影和坐标的关系，就可由点的两个投影量出三个坐标，也可由点的三个坐标画出点的三个投影。

例 3.2　已知点 $A(16、10、18)$，作出该点的三面投影。

作图　如图 3.12 所示，设单位为 mm。

(1) 在 OX 轴上，由点 O 向左量出 $x=16$，得 a_x。

(2) 过 a_x 作 OX 轴垂线，在 a_x 上方量出 $z=18$ 得 a'；在下方量出 $y=10$，得 a。

(3) 利用点的投影规律由 a'、a 求出 a''；也可由 a' 作 OZ 轴垂线交 OZ 于 a_z 并延长，由 a_z 向右量出 $y=10$，得 a''。

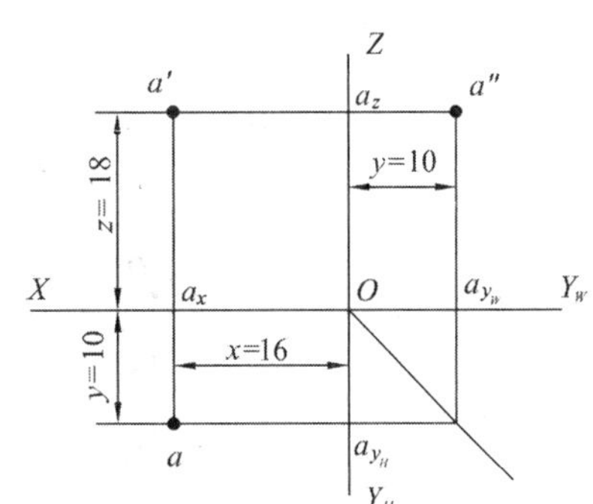

图 3.12　已知点的坐标求该点的三面投影

3.2.3　两点的相对位置和重影点

1. 两点的相对位置

根据两点相对于投影面距离的不同，即可确定两点的相对位置。如图 3.13 所示，已知 A、B 两点的三面投影，可知两点的坐标 $A(x_A、y_A、z_A)$、$B(x_B、y_B、z_B)$，由此可判定该两点在空间的相对位置(即左右、前后、上下)。

若以点 B 为基准，因 $x_A>x_B$，故点 A 在点 B 的左方，可由两点的正面投影或水平投影来判定；$y_A<y_B$，故点 A 在点 B 的后方，由两点的水平投影或侧面投影可判定(规定距 V 面远处为前，距 V 面近处为后)；$z_A<z_B$，故点 A 在点 B 的下方，由两点的正面投影或侧面投影来判定。

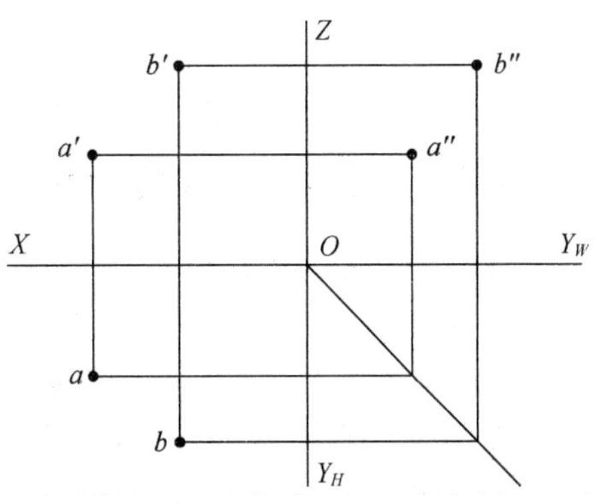

图 3.13　两点的相对位置

综上所述，A、B 两点的相对位置是点 A 在点 B 的左、后、下方。

例 3.3　如图 3.14 所示，已知点 A 的三面投影，另一点 B 在点 A 上方 10 mm、左方

15 mm、后方 6 mm 处,求点 B 的三面投影。

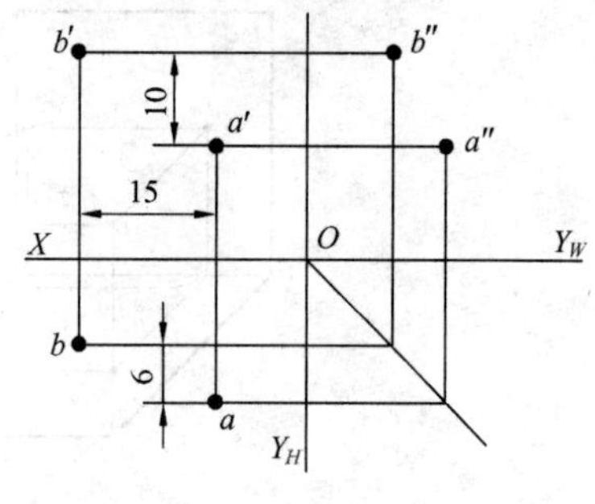

图 3.14　两点的相对位置

作图

(1) 在 a' 左方 15 mm、上方 10 mm 处确定 b'。

(2) 作 $b'b \perp OX$,且在 a 后 6 mm 处确定 b。

(3) 按投影关系求得 b''。

2. 重影点及其可见性

当两点位于同一投射线上时,它们在该投射线垂直的投影面上的投影重合,此两点称为对该投影面的重影点。

如图 3.15 所示,点 A、B 在对 H 面的同一条投射线上,点 A 在点 B 的正上方,它们在 H 面的投影重合,称为对 H 面的重影点;同理,点 C、D 称为对 V 面的重影点。

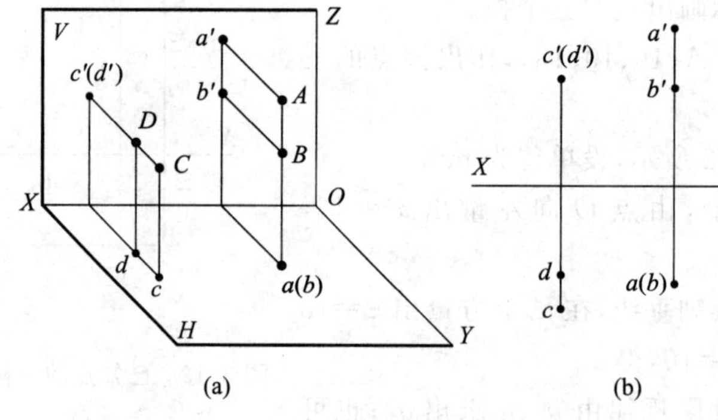

图 3.15　重影点及其可见性的判别

两点重影必产生可见性问题。显然,距投影面远的一点是可见的。图 3.15 中,点 A 在点 B 正上方,所以点 A 对 H 面可见,点 B 为不可见;点 C 在点 D 正前方,所以点 C 对 V 面可见,点 D 为不可见。在重影投影中,将不可见点的投影名加括号以示区别,见图 3.15(b)中的(b)和(d')。

3.2.4　各种位置点的投影

1. 四分角中点的投影

在由 V、H 投影面组成的两投影面体系中,由于投影平面是没有边界的,这样互相垂直的两个投影面 V 和 H 把投影空间分成四部分,每部分称为分角,按图 3.16 所示的次序,分别称为第一、二、三、四分角。

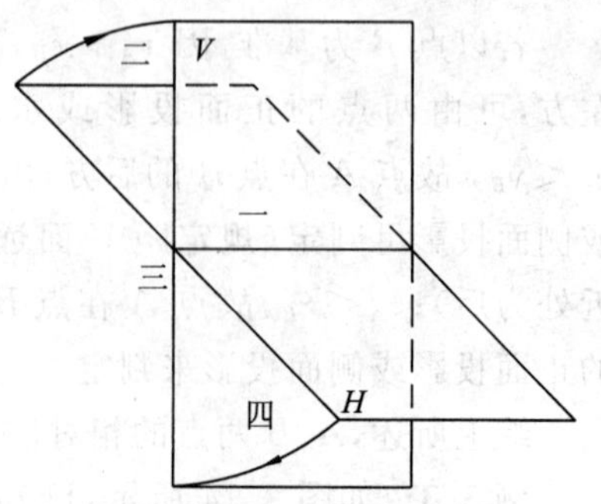

图 3.16　空间分为四个分角

不论空间点在哪个分角,在画它的投影图时,投影面的展开都按同一个规定,即 V 面不动,H 面绕 OX 轴旋转 90°,使 H 面的前一半向下旋转,后一半向上旋转与 V 面重合。

当空间点位于不同的分角内时,其两面投影的位置也随之变化，但仍然遵守前述的点的投影规律。

如图 3.17 所示，第一分角内点 A 的两投影在 OX 轴两侧，a' 在 X 轴上方，a 在 X 轴下方；第二分角内点 B 的两投影 b'、b 都在 OX 轴上方；第三分角内点 C 的两投影也在 OX 轴两侧，但 c' 在 X 轴下方，c 在 X 轴上方；第四分角内点 D 的两投影 d'、d 都在 OX 轴下方。

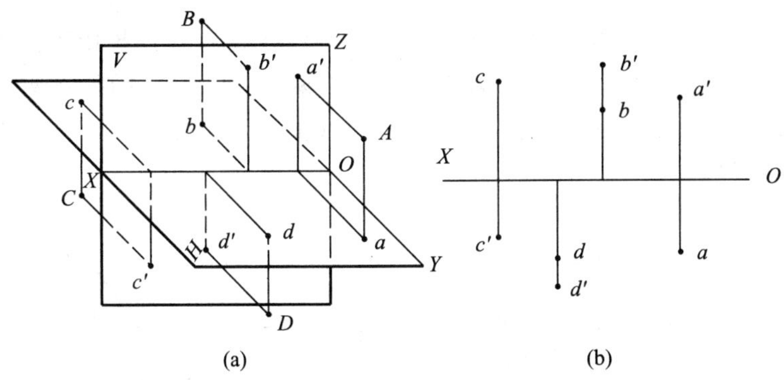

图 3.17 各分角中点的投影

由上可知，位于一、三分角的点的 V、H 两投影分布在 X 轴的两侧；而位于二、四分角的点的 V、H 两投影分布在 X 轴的同侧，但作为两面投影图的性质是不变的。经常采用的是将空间形体放在第一或第三分角进行投影，分别称为第一角投影和第三角投影。

国家标准《技术制图》规定(GB/T 14692—1993)，在表达物体时应采用第一角画法，所以本书以第一角投影为重点。英美等国家采用的是第三角投影，它的简单介绍见第 7 章的 7.6 节。

2. 特殊位置点的投影

除了点在四个分角内的各种位置外，特殊情况下，点还可在投影面、投影轴上。当空间点的 Y、Z 两坐标中有一个为 0(点在投影面上)，或者 Y、Z 两坐标均为 0(点在投影轴 X 上)，则为特殊位置的点。

当空间点处于特殊位置时，其投影有一定的特点。如图 3.18 所示，点 A 在前一半 H 面上，点 B 在上一半 V 面上，点 D 在下一半 V 面上，点 E 在后一半 H 面上，这种在投影面上的点，一个投影与空间点本身重合(A 与 a 重合，B 与 b' 重合，D 与 d'，E 与 e)，另一投影必在投影轴上。点 C 在 OX 轴上，它的两个投影 c、c' 都与空间点本身重合(C、c、c' 重合)。

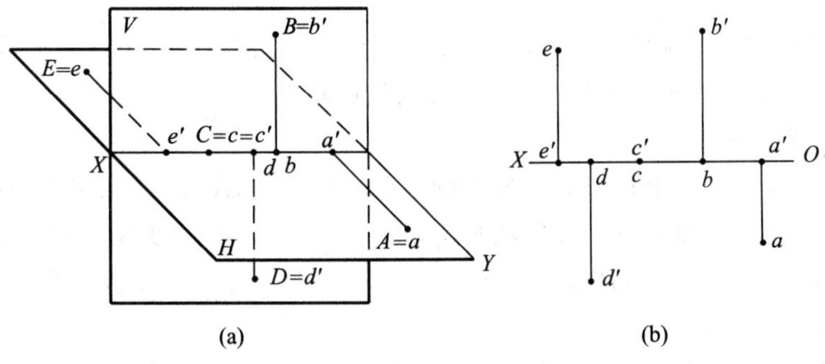

图 3.18 投影面及投影轴上的点

3.3 直线的投影

3.3.1 直线的投影

直线的投影一般仍为直线。由于两点决定一直线,因此直线的投影可由该直线上任意两点的投影来确定。如图 3.19 所示,若已知直线上两点 A、B 的投影,将两点同面投影相连,就得到直线的投影 $a'b'$、ab、$a''b''$。另外,已知直线上一点的投影和该直线方向的投影,也可画出该直线的投影。

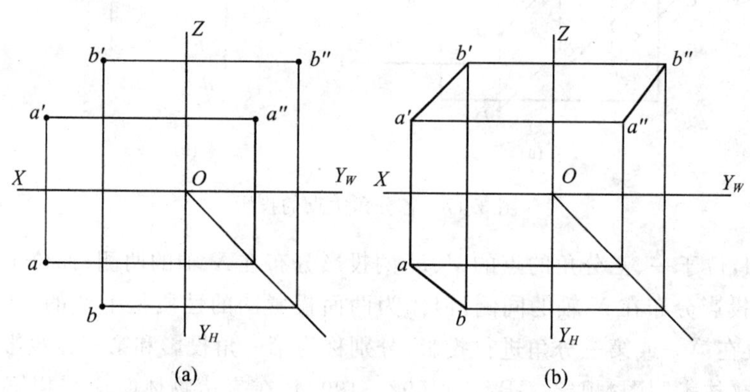

图 3.19 两点决定一直线

在三面投影体系中的直线,根据其对投影面的相对位置可分为三类。

(1) 对三个投影面均处于倾斜位置的直线,称为一般位置直线。

(2) 平行于一个投影面,倾斜于另外两个投影面的直线,称为投影面平行线。

(3) 垂直于一个投影面(必平行于另外两个投影面)的直线,称为投影面垂直线。

后两种直线又称为特殊位置直线。直线与它的水平投影、正面投影、侧面投影的夹角,分别称为该直线对投影面 H、V、W 的倾角,分别用 α、β 和 γ 表示,如图 3.20(a)所示。由该图可以看出

$$ab = AB\cos\alpha$$
$$a'b' = AB\cos\beta$$
$$a''b'' = AB\cos\gamma$$

当直线平行于投影面时,倾角为 0°;垂直于投影面时,倾角为 90°;倾斜于投影面时,则倾角大于 0°、小于 90°。下面分别讨论这三类直线的投影特性。

1. 一般位置直线

一般位置直线是对三个投影面均处于倾斜位置的直线,图 3.20 示出了一般位置直线的三个投影。一般位置直线段三个投影的长度,均小于线段本身的实长,$ab = AB\cos\alpha < AB$,$a'b' = AB\cos\beta < AB$,$a''b'' = AB\cos\gamma < AB$,并且三个投影与相应投影轴的夹角均不反映空间直线对投影面的夹角。

由此可得一般位置直线的投影特性:三个投影都倾斜于投影轴;投影长度小于线段的实长;投影与投影轴的夹角不反映直线对投影面的倾角。

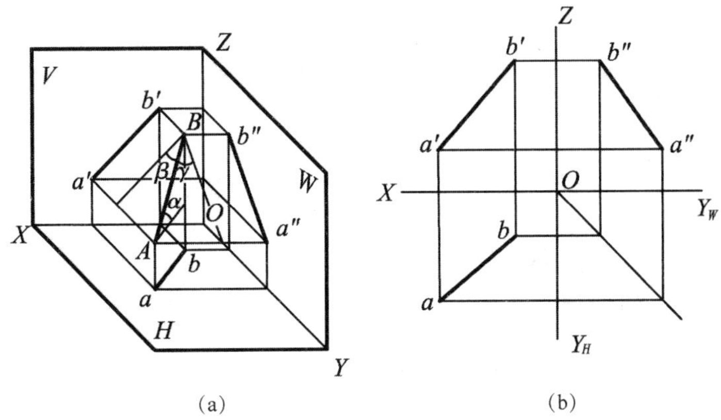

(a) (b)

图 3.20 一般位置直线

2. 投影面平行线

空间直线平行于一个投影面，倾斜于另外两个投影面，这样的直线统称为投影面平行线。根据与所平行的投影面不同，平行线可分为三种：平行于 H 面的直线称为水平线；平行于 V 面的直线称为正平线；平行于 W 面的直线称为侧平线。

现以水平线为例说明其投影特性。从图 3.21 所示的立体图和投影图中看出，AB 平行于 H 面，所以 ab 反映 AB 实长，并且 ab 与 OX 的夹角反映 AB 与 V 面倾角 β，ab 与 OY_H 夹角反映 AB 与 W 面倾角 γ。因 AB 上所有点的 Z 坐标相同，所以 $a'b' \parallel OX$，$a''b'' \parallel OY_W$，且 $a'b'$、$a''b''$ 小于 AB。

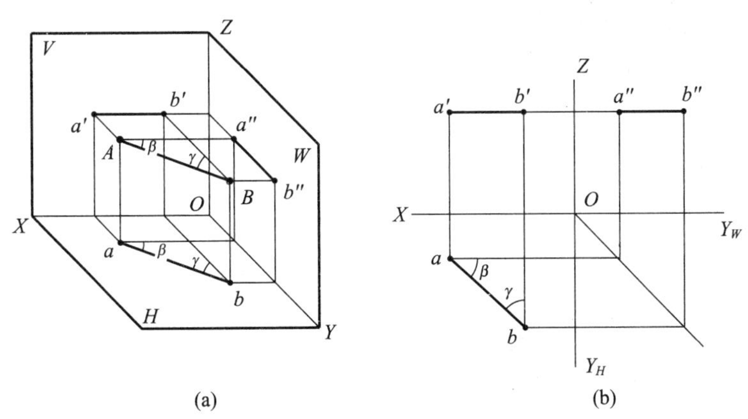

(a) (b)

图 3.21 水平线的投影特性

同理，正平线和侧平线也有类似的投影特性，如表 3.1 所示。

由表 3.1 归纳的投影面平行线投影特性的规律如下：

(1) 在所平行的投影面上的投影反映直线段实长，该投影与投影轴的夹角分别反映直线与相应投影面的倾角；

(2) 直线的另外两个投影分别平行相应的投影轴但小于实长。

3. 投影面垂直线

垂直于投影面的直线，统称为投影面垂直线。垂直于一个投影面必平行于另外两个投影面。根据所垂直的投影面不同，垂直线可分为三种：垂直于 H 面的直线，称为铅垂线；垂

直于 V 面的直线,称为正垂线;垂直于 W 面的直线,称为侧垂线。

表 3.1 投影面平行线的投影特性

名 称	立 体 图	投 影 图	投影特性
水平线			① $ab=AB$ ② $a'b' /\!/ OX$ $a''b'' /\!/ OY_W$ ③ 反映 β、γ 实际大小
正平线			① $c'd'=CD$ ② $cd /\!/ OX$ $c''d'' /\!/ OZ$ ③ 反映 α、γ 实际大小
侧平线			① $e''f''=EF$ ② $e'f' /\!/ OZ$ $ef /\!/ OY_H$ ③ 反映 α、β 实际大小

下面以铅垂线为例说明其投影特性。按定义铅垂线垂直于 H 面,所以在 H 面上的投影积聚为一点,如图 3.22 所示。同时铅垂线必平行于 V 面和 W 面,所以 $a'b'$ 和 $a''b''$ 反映 AB 实长,且 $a'b' \perp OX$,$a''b'' \perp OY_W$。

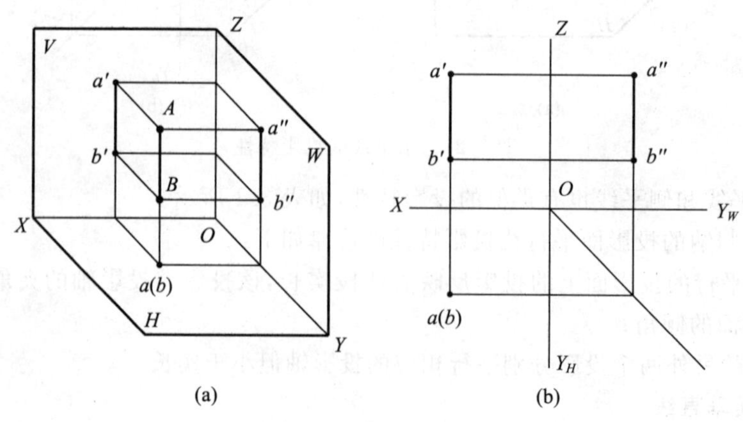

图 3.22 铅垂线的投影特性

同理，正垂线和侧垂线投影特性的规律与铅垂线相似，如表 3.2 所示。

表 3.2　投影面垂直线的投影特性

名　称	立　体　图	投　影　图	投影特性
铅垂线	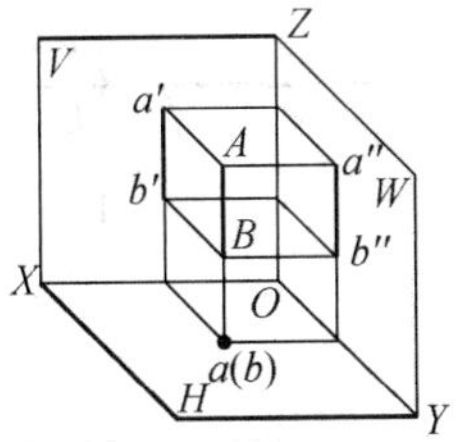	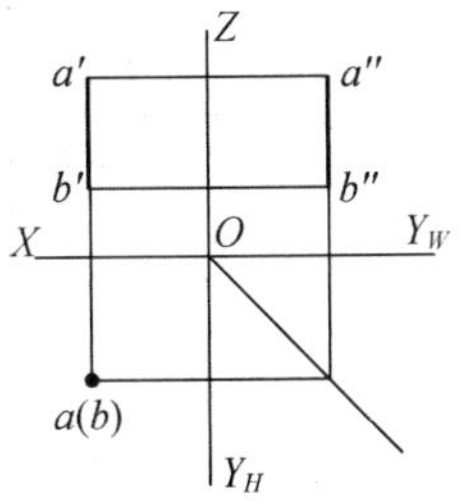	① ab 投影为一点，具有积聚性 ② $a'b' \perp OX$ $a''b'' \perp OY_W$ 且 $a'b'$、$a''b''$ 都反映实长
正垂线	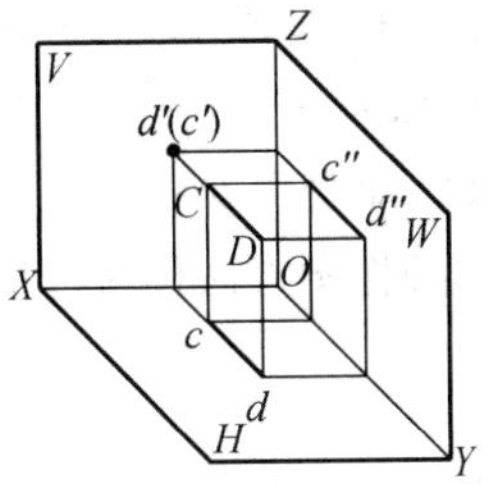	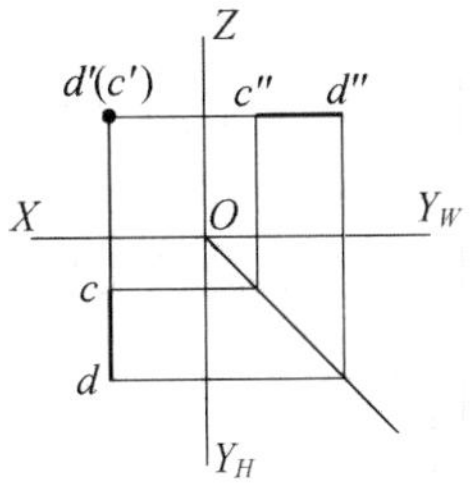	① $c'd'$ 投影为一点，具有积聚性 ② $cd \perp OX$ $c''d'' \perp OZ$ 且 cd、$c''d''$ 都反映实长
侧垂线	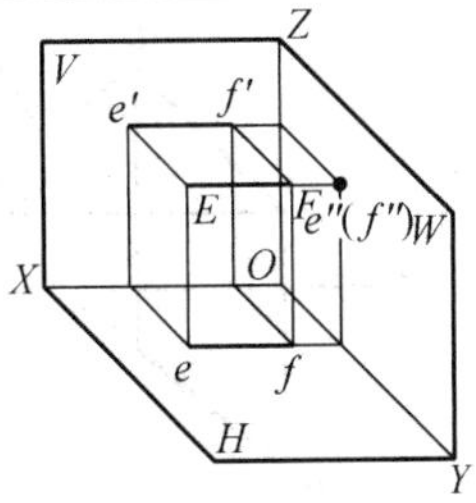	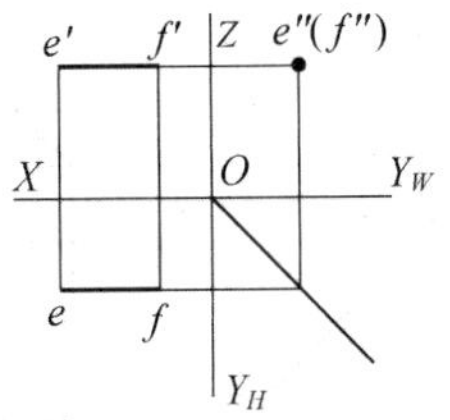	① $e''f''$ 投影为一点，具有积聚性 ② $e'f' \perp OZ$ $ef \perp OY_H$ 且 $e'f'$、ef 都反映实长

由表 3.2 归纳的投影面垂直线的投影特性的规律如下：

(1) 在其所垂直的投影面上，投影为一点，有积聚性；

(2) 另外两个投影面上的投影垂直于相应的投影轴，且反映线段的实长。

4. 从属于投影面或投影轴的直线

从属于投影面的直线是投影面平行线和投影面垂直线的特殊情况，它除了具有这两类直线的投影性质外，还具有其特殊的性质——必有一投影与直线本身重合，另两投影在投影轴上。图 3.23(a)所示是从属于 V 面的直线 AB 的投影，图 3.23(b)所示是从属于 V 面的铅垂线 CD 的投影。

更特殊的情况是从属于投影轴的直线，这类直线必定是投影面垂直线，其投影的特殊性质是，必有两投影重合于直线本身，另一投影积聚在原点上。图 3.23(c)所示是从属于 OX 轴的直线 EF 的投影。

3.3.2　一般位置线段的实长及其对投影面的夹角

由 3.3.1 小节可知，特殊位置直线段的投影，能反映线段的实长及其对投影面的倾角，而一般位置直线的投影，既不能反映该线段的实长，又不能反映该线段对投影面的倾角。可以用直角三角形法求出一般位置直线的实长和倾角。

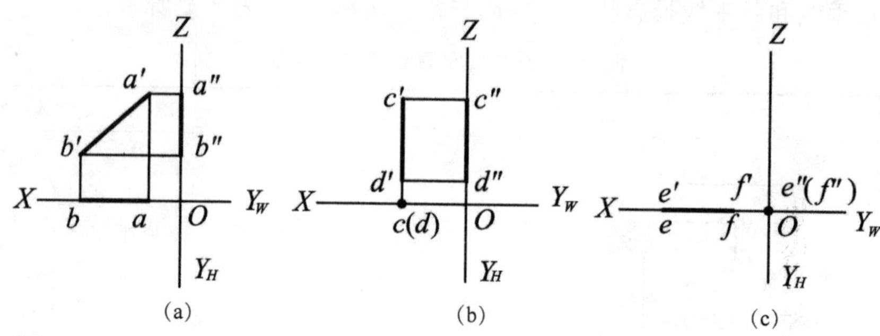

图 3.23　从属于一个投影面或投影轴的直线

图 3.24(a)所示为一般位置线段 AB 的直观图,为求得线段 AB 的实长,过点 A 作 $AB_0 /\!/ ab$,则构成直角三角形 ABB_0。在该三角形中 $AB_0=ab$,$BB_0=b'b'_0=\Delta z$(A、B 两点的 z 坐标差),而$\angle BAB_0$ 即 α 角,斜边即 AB 实长。因此,如果已知直角 $b'b'_0=\Delta z$ 三角形两直角边的长度,便可作出此三角形,从而求出线段的实长和倾角。这种作图方法称为直角三角形法。

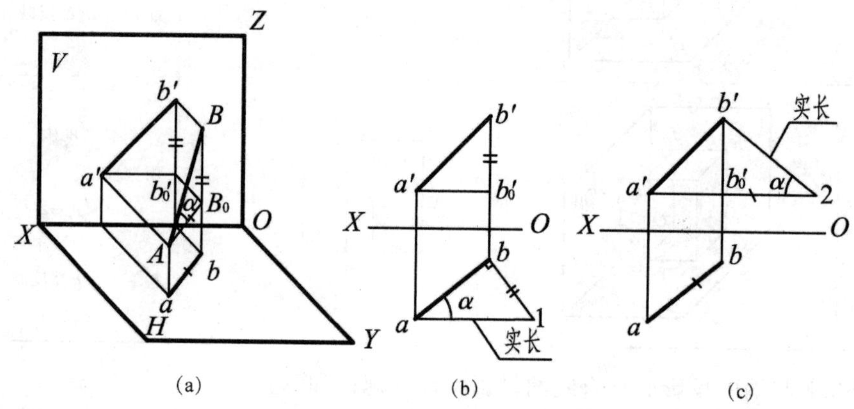

图 3.24　求线段实长及 α 角

在投影图上的作图法见图 3.24(b)。以 ab 为一直角边,以 $b1=b'b_0'=\Delta z$ 为另一直角边,作出直角三角形 $ab1$,斜边 $a1$ 即为线段 AB 的实长,$\angle ba1$ 为线段 AB 与 H 面的夹角 α。

直角三角形可以画在图纸的任何地方,图 3.24(c)所示的是以 $b'b'_0=\Delta z$ 为基础作出的直角三角形。

图 3.25(a)示出了求线段的实长及 β 角的空间关系。作线段 $BA_0 /\!/ a'b'$,构成直角三角形 ABA_0。直角边 BA_0 长度等于正面投影 $a'b'$;另一直角边 AA_0 是线段两端点 A 和 B 离正立投影面的距离差 Δy,长度等于水平投影 aa_0,而$\angle ABA_0$ 即 β 角,斜边即 AB 实长。

在投影图上的作图法见图 3.25(b)。作 $b'1 \perp a'b'$,并且 $b'1=aa_0$($ba_0 /\!/ OX$,截得长度 aa_0),构成直角三角形 $a'b'1$。斜边 $a'1$ 即为线段 AB 的实长,$\angle b'a'1$ 为线段 AB 对 V 面的夹角 β。图 3.25(c)所示的是以 $aa_0=\Delta y$ 为基础作出的直角三角形。

图 3.25 中求出的实长与图 3.24 中求出的实长是相等的,都是同一线段 AB 的实长。

同理,求线段的 γ 角,则需利用侧面投影,其原理和方法是一样的。

由上可将直角三角形法的作图步骤总结如下。

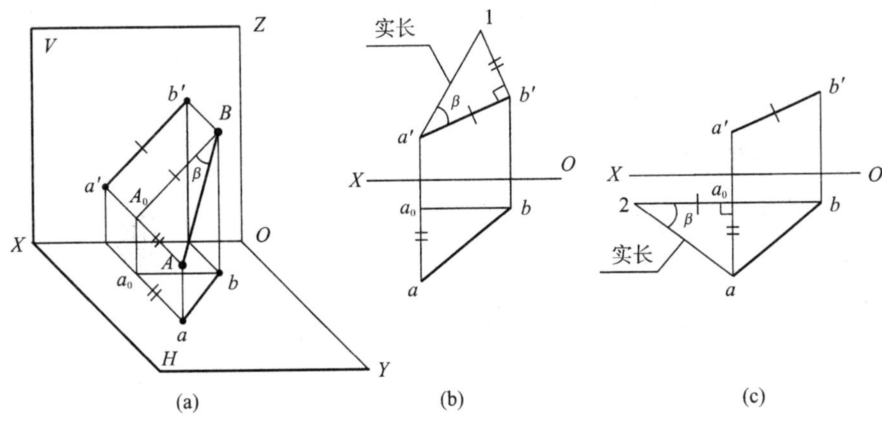

图 3.25　求线段实长及 β 角

(1) 以线段的某个投影(如水平投影)的长度为一直角边。

(2) 另一直角边是该线段的两端点相对于该投影面(如水平投影面)的距离差,该距离差可由线段的另一投影图上量取。

(3) 所作直角三角形的斜边即为线段的实长。

(4) 斜边与该投影(如水平投影)的夹角为线段与该投影面的夹角。

直角三角形中的四个参数(实长、两直角边、夹角)只要已知其中任意两个,就能画出该三角形,从而求出其余两个参数。

例 3.4　已知线段 $AB=30$ mm 及其正面投影 $a'b'$ 和点 A 的水平投影 a,试求该线段的 H 面投影 ab(见图 3.26)。

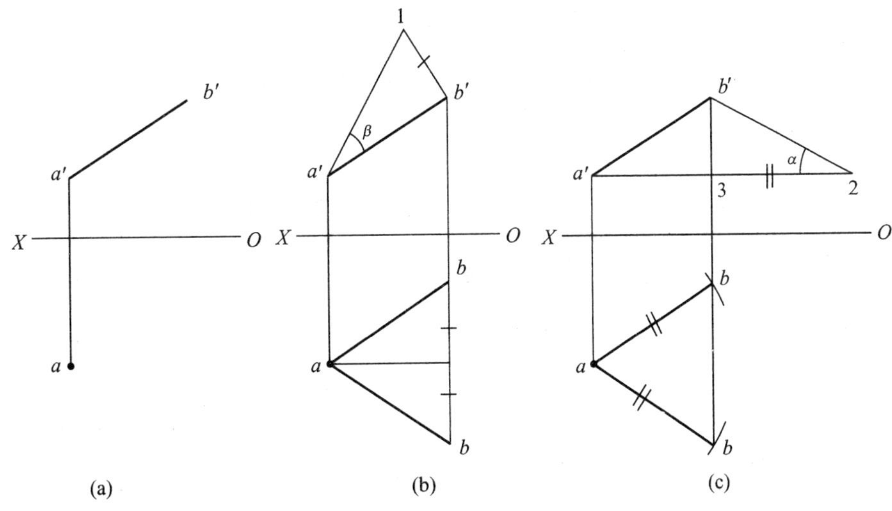

图 3.26　利用直角三角形求水平投影

分析　所求线段 AB 的水平投影中 a 为已知,只要确定 b 的位置,即可求出水平投影 ab。而确定 b 的位置需要求出 A、B 两点的 y 坐标差 Δy,或求出 ab 的长度。前者在含 β 角的直角三角形中,后者在含 α 角的直角三角形中。由已知条件知,绘制这两个直角三角形的条件都是具备的,它们分别由 $AB=30$ mm、$a'b'$ 及 Δz 给出。

图 3.26(b)是利用 $a'b'$ 和 $AB=30$ mm,构成直角三角形 $a'b'1$,直角边 $b'1$ 的长度等于

A、B 两点的 y 坐标差 Δy,从而求出水平投影 ab(有两解)。图 3.26(c)是利用 Δz 和 $AB=30$ mm,构成直角三角形 $b'23$,在该直角三角形中直角边 23 的长度等于 ab 的长度,作出水平投影 ab(有两解)。这两种方法最后的结果是一致的。

3.3.3 属于直线的点

直线与点的相对位置分为点在直线上和点不在直线上两种情况。若点在直线上,则点的投影有两个特性。

(1) 直线上点的各个投影必在直线的同面投影上。

如图 3.27 所示,$C\in AB$,则有 $c\in ab$、$c'\in a'b'$、$c''\in a''b''$。

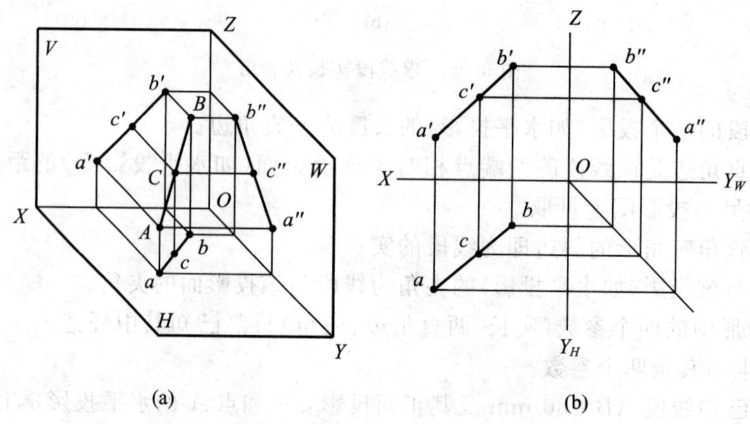

图 3.27　点在直线上的投影特性

(2) 点分割线段之比,投影后保持不变,称为定比特性。

如图 3.27 所示,$C\in AB$,则 $AC:CB=ac:cb=a'c':c'b'=a''c'':c''b''$。

反之,在投影图上,点与直线的三面投影如果符合上述点的任一个特性,则点一定在直线上;否则,点就不在直线上。

例 3.5　如图 3.28(a)所示,已知线段 AB 上一点 K 的正面投影 k',求点 K 的水平投影 k。

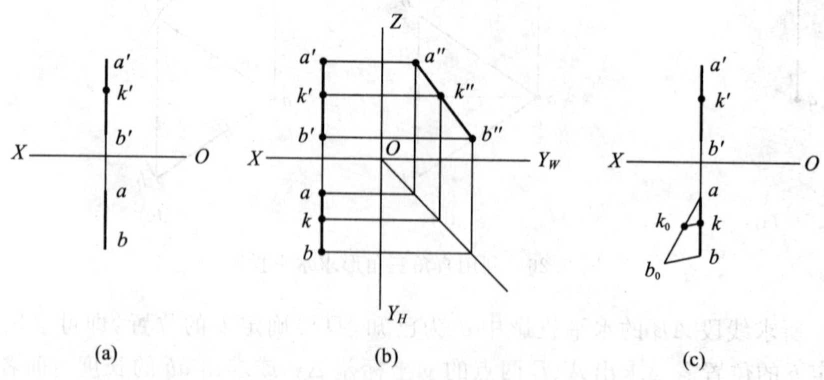

图 3.28　求点在线上的两种方法

分析　根据直线上点的投影的两个特性,此题有两种作图方法。

第一种方法:利用侧面投影确定 k,如图 3.28(b)所示。先求出 AB 的 W 面投影 $a''b''$,

根据点在直线上投影特性，确定 k''，由 k'、k''可求出点 K 的水平投影 k。

第二种方法：如图 3.28(c)所示，根据点的定比特性：$a'k' : k'b' = ak : kb$，确定点 K 的水平投影 k。

作图

(1) 过 a(或过 b)任意画一线段 ab_0，使 $ak_0 = a'k'$，$k_0b_0 = k'b'$得 b_0、k_0。

(2) 连接 b_0b，过 k_0作 $k_0k /\!/ b_0b$ 交 ab 于 k，即为所求。

例 3.6　如图 3.29(a)所示，判断点 E 是否在线段 AB 上。

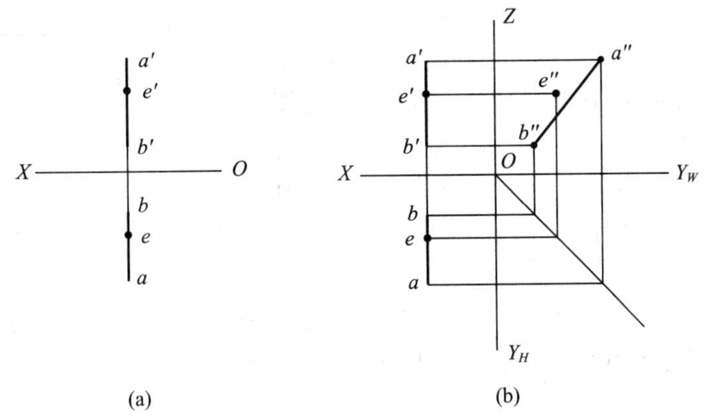

图 3.29　判断点是否在直线上的两种方法

分析和作图　第一种方法，如图 3.29(b)所示。由已知投影图上可判断出 AB 是侧平线，虽然点 E 的正面投影和水平投影都在 AB 的同面投影上，但仍不能说明该点就一定在 AB 上，作出线段 AB 和点 E 的侧面投影可判断出 e''不在 $a''b''$上，所以点 E 不在线段 AB 上。

第二种方法，利用点的定比特性直接判断。由已知投影图上可判断出 $a'e' : e'b' \neq ae : eb$，所以点 E 不在线段 AB 上。

3.3.4　两直线的相对位置

空间两直线的相对位置有三种，即平行、相交和交叉。平行和相交两直线都是位于同一平面上的直线；交叉两直线不在同一平面上，故又称为异面两直线。下面分别讨论这三种情况的投影特性。

1. 平行两直线

如图 3.30(a)所示，若空间两直线相互平行，其同面投影必相互平行；反之，若两直线的

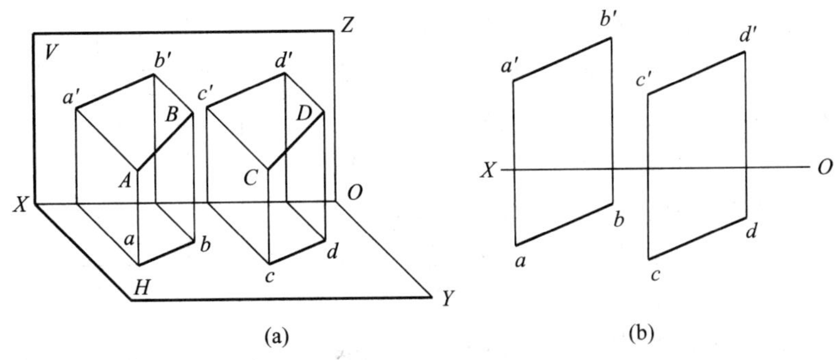

图 3.30　平行两直线

三面投影相互平行,则两直线在空间也一定平行。

若两条直线为一般位置直线,只要有两组同面投影相互平行,就可判定两直线在空间相互平行,如图3.30(b)所示。但两直线如果都是如图3.31所示的投影面平行线(EF、GH 为侧平线),虽然 V 面、H 面两组投影都各自相互平行,仍不能判定两直线平行,通常求出 EF 和 GH 在 W 面上的投影后判定。因 $e''f''$ 与 $g''h''$ 不平行,所以 EF 与 GH 不平行。如果不求出侧面投影,只凭 V、H 两投影来判断,则需要查看 EF、GH 两直线的走向是否一致,若不一致(见图3.31),则两直线不平行;若两直线的走向一致,则还需要查看比值 ef/gh 与 $e'f'/g'h'$ 是否相等,如果相等则平行,若不相等则不平行。

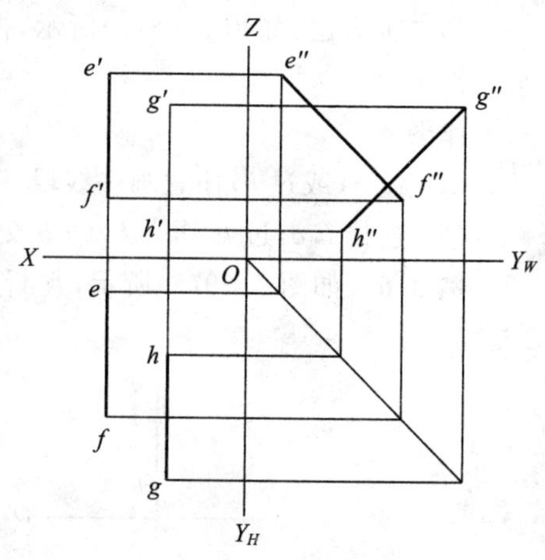

图 3.31 判断投影面平行线是否平行

2. 相交两直线

如图3.32所示,若空间两直线相交,其同面投影一定相交,而且交点的投影应符合点的投影规律;反之,若两直线的同面投影都相交,并且投影交点符合点的投影规律,则两直线在空间一定相交。

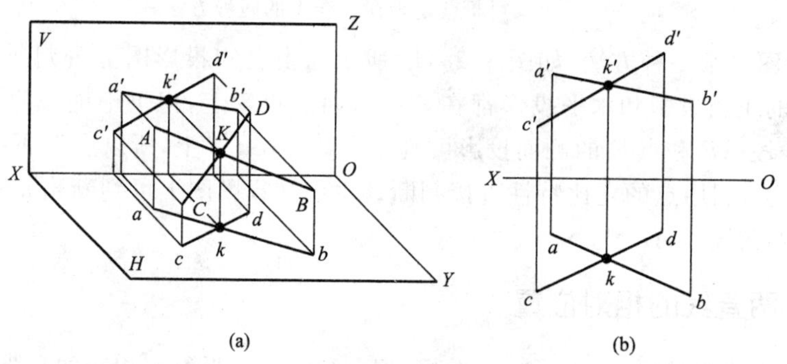

图 3.32 相交两直线

若两直线是一般位置直线,只要查看两直线的两个投影是否相交,并且交点的连线是否垂直相应的投影轴,就可以判定两直线在空间是否相交,如图3.32(b)所示。但是,当两直线中有一条是投影面平行线时,通常可通过查看投影面平行线所平行的那个投影面上的投影来判断。在图3.33中,虽然 AB、CD 的正面投影和水平投影都相交,且交点连线垂直于 OX 轴,但因 CD 是侧平线,不能判定两直线就相交,需要查看侧面投影;$a''b''$ 和 $c''d''$ 虽然相交,但该交点与 $a'b'$ 和 $c'd'$ 的交点连线与 Z 轴不垂直,故此两直线不相交。若只凭 V、H 两投影来判断,则可根据点在直线上的定比特性来判定。因两直线 V 面投影的交点分

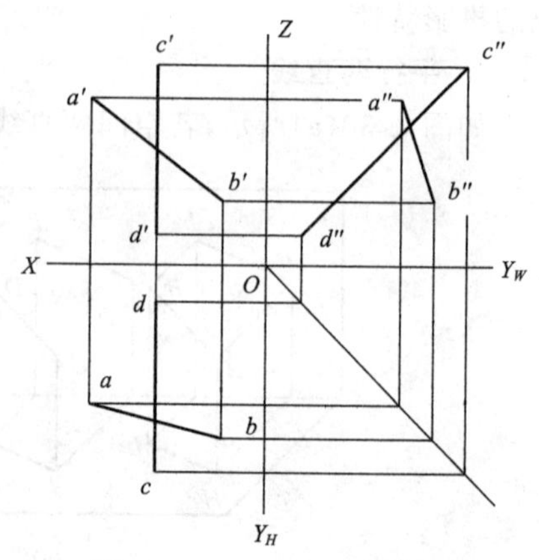

图 3.33 判断两直线是否相交,其中一直线为投影面平行线

割 $c'd'$ 之比不等于其 H 面投影交点分割 cd 之比，所以 AB 与 CD 不相交。

3. 交叉两直线

若空间两直线既不平行也不相交，称为交叉。交叉的两直线其同面投影可能有一组或两组甚至三组都相交，但各同面投影交点的投影连线不符合一个点的投影规律。

交叉两直线同面投影的交点是两直线上对某一投影面的一对重影点的投影。如图 3.34 所示，AB 上点Ⅰ和 CD 上点Ⅱ是对 H 面的重影点，AB 和 CD 水平投影交点就是Ⅰ、Ⅱ两点的水平投影；同理，AB、CD 正面投影的交点是对 V 面重影点Ⅲ、Ⅳ的正面投影。

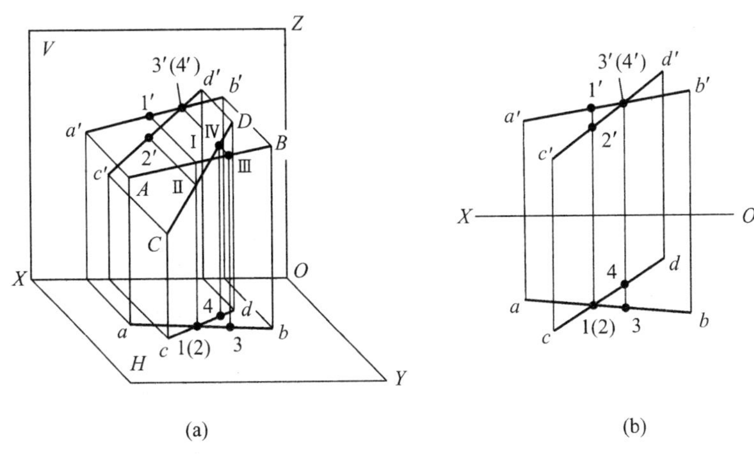

图 3.34　交叉两直线

利用重影点可判定两直线的相对位置。如图 3.34 所示，对 H 面，点 1 可见，点 2 不可见，即点Ⅰ比点Ⅱ高，故可判定包含点Ⅰ的直线 AB 在包含点Ⅱ的直线 CD 上面；对 V 面，点 3′可见，点 4′不可见，即点Ⅲ在点Ⅳ的前面，故可判定包含点Ⅲ的直线 AB 在包含点Ⅳ的直线 CD 的前面。

3.3.5　直角投影定理

当互相垂直的两直线同时平行于同一投影面时，在该投影面的投影仍为直角；当互相垂直的两直线都不平行于投影面时，在该投影面的投影一般不是直角。除以上两种情况外，将要讨论作图时经常遇到的一种情况，它是处理一般垂直问题的基础。

定理 1　垂直相交的两直线，其中有一条直线平行于一投影面，另一条直线倾斜于该投影面时，则两直线在该投影面上的投影仍反映直角关系。

如图 3.35 所示，已知 $\angle ABC=90^\circ$，$BC /\!/ H$ 面，AB 不平行于 H 面（也不垂直 H 面），求证 $\angle abc=90^\circ$。

证明　因为 $BC \perp AB$，$BC \perp Bb$，所以 $BC \perp ABba$ 平面；又因为 $bc /\!/ BC$，所以 $bc \perp ABba$ 平面，因此 $bc \perp ab$，即 $\angle abc=90^\circ$。

定理 2（逆）　相交两直线在同一投影面上的投影成直角，且其中一条直线平行于该投影面，则两直线的夹角必是直角（请读者自行证明）。

如将 $ABba$ 平面扩大（见图 3.36(a)），因 $BC \perp ABba$ 平面，则 BC 直线必垂直于 $ABba$ 平面上的任何直线，如 MN 直线（MN 与 BC 是两条交叉直线）；又因 MN 在 H 面上的投影

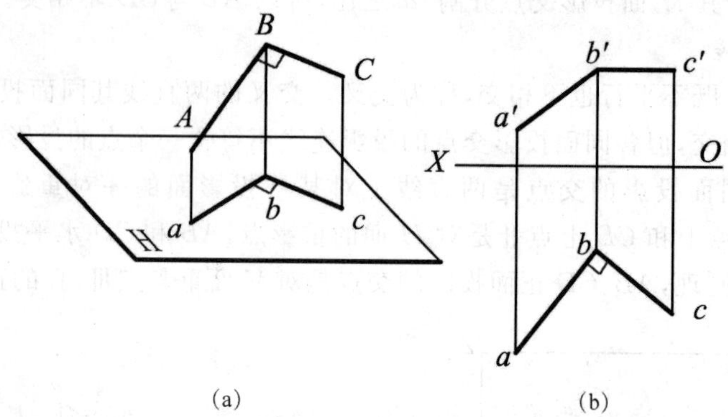

(a)　　(b)

图 3.35　直角投影定理

mn 与 ab 重合,积聚成一条直线,而 $bc \perp ab$,故 $bc \perp mn$。下面将直角投影定理加以推广。

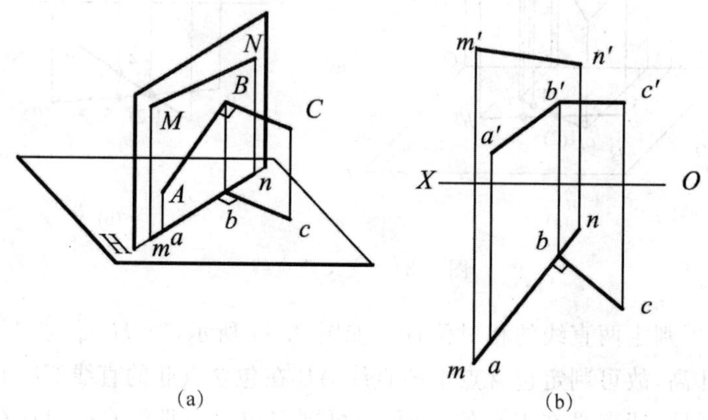

(a)　　(b)

图 3.36　两直线交叉垂直

定理 3　交叉垂直的两直线,且其中有一条直线平行于一投影面,另一条直线倾斜于该投影面,则此两直线在该投影面上的投影仍互相垂直。

定理 4(**逆**)　交叉的两直线在同一投影面上的投影成直角,且有一条直线平行于该投影面,则两直线的夹角必是直角。

直角投影定理应用很广,要认真掌握。

根据上述定理,不难判断图 3.37 所示的两直线均相互垂直,读者可自行分析。

例 3.7　试求点 A 至水平线 BC 间的距离,如图 3.38 所示。

分析　从图 3.38(a)可以看出直线 BC 是一条正平线,由直角投影定理可知,自点 A 向该直线引垂线,在正面投影上应反映直角;再用直角三角形法求作点 A 至垂足间线段的实长(见图 3.38(b))。

作图　即为点 A 到直线 BC 的距离

(1) 作 $a'd' \perp b'c'$,$a'd'$ 与 $b'c'$ 相交于 d'。

(2) 由 d' 求出水平投影 d,则 ad、$a'd'$ 为距离的两投影。

(3) 在 $b'c'$ 上截取 $d'D$,其长度等于 a、d 两点的 Y 坐标差。

(4) 连接 a'、D,构成直角三角形 $a'd'D$,则斜边 $a'D$ 为距离的实长。

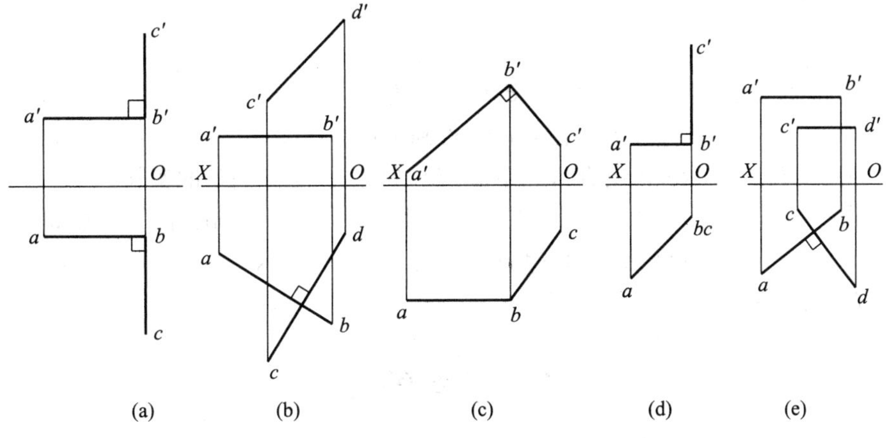

图 3.37　两直线垂直

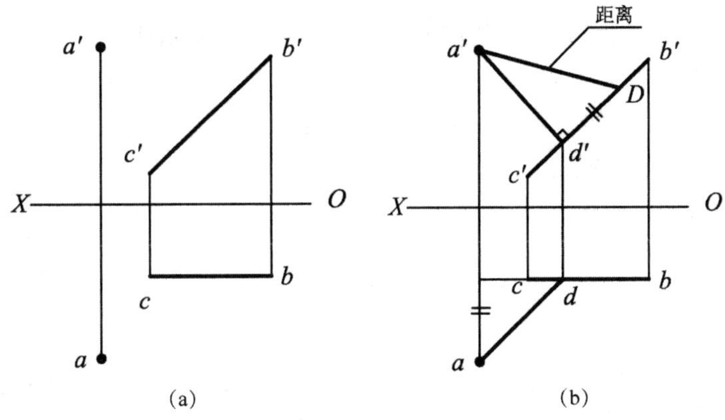

图 3.38　求距离

例 3.8　试过点 A 作一等腰直角三角形 ABC，并且已知 AB 是其中的一条直角边，另一条直角边 BC 在已知水平线 EF 上，如图 3.39(a)所示。

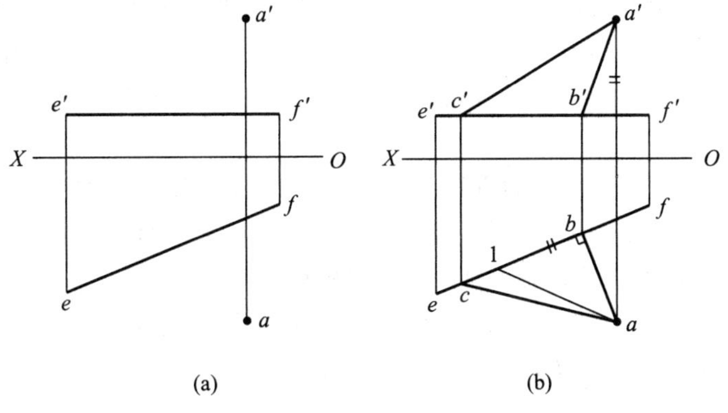

图 3.39　作等腰直角三角形 ABC

分析　由直角投影定理可知，过点 A 作线段 $AB \perp EF(ab \perp ef)$，交点为点 B，再利用直角三角形法求出 AB 实长，在 ef 上截取 bc 等于 AB 实长得到点 c，从而得到等腰直角三角

形 $ABC(abc,a'b'c')$。

作图

(1) 在 H 面上,过点 a 作 $ab \perp ef$,交 ef 于点 b。

(2) 作出点 B 的正面投影 b',连接 $a'b'$,得到 AB 的两面投影。

(3) 利用直角三角形法作出直角三角形 $ab1$,斜边 $a1$ 等于 AB 的实长。

(4) 在 ef 上量取 $bc=a1$,得到点 C 的水平投影 c,连接 ac,作出 c',连接 $a'c'$,三角形 $ABC(abc,a'b'c')$就是所求等腰直角三角形,如图 3.39(b)所示。

本题有两解,图中只作出其中一解。

3.4 平面的投影

3.4.1 平面的表示法

在投影图上表示平面的方法有几何元素表示法和迹线表示法。

1. 几何元素表示法

空间里的平面可以由如下任意一组几何元素确定。

(1) 不在同一直线上的三点。

(2) 一直线和线外一点。

(3) 相交两直线。

(4) 平行两直线。

(5) 平面图形。

因此,在投影图上,上述任何一组几何元素的投影,就是它们所在平面的投影,如图 3.40 所示。

投影图上,平面表达形式虽有五种,但其中"不在同一直线上的三点"是最基本的形式,其他形式可由此演变而成,也可相互转换。

2. 迹线表示法

平面与投影面的交线,称为迹线。如图 3.41 所示,平面 P 与 V 面的交线 P_V 称为正面迹线;平面 P 与 H 面的交线 P_H 称为水平迹线;平面 P 与 W 面的交线 P_W 称为侧面迹线。平面的迹线如果相交,其交点必在投影轴上,P 平面与三投影轴的交点,分别用 P_X、P_Y 和 P_Z 表示。

由于平面的迹线是投影面上的直线,所以迹线的一个投影和其本身重合,另外两个投影与相应的投影轴重合。在投影图上表示迹线,通常只将迹线与自身重合的那个投影画出,并用代号标注;与投影轴重合的投影不加标注,如图 3.41(b)所示。

由于迹线 P_V、P_H 和 P_W 也属于平面 P 上的直线,它们不是相交就是平行,因此,在投影图上,可用迹线表达所在平面 P,如图 3.41(b)所示。

3.4.2 各种位置平面的投影特性

与直线一样,根据平面在三面投影体系中位置不同,平面可分为三类,即投影面垂直面、投影面平行面和一般位置平面。前两种统称为特殊位置平面。

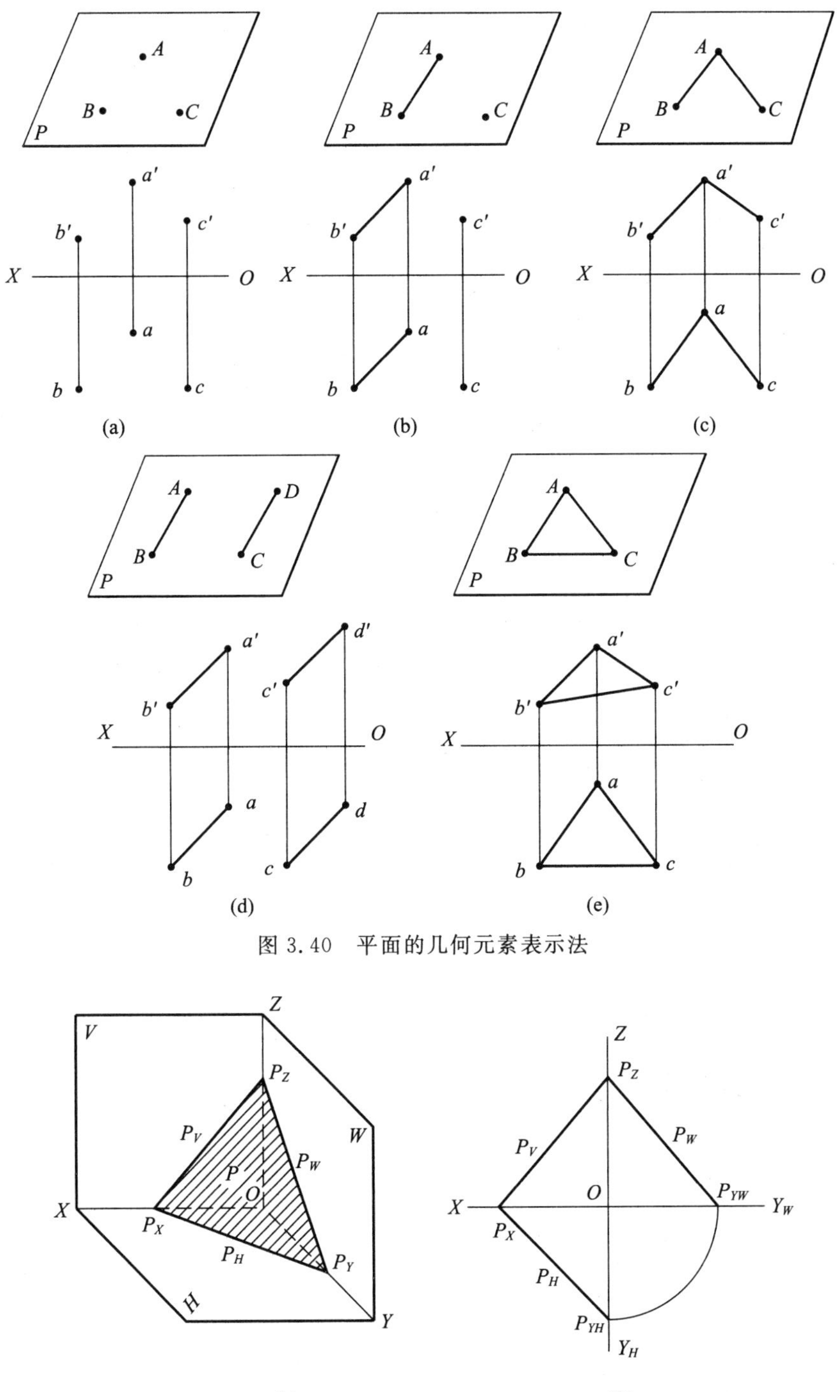

图 3.40　平面的几何元素表示法

(a)　(b)

图 3.41　平面的迹线表示法

1. 投影面垂直面

垂直于一个投影面,而倾斜于另外两个投影面的平面称为投影面垂直面。根据其所垂直的投影面不同,又可分为三种:垂直于 V 面的正垂面;垂直于 H 面的铅垂面;垂直于 W 面的侧垂面。

现以正垂面($\triangle ABC$)为例说明其投影特性,其中点Ⅰ在正垂面$\triangle ABC$上,如图3.42所示。

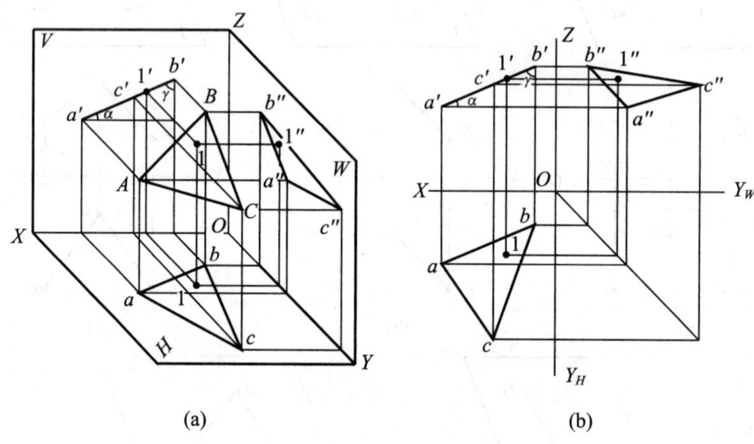

图3.42　正垂面的投影特性

$\triangle ABC$垂直V面,其V面投影积聚成一直线$a'b'(c')$,这也是识别正垂面的投影特征。直线$a'b'c'$与OX轴的夹角反映$\triangle ABC$与H面的夹角α,与OZ轴的夹角反映$\triangle ABC$与W面的夹角γ。$\triangle ABC$的H面投影$\triangle abc$与W面投影$\triangle a''b''c''$均为原形的类似形。

同理,铅垂面和侧垂面也有类似的投影特性,如表3.3所示。

表3.3　投影面垂直面

名　称	立　体　图	投　影　图	投影特性
铅垂面			① H面投影成一直线,具有积聚性,反映β、γ倾角实际大小 ② V面投影、W面投影为类似形
正垂面			① V面投影成一直线,具有积聚性,反映α、γ倾角实际大小 ② H面投影、W面投影为类似形

续表

名称	立体图	投影图	投影特性
侧垂面			① W 面投影成一直线，具有积聚性，反映 α、β 倾角实际大小 ② V 面投影、H 面投影为类似形

由表 3.3 可见，投影面垂直面的投影特性如下：

(1) 在与平面垂直的投影面上，其投影为一倾斜直线，具有积聚性，并且该直线与投影轴的夹角分别反映平面与另两个投影面的夹角。

(2) 其余的两个投影都是原形的类似形。

投影面垂直面以迹线表示时，其投影特性如图 3.43 所示，其中点 Ⅰ 在各个投影面垂直面上，其三面投影如图所示。

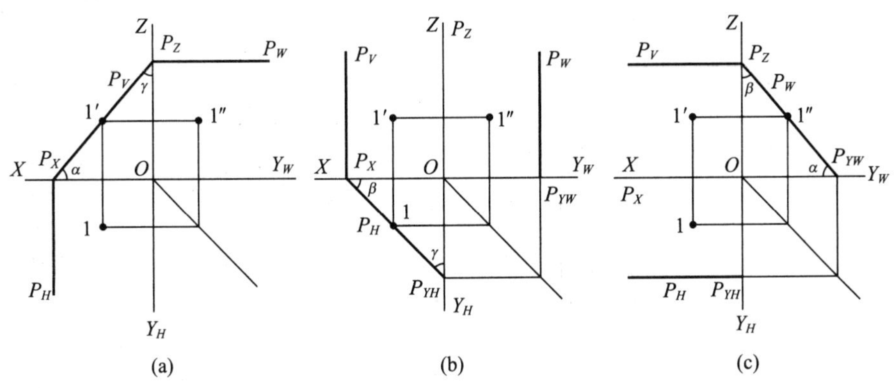

图 3.43　迹线表示的投影面垂直面

2. 投影面平行面

平行于某一投影面(必垂直于其他两个投影面)的平面，称为投影面平行面。根据其所平行的投影面不同，投影面平行面也可分为三种，即平行于 H 面的水平面、平行于 V 面的正平面和平行于 W 面的侧平面。

现以水平面(△ABC)为例说明其投影特性，其中点 Ⅰ 在水平面△ABC 上，如图 3.44 所示。

△ABC 垂直 V 面和 W 面，其 V 面投影和 W 面投影均积聚成直线 $a'b'c'$ 和 $a''b''c''$，且分别平行于 OX 轴和 OY_W 轴。△ABC 的 H 面投影△abc 反映实形。

同理，正平面和侧平面也有类似的投影特性如表 3.4 所示。

由表 3.4 可见，投影面平行面的投影特性如下：

(1) 在与平面平行的投影面上，其投影具有真实性，即反映平面图形的实形。

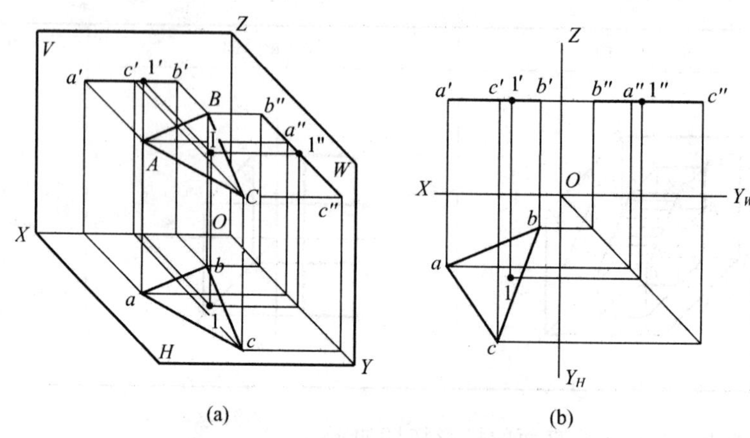

图 3.44 水平面的投影特性

(2) 在另外两个投影面上,其投影积聚成直线,且平行于相应的投影轴。

投影面平行面以迹线表示时,其投影特性如图 3.45 所示,其中点Ⅰ在各个投影面平行面上,其三面投影如图所示。

表 3.4 投影面平行面

名称	立体图	投影图	投影特性
水平面	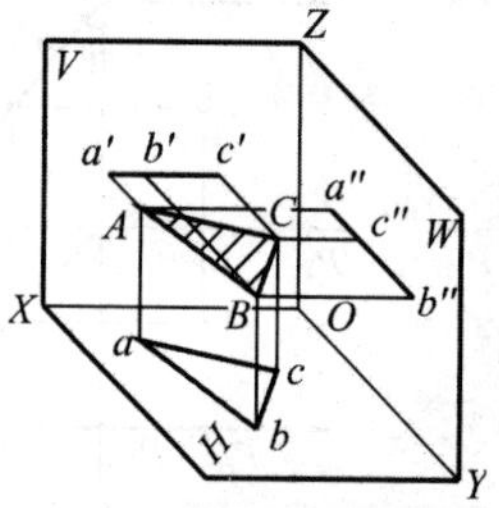	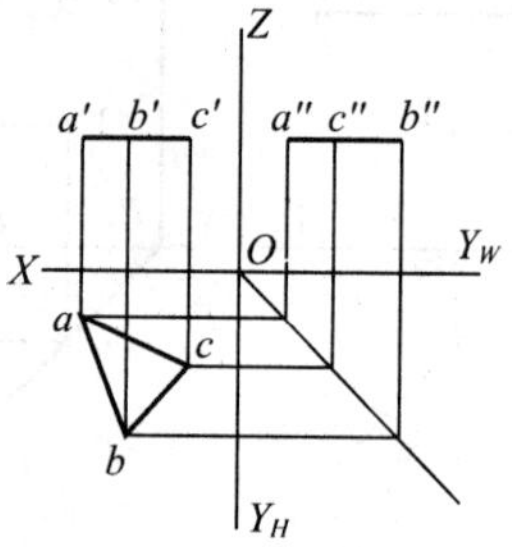	① V 面投影和 W 面投影均为直线,具有积聚性,且平行相应的投影轴 OX 和 OY_W ② H 面投影反映实形
正平面	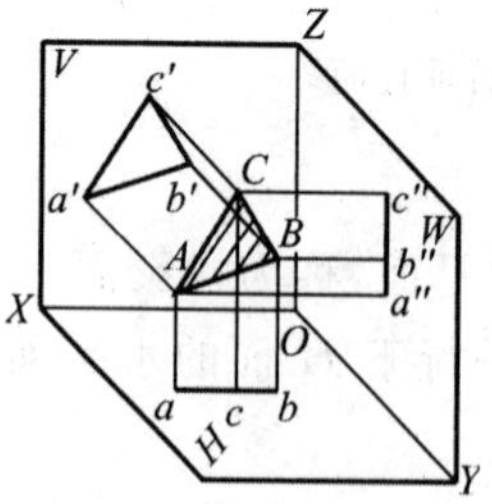	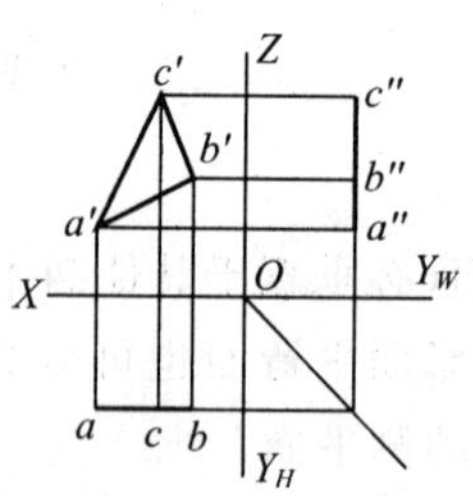	① H 面投影和 W 面投影均为直线,具有积聚性,且平行相应的投影轴 OX 和 OZ ② V 面投影反映实形
侧平面	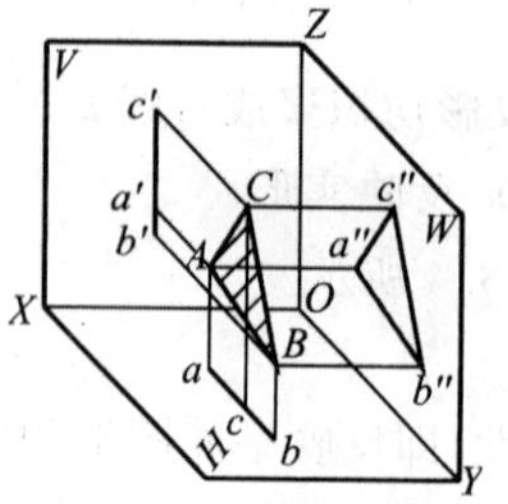	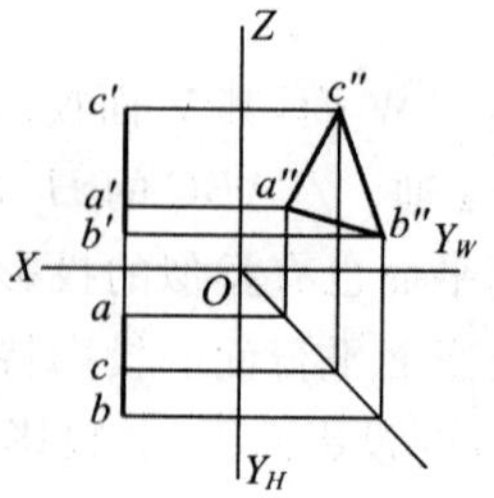	① V 面投影和 H 面投影均为直线,具有积聚性,且平行相应的投影轴 OZ 和 OY_H ② W 面投影反映实形

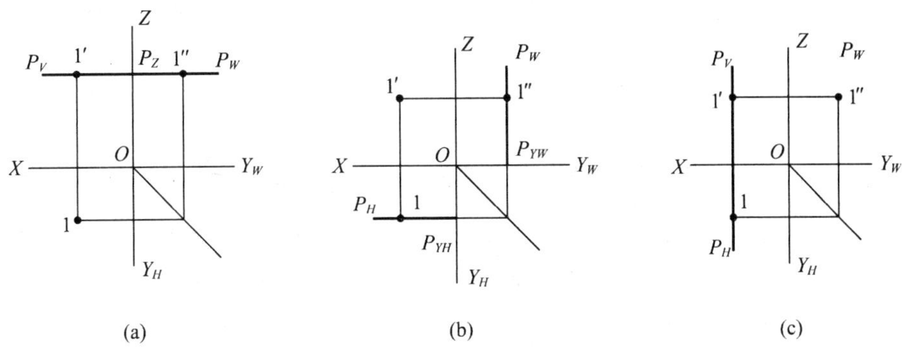

图 3.45 迹线表示的投影面平行面

3. 一般位置平面

倾斜于三个投影面的平面，称为一般位置平面。它在三个投影面上的投影均不反映实形，为原形的类似形，而且也不反映与投影面的夹角，如图 3.46 所示。

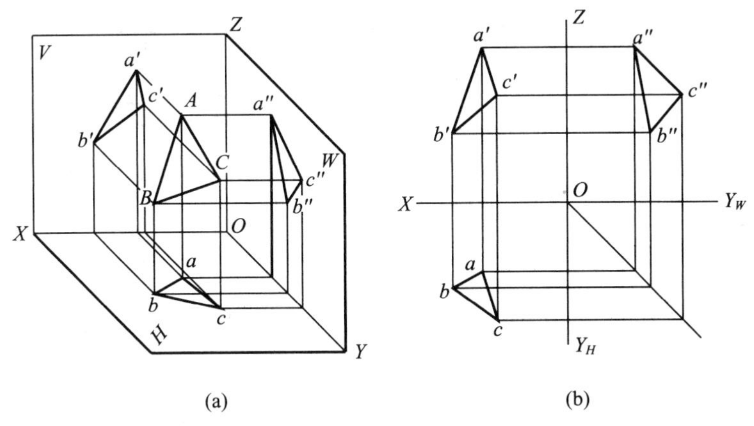

图 3.46 一般位置平面的投影特性

一般位置平面以迹线表示时，其投影特性如图 3.41 所示。

3.4.3 属于一般位置平面的点和直线

1. 一般位置平面上取点

如果在属于平面的某一直线上取点，则此点必在该平面上，这就是平面上取点的方法。如图 3.47(a)所示，点 K 在直线 AB 上，AB 在平面△ABC 上，所以点 K 也必在平面△ABC 上。图(b)所示为其投影图。

2. 一般位置平面上取直线

在一般位置平面上，取直线有两种方法。

(1) 过属于该平面的已知两点连一直线。如图 3.48(a)所示，两相交直线 AB、AC 确定一平面 P，分别过 AB、AC 直线上的 E、F 两点连成 EF 直线，该直线必在平面 P 上。图(b)所示为其投影图。

(2) 过属于平面上一已知点，作平行于属于该平面的一已知直线的直线。如图 3.48(c)

所示,过$\triangle ABC$平面上的点C,作直线$CD /\!/ AB$,则CD在$\triangle ABC$平面上。图(d)所示为其投影图。

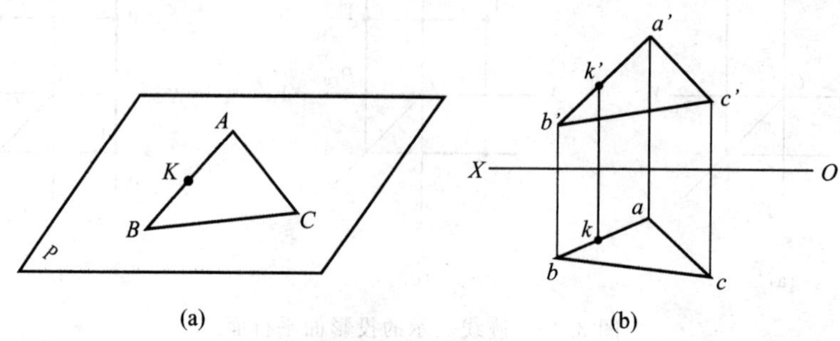

图 3.47　一般位置平面上取点

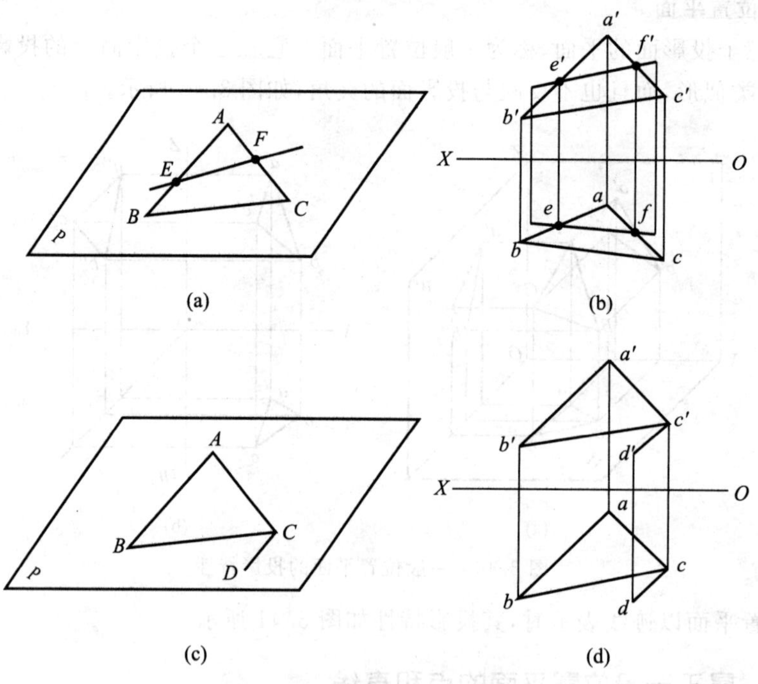

图 3.48　一般位置平面上取直线

例 3.9　如图 3.49(a)所示,已知$\triangle ABC$平面上点D的V面投影d',求作该点的H面投影d。

分析　既然点D在$\triangle ABC$平面上,也必在该平面上的一直线上。过点D作CDE直线,则点D的d、d'必在该直线的同面投影上。

作图　如图 3.49(b)所示。

(1) 过点D作辅助直线CE。连$c'd'$,并延长交$a'b'$于点e'。由e'向下作投影连线交ab于点e,连ce。

(2) 完成点D的H面投影d。由d'向下作投影连线,交ce于点d,即为所求。

例 3.10　如图 3.50 所示,已知平面四边形$ABCD$的水平投影$abcd$及$a'b'$、$b'c'$,试完成该四边形的V面投影。

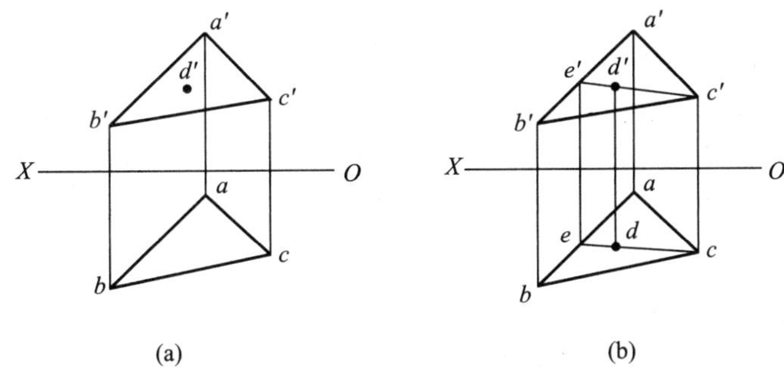

图 3.49　补平面上点的 H 面投影

分析　由图 3.50(a)可知,完成平面四边形 $ABCD$ 的 V 面投影,主要是求出该图形顶点 D 的正面投影 d'。由于该四边形的三个顶点 A、B、C 的两个投影已知,所以点 D 所在平面已确定,因此,可按平面上取点的方法求 d'。

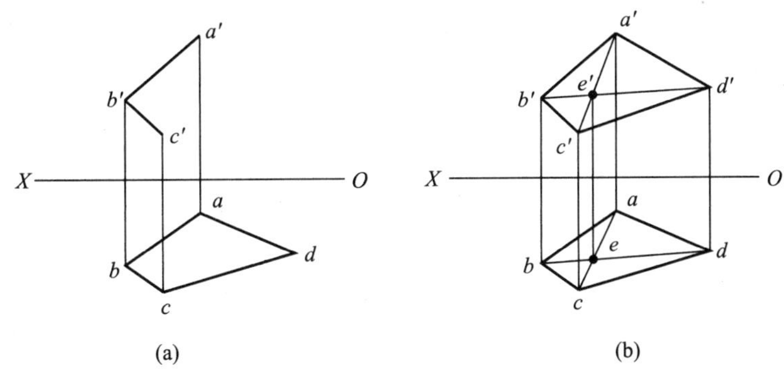

图 3.50　完成平面四边形 $ABCD$ 的 V 面投影

作图　如图 3.50(b)所示。

(1) 作两条辅助线 AC、BD。连 ac、bd,其交点为 e。连$a'c'$,由 e 向上作投影连线,交 $a'c'$于点 e',连 $b'e'$并延长。

(2) 完成点 D 的正面投影 d'。由 d 向上作投影连线,交 $b'e'$延长线于点 d'。

(3) 完成平面四边形 $ABCD$ 的 V 面投影。连 $a'd'$、$c'd'$,即为所求。

值得指出:特殊位置平面上进行取点、直线,可利用其积聚性投影作图,而无须另作辅助线,如图 3.42～图 3.45 所示。

3. 平面上的投影面平行线

平面上的投影面平行线,有平面上的水平线、正平线和侧平线三种,它们既有投影面平行线的投影特征,又有平面上直线的投影特征,与所属平面保持从属关系。

一般位置平面或投影面垂直面上的投影面平行线方向是一定的,如图 3.51 所示,属于平面 P 的水平线平行于水平迹线 P_H,属于平面 P 的正平线平行于正面迹线 P_V,属于平面 P 的侧平线平行于侧面迹线 P_W。

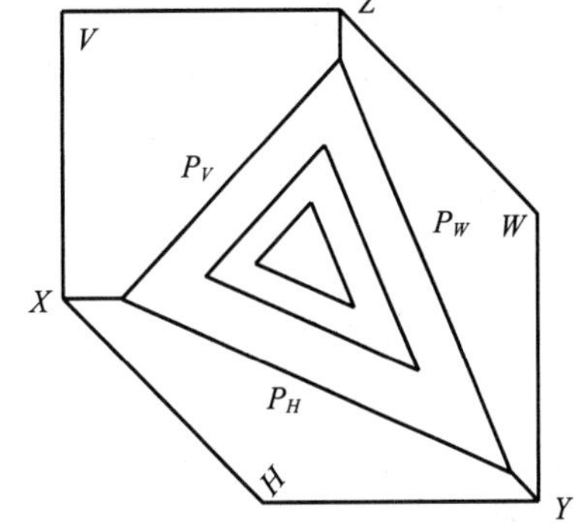

图 3.51　平面上的投影面平行线

在平面上作投影面平行线时,应根据投影面平行线的投影特征,先作平行投影轴的投影,再按平面上直线的作图规律,作出另一投影,如图 3.52 所示。

一般位置平面上的投影面平行线是平面上比较重要的一种直线,它平行于该平面的相应迹线。下面将介绍的平面最大斜度线要利用投影面平行线的方向作出,从而求出平面和投影面之间的倾斜角度;后面章节介绍的平面法线的作图也要依据该平面的投影面平行线的方向。

4. 平面上的最大斜度线

平面上相对投影面倾角最大的直线称为该平面的最大斜度线,平面上垂直于水平线的直线称为对水平投影面的最大斜度线;垂直于正平线的直线称为对正立投影面的最大斜度线;垂直于侧平线的直线称为对侧立投影面的最大斜度线。

平面上的最大斜度线是属于平面并垂直于该平面的投影面平行线的直线,利用它可求出该平面对某投影面的倾角。

如图 3.53 所示,在平面 P 上,过平面上任一点 D,作直线 $EF /\!/ AB$,直线 EF 是平面内的水平线,过点 D 在平面 P 内作 $DN \perp EF$,直线 DN 就是对 H 面的最大斜度线。显然,一平面对 H 面的最大斜度线有相互平行的无数条。

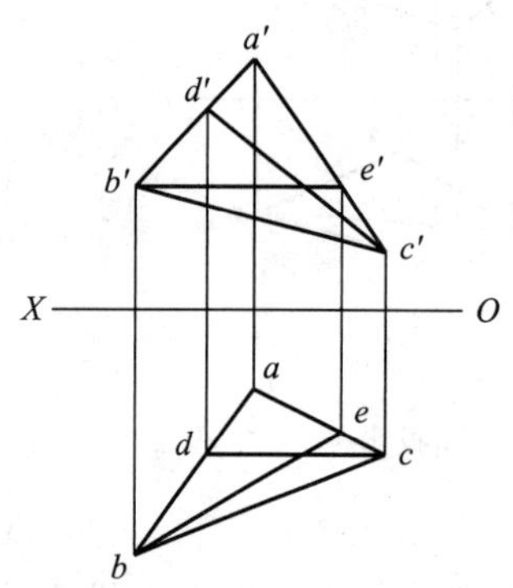

图 3.52 作属于平面的水平线和正平线

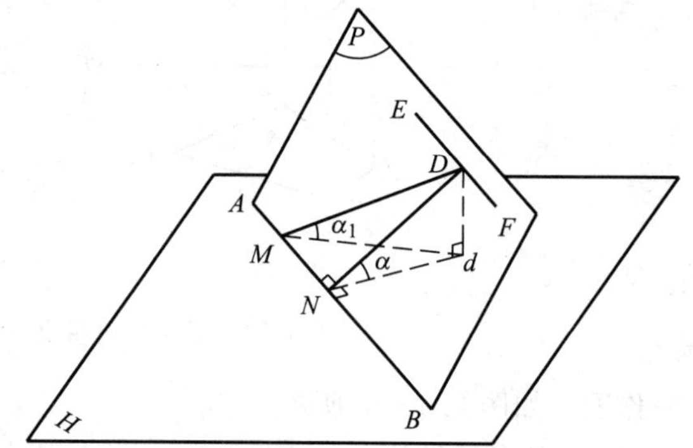

图 3.53 最大斜度线

在平面 P 上,水平线 EF 对 H 面的夹角为 0°,最大斜度线 DN 对 H 面的角度为 α。过点 D 任作一条最大斜度线以外的在平面内的直线 DM,DM 对 H 面的倾角是 α_1。比较两直角三角形 DdN 和 DdM,由于 Dd 为公共边,而 $DN < DM$,故相应的锐角 $\alpha > \alpha_1$。因此,在平面 P 上,最大斜度线对投影面的角度是最大的,并且 α 是平面 P 和 H 面构成的二面角的平面角,所以 α 是平面 P 对 H 面的倾角;同理,利用平面对 V、W 面的最大斜度线,也可求出该平面对 V、W 面的倾角 β、γ。

如图 3.54 所示,已知平面 ABC,为求该平面对 H 面的倾角 α,必须先任作一条平面内的对 H 面的最大斜度线 AE。为了作出 AE,必须先在平面内任作一条水平线 CD;再用直角三角形法求出线段 AE 对 H 面的倾角 α 即为所求。

图 3.55 表示求平面对 V 面的倾角 β 的过程,要先作出对 V 面的最大斜度线 AG,再用直角三角形法作出 AG 对 V 面的倾角 β。

例 3.11 如图 3.56(a)所示,已知线段 AB 为某平面对 V 面的最大斜度线,并且已知该平面与 V 面的倾角 $\beta = 30°$,试求出该平面。

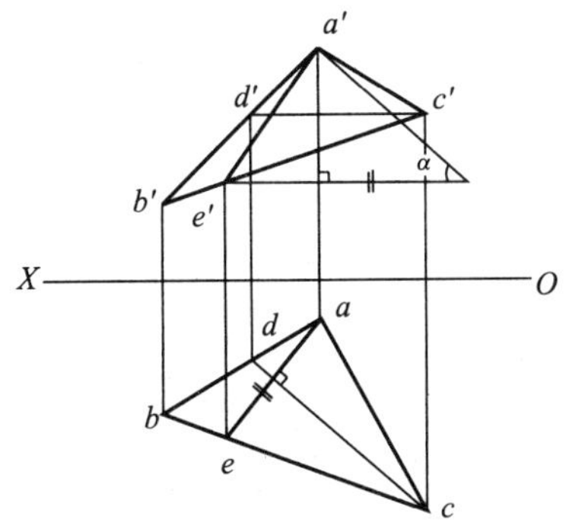

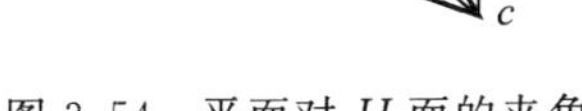
图 3.54　平面对 H 面的夹角

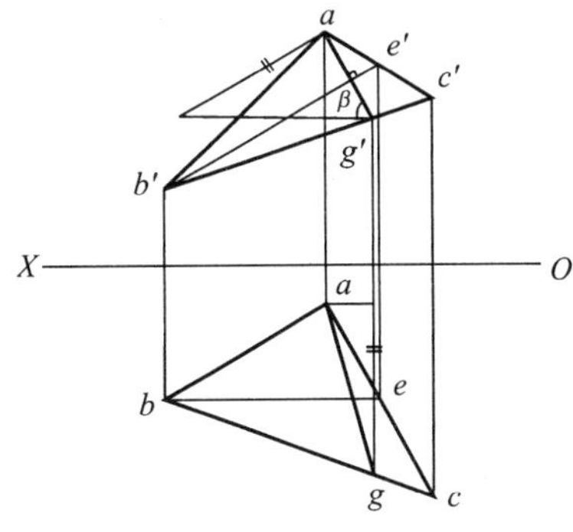

图 3.55　平面对 V 面的夹角

分析　如果用两条相交的线段表示该平面，那么只要利用倾角 β 求出最大斜度线的两面投影，就得到了其中的一条线段，再作出任意一条与 AB 相交的正平线即可得到该平面。

作图

(1) 利用直角三角形法求出线段 AB 的端点 A、B 的 Y 坐标差，从而作出 AB 的水平投影 ab。

(2) 过 AB 上任一点 A 作正平线 AC，$a'c' \perp a'b'$，$ac /\!/ OX$。

(3) 线段 AB 与正平线 AC 组成的平面即为所求，如图 3.56(b)所示。

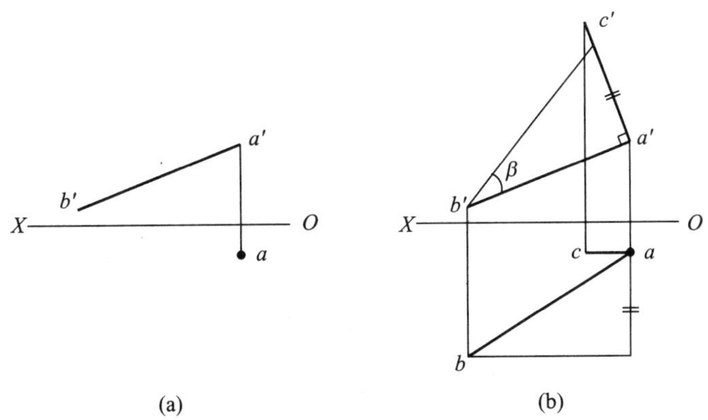

(a)　　(b)

图 3.56　求与 V 面成 30°倾角的平面

3.5　直线与平面、两平面的相对位置

直线与平面、平面与平面之间的相对位置可分为平行、相交两种，在相交中还有垂直这一特殊关系。本节重点讨论以下内容：

(1) 平行问题。在投影图上如何绘制及判别直线与平面、平面与平面的平行问题。

(2) 相交问题。在投影图上如何求出直线与平面的交点、平面与平面的交线，并判断可见性的问题。

(3) 垂直问题。在投影图上如何绘制及判别直线与平面垂直、平面与平面垂直的问题。

3.5.1 平　行

1. 直线与平面平行

如果某平面外的一直线和这个平面上的一直线平行,则此直线必平行于该平面,这是直线与平面平行的几何条件。图 3.57 表明,由相交直线 CD 和 EF 确定平面 P,AB 是平面外一直线,$AB /\!/ CD$,则直线 $AB /\!/$ 平面 P;同理,$GH /\!/ EF$,则 $GH /\!/$ 平面 P。

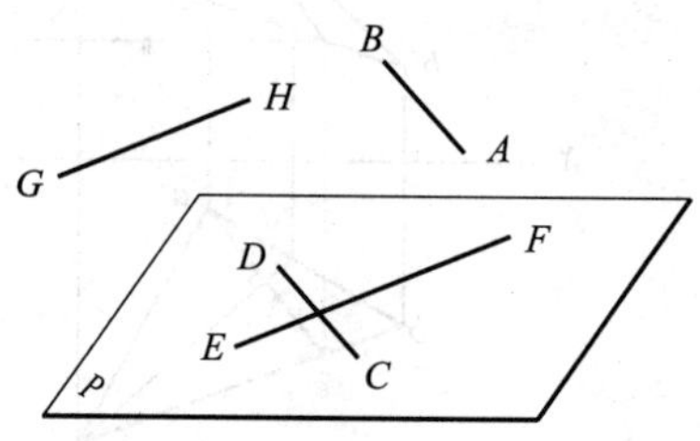

图 3.57　直线平行平面的示意图

例 3.12　如图 3.58(a)所示,试判断已知直线 EF 是否平行于由相交直线 AB 和 CD 确定的平面。

分析　此题的关键是能否作出一条属于平面且平行于 EF 的直线,如果有,则平行;如果没有,则不平行。

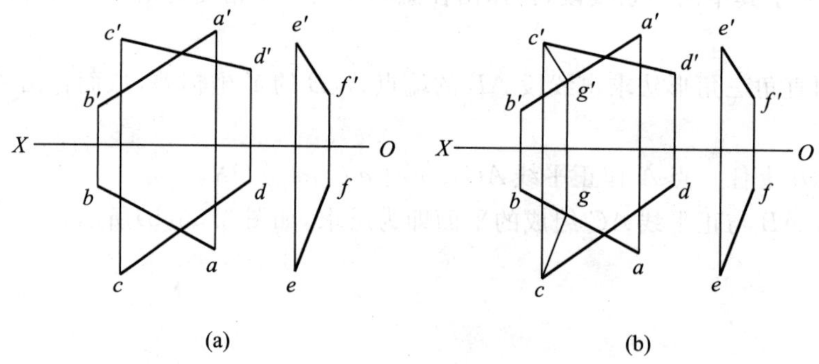

图 3.58　判断直线与平面是否平行

作图

(1) 过平面内任一点 C 作 CG。先在该平面的正面投影面上作 $c'g' /\!/ e'f'$,再作出相应的水平投影 cg。

(2) 察看 cg 与 ef 是否平行。如图 3.58(b)所示,$cg /\!/ ef$,所以 $CG /\!/ EF$,即平面上有与直线 EF 相平行的直线,所以直线 EF 平行于该平面。

例 3.13　如图 3.59(a)所示,试过已知点 M 作一正平线,并平行于已知平面 ABC。

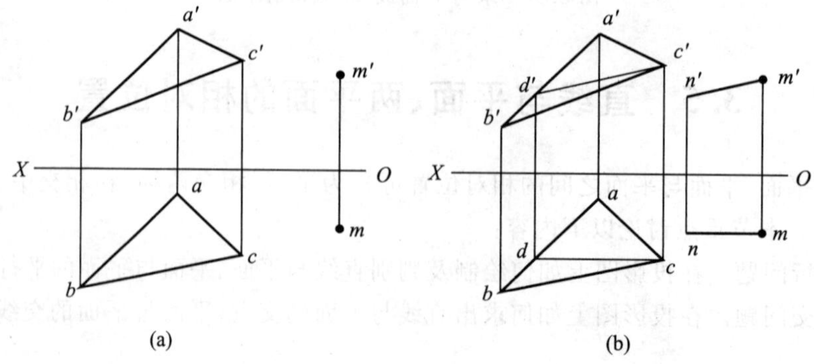

图 3.59　作直线平行于已知平面

分析　过已知点 M 可以作无穷多条平行于已知平面的直线，但其中只有一条正平线。

作图

(1) 作属于已知平面的任意正平线 CD。如图 3.59(b)所示，先作 $cd /\!/ OX$，再作出正面投影 $c'd'$。

(2) 过点 M 作直线 $MN /\!/ CD$。因为 $MN /\!/ CD$，CD 是正平线，且 CD 属于平面 ABC，所以 $MN /\!/$ 平面 ABC，且是正平线。

2. 平面与平面平行

由立体几何可知，如果一平面内有两条相交直线分别平行于另一平面内的两条相交直线，则此两平面平行。如图 3.60 所示，两对相交直线 AB、CD 和 FE、GH 分别属于平面 P 和 Q，且 $AB /\!/ EF$，$CD /\!/ GH$，所以平面 $P /\!/$ 平面 Q。

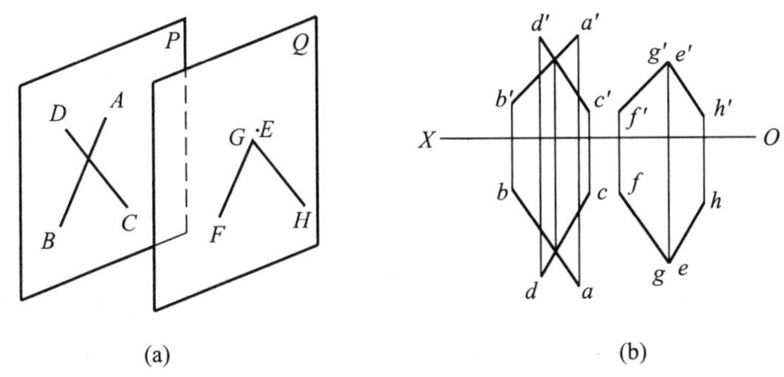

图 3.60　两平面平行

当两相互平行的平面同时垂直于某一投影面时，两平面在该投影面的投影具有积聚性，并且相互平行，如图 3.61 所示。

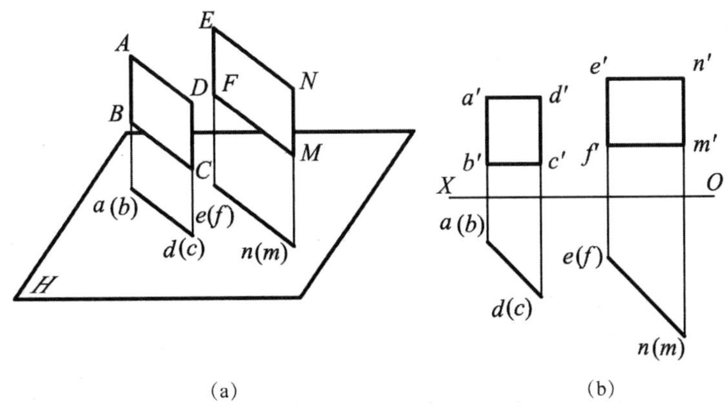

图 3.61　两特殊位置平面平行

例 3.14　试过定点 M 作一平面，使之平行于由两平行直线 AB、CD 确定的平面(见图 3.62(a))。

分析　根据两平面平行的几何条件可知，只要过点 M 作两条相交直线对应地平行于属于已知平面的两条相交直线，这两条相交直线便可代表所求的平面。

作图　如图 3.62(b)所示。

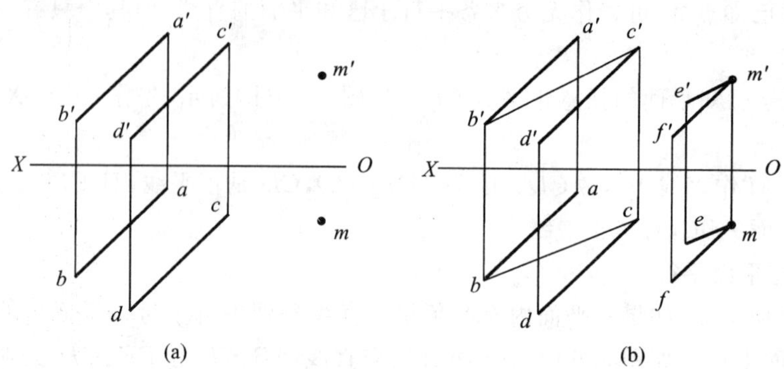

图 3.62 作平面平行于已知平面

(1) 在由两平行直线 AB 和 CD 给定的平面上任取直线 BC。

(2) 过点 M 作一对相交直线 ME 和 MF,并且 $ME /\!/ BC$、$MF /\!/ AB$。

(3) 两相交直线 ME 和 MF 确定的平面即为所求。

3.5.2 相 交

直线与平面相交于一点,它是直线和平面的共有点,即交点既在直线上,又在平面上。

两平面的交线是一直线,它是两平面的共有线,因而求两平面的交线,只要求出属于两平面的两个点,或求出一个共有点和交线方向,即可画出交线。

1. 利用积聚性求交点、交线

1) 平面或直线的投影有积聚性时求交点

当平面或直线的投影至少有一个具有积聚性时,交点的两个投影至少有一个可直接确定,另一个投影再按点、线(或平面)的从属关系求出。

图 3.63(a)和(b)中直线 AB 和铅垂面 $CDEF$ 相交,平面 $CDEF$ 的水平投影积聚成一直线。交点 K 的水平投影必在平面 $CDEF$ 的水平投影上。但交点 K 又属于直线 AB,它的水平投影必在 AB 的水平投影 ab 上。因此,ab 与 $CDEF$ 水平投影的交点 k,便是交点 K 的水平投影;再根据投影规律在 $a'b'$ 上作出 K 的正面投影 k',点 $K(k,k')$ 即为直线 AB 和平面

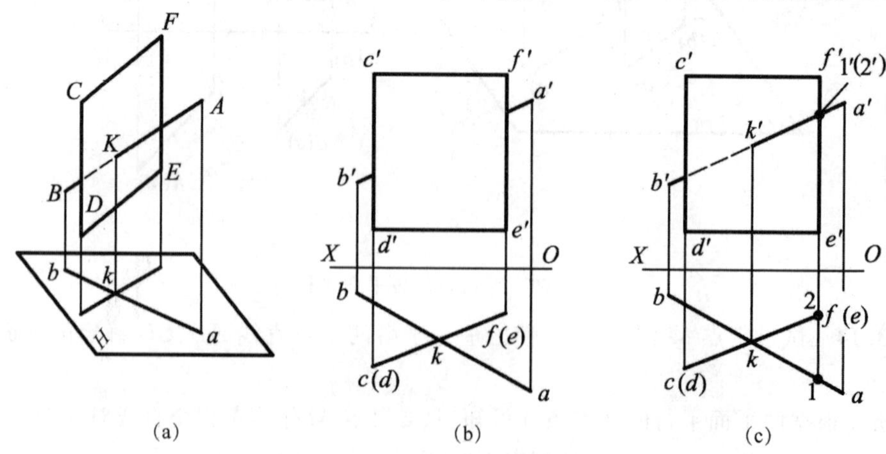

图 3.63 直线与特殊位置平面的交点

$CDEF$ 的交点，如图 3.63(c)所示。

为使图形层次清楚，通常把直线 AB 被平面遮住的部分用细虚线表示。交点的投影是线段投影可见性的分界点，其一侧可见，则另一侧必不可见。判别可见性的方法是利用重影点。如图 3.63(c)所示，H 面上没有重影部分，不需要判断可见性，关键是判断直线 AB 在 V 面投影的可见性。取 $a'b'$ 和平面 $CDEF$ 上直线 $e'f'$ 的重影点 $1'$、$2'$，并作出它们的水平投影 1、2。从水平投影中可以看出，AB 上的点 Ⅰ 在直线 EF 上的点 Ⅱ 前面，所以 $2'$ 不可见，$1'$ 可见；也就是说 $a'k'$ 段可见，另一段被平面挡住的部分不可见(用细虚线画出)。

例 3.15　试求直线 EF 与△ABC 的交点(见图 3.64)。

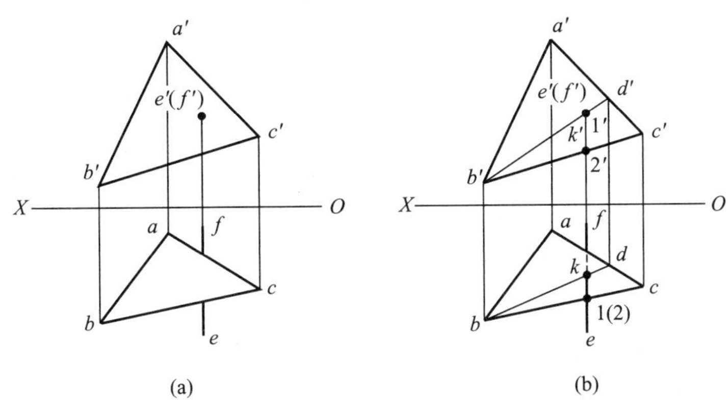

图 3.64　正垂线与一般位置平面的交点

分析　如图 3.64(a)所示，直线 EF 是正垂线，其 V 面投影积聚成一点，所以交点 K 的 V 面投影 k' 必然和该点重合。交点 K 在△ABC 上，因此可按平面上取点的方法，求出点 K 的 H 面投影 k。

作图

(1) 过点 K 在△ABC 上作辅助直线 BD。如图 3.64(b)所示，连接 $b'k'$，并延长交 $a'c'$ 于点 d'；

(2) 作点 K 的 H 面投影。按照投影规律作出点 D 的 H 面投影 d，连接 bd，bd 交 ef 于点 k，k 就是交点 K 的 H 面投影，则点 $K(k,k')$ 即为所求。

(3) 利用重影点 Ⅰ、Ⅱ 判别可见性。取 ef 和 bc 的重影点 1、2，并作出它们的正面投影 $1'$、$2'$，从正面投影中可以看出，$1'$ 点在 $2'$ 点的上面，故 $KI(k1)$ 段可见，另一段不可见。

2) 一般位置平面与特殊位置平面求交线

求两平面交线的问题常看作是求两个平面共有点的问题。当两平面中有一个为特殊位置平面时，其投影有积聚性，交线可以在具有积聚性的那个投影上直接找到，然后按平面上取点、线的方法求得交线的其他投影。

如图 3.65 所示，平面△ABC 和平面 P 相交，平面 P 是铅垂面，在 H 面上的投影积聚成直线，所以这两个平面的交线的水平投影 mn 可以直接确定，m、n 是 AB、BC 两边与铅垂面 P 交点的 H 面投影，其作图过程见图 3.65(c)，所得的 $MN(mn、m'n')$ 即为两平面的交线。

两平面的交线是两平面在投影图上投影可见性的分界线，根据平面的连续性，只要判断

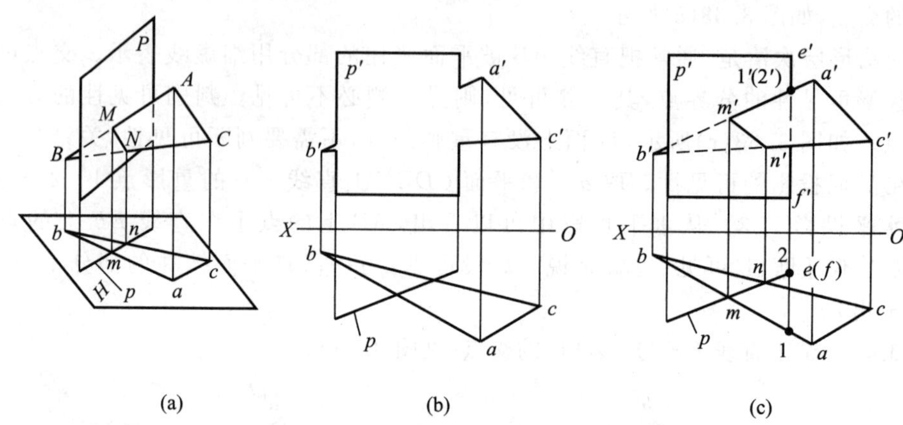

图 3.65　一般位置平面与特殊位置平面的交线

出平面一部分的可见性,另一部分也就明确了。判别可见性的方法仍然是利用重影点。

如图 3.65(c)所示,H 面的投影不必判断可见性。为了判断 V 面投影的可见性,选取两平面上的直线 AB、EF,在 V 面重影点Ⅰ、Ⅱ,相应的投影为 $1'$、$2'$,作出它们的 H 面投影,1 点在 2 点的前面,故Ⅰ($1'$)可见,Ⅱ($2'$)不可见。这样,$ACNM$,在 p' 之前,为可见(见图中粗实线);而 $b'm'n'$ 在 P 之后,其被遮挡部分为不可见(见图中细虚线)。

2. 用辅助面求交点和交线

(1) 一般位置直线与一般位置平面相交求交点

由于一般位置直线和一般位置平面的投影都没有积聚性,所以不能在投影图上直接找出交点的投影,一般采用辅助平面法,经过一定的作图过程求得交点和交线。

如图 3.66 所示,直线 EF 是一般位置直线,平面△ABC 是一般位置平面,它们的交点不能在投影图上直接得到。因为点 K 是直线 EF 与平面△ABC 的交点,则点 K 必在△ABC 上的一条直线上,假如在如图 3.67(a)所示的直线 MN 上,由 MN 和 EF 两直线就确定一个平面 P,如图 3.67(b)所示。平面 P 就是辅助面,它既包含 EF 直线,又与平面△ABC 交于 MN 直线,而 EF 与 MN 的交点 K,就是 EF 直线与平面△ABC 的交点。为便于在投影图上求出交线,应使辅助平面 P 处于特殊位置,从而可以利用已经介绍的特殊位置平面与一般位置平面求交线的作图方法。

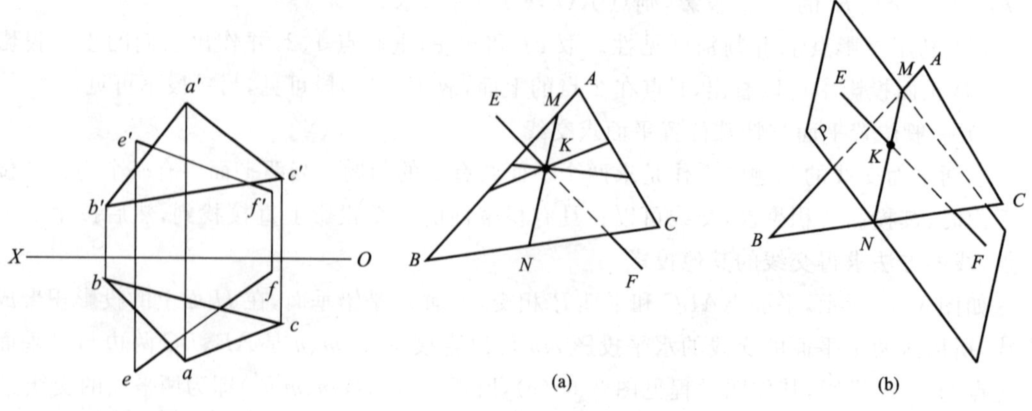

图 3.66　求交点　　图 3.67　求直线与平面共有点的示意图

在投影图上求出交点的步骤如下：

① 包含一般位置直线 EF 作正垂面 P，其正面投影具有积聚性，与 $e'f'$ 重合（用迹线表示），如图 3.68(a)所示。

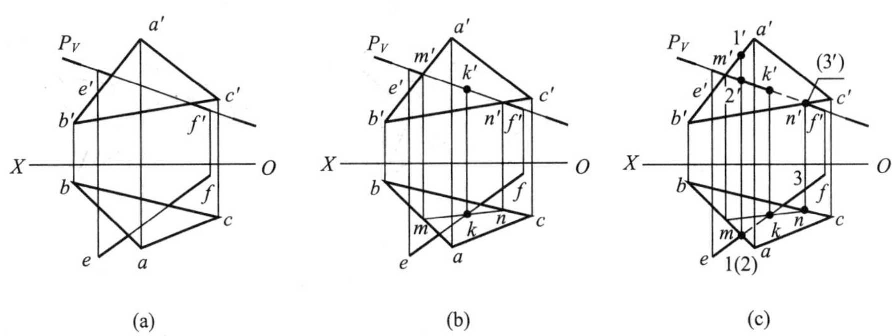

图 3.68　直线与一般位置平面的交点

② 求出辅助平面 P 和已知一般位置平面 ABC 的交线 MN，并求出交线 MN 和 EF 的交点 K，即为所求直线与平面的交点，如图 3.68(b)所示。

③ 利用重影点判断直线 EF 在 V、H 投影面上的可见性，如图 3.68(c)所示。

需要注意的是，交点 K 仍然是直线可见与不可见的分界点。但 H 投影的可见性与 V 投影的可见性彼此独立，两者间无任何联系。在判别 H 投影的可见性时，要取一对 H 投影的重影点，如点Ⅰ、Ⅱ，点Ⅰ在平面△ABC 的直线 AB 上，点Ⅱ在直线 EF 上。通过它们的正面投影 $1'$和 $2'$，看出点Ⅰ在点Ⅱ的上方，所以在水平投影上，$2k$ 之间不可见，另一段可见。同理，在判别 V 投影的可见性时，要取一对 V 投影的重影点，如图点Ⅲ和Ⅳ，点Ⅲ在直线 EF 上，点Ⅳ在平面△ABC 的直线 BC 上。作出它们的水平投影 3 和 4，可以看出点 4 在点 3 的前面，所以 $3'k'$不可见，另一段可见，如图 3.68(c)所示。

(2) 用线面交点法求交线

对于两个一般位置平面求交线的问题，可用直线与一般位置平面求交点的方法求两平面的交线；也就是说，可以利用前述的三个作图步骤求出一平面上的直线与另一平面的交点的方法来确定两个共有点，由两个共有点连线确定交线。

图 3.69(a)所示为两平面△ABC 和△DEF 相交，由于两平面都是一般位置平面，所以过△DEF 平面上的直线 DF 及 EF 分别作了辅助正垂面 P 和 Q，可分别求出边 DF、EF 与△ABC 的两个交点 $M(m、m')$及 $N(n、n')$。MN 便是两个三角形平面的交线，如图 3.69(c)所示。

两平面交线是两平面在投影图上可见与不可见的分界线，同样根据重影点以及平面的连续性进行判断。尽管每个投影面上都有 4 对重影点，实际只要分别选择一对重影点判别即可。如图 3.69(c)所示。

(3) 用三面共点法求交线

当交线不在两平面图形所确定的范围内时，可用三面共点法求交线。如图 3.70 所示，已知由△ABC 确定的平面 R 和两平行线 DE、FG 确定的平面 S，为求该两平面的共有点，取任意辅助平面 P，它与平面 R、S 分别相交于直线Ⅰ Ⅱ和Ⅲ Ⅳ，而交线Ⅰ Ⅱ和交线Ⅲ Ⅳ的交点 M 为三面共有，当然也是 R、S 两平面的共有点。类似地，再作辅助平面 Q 可再求出一个三面共有点 N。MN 即为 R、S 两平面的交线。这种方法就是三面共点法。

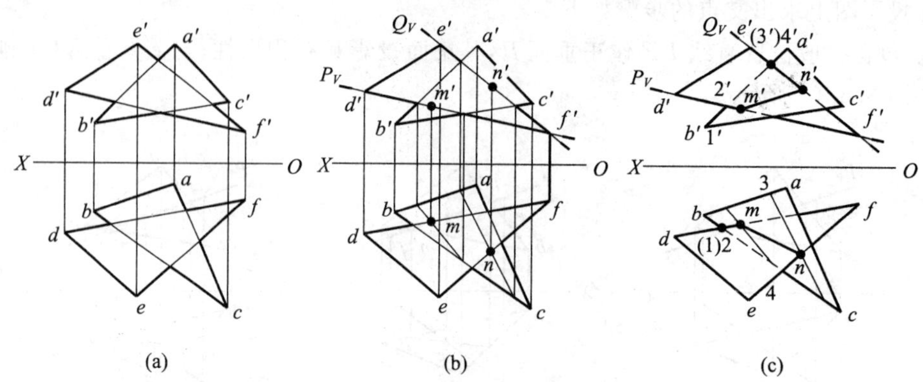

图 3.69　两个一般位置平面的交线及可见性

图 3.71 示出了求平面△ABC 和一对平行线 DE、FG 决定的平面的交线，根据图 3.70 所示的原理，选取水平面 P 为辅助平面。利用积聚性，分别求出 P 与原来两平面的交线 Ⅰ Ⅱ(12,1′2′)和Ⅲ Ⅳ(34,3′4′)。交线Ⅰ Ⅱ和交线Ⅲ Ⅳ的交点 $M(m,m')$就是三面共有点，也是所求两平面交线上的一个共有点；同理，再作辅助平面 Q 求出第二个共有点 $N(n,n')$。MN 即为所求的交线。

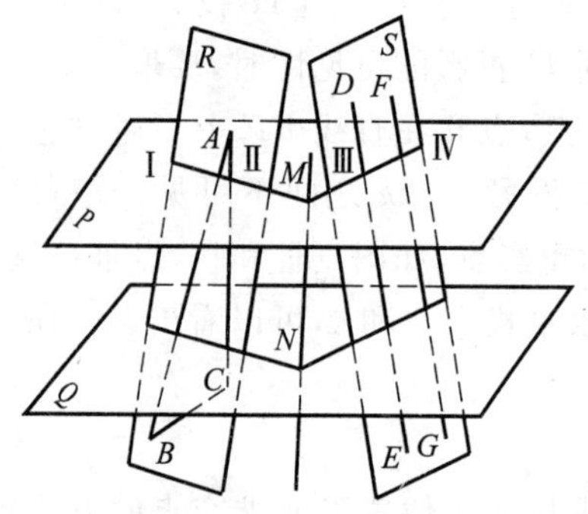

图 3.70　三面共点法示意图

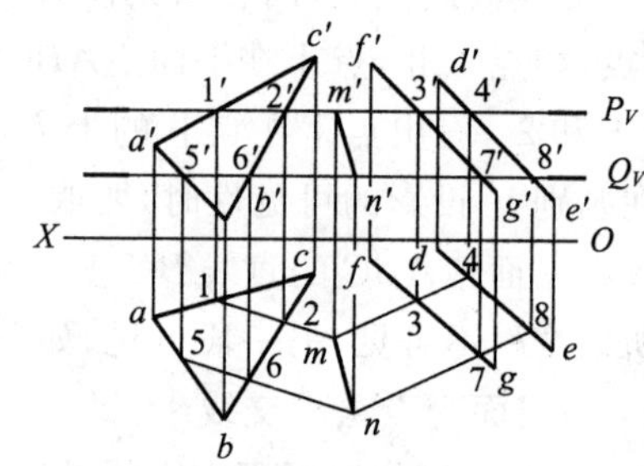

图 3.71　用三面共点法求交线

需要注意的是，辅助平面虽然可以任取，但为了作图简便，一般应选取特殊位置面为辅助面，图 3.71 中取的 P、Q 平面是水平面，当然也可以选取正平面或其他特殊位置平面，作图过程一样。

3.5.3　垂　直

1. 直线与平面垂直

根据立体几何，如果一直线垂直于平面上的两条相交直线，则此直线必垂直于该平面，也必垂直于属于平面的所有直线。

如图 3.72(a)所示，直线 LK 垂直平面 P，则必垂直于属于平面 P 的所有直线，其中包括水平线 AB 和正平线 CD。根据直角投影定理，直线 KL 的正面投影必垂直于正平线 CD 的正面投影($k'l' \perp c'd'$)，KL 的水平投影也必垂直于水平线 AB 的水平投影($kl \perp ab$)，如图 3.72(b)所示。因此，直线和平面垂直的必要和充分条件是，直线垂直于平面内的两相交直线。该投影关系可以归纳为下面的定理。

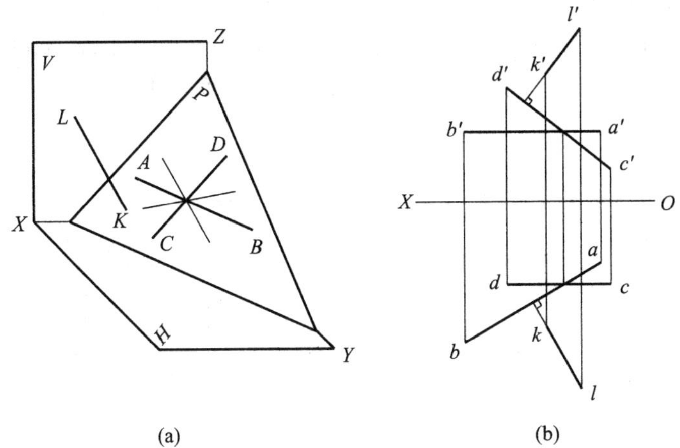

图 3.72　直线与平面垂直

定理 5　若一直线垂直于一平面，则该直线的水平投影一定垂直于平面上水平线的水平投影，而直线的正面投影也一定垂直于平面上正平线的正面投影。

定理 6(**逆**)　若一直线的水平投影垂直于一平面上水平线的水平投影，该直线的正面投影又垂直于该平面上正平线的正面投影，则直线必垂直于该平面。

上述的讨论说明，在投影图上直线和平面的垂直关系可以通过直线与平面上的水平线和正平线的垂直关系确定。利用平面上的投影面平行线的方向，就可以在投影图上解决直线与平面垂直的作图问题。

例 3.16　如图 3.73(a)所示，已知平面△ABC 和平面外一点 M，试求点 M 到该平面的距离。

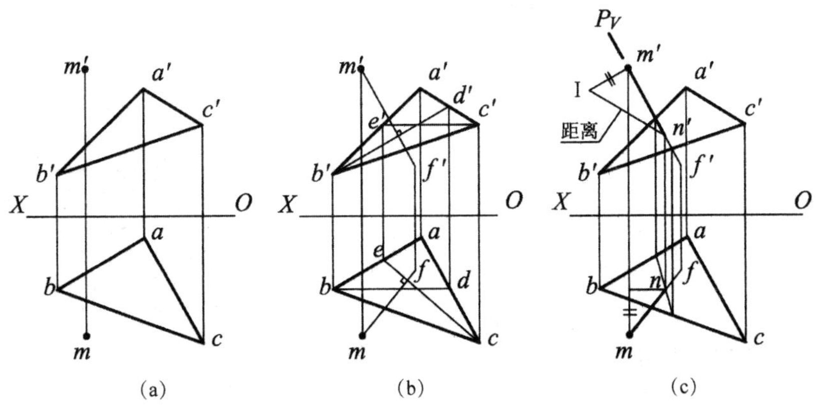

图 3.73　求空间点 M 到平面的距离

分析　要求出点到平面的距离，需要作出过该点垂直于平面的直线，并且求出所作直线与平面的交点(垂足)，然后利用直角三角形法求出点和垂足之间线段的实长。

作图

(1) 在△ABC 上任作一正平线 BD(bd,$b'd'$)和水平线 CE(ce、$c'e'$)，自点 M 向 BD、CE 作垂线 MF($mf \perp ce$、$m'f' \perp b'd'$)，如图 3.73(b)所示。

(2) 求出垂线 MF 与△ABC 的交点 $N(n、n')$，如图 3.73(c)所示。

(3) 用直角三角形法求出 MN 的实长Ⅰn'，Ⅰn'即为所求的距离，如图 3.73(c)所示。

例 3.17 如图 3.74(a)所示，试判断直线 MN 是否垂直于由平行两直线 AB 和 CD 给定的平面。

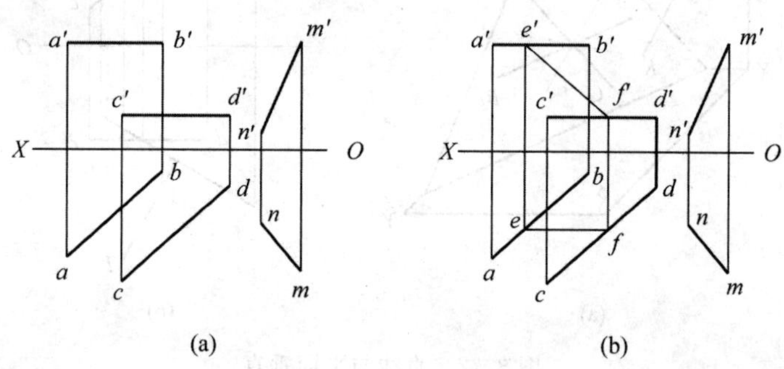

图 3.74 判断垂直

分析 直线 AB、CD 是水平线，再作属于该平面的任意一条正平线 $EF(ef、e'f')$，如图 3.74(b)所示。从投影图上可以看出，虽然 $mn \perp cd$，但是 $m'n'$并不垂直于 $e'f'$，因此直线 MN 与该平面不垂直。

2. 平面与平面垂直

由立体几何知道，如果一直线垂直于一平面，则包含这条直线的所有平面都垂直于该平面；反之，如果两平面互相垂直，则自第一个平面上的任意一点向第二个平面所作的垂线一定在第一个平面上，如图 3.75 所示。以此为依据可以在投影图上解决两平面垂直的投影作图问题。

例 3.18 试过直线 MN 作一平面垂直于已知平面△ABC。

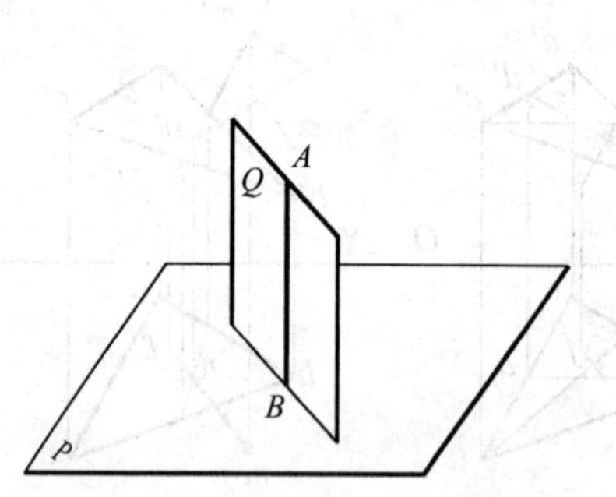

图 3.75 两平面互相垂直的几何条件

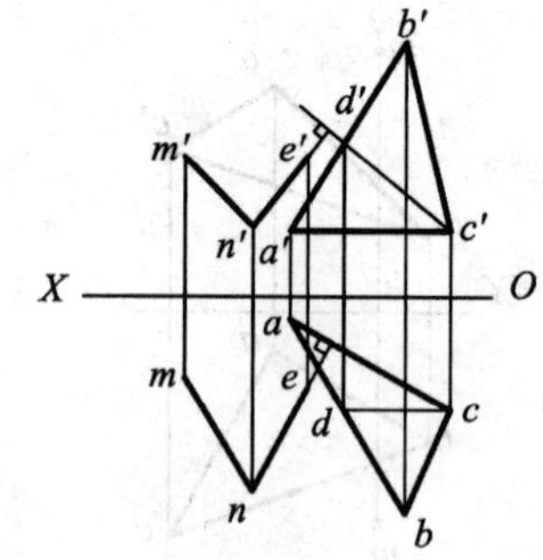

图 3.76 作平面垂直于已知平面

作图 如图 3.76 所示。

(1) 在平面△ABC 上任取水平线 $AC(ac、a'c')$和正平线 $CD(cd、c'd')$。

(2) 自直线 MN 上任取一点 N，过点 N 作直线 $NE(ne、n'e')$垂直于平面△ABC，即 $ne \perp ac$、$n'e' \perp c'd'$。

(3) 相交两直线 NE 和 MN 组成的平面即为所求。

例 3.19 试判断平面△ABC 与平面△DEF 是否相互垂直。

分析 只要根据两平面相互垂直的条件来判断即可。

作图　如图3.77所示。

(1) 在平面△DEF内任作一条正平线DM和一条水平线DN。

(2) 在平面△ABC上任取一点B，过点B作平面△DEF的垂线BG($bg \perp dn$，$b'g' \perp d'm'$)。

(3) 检查BG不属于平面ABC，所以两平面不垂直。

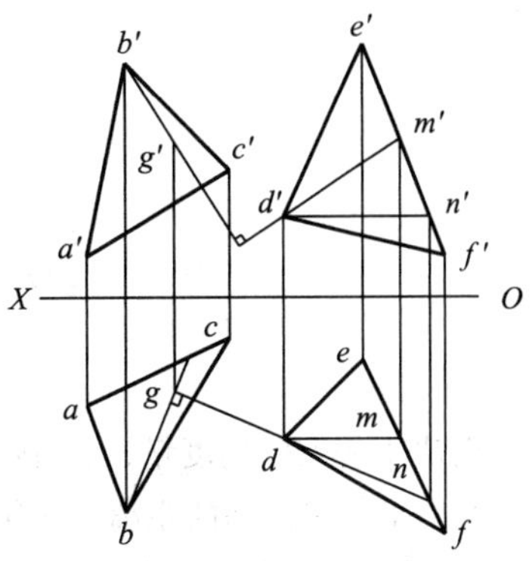

图3.77　判断两平面是否垂直

例3.20　如图3.78(a)所示，已知直线BC和直线外一点A，试过点A作一条直线与BC垂直相交。

分析　所求直线必定在经过点A且与直线BC垂直的平面内，该平面与直线BC的交点和点A的连线就是所求直线，因此必须作一辅助平面，BC为该平面的法线。

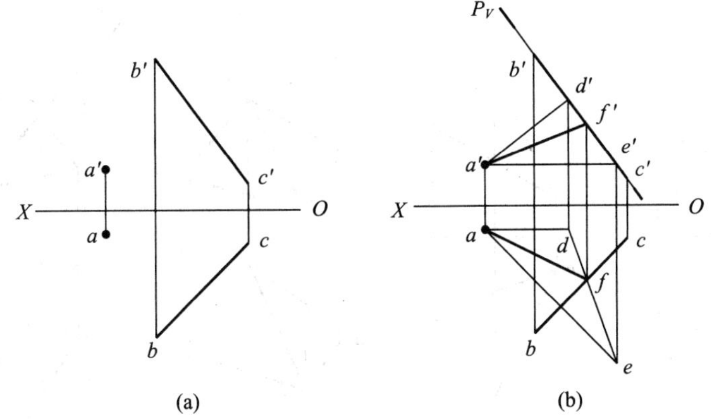

图3.78　过定点作直线垂直于已知直线

作图　如图3.78(b)所示。

(1) 过点A作正平线$AD \perp BC$，水平线$AE \perp BC$，BC垂直于AE和AD组成的平面。

(2) 求出BC与该平面的交点F(f、f')。

(3) 连接A、F，直线AF(af、$a'f'$)就为所求的过点A与BC垂直相交的直线。

第4章 投影变换

解决工程实际的度量、定位问题时，常常需要求线段的实长、平面图形的实形、两平面之间的夹角及两平行平面间的距离。由第3章可知，当直线、平面处于一般位置时，其投影不能反映实长、实形、倾角、距离等的真实大小。当直线或平面相对投影面处于特殊位置时，它们的投影就能直接反映这些度量值的真实大小和有利于解题，如图4.1所示。

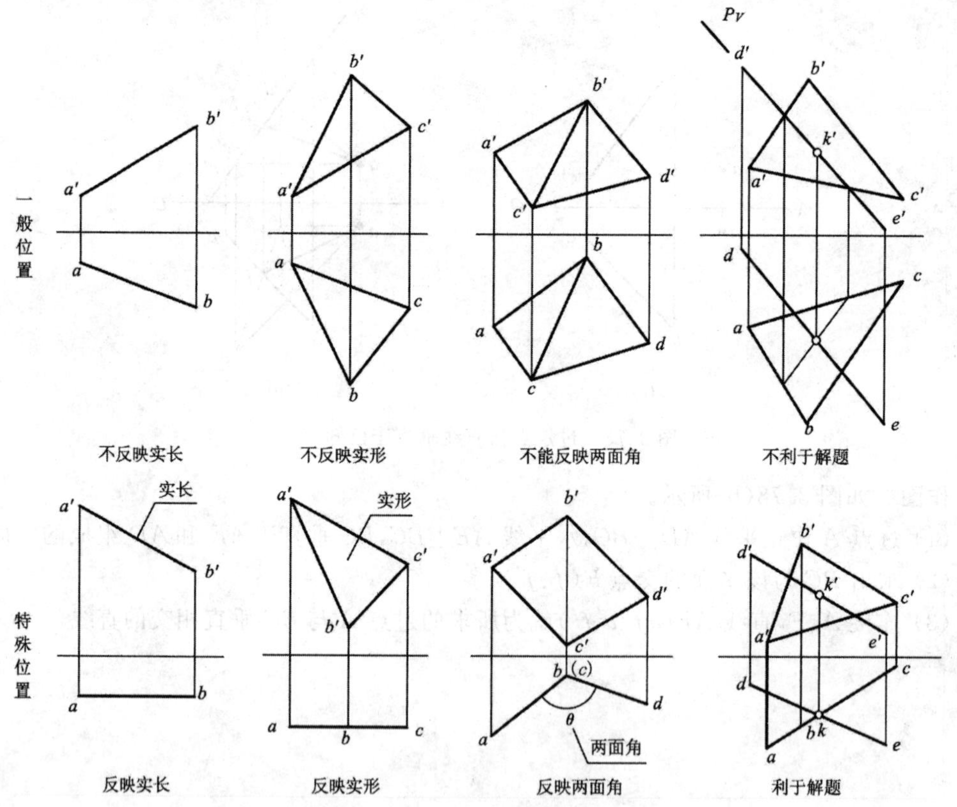

图4.1 几何元素的一般位置和特殊位置分析

投影变换改变空间几何元素和投影面之间的相对位置，使其由一般位置转变为特殊位置。达到投影变换目的的方法一般有下述两种。

(1) 空间几何元素的位置保持不动，用新的投影面代替旧的投影面，使空间几何元素与新投影面处于有利于解题的位置，这种方法称为换面法。

(2) 投影面保持不动，使空间几何元素绕某一轴旋转到有利于解题的位置。这种方法称为旋转法。

本章只介绍换面法。

4.1 换 面 法

4.1.1 换面法的基本概念

换面法就是物体本身在空间的位置不动，而用某一新投影面（辅助投影面）代替原有投影面，使物体相对新的投影面处于解题所需要的有利位置，然后将物体向新投影面进行投射，如图 4.2(a)所示。图中一般位置直线 AB 在 V 和 H 面的投影体系（简称 V/H 体系）中的两个投影都不反映实长。为了使新投影反映实长，取一个平行于直线且垂直于 H 面的 V_1 面代替 V 面，则新的 V_1 面和不变的 H 面构成一个新的两面体系 V_1/H。直线在新投影面体系中 V_1 面的投影 $a'_1b'_1$ 即反映实长。再以 V_1 面和 H 面的交线 X_1 为旋转轴，使 V_1 面旋转至与 H 面重合，即得出了 V_1/H 体系的投影图，如图 4.2(b)所示。

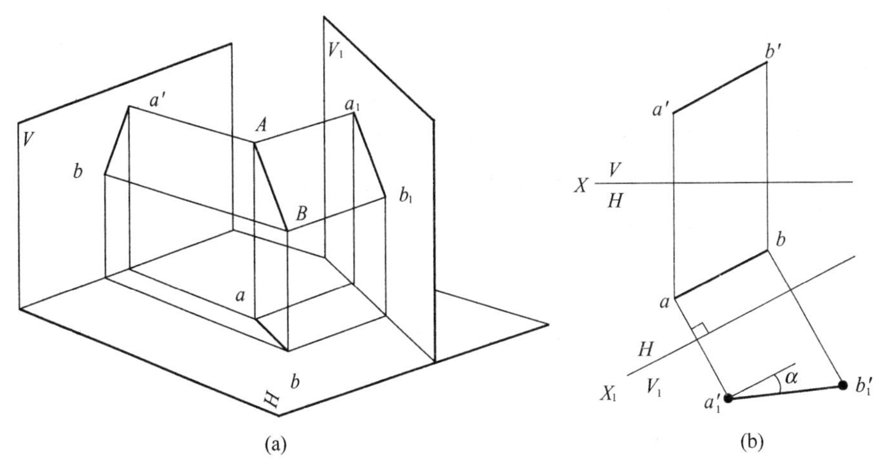

图 4.2　换面法 V/H 体系变为 V_1/H 体系

新投影面的选择原则：

(1) 空间几何元素相对新投影面必须处于最有利的解题位置；就是使物体的某些几何元素平行于新的投影面或垂直于新的投影面。

(2) 新投影面必须垂直于某一保留的原投影面，以构成一个相互垂直的两投影面新体系。

4.1.2 点的投影变换

1. 点的一次变换

点是几何形体的基本元素，所以首先研究点的投影变换规律。图 4.3(a)中，点 A 在 V/H体系中，正面投影为 a'，水平投影为 a。现在令 H 面保持不变，取一铅垂面 V_1($V_1 \perp H$)代替投影面 V，形成新投影面体系 V_1/H。将点 A 向 V_1 投影面投射，在新投影面 V_1 上得到投影 a'_1。这样点 A 在新、旧投影面体系中的投影(a,a'_1)和(a,a')有下列关系。

(1) 由于这两个体系具有公共的水平面 H，因此点 A 到 H 面的距离（即 z 坐标）在新旧投影体系中都是相同的，即 $a'a_x = Aa = a'_1a_{x1}$。

(2) 当 V_1 面绕 X_1 轴旋转到与 H 面重合后，根据点的投影规律可知 aa'_1必垂直于 X_1 轴。这和 $aa' \perp X$ 轴的性质是一样的。

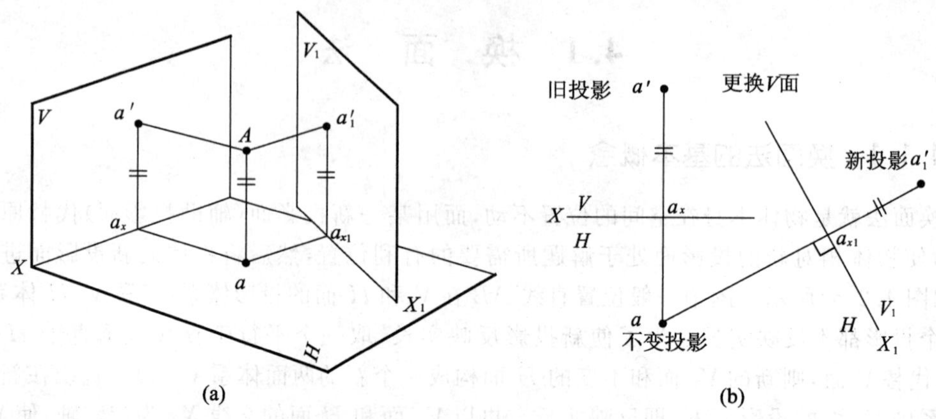

图 4.3　点在V_1/H体系中的投影

根据以上分析,可以得出点的投影变换规律。

(1) 点的新投影和不变投影的连线必垂直于新投影轴。

(2) 点的新投影到新投影轴的距离等于点的旧投影到旧投影轴的距离。

图 4.3(b)所示为根据上述规律,由 V/H 体系中的投影(a,a')求出V_1/H体系中的投影作图法。首先画出新投影轴 X_1,这样就确定了新投影面在原投影体系中的位置;然后过点 a 作 $aa_1' \perp X_1$,在垂线上截取 $a_1'a_{x1}=a'a_x$,则 a_1' 即为所求的新投影。水平投影 a 为新、旧两投影体系所共有。

图 4.4 表示更换水平投影的方法。取正垂面 H_1 面和 V 面构成新投影体系 V/H_1,求出其新投影 a_1。因新、旧两体系具有公共的 V 面,因此 $a_1a_{x1}=Aa'=aa_x$。

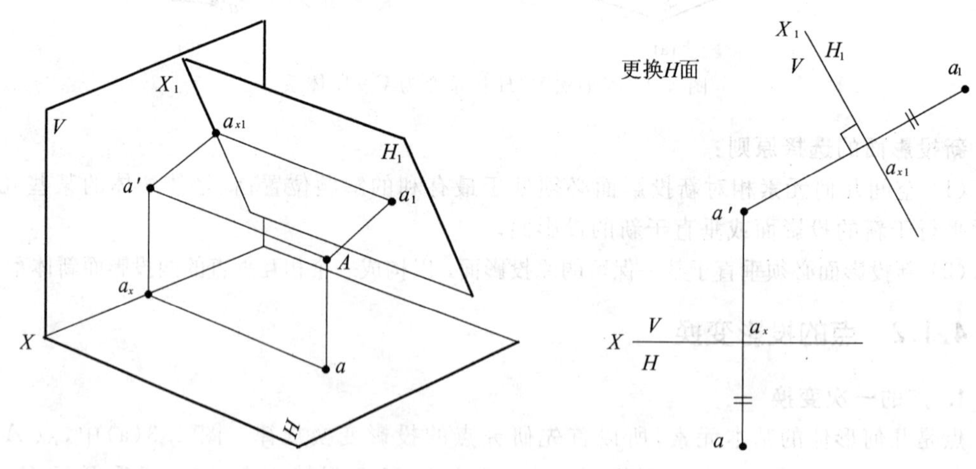

图 4.4　点在 V/H_1 体系中的投影

作图规律:由点的不变投影向新投影轴作垂线,并在垂线上量取一段距离,使这段距离等于被代替的投影到原投影轴的距离。

2. 点的两次变换

在运用换面法解决实际问题时,有时需要更换两次或多次投影面。图 4.5 示出了更换两次投影面时，求新投影的方法，其原理和作图方法与更换一次投影面相同。

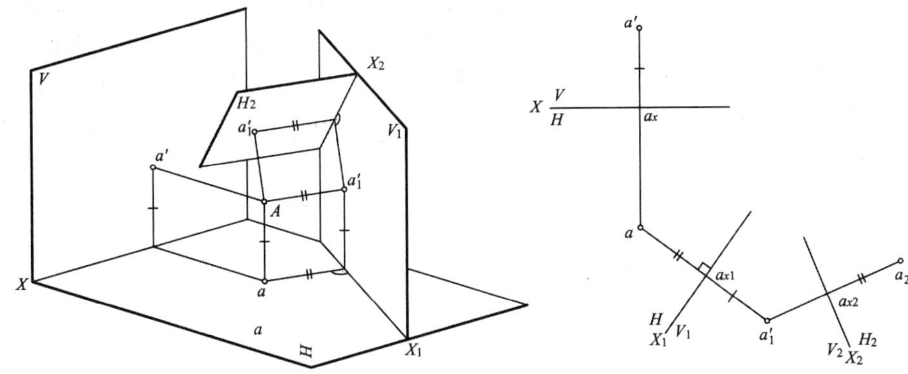

图 4.5　点的两次变换

更换次序：首先把 V 面换成平面 V_1，$V_1 \perp H$，得到中间新投影体系 V_1/H；然后再把 H 面换成平面 H_2，$H_2 \perp V_1$，得到新投影体系 V_1/H_2……，即交替更换。

4.2　四个基本问题

1. 一般位置直线变换成投影面平行线

求如图 4.6(a)所示一般位置直线 AB 的实长及与 H 面的夹角。取 V_1 面代替 V 面，使 V_1 面平行于直线 AB 且垂直于 H 面。这样，AB 在新体系 V_1/H 中成为新投影面的平行线。求出 AB 在 V_1 面上的投影 $a_1'b_1'$，则 $a_1'b_1'$ 反映线段 AB 的实长，并且 $a_1'b_1'$ 和 X_1 轴的夹角 α 即为直线 AB 和 H 面的夹角。

图 4.6(b)示出了把一般位置直线变为投影面平行线投影图的作图方法。首先画出新投影轴 X_1，X_1 必须平行于 ab，但和 ab 间的距离可以任取；然后分别求出线段 AB 两端点的投影 a_1' 和 b_1'，连接 $a_1'b_1'$ 即为线段的新投影，它反映了 AB 的实长和 α 角。同样可以通过更换水平投影面得到 AB 的实长和 β 角。

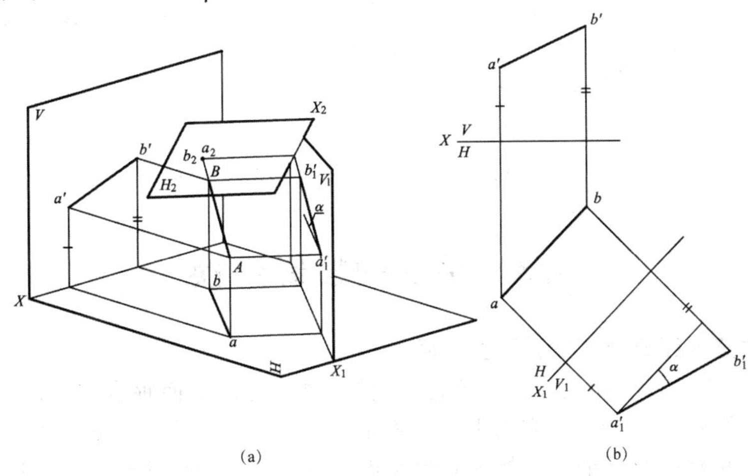

图 4.6　一般位置直线变成投影面平行线

2. 一般位置直线变换成投影面垂直线

如果所给的是一条投影面平行线,要变为投影面垂直线,只需更换一次投影面即可。如图 4.7(a)所示,由于 AB 为水平线,因此所作垂直于直线 AB 的新投影面 V_1 必垂直于原体系中的 H 面,这样 AB 在 V_1/H 体系中变为投影面垂直线,其投影作图如图 4.7(b)所示。根据投影面垂直线的投影特性,取 $X_1 \perp ab$,然后求出 AB 在 V_1 面上的新投影 $a_1'b_1'$ 即可。

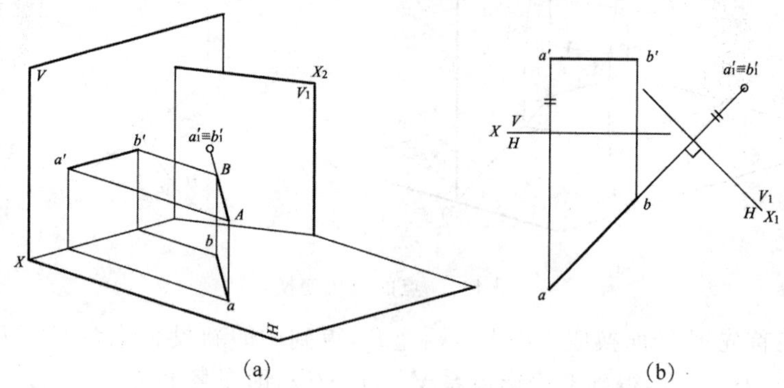

图 4.7 投影面平行线一次变换成垂直线

要把一般位置直线变为投影面垂直线,必须更换两次投影面,如图 4.8(a)所示。第一次把一般位置直线变为投影面 V_1 的平行线;第二次再把投影面平行线变为投影面 H_2 的垂直线。图 4.8(b)示出了其投影图的作法。

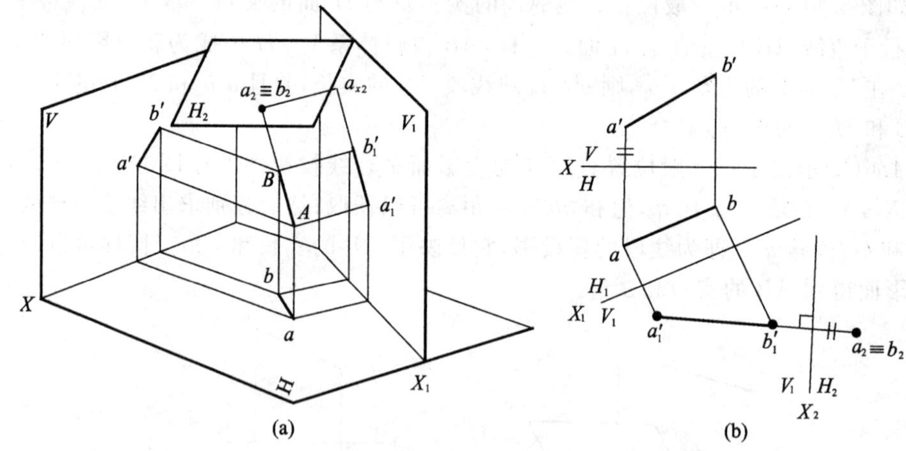

图 4.8 一般位置直线两次更换变成投影面垂直线

4.3 平面的投影变换

1. 一般位置平面变换成投影面垂直面

要把一般位置平面变换成投影面垂直面,首先要考虑两平面垂直需满足什么条件。当平面内一直线垂直另一平面时,则两平面互相垂直。所以只需要把平面内的一条直线变换成新投影面的垂直线,该平面则变换成新投影面的垂直面。由前述已知,一般位置直线变换成投影面垂直线必须更换两次投影面,而把投影面平行线变换成投影面垂直线只需更换一次投影面。如图 4.9 所示在平面 ABC 内取一条投影面平行线(水平线 AD),经一次换面后

变换成新投影面 V_1 的垂直线，则该平面变成新投影面的垂直面。

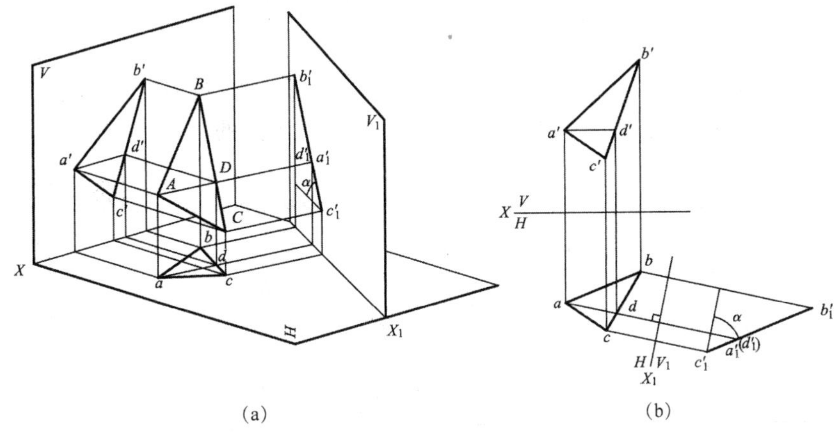

图 4.9 一般位置平面一次变换为投影面垂直面

图 4.9(b)示出了把△ABC 变换成投影面垂直面的作图过程。首先在平面内取一条水平线 $AD(ad,a'd')$，然后使新投影轴 $X_1 \perp ad$，这样就将 AD 变换成新投影面的垂直线。求出△ABC 三点的新投影 a_1'、b_1'、c_1'，则它们必在同一条线上，即△ABC 变换成了 V_1 面的垂直面并且直线 $a_1'b_1'c_1'$ 与 X_1 轴的夹角 α 即为△ABC 对 H 面的夹角。

2. 一般位置平面变换成投影面平行面

如果要把一般位置平面变换成投影面平行面，需要在将其变换成投影面垂直面的基础上再变换一次，即需要更换两次投影面。第一次把一般位置平面变换成新投影面的垂直面；第二次变换成新投影面的平行面。图 4.10 示出了把一般位置平面△ABC 变为投影面平行面的作图过程。第一次换面同前述；第二次换面，根据投影面投影特性，取 X_2 轴平行于直线 $a_1'b_1'c_1'$，作出 H_2 面的新投影△$a_2b_2c_2$，则△$a_2b_2c_2$ 便反映△ABC 的实形。

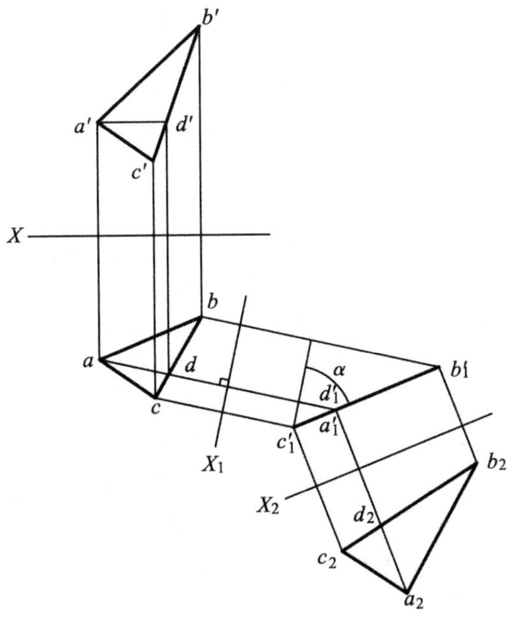

图 4.10 一般位置平面两次变成投影面平行面

4.4 换面法的应用

在实际解决问题时,经常需要求出点到直线或平面的距离、两平行线或交叉直线间的距离、平面与平面间的夹角等,这些问题可以用第 3 章几何作图的方法求解,也可以通过换面法求解,但换面法更加简单方便。

例 4.1 如图 4.11(a)所示,求点 C 到直线 AB 的距离,并求垂足 D。

分析 如图 4.11(b)所示,求点 C 到直线 AB 的距离,就是求垂线 CD 的实长。如果 AB 为投影面垂直线,则 CD 为该投影面的平行线,其投影反映实长。

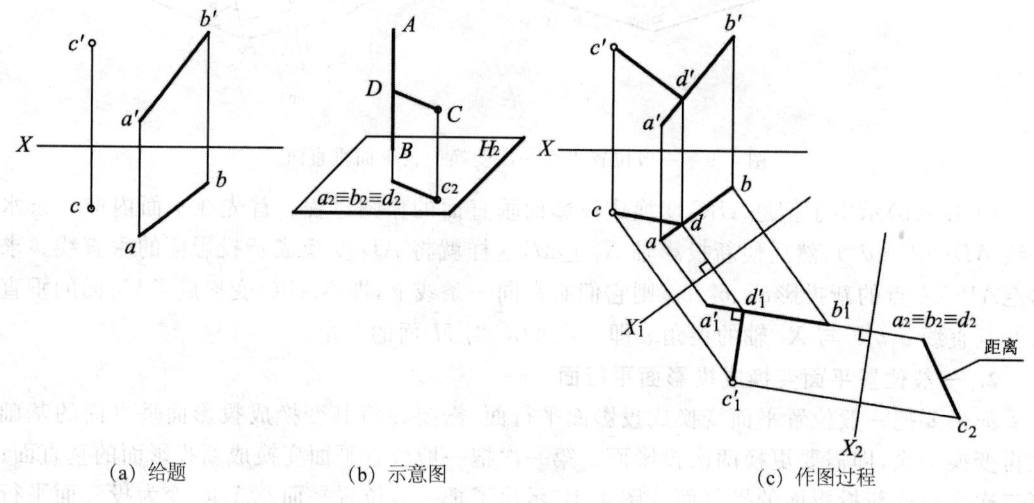

(a) 给题　　(b) 示意图　　(c) 作图过程

图 4.11 点 C 到直线 AB 的距离

作图

(1) 如图 4.11(c)所示,作 $X_1 /\!/ ab$,将 ab 和 c 变换到 V_1 为 $a_1'b_1'$ 和 c_1',把 AB 变为投影面平行线。

(2) 作 $X_2 \perp a_1'b_1'$,将 $a_1'b_1'$ 和 c_1' 变换到 H_2,为 a_2b_2 和 c_2,这时 a_2、b_2 积聚为一点。

(3) 连接 $a_2(b_2)$ 和 c_2,则 a_2c_2 为 H_2 的平行线,反映实长,即为点 C 到直线 AB 的距离。

(4) 过 c_1' 作线平行于 X_2 轴,则与 $a_1'b_1'$ 交于 d_1',d_1' 即为垂足 D 的投影,根据投影规律,求出 $d_1' \to d \to d'$,连接 $c'd'$、cd。

例 4.2 如图 4.12(a)所示,已知两交叉直线 AB 和 CD 公垂线的长度为 MN(15 mm),AB 为水平线,且已知 ab、$a'b'$ 以及 cd、c',求 d' 及 MN 的投影。

分析 如图 4.12(b)所示,当直线 AB 垂直于投影面时,MN 平行于投影面,这时它的投影 $m_1'n_1' = MN$,且 $m_1'n_1' \perp c_1'd_1'$。

作图 如图 4.12(c)所示。

(1) 将直线 AB 变为新投影面的垂直线,a_1'、b_1' 积聚为一点,点 C 也跟着变换为 c_1'。

(2) 过点 a_1' 作半径为 15 mm 的圆(圆柱面),过 c_1' 作圆的切线,切点为 n_1',根据投影规律求出 d_1',连接 $c_1'd_1'$,根据 d 和 d_1' 可求出 d',即求出 $c'd'$。

(3) 连接 a_1' 与切线 $c_1'd_1'$ 的切点 n_1',由 n_1' 反求出点 n。

(4) 过点 n 作 X_1 轴的平行线,与 ab 交于点 m,根据投影规律求出 $m'n'$,则 MN 即为公垂线。

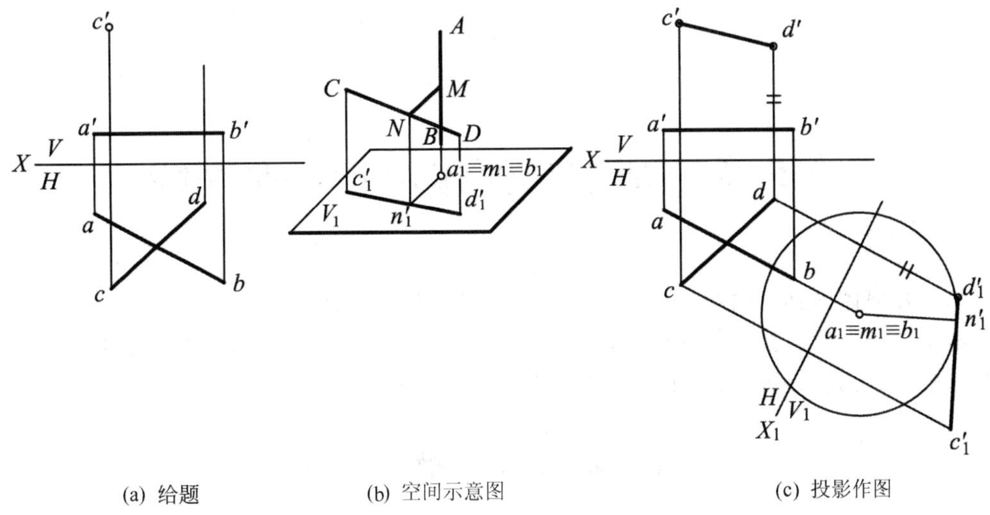

(a) 给题　　(b) 空间示意图　　(c) 投影作图

图 4.12　求交叉两直线的公垂线

例 4.3　求平面 ABC 和 ABD 的两面角。

分析　在投影图中，两平面的交线垂直于投影面时，则两平面垂直于该投影面，它们的投影积聚成直线，直线间的夹角为所求，如图 4.13(a)所示。

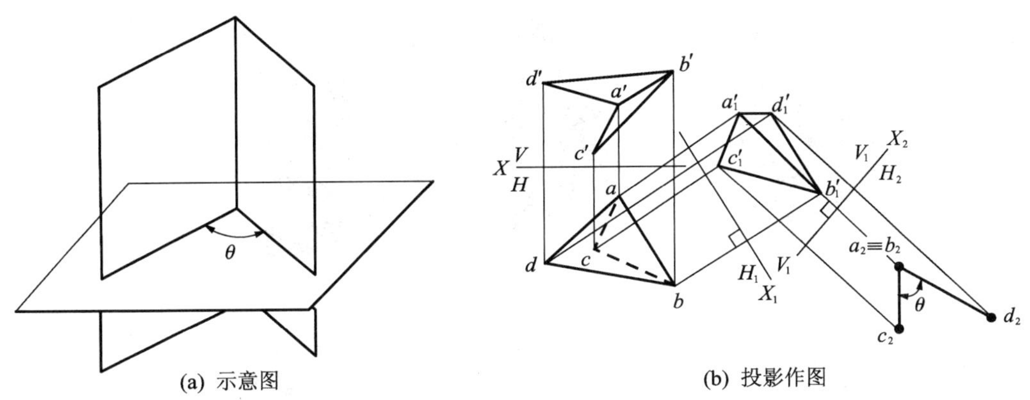

(a) 示意图　　(b) 投影作图

图 4.13　求两平面之间的夹角

作图　如图 4.13(b)所示。

(1) 作 $X_1 /\!/ ab$，使交线 AB 在 V_1/H_1 体系中变为投影面平行线。

(2) 作 $X_2 \perp a'_1b'_1$，使交线 AB 在 V_1/H_2 体系中变为投影面垂直线，这时两三角形的投影积聚为一对相交线 $a_2(b_2)c_2$ 和 $a_2(b_2)d_2$，则$\angle c_2a_2d_2$ 即为两平面间的夹角。

点的变换规律是换面法的作图基础，四个基本问题是解题的基本作图方法，必须熟练掌握。解题时一般要注意 3 个问题。

(1) 分析已给条件的空间情况，弄清原始条件中几何元素与原投影面的相对位置。

(2) 根据要求得到的结果，确定出有关几何元素对新投影面应处于什么样的特殊位置(垂直或平行)才能方便解题，据此选择正确的解题思路与方法。

(3) 在具体作图过程中，要注意新投影与原投影在变换前后的关系，既要在新投影体系中正确无误地求得结果，又要将结果返回到原投影体系中。

第5章　基本几何体及其表面交线

基本几何体由其表面所围成，可分为平面立体和曲面立体两类。

本章在点、线、面投影的基础上，分析几种基本几何体的投影及其表面取点的作图问题；在此基础上，研究图解法求基本几何体表面交线的问题。

5.1　基本几何体的投影

机器零件或常见的一些物体，从形体上分析，往往是由一些单一的形体如棱柱、棱锥、圆柱、圆锥、球体等组成，如图5.1所示。工程图学中称这些单一的形体为基本几何体，而将它们组合后的形体称为组合体。将棱柱、棱锥等由平面围成的基本几何体称为平面立体；将圆柱、圆锥、球体等由曲面或曲面与平面围成的基本几何体称为曲面立体。

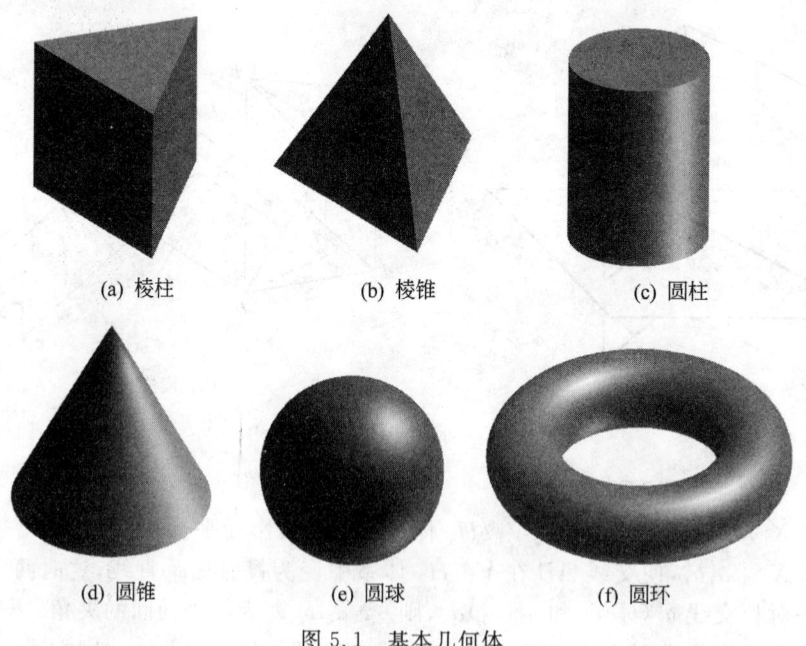

(a) 棱柱　(b) 棱锥　(c) 圆柱

(d) 圆锥　(e) 圆球　(f) 圆环

图5.1　基本几何体

5.1.1　平面立体

表面都是平面多边形的立体称为平面立体，常见的有棱柱和棱锥两种。棱柱和棱锥都是由棱面和底面围成的，相邻两棱面的交线，称为棱线。如所有棱线都相互平行，称为棱柱；若所有棱线交于一点，则称为棱锥。

平面立体的投影是平面立体各平面投影的集合。

1. 棱柱的投影及其表面上取点

1）棱柱的三面投影

以正六棱柱为例，说明棱柱的三面投影的画法，如图 5.2 所示。

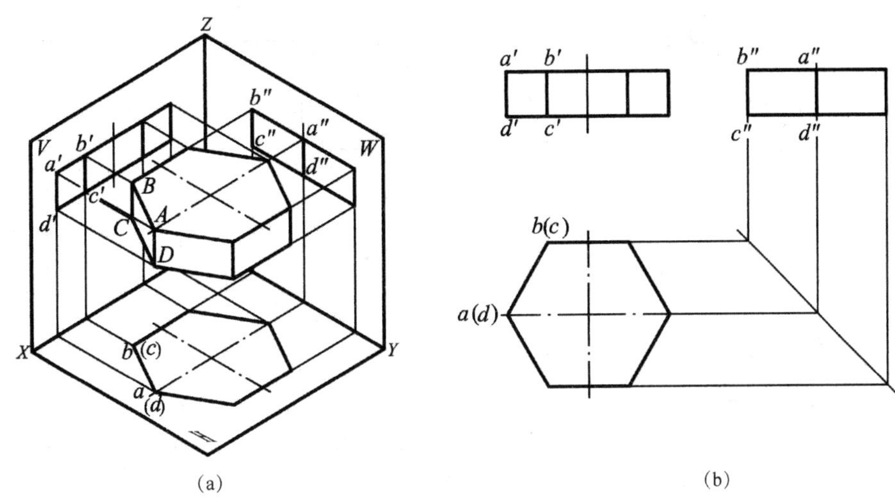

图 5.2 正六棱柱的三面投影

正六棱柱由顶面、底面和六个棱面组成，它的顶面和底面为水平面；六个棱面与 H 面垂直，其中前、后棱面是正平面，其他棱面为铅垂面。六条棱线为铅垂线。画投影图时，先画顶面和底面的投影：水平投影为反映顶面和底面实形的正六边形；正面、侧面投影都积聚成一条分别与 X 轴和 Y_W 轴平行的直线段。再画六条棱线的投影：在水平投影上，六条棱线积聚成相应的六个点；正面、侧面投影为反映六棱柱高的直线段。在正面投影中，前、后两棱面（正平面）投影重合为反映实形的矩形（图形中间位置），其余四个棱面（铅垂面）投影重合为左、右两个大小相等的类似形（矩形）。在侧面投影中，前、后两棱面（侧垂面）积聚为两段竖直的直线，其余四个棱面分别重影为两个大小相等且小于实形的类似形（矩形）。

作图

(1) 用细点画线画出正六棱柱三面投影的对称中心线，以及用细实线画出正面投影和侧面投影中底面的基准线，然后画出反映顶面和底面实形的水平投影——正六边形（用细实线），如图 5.3(a)所示。

(2) 根据投影规律画出正面投影和侧面投影（用细实线），如图 5.3(b)所示。

(3) 检查无误后擦去作图线，然后加深三面投影（用粗实线），如图 5.3(c)所示。

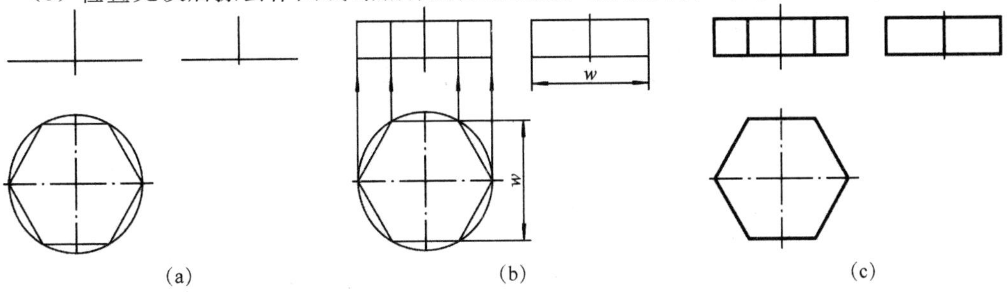

图 5.3 正六棱柱的三面投影的作图步骤

2) 棱柱表面上取点

因为棱柱的表面都是平面,所以平面立体表面上取点,其原理和方法与平面上取点完全一样。

例 5.1 如图 5.4 所示,已知斜三棱柱的两面投影和其表面的点Ⅰ、Ⅱ的正面投影,点Ⅲ的水平投影,试求Ⅰ、Ⅱ两点的水平投影和点Ⅲ的正面投影。

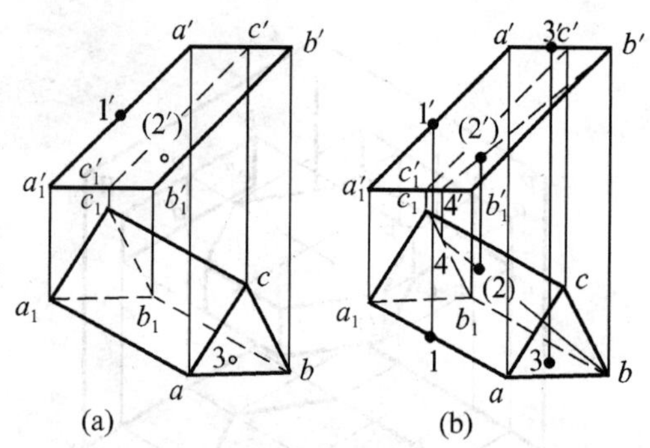

图 5.4 斜三棱柱表面上取点

作图

(1) 点Ⅰ在棱线 AA_1 上,故其水平投影 1 可直接在水平投影 aa_1 上确定,并且显然 1 是可见的。

(2) 点Ⅱ在棱面 BB_1C_1C 上,因此按照平面上取点的方法,在该棱面上过该点作任意一条直线 BⅣ,作出其水平投影 b4,从而确定点Ⅱ的水平投影 2。由于棱面 BB_1C_1C 的水平投影不可见,所以点Ⅱ的水平投影也是不可见的,用(2)表示。

(3) 点Ⅲ在顶面△ABC 上,△ABC 平面在正面投影积聚成一条直线,所以点Ⅲ的正面投影必然在该直线上,根据投影规律作其正面投影 3′。

属于立体表面的点的可见性是由点所在表面的可见性决定的。如例 5.1 中的点Ⅱ在棱面 BB_1C_1C 上,该平面的正面投影不可见,水平投影也不可见,所以点Ⅱ的正面投影 2′不可见,水平投影 2 也不可见。当点所在的表面积聚成线段时,则不需要判断点在该投影中的可见性。例如例 5.1 中的点Ⅲ的正面投影 3′在平面 ABC 积聚成的直线上。

2. 棱锥的投影及其表面上取点

1) 棱锥的投影

底边为一多边形,侧面为有一公共顶点的三角形,即各条棱线相交于一点的平面立体,称为棱锥。

以正三棱锥为例,说明棱锥的三面投影的画法,如图 5.5 所示。

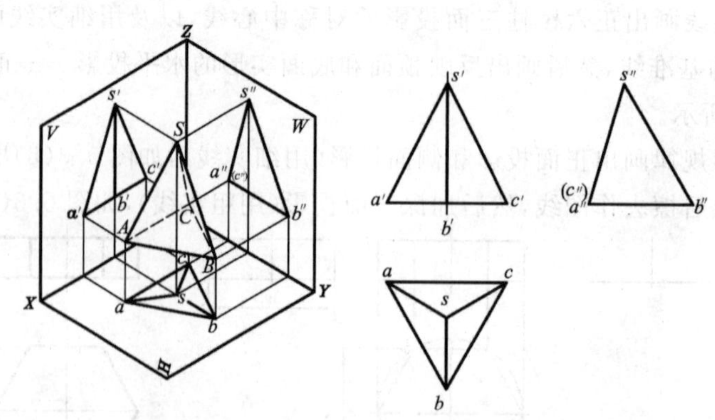

图 5.5 正三棱锥的三面投影

正三棱锥由底面△ABC 和三个侧面组成。底面△ABC 是一水平面,所以它的水平投影是一反映实形的正三角形△abc,而正面投影和侧面投影则积聚成一条水平直线;棱面

△SAC 为侧垂面，它的侧面投影积聚为一直线，而正面投影和水平投影均为类似形；棱面△SAB 和△SBC 都是一般位置平面，它们的三面投影均为类似形。

按直线的投影特性来分析正三棱锥各棱线的投影，即棱线 AB、BC 为水平线，AC 为侧垂线，棱线 SB 为侧平线，SA、SC 为一般位置直线。各棱线的作图结果应与按面分析的结果完全一致。

作图

(1) 用细点画线画出正三棱锥在正面投影和水平投影中的左右对称中心线，用细实线画出底面的三面投影，如图 5.6(a)所示。

(2) 画出顶点的三面投影，并用细实线连接各棱线的同名投影，如图 5.6(b)所示。

(3) 检查无误后用粗实线加深三面投影，如图 5.6(c)所示。

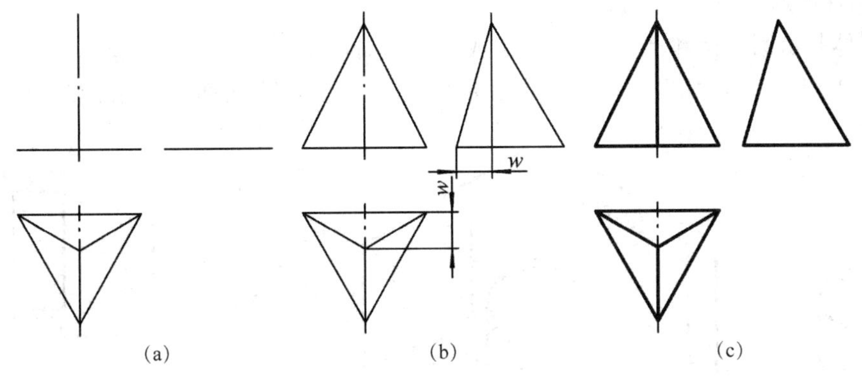

图 5.6　正三棱锥的三面投影的作图步骤

2) 棱锥表面上取点

(1) 在特殊位置平面上求点的投影，可利用积聚性作图直接求得。如图 5.7 所示棱面△SAC 上的点 G，已知它的水平投影 g，利用侧面投影的积聚性容易得到 g''，再利用投影规律求出 g'，△SAC 的正面投影不可见，所以 g' 不可见，用(g')表示。

(2) 在一般位置平面上求点的投影，可利用作辅助直线的方法求得。如图 5.7 所示，已知棱面△SAB 上点 M 的 H 面投影 m，求出 m'、m''，可以通过点 M 的水平线 DE 为辅助直线；又如在棱面△SBC 上，已知点 N 的 V 面投影 n'，要求 n、n''，可以过顶点的一般位置直线 SF 为辅助直线。因点 N 在棱面△SBC 上，而该棱面的侧面投影不可见，故 n'' 不可见，用(n'')表示。

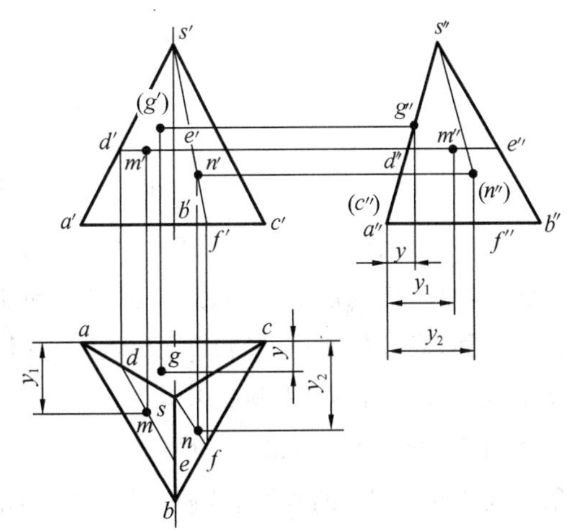

图 5.7　在三棱锥表面取点

5.1.2　曲面立体(回转体)

机器零件上曲面立体大多是回转体。常用的回转体有圆柱、圆锥、圆球和圆环等。回转体的表面是由回转面和平面或完全是回转面组成的。回转面是由一动线(直线、圆弧或其他曲线)绕一定线(直线)回转一周后形成的曲面。形成回转面的定线称为轴线,动线称为母线,母线在回转面上的任意位置称为素线。回转面的形状取决母线的形状,以及母线与轴线的相对位置。

从回转面的形成过程可知,母线上任意一点的轨迹是一个圆,称为纬圆,纬圆的半径是该点到轴线的距离,纬圆所在的平面与轴线垂直。这一基本性质是在回转面上取点作图的重要依据。

下面介绍圆柱、圆锥、圆球和圆环的形成、投影特点以及表面取点的方法。

1. 圆柱

1) 圆柱的形成与投影分析

圆柱体是由圆柱面和上、下底面所围成。圆柱面可以看成是由一直线 AA_1 绕与它平行的轴线 OO_1 回转而成,如图 5.8(a)所示。因此,圆柱面上的素线都是平行于轴线的直线。

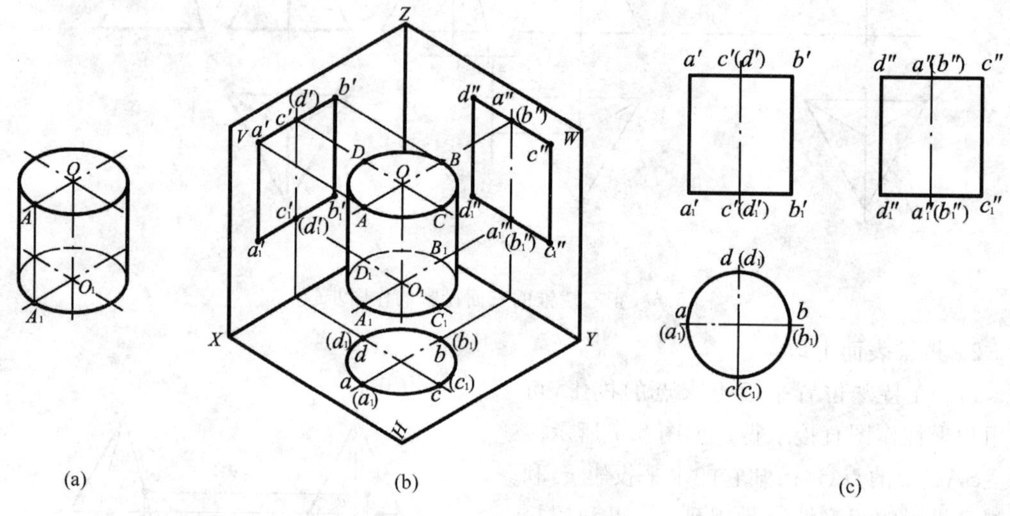

图 5.8 圆柱体的形成和投影

图 5.8(c)所示是轴线垂直于水平面的圆柱体的三面投影,圆柱面的水平投影积聚为一圆,该圆也是顶面和底面的投影;正面投影和侧面投影是大小相同的矩形,矩形的上、下两边是圆柱顶面、底面的投影,长度等于圆柱的直径。需要注意的是,在任何回转体的投影图中,必须用点画线画出轴线和圆的中心线。

从图 5.8(b)可以看出,正面投影矩形的左、右两条轮廓线 $a'a_1'$、$b'b_1'$ 是圆柱面最左、最右两条素线 AA_1、BB_1 的投影,这两条轮廓线确定了圆柱面正面投影的范围,称为对正面的转向轮廓线。它们把圆柱面分为前、后两半,是可见部分与不可见部分的分界线,前半个圆柱面在正面投影中可见,后半个圆柱面在正面投影中不可见。这两条转向轮廓线的水平投影积聚在圆周上最左点 $a(a_1)$、最右点 $b(b_1)$,侧面投影与轴线重合(不画出)。同理,侧面投影矩形的前、后两条轮廓线 $c''c_1''$、$d''d_1''$ 是圆柱面最前、最后两条素线 CC_1、DD_1 的投影,称为对侧面的转向轮廓线。它们将圆柱分为左、右两半,左半圆柱面的侧面投影可见,右半圆柱面的侧面投影不可见。水平投影积聚在圆周上最前点 $c(c_1)$、最后点 $d(d_1)$,正面投影与轴线重合(不画出)。

2) 圆柱体表面上取点

当圆柱体轴线是投影面垂直线时，圆柱面在该投影面上的投影积聚成一个圆，所以圆柱面上点和线的投影必在该圆上，要充分利用这一特性进行作图。

例 5.2　如图 5.9(a)所示，已知圆柱面上点 E 的侧面投影 e'' 和点 F 的正面投影 f'，试求它们的其余两投影。

作图　如图 5.9(b)所示。

(1) 由 e'' 可知点 E 在圆柱面前面对侧面的转向轮廓线上，利用转向轮廓线的投影规律很容易得到水平投影 e 和正面投影 e'。

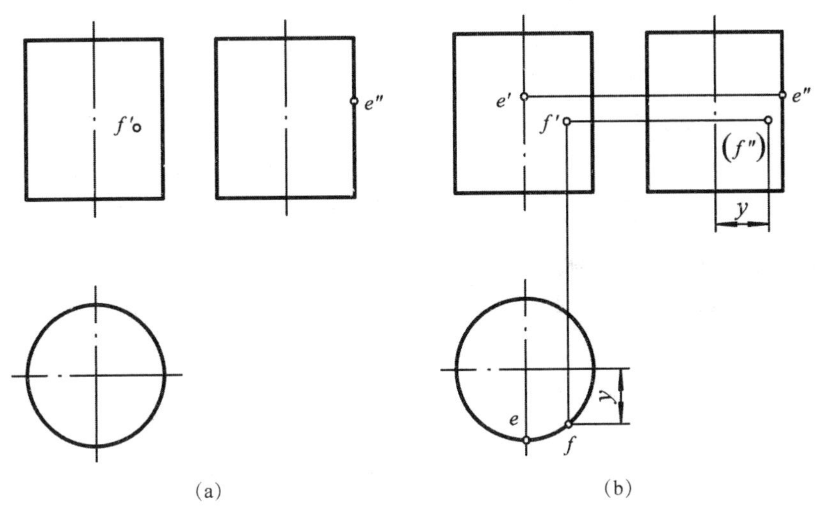

图 5.9　圆柱表面上取点

(2) 由于 f' 可见，所以点 F 应该在圆柱面前半部分。利用圆柱面水平投影的积聚性，先求出点 F 的水平投影 f(在圆周的右前部分上)；然后，根据 f、f' 可求出(f'')，因为点 F 在圆柱面的右半部分上，所以它的侧面投影不可见。

2. 圆锥

1) 圆锥的形成和投影分析

组成圆锥体的表面有圆锥面和底圆平面。圆锥面可以看作是直母线 SA 绕与其相交的轴线 SO 回转一周而成，如图 5.10(a)所示。因此，圆锥面的素线都是通过锥顶的直线。

图 5.10(c)所示是轴线垂直于水平面的圆锥体的三面投影。水平投影为一圆，即圆锥面和底圆的投影，注意这个圆没有积聚性，因为圆锥面上所有素线都倾斜于水平面；正面投影和侧面投影是相同的等腰三角形，等腰三角形的底边是圆锥底面的投影，两腰是转向轮廓线的投影。正面的转向轮廓线是圆锥面上最左和最右两条素线 SA、SB，侧面的转向轮廓线是最前和最后两条素线 SC、SD，它们的其余两投影都是与轴线或中心线重合，不需画出。图 5.10(c)还画出了对正面的转向轮廓线上的点Ⅰ和对侧面转向轮廓线上的点Ⅱ的三面投影。

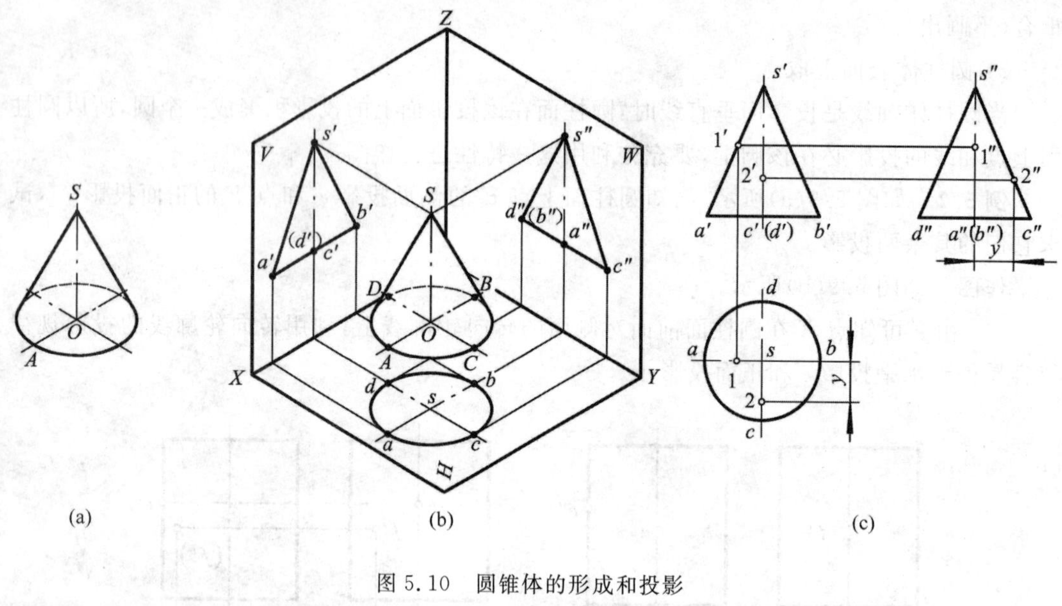

图 5.10　圆锥体的形成和投影

2）圆锥面上取点

由于圆锥面上的各个投影都不具有积聚性，因此与平面上取点的作图方法类似，在圆锥面上取点必须先作辅助线，再在辅助线上取点。轴线垂直于投影面的回转面，最常见的辅助线就是取纬圆，另一种方法是取素线作为辅助线。

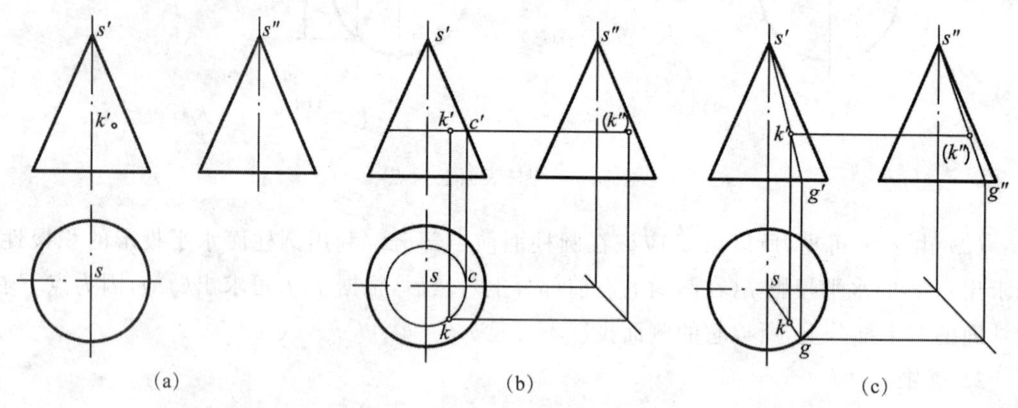

图 5.11　圆锥面上取点

例 5.3　如图 5.11 所示，已知圆锥面上点 K 的正面投影 k'，求其余两投影。

解法一：辅助纬圆法。

如图 5.11(b)所示，已知点 K 的正面投影 k'，因此首先在正面投影上过 k' 作一与轴线垂直的直线，并与对正面的转向轮廓线相交，该线段实际上是圆锥面上过点 K 纬圆的正面投影，其长度等于圆的直径，从而画出该圆的水平投影，因为 k' 可见，因此点 K 在前半圆锥面上，利用投影规律得到水平投影 k（由于圆锥面的水平投影均可见，因此 k 可见），再作出 (k'')（因为点 K 在右半圆锥面上，因此 k'' 不可见）。

解法二：辅助素线法。

如图 5.11(c)所示，连 s'、k'并延长交圆锥底面于 g'，SG 就是过点 K 的辅助素线。根据投影规律作出 SG 的水平投影 sg 和侧面投影 $s''g''$，点 K 的水平投影 k 和侧面投影必然在 SG 的同名投影上，从而作出 k 和 k''，并判断可见性。

3. 圆球

1）圆球的形成和投影分析

球是由球面围成的，球面可以看成是一半圆绕其直径回转一周形成，如图 5.12(a)所示。

无论将球体在三面投影体系中如何摆放，它的三面投影均为直径相等的圆，其直径等于圆球的直径，但这三个圆是球体上三个不同方向的转向轮廓线的投影(图 5.12(b))，它们分别是对正面的转向轮廓线 A、对水平面的转向轮廓线 B 和对侧面的转向轮廓线 C 在所视方向上的投影。例如，圆球对正面的转向轮廓线 A，其正面投影为圆 a'，确定了球的正面投影的范围，水平投影 a 和侧面投影 a''分别与水平方向中心线和铅垂中心线重合。球对水平投影面和侧面投影面的转向轮廓线的投影情况类似。图 5.12(c)画出了对正面转向轮廓线上点 K 的三面投影。

2）圆球表面上取点

圆球表面上取点必须利用辅助线。一般可利用过该点并与各投影面平行的圆为辅助线，该圆在其平行的投影面内的投影为反映实形的圆，其余两投影均积聚为直线。

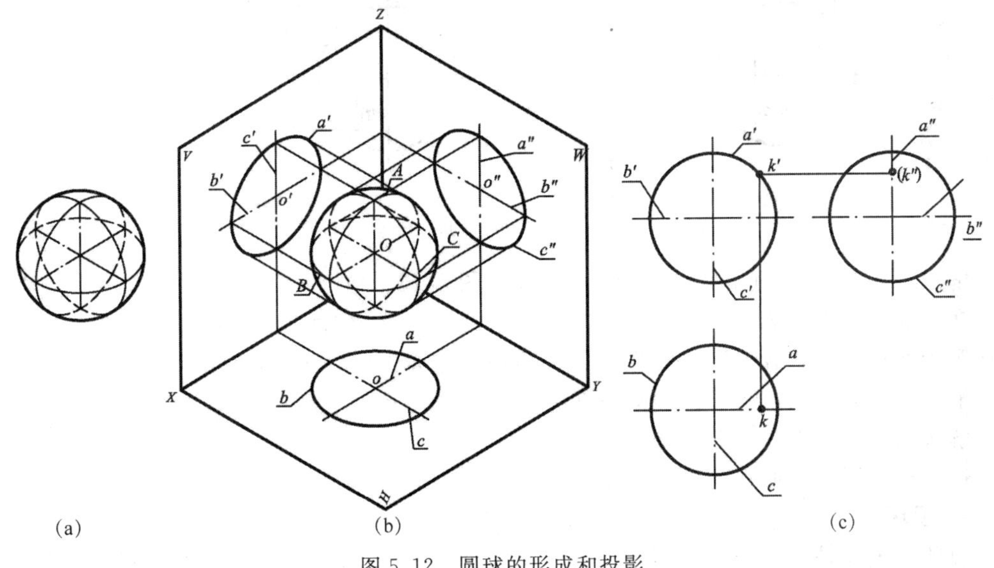

图 5.12　圆球的形成和投影

例 5.4　如图 5.13(a)所示，已知球体表面上点 M 的正面投影 m'，求点 M 的其余两投影。

解法一：利用平行于水平面的圆作为辅助线(图 5.13(b))。

平行于 H 面的圆的正面投影必是一条水平方向的直线，所以在正面投影上过 m'作一条水平直线段，交正面轮廓线于两点，这两点之间的长度等于所作圆的直径。再在水平投影面上作出该圆，它的侧面投影仍表现为一条水平直线段；然后，根据投影关系求得点 M 的水平投影 m 和侧面投影 m''。注意可见性的判断(因为点 M 在圆球面的下部、右部，所以水平投影和侧面投影均不可见)。

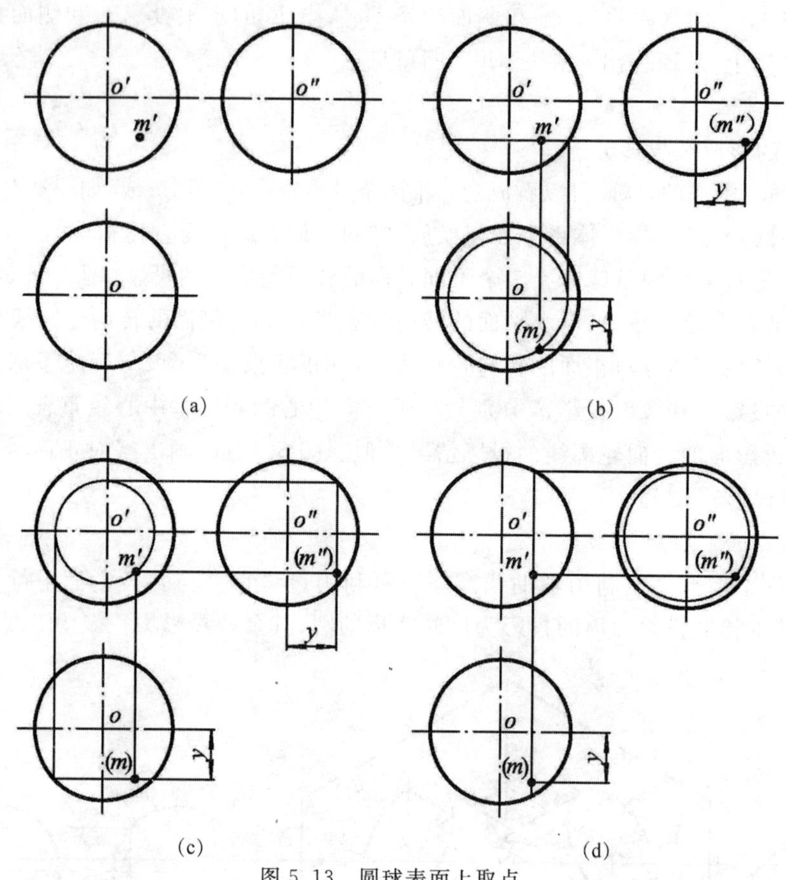

图 5.13　圆球表面上取点

解法二:利用平行于正面的圆作为辅助线(图 5.13(c))。

在正面投影上过 m' 作一圆,再由它求出该圆的水平、侧面投影,也就是两段直线段,其长度等于所作圆的直径;然后,根据投影关系作出点 M 的水平投影 m 和侧面投影 m''。

解法三:利用平行于 W 面的圆作辅助线(图 5.13(d))。

解法略。请读者自行分析作图过程。

这三种作图方法所得到的最后结果是相同的。

4. 圆环

圆环的表面是圆环面。如图 5.14(a)所示,圆环面是由一个完整的圆绕轴线回转一周形成的,轴线与圆母线在一个平面内,但不与圆母线相交。由圆母线外半圆形成的回转面称为外环面,内半圆形成的回转面称为内环面。图 5.14(c)为轴线铅垂线的圆环的三面投影。在正面投影中,左、右两个圆和上、下两条公切线是圆环面对正面的转向轮廓线,其中两圆是环面最左、最右两个素线圆的投影,粗实线半圆在外环面上,虚线半圆在内环面上,上、下两条公切线是最高、最低两个纬圆的投影。在正面投影中,外环面的前半部分可见,后半部分不可见;内环面全部不可见。环的侧面投影与正面投影类似,请读者自行分析。圆环对水平面的转向轮廓线是垂直于轴线的最小纬圆和最大纬圆,该两圆把圆环面分为上、下两部分,上半部分在水平投影中可见,下半部分在水平投影中不可见,点画线圆是母线圆圆心的轨迹。正面转向轮廓线上的点 K 的三面投影如图 5.14(c)所示。

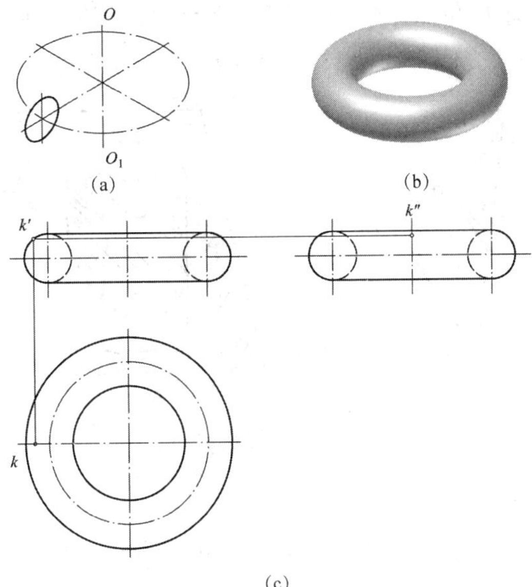

图 5.14　圆环的形成和投影

5.2　立体表面的截交线

零件的某些部分，从其结构形状看，很多是由基本几何体经平面截切形成的。平面截切基本几何体后，在其表面上就形成截交线，为了正确表达零件的形状，应掌握画这些截交线投影的方法。图 5.15 所示是立体被截切的实例。

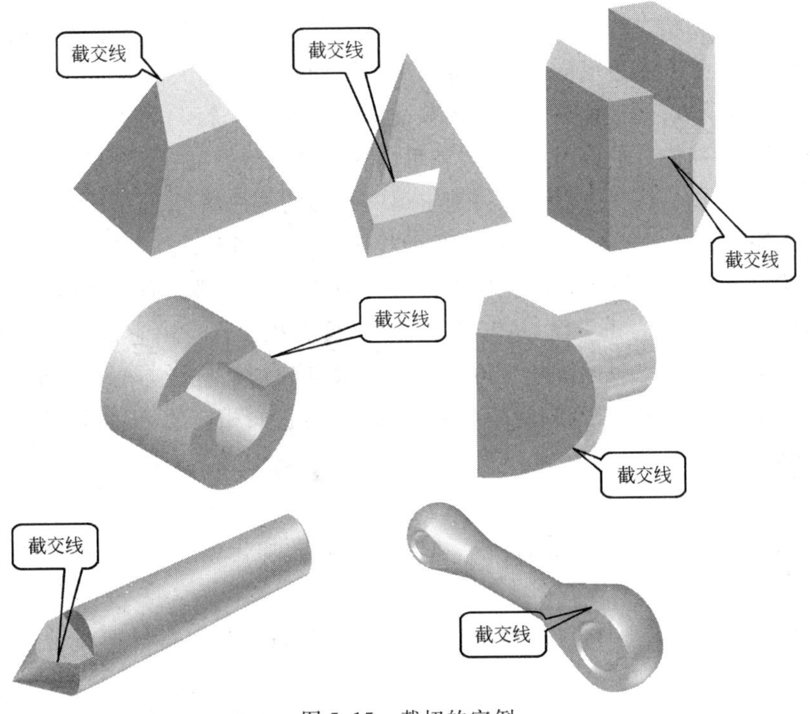

图 5.15　截切的实例

如图 5.16 所示,平面 P 与立体(平面立体或曲面立体)相交,称为截切。平面 P 称为截平面;截平面与立体表面的交线称为截交线;截交线围成的平面图形称为截断面。

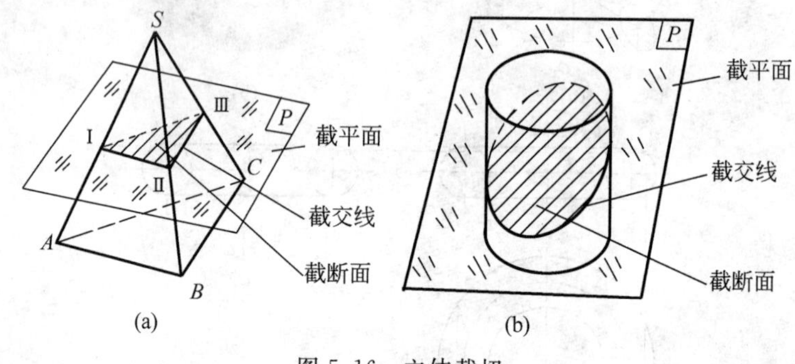

图 5.16　立体截切

立体表面上截交线具有如下性质。

(1) 共有性,即截交线是由既在截平面上又在立体的表面上的点集合而成,为两者的共有线。

(2) 截交线是由直线或平面曲线围成的封闭平面多边形。

从以上性质可以看出,截交线的求法实际上可归结为求截平面和立体表面共有点的问题;也就是说根据立体表面的性质,在其上选取一系列适当的线(棱线、素线或纬圆),求出这些线与截平面的交点,然后按其可见性用粗实线或虚线依次连接各交点就可得到所求的截交线。

5.2.1　平面与平面立体的截交线

平面与平面立体相交的截交线,是由直线段组成的多边形,共边数取决于截平面截到立体表面(平面)的数量。多边形的顶点实际上就是平面立体上相关棱线或底线与截平面的交点,因此求出这些顶点,就很容易得到所求截交线。

当截平面为特殊位置平面时,截交线就可以在具有积聚性的投影上直接找到;而它的其他投影,可按平面内取点、线或已知两投影求第三投影的方法求得。

例 5.5　完成截头三棱锥的 H 面和 W 面投影,如图 5.17 所示。

分析　截头三棱锥可以看作是三棱锥被截平面截去锥顶部分而形成的,作图的关键是作出截交线。截平面 P 为正垂面,其 V 面投影 P_V 具有积聚性。由它截切三棱锥的三个侧棱面,所得的截交线为一三角形,该三角形的三个顶点分别是棱线 SA、SB、SC 与截平面的交点,其 V 面投影可以直接找到 $1'$、$2'$、$3'$;然后再作出它们相应的 H 面和 W 面投影,用直线段将它们连接起来即可。

作图

(1) 作棱线与 P 的交点Ⅰ、Ⅱ、Ⅲ的三面投影。由正面投影 $1'$、$2'$、$3'$ 按直线上取点的方法作出水平投影 1、2、3 和侧面投影 $1''$、$2''$、$3''$,如图 5.17(c)所示。

(2) 连接截交线ⅠⅡ、ⅡⅢ、ⅠⅢ。在三个投影面上,用直线段分别连接点Ⅰ、Ⅱ、Ⅲ的同名投影,如图 5.17(d)所示。

(3) 判断可见性,整理图线。实体部分的图线,可见的画粗实线,不可见的(如 $c''3''$)画成虚线。被截去的锥顶部分的图线，可以用双点画线（即假想线）示出，也可以擦去不画，如图 5.17(d)所示。

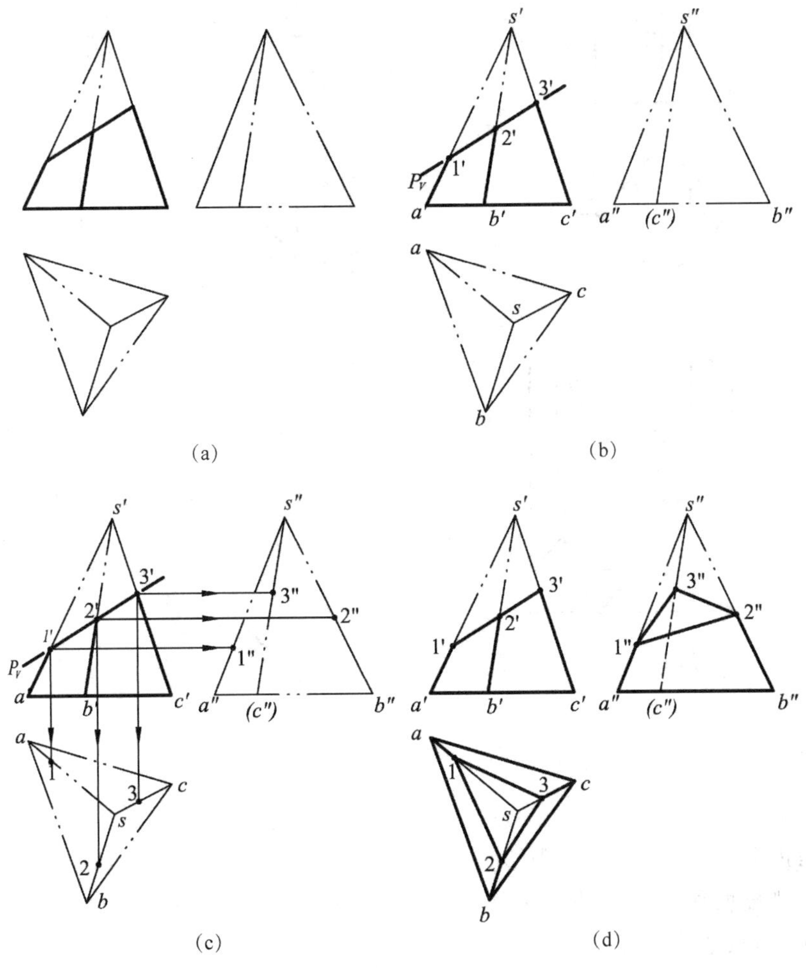

图 5.17　截头三棱锥

截交线可见性的判断是根据各段交线所在表面的可见性决定的。两相交表面中有可见表面时，其交线为可见，用粗实线画出；不可见交线用虚线画出。在本例题中，三棱锥的三个棱面的水平投影都可见，所以截交线的水平投影△123 为可见，用粗实线画出；截平面 P 侧面投影可见，所以得到的截交线的侧面投影△1″2″3″可见，同样用粗实线画出；正面投影△1′2′3′积聚成一条直线，不再判断可见性，用粗实线画出。

例 5.6　完成开方槽四棱柱的 W 面投影，如图 5.18 所示。

分析　如图 5.18(b)所示，该截切体可以看成是四棱柱经三个截平面——侧平面 Q_1、Q_2 和水平面 P——截出方槽而形成的。画方槽时，先作出三个截平面与四个侧棱面上的截交线，然后再求出截平面之间的交线。

四棱柱的轴线垂直于水平面，其侧棱面均为铅垂面，上底面为水平面。开方槽后，它仍呈现左与右、前与后分别对称。Q_1 截切四棱柱的上底面、左前棱面、左后棱面，其截交线分

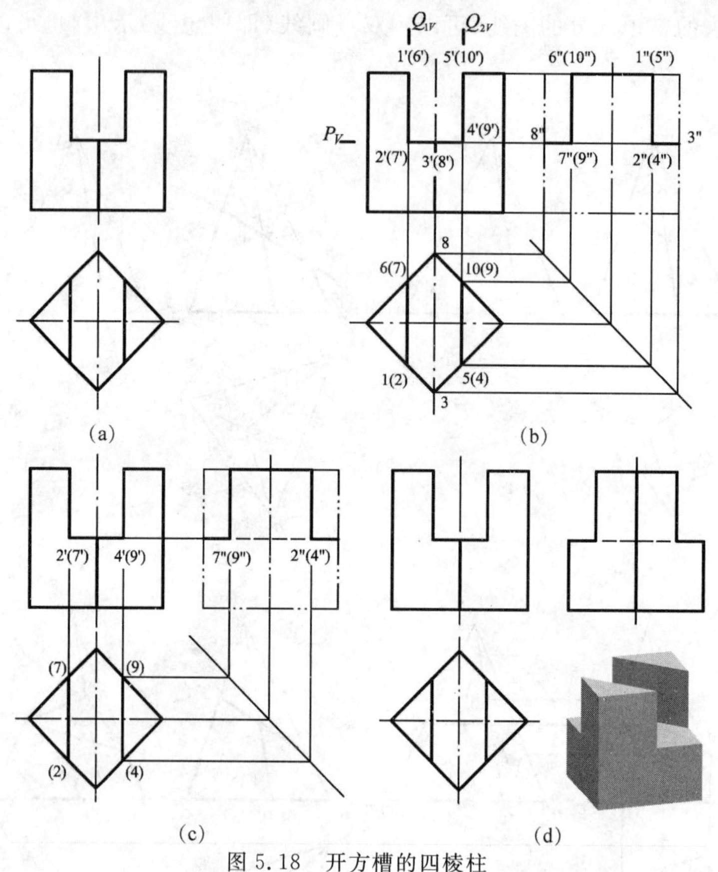

图 5.18　开方槽的四棱柱

别为正垂线ⅠⅥ(16,1′(6′))、铅垂线ⅠⅡ(1(2),1′2′)、ⅥⅦ(6(7),(6′)(7′))。Q_2截切的截交线分别是正垂线ⅤⅩ(5 10,5′(10′))、铅垂线ⅤⅣ(5(4),5′4′)、ⅩⅨ(10(9),(10′)(9′))。*P* 截切四个侧棱面所得截交线均为水平线,即ⅡⅢ((2)3,2′3′)、ⅢⅣ(3(4),3′4′)、ⅦⅧ((7)8,(7′)(8′))、ⅧⅨ(8(9),(8′)(9′))。Q_1、Q_2和水平面 *P* 的交线皆为正垂线,即ⅡⅦ((2)(7),2′(7′))、ⅣⅪ((4)(9),4′(9′))。据此,按投影规律即可求出它们的 *W* 面投影。

作图

(1) 补画完整四棱柱的 *W* 面投影,如图 5.18(b)所示。

(2) 求四棱柱各表面的截交线ⅠⅥ、ⅠⅡ、ⅥⅦ、ⅤⅩ、ⅤⅣ、ⅩⅨ、ⅡⅢ、ⅢⅣ、ⅦⅧ、ⅧⅨ。根据各截交线的 *V* 面和 *H* 面投影做出其相应的 *W* 面投影,例如由 1(2)及 1′2′作出 1″2″,其他类似,如图 5.18(b)所示。

(3) 求截平面之间的交线ⅡⅦ、ⅣⅪ。按照投影规律,由(2)(7)及 2′(7′)作出 2″7″、(4)(9)及 4′(9′)作出(4″)(9″),如图 5.18(c)所示。

(4) 判断可见性,整理图线,如图 5.18(d)所示。截平面之间交线的 *W* 面投影为不可见(用虚线表示)。

例 5.7　完成截头 L 型棱柱的 *H* 面投影,如图 5.19(a)所示。

分析　如图 5.19(b)所示,截头 L 型棱柱可视为一平面斜切 L 型棱柱而形成的。作图时,主要求出截交线构成的截断面——六边形。

L 型棱柱是横卧的，其六个侧棱面均为平行面。截平面 P 为正垂面，它截切 L 型棱柱所得截交线为六边形。其 V 面投影 p' 积聚成直线，而 W 面投影 p'' 仍为六边形——类似形。该六边形的各顶点为Ⅰ($1'$，$1''$)、Ⅱ(($2'$)，$2''$)、Ⅲ($3'$，$3''$)、Ⅳ($4'$，$4''$)、Ⅴ(($5'$)，$5''$)、Ⅵ(($6'$)，$6''$)。据此，按投影规律，可求得其 H 面投影 p。

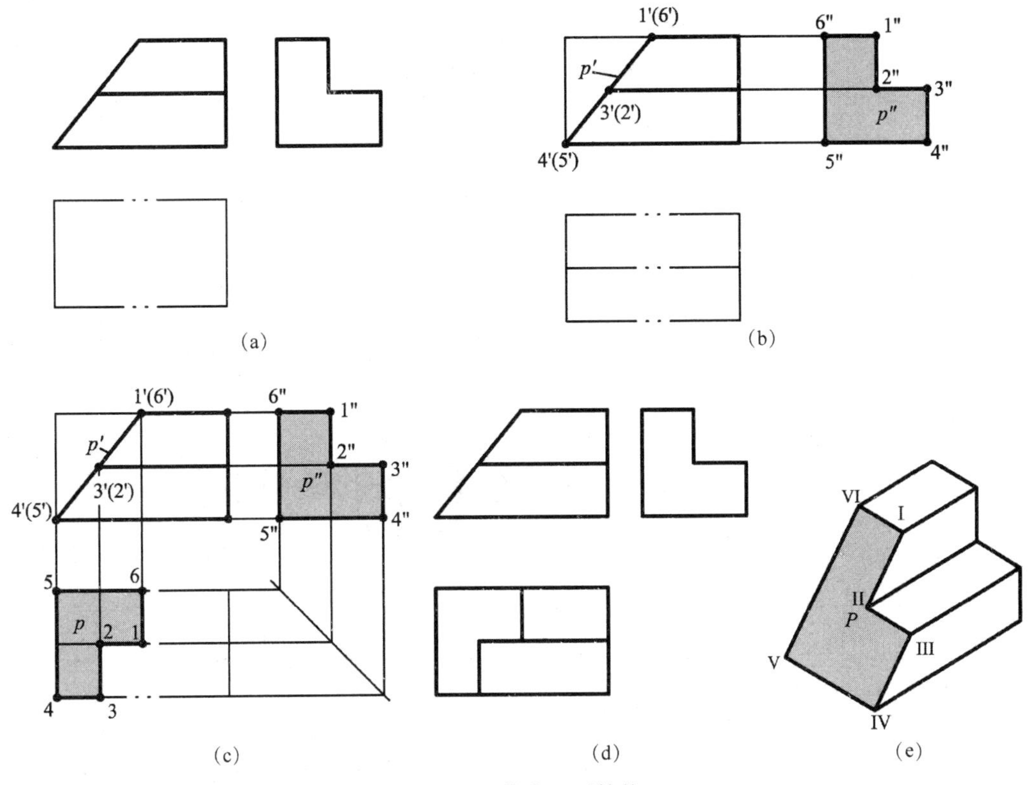

图 5.19　截头 L 型棱柱

作图

(1) 作完整 L 型棱柱的 H 面投影，如图 5.19(b)所示。

(2) 求截断面 P 的 V 面投影 p' 和 W 面投影 p''，如图 5.19(b)所示；然后按投影规律，做出水平投影 p，如图 5.19(c)所示。

(3) 判断可见性，擦去多余图线，如图 5.19(d)所示。

其立体图如图 5.19(e)所示。

5.2.2　平面与曲面立体的截交线

曲面立体表面截交线有下述性质。

(1) 截交线具有共有性。即截交线既在平面上又在曲面立体的表面上，为两者的共有线，也是两者共有点的集合。

(2) 截交线的形状，为封闭图形，可以是平面曲线围成，也可由直线段围成，或是由直线段与曲线共同围成。

曲面立体上截交线的投影为非圆曲线时的求法是，求出截平面与曲面立体表面上的一系列共有点，然后依次光滑连接成曲线，并按其可见与不可见分别用粗实线和虚线画出。当截平面为特殊位置平面时,就可在具有积聚性的投影上直接确定截交线的一个投影,然后按曲面立体表面上取点、线的方法或投影规律,求出其他投影。

1. 圆柱体的截交线

当平面截切圆柱体时,底面上的截交线为直线;而圆柱面上的截交线,由于两者的相对位置不同,所得的截交线分别为圆、椭圆或直线,如表 5.1 所示。

表 5.1 圆柱面的截交线

截平面的位置	垂直于轴线	倾斜于轴线	平行于轴线
截交线的形状	圆	椭 圆	两平行直线
立 体 图	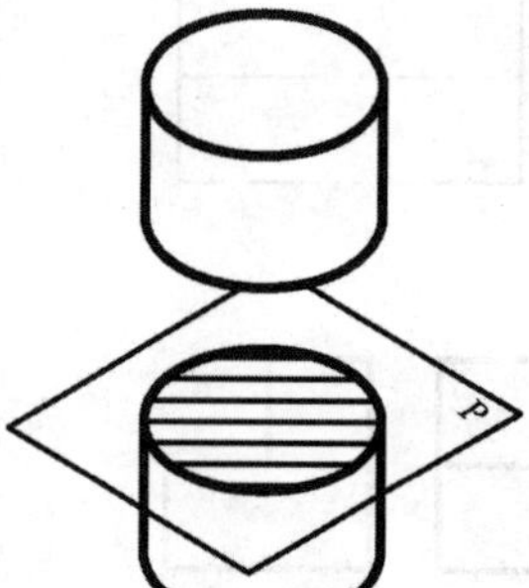 P	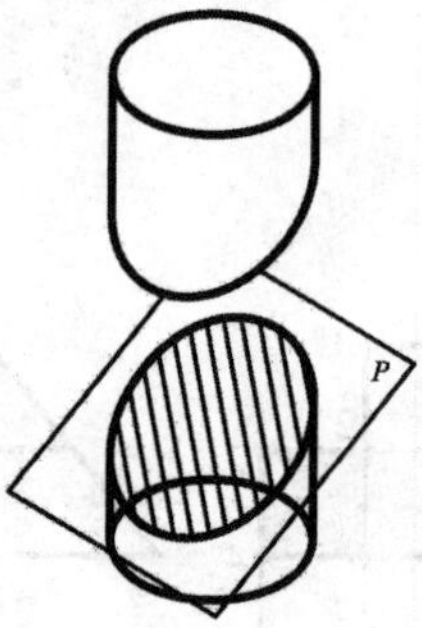 P	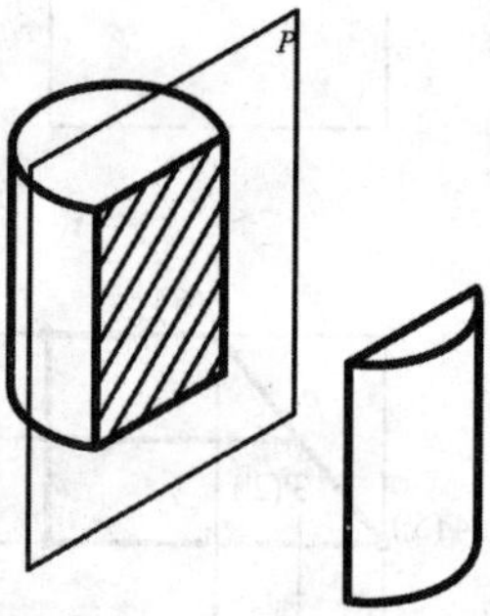 P
投 影 图	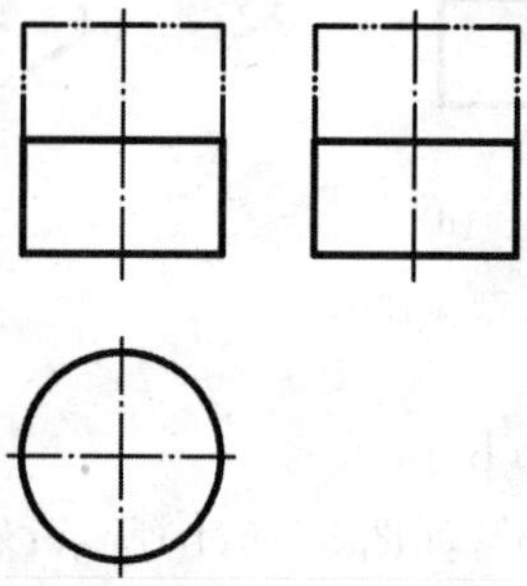	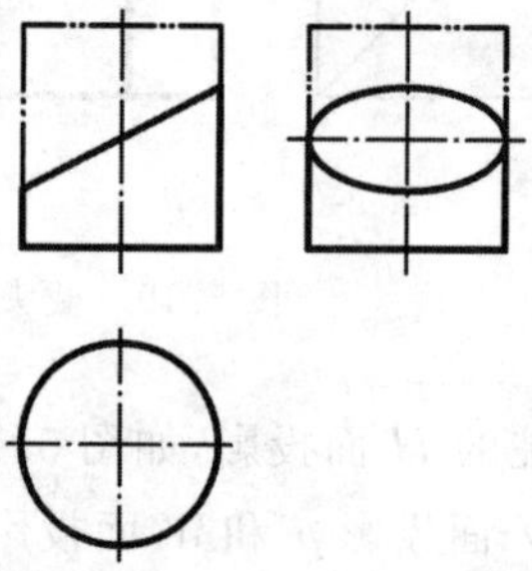	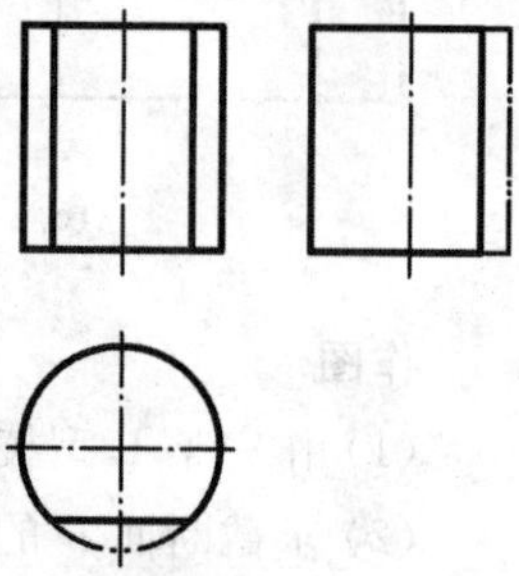

下面举例说明圆柱体截交线的求法及其作图步骤。

例 5.8 完成截头圆柱体的 W 面投影,如图 5.20(a)所示。

分析 如图 5.20(a)所示,该截切体可视为由一平面斜截去圆柱的左上角而形成的。圆柱体的轴线是铅垂线,截平面 P 为正垂面,截交线为椭圆。该椭圆的 V 面投影积聚成直线(P_V上),H 面的投影为圆,与圆柱面投影重合,其 W 面投影为椭圆。因此,截交线的 V、H 面投影均已知,需要求出的只有 W 面投影,可取一系列共有点,再光滑连接而成。

作图

(1) 画出完整圆柱体的 W 面投影,如图 5.20(b)所示。

(2) 求截交线上的点——共有点。

① 特殊位置点。特殊位置点对作图的准确性有比较重要的作用。特殊点包括转向轮廓线上的共有点和最高、最低、最前、最后、最左、最右等极限点,它们有时相互重合。在本例

题中，椭圆长、短轴的端点Ⅰ、Ⅱ、Ⅲ、Ⅳ，也是转向轮廓线上的点和最低、最高、最前、最后极限点。按投影规律，由 1、2、3、4 和 1′、2′、3′、4′可作出 1″、2″、3″、4″，如图 5.20(b)所示。

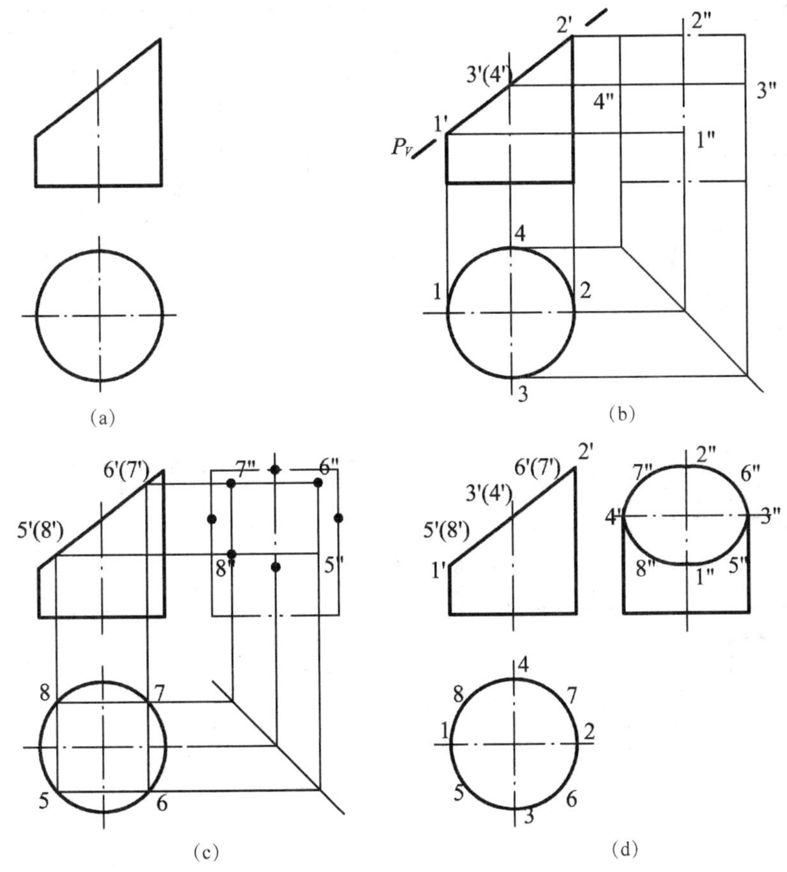

图 5.20　截头圆柱体

② 一般位置点。为使作图准确，还须在特殊点之间取若干一般点。如用圆柱面上取点法取点Ⅴ(5,5′)、Ⅵ(6,6′)、Ⅶ(7,(7′))、Ⅷ(8,(8′))，由投影规律，作出侧面投影 5″、6″、7″、8″，如图 5.17(c)所示。

(3) 连点成线。在 *W* 面投影上，顺序连成光滑曲线——椭圆，如图 5.20(d)所示。

(4) 判断可见性，整理图线，如图 5.20(d)所示。

例 5.9　完成开方槽空心圆柱体的 *W* 面投影，如图 5.21 所示。

分析　该空心圆柱体的轴线为铅垂线。该立体是在空心圆柱体上部开出一个方槽后形成的，左右对称。构成方槽的平面为垂直于轴线的水平面 *P* 和两个平行于轴线的侧平面 Q_1、Q_2。这三个平面与空心圆柱体的外表面和内表面都有截交线，平面 *P* 的截交线为前、后四段水平圆弧，平面 Q_1 和 Q_2 分别与内外圆柱面的截交线为八条铅垂线，与上底面的截交线分别为四段正垂线，截平面之间的交线均为正垂线。

作图

(1) 作出开有方槽的实心圆柱的 *W* 面投影，如图 5.21(b)所示。先画出完整圆柱的 *W* 面投影，然后根据截交线的正面投影和水平投影作出截交线的 *W* 面投影 1″2″(3″4″)、

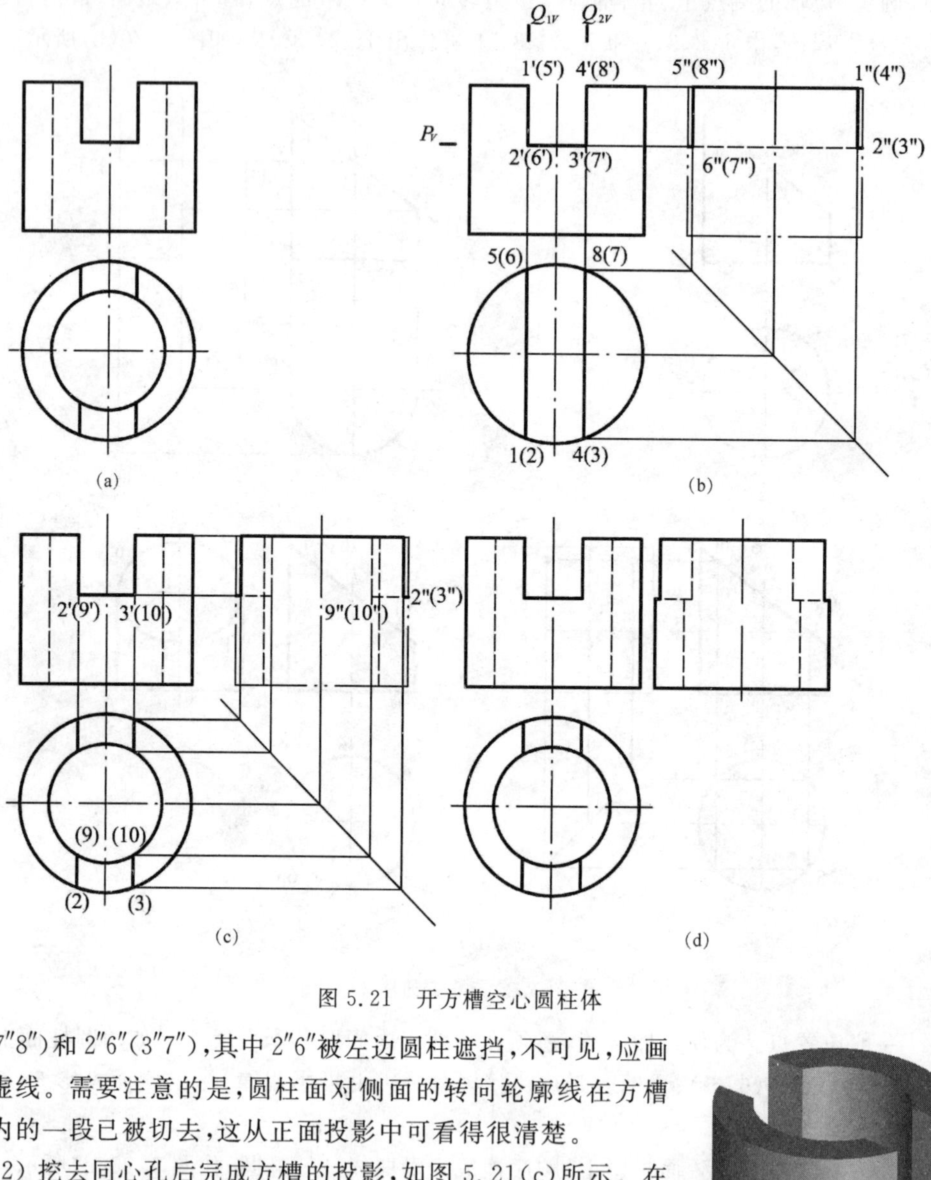

(a) (b) (c) (d)

图 5.21 开方槽空心圆柱体

5″6″(7″8″)和 2″6″(3″7″),其中 2″6″被左边圆柱遮挡,不可见,应画成细虚线。需要注意的是,圆柱面对侧面的转向轮廓线在方槽范围内的一段已被切去,这从正面投影中可看得很清楚。

(2) 挖去同心孔后完成方槽的投影,如图 5.21(c)所示。在上一步的基础上,用同样的方法作圆柱孔内表面交线的侧面投影。

(3) 判断可见性,整理图线。注意空心圆柱体上被切去部分的图线应擦去,如图 5.21(d)所示。

开方槽空心圆柱体的立体图,如图 5.22 所示。

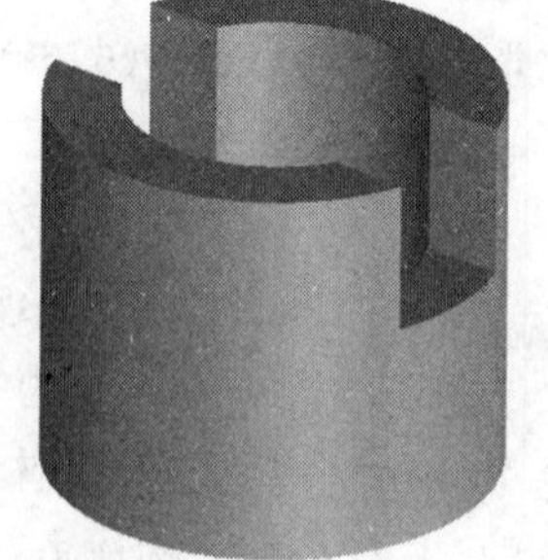

图 5.22 开方槽空心圆柱体的立体图

2. 圆锥体的截交线

当平面截切圆锥体时,锥底面上的截交线必为直线;而圆锥面上的截交线,则随着截平面与圆锥面轴线的相对位置不同而形状各异,它们分别是圆、椭圆、抛物线、双曲线和直线,如表 5.2 所示,其中 θ 为截平面与圆锥体轴线的夹角,α 为半锥顶角。

表 5.2　圆锥面的截交线

截平面的位置	过锥顶	不过锥顶			
		$\theta=90°$	$\theta>\alpha$	$\theta=\alpha$	$\theta<\alpha$
截交线的形状	相交两直线	圆	椭圆	抛物线	双曲线
立体图	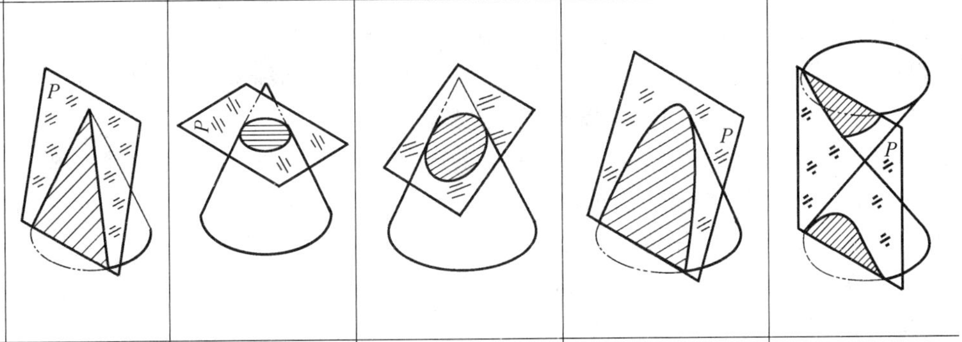				
投影图	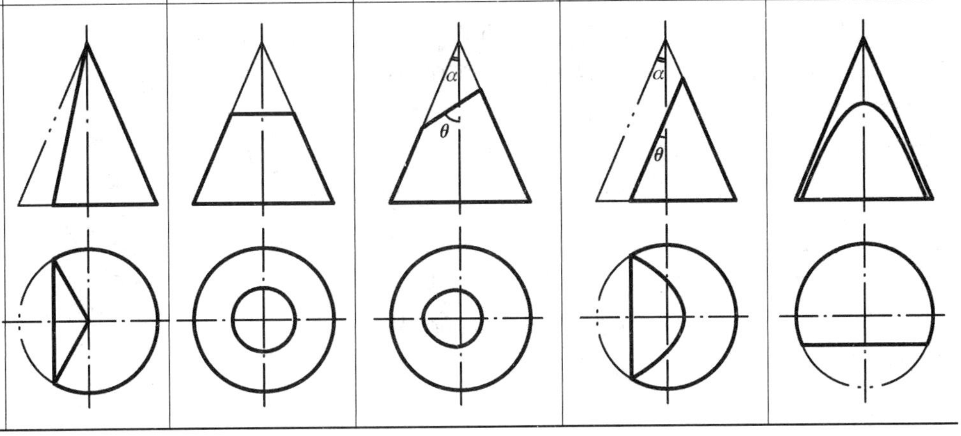				

下面举例说明圆锥体上截交线的求法与作图步骤。

例 5.10　完成被截切后圆锥体的 V 面投影，如图 5.23(a)所示。

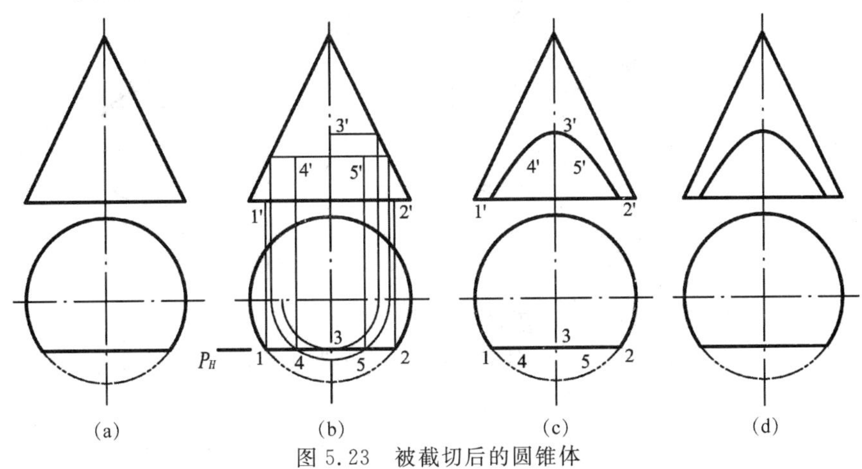

图 5.23　被截切后的圆锥体

分析 从水平投影可以看出,该立体可视为由平面 P 截切圆锥面和底面而形成的。圆柱体的轴线为铅垂线,底面为水平面,平面 P 是平行于轴线的正平面,因此截平面 P 与圆锥面的截交线为双曲线,正面投影反映实形;水平投影积累在 P_H 上,与圆锥底面的交线为直线段。

作图

(1) 求特殊点。Ⅰ、Ⅱ、Ⅲ三点为特殊点,点Ⅲ是双曲线的顶点(最高点),在圆锥面对侧面的转向轮廓线上;Ⅰ、Ⅱ两点是双曲线的端点,也是截平面 P 与圆锥底面交线的两端点,分别为最左、最右点,也是最低点。这三点的水平投影 1、2、3 很容易在水平投影中得到,并且根据 1、2 可直接得到 $1'$、$2'$。为求得 $3'$,可以通过作辅助纬圆求得,这个纬圆的水平投影通过 3,并且与直线 12 相切,如图 5.23(b)所示。

(2) 求一般点。在双曲线的水平投影上,在三个特殊点之间,可取多个一般点。例如取点 4,利用辅助纬圆法求得 $4'$,同时还得到与 $4'$ 对称的另一点 $5'$,如图 5.23(b)所示。

(3) 依次光滑连接各共有点的正面投影,如图 5.23(c)所示。

(4) 判断可见性,擦去多余图线,如图 5.23(d)所示。

3. 球体的截交线

平面与球面相交,其截交线为圆,如图 5.24 所示。该圆的大小和截平面与球心的距离有关;该圆的投影,随截平面与投影面的相对位置不同而异。当截平面平行于投影面时,在该投影面上的投影为圆;当截平面垂直于投影面时,在该投影面上的投影积聚成一直线段;当截平面倾斜于投影面时,在该投影面上的投影多为椭圆。常见的投影面平行面截切球体所得截交线为平行圆,其投影的对应关系,如图 5.25 所示。

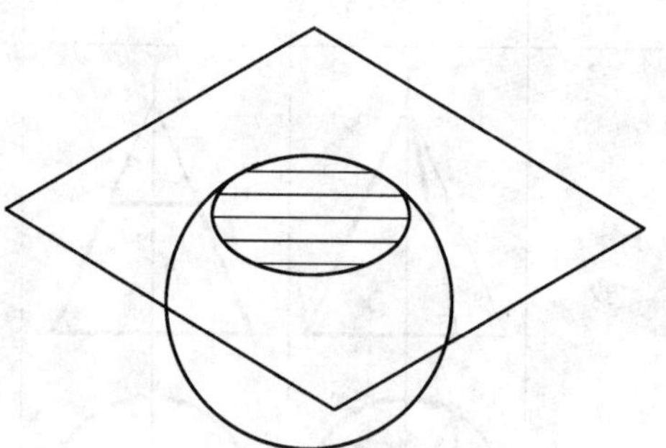

图 5.24 球体截交线

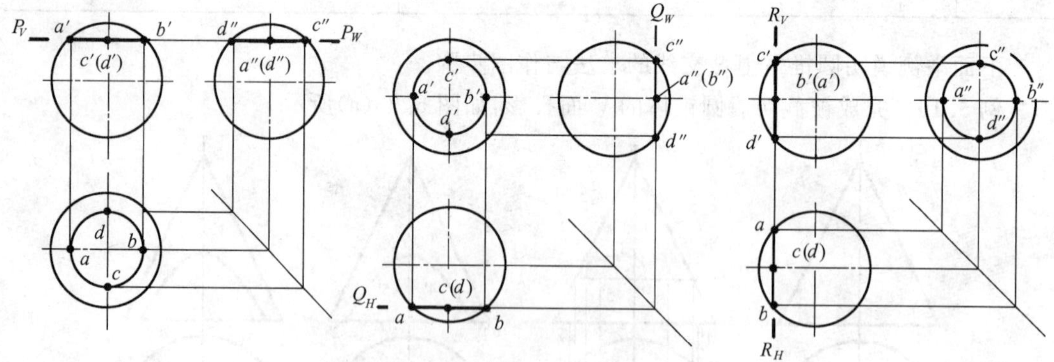

图 5.25 球体上平行截平面的截交线

下面举例说明圆球体上截交线的求法与作图步骤。

例 5.11 完成具有台阶的半球体的 H 面和 W 面投影,如图 5.26(a)所示。

分析 如图 5.26(b)所示,该台阶可视为由两截平面——P(水平面)和 Q(侧平面)截切半球体而形成的。作图时,主要画出两截平面与半球面的截交线和截平面之间的交线。水平面 P 与球面的截交线为水平圆弧ⅠⅢⅡ,其 V 面投影积聚成直线 $1'3'$;侧平面 Q 与球面

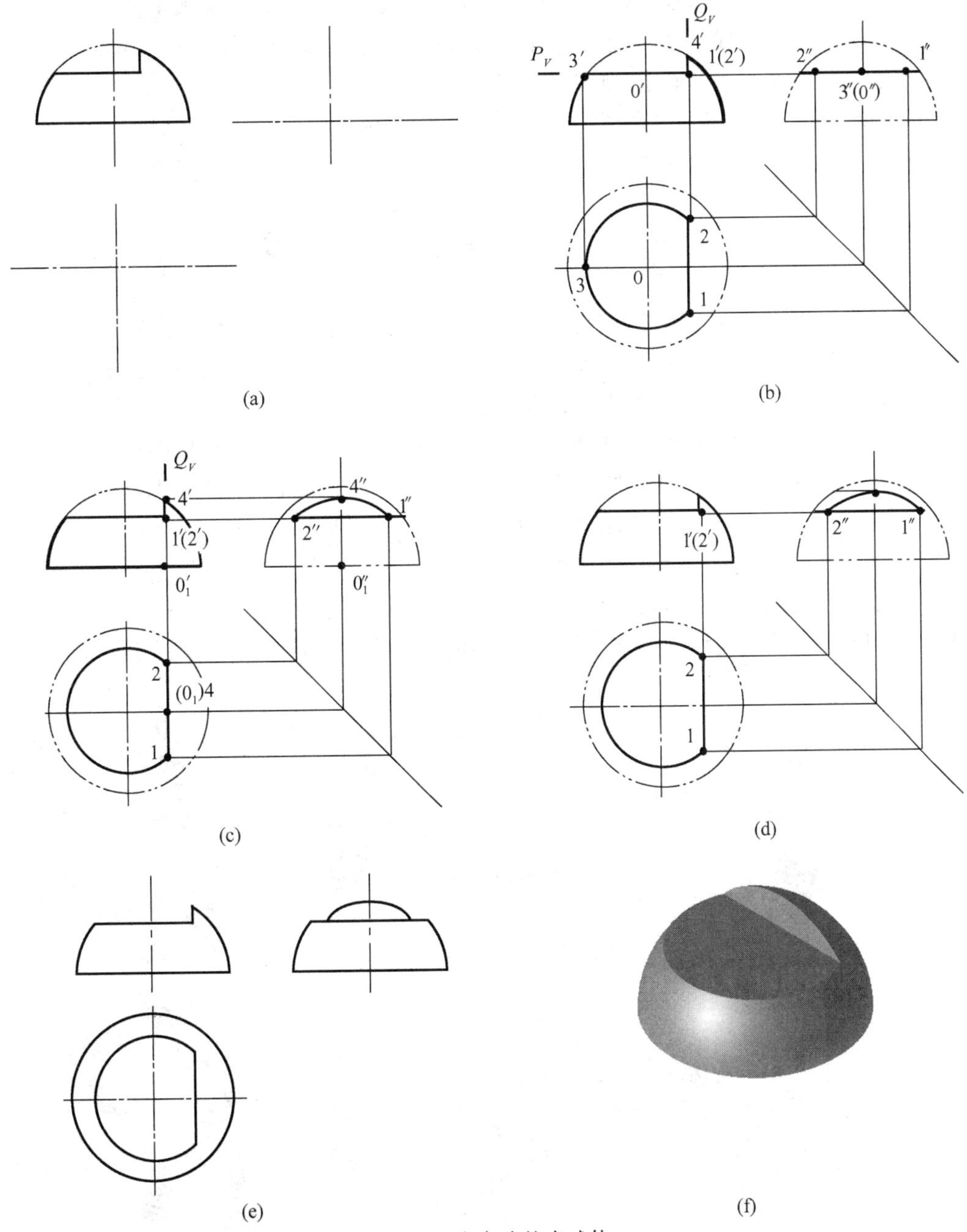

图 5.26　具有台阶的半球体

的截交线为侧平圆弧ⅠⅣⅡ，其 V 面投影积聚成直线 1′4′；P 和 Q 的交线ⅠⅡ为正垂线，其 V 面投影积聚成点 1′(2′)。据此，即可作出其 H 面和 W 面投影。

作图

(1) 作半球体的 H 面和 W 面投影，如图 5.26(b)所示。

(2) 完成水平圆弧的投影，如图 5.26(b)所示。截交线ⅠⅢⅡ的 H 面投影反映实形——圆弧 132，按投影规律作出其 W 面投影为直线 1″2″，注意圆弧半径 03＝03′。

(3) 完成侧平圆弧的投影，如图 5.26(c)所示。截交线ⅠⅣⅡ的 W 面投影反映实形——圆弧 $1''4''2''$,按投影规律作出其 H 面投影为直线 12,同样注意圆弧半径 $o_1''4''=o_1'4'$。

(4) P 和 Q 的交线ⅠⅡ。交线ⅠⅡ为正垂线,按投影规律,由 $1'(2')$ 作出 12 和 $1''2''$。这两点也是两截交线的共有点,如图 5.26(d)所示。

(5) 判别可见性,擦去多余图线,如图 5.26(e)所示。

具有台阶的半球体的立体图,如图 5.26(f)所示。

5.3 立体表面的相贯线

两立体表面相交称为相贯,其交线称为相贯线,分为平面立体和平面立体相贯、平面立体和曲面立体相贯以及两曲面立体相贯三种,本节重点讨论两回转曲面体的相贯情况,如图 5.27所示。曲面立体相贯线具有下述特点。

(1) 相贯线具有共有性。即它是两曲面立体表面的共有线,也是共有点的集合。

(2) 相贯线的形状,一般是封闭的空间曲线,特殊情况也可能是平面曲线或是直线。相贯线的形状,由两曲面立体的表面性质、大小和相对位置决定。

相贯线的一般求法:根据立体或给出的投影,分析两回转面的形状、大小及其轴线的相对位置,初步判断相贯线的形状特点及其投影特点,采用适当的作图方法作图。当相贯线的投影为非圆曲线时,一般通过求出两曲面立体的一系列共有点,再依序光滑连接成线。

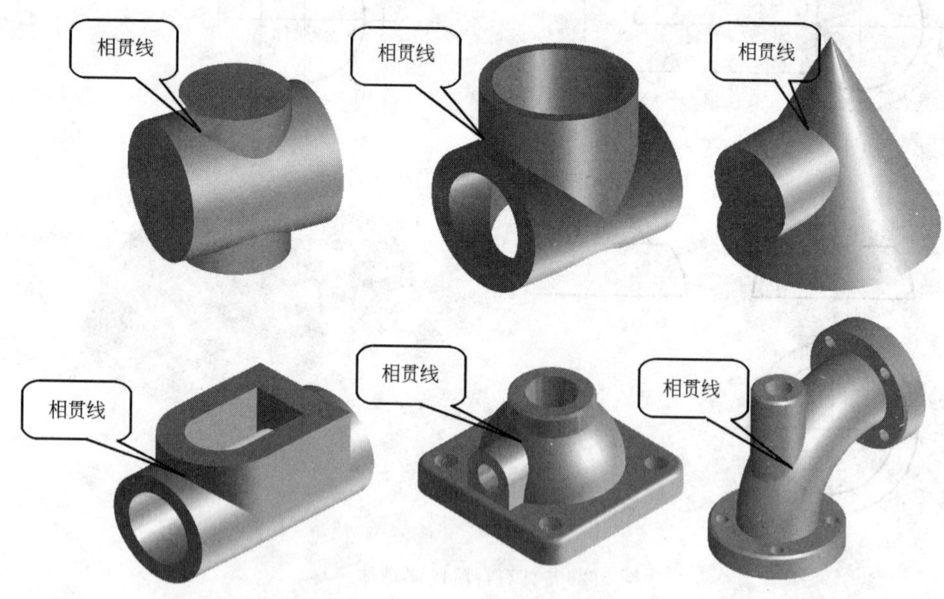

图 5.27 回转曲面立体相贯实例

5.3.1 利用积聚性求相贯线

相贯的两立体表面投影均有积聚性时,可利用积聚性直接求出相贯线。显然,只有两圆柱相贯,才有可能利用积聚性求相贯线。

例 5.12 求两圆柱体的相贯线,如图 5.28(a)所示。

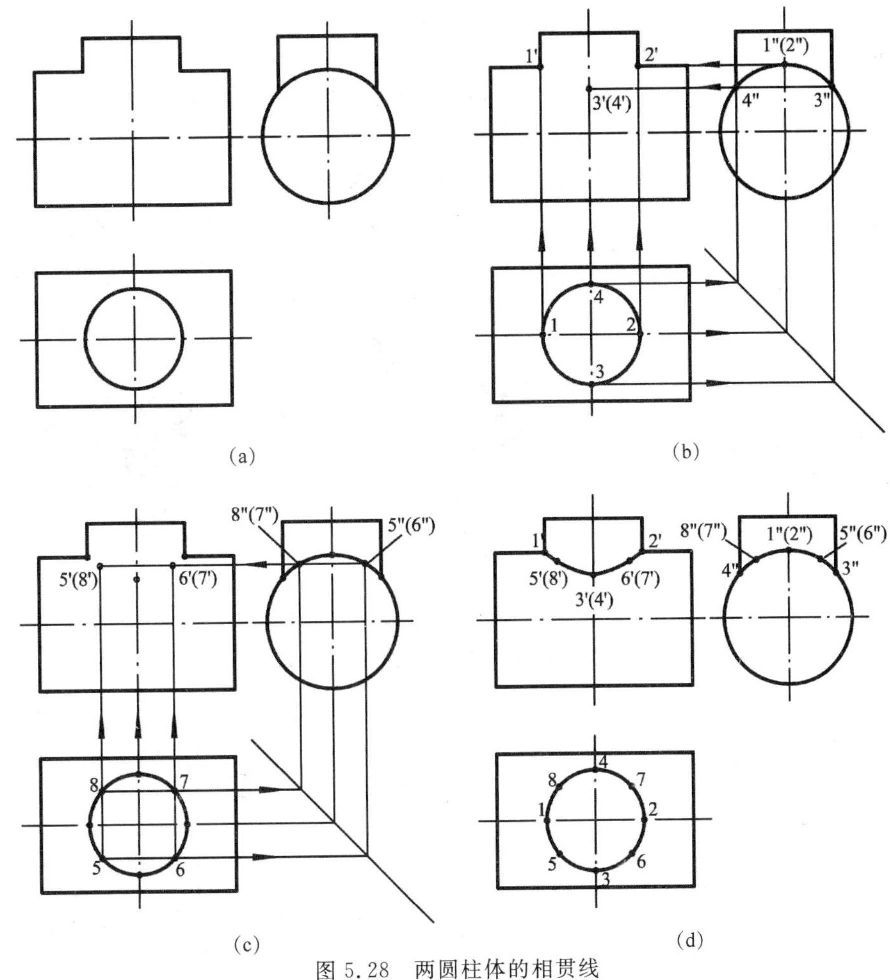

图 5.28　两圆柱体的相贯线

分析　从图 5.28(a)中可以看出，这是两个轴线垂直相交、直径不同的两圆柱面相交，其相贯线是一条封闭的、前后、左右对称的空间曲线。在 H 面投影上，由于直立圆柱面积聚成圆，因而相贯线必落在该圆上。在 W 面投影上，水平圆柱面积聚成圆，根据相贯线的共有性，相贯线就落在圆弧 3″1″(2″)4″上，如图 5.28(b)所示。因此相贯线的 H、W 面投影已知，仅需求 V 投影。可先求出一系列共有点，再依序连成光滑曲线。

作图

(1) 求特殊点。和求截交线上的特殊点类似，相贯线上的特殊点主要是转向轮廓线上的共有点和极限点。在该例题中，共有点Ⅰ、Ⅱ、Ⅲ、Ⅳ是转向轮廓线上的点，也是极限点。依据投影规律，利用已知投影 1、2、3、4 和 1″、(2″)、3″、4″，作出它们的 V 面投影 1′、2′、3′、(4′)，如图 5.28(b)所示。

(2) 求一般点。为了便于光滑连线，在特殊点之间取一般点Ⅴ、Ⅵ、Ⅶ、Ⅷ。以点Ⅴ、Ⅵ为例作图，先在相贯线的侧面投影上任取一重影点 5″、(6″)，找出它们的水平投影 5、6，然后根据投影规律，作出 V 面投影 5′、6′；同理作出(7′)、(8′)，如图 5.28(c)所示。根据需要，可求出相贯线上足够数量的一般点。

(3) 光滑连接各共有点的正面投影，并判断可见性，整理图线。如图 5.28(d)所示，由于相贯线前后对称,因此相贯线的前一半 1′5′3′6′2′与后一半 1′8′4′7′2′重合,用粗实线画出;1′、2′为可见与不可见的分界点。

相贯线可见性的判别原则:相贯线的可见性取决于相贯线上点的可见性,而只有当共有点同时在两个立体表面的可见部分时才可见。

相交的两曲面可能是立体的外表面,也可能是内表面,因此如图 5.29 所示,存在三种基本形式,即两外表面相交、两内表面相交和外表面与内表面相交。只要其大小及其相对位置不变,所形成的相贯线的形状、大小及其位置也不变,作图方法也相同。

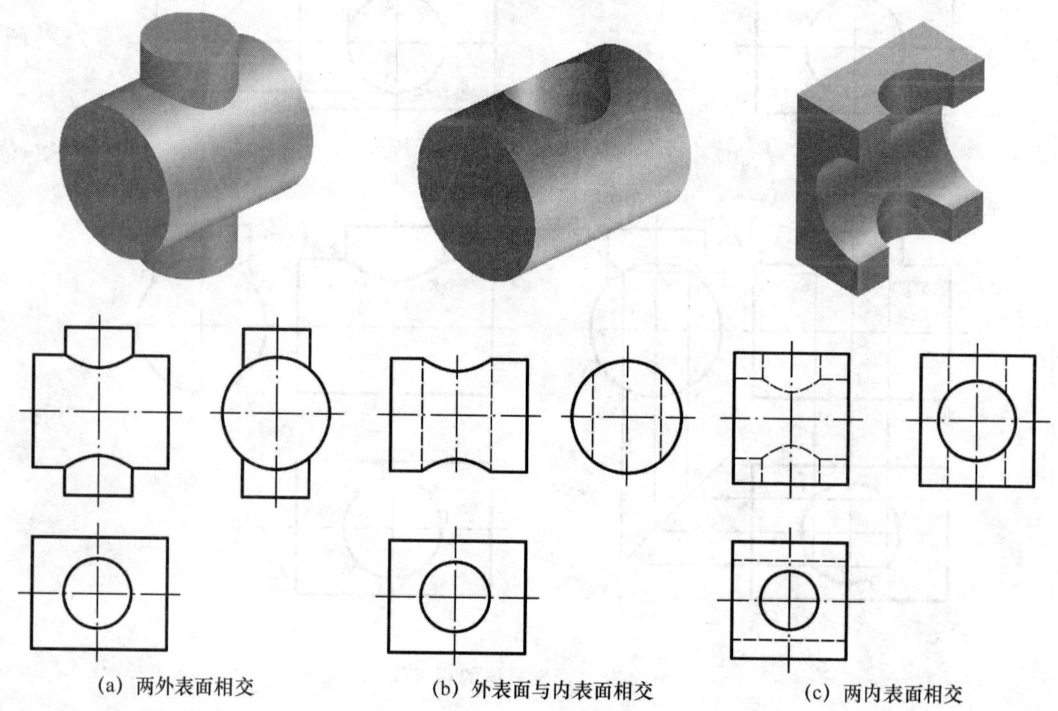

(a) 两外表面相交　(b) 外表面与内表面相交　(c) 两内表面相交

图 5.29　两圆柱面相交的三种基本形式

例 5.13　求轴线垂直相交的两圆柱的相贯线,如图 5.30(a)所示。

分析　两圆柱的轴线垂直相交,形成的相贯线是封闭的空间曲线,前后不对称。由于直立圆柱面的 H 投影积聚成圆,因此,相贯线的水平投影也积聚在此圆上;同理,水平圆柱面的侧面投影积聚成圆,相贯线的侧面投影也积聚在此圆上,根据共有性,相贯线的侧面投影是两圆柱的一段共有圆弧。只要根据相贯线的已知水平投影和侧面投影求出它的正面投影即可。

作图

(1) 求特殊点Ⅰ、Ⅱ、Ⅲ、Ⅳ、Ⅴ、Ⅵ。Ⅰ(1,1″)、Ⅱ(2,(2″))、Ⅴ(5,5″)、Ⅵ(6,6″)分别是直立圆柱面转向轮廓线上的点,同时也是相贯线上的最左、最右、最前、最后的极限点,根据它们的水平投影和侧面投影作出正面投影 1′、2′、5′、(6′)。Ⅲ(3,3″)、Ⅳ(4,(4″))是水平圆柱面的转向轮廓线上的点,同理作出正面投影(3′)、(4′),如图 5.30(b)所示。

(2) 求一般点。根据需要,可求出相贯线上足够数量的一般点,如作一般点Ⅶ(7,7″)、Ⅷ(8,(8″)),求出正面投影 7′、8′,如图 5.30(c)所示。

(3) 依次光滑连接各点的正面投影,并判断可见性。从 H 面的投影可知,Ⅰ、Ⅶ、Ⅴ、

Ⅷ、Ⅱ在两个圆柱面的前半部分，对于正面投影都是可见的，因此相贯线 1′7′5′8′2′可见，用粗实线画出；1′3′6′4′2′不可见，用虚线画出；1′、2′是相贯线正面投影可见与不可见的分界点，如图 5.30(d)所示。

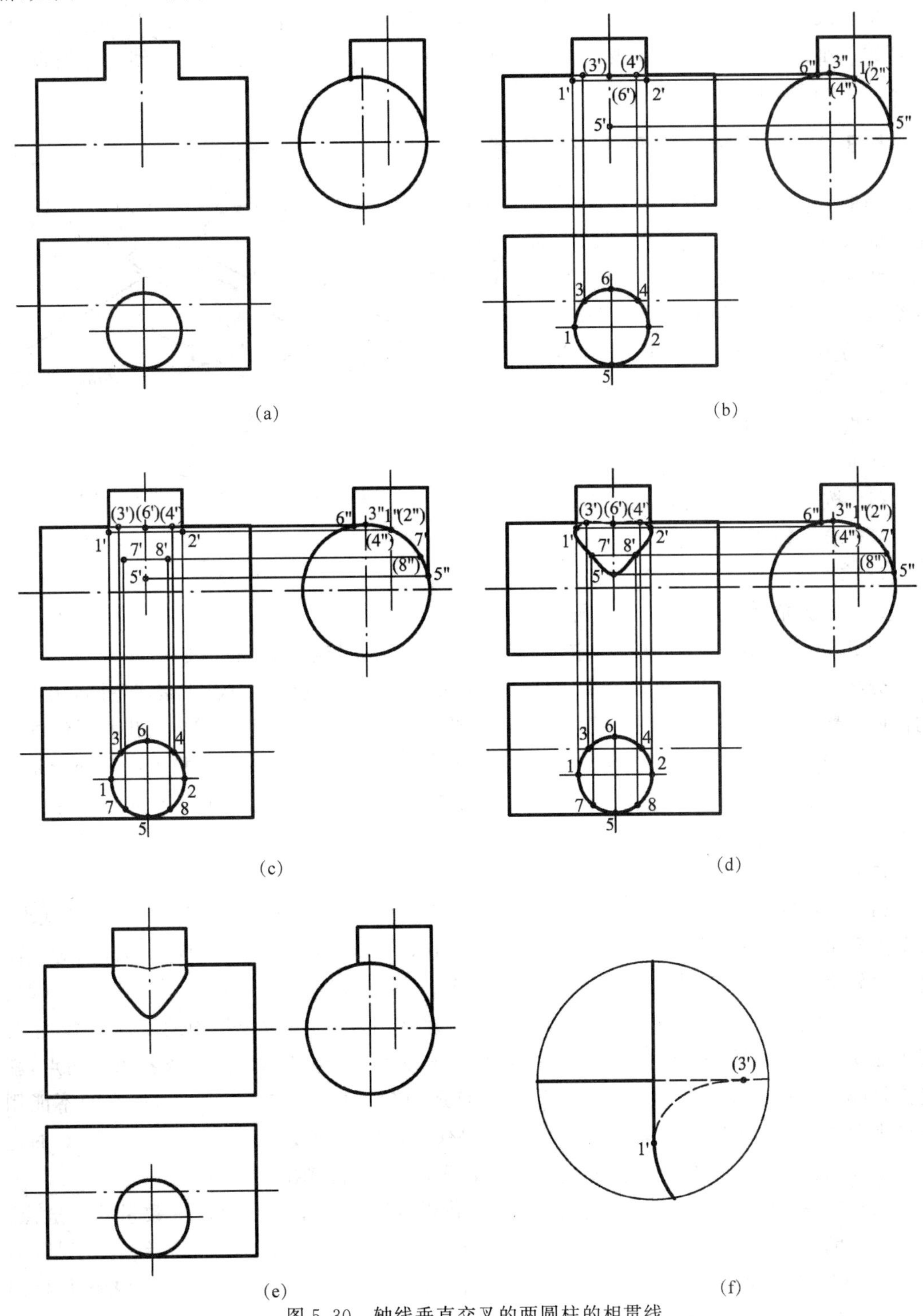

图 5.30　轴线垂直交叉的两圆柱的相贯线

(4) 整理图线,完成作图。两曲面立体已构成一个完整立体,正面投影中的转向轮廓线应画到各自的共有点为止。它们在重影点以内的一段也存在可见性问题,如局部放大图 5.30(f)所示,直立圆柱面的转向轮廓线的正面投影画到 1′,并且与曲线相切,全部可见,画成粗实线;水平圆柱面的转向轮廓线的正面投影画到(3′),也与曲线相切,但被直立圆柱遮挡的一小段不可见,用虚线表示;(3′)、(4′)之间不存在水平圆柱正面转向线的正面投影,如图 5.30(e)所示。

5.3.2 利用辅助平面法求相贯线

辅助平面法是求相贯线常用的方法,其原理是三面共点。如图 5.31 所示,辅助平面 P 与圆锥的交线为圆,与圆柱的交线为一对平行直线,它们的交点 A 和 B 即为相贯线上的点。

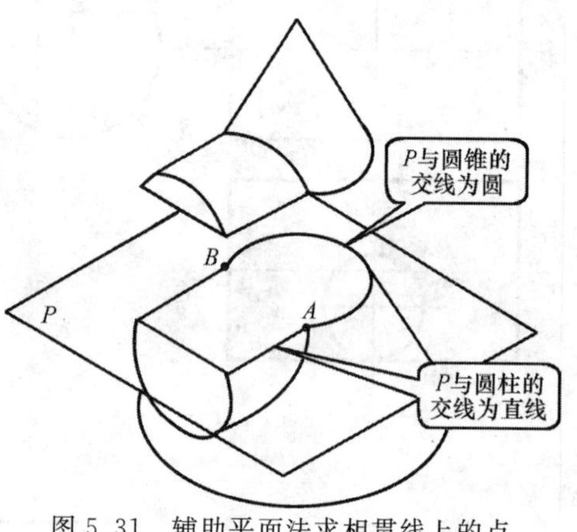

图 5.31 辅助平面法求相贯线上的点

辅助平面的选择应使辅助平面与立体表面交线的投影简单易画,即直线和圆。

在投影图中,利用辅助平面法求相贯线的作图步骤如下:

(1) 按上述原则选择辅助平面。

(2) 求出特殊位置点。

(3) 求出若干个一般位置点。

(4) 依次光滑连接各点,即为所求相贯线。

例 5.14 如图 5.32(a)所示,求轴线垂直相交的圆柱与圆锥的相贯线。

分析 从已知投影中可以看出圆柱面的轴线为侧垂线,其侧面投影积聚成一圆,相贯线的侧面投影也必积聚在该圆上;正面投影和水平投影没有积聚性,所以需要求出相贯线的正面和水平投影。为了求出共有点,可以采用一组水平面作为辅助面,与圆柱面的截交线是两条直线,与圆锥面的截交线是纬圆,直线与纬圆的交点就是相贯线上的点。也可以采用过锥顶的侧垂面作辅助平面,读者可自行分析。

作图

(1) 求特殊位置点。如图 5.32(b)所示,从侧面投影中找到相贯线上最高点、最低点、最前点和最后点,分别是Ⅰ(1″)、Ⅱ(2″)、Ⅲ(3″)、Ⅳ(4″),点 Ⅰ、Ⅱ在圆柱面和圆锥面对正面的转向轮廓线上,所以容易得到它们正面投影 1′、2′,再按投影规律,作出水平投影 1、(2)。点Ⅲ、Ⅳ位于在圆柱面对水平投影面的的转向轮廓线上,过圆柱轴线作辅助水平面 R,它与圆锥面交于一水平圆,与圆柱面交于两条对水平投影面的转向轮廓线,这两者相交两点,就是点Ⅲ(3,3′)和Ⅳ(4,(4′))。此外,特殊位置点还应包括两个最右点Ⅴ、Ⅵ,但它们不能用辅助平面法求出,而需要用辅助球面法,图 5.32(b)表示了辅助球面法求最右点Ⅴ、Ⅵ的过程。辅助球面法的原理如图 5.33 所示,详细的读者可参阅文献[2]、[4]。

(2) 求一般位置点。在特殊点之间,根据需要可以求出相贯线上足够数量的一般点。如作一辅助水平面 S,它与圆锥面交于一水平圆,与圆柱面交于两直线,两者相交于Ⅴ(5,(5′))、Ⅵ(6,6′)两点,这两点是相贯线上的共有点,如图 5.32(c)所示。同理,读者可再作出其他一般位置点。

(3) 依次光滑连接各共有点,并判别可见性。相贯线的侧面投影都积聚在一个圆上,不用判断;正面投影前后对称,1′、2′为分界点,相贯线前后部分的投影重合,画成粗实线;水平投影中点 4、5、1、6、3 均在圆柱面和圆锥面的可见部分,所以其连线 46153 可见,画成粗实线;2 在圆柱面的下方,为不可见,所以连线 423 不可见,画成虚线;3、4 是相贯线水平投影可见与不可见的分界点。如图 5.32(d)所示。

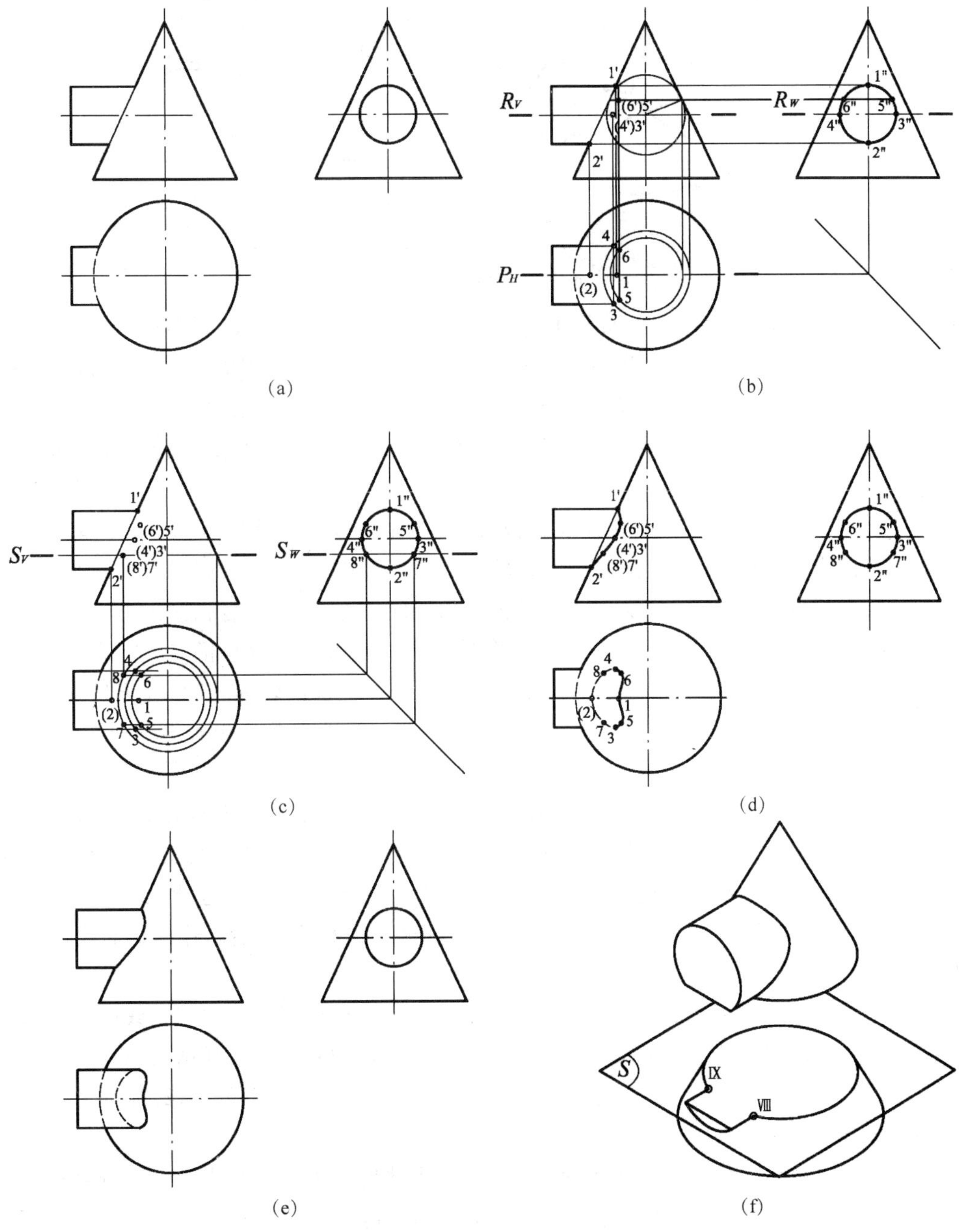

(a)　(b)　(c)　(d)　(e)　(f)

图 5.32　圆柱与圆锥的相贯线

(4) 分析转向轮廓线投影。圆锥底圆被圆柱面遮挡部分,也应画虚线;正面投影上 1′2′之间没有圆锥面的转向轮廓线;圆柱面水平投影的转向轮廓线应画到点 3、4,如图 5.32(e)和(f)所示。

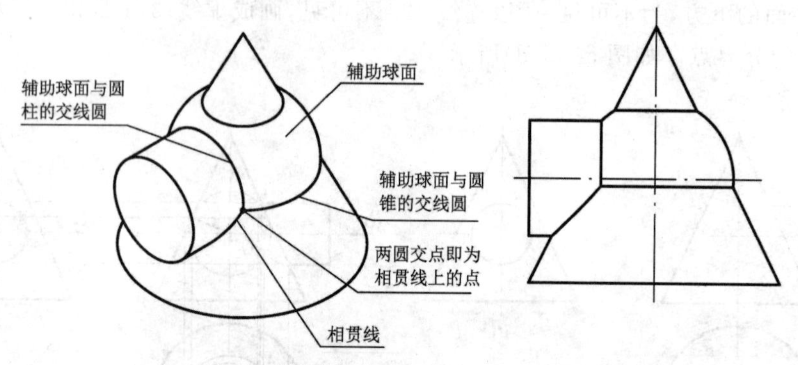

图 5.33　辅助球面法原理

例 5.15　用辅助平面法求截头圆锥与部分圆球的相贯线,如图 5.34(a)所示。

分析　该组合体前后对称,截头圆锥轴线不通过球心,它们的相贯线为前后对称的空间曲线。由于圆锥面和球面的三面投影都没有积聚性,所以相贯线的三面投影均需要作出。根据选择辅助面的原则,本例题可采用过锥顶的正平面、侧平面和一系列水平面作为辅助面。

作图

(1) 求特殊位置点。三个投影都没有积聚性,不能直接找到特殊点。本题只能求出转向轮廓线上的点,为此首先过转向轮廓线作辅助平面。过锥顶作正平面,与圆锥面交于两条对正面的转向轮廓线,与圆球面交于一条对正面的转向轮廓圆弧,两者相交于Ⅰ(1′)、Ⅲ(3′)两点,再作出它们的水平投影 1、3 和侧面投影 1″、(3″),Ⅰ、Ⅲ同时也是相贯线上的最低点和最高点。然后过锥顶作侧平面 Q,它与圆锥面交于两条对侧面的转向轮廓线,与圆球面交于一条平行于 W 面的圆(弧),两者在侧面投影上交于 2″、4″,再按照投影规律,作出正面投影 2′、(4′)和水平投影 2、4。如图 5.34(b)所示。

(2) 求一般位置点。在特殊点之间作出相贯线上适当数量的一般位置点,为了求出这些一般位置点,只能选水平面作为辅助平面。如作水平面 P,它与圆锥面交于一水平圆,与圆球也交于一水平圆,这两个水平圆在水平投影面上相交于两点 5、6,这就是相贯线上一般位置点Ⅴ、Ⅵ的水平投影;再利用 P 平面正面投影和侧面投影的积聚性,作出正面投影(5′)、6′和侧面投影 5″、6″。如图 5.34(c)所示。

(3) 光滑连接。依次光滑连接各共有点的同名投影,判别可见性。相贯线的水平投影均可见,用粗实线画出;其正面投影前后对称,用粗实线画出;1′、3′为可见与不可见的分界点。在侧面投影上,依据可见性的判断原则,4″5″1″6″2″可见,2″3″4″不可见,2″、4″是可见与不可见的分界点。如图 5.34(d)所示。

(4) 分析转向轮廓线投影。在侧面投影上,圆球对侧面转向轮廓线的一部分被圆锥所遮挡,画成虚线,并且圆锥对侧面的转向轮廓线应分别画到点 2″、4″处;正面投影 1′3′之间没有圆球对正面的转向轮廓线。最后还要补画出前后正平面与圆球的截交线圆,如图 5.34(d)所示。

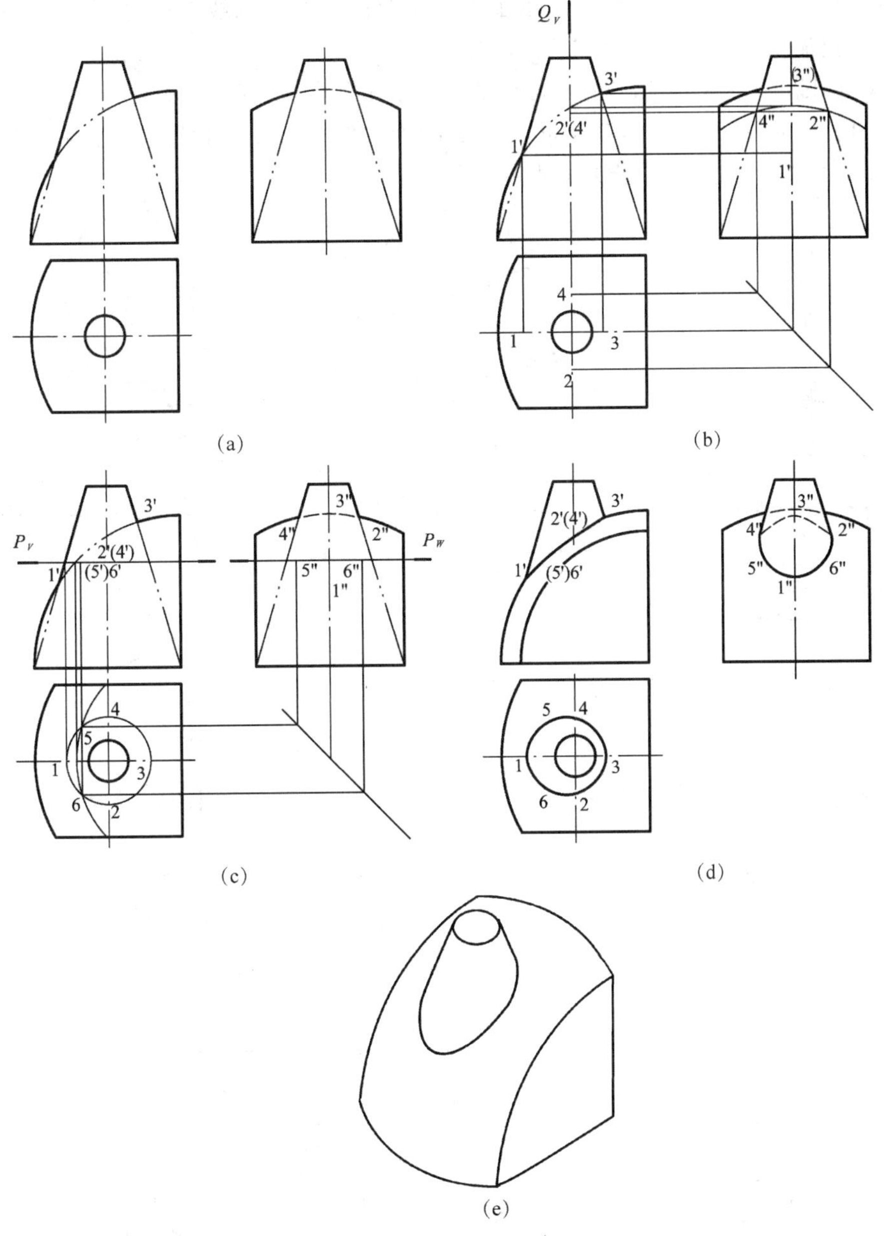

图 5.34　截头圆锥与部分圆球的相贯线

截头圆锥与部分球体相交的立体图如图 5.34(f)所示。

5.3.3　相贯线的特殊情况

常见的曲面立体，如圆柱、圆锥、球等，它们的表面都是回转面。当这些表面相交时，一般情况下，其相贯线是空间曲线；但特殊情况下，可以是平面曲线或直线。

1. 当两回转面同时外切于同一球面时，形成的相贯线为平面曲线——椭圆，如图 5.35 所示。图(a)示出了两个直径相同的圆柱正交时，两者外切于同一球面，其相贯线是两个大小相等的椭圆，椭圆的正面投影是两圆柱对正面转向轮廓线交点的连线，椭圆的水平投影与直立圆柱的水平投影重合。图(b)示出了直径相等的圆柱的轴线斜交时,两圆柱外切于同一球面,其相贯线仍为两椭圆,大小不等,椭圆的正面投影仍是两圆柱对正面转向轮廓线交点的连线,椭圆的水平投影仍与直立圆柱的水平投影重合。图(c)表示当一圆锥与一圆柱轴线正交,两者同时外切一球时,其相贯线是两个相同的椭圆,正面投影是圆柱和圆锥对正面转向轮廓线交点的连线,水平投影是两相交的椭圆。

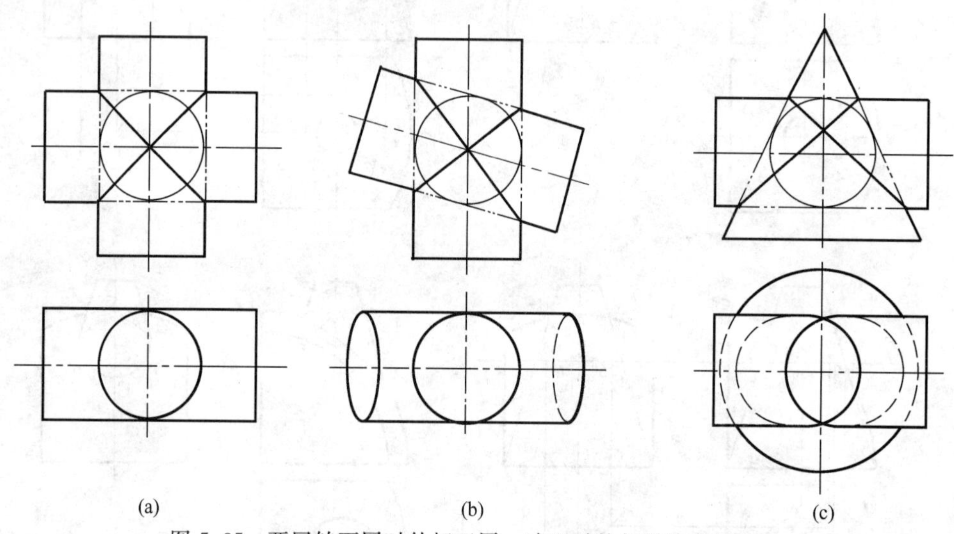

图 5.35 两回转面同时外切于同一球面时的相贯线为椭圆

2. 当两回转体同轴,或一回转体轴线过一圆球的球心时,它们的相贯线为垂直于回转轴的圆,如图 5.36 所示。

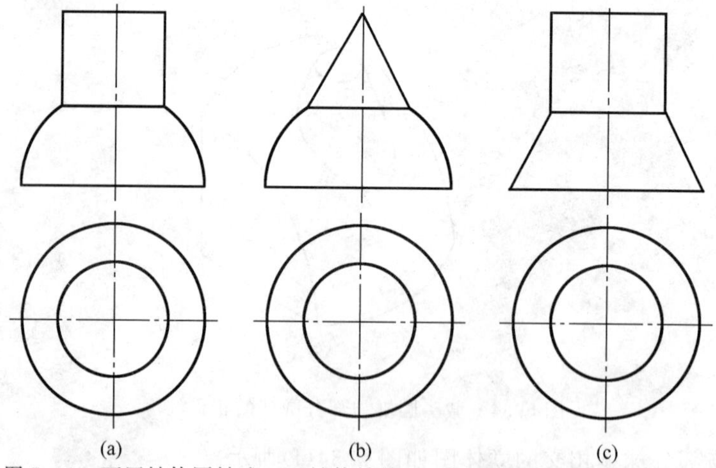

图 5.36 两回转体同轴或一回转体轴线过一圆球的球心时的相贯线为圆

3. 当两圆柱的轴线平行或两圆锥共顶时,它们的相贯线是直线,如图 5.37 所示。

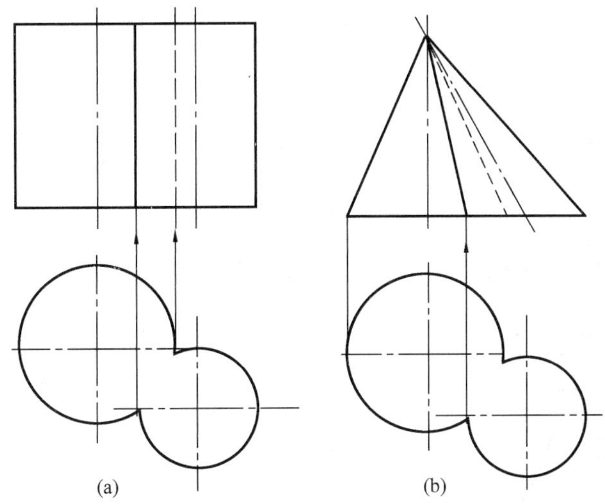

图 5.37　两圆柱轴线平行或两圆锥共锥顶时的相贯线为直线

5.3.4　相贯线的变化趋势

当两立体相交时，它们形成的相贯线空间形状受两曲面立体的形状、大小，以及它们的相对位置的影响而发生变化，掌握相贯线的变化趋势，对提高空间想像力和正确进行作图会有很大的帮助。

蒙若定理　两二次回转曲面相交，且具有公共对称平面，当其相贯线为空间曲线时，它在此公共对称平面的投影为二次曲线。

表 5.3 示出了两圆柱面的直径大小相对变化时对相贯线的影响，根据蒙若定理，表中左右两图的 V 面投影为双曲线。表 5.4 示出了一圆柱与一圆锥轴线正交时，直立圆锥尺寸不变，而水平圆柱直径变化时对相贯线的影响，左右两图的 V 面投影也为双曲线。表 5.5 示出了相交的两圆柱直径均不变，相对位置变化时对相贯线的影响。

表 5.3　轴线垂直相交的两圆柱直径相对变化时对相贯线的影响

两圆柱直径的关系	水平圆柱较大	两圆柱直径相等	水平圆柱较小
相贯线正面投影	上下两条双曲线	两条正交直线	左右两条双曲线
投影图			

表 5.4　圆柱面与圆锥面轴线垂直相交时的三种相贯线

两圆柱直径的关系	圆柱贯穿圆锥	公切于球	圆锥贯穿圆柱
相贯线正面投影	左右两条双曲线	两条相交直线	上下两条双曲线
投影图			

表 5.5　相交两圆柱轴线相对位置变化时对相贯线的影响

两轴线垂直相交	两轴线垂直交叉		两轴线平行
	全　贯	互　贯	

第6章　组合体的画图与读图

由若干基本体(平面体和曲面体)所构成的物体,称为组合体。本章主要介绍组合体的画法与看图方法,同时进一步运用形体分析法和线面分析法,训练综合空间想象能力,为学习零件图打下基础。

6.1　三视图的形成与投影规律

6.1.1　三视图的形成

前面把物体在 V、H、W 三面体系中的正投影称为物体的三面投影,从本章开始,将按国家标准规定,将其称为视图。视图是机件向投影面作正投射所得到的图形。

如图 6.1 所示:

自前向后投射在正立投影面所得到的视图——主视图

由上向下投射在水平投影面所得到的视图——俯视图

从左向右投射在侧立投影面所得到的视图——左视图

显然,主视图、俯视图、左视图分别为原正面(V)投影、水平(H)投影、侧面(W)投影。然后把三个投影面展开,使三面视图都重合在一个平面上,就得到了三视图。

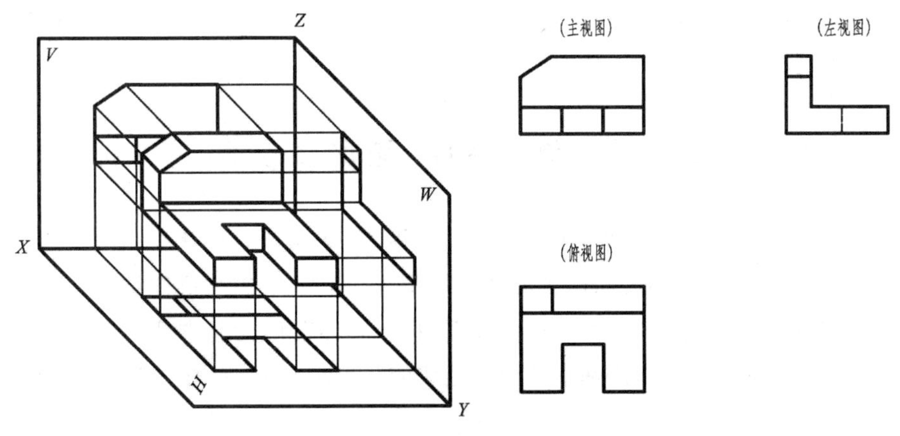

图 6.1　三面体系及三视图

按国家标准规定:投影面边框、投影轴都不画出。投影连线等作图线也应不画或擦掉。

采用几个视图表示物体,应根据需要来确定。一般情况下,一个视图不能表达清楚物体的形状,需要两个或两个以上的视图。

6.1.2 三视图的投影规律

三面视图表示同一物体,所以它们之间必然有内在的联系和规律,如图6.2所示。

在三视图中,主视图反映了物体的长度和高度;俯视图反映了物体的长度和宽度;左视图反映了物体的高度和宽度。而每两个视图都反映了物体一个共同的坐标或者一个共同的向度,即主、俯视图反映物体的长度;主、左视图反映物体的高度;俯、左视图反映物体的宽度。由此得到如下三视图的投影规律:

主俯视图——长对正

主左视图——高平齐

俯左视图——宽相等

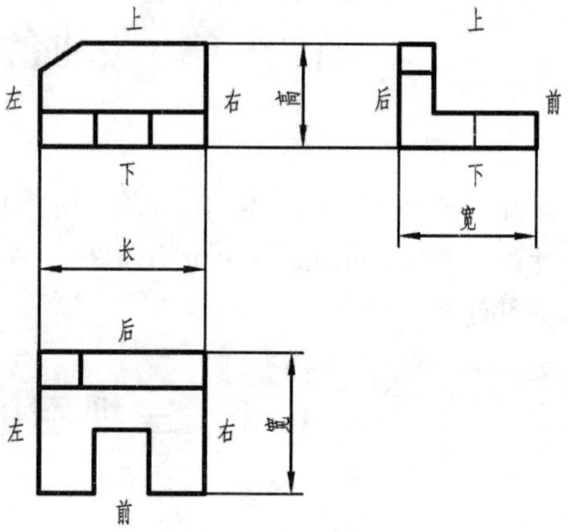

图6.2 三视图的投影规律

这种关系显然不仅是整体的,而且也是局部的,即物体各部分的三视图也应符合"三等"关系。在画图时一定要保证这种关系。

另外,物体的三视图反映了物体的前、后、左、右、上、下的位置,即:

主视图反映上、下、左、右

俯视图反映前、后、左、右

左视图反映上、下、前、后

对于物体的位置在三视图的反映应该弄清楚,特别是俯、左视图所表示的物体前后的对应关系(容易出错),对于看、画图是很重要的。有这样一个规律,以主视图为中心看其他视图,俯、左视图靠近主视图的一边,都表示了物体的后面,远离的一侧表示了物体的前面,画图时切记不要画错。

6.2 组合体的构成和形体分析法

组合体是由基本几何体(棱柱、棱锥、圆柱、圆锥、圆球、圆环)和基本形体按照一定的关系组合而成的,组合的形式和表面过渡关系决定了组合体的状态与形体结构。形体分析法是根据组合体的组合形式及其表面间相互关系,将组合体分解为基本几何体或基本形体分析的一种方法。基本形体是指由基本几何体组成的简单组合体,如图6.3所示。

6.2.1 组合体的构形

组合体的构形主要有叠加、切割与混合三种方式。

1. 叠加式

叠加式是指组合体由基本形体叠加而成(两基本形体表面接触)。如图6.4所示,组合体可视为由长方体Ⅰ、三棱柱Ⅱ和Ⅲ所组成。

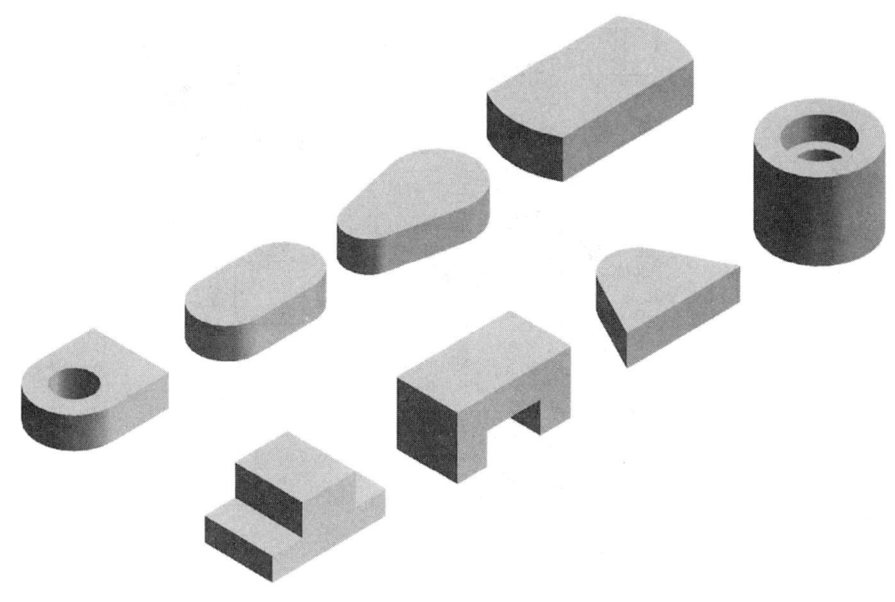

图 6.3　基本形体

2. 切割式

切割式是指由基本形体经截去若干部分而形成的组合体。如图 6.5 所示,组合体可视为由一长方体体切去三块形体而形成的。

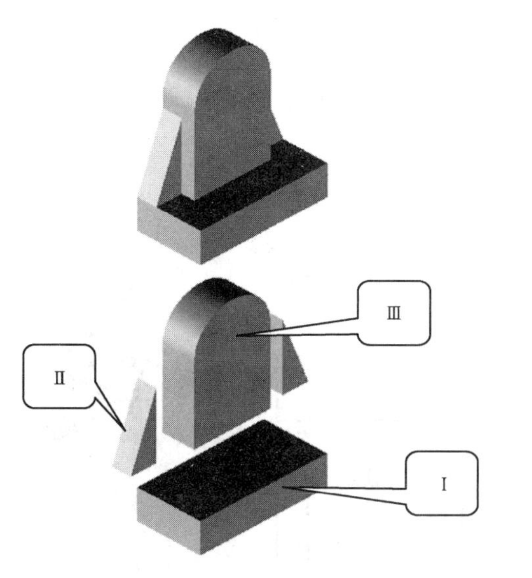

图 6.4　叠加式组合体

图 6.5　切割式组合体

3. 混合式

混合式是指组合体的构成既有叠加又有切割的形式。如图 6.6 所示,该组合体可视为Ⅰ、Ⅱ和Ⅲ对称叠加,而Ⅰ被Ⅳ切割而成,即:Ⅰ＋Ⅱ＋Ⅲ－Ⅳ,事实上,大部分组合体都属于这一种。

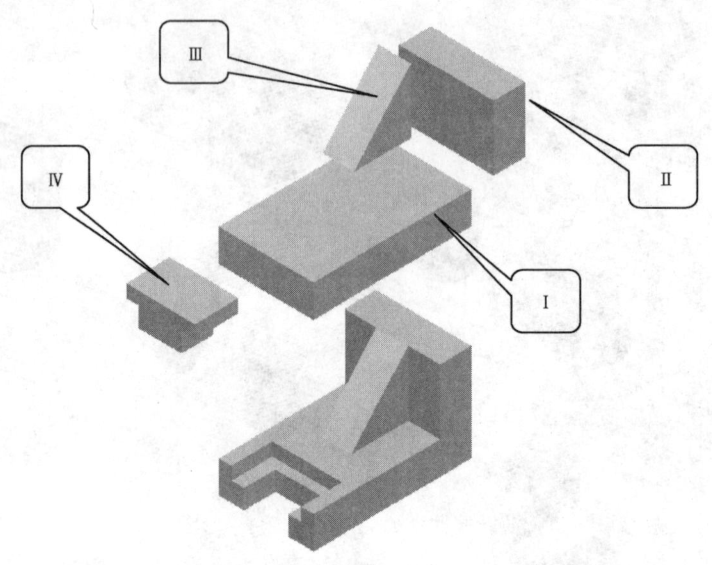

图 6.6　混合式组合体

6.2.2　组合体的表面连接关系

1. 表面不平齐

组合体上相邻两立体相关表面错开(即不共面),在相应的视图中应画图线(平面积聚性的投影)将它们的投影隔开,如图 6.7 所示。

2. 表面平齐

组合体上相邻两立体相关表面共面(即平齐),在相应的视图中,它们的投影间没有图线,如图 6.8 所示。

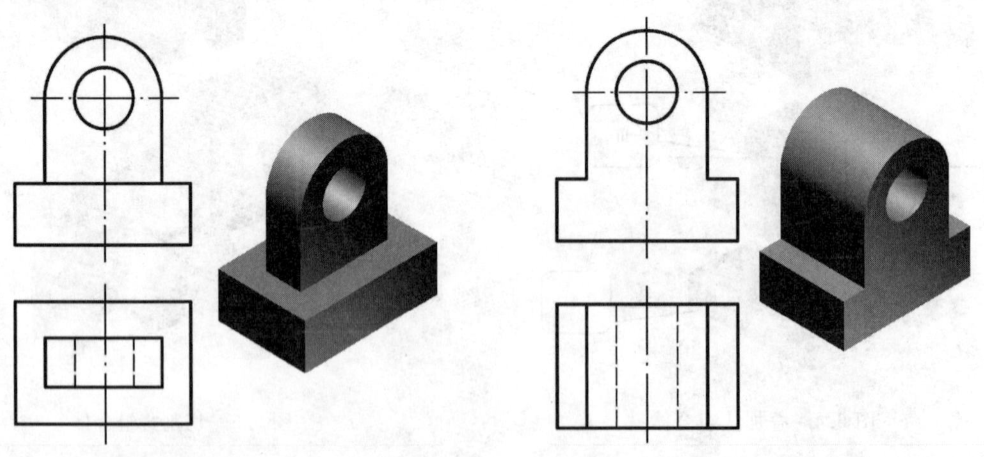

图 6.7　表面不平齐的画法　　　　图 6.8　表面平齐的画法

3. 相切

组合体上的立体表面相切,在相应视图中两表面切线的投影规定不画,如图 6.9 所示。

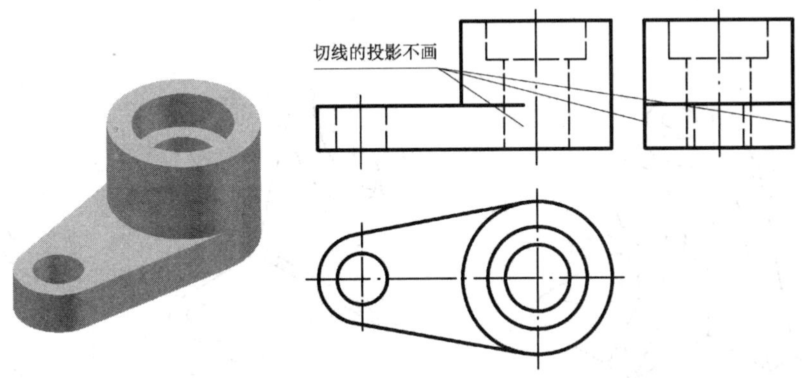

图 6.9　表面相切的画法

4. 相交

组合体上的立体表面相交，在相应视图中要画出交线（截交线和相贯线）的投影，如图 6.10 所示。

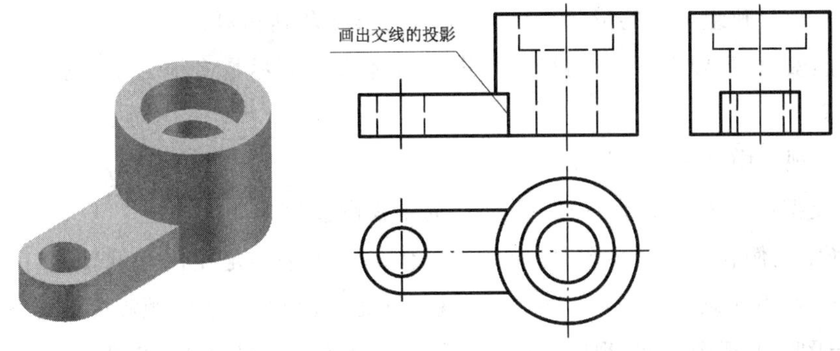

图 6.10　表面相交的画法

6.3　组合体的画法

画组合体的三视图时，常采用形体分析法，即根据组合体的形状，将其分解成若干部分（基本几何体或基本形体），弄清各部分的形状和它们的相对位置、组合方式和表面间的连接关系，分别画出各部分的投影。

例 6.1　画轴承架（图 6.11(a)）的三视图。

(1) 形体分析。根据轴承架的组合方式和表面连接关系，将其分解为 5 部分，如图 6.11(b)所示。轴承架的构成：Ⅰ——底板（左、右有圆角，且开有小圆柱孔）；Ⅱ——圆筒（上方开一圆柱孔）；Ⅲ——支撑板；Ⅳ——筋板；Ⅴ——凸台。

支撑板Ⅲ的两侧面与空心圆柱Ⅱ的外圆柱面相切，筋板Ⅳ的左、右侧面与空心圆柱Ⅱ的外圆柱面截交，空心圆柱Ⅱ与凸台Ⅴ的内外圆柱面分别相贯。整个轴承架左、右呈对称状。

(2) 选择主视图。主视图是三视图中最主要的、不可或缺的视图，它突出地显示了画图时组合体的投射方向、摆放位置及形状特征。因此，选择主视图的原则是：

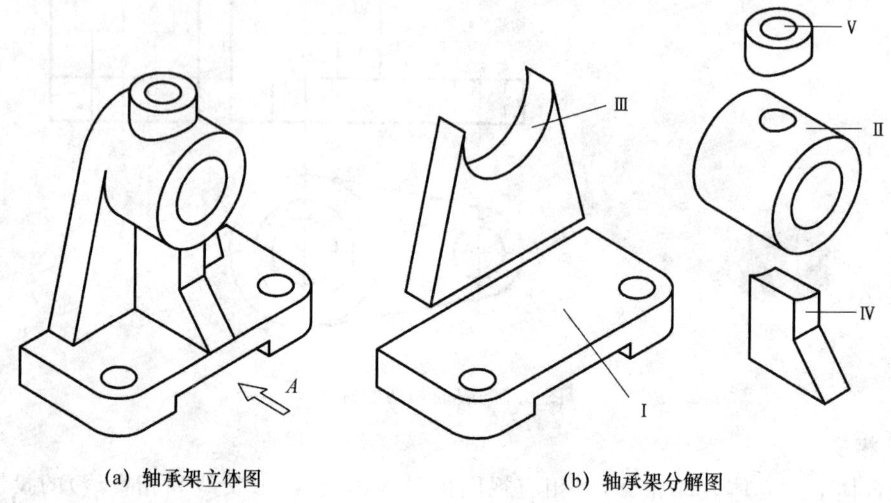

(a) 轴承架立体图　　(b) 轴承架分解图

图 6.11　轴承架立体图

① 更多地反映组合体的形状特征(各形体的形状及其相对位置);

② 自然安放,主要平面平行投影面,即组合体的表面尽量多地处于投影面的平行面或垂直面状态;

③ 其他视图中的虚线尽量少。

据此,支架应以图 6.11(a)中的 A 向作为主视图投射方向。

(3) 确定比例和图幅。画图时,应按组合体的大小来确定比例,一般以 1∶1 为宜。一旦比例确定后,由所画三视图占据的面积、视图间距、视图与图框间距等可确定图幅的大小。

(4) 布图。即视图之间、视图与边框之间都应留有合适的余地,以便下一步标注组合体的尺寸。在定好视图的位置后,每一视图应先画出两条基准线——对称面、较大平面(如:底面、侧面、……)及回转体轴线的投影线,如图 6.12(a)所示。

(5) 画底稿。依各形体的特点及其相对位置,逐一画出它们的投影。画图的顺序:先大形体后小立体;先可见形体后不可见形体;先实心体后空心体;先整体后细部(如:交线、圆角、槽等)。尽量一次完成该形体的三个视图,如图 6.12(b)～(g)所示。

(6) 校核。检查形体是否有漏画的图线,投影关系是否正确;表面交线画得是否正确;被截去部分及多余的图线是否擦去;等等。

(7) 描深加粗。如图 6.12(h)所示。描深加粗时应注意:①图线、文字的描深和书写顺序是先图线后文字,先粗线后细线,先曲线后直线,先水平线后竖直线;②不同类型的图线重合时,描深顺序为粗实线、细实线、虚线、点画线。

(8) 最后对全图进行校核。

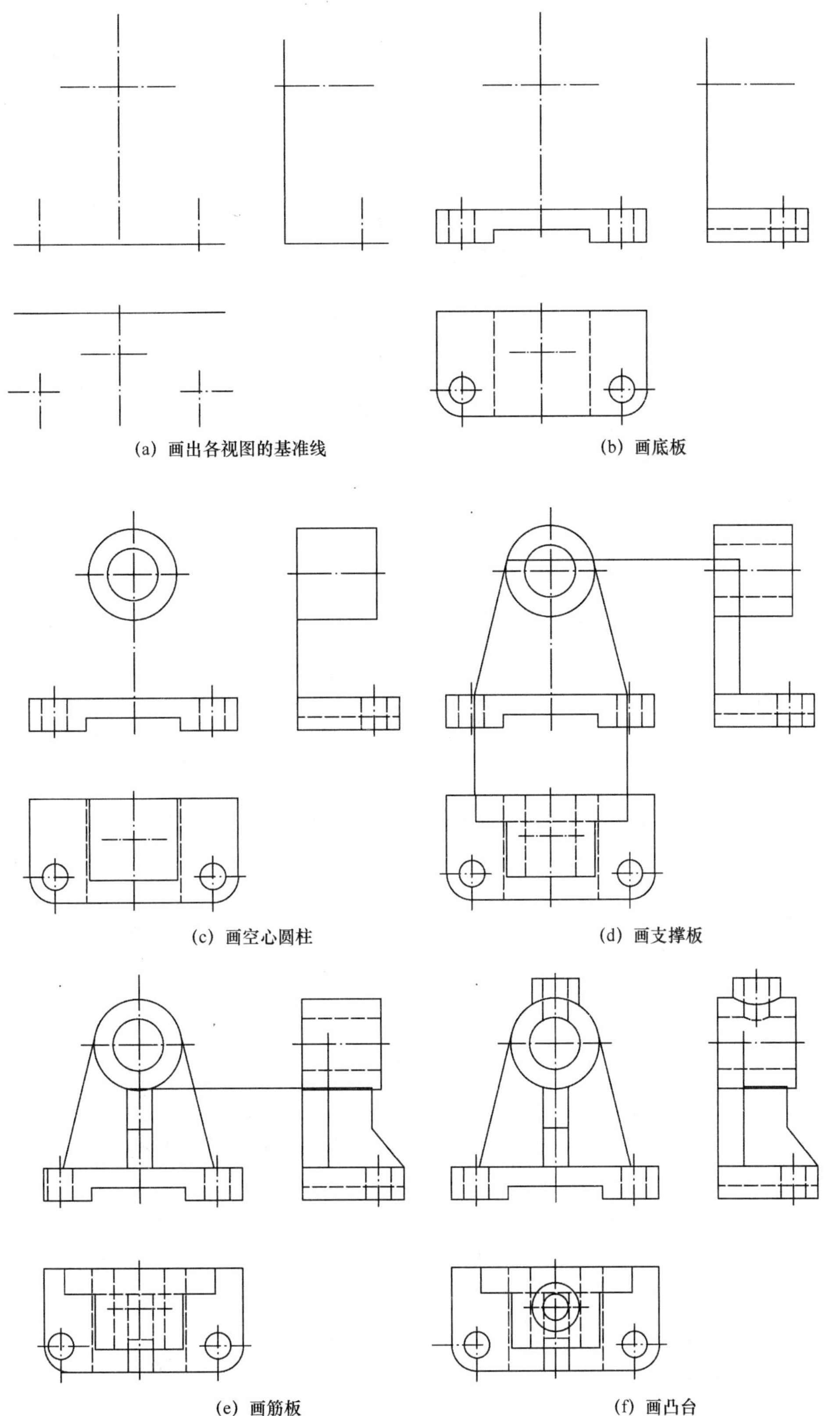

(a) 画出各视图的基准线　(b) 画底板

(c) 画空心圆柱　(d) 画支撑板

(e) 画筋板　(f) 画凸台

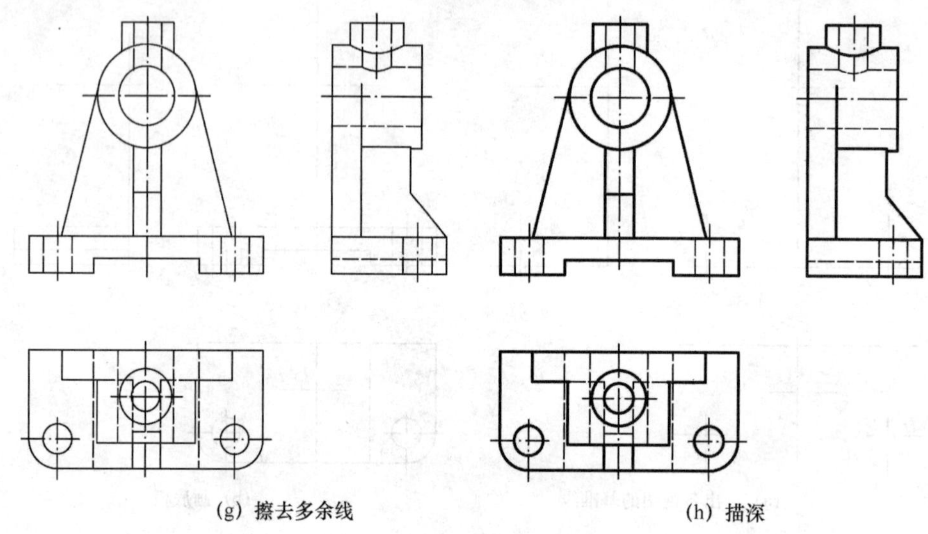

图 6.12　轴承架三视图的画法

画图步骤及要领：

(1) 对组合体进行形体分解——分块。

(2) 弄清各部分的形状及相对位置关系。

(3) 按照各块的主次和相对位置关系，逐个画出它们的投影。

(4) 分析及正确表示各部分形体之间的表面过渡关系。

(5) 检查、加深描粗。

6.4　组合体视图的读图

读图是根据给定的视图，按投影规律，想出组合体的空间形状。通过读图，能进一步提高空间想像能力，是建立空间概念的有力措施。读图时，通常采用形体分析法和面线分析法。

6.4.1　读图的要领

1. 几个视图联系起来看

一个视图一般不能唯一确定组合体的形状。如图 6.13 所示，同一主视图对应的却是不同的组合体。因此，应将两个或两个以上的视图联系起来，才能唯一确定组合体的形状。

2. 应抓住特征视图

特征视图，是指能反映组合体形状特征的视图。如图 6.14 所示，其中的左视图是最充分地反映该组合体形状的视图，即形状特征视图。据此，再结合主、俯视图，就很容易想出其形状。如图 6.15 所示，最能反映物体位置特征的视图是左视图——位置特征视图。

由于组合体的构成情况不同，因此各形体的特征视图不一定集中在同一视图上。如图 6.16 所示，主视图反映具有梯形槽立板Ⅰ的形状特征，俯视图反映开有方孔的底板的形状特征，而左视图则反映板Ⅰ、Ⅱ之相互位置关系特征。读图时，就应善于抓住各视图在反映形状特征方面的情况，以便快速、正确地想象出组合体的形状。

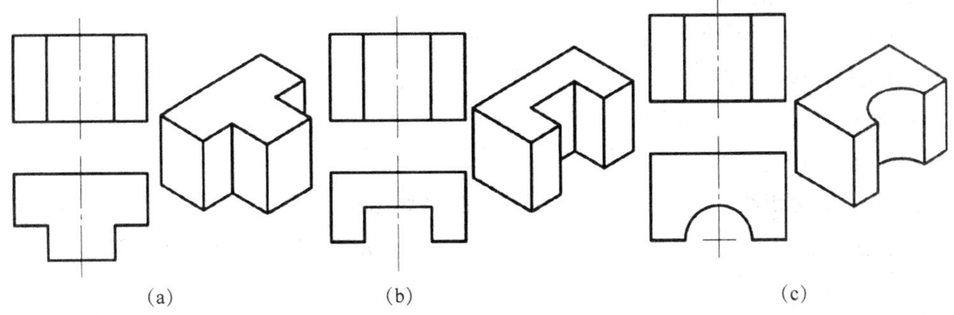

图 6.13　几个主视图形状相同的组合体

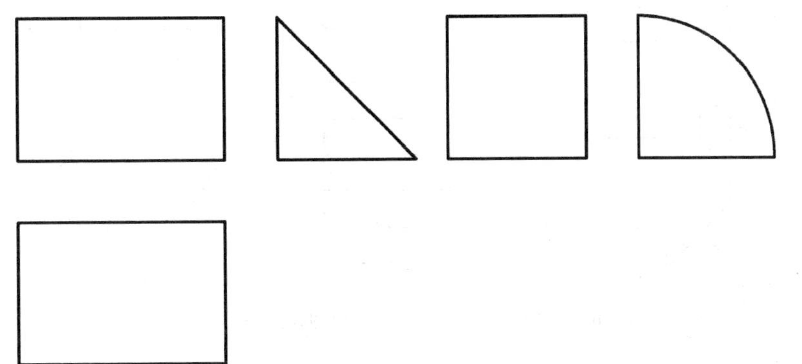

图 6.14　形状特征视图

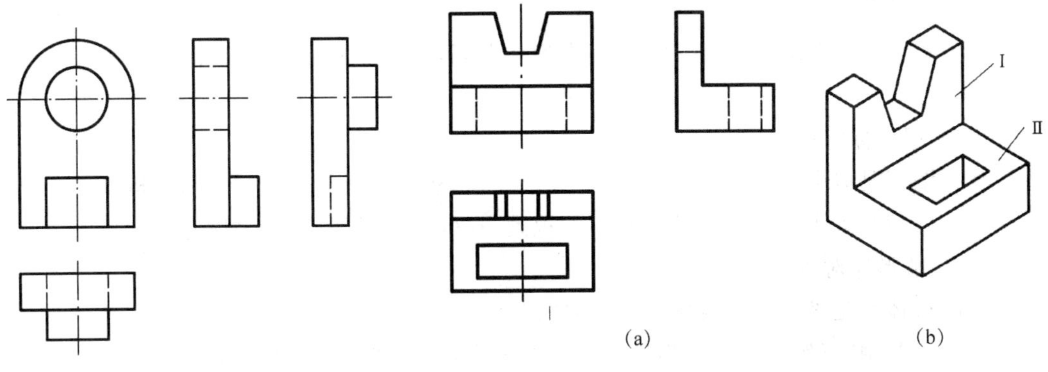

图 6.15　位置特征视图

图 6.16　特征视图的分析

3. 注意分析图线和线框的含义

视图中的每一条线可能表示：

1）表面的投影

如图 6.17 中的线段 p 表示平面 P 的积聚性投影。

2）两面交线的投影

如图 6.17 中的线段 $a'b'$ 即为平面 P 和 Q 交线的投影。

3) 曲面转向轮廓线的投影

如图 6.17(b)中的 $a'b'$。

视图中每一个封闭线框可能表示:

1) 平面的投影,如图 6.17(a)中的 p'和 q'。

2) 曲面的投影,如图 6.17(b)中的 r'。

3) 组合表面的投影。

4) 相邻两个封闭线框表示的两个面可能相交(如图 6.17(a)中的 p'和 q'表示的面 P 和 Q 相交),也可能平行(如图 6.17(a)中 r 和 w 表示的面 R 和 W 平行)。

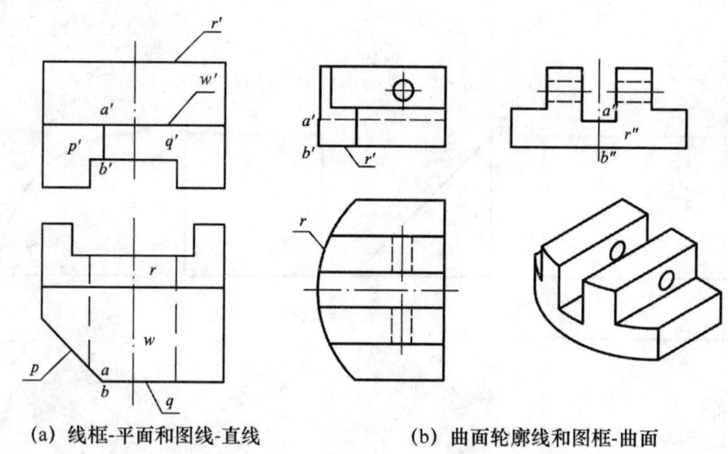

(a) 线框-平面和图线-直线　　(b) 曲面轮廓线和图框-曲面

图 6.17　组合体中的图线和线框

6.4.2 读图的基本方法

一般来说,读图的方法有两种,一种是形体分析法,另一种是面线分析法。看图的一般步骤为:

• 看视图抓特征

看视图就是以主视图为主,配合其他视图,进行初步的投影分析和空间分析。

抓特征就是找出反映物体特征较多的视图,在较短的时间里,对物体有个大概的了解。

• 分解形体对投影

分解形体就是参照特征视图,分解形体。

对投影利用"三等"关系,找出每一部分的三个投影,想象出它们的形状。

• 综合起来想整体

在看懂每部分形体的基础上,进一步分析它们之间的组合方式(表面连接关系)和相对位置关系,从而想象出整体的形状。

• 面线分析攻难点

一般情况下,形体清晰的组合体,用上述形体分析方法看图就可以解决。但对于一些较复杂的零件,特别是由切割体组成的组合体,单用形体分析法还不够,还需要采用面线分析法。

1. 形体分析法

按给定的视图,依照投影规律,识别构成组合体各形体的形状,然后辨明它们之间的相对位置及表面关系，最后综合起来想出整体形状，这就是形体分析法。这种方法，适于叠加式和混合式组合体的读图。

现举例说明按形体分析法读图的步骤。

例 6.2　按给出的支架三视图，如图 6.18(a)所示，想出其空间形状。

(1) 形体分析。根据给出的视图，认识它们是哪些视图及其投射方向，进而判断该组合体的大致形状。如图 6.18(a)所示，给出的是主、俯及左视图。它们表达的支架形状是：上边整个支架左右对称；中间为一长方体，其上开一圆柱孔；左边底下是一方形弯板，板上两侧有两圆柱孔，上面两侧对称放置两三角块。

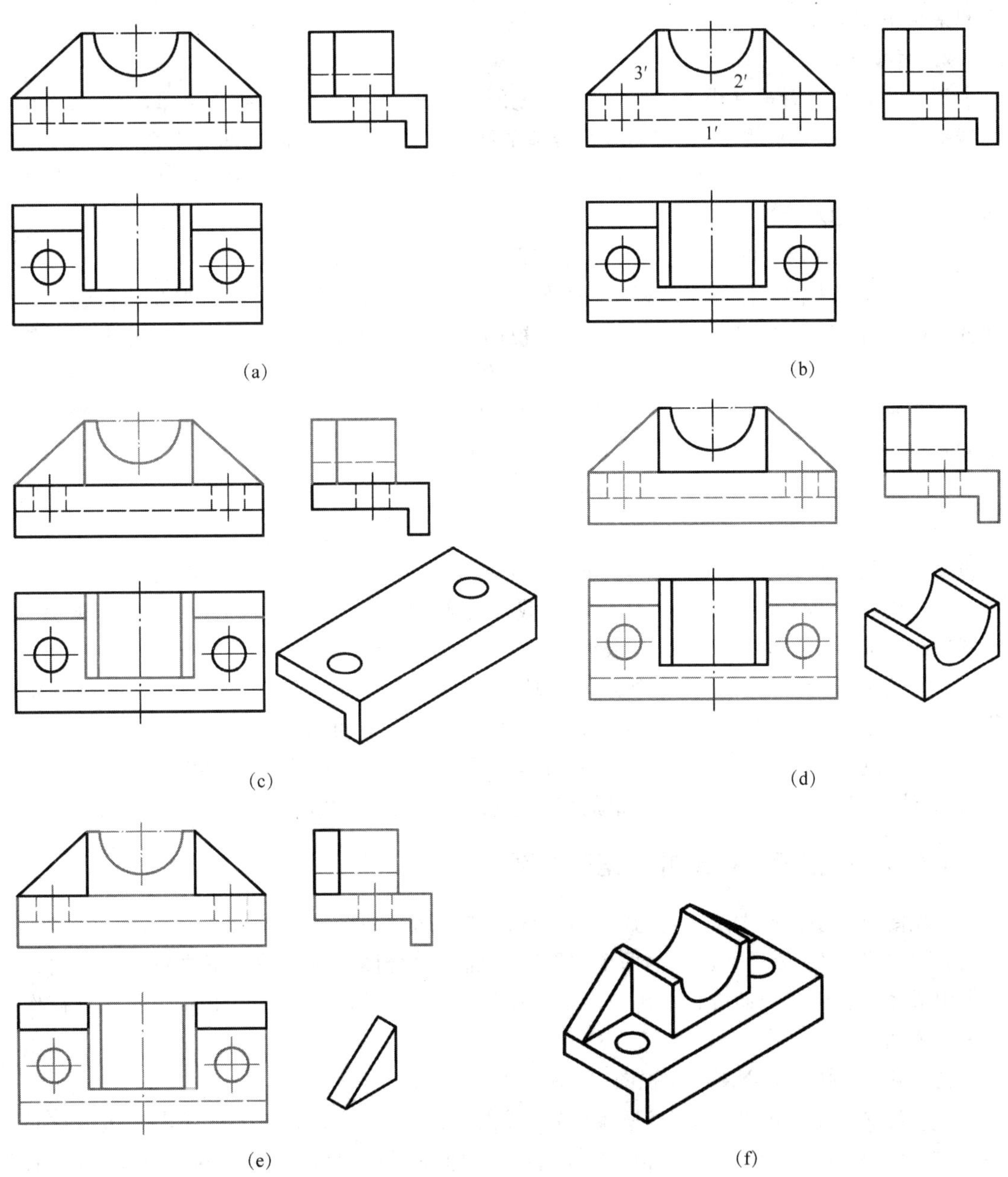

图 6.18　读支架三视图

(2) 分析线框、对投影、识形体。形体的投影多是一个封闭的线框(即图形)。因此，在给出的视图中选一反映形状特征较多的视图(一般是主视图)，将其分成若干个线框；然后用三角板、丁字尺或分规按"三等"关系、找出它们在其他视图上的相应线框；据此，即可想出各构成形体的形状。划分线框的一般顺序：先容易分辨的部分后难读的部分；先可见部分后不可见部分；先实心部分后空心部分；先大的部分后小的部分；先整体后细部(如：圃角、槽、缺口、交线等)。如图 6.18(b)所示，将主视图分成三个线框 1′、2′、3′，它们在其他视图上相应的线框及表达的各部分形状如图 6.18(c)～(e)所示。

(3) 定位置、想总体。将读懂的各部分形体，依其相对位置及表面之间的相互关系，综合起来想出支架总体的形状，如图 6.18(f)所示。

2. 面线分析法

组合体也可以看成是由若干线、面所构成的。因此，依照线、面的投影规律，分析视图中的线框(即面的投影)、线和点，把构成组合体的线、面识别清楚，并确定其对投影面的位置以及它们之间的相互关系，从而想出组合体总的空间形状，这就是面线分析法。现举例说明面线分析法读图的步骤。

例 6.3 根据挡块的视图想象出其空间形状，如图 6.19(a)所示。

(1) 粗读识大体。按给定的视图，大致可以看出该组合体是由一个基本几何体经若干面截切面形成的。如图 6.19(b)所示，三个视图的外形线框在主、俯视图缺角补齐后为矩形。因此，可以初步判定：形成挡块的基本几何体为一长方体。主视图上所缺的左上角，可能是由正垂面 $P(p')$截切而成的。俯视图上所缺的左前角，可能是由正平面 $Q(q)$和侧平面 $R(r)$截切而成。从图上还可看到，右前有一横穿的圆柱孔 S。

(2) 细读认面、线。分析面、线，可依照投影规律，从产生缺角的那些面、线入手。如图 6.19(c)所示，主视图上形成左上缺角的斜线 p'，于俯、左视图上找得对应的线框 p、p''均为六边形，是类似形。由此可知，左上缺角系由正垂面 P 截切而形成的。同样，通过对投影也可判定左前缺角是由正平面 Q 和侧平面 R 截切而成，如图 6.19(d)、(e)所示。右前还横穿一圆柱孔，如图 6.19(f)所示。其他表面均为平行面，投影较简单，不再一一分析。

至于线的分析，如图 6.19(g)所示，主视图上的斜线段 $a'b'$，于俯、左视图上找到的对应线段为 ab、$a''b''$，显然，线段 AB 为一正平线。其他线段，读者可自行分析。

(3) 定位置、综合起来想出整体。由初读可得知组合体的大致形状，再对截切处作进一步的面、线分析和确定其相互关系，最后想出组合体——挡块的形状，如图 6.19(h)所示。

6.4.3 根据两面视图补画第三视图

补视图是读图和画图综合练习，是指根据已知的两个视图补画出第三个视图，简称"二求三"。"二求三"一般是在已给的两个视图完全确定组合体形状的前提下进行。其方法是首先用形体分析法和线面分析法想象出组合体的形状，并预测第三视图，再根据投影规律作出第三视图。

例 6.4 补画出组合体的左视图，如图 6.20(a)所示。

(1) 大致了解。如图 6.20(a)所示，给出了主、俯视图。该组合体大体是由右边的空心圆柱(尚有一横穿圆柱孔)、左下部的方板(板上开两圆柱孔)及梯形块所构成；整体呈前后对称。

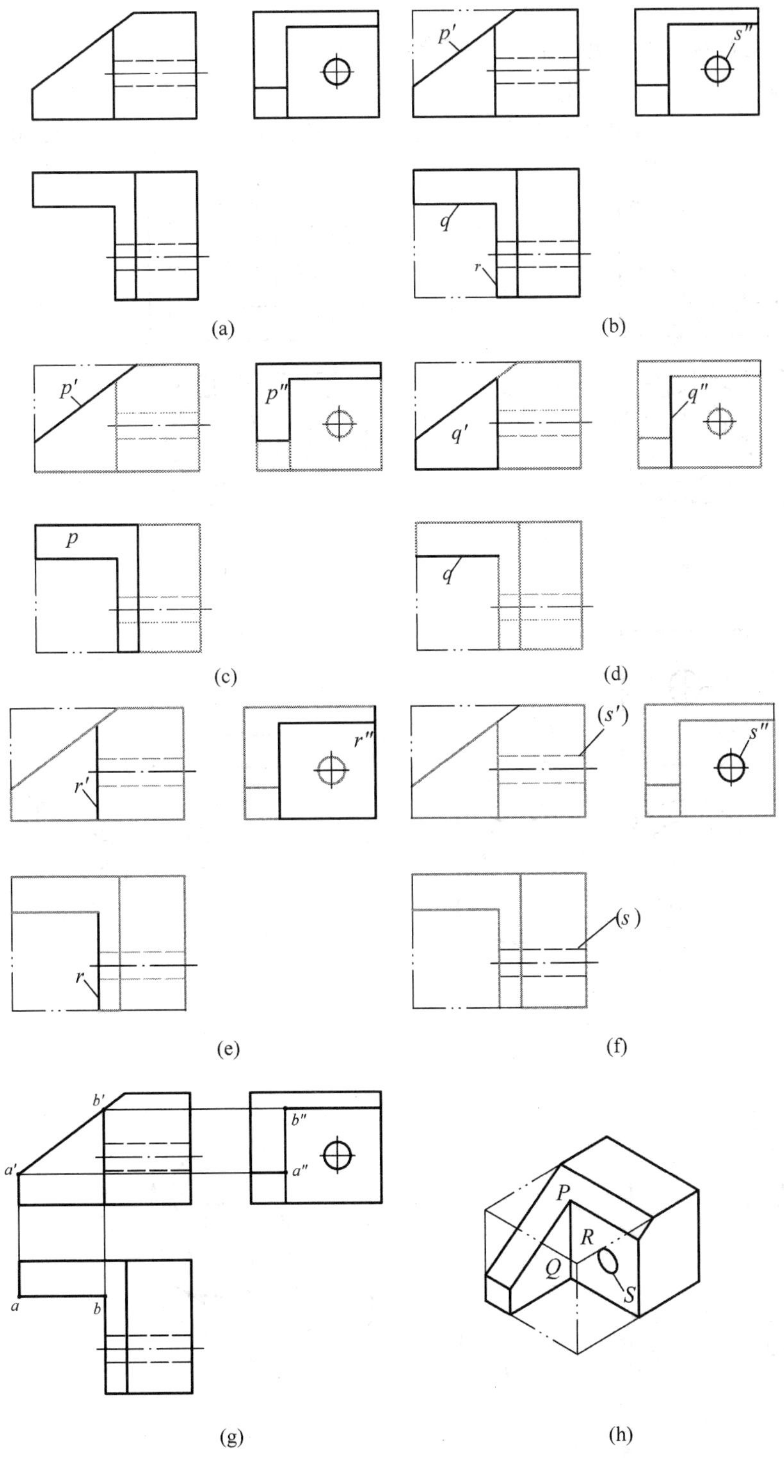

图 6.19　读挡块三视图

(2) 分离线框、对投影、识形体。将主视图分成三大粗实线框 1′、2′、3′，如图 6.20(b)所示。对投影，于俯视图上找到对应的线框 1、2、3。据此，即可想出形体 Ⅰ、Ⅱ 和 Ⅲ，如图

6.20(c)～(e)所示。

(3) 定位置、综合起来想整体。该组合体的形状如图 6.20(f)所示。

(4) 补画左视图。在读图基础上,由主、俯视图按投影规律作出组合体的左视图,如图 6.20(g)所示。注意横穿孔处内外相贯线的画法。检查无误后描粗,如图 6.20(h)所示。

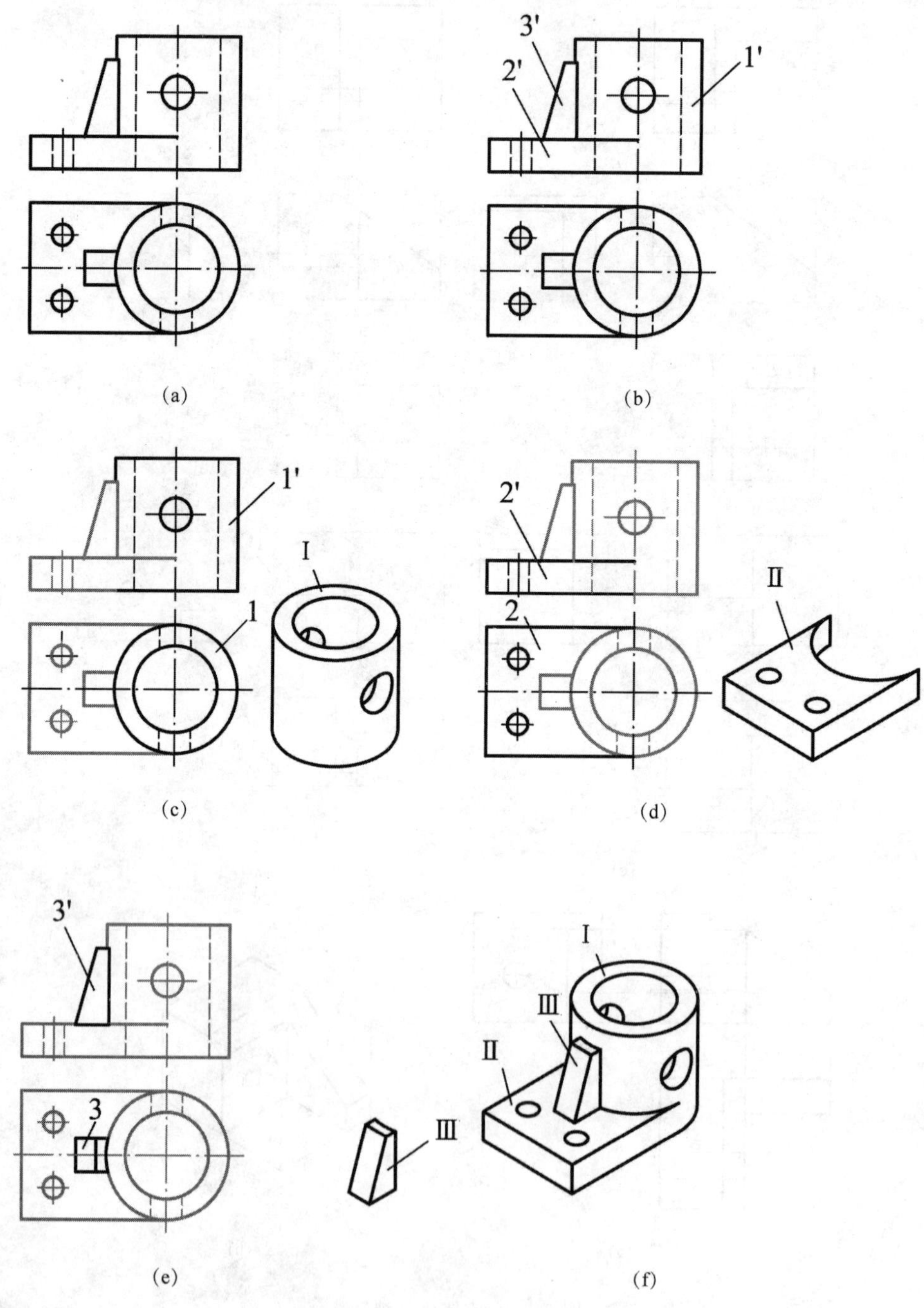

(a) (b) (c) (d) (e) (f)

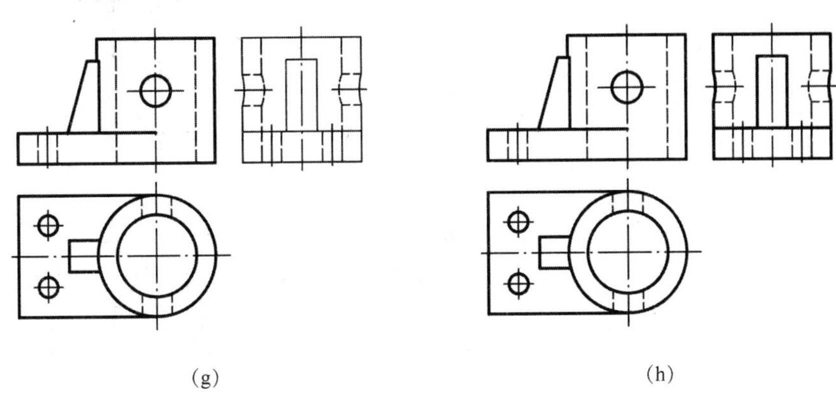
(g)　　(h)

图 6.20　补支架的左视图

例 6.5　完成楔块的左视图，如图 6.21(a)所示。

(1) 粗读识大体。如图 6.21(b)所示，将给出的零件主、俯视图分别补成矩形，即得其基本几何体为一长方体。从主视图看，形成左上缺角的斜线 p'，可能是一正垂面 P；在俯视图中，形成左前缺角的斜线 r，可能是一铅垂面 R；因前后对称，亦有一与面 R 对应的铅垂面(图上未示出)截切得左后缺角。同心圆可能表示楔块右边开了一台阶形圆孔。

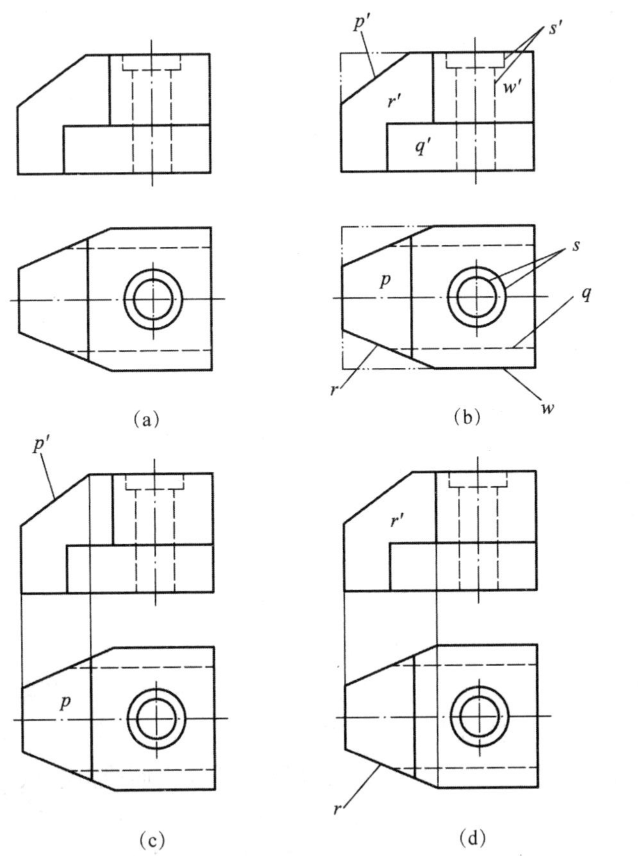

(a)　　(b)

(c)　　(d)

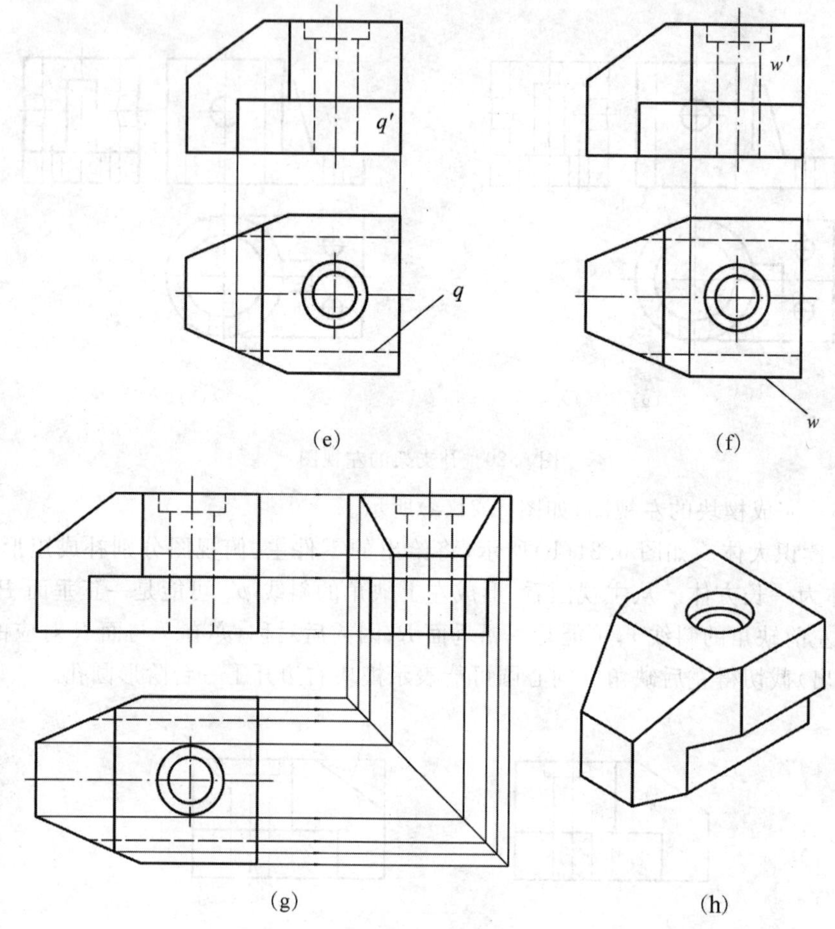

图 6.21　补楔块的左视图

(2) 细读认面、线。如图 6.21(c)、(d),按投影规律,由线段 p' 和 r 出发,在相应的视图中均得到相应的线框 p 和 r',它们表达的分别是组合体上形成左上缺角的正垂面 P,形成左前(后)缺角的铅垂面 R。其他的面及线,如图 6.20(e)、(f)所示,读者可自行分析。

(3) 定位置、综合起来想整体。经上述的面线分析,再确定各表面的相对位置及相互关系,即可想象出楔块的形状,如图 6.21(h)所示。

(4) 补画左视图。在读懂主、俯视图的基础上,依投影规律作出的左视图,如图 6.21(g)所示。

注意:平面 P 和 R 都倾斜 W 面,因此,它们在 W 面上的投影均为原形的类似形。

例 6.6　求作图 6.22(a)所示组合体的左视图。

(1) 大致了解。根据给出的视图,运用形体分析法进行分析,组合体基本可分为Ⅰ、Ⅱ及Ⅲ三个形体,Ⅱ与Ⅲ左右对称,Ⅰ为圆柱体。

(2) 分离线框、对投影、细识形体。Ⅱ与Ⅲ形体可以用面线分析法分析,可以看作是由立方体经过切割而成;Ⅰ为圆柱体上开横、纵孔。

(3) 定位置、分析交线、综合起来想整体。Ⅱ、Ⅲ与Ⅰ相交,主要是由正垂面 A 与圆柱体Ⅰ相交,产生交线为椭圆弧;正平面 C 与圆柱体表面相交产生交线为铅垂线,而圆柱体Ⅰ与

圆柱孔 B 相交，产生相贯线，B 与 D 两圆柱孔相交产生相贯线，B 与 F 两圆柱孔相交形成相贯线。经分析可得出零件形状如图 6.22(b)所示。

(4) 补画左视图。在读图的基础上，由主、俯视图按投影作出组合体的左视图，如图 6.22(c)所示。注意交线的画法，并检查、加深视图。

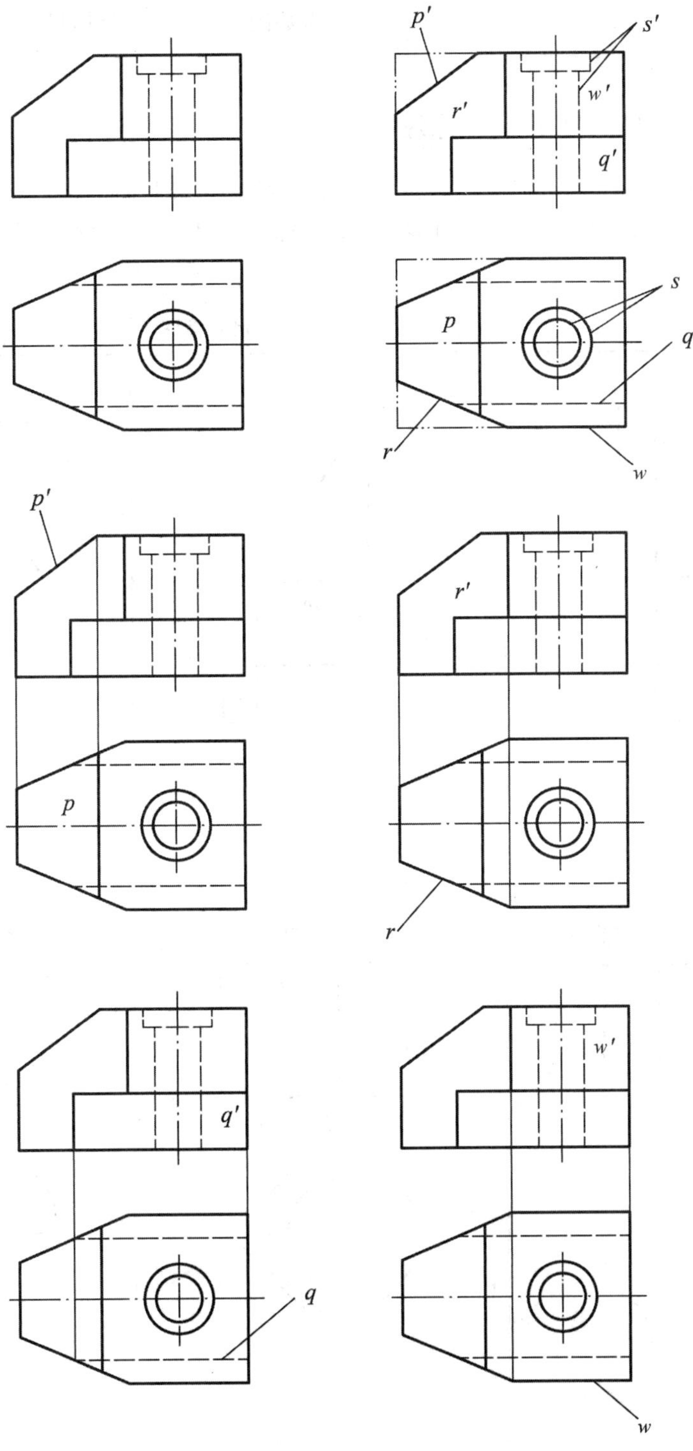

图 6.22　已知组合体的主、俯视图，求左视图

6.5 组合体的尺寸标注

组合体以视图表达其形状,而以尺寸表达其大小。组合体尺寸标注的基本要求是:完全、正确、清晰。本节将在第 2 章平面尺寸标注的基础上,学习组合体尺寸的标注方法,以达到正确、完全和清晰的基本要求。

6.5.1 基本几何体的尺寸标注

确定基本几何体中的长方体棱柱、棱锥、三棱柱棱锥台、圆柱、圆锥、圆锥台等的大小,一般标注确定其长、宽、高的三个尺寸;而球体,则只标出球体直径(代符号为 $S\phi$)或球体半径(代符号为 SR),如表 6.1 所示。

表 6.1 常用基本几何体的尺寸标注

30 20 10	30 20 10	10 25 (28.87)
ϕ20 25	ϕ20 25 ϕ30	Sϕ30

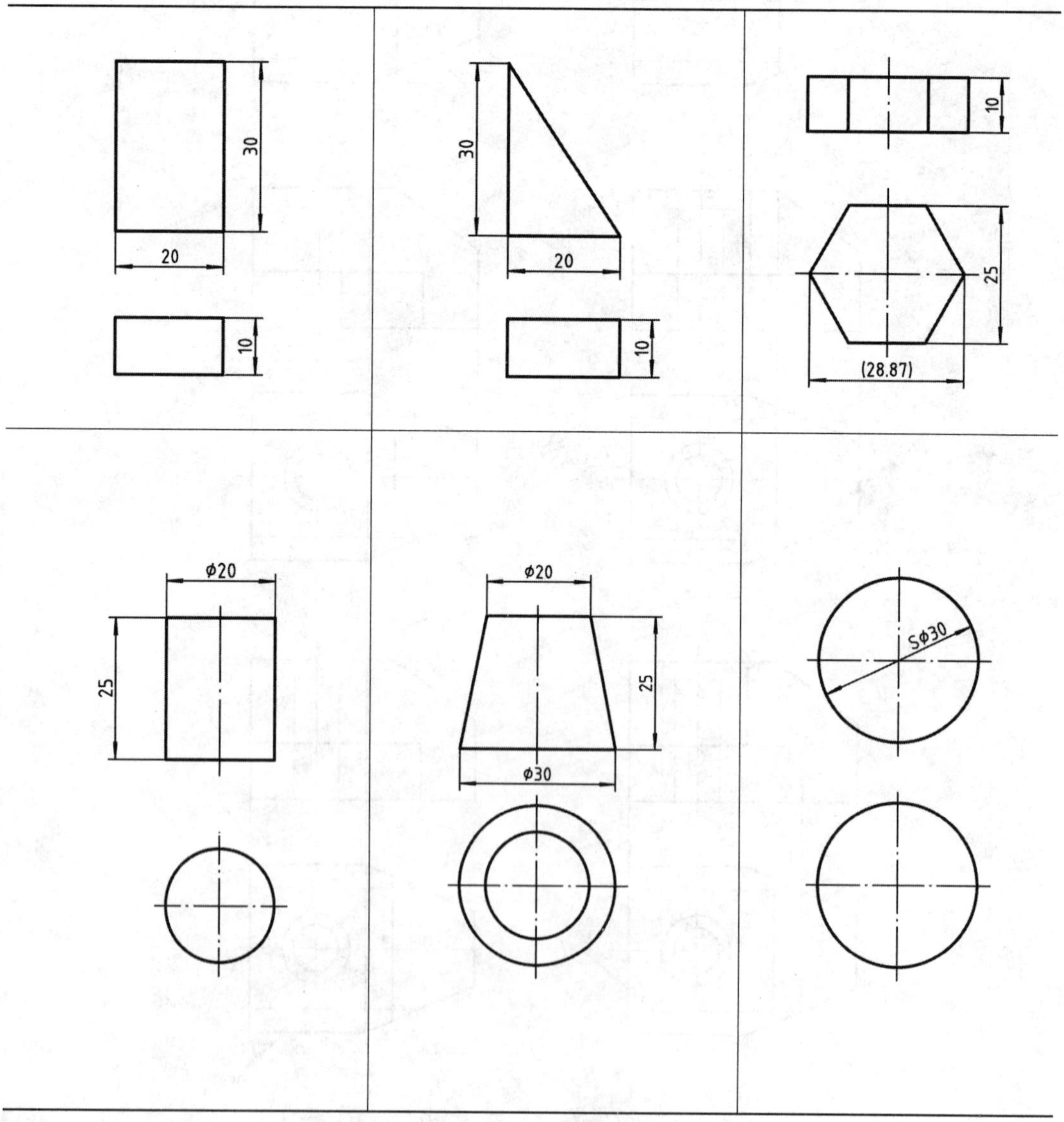

6.5.2　截切体和相贯体的尺寸标注

组合体的尺寸按其功能可分为定形尺寸和定位尺寸两种。定形尺寸是用以确定形体的大小,定位尺寸是用以确定形体间的相互位置。

对于截切体和相贯体的尺寸标注,除了要标注表示基本几何体的定形尺寸外,还要注出表示截切或相贯的定位尺寸。

1. 截切体

截切体,是指由基本几何体经若干平面截切而形成的立体。为说明其大小,除了标注反映基本几何体大小的定形尺寸外,尚需标注出确定截平面与基本几何体相对位置的定位尺寸,如图 6.23(a)、(b)和(c)所示。确定截平面位置时,可将基本几何体上的对称面、端面、底面、侧面、回转面轴线等作为起始——通常称之为基准。注意:截交线上不得注尺寸。

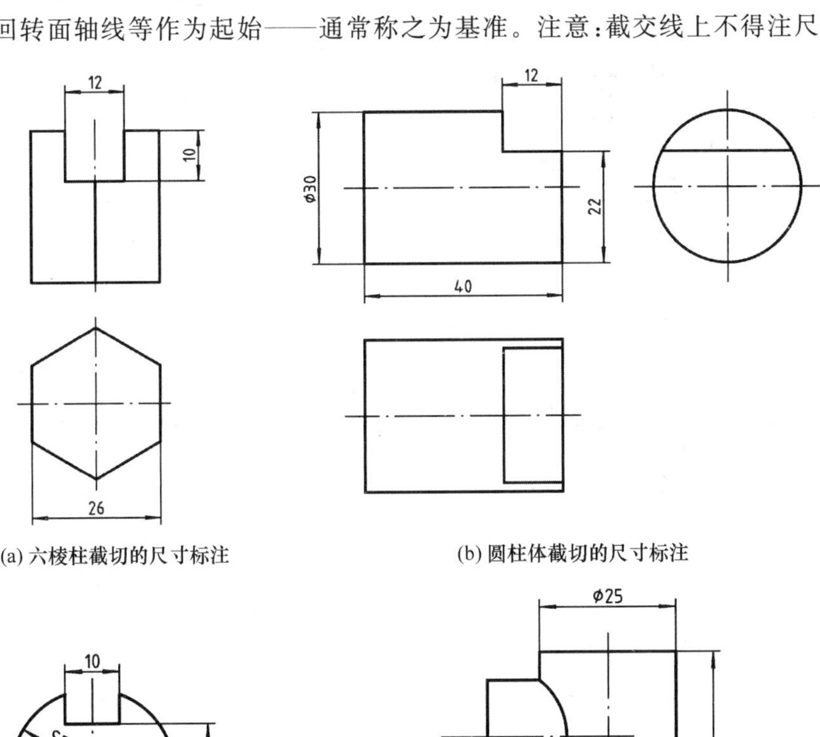

(a) 六棱柱截切的尺寸标注　　(b) 圆柱体截切的尺寸标注

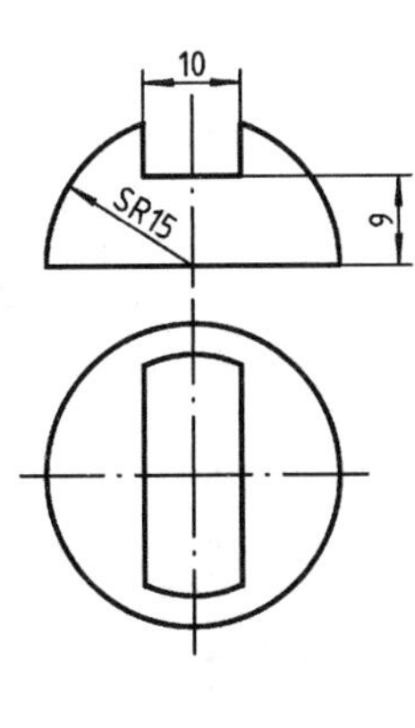

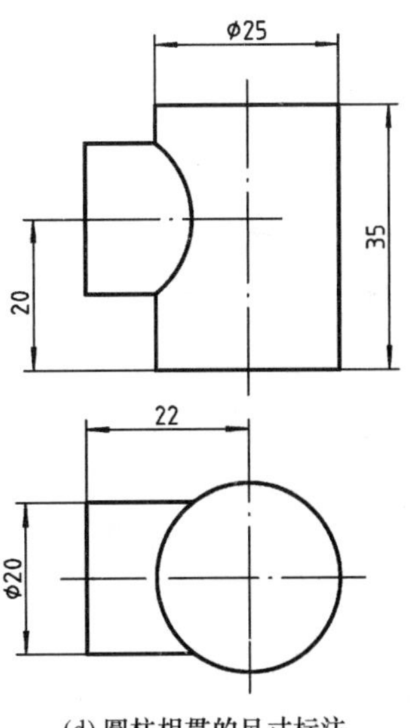

(c) 圆球截切的尺寸标注　　(d) 圆柱相贯的尺寸标注

图 6.23　截切体和相贯体的尺寸标注

2. 相贯体

相贯体，指由基本几何体相交而组成的立体。为说明相贯体的大小，除了标注反映基本几何体大小的定形尺寸外，尚应标注确定基本几何体之间相对位置的定位尺寸，如图 6.23(d)的尺寸 20 和 22。给出了完整的定形和定位尺寸，组合体大小和相对位置就完全确定了，因此，不要将尺寸注在截交线或相贯线上。

6.5.3 常见底板的尺寸标注

底板是组合体的主要结构，其尺寸的标注如图 6.24 所示。

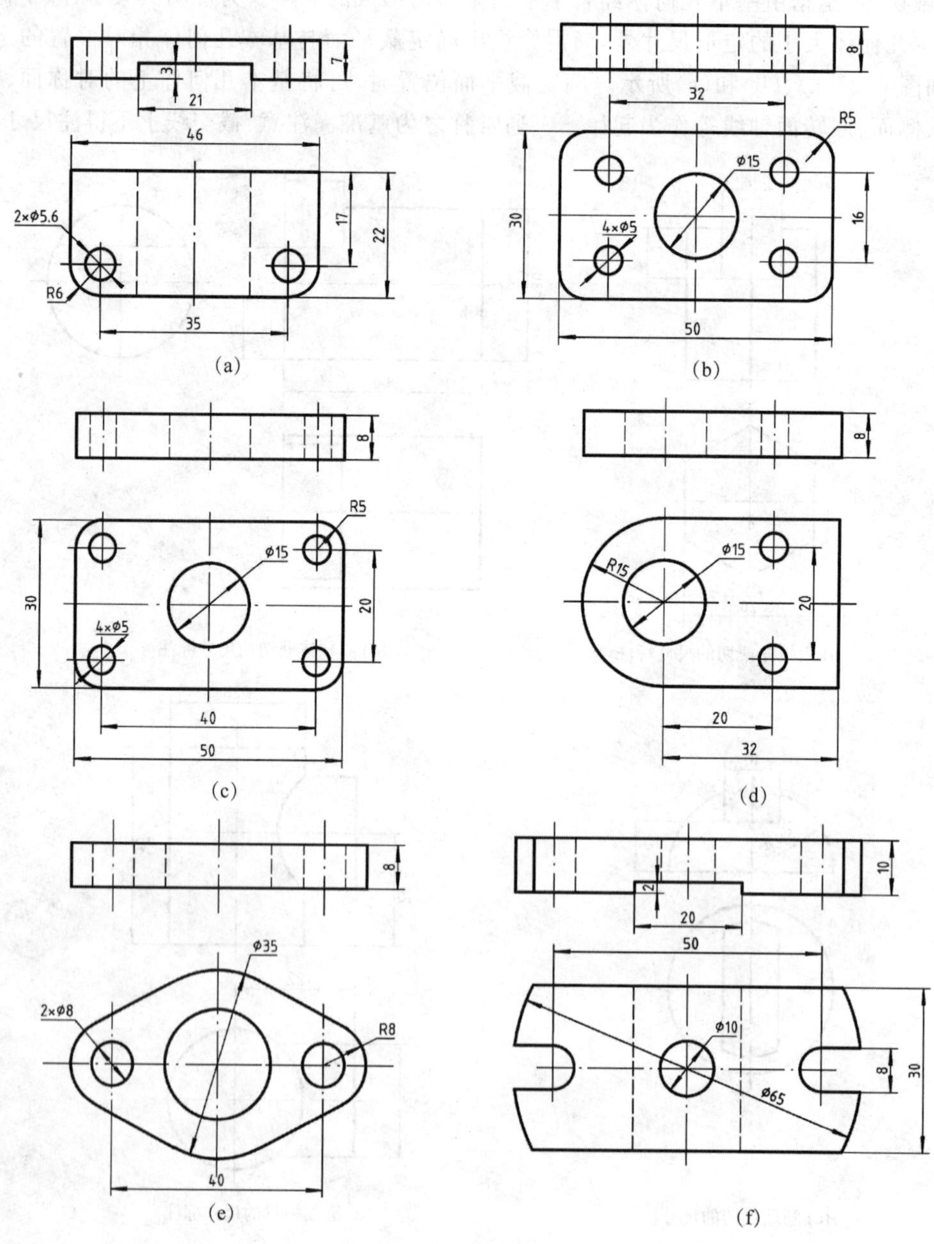

图 6.24 常见底板的尺寸标注

6.5.4　组合体尺寸标注的基本要求

组合体标注尺寸的基本要求是正确、完全和清晰。

正确：符合国家标准的有关规定，见第 2 章。

完全：标注的尺寸要完整，做到不遗漏，不重复。

清晰：尺寸布置要整齐、清晰，便于阅读。

1. 完全

组合体一般应标注三类尺寸：定形尺寸、定位尺寸和总体尺寸。

(1) 定形尺寸。确定组合体各组成形体的长、宽、高三个方向的形状大小的尺寸。由于各组成部分是基本形体，因此掌握基本几何体和基本形体的定形尺寸标注是标注组合体定形尺寸的基础，如表 6.1 和图 6.23 所示。

当两个以上的孔直径相同并且规律分布时，可以只注一次，写成 2×ϕX 的形式，如图 6.24(a)中的 2×ϕ5.6。具有对称面的相同结构可以只注一次，如图 6.24(a)中的 R6、(b)中的 R5 和(f)中的 8，但不能注成 2×R6、4×R5 或 2×R8 的形式。

(2) 尺寸基准和定位尺寸

确定各形体位置的几何元素称为尺寸基准，可作为基准的元素有组合体上的对称面、较大平面(如：底面、端面等)、轴线(回转体的基准一般选在轴线上)等。尺寸基准分为主要基准和辅助基准。组合体长、宽、高三个方向应各有一个主要基准。如图 6.25 所示的轴承架，因其左右对称，故选择对称面为长度方向尺寸基准；底板底面为高度方向尺寸基准；底板后面为宽度方向尺寸基准。也可以视情况选择辅助基准。主要基准和辅助基准之间应有直接的尺寸联系。每个形体也有一个尺寸基准，其基准也选在形体的对称面、轴线或重要平面上。

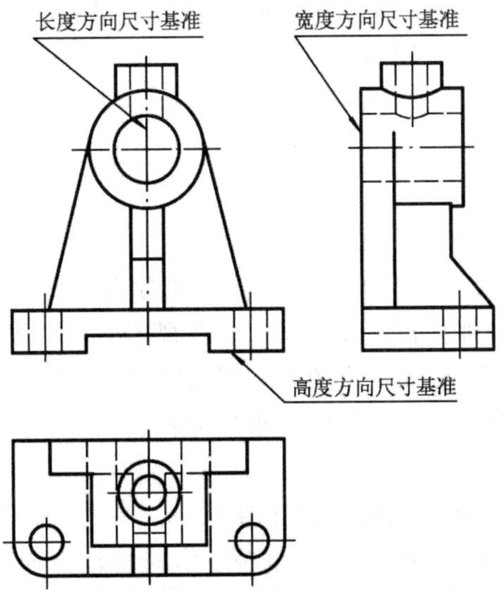

图 6.25　组合体的主要尺寸基准

确定各形体相对位置的尺寸称为定位尺寸。组合体的定位尺寸是组合体主要基准或辅助基准与各形体基准间的距离。每个形体在长、宽、高三个方向都应有定位尺寸，如图 6.24(a)

中的尺寸 35 和 17 分别为长度方向和宽度方向的定位尺寸,图 6.24 所示其他底板的定位尺寸,读者可自己分析。若组合体和形体之间在某一方向处于对称、同轴、共面和叠加之一时,则应省略该方向的定位尺寸。注意:当以对称面作为尺寸基准时,定位尺寸要对称注出,如图 6.24(a)的尺寸 35。

(3) 总体尺寸

为了表示组合体的总体大小,一般要注出组合体的长、宽、高三个方向的总体尺寸,即总长、总宽和总高,如图 6.24(a)的宽度总体尺寸 22 和高度总体尺寸 7、图 6.24(b)的长度和宽度总体尺寸 50 和 30。

如果某一形体的定形尺寸已经反映了组合体的总体尺寸,就不必再另行注出。如果在注出组合体的定形和定位尺寸之后,总体尺寸就已确定,这时也不要再注出总体尺寸,否则就要会有多余尺寸,而构成封闭尺寸链,如图 6.24(d)的 32+R15 就是总体尺寸,不必另外注出。图 6.24(e)的底板也不必注出长度方向的总体尺寸,即当组合体一侧或两侧的端部是回转体时,该方向一般不注出总体尺寸,而是由端部回转体的定形尺寸(直径或半径)和定位尺寸间接决定,如图 6.24(d)和(e)所示。

也有例外的情况,如图 6.24(c),定形尺寸 40+2×R5=50 就是长度方向的总体尺寸,又注了总体尺寸 50,似乎总体尺寸是多余的,但为了满足加工要求,这样注是合理的。不管四个圆角和圆孔是否同轴,都要求既注出定位尺寸和定形尺寸,又注出总体尺寸。因小圆角在实际工作中精度要求很低,定位尺寸加 2 倍圆角的尺寸不能保证总体尺寸的准确性,因此这时需要注出总体尺寸才能满足要求。

图 6.24(f)所示底板长度方向总体尺寸已经由底板直径 ϕ65 和槽宽 8 决定,不需要注出。

2. 尺寸的清晰布置

清晰是指标注的尺寸排列整齐、清楚,便于阅读。要做到这一点,除了遵守国家标准的相关规定外,还要注意以下一些问题。

(1) 标注尺寸前要进行规划

本着清晰的原则,标注尺寸前对哪些尺寸注在什么位置应有一个规划。

(2) 排列整齐

标注的尺寸应该排列整齐,便于阅读。

尺寸应尽量注在视图外面,以免尺寸线、尺寸数字与视图的轮廓线相交或重叠。如图 6.26(a)所示,不要注成(b)那样把很多的尺寸放在视图中而造成混乱。

尺寸数字不得与图线重叠,无法避免时将图线断开;尺寸界线、尺寸线、图线之间应避免相交;相互平行的尺寸,应按大小顺序排列,小尺寸在内,大尺寸在外;尺寸线之间的距离约 8~10 mm。

(3) 将尺寸注在反映形体形状特征的视图上。

如图 6.27(a)所示,应将尺寸 16 和 8 注在反映形状特征的视图—主视图上,而不要像(b)那样注在俯视图和左视图上。

(4) 直径最好注在非圆视图上

回转体的直径可以注在投影为圆的视图上,也可以注在非圆视图上,一般应注在非圆视图上,如图 6.28(a)所示,如注成图 6.28(b)那样就很不清晰,甚至难以分清所注直径尺寸属于哪个圆柱体。

因此直径最好注在非圆视图上，但半径必须注在投影为圆的视图上，如图 6.24(d)中的半径 R15 必须注在俯视图(形状特征)上，而不能注在主视图上。

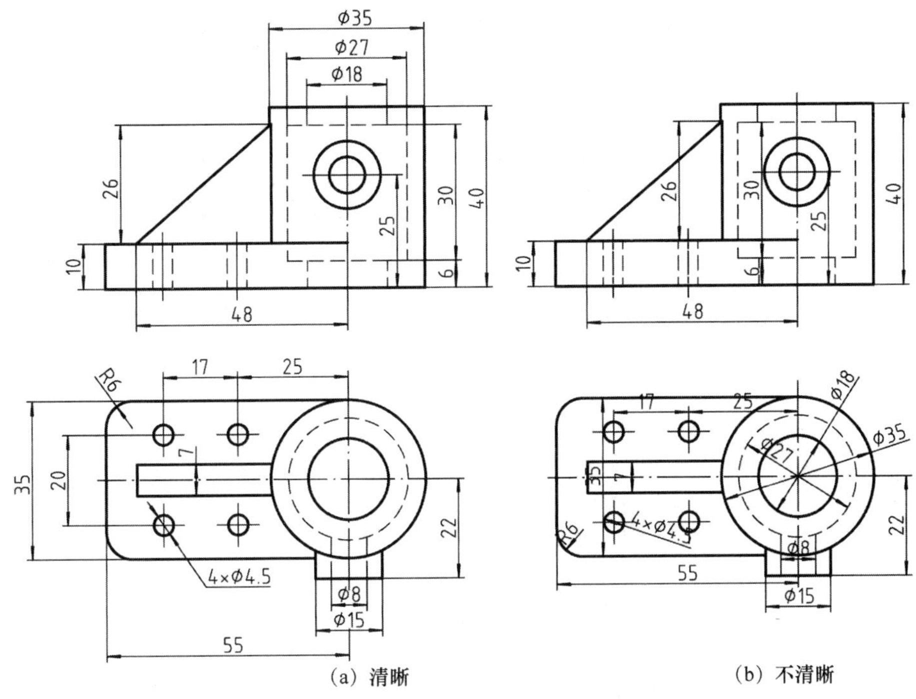

(a) 清晰　　(b) 不清晰

图 6.26　尺寸的清晰布置

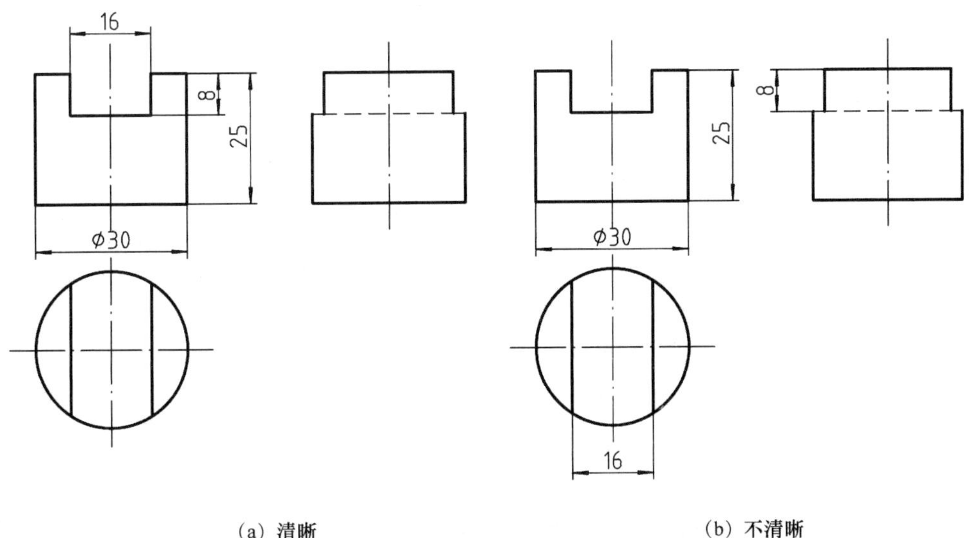

(a) 清晰　　(b) 不清晰

图 6.27　将尺寸注在反映形体形状特征的视图上

(5) 内外结构的尺寸注在两侧

如图 6.29(a)的尺寸 10 和 20 是外部结构尺寸，20 和 8 是内部结构尺寸，分别注在上

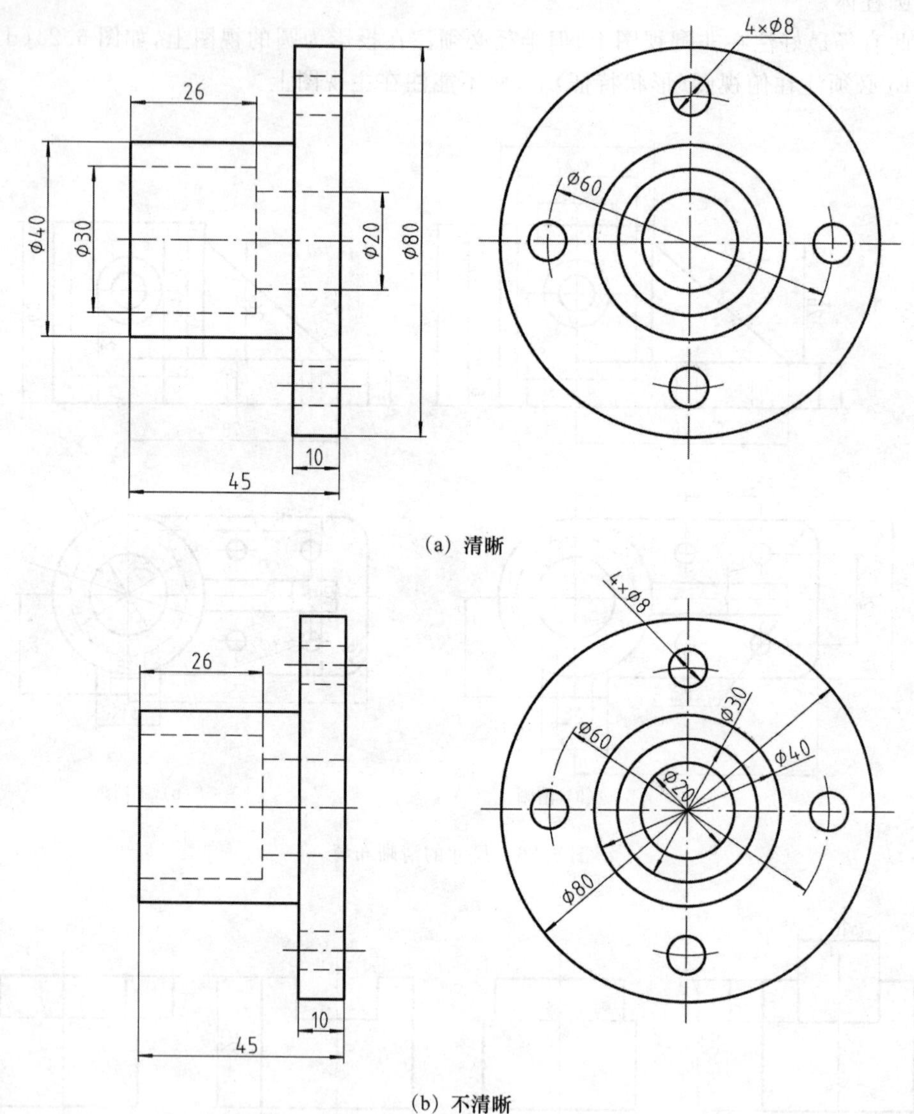

(a) 清晰

(b) 不清晰

图 6.28　直径注法

下侧,便于看图,而不要像(b)那样注。

(6) 关于在虚线上注尺寸的问题

尽量避免在虚线上注尺寸,但注在圆孔的非圆投影(虚线)上目前是可以的,如图 6.28(a)中的 ϕ30、ϕ20 和 26,图 6.29(a)中的 ϕ20、ϕ30、ϕ40、20 等。实际上在学习了第 7 章之后,圆孔都应剖开表示,其轮廓线就画成粗实线了。

6.5.5　组合体尺寸标注的方法和步骤

组合体尺寸标注的基本方法还是形体分析法,就是将组合体分解为若干个基本体和简单体,在形体分析的基础上标注三类尺寸:定形尺寸、定位尺寸和总体尺寸。一般步骤为:逐个标注每一基本形体的定形、定位尺寸,然后标注总体尺寸。下面举例说明组合体尺寸的标注。

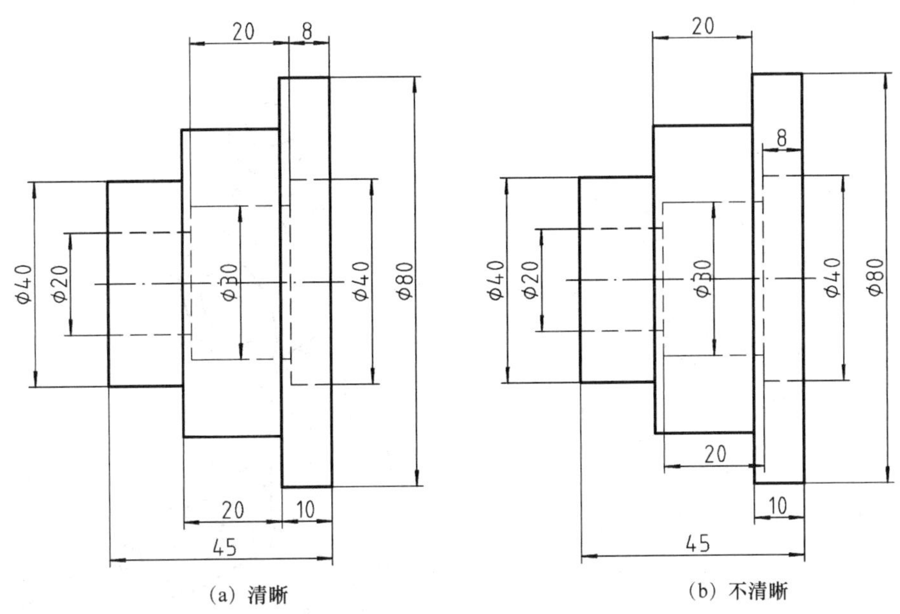

(a) 清晰　　(b) 不清晰

图 6.29　将内外结构尺寸注在两侧

例 6.7　标注轴承架的尺寸

(1) 形体分析

将轴承架分解成底板、圆筒、支撑板、筋板和凸台 5 个基本形体，如图 6.29(a)所示。

(2) 定形尺寸

每个形体的定形尺寸如图 6.29(b)所示，其中底板上 50 和 24 属定位尺寸。

按照底板→圆筒→支撑板→筋板→凸台的顺序在视图中注出它们的定形尺寸，如图 6.30(a)、(b)、(c)、(d)和(e)所示。

(3) 尺寸基准和定位尺寸

尺寸基准按照图 6.25 的选择，左右对称面为长度方向尺寸基准，组合体后面为宽度方向尺寸基准，底板底面为高度方向尺寸基准。

然后标注定位尺寸，如图 6.31(f)所示。长度方向：因组合体左右对称，故各形体的长度方向的定位尺寸省略，仅底板上的孔 2×φ8 需要以对称面为基准注出定位尺寸 50。宽度方向：底板上孔 2×φ8 需要以基准为起点注出定位尺寸 24；凸台需要注出定位尺寸 12；底板、支撑板和圆筒的后面平齐，定位尺寸可省；筋板和支撑板前后叠加，其宽度方向的定位尺寸也应省略。高度方向：需要注出圆筒的定位尺寸 48；支撑板和筋板与底板属叠加，不需要定位尺寸；凸台需要给出高度方向定位尺寸 68。

(4) 总体尺寸

轴承架的总长和总宽实际上就是底板的总长 66 和总宽 32，总高就是凸台高度方向的定位尺寸 68，都不必另外注出。说明：有的尺寸的作用可能不止一个。

(5) 检查

对所注尺寸按照正确、完整和清晰的原则进行检查，如发现问题应进行补充和调整。

注尺寸的步骤也可按标注每个形体的定形和定位尺寸的次序进行。只要按一定的步骤进行标注,就可做到不重复、不遗漏。

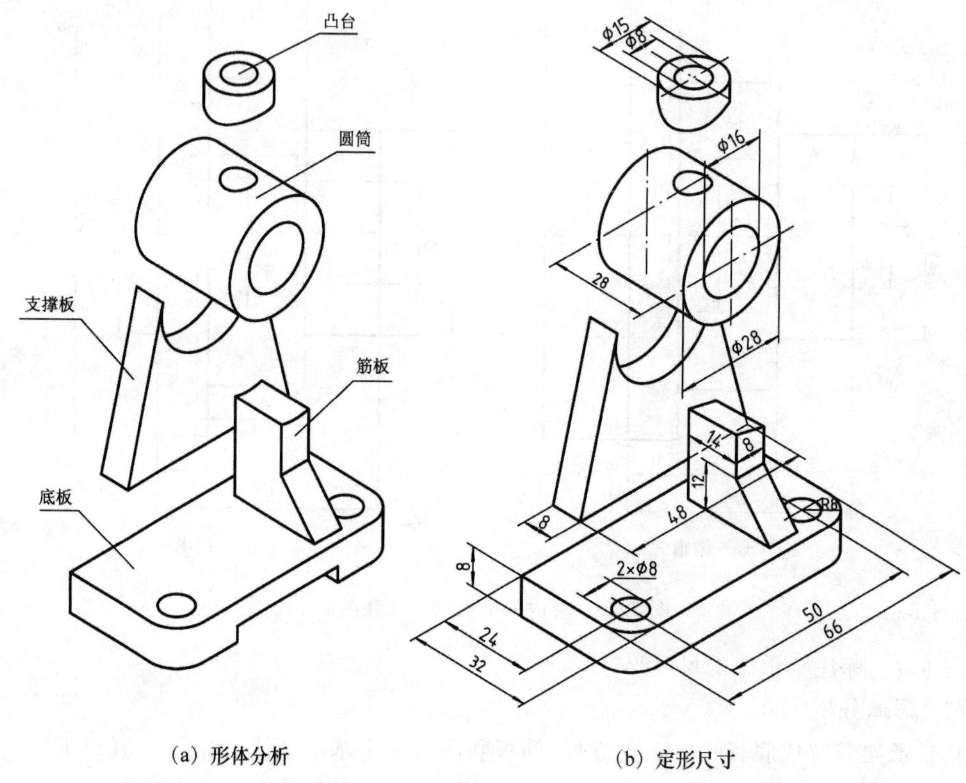

(a) 形体分析　　(b) 定形尺寸

图 6.30　形体分析和定形尺寸

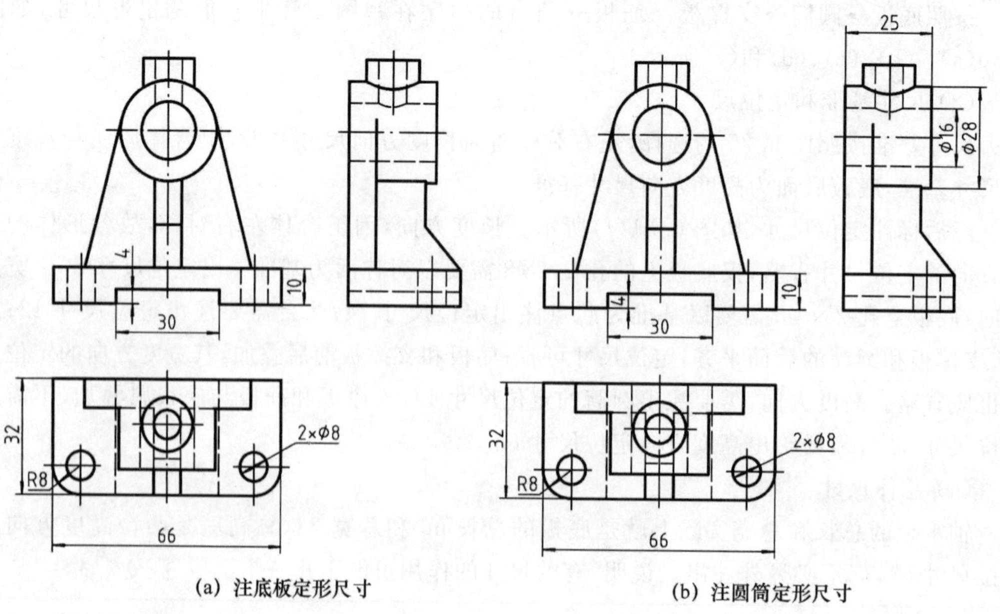

(a) 注底板定形尺寸　　(b) 注圆筒定形尺寸

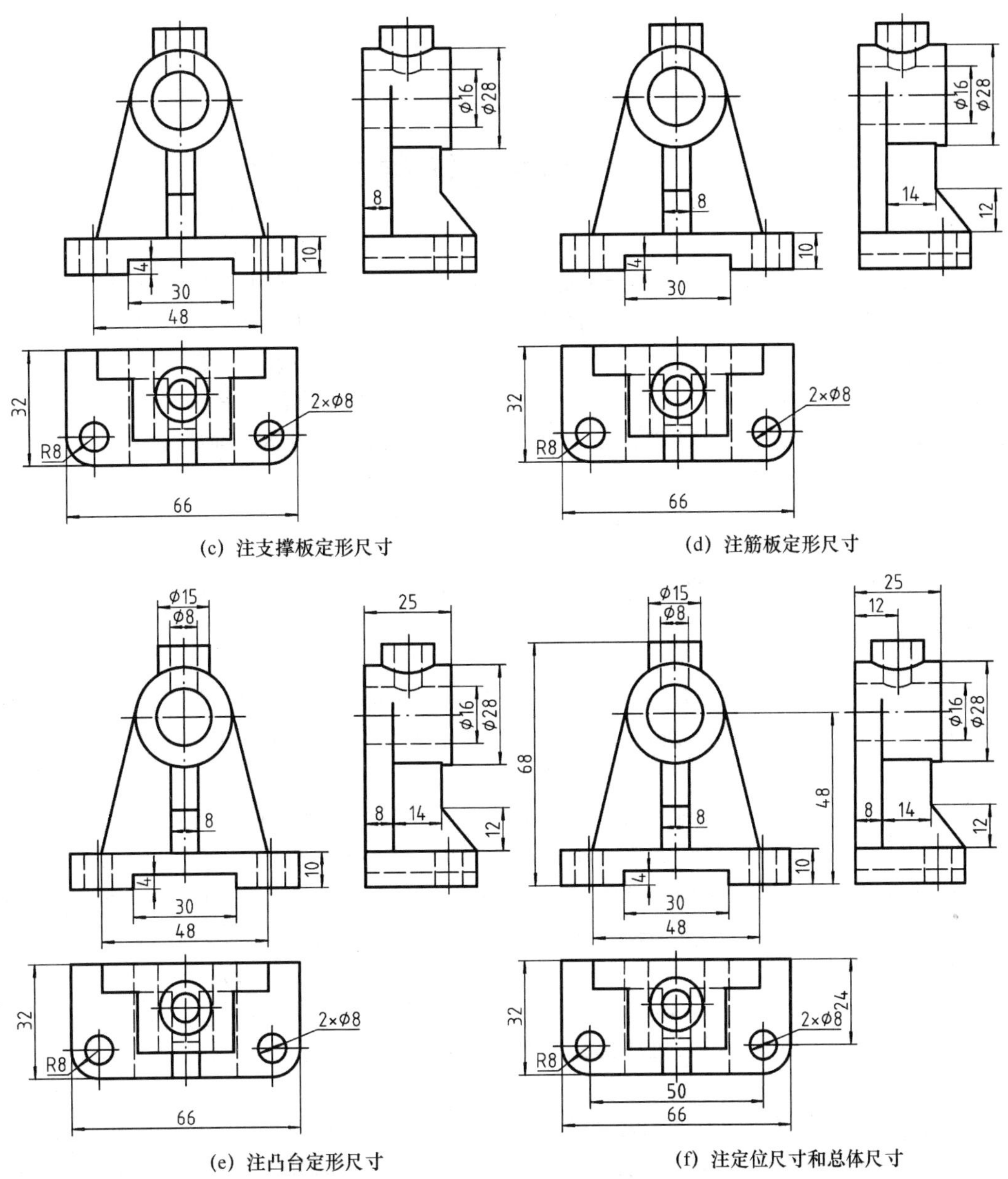

图 6.31　组合体的尺寸标注

第 7 章　机件的各种表达法

前面已介绍了用三视图表示组合体的方法。然而,在实际生产中,机件(零件、部件、机器的总称)的结构形状是各式各样的,内外形的构成特点和复杂程度也各不相同,仅用三视图不足以完全清晰地表达其形状与结构。为此,国家标准《机械制图》视图(GB/T 4458.1—2002)、剖视图和断面图(GB/T 4458.6—2002)中,制定了机件的各种表达方法,包括视图、剖视图、断面图及其他规定图样画法等,以便将机件的结构形状表达得准确、清晰、简洁。

7.1　视　　图

视图主要用于表达机件的外形结构,包括基本视图、向视图、局部视图和斜视图。

7.1.1　基本视图

当机件形状较复杂,需从前、后、左、右、上、下六个方向反映其形状时,可在原来三个投影面的基础上再增加三个投影面,从而使投影面体系扩展为 6 个面,构成一个正六面体系,这六个面称为基本投影面。

将置于正六面体系中的机件,向六个基本投影面投射而得到的视图,称为基本视图,如图7.1(a)所示。这六个基本视图,除了原有的主视图、俯视图和左视图外,新增加的三个视图为右视图(自右向左投射所得的视图)、仰视图(自下向上投射所得的视图)和后视图(自后向前投射所得的视图)。六个基本投影面的展开如图 7.1(b)所示,正投影面保持不动,其他基本投影面依箭头指向逐步展开到与正投影面位于同一平面内。展开后的六个基本视图,如图 7.1(c)所示,此时,图上不必作任何标注。

如图 7.2 所示,基本视图与机件具有如下对应关系。

(1) 大小

主、俯,仰、后视图均反映机件长度方向的尺寸;俯、左、右、仰视图均反映机件宽度方向的尺寸;主、左、右、后视图均反映机件高度方向的尺寸。因此,六个视图仍保持“三等”投影规律,即主、俯、仰后视图长度相等,主、左、右、后视图高度相等,俯、仰、左、右视图宽度相等,如图 7.2 所示。

(2) 方位

主、左、右、后视图同时反映机件的上、下方位;主、俯、仰、后视图同时反映机件的左、右方位;俯、左、右、仰视图同时反映机件的前、后方位。

基本视图选用的数量,应视机件的结构形状和复杂程度而定,但其中必有主视图。

7.1.2　向视图

对于不按展开后位置配置的视图,应在其上方作标注“X”(X 为大写拉丁字母),在相应视图的附近用箭头指明投射方向,并标注相同的字母,这种自由配置的基本视图叫向视图,如图 7.3 所示。

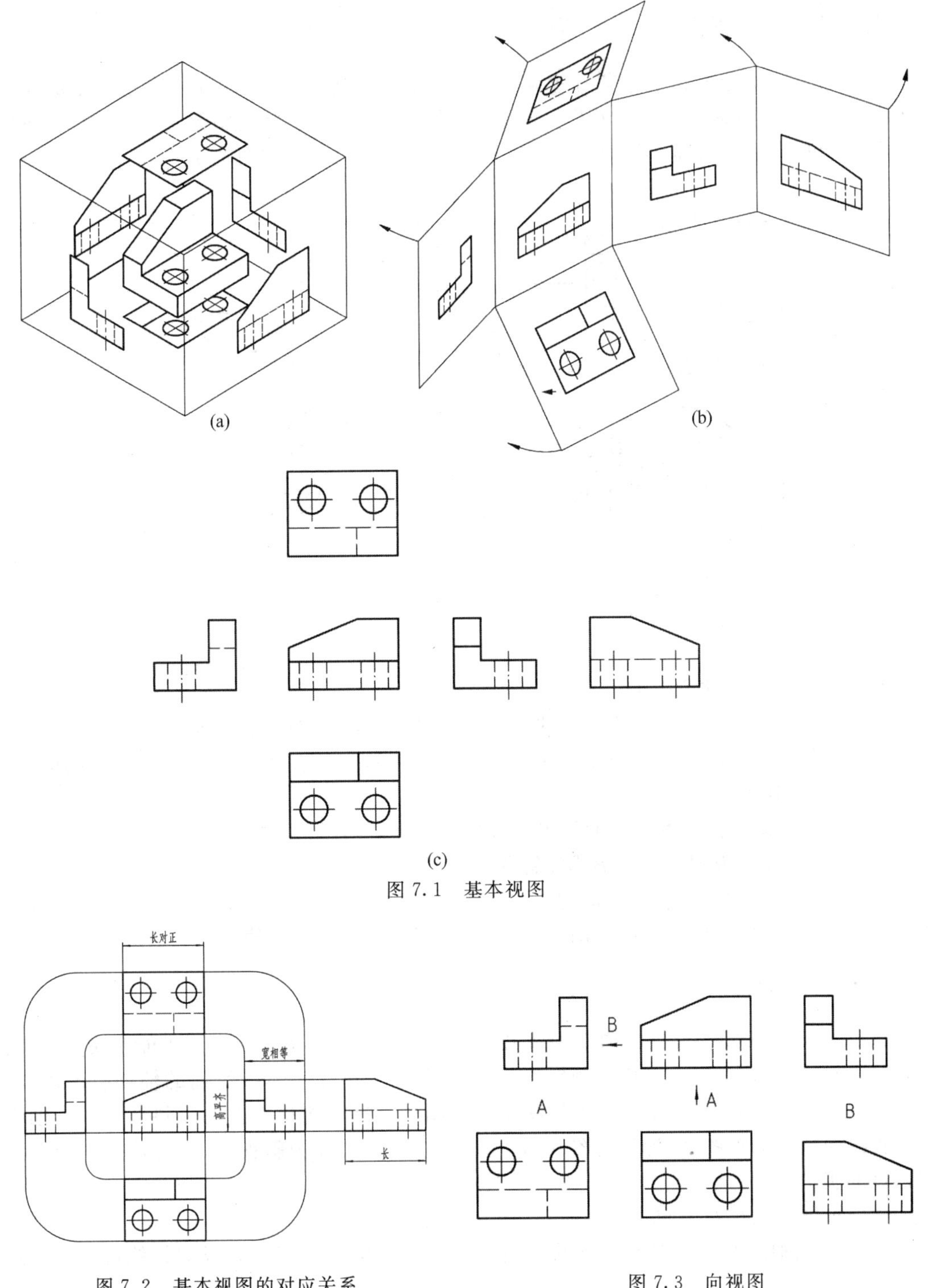

图 7.1　基本视图

图 7.2　基本视图的对应关系

图 7.3　向视图

向视图与基本视图都是用于表达机件的外形，但向视图可根据图纸的情况，放在合适的位置上。向视图在《机械制图》(GB/T 4458.1—2002)中仍称为基本视图。

7.1.3 局部视图

当机件的大部分形状在已有的基本视图或向视图表达清楚后,对尚未表达清楚的某部分形状,就没有必要画出完整的视图,而只需画出反映该局部形状的图形即可。这种将机件上的某部分向基本投影面作投射而得到的视图,称为局部视图,如图 7.4 所示。

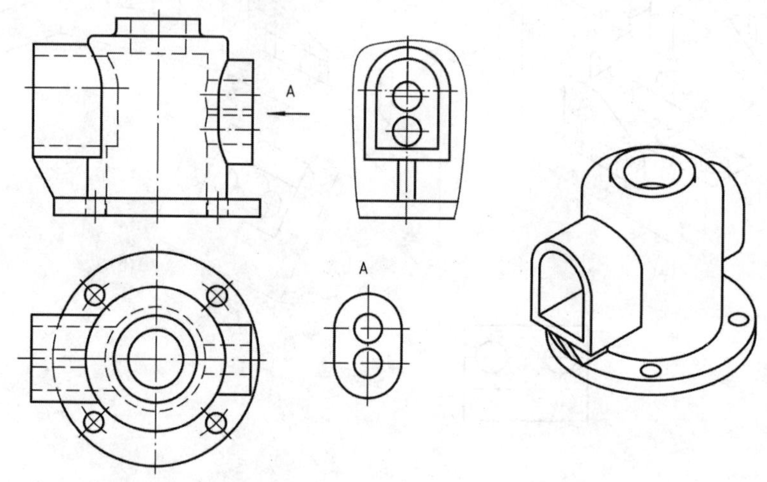

图 7.4 局部视图

局部视图的三点注意事项。

(1) 用带字母的箭头指明要表达的部位和投射方向,并注明视图名称。

(2) 局部视图的范围用波浪线表示。当表示的局部结构是完整的且外轮廓封闭时,波浪线可省略,如图 7.4A 向。

(3) 局部视图可按基本视图的配置形式配置,这时可省略标注,如图 7.4 左视图位置的局部视图;也可按向视图的配置形式配置并标注,如图 7.4A 向。

局部视图比较灵活的表达外形的方法。当物体的大部分外形都已表达清楚,只有少数局部外形未表达时,可以用局部视图表达该部分的外形,这样可以使图样的表达简单、清晰。

7.1.4 斜视图

机件上的倾斜部分(不平行任何基本投影面),在基本投影面上的投影不能反映实形,为此,用换面法原理选择一个与机件倾斜部分平行,且垂直一个基本投影面的辅助投影面,将该部分向辅助投影面投射,即可获得反映实形的图形。这种将机件上的倾斜部分向辅助投影面投射而得到的视图,称为斜视图。如图 7.5 所示,视图即为斜视图,它表达了斜板上倾斜部分的实形。

画斜视图应注意两个问题。

(1) 斜视图中,机件上倾斜部分的断裂边界以波浪线(图 7.5(b))或双折线(图7.5(c))表示。

(2) 斜视图可以按投影关系配置,也可以放在其他地方,不论放在何处,应在斜视图的上方标出视图名称“X”(X 为大写拉丁字母),而在相应视图上所表达部分用相同的字母和箭头表明投射方向,如图 7.5(b)所示。为便于画图,也可将斜视图转正。此时,除了注出视图名称“X”外,还要标出说明斜视图转正时旋转方向的符号——弧状箭头(指向字母),如图

7.5(c)所示的视图 A;必要时,允许将旋转角度注在字母之后。

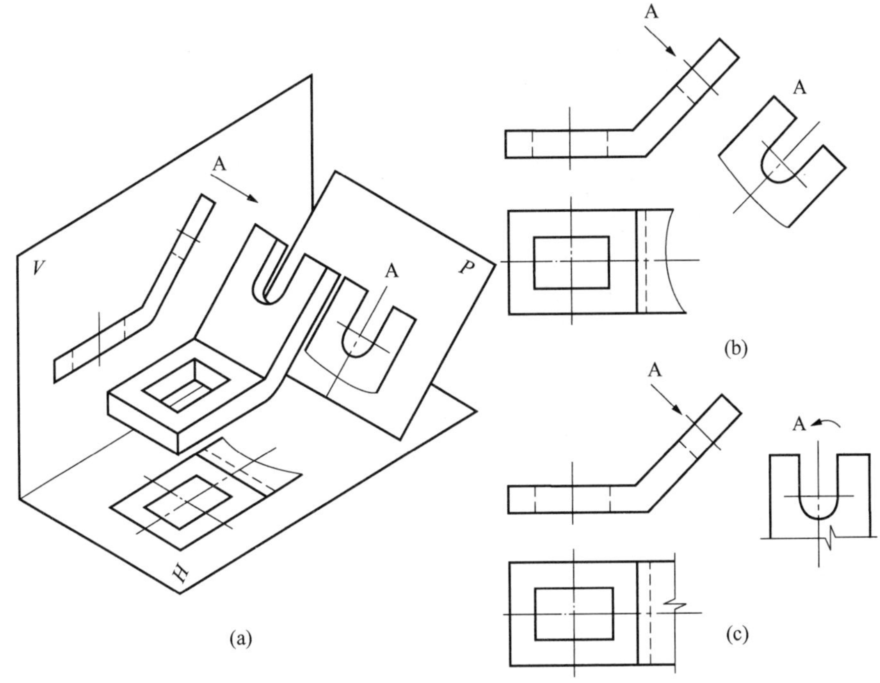

(a)　(c)

图 7.5　斜视图

7.2　剖　视　图

用视图表达零件形状时,对于零件上看不见的内部形状(如孔、槽)用虚线表示。如果零件内、外形状比较复杂,则图上就会出现虚、实线交叉重叠,这样既不便于看图,也不便于画图和标注尺寸。为了能够清楚地表达零件内部不可见的结构形状,常采用剖视图。国家标准《机械制图》图样画法、剖视图和断面图(GB/T 4458.6—2002)规定了剖视图的画法。

7.2.1　剖视图概述

1. 剖视图的概念

假想用剖切面(平面或柱面)剖开机件后,移去剖切面与观察者之间的那部分,然后将留下的部分向投影面作投射,由此而得到的图形称为剖视图,简称剖视。

如图 7.6(b)所示,摇柄上的孔,在主视图中为不可见,以虚线示出。为明显地表达这些孔,如图 7.7(a)所示,假想通过孔的轴线作一剖切面(正平面)将摇柄剖开,移去摇柄的前半部分,各孔就显露出来,然后将余下部分向正立投影面(V面)作投射,由此而得的图形就是剖视图,如图 7.7(b)所示。

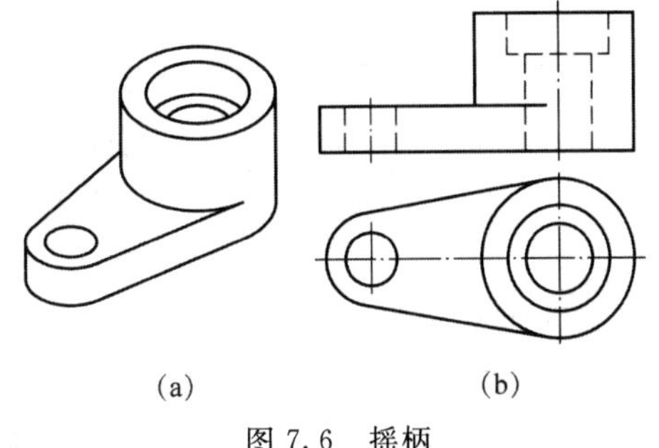
(a)　(b)

图 7.6　摇柄

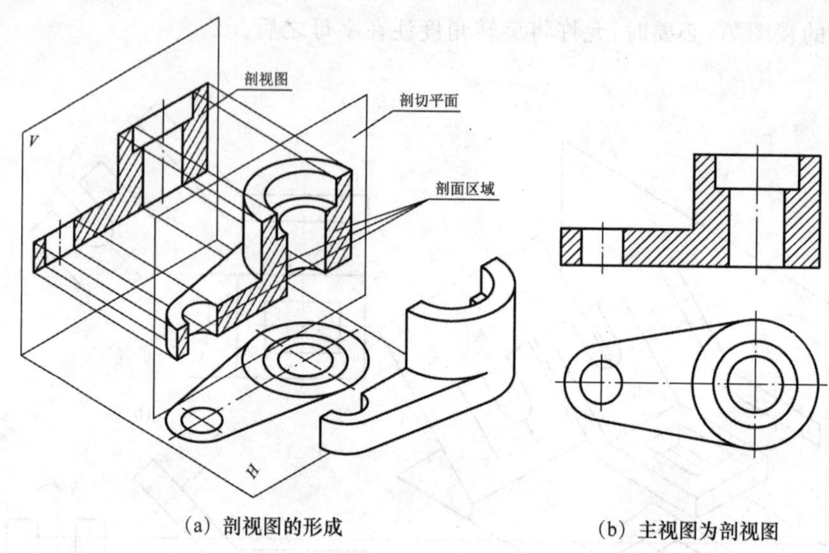

(a) 剖视图的形成　　(b) 主视图为剖视图

图 7.7　剖视图

2. 剖面符号

剖切面与机件的接触部分(即有材料处),称为剖面区域。

国家标准规定,剖面区域内要画剖面符号。不同的材料采用不同的剖面符号,见表 7.1。

表 7.1　常用材料剖面符号

材料名称		剖面符号	材料名称	剖面符号
金属材料(已有规定剖面符号者除外)			非金属材料(已有规定剖面符号者除外)	
线圈绕组元件			格网(筛网、过滤网等)	
转子、电枢、变压器和电抗器等的迭钢片			玻璃及供观察用的其他透明材料	
木质胶合板			型砂、填砂、粉末冶金、砂轮、陶瓷刀片等	
木材	纵剖面		液体材料	
	横剖面			

金属材料的剖面符号画成与剖面区域的主要轮廓线或剖面区域的对称线成适当的角度(一般为 45°),且间隔相等的细实线。这些细实线称为剖面线。同一零件各视图的剖面线方向、间隔均应相同。

3. 画剖视图应注意的问题

(1) 剖切平面一般为投影面平行面或垂直面。

(2) 剖切位置,一般应通过机件的对称面或回转轴线,如图 7.7 所示。

(3) 剖视图中,位于剖切平面之后可见部分的投影应画出,如图 7.8 所示。

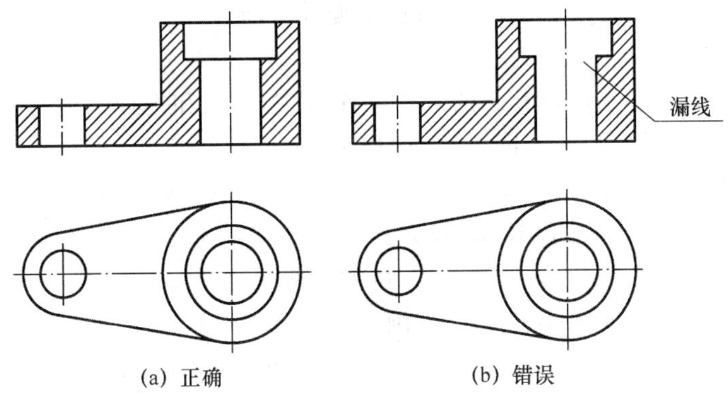

(a) 正确　　(b) 错误

图 7.8　剖视图中易漏画的图线

(4) 剖视图中的虚线一般不画出。当画出少量虚线对图形的清晰影响不大,并且可省略视图时,可考虑画出虚线。如图 7.9(c)所示零件,图 7.9(a)没画虚线需要用方向视图表达外形,以确定其中三角块的位置和厚度,如像图 7.9(b)那样在主视图画出虚线,则可省略方向视图。

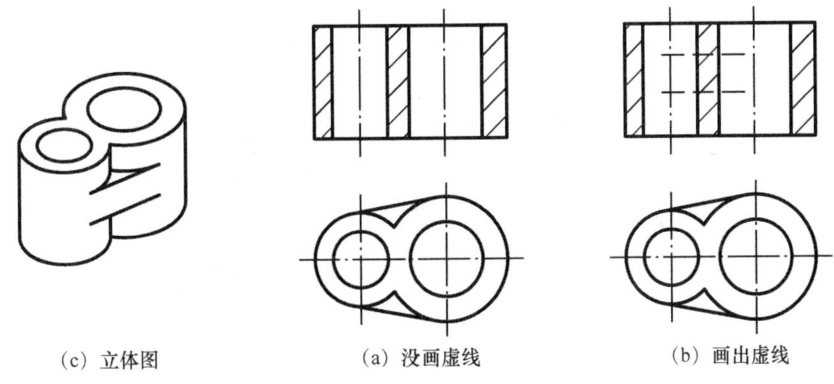

(c) 立体图　　(a) 没画虚线　　(b) 画出虚线

图 7.9　剖视图中虚线的画法

(5) 剖视画法是假想的,因此,当某一视图画成剖视图时,其他视图仍应按完整的机件画出,如图 7.10 所示。

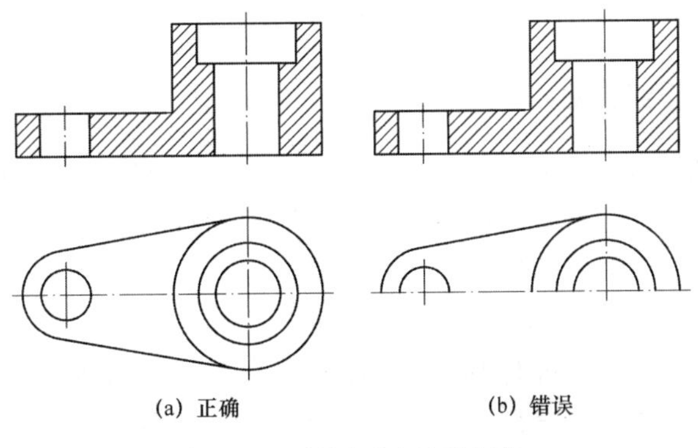

(a) 正确　　(b) 错误

图 7.10　剖视画法的假想性

(6) 同一零件各视图的剖面线倾斜方向和间隔应一致。

(7) 剖面区域内,标注数字、字母等处的剖面线应断开。

4. 剖视图的标注

为了便于看图,应标注出剖视图的剖切位置、投射方向和剖视图名称,标注要素包括剖切符号、剖切线和剖视图名称,如图 7.11(a)所示。

(1) 剖切符号。表示剖切面起、迄和转折位置(粗短画)及投射方向(箭头)的符号。表示剖切面位置的粗短画,线宽为 1.4d、长为5~7 mm,通常画在剖切平面具有积聚性投影的那个视图上;箭头画在表示起、迄线的端点处,并与粗短画垂直。

(2) 剖切线。表示剖切面位置的细点画线,可省略不画。

(3) 剖视图名称。以拉丁字母表示,它标注在箭头的外侧和剖切符号的转折处,并在相应的剖视图上方以相同字母标注剖视图名称"X - X"(X 为大写拉丁字母),如图 7.11(a)所示。

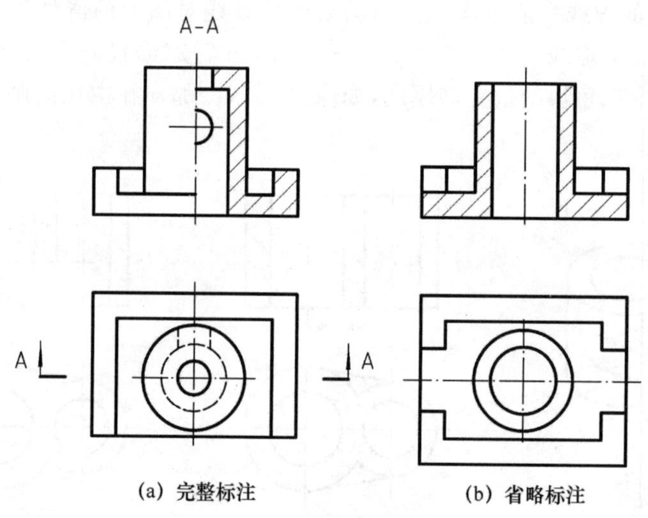

(a) 完整标注　　(b) 省略标注

图 7.11　剖视图的标注

(4) 省略原则。当剖视图的配置符合投影关系,中间又没有其他图形隔开,可省略箭头,如图 7.12(c)所示。当单一剖切平面通过机件的对称面、剖视图的配置符合投影关系且中间又无其他图形隔开时,可不作任何标注,如图 7.7(b)、图 7.11(b)和图 7.12(c)(主视图)所示。

7.2.2 剖视图的种类

剖视图根据剖切范围一般可分为全剖视图、半剖视图和局部剖视图。这些剖视图可通过不同的剖切平面剖切——单一剖切平面剖切、几个平行的剖切平面剖切、几个相交的剖切平面剖切和不平行基本投影面的剖切平面剖切来获得。

1. 全剖视图

用剖切平面完全地剖开机件所得的剖视图,称为全剖视图(简称为全剖视),如图 7.7(b)和图 7.11(b)所示。全剖视图较充分地表达了机件的内形,因此适用于内形较复杂,而外形较简单的不需要保留外部结构形状或外部结构形状另有视图表达的机件。全剖视可以使用各种剖切平面，如图 7.18(b)和图 7.22(b)均为全剖视。

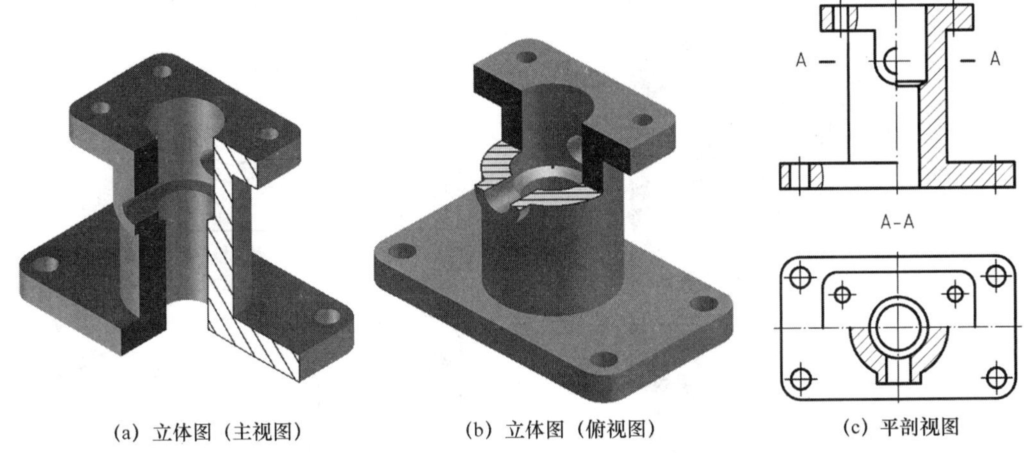

(a) 立体图（主视图）　(b) 立体图（俯视图）　(c) 平剖视图

图 7.12　半剖视图

2. 半剖视图

当机件的内外形都需要表达且具有对称性时，可用半剖视图来表达。用剖切平面完全地剖开具有对称性的机件，在垂直于对称面的投影面上所得的剖视图，以对称线（细点画线）为分界线，一半画剖视图，另一半画视图。这种由半个剖视图和半个视图拼成的图形，称为半剖视图（简称为半剖视），如图 7.12 所示，由于该零件左右、前后都对称，且两个方向都有内外形需要表达，因此，主、俯视图都采用了半剖视。

画半剖视图时应注意两个问题。

(1) 半剖视图上，剖与不剖的分界线为细点画线，而非粗实线。

(2) 由于机件具有对称性，剖视部分所表达的内形也表示了另一半的内形，因此表达未剖部分内形的虚线不再画出。同样的，画成视图的那一半所表达的外形也表示了另一半的外形，如图 7.12(c)所示。

因为半剖视图可内外形兼顾，所以适用于表达内外结构形状都需要表达的对称机件。

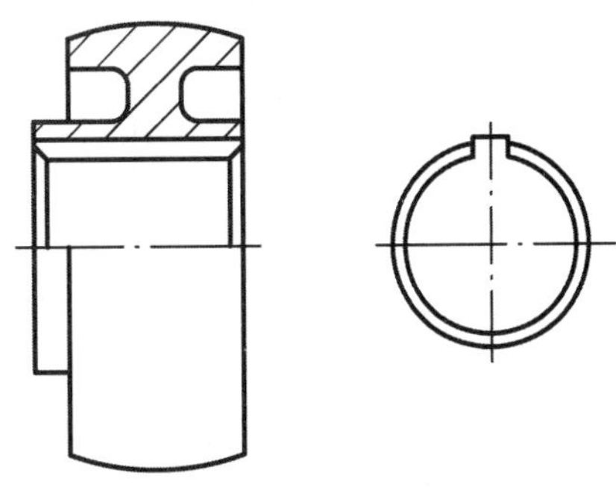

图 7.13　接近对称的零件的半剖视

当机件的形状接近于对称，且不对称部分已另有图形表达清楚时，也可以画成半剖视图，如图 7.13 所示。

3. 局部剖视图

当机件的内外形都需要表达而又不具有对称性时，可用局部剖视图表达。用剖切平面部分地剖开机件，所得的剖视图称为局部剖视图（简称为局部剖视），如图 7.14 所示。

画局部剖视图时应注意五个问题。

(1) 局部剖视的范围，既可大于机件的一半，也可小于机件的一半。

(2) 局部剖视图中，表示剖切的断裂线（即视图与剖视的分界线）为波浪线（图7.14(c)）或双折线。

(3) 采用单一剖切平面且剖切位置明确时,局部剖视图可以不标注。

(4) 一个视图中局部剖视数量不宜太多,以免使图形显得支离破碎。

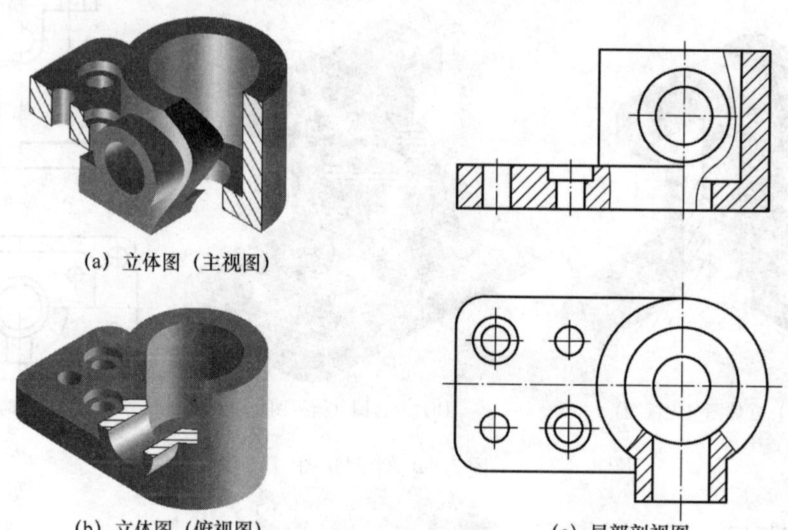

图 7.14　局部剖视图的画法

(5) 局部剖视图中常见的错误画法,如图 7.15 所示。

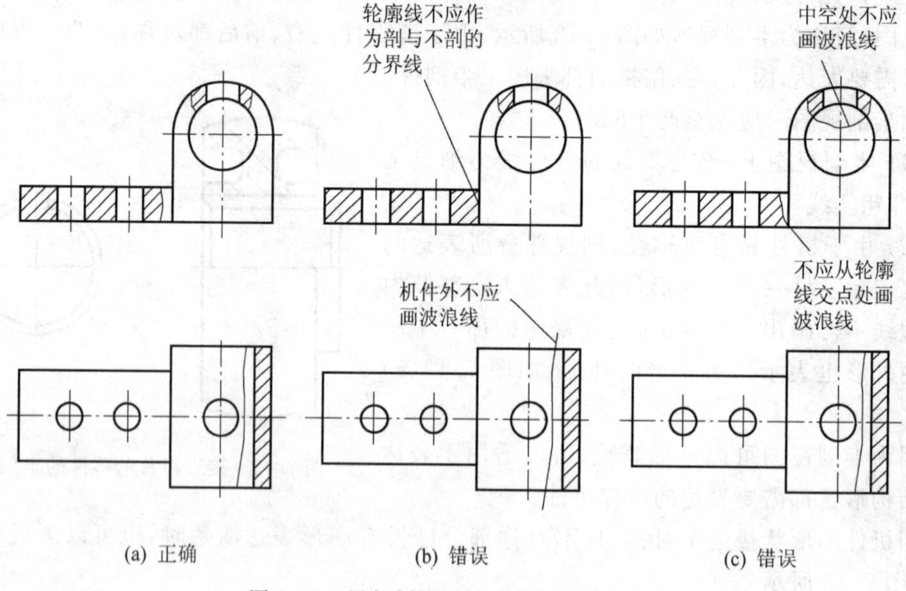

图 7.15　局部剖视图的正确与错误画法

局部剖视图是一种较为灵活的表达方法,它可用于:

① 内外形都需要表达的不对称机件,如图 7.14 所示。

② 只需要表达局部内形,如图 7.12(c)所示。

③ 实心杆、轴上孔、槽的表达,如图 7.16 所示。

④ 轮廓线与对称线重合的对称性机件的内外形表达(此时不便于画成半剖视图),如图 7.17 所示。

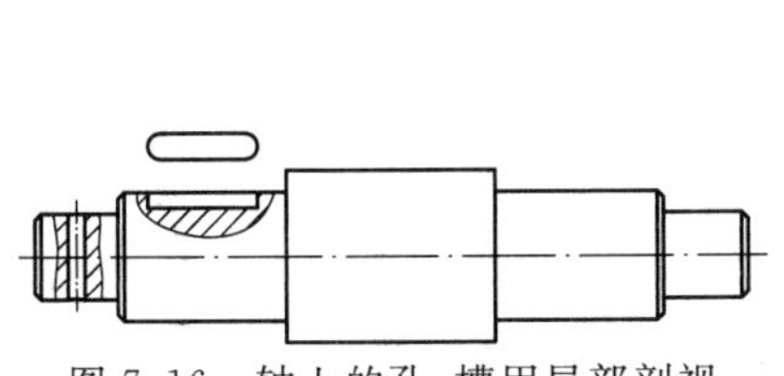

图 7.16　轴上的孔、槽用局部剖视

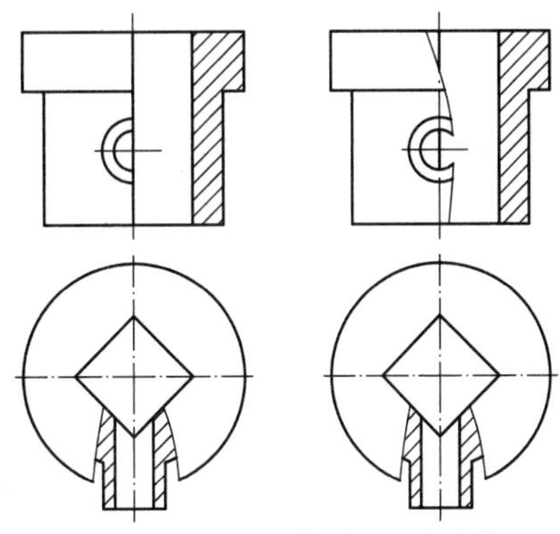

图 7.17　对称零件采用局部剖视

7.2.3　机件的剖切方法

1. 单一剖切平面的剖切

剖视图是由单一剖切平面剖切机件而形成的,如图 7.7、图 7.12、图 7.13 和图 7.14(c)等所示。

2. 几个平行剖切平面的剖切

用几个平行的剖切平面剖开机件获得剖视图的方法,习惯上称为阶梯剖。当几个轴线平行的孔或其他内形结构需要剖视表达时可用阶梯剖方法。如图 7.18 所示,用三个平行的剖切平面依次通过三种孔的轴线剖开机件,从而得到阶梯剖全剖视的主视图。

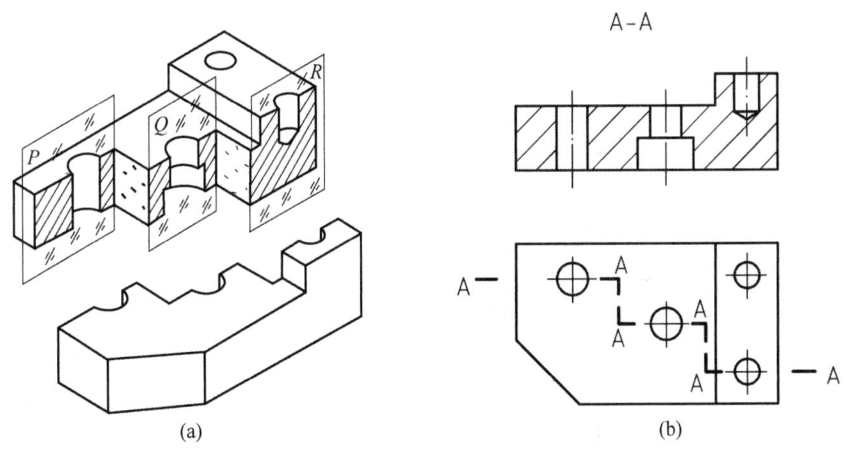

(a)　(b)

图 7.18　阶梯剖剖视图画法

画阶梯剖剖视图时应注意四个问题。

(1) 剖视图中,不应画出相邻两剖切平面之间转折处的投影,如图 7.19(a)所示。

(2) 剖切平面的转折处不要与轮廓线重合,如图 7.19(b)所示。

(3) 剖视图中,不应出现不完整的结构要素,如图 7.19(c)所示。只有当机件具有对称性时,可以对对称中心线(轴线)为界各画一半,如图 7.20 所示。

(4) 阶梯剖必须标注。应标出剖切符号、剖视图名称。在剖切平面的起、止和转折处画出粗短画,标注相同的字母,并在剖视图上方标注相应的名称,当剖视图按投影关系配置可

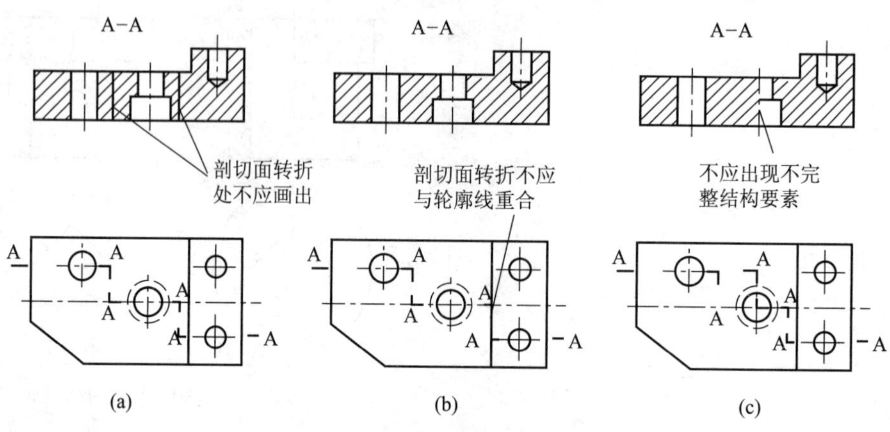

图 7.19　阶梯剖视图的错误画法

以省略箭头,如图 7.18(b)和 7.21 所示。

阶梯剖适用于表达机件上分布于若干平行平面上的孔、槽、内腔等结构。

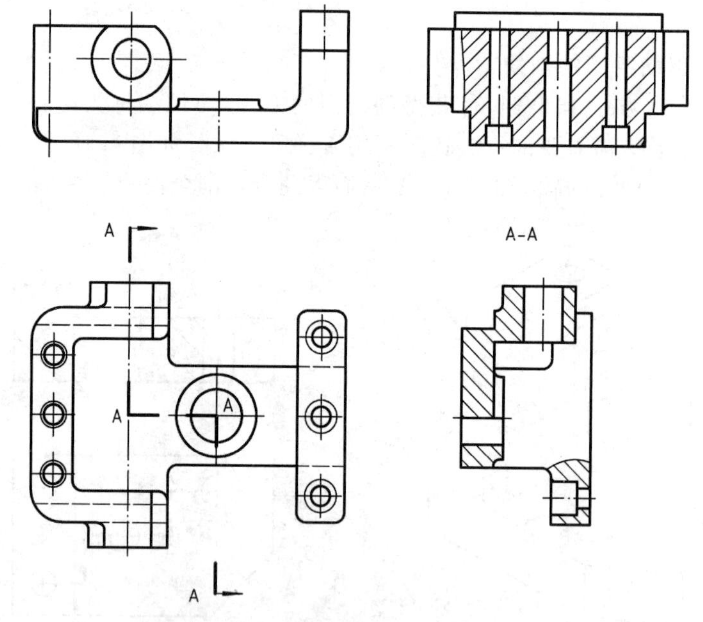

图 7.20　用阶梯剖表达对称机件

图 7.14 主视图的两单一剖切平面的局部剖也可用阶梯剖表达,如图 7.21 所示。由此可以看出,阶梯剖不仅可以用于全剖,也可以用于半剖(图 7.20)和局部剖。

3. 几个相交剖切平面的剖切

用相交几个剖切平面(交线为垂直于某一投影面)剖开机件获得剖视图的方法,习惯上称为旋转剖。画其剖视图时,应将倾斜剖切平面剖切到的结构旋转至平行于预定的基本投影面,然后再作投射。如图 7.22 所示的左视图 A－A 为一旋转剖的全剖视图。

画旋转剖的剖视图时应注意三个问题。

(1) 剖切平面的交线必与机件上相应的回转轴线重合。

(2) 剖切平面中的倾斜剖切平面,其剖切处不得直接投射,如图 7.23 所示。

(3) 剖切平面后方的其他结构仍按原位置投射画出，如图 7.24 所示摇臂的油孔在剖视图中仍按原位置投射。

(4) 旋转剖应标注。如图 7.22 所示，画出剖切符号，即在起、止和转折处画出粗短画并标注相同字母，在起、止处画出箭头，在剖视图上方注明剖视图名称。

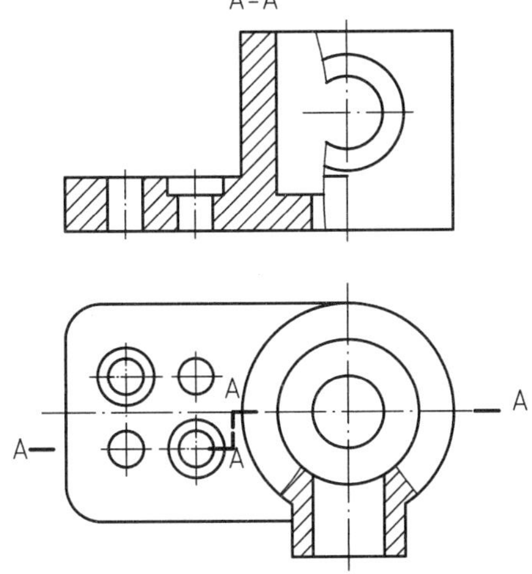

图 7.21　阶梯剖表达的局部剖视

旋转剖适用于表达机件上不在同一平面内，却具有明显回转轴线的孔、槽、内腔等结构。

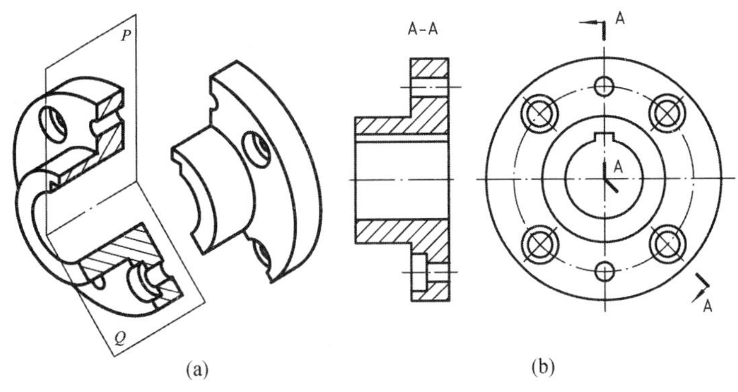

图 7.22　旋转剖视图的画法

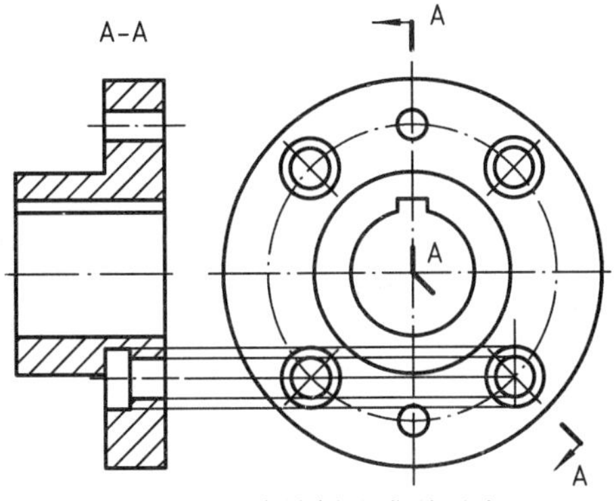

图 7.23　旋转剖的错误画法

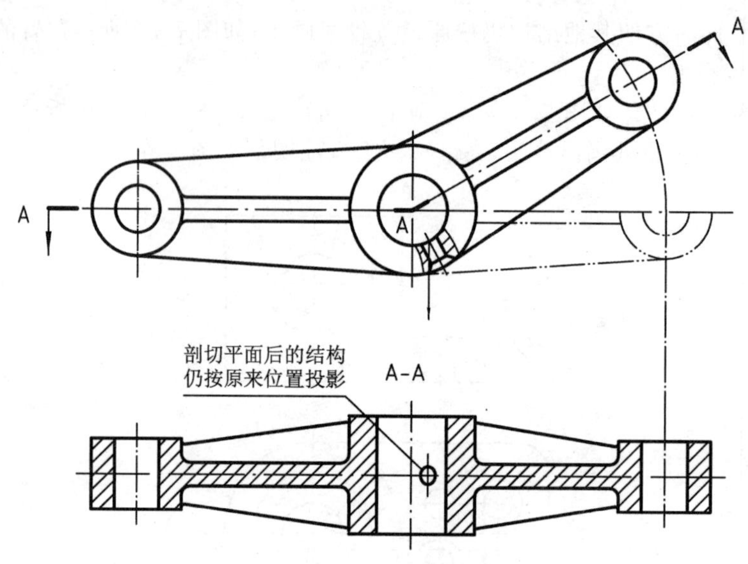

图 7.24 摇臂的旋转剖视

几个相交剖切面可以是平面,也可以是柱面,还可以将几种剖切面组合起来使用,这种剖切习惯上称为复合剖。如图 7.25 所示即为相互平行和相交的剖切面组合在一起剖切零件的图例。

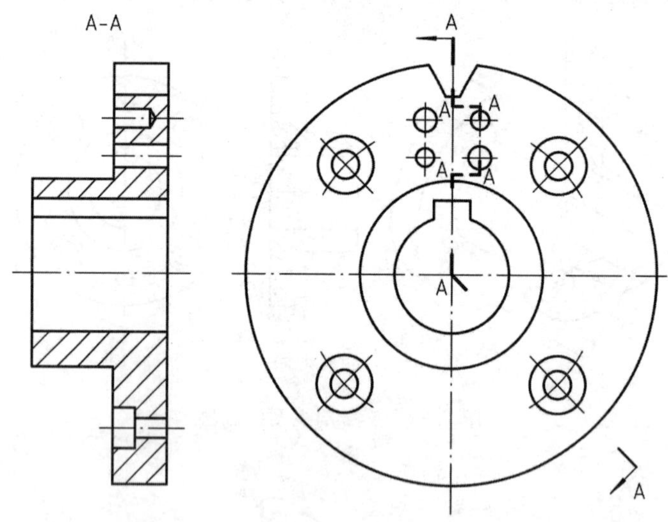

图 7.25 相互平行和相交的剖切平面剖切零件

4. 不平行于任何基本投影面的剖切平面的剖切

用不平行于任何基本投影面的剖切平面剖开机件获得剖视图的方法,称为斜剖,相应的剖视图称为斜剖视图(简称为斜剖视)。斜剖视图的上方应标注视图名称"X－X"(X 为拉丁字母);在相应视图中标注剖切符号,以说明剖切的位置及投射方向。如图7.26(a)所示,A－A为斜剖视图,为看图方便,应尽量按投影关系配置。也可将其旋转后绘制,如图 7.26(b)所示的⌒ A－A,其中弧形箭头⌒指明剖视图旋转时的旋转方向。

斜剖视主要用于表达机件上倾斜部分的孔、槽、内腔等结构。

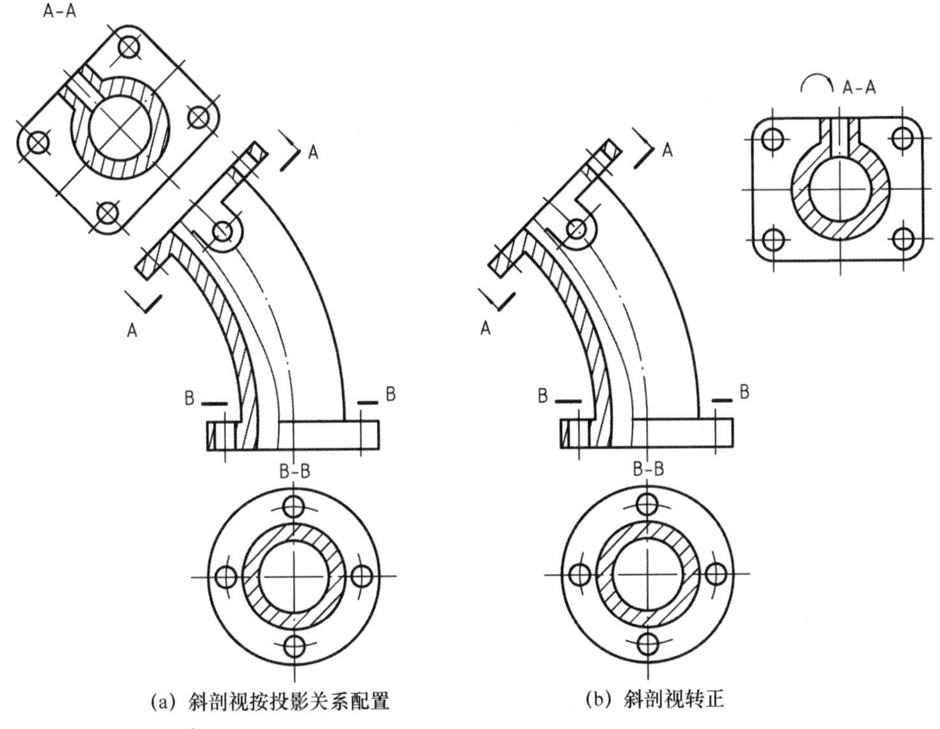

(a) 斜剖视按投影关系配置　　(b) 斜剖视转正

图 7.26　斜剖视图的画法

7.3 断　面　图

断面图主要用于表达机件上某部分(如轮辐、肋板、轴上的孔、槽、凹坑等)的断面形状。断面图根据其配置可分为移出断面图和重合断面图。

7.3.1 断面图概述

如图 7.27(a)所示,假想用剖切面将零件的某处切断,仅画出该剖切面与零件接触部分的图形,此图形称为断面图。如图 7.27(b)所示,A－A 断面图是用侧平面剖切零件而得到的。

画断面图时应注意四个问题。

(1) 断面图中,被切到的部分(剖切平面与机件接触部分)应画上剖面区域的符号,如图 7.27(b)所示。

(2) 断面图实际为一截断面图形,它既可置于视图内,也可置于视图外。

(3) 剖切平面应沿机件表面的法线方向剖切,如图 7.28(a)所示。

(4) 剖切平面,可以是一个,也可以是多个,如图 7.29(a)所示。

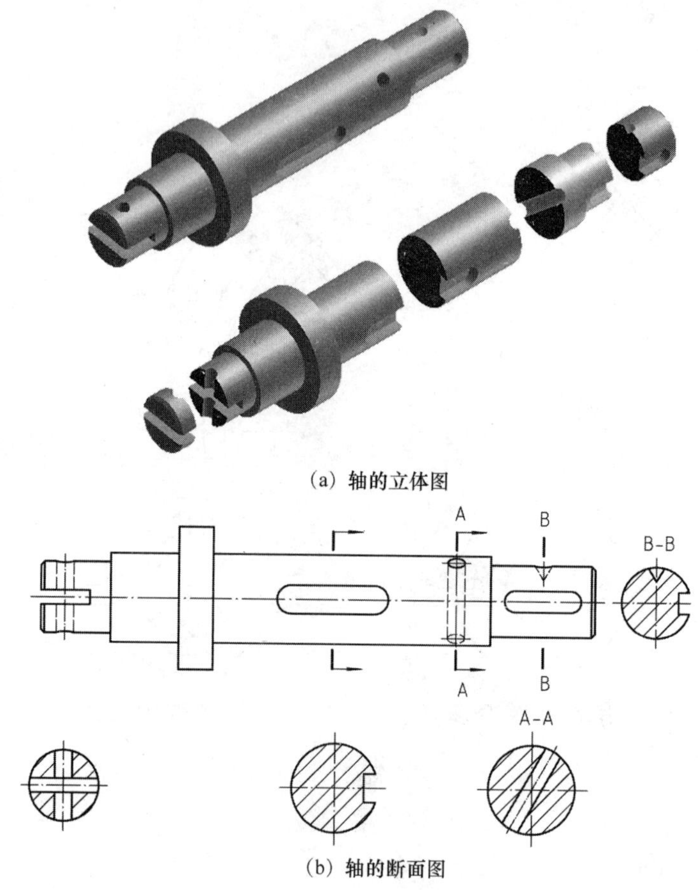

(a) 轴的立体图

(b) 轴的断面图

图 7.27　断面图

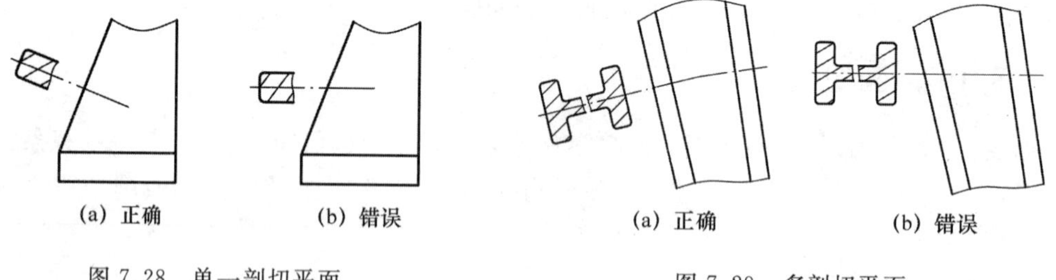

(a) 正确　(b) 错误

图 7.28　单一剖切平面

(a) 正确　(b) 错误

图 7.29　多剖切平面

7.3.2　断面图的种类

1. 移出断面图

配置在视图之外的断面图,称为移出断面图,如图 7.27～图 7.30 所示。移出断面图中的轮廓线为粗实线,一般配置在剖切线的延长线上或其他适当的位置。

画移出断面图时应注意三个问题。

(1) 当剖切平面通过机件上的孔、凹坑等回转体的轴线剖切时,所得到的断面图应按剖视图画,如图 7.27 中的 A－A、B－B 和图 7.30(a)、(e)所示。

(2) 剖切平面通过的孔虽非回转体,但为了不使断面图形分离成几个图形,该断面图应画成剖视图,如图 7.30(b)所示。

(3) 用两个或多个相交的剖切平面剖切得出的移出断面,中间一般应断开,如图 7.30(c)所示。

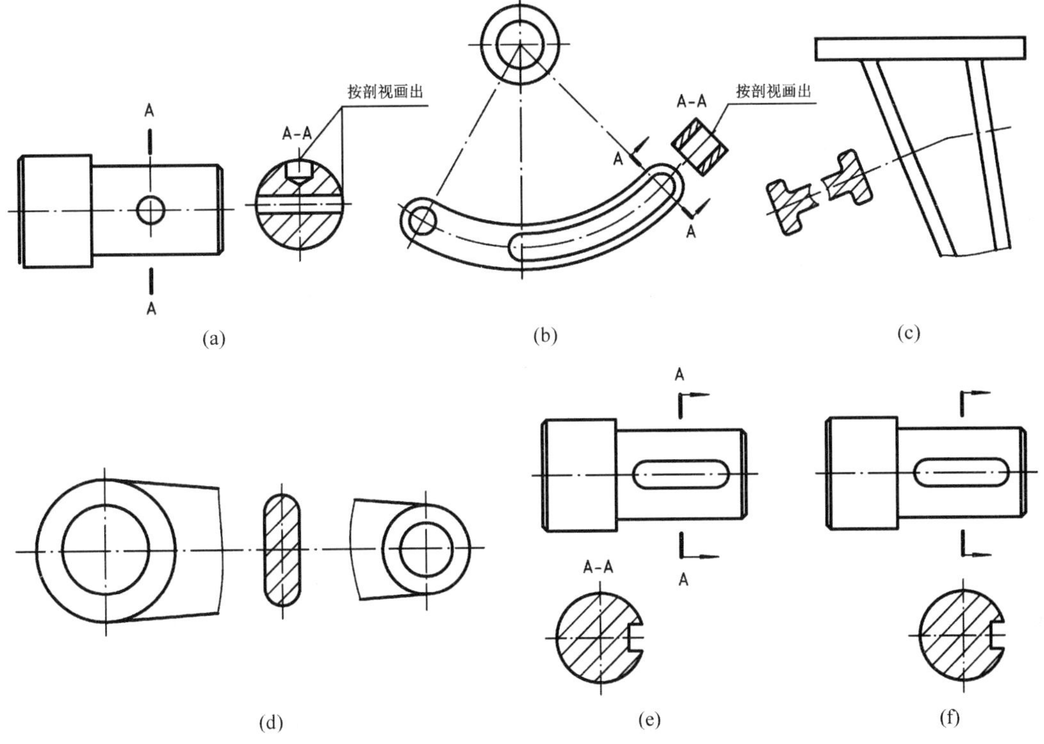

图 7.30　移出断面图

(4) 当断面图对称时,可将断面图画在原有图形的中断处,如图 7.30(d)所示。

移出断面图的标注如下:

(1) 当断面图不对称且未配置在剖切平面迹线的延长线上时,应标注剖切符号、断面图名称(字母),如图 7.27 中 A－A 断面图和图 7.30(e)所示。

(2) 当断面图不对称,但配置在剖切线的延长线上时,应标注剖切符号,但断面图名称可略去不注,如图 7.27 和图 7.30(f)所示。

(3) 当断面图不对称但按投影关系配置时,或断面图对称时,应标注剖切符号中的粗短画和断面图名称,可不画箭头,如图 7.27 中的 B－B 断面图和图 7.30(a)所示的 A－A 断面图。

(4) 当断面图对称且配置在剖切线的延长线上(如图 7.27 左边的断面图和图 7.30(c)所示),或配置在视图中断处时(如图 7.30(d)所示),可不必标注。

2. 重合断面图

配置在视图内的断面图,称为重合断面图。如图 7.31 所示,其轮廓线为细实线;视图中的轮廓线在重合断面图形内不应中断。

重合断面图的标注如下:

(1) 配置在剖切线上的不对称重合断面图,可以不注名称(字母),如图 7.31(a)所示。

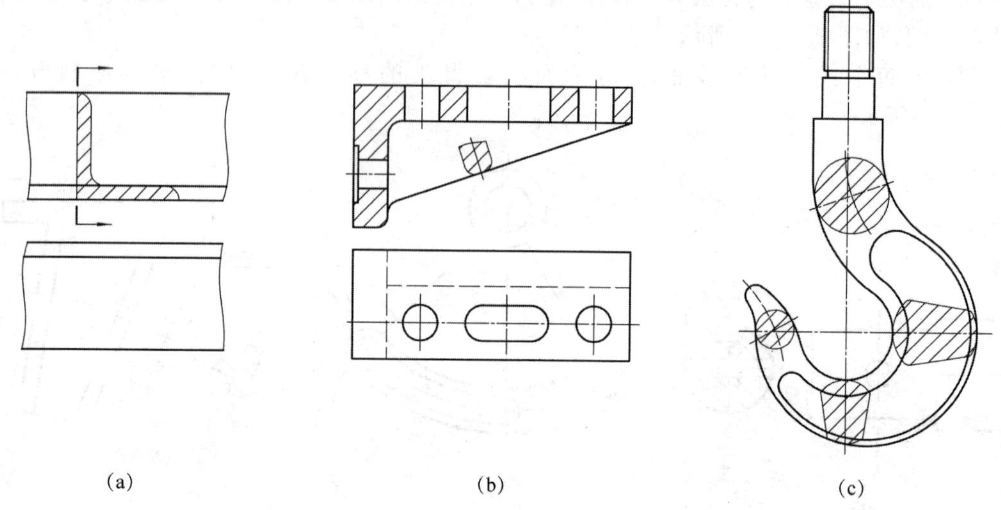

图 7.31 重合断面图

(2) 重合断面图对称时,则不作任何标注,如图 7.31(b)和(c)所示。

7.4 机件的其他表达方法

为了把机件的结构形状表达得更清楚、更简洁,除了视图、剖视图和断面图等表达方法之外,国家标准还规定了许多其他的表达方法,本节仅介绍一些常见的表达方法。

7.4.1 局部放大图

将机件的部分结构,用大于原图形所采用的比例画的图形,称为局部放大图,如图 7.32 所示。局部放大图可画成视图、剖视图或断面图,与原来的表达方式可以不同。局部放大的部位应以细实线圆圈起来,局部放大图上方注出作图的比例。若有几处作局部放大,则以罗马数字(Ⅰ、Ⅱ等)与比例一起的分式形式示出。

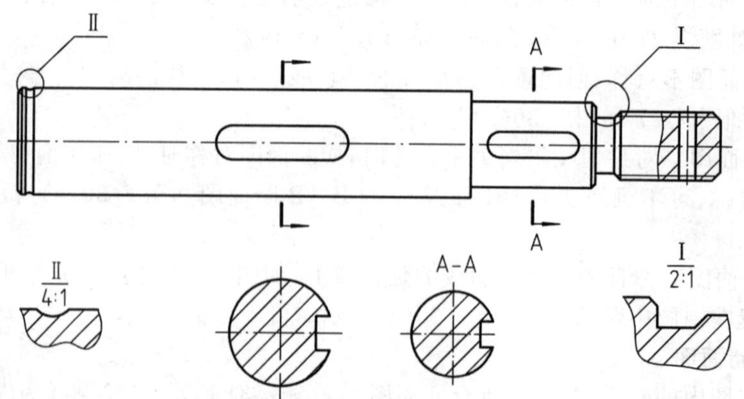

图 7.32 局部放大图画法

7.4.2 断裂画法

较长的机件(如轴、杆、型材、连杆等)沿其长度方向的形状一样或按一定规律变化时,可将其断开后缩短绘制,这种画法称为断裂画法,如图 7.33 所示。但注尺寸时,仍按原来的长度标注。

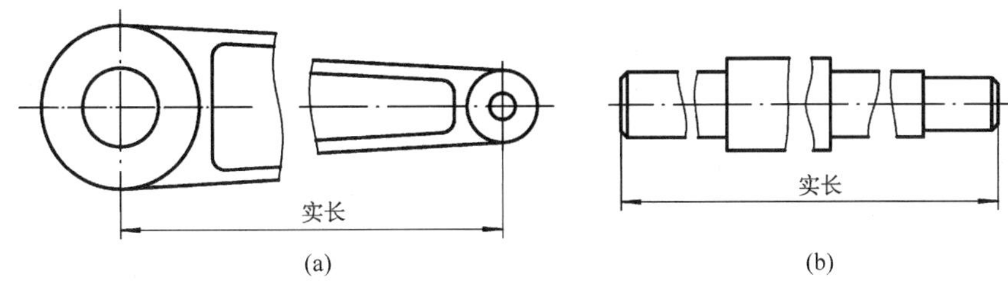

图 7.33 断裂画法

7.4.3 肋的剖视画法

对于机件上的肋、轮辐、加强筋及薄壁等作纵向剖切(即切出肋形状)时,为了将它们与其邻接的部分区分开,这些结构不画剖面区域的符号,并用粗实线将它与其相邻接的部分分开,如图 7.34 的左视图所示,而不应画成其右侧的图形那样。类似的画法如图 7.23 的俯视图和图 7.35 的主视图。若作横向剖切(即切出厚度)时,仍画剖面区域的符号,如图 7.34 的俯视图所示。

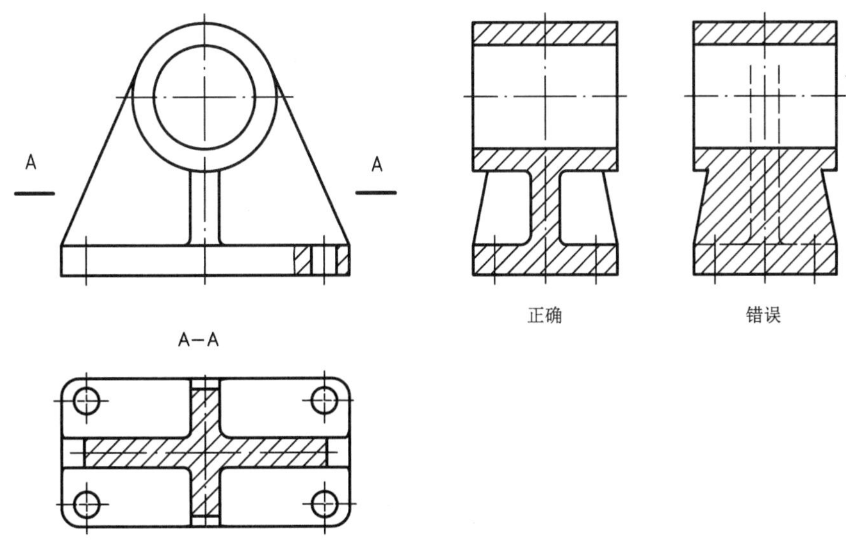

图 7.34 肋的剖视画法

7.4.4 轮盘上肋和孔的画法

当机件上的回转体部分具有均匀分布的肋、孔等结构不处于剖切平面上时,可将这些结构旋转到剖切平面上画出,如图 7.35 所示。

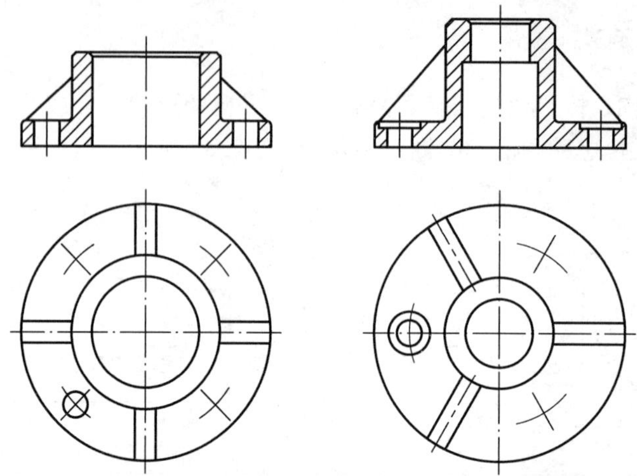

图 7.35　回转体上肋板、孔在剖视图上的画法

7.4.5　相同结构的省略画法

相同结构(如齿、槽、孔)按一定规律分布时,只需画出几个完整的结构,其余用细实线连接,但应注明该结构的总数,如图 7.36 所示。

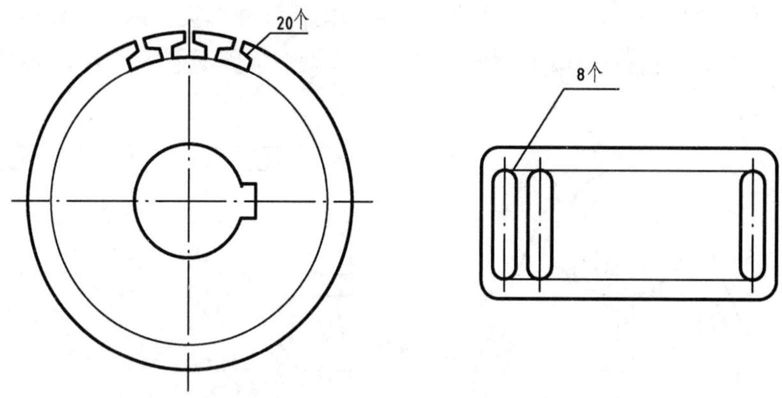

图 7.36　相同结构的省略画法

7.4.6　按规律分布的孔或孔组的省略画法

机件上的孔或孔组按规律分布时,可只画出一个(组)或几个(组),其余只需画点画线表示其中心位置,但应注明孔或孔组的数量,如图 7.37 所示。

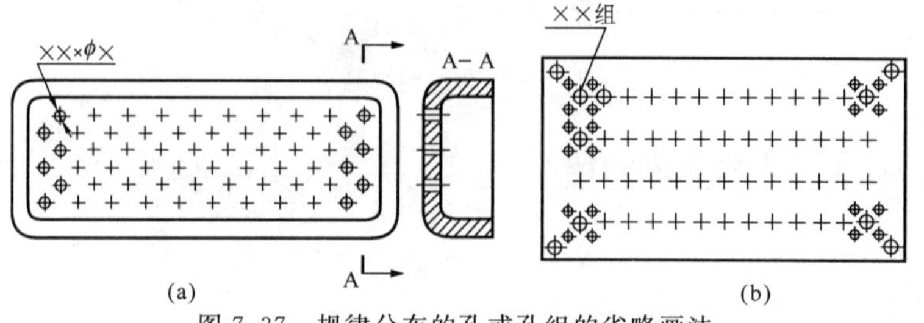

图 7.37　规律分布的孔或孔组的省略画法

7.4.7 滚花结构的画法

零件上的滚花结构，可在其投影范围内，用部分细实线示意画出，并在图上注明这些结构的具体要求即可，如图 7.38 所示。

7.4.8 交线投影的简化画法

零件上的截交线、相贯线和过渡线在不引起误解的条件下允许简化，即用圆弧或直线代替非圆曲线，如图 7.39 所示。

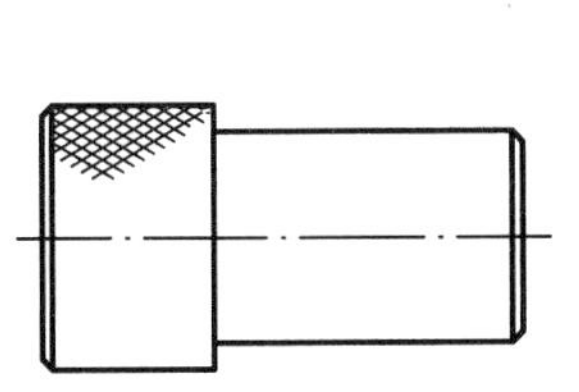

图 7.38　滚花结构的画法

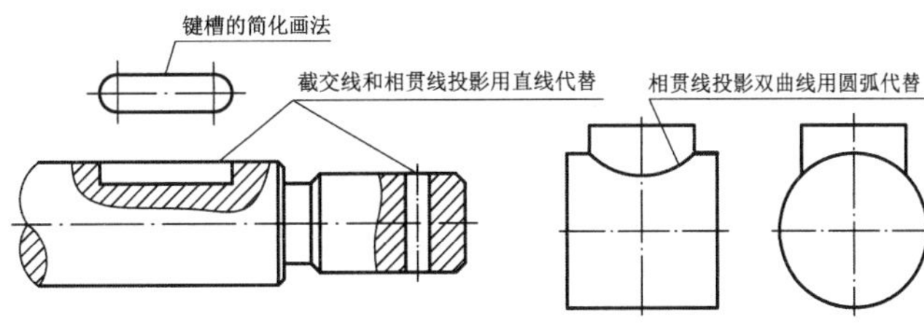

图 7.39　交线的简化

7.4.9 局部视图的简化画法

零件上对称结构的局部视图，可按图 7.39(键槽)所示方法简化绘制。

7.4.10 倾斜面上圆和圆弧的简化画法

零件上的圆和圆弧与投影面倾斜角度小于或等于 30°时，其投影可用圆或圆弧代替，如图 7.40 所示。

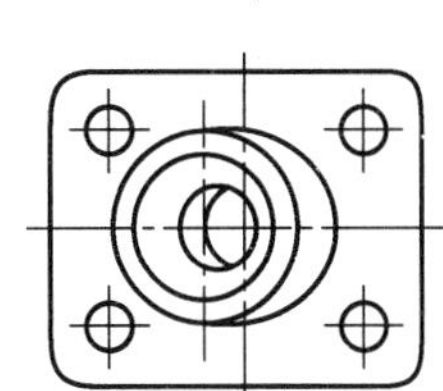

图 7.40　以圆代替椭圆

7.4.11 平面表示法

当回转体零件上的平面在图形中不能充分表达时，可用平面符号(相交两条细实线)表示，如图 7.41 所示。

7.4.12 对称图形的画法

在不致引起误解时，可只画零件的$\frac{1}{2}$或$\frac{1}{4}$，并在对称中心线的两端画出两条与其垂直的平行细实线，如图 7.42 所示。

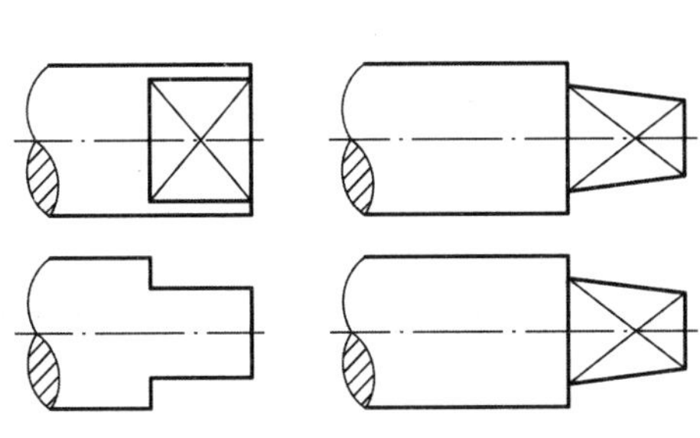

图 7.41　平面画法

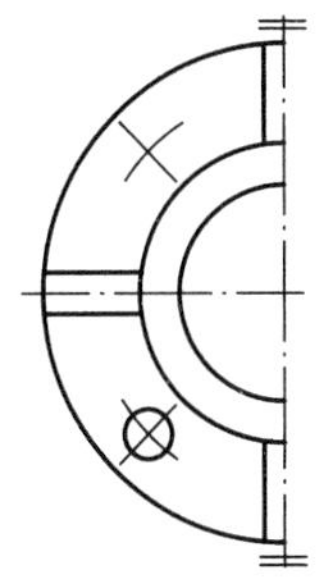

图 7.42　对称图形画法

7.5 表达方法的综合应用

机件的表达同语言、文字的表达一样,都是人类进行交流的方式。要表达清楚一个零件,首先必须完整、正确地搞清楚零件的结构形状,在理解的基础上运用恰当的表达方法将零件的结构形状完整、准确、清晰地表达出来。下面以零件的表达为例讨论表达方法的选择。

零件的表达方案选择(也称为视图选择)原则为:在正确、完整、清晰地表达出零件的内外部结构形状及相互位置的前提下,力求使作图简便。这就要求在考虑零件的表达方案时,要针对零件结构形状特点,恰当地选用各种表达方法将其结构形状表达清楚。关于具体典型零件表达方案的选择及尺寸标注见第 9 章,部件表达方案的选择见第 10 章,这里只是进行简单的一般性介绍。

1. 表达方法的选择

表法方法的选择根据是零件的结构形状。如果零件的内、外结构形状都需要表达:当零件有对称面时可采用半剖视,如图 7.12 和图 7.43(主视图)所示;无对称面时采用局部剖,如图 7.14 和图 7.44 所示。内外结构一个简单、一个复杂时,在表达中就要突出重点,外形复杂以视图为主,内形复杂以剖视为主,如图 7.45 所示;如外形不需要表达,则可采用全剖视,如图 7.22 和图 7.45 所示;如无内形,则采用视图表达,如图 7.33 所示。对于无对称平面而内外形都需要表达的零件,当投影不重叠时,可采用局部剖视在一个视图上同时表达内外形,如图 7.46 所示零件的内外形都需要表达,在主视图上采用局部剖表达了两个不重叠的内形;当投影重叠时,可将内外形分别表达,如图 7.46 所示零件的左视图投射方向有几个内形重叠,故将其用局部剖分别表达在主视图、俯视图和左视图上。

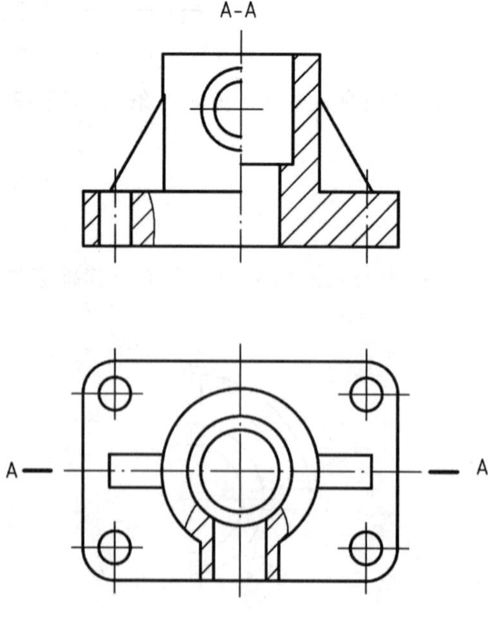

图 7.43 对称零件采用半剖

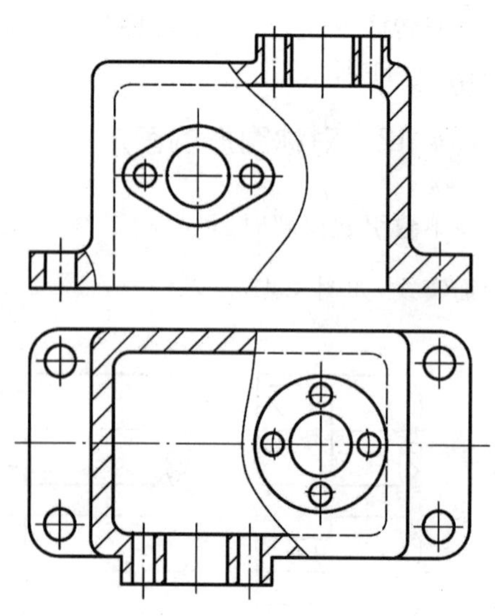

图 7.44 虚线的应用

2. 表达方案的选择

为便于看图，视图的选择要以基本（剖）视图为主，以局部（剖）视图、方向视图为辅。一般是选择若干基本视图，再辅以少量局部（剖）视图。

选择表达方案时可能会涉及到分散和集中表达的问题，即将零件的内外形状集中在少数几个视图表达，还是在更多的视图上分散表达。为了便于看图，原则上应该尽量集中表达。当然集中还是分散表达与零件的形状有关。当需要表达的内外部形状在一个投射方向并且不重叠时，应集中或结合在一起表达；若在一个投射方向需要表达的几个内外部形状重叠，则采用分散表达会更为清楚，如图 7.45 所示零件上的孔在主视图和左视图方向都有重叠，不能都集中在主视图和左视图表达，因此除采用阶梯剖在主视图和左视图表达外，还以 B-B 阶梯剖视表达了另外的孔。图 7.46 所示零件的内外形都需表达且不具有对称性，内形在左视方向有重叠，为此将其重叠部分采用局部剖分别在主视图、俯视图和左视图表达。因左视图方向有重叠，故加了标注。另外，用移出断面表达了肋板的断面形状。

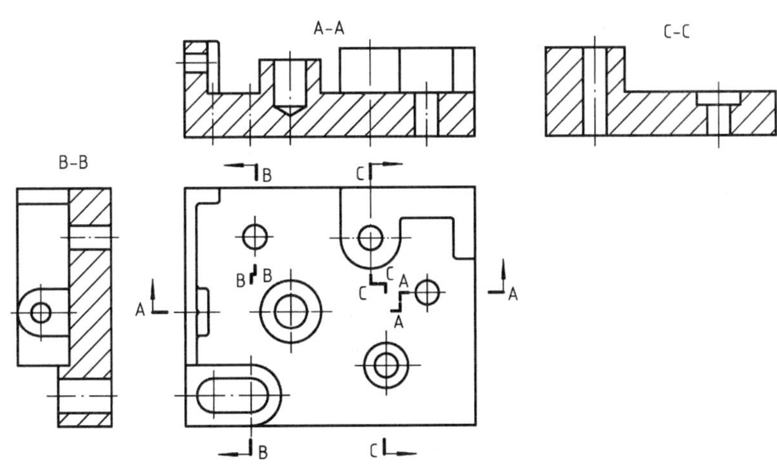

图 7.45　以内形为主的全剖视表达

3. 虚线的使用

为了便于读图和标注尺寸，一般不用虚线表达。当在一个视图上画少量的虚线可以省略另一个视图，并且对视图清晰影响不大，不会造成看图困难时才用虚线表达。如图 7.44 所示的零件，由于内外形都需要表达，但又不具有对称性，故采用了局部剖，但其内腔未能全部剖开，为了连续表达该零件的内腔，在主视图和俯视图都画出了虚线，使表达更加清楚完整，且并不影响图形的清晰。图 7.46 的主视图和俯视图也保留了少数虚线，为的是对左面半圆柱内表面作补充表达。

4. 尺寸的作用

尺寸也是零件表达的一部分，它与图形一起共同实现对零件形状和大小的描述。一方面选择表达方案要考虑标注尺寸的方便，另一方面某些尺寸也起到了表达的作用，如图 7.47 所示的零件，由于在这个视图中标注了直径尺寸，该零件只需要一个视图。

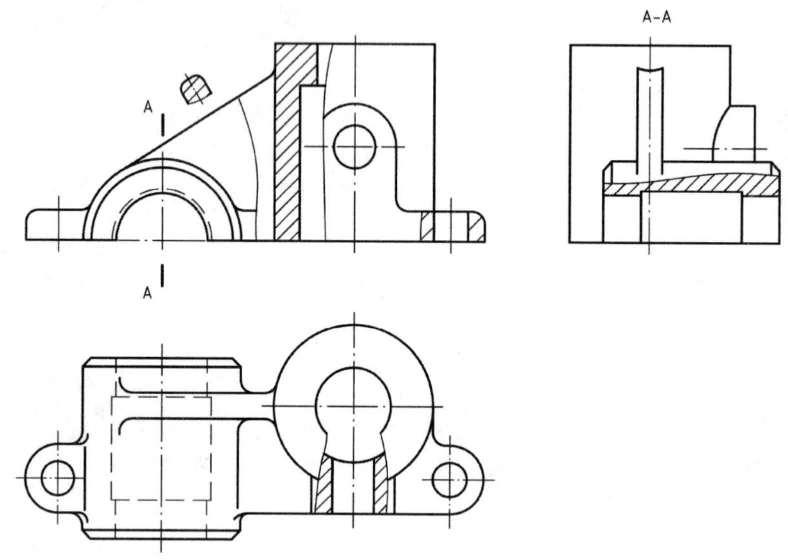

图 7.46 内外形都需表达的集中和分散表达

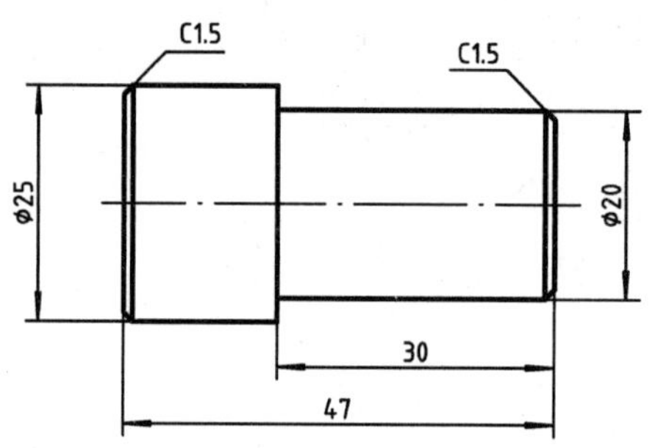

图 7.47 尺寸的表达作用

7.6 第三角画法

国际标准规定,在表达物体结构时,第一角画法和第三角画法等效使用。我国现采用第一角画法,而美国、日本等一些国家采用第三角画法。为适应国际化交流,我们有必要了解第三角画法。

三个互相垂直的投影面 V、H、W 将空间分为八个区域,称为分角。W 面左侧空间的四个分角,按顺序分别称为第一角、第二角、第三角、第四角,如图 7.48 所示。

将物体放在第三角,使投影面处在观察者和物体之间进行投射。如图 7.49(a)所示,然后按规定(按左手定则旋转)展开投影面。第三角画法三个投影面展开的视图配置关系如图 7.49(b)所示。

第一角画法与第三角画法的六个视图的名称和位置关系不同,反映机件的部位有所不同。其比较如图 7.50 所示。

第三角画法的六个基本视图的配置如图 7.51 所示。

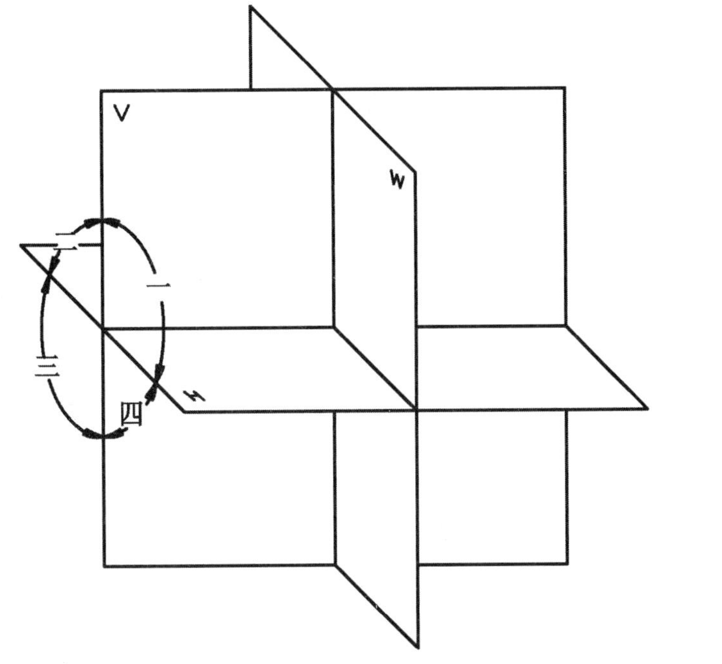

图 7.48　八个分角

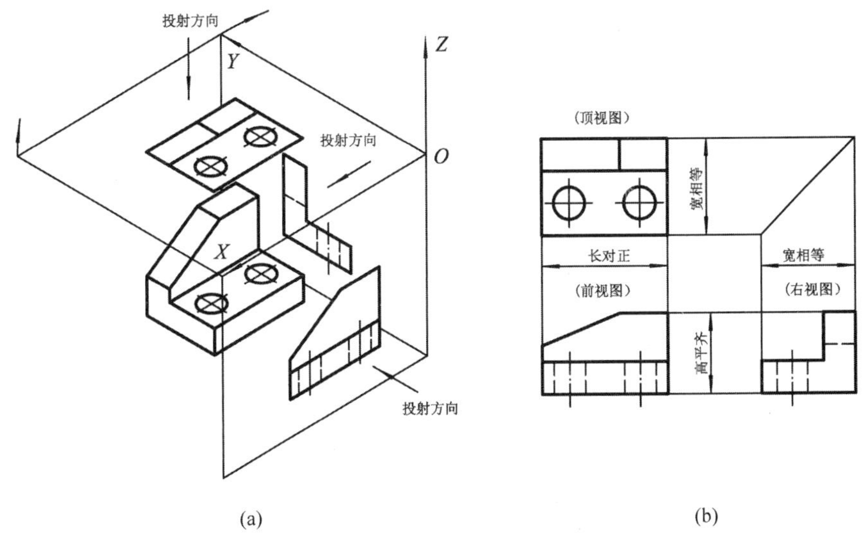

图 7.49　第三角画法中三视图的形成

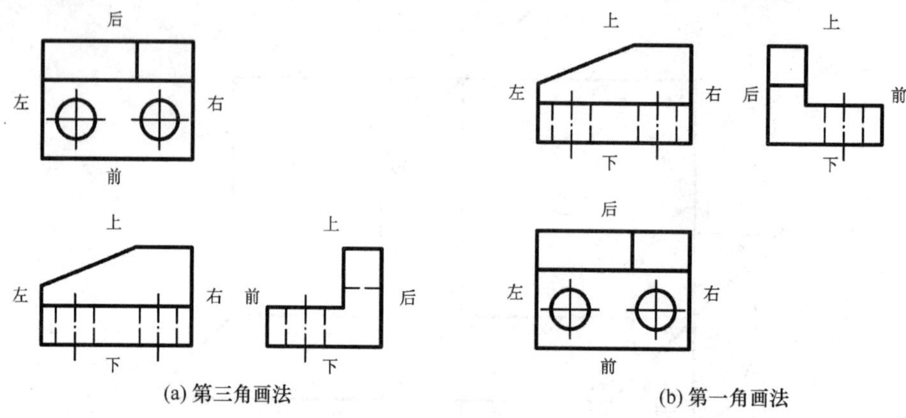

图 7.50　第三角画法与第一角画法的比较

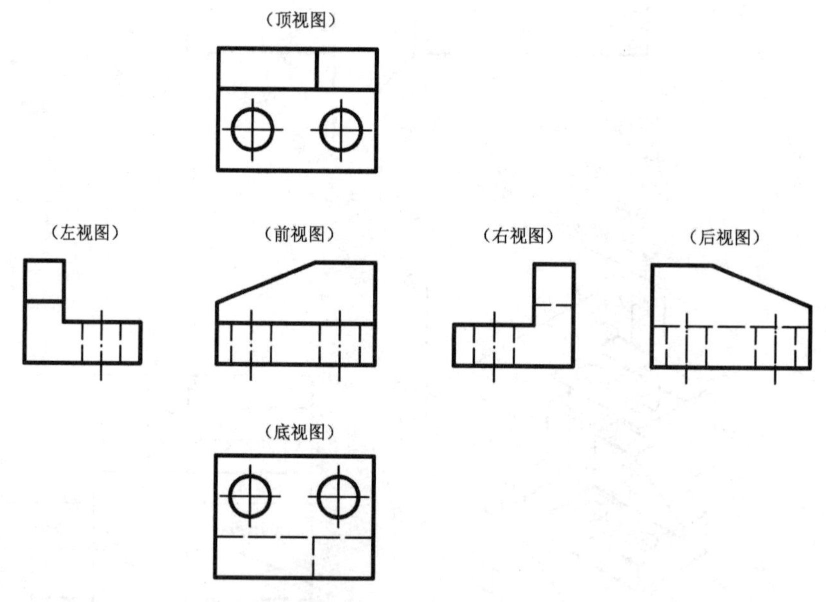

图 7.51　第三角画法的六个基本视图的配置

采用第一角画法与第三角画法均可用识别符号表示,如图 7.52 所示。国家标准规定,我国优先采用第一角画法。当采用第三角画法时,必须在图样中画出第三角投影的识别符号。

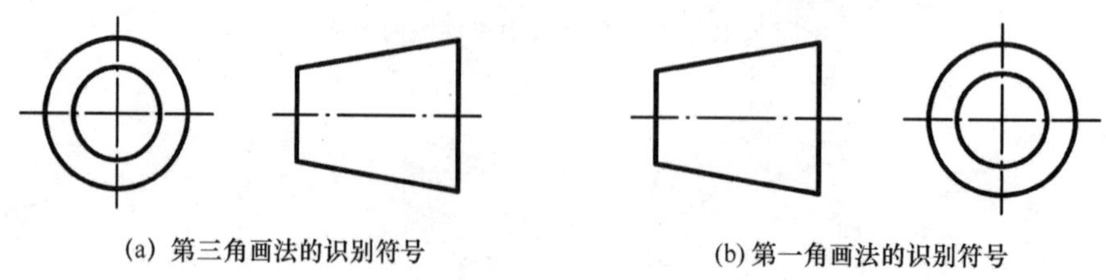

图 7.52　两种画法的识别符号

第8章 标准件与常用件

机器或部件都是由若干零部件按特定的关系装配而成。在机器或部件的装配和安装过程中，经常要使用一些起连接、坚固、传动、支撑和减振等作用的零件。在组织这类零件生产时，为了提高质量和生产效率，降低生产成本，国家对其结构、尺寸和技术要求实行了标准化，这类零件称为标准件。常见的标准件有螺栓、螺母、垫圈、键、销、滚动轴承等。另外，在机械的传动、支撑、减振等方面，也广泛使用齿轮、弹簧等机件。这些机件的结构定型，某些部分的结构形状与尺寸也有统一的标准，它们在制图中也有规定的表示方法，称其为常用件。为了提高生产效率，标准件和常用件一般由专门厂家用专用设备进行批量生产。

本章主要介绍标准件的规定画法和标记，以及常用件的规定画法和尺寸标注。

8.1 螺　纹

螺纹是机件上一种常见的设计结构，它是圆柱(或圆锥)表面上沿螺旋线形成的、具有相同轴向断面的连续凸起和沟槽。在圆柱、圆锥外表面上所形成的螺纹称为外螺纹；在圆柱、圆锥孔腔的内表面上形成的螺纹称为内螺纹。

图8.1示出了在车床上加工螺纹的方法。

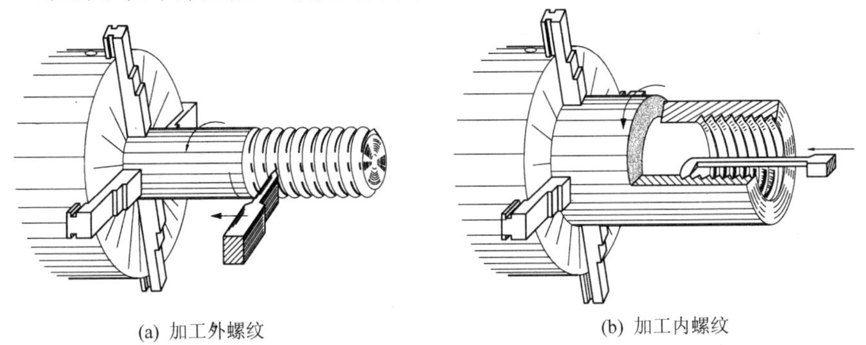

(a) 加工外螺纹　　(b) 加工内螺纹

图8.1　车床上加工螺纹的方法

在螺纹加工过程中，由于刀具的切入(或压入)，在工件的加工表面上形成了连续的凸起和沟槽，凸起的顶端称为螺纹的牙顶；沟槽的底部称为螺纹的牙底，如图8.2所示。

与外螺纹牙顶或内螺纹牙底相切的假想圆柱(或圆锥)的直径称为螺纹大径；与外螺纹牙底或内螺纹牙顶相切的假想圆柱(或圆锥)的直径称为螺纹小径；母线通过牙型上沟槽和凸起的长度相等的地方的假想圆柱(或圆锥)的直径称为螺纹中径，如图8.2所示。

8.1.1 螺纹的要素

1. 牙型

在通过螺纹轴线的剖面上，螺纹的轮廓形状称为螺纹的牙型。螺纹可分为两类，一类是

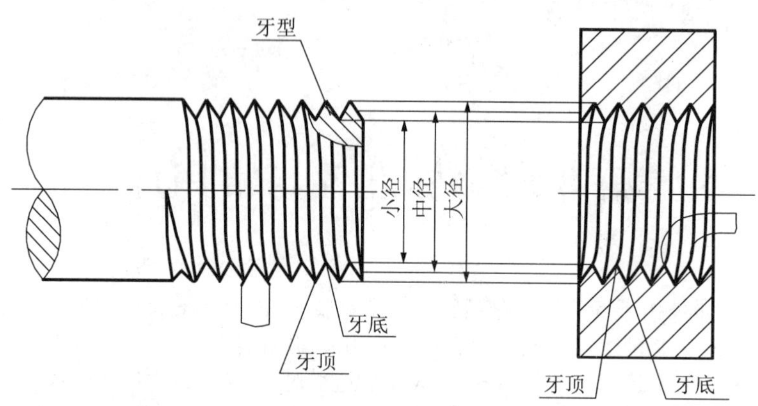

图 8.2　螺纹的牙型和直径

用于连接或紧固的连接螺纹;另一类是用于传递动力或运动的传动螺纹。连接螺纹中的普通螺纹、小螺纹和 60°密封管螺纹牙型均为三角形,牙型角为 60°;55°密封管螺纹和 55°非密封管螺纹的牙型也是三角形,但牙型角是 55°;传动螺纹中的梯形螺纹和锯齿形螺纹的牙型分别为梯形和锯齿形。在工程图样中,螺纹的牙型用螺纹特征代号表示,表 8.1 中给出了常见的螺纹牙型和特征代号的对应关系。

表 8.1　常用的螺纹牙型及其特征代号

连 接 螺 纹			传 动 螺 纹		
螺纹种类	螺纹特征代号	外形及牙型图	螺纹种类	螺纹特征代号	外形及牙型图
普通螺纹	M	60°	梯形螺纹	Tr	30°
55°非密封管螺纹	G	55°	锯齿形螺纹	B	3° 30°
55°密封管螺纹	R_1 R_2 (外) R_c R_p (内)	55°	矩形螺纹	无	

普通螺纹通常用于一般机件的连接,应用非常广泛,螺纹紧固件(螺栓、螺柱、螺钉、螺母等)上的螺纹一般均为普通螺纹。管螺纹一般用于管路的连接,55°密封管螺纹一般用于密

封性要求高一些的水管、油管、煤气管和高压管路系统中；55°非密封管螺纹一般用于低压管路连接的旋塞等管件附件中。小螺纹一般用于钟表、照相机、仪器仪表、电子产品等，其螺纹特征代号为 S。而用于汽车、飞机、汽轮机等处的 60°密封管螺纹的螺纹特征代号为 NPT（圆锥管螺纹）和 NPSC（圆柱内螺纹）。梯形螺纹和锯齿形螺纹常用于传递运动和动力的丝杠上。梯形螺纹工作时牙的两侧均受力，而锯齿形螺纹在工作时是牙的单侧面受力。矩形螺纹是非标准螺纹，没有规定其螺纹特征代号，常用在虎钳、千斤顶、螺旋压力机上。

2. 直径

螺纹有大径（d、D）、中径（d_2、D_2）和小径（d_1、D_1），但在表示螺纹时采用的是公称直径。公称直径就是代表螺纹尺寸的直径。普通螺纹的公称直径就是大径；梯形螺纹和锯齿形螺纹的公称直径比内螺纹的大径要小；管螺纹公称直径的大小等于管子的通径大小（英寸），用尺寸代号表示。（有关螺纹直径的资料可参阅本书附录或有关设计手册）

3. 线数

沿一条螺旋线形成的螺纹称为单线螺纹；如沿在轴向等距分布的两条或两条以上的螺旋线形成的螺纹就称为多线螺纹，如图 8.3 所示。

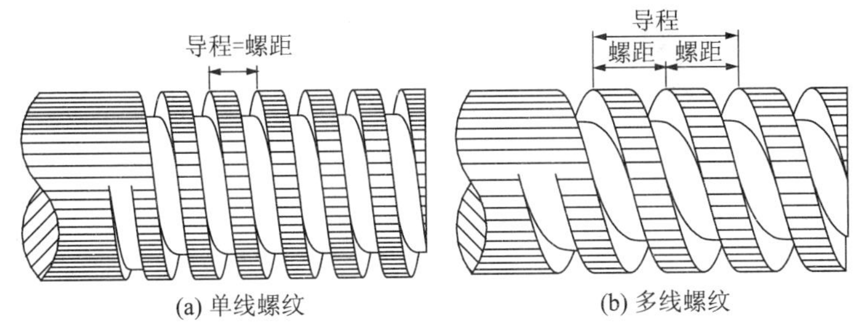

图 8.3　螺纹的线数

4. 螺距和导程

螺距（P）是相邻两牙在中径线上对应两点间的轴向距离；导程是同一条螺旋线上的相邻两牙在中径线上对应两点间的轴向距离。如图 8.3 所示，很明显，当螺纹为单线螺纹时，导程＝螺距；当螺纹为多线螺纹时，导程＝螺距×线数。

5. 旋向

螺纹分为左旋（LH）和右旋（RH）两种，如图 8.4 所示。顺时针旋转时能旋入的螺纹称为右旋螺纹，反之，则称为左旋螺纹，在生产中也将右旋和左旋称为“正扣”和“反扣”。工程上大多使用右旋螺纹，必要时才使用左旋螺纹。

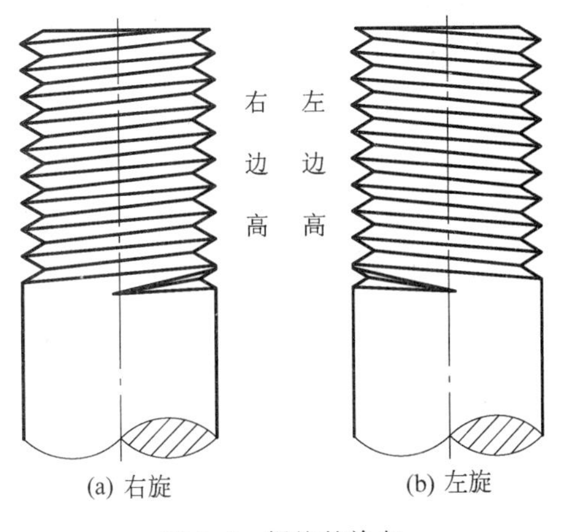

图 8.4　螺纹的旋向

为了便于设计计算和加工制造，国家标准对螺纹要素作了规定。在螺纹的要素中，牙型、直径、螺距是决定螺纹基本特征的要素，通常称为螺纹的三要素。凡是螺纹三要素符合标准的称为标准螺纹。标准螺纹的尺寸公差带和螺纹标记都已经标准化。对于螺纹的线数和旋向,如无特殊注明,则为单线右旋。

要使内外螺纹正确地旋合在一起构成螺纹副,内外螺纹的牙型、直径、旋向、线数和螺距这 5 个要素必须一致。

8.1.2 螺纹的规定画法

为了简化作图,螺纹不按真实投影画出,而是采用规定画法。

1. 圆柱外螺纹、内螺纹的画法

圆柱外螺纹的画法如图 8.5(b)所示,圆柱内螺纹的画法如图 8.6(b)所示。螺纹的牙顶用粗实线表示,牙底用细实线表示,并在螺杆的倒角或倒圆部分画出。在垂直于螺纹轴线的投影面的视图中,表示牙底的细实线圆只画约 3/4 圈。螺纹终止线一般画成粗实线。当螺纹不可见时,螺纹部分用虚线表示,如图 8.6(b)所示。

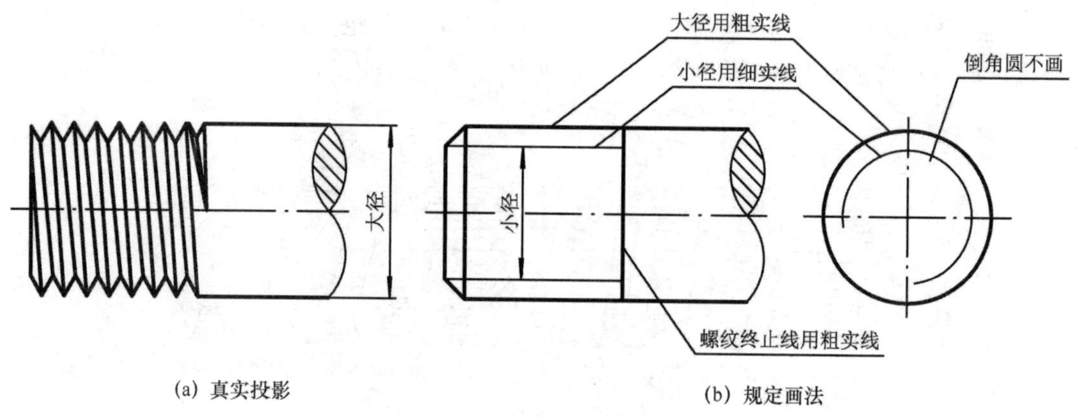

图 8.5 圆柱外螺纹的画法

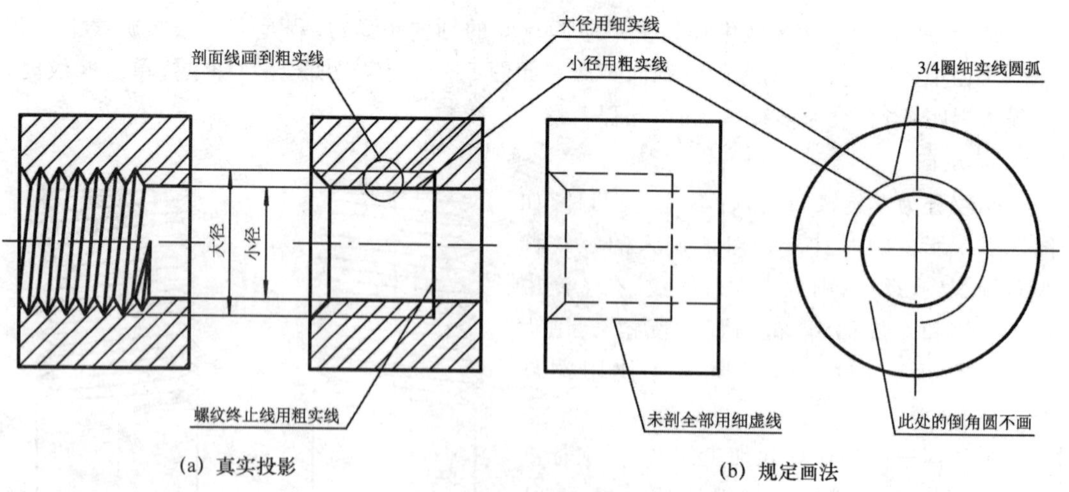

图 8.6 圆柱内螺纹的画法

2. 不穿通的螺纹孔画法

在加工不穿通的螺纹孔时，要先钻孔，再攻丝，即加工螺纹。由于丝锥头部刀刃不完整，故在孔的末端不能切制出完整的螺纹。因此，画不穿通的螺纹孔时，一般应将钻孔深度和螺纹有效深度分别画出，两个深度通常相差 0.5D(D 为螺纹公称直径)。由于一般钻头的锥角为 118°，为方便作图，孔的尖端锥角画成 120°，如图 8.7 所示。

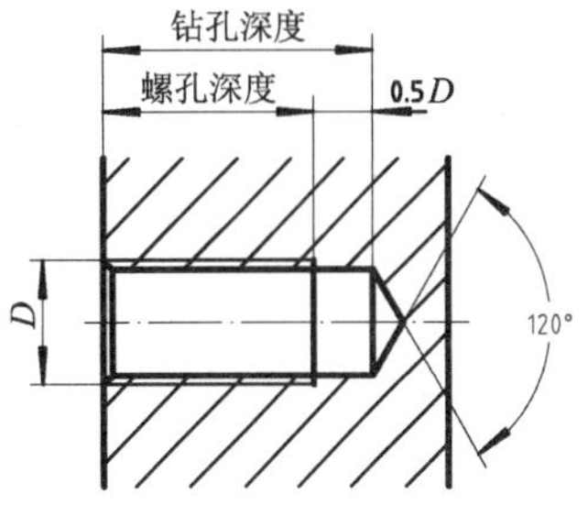

图 8.7　不穿通螺纹孔

3. 圆锥螺纹的画法

如图 8.8 所示。

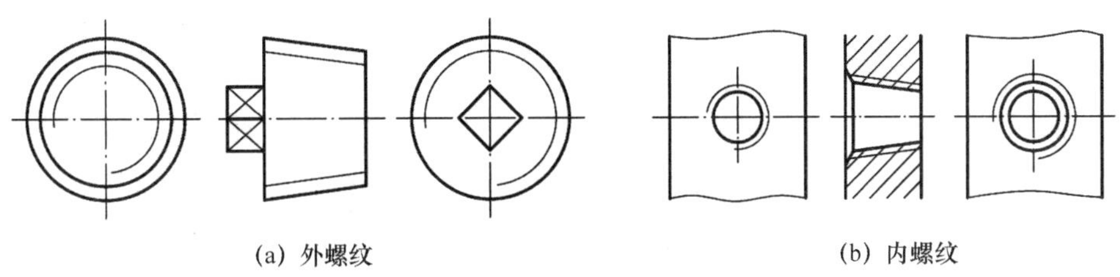

(a) 外螺纹　　(b) 内螺纹

图 8.8　圆锥螺纹的画法

4. 部分螺纹和螺纹牙型的画法

零件不完整而仅有部分螺纹时，表示牙底圆的细实线应适当地空出一段，如图 8.9(a)所示。当需要表示螺纹牙型时，可采用局部剖视图或剖开的局部放大图表示，如图 8.9(b)、(c)所示。对非标准螺纹，除画出螺纹的牙型外，还要注出所需要的尺寸和有关要求，参见表 8.2 中的矩形螺纹。

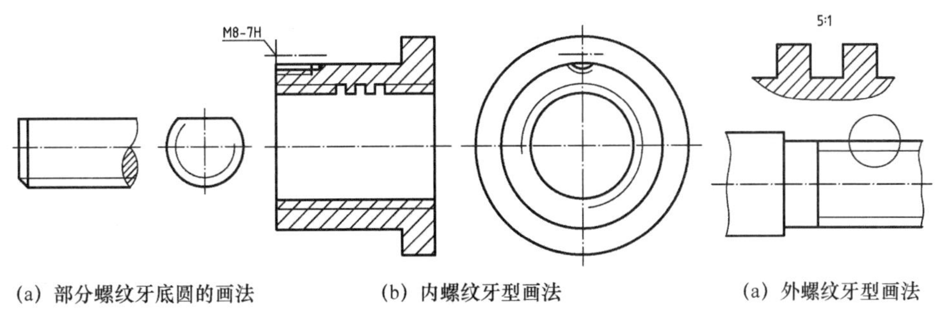

(a) 部分螺纹牙底圆的画法　　(b) 内螺纹牙型画法　　(a) 外螺纹牙型画法

图 8.9　部分螺纹和螺纹牙型的画法

5. 螺纹上的倒角、螺尾、退刀槽的画法

为了便于装配和防止螺纹起始处损坏，常将螺纹端部加工成倒角(有时也加工成倒圆)，如图 8.10 所示。当车削螺纹的刀具接近螺纹末尾时，会逐渐离开工件，因而在螺纹末尾部分会出现一段牙型不完整的螺纹，这段螺纹称为螺尾。螺纹的螺尾一般不画出，当需要画出时，该部分用与轴线成 30°的细实线画出，如图 8.10(a)和(b)所示。有时为了避免产生螺尾，可在该处预先加工出退刀槽，然后再车削螺纹，如图 8.10(c)和(d)所示。螺纹的倒角、退刀槽等结构均已标准化，具体尺寸可参见本书附录或有关设计手册。

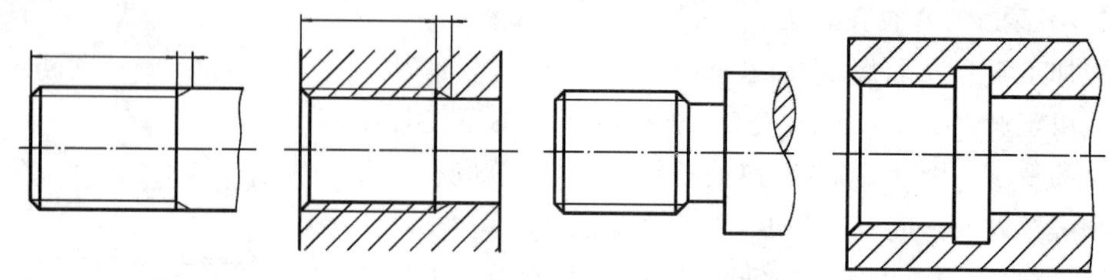

(a) 外螺纹的倒角、收尾
(b) 内螺纹的倒角、收尾
(c) 外螺纹上的退刀槽
(d) 内螺纹上的退刀槽

图 8.10 倒角、螺尾和退刀槽

6. 螺纹表面有相贯线等结构时的螺纹画法

螺纹表面有相贯线或其他结构时,其不应影响螺纹的表达,如图 8.11 所示。

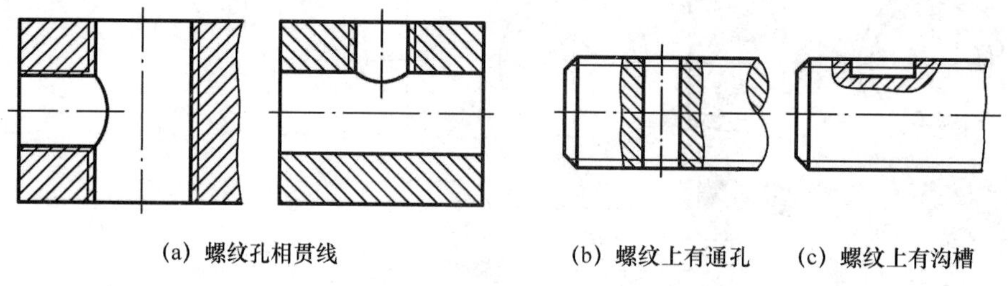

图 8.11 螺纹表面的结构

7. 螺纹副的画法

内外螺纹连接成螺纹副时,其旋合部分应按外螺纹的画法绘制,其余部分仍按各自的画法表示,如图 8.12 所示。

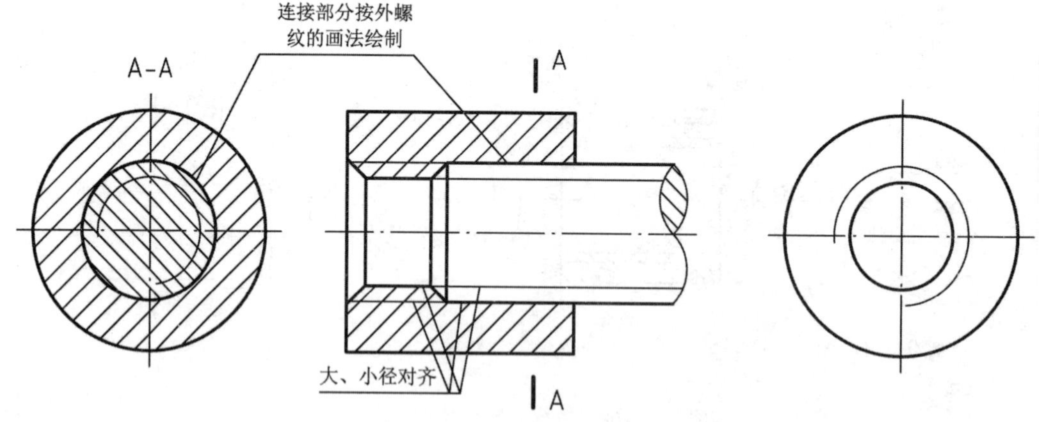

图 8.12 螺纹副的画法

8.1.3 螺纹的标记

国家标准规定,在螺纹按规定画法画出后,还要注写标注来说明。

1. 普通螺纹

普通螺纹分粗牙普通螺纹和细牙普通螺纹。在相同公称直径的条件下,螺距最大的普通螺纹就是粗牙普通螺纹,其余的都是细牙普通螺纹。细牙普通螺纹的螺距比相同直径的粗牙普通螺纹的螺距要小，因此多用于细小的精密零件和薄壁零件上。

在螺纹的标记中，细牙普通螺纹的螺距需要标出，而粗牙普通螺纹的螺距在标记中一般不标注。

普通螺纹的标记由如下三部分组成：

螺纹代号 — 螺纹公差带代号 — 螺纹旋合长度代号

普通螺纹代号包括螺纹的 5 个要素，即螺纹特征代号、公称直径×螺距（多线螺纹的导程和螺距均要注出，单线粗牙普通螺纹螺距不标注）和旋向。例如：

M10 表示公称直径为 10 mm、螺距 1.5 mm 的单线右旋粗牙普通螺纹。

M10×1 LH 表示公称直径为 10 mm、螺距 1 mm 的单线左旋细牙普通螺纹。

普通螺纹的公差带是由表示螺纹公差带大小的公差等级（用数字表示）和表示螺纹公差带位置的基本偏差（外螺纹用小写拉丁字母、内螺纹用大写拉丁字母表示）所组成。

当螺纹中径公差带与顶径公差带代号不同时，需分别标注：

M12-5g6g

顶径公差带代号

中径公差带代号

当顶径与中径的公差带代号相同时，则只标注一个代号，如 M10×1-6H。

普通螺纹的旋合长度有长、中、短三种，分别用 L、N、S 表示。例如 M10-5g6g-S 和 M10 -7H-L，前者为短旋合长度的螺纹，后者为长旋合长度的螺纹。但螺纹为中等旋合长度时，代号 N 不标注。当特殊需要时，也可标注螺纹旋合长度的具体数值，如 M20×2LH-5g6g-40。

内外螺纹旋合构成螺纹副时，其标记一般不需注出。当需要标注时，可注写为类似 M20×2-6H/6g 的形式。

2. 管螺纹

管螺纹的标记用指引线引出标注，指引线指到螺纹的大径上，如图 8.13 所示。55°密封管螺纹的标记由螺纹特征代号、尺寸代号和旋向组成。例如：

R_p3/4LH：尺寸代号为 3/4 的单线左旋圆柱内螺纹；

R_c3/4：尺寸代号为 3/4 的单线右旋圆锥内螺纹；

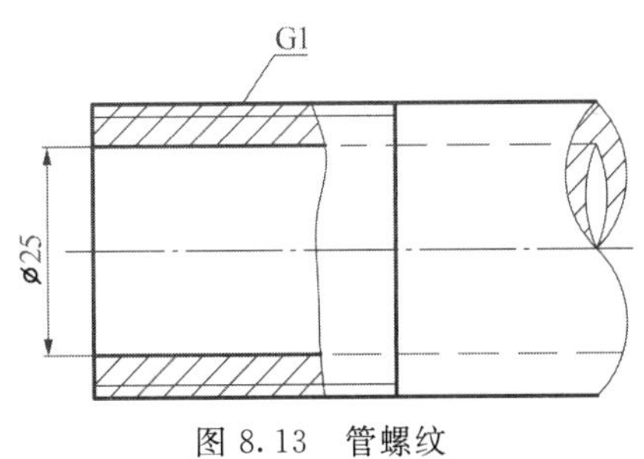

图 8.13　管螺纹

R_1：与圆柱内螺纹相配合的圆锥外螺纹的特征代号；

R_2：与圆锥内螺纹相配合的圆锥外螺纹的特征代号；

R_p/R_1 3/8 和 R_c/R_2 3/4LH：内螺纹与外螺纹旋合构成一对螺纹副。

上述标记中的尺寸代号 3/4 和 3/8 不是螺纹的大径，而是管子的通径（英制单位）大小。标注中，右旋螺纹一律不注写旋向，左旋螺纹加注 LH。

55°非密封管螺纹的特征代号为 G，尺寸代号为 3/4 的单线右旋圆柱内螺纹的标记为 G3/4；同样大小的圆柱外螺纹的标记为 G3/4A 或 G3/4B，标记中的 A 和 B 是螺纹中径的公差等级。G3/4LH 和 G3/4A-LH 表示左旋螺纹，二者构成的螺纹副仅标注外螺纹的标记代号。

3. 梯形螺纹和锯齿形螺纹

梯形螺纹和锯齿形螺纹的标记与普通螺纹类似。例如 Tr40×7LH-7e 和 B40×7-7e,它们的标记只注中径公差带代号;它们的旋合长度也只有两种(代号 L、N),当中等旋合长度时,代号 N 省略不注。梯形螺纹的各部分尺寸可参见附录 1.2。

当螺纹为多线螺纹时,可标记为下述形式:

Tr40×14(P7)LH-7e

B40×14(P7)-8e-L

其中,14 为导程,P7 表示螺距是 7。导程是螺距的 2 倍,说明该螺纹是双线螺纹。

梯形螺纹和锯齿形螺纹的螺纹副可表示成:

Tr40×14(P7)LH-7H/7e

B40×14(P7)-7H/7e

注意:内螺纹的公差带在前,外螺纹的公差带在后,二者用"/"分开。

表 8.2 给出了部分螺纹的标记示例。

表 8.2　部分螺纹的标记示例

螺纹类别		特征代号		标注示例	说明
连接螺纹	普通螺纹	M	粗牙	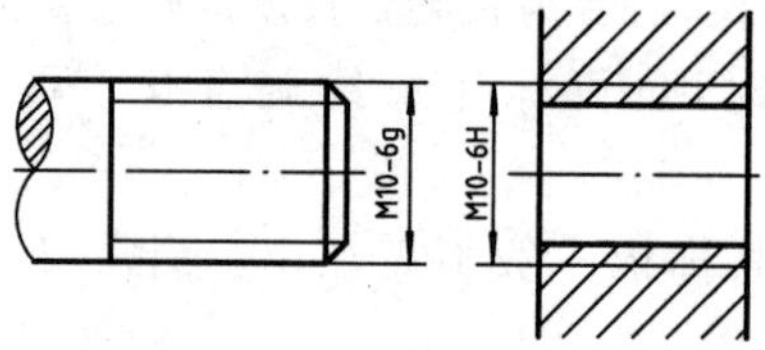 M10-6g　M10-6H	粗牙普通螺纹,公称直径 $\phi 10$,螺距 1.5(查表获得),右旋;外螺纹中径和顶径公差带都是 6g;内螺纹中径和顶径公差带都是 6H;中等旋合长度
			细牙	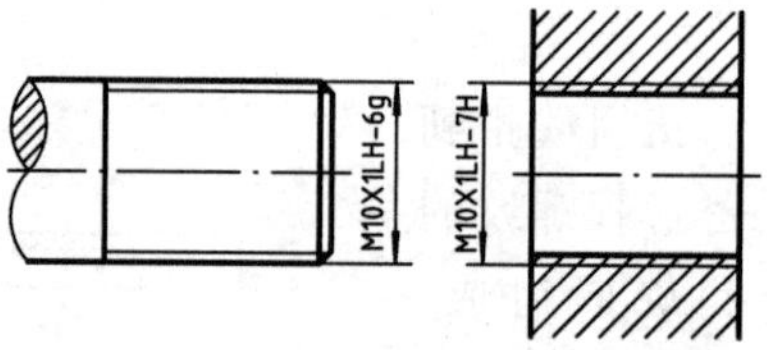 M10X1LH-6g　M10X1LH-7H	细牙普通螺纹,公称直径 $\phi 10$,螺距为 1(查表获得),左旋;外螺纹中径和顶径公差带都是 6g;内螺纹中径和顶径公差带都是 7H;中等旋合长度
	管螺纹	G	55°非密封管螺纹	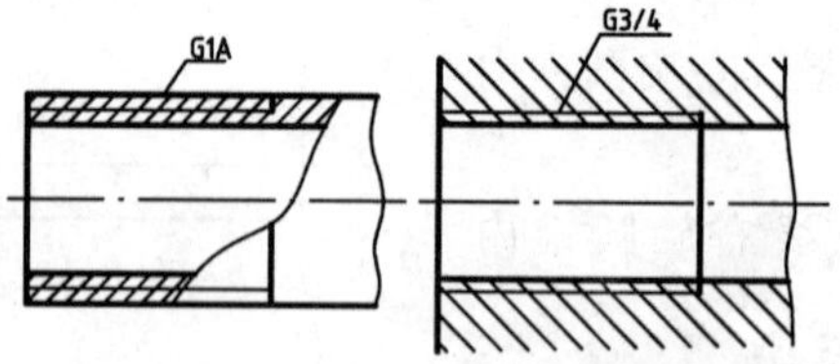 G1A　G3/4	55°非螺纹密封的管螺纹,外管螺纹的尺寸代号为 1,螺纹中径公差等级为 A 级;内管螺纹的尺寸代号为 3/4。内管螺纹中径公差带等级只有一种,不注
		R_c R_p R_1 R_2	55°密封管螺纹	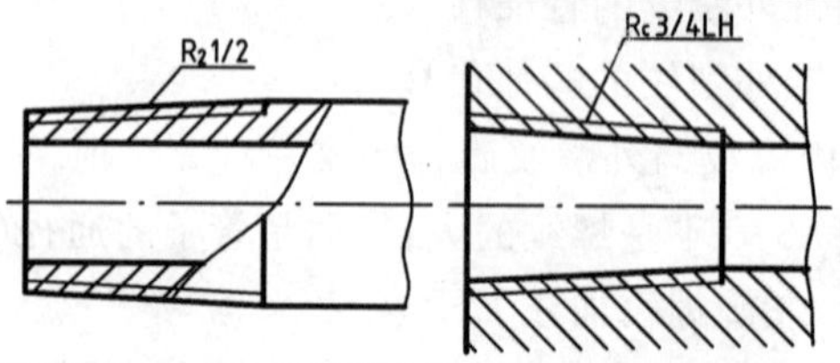 $R_2$1/2　Rc3/4LH	55°螺纹密封的圆锥管螺纹,与圆锥内螺纹配合的圆锥外管螺纹(R_2)的尺寸代号为 1/2,右旋;圆锥内螺纹(Rc)的尺寸代号为 3/4,左旋;公差等级省略

续表

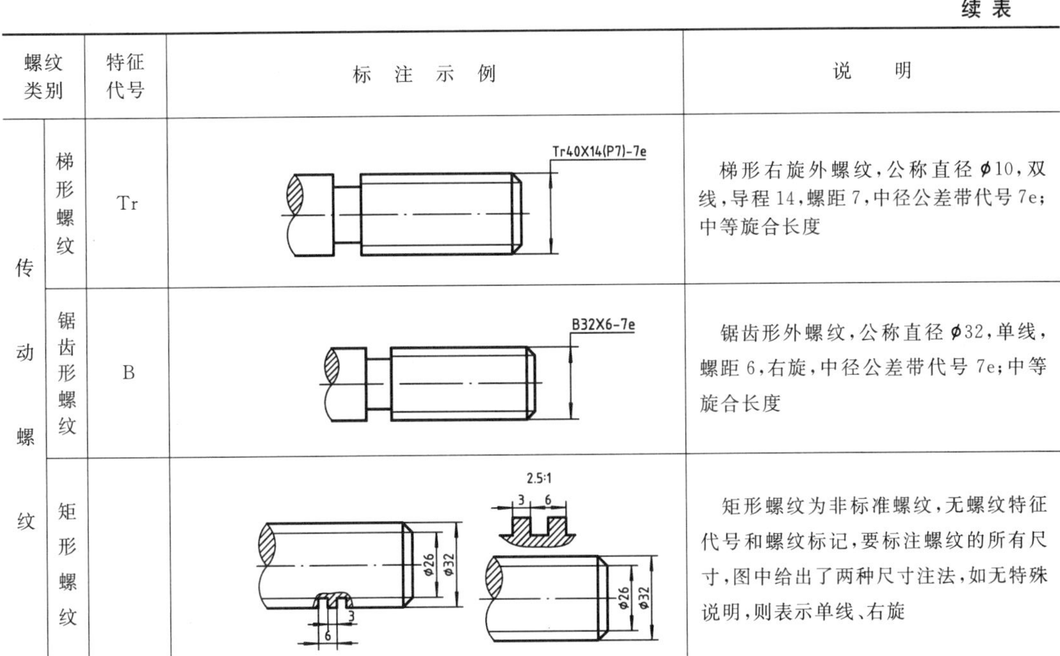

螺纹类别		特征代号	标 注 示 例	说 明
传动螺纹	梯形螺纹	Tr	Tr40X14(P7)-7e	梯形右旋外螺纹，公称直径 ϕ10，双线，导程 14，螺距 7，中径公差带代号 7e；中等旋合长度
	锯齿形螺纹	B	B32X6-7e	锯齿形外螺纹，公称直径 ϕ32，单线，螺距 6，右旋，中径公差带代号 7e；中等旋合长度
	矩形螺纹		2.5:1　3　6　ϕ26　ϕ32	矩形螺纹为非标准螺纹，无螺纹特征代号和螺纹标记，要标注螺纹的所有尺寸，图中给出了两种尺寸注法，如无特殊说明，则表示单线、右旋

8.1.4　螺纹的测绘

在对机器的测绘中，螺纹件的数量比较多，要确定螺纹件的尺寸，关键是测定螺纹的牙型和各要素的尺寸。在螺纹的五个要素中，线数可以数出，旋向可以看出，因此测绘时，主要是测定螺纹的牙型、螺距和顶径（外螺纹测大径、内螺纹测小径）。

1. 定螺纹的牙型和螺距

三角形螺纹，由于牙型角有 60°和 55°两种，必须借助螺纹规才能测定，如图 8.14 所示。其他牙型较易识别。螺距可用螺纹规或拓印法测定。

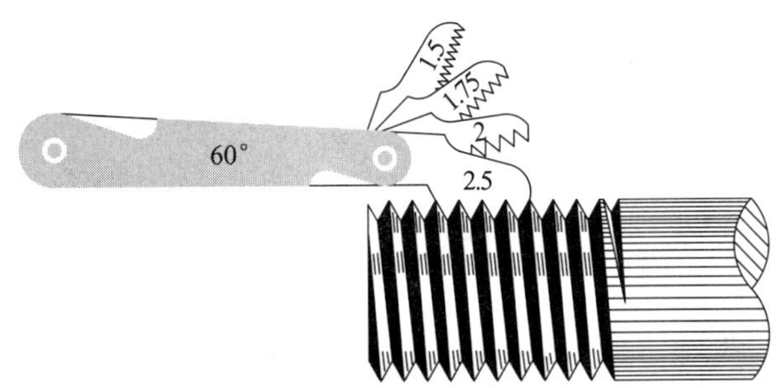

图 8.14　用螺纹规测定螺距和牙型

2. 定螺纹的直径

外螺纹的大径或内螺纹的小径可以用游标卡尺测量，根据测得的尺寸再查国家标准，最终确定螺纹的公称直径。

最后，用相应的螺纹代号标注螺纹。

8.2 螺纹紧固件

8.2.1 螺纹紧固件的种类和用途

常用的螺纹紧固件有螺栓、双头螺柱、螺钉、螺母和垫圈等。图 8.15 示出了常见的螺纹紧固件。

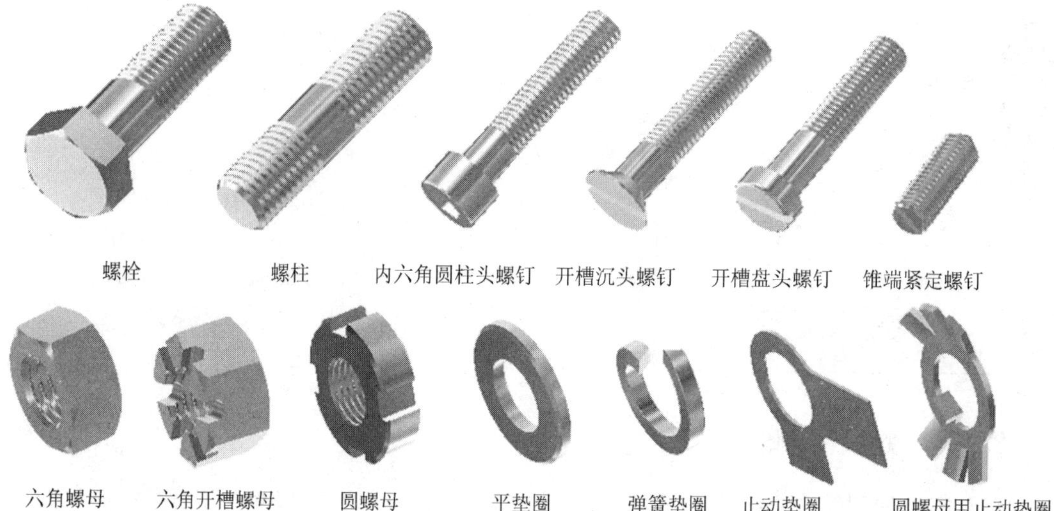

图 8.15 常见螺纹紧固件

在连接的零件上制出比螺栓直径稍大的通孔,螺栓穿过通孔后套上垫圈,并用螺母拧紧即为螺栓连接。其常用于连接不太厚的零件,并能从连接零件两边同时装配的场合。图 8.16(a)是螺栓连接的示意图。

在一个连接零件上制有螺孔,双头螺柱的一端紧旋在这个螺孔里,而另一端穿过另一零件的通孔,然后套上垫圈再拧紧螺母,即为双头螺柱连接。其一般用在结构上不能使用螺栓连接的场合,如连接零件之一太厚不宜钻成通孔的连接。图 8.16(b)是螺柱连接的示意图。

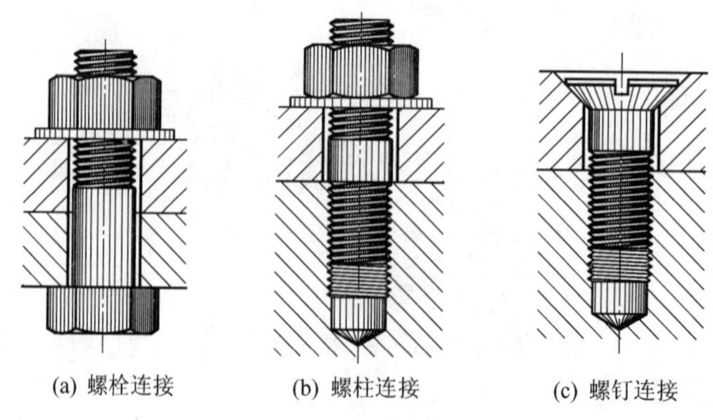

图 8.16 螺纹紧固件连接示意图

在较厚的零件上加工出螺孔，而在另一零件上加工出通孔，然后把螺钉穿过通孔旋进螺孔来连接两个零件，这种连接方式称为螺钉连接。其常用于连接零件受力不大，不经常拆装的场合。图 8.16(c)是螺钉连接的示意图。

紧定螺钉用来固定机件位置(使其不产生相对运动)，如图 8.17 所示。

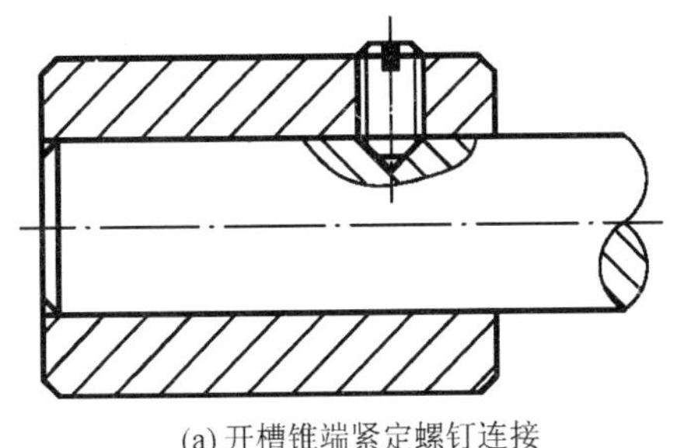

(a) 开槽锥端紧定螺钉连接

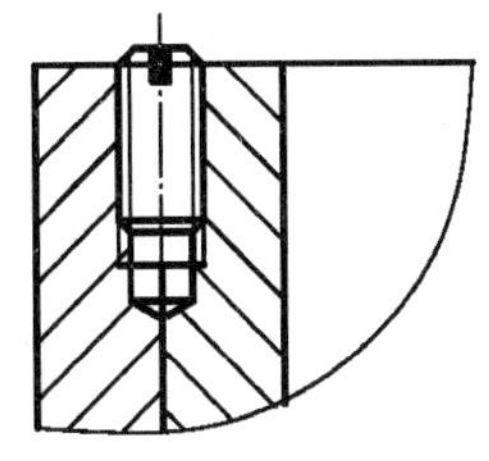

(b) 开槽长圆柱端紧定螺钉连接

图 8.17　紧定螺钉连接

螺母是与螺栓、螺柱等配合使用的。

垫圈一般与螺母配合使用，可避免旋紧螺母时损伤连接零件的表面。使用弹簧垫圈则可防止螺母松动脱落。

圆螺母和止动垫圈用来固定安装在轴端部的零件。

8.2.2　螺纹紧固件的标记

标准的螺纹紧固件都有规定的标记，包括名称、标准编号、螺纹规格×公称长度。GB/T 1237—2000 规定，螺纹紧固件的标记方法分完整标记和简化标记。例如：

螺纹规格：M12、公称长度 l＝80 mm、性能等级为 10.9 级，表面氧化、产品等级为 A 级的六角头螺栓的完整标记为“螺栓　GB/T 5782—2000　M12×80－10.9－A－O”，简化标记为“螺栓　GB/T 5782　M12×80－10.9”。一般采用简化标记。

螺纹紧固件的标记示例见表 8.3。

表 8.3　螺纹紧固件的图例和标记

名称及标准编号	图　例	标　记　示　例
六角头螺栓 GB/T 5782—2000	d l	螺纹规格 d＝M12、公称长度 l＝60mm，性能等级为 10.9 级、表面氧化、产品等级为 A 级的六角头螺栓。 完整标记：螺栓 GB/T5782—2000－M12×60－10.9－A－O 简化标记：螺栓 GB/T 5782 M12×60－10.9
双头螺柱 GB/T 898—1988	d bm　l	螺纹规格 d＝M12、公称长度 l＝60mm，性能等级为 4.8 级、不经过表面处理、bm＝1.25d、两端均为粗牙普通螺纹的 B 型双头螺柱。 完整标记：螺柱 GB/T 898 M12×60－B－4.8 简化标记：螺柱 GB/T 898 M12×60 A 型时，应将螺柱规格注写成“AM12×60”

续表

名称及标准编号	图例	标记示例
内六角圆柱头螺钉 GT/T 70.1—2000	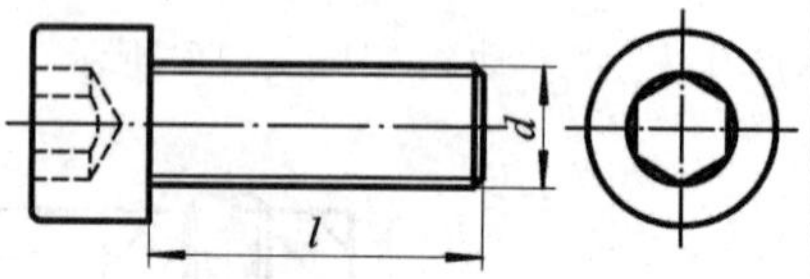	螺纹规格 d=M10、公称长度 l=40mm,性能等级为 8.8 级、表面氧化、产品等级为 A 级的内六角圆柱头螺钉。 完整标记:螺钉 GB/T 70.1—2008 M10×40 简化标记:螺钉 GB/T 70.1 M10×40
开槽圆柱头螺钉 GT/T 65—2000 开槽沉头螺钉 GT/T 68—2000	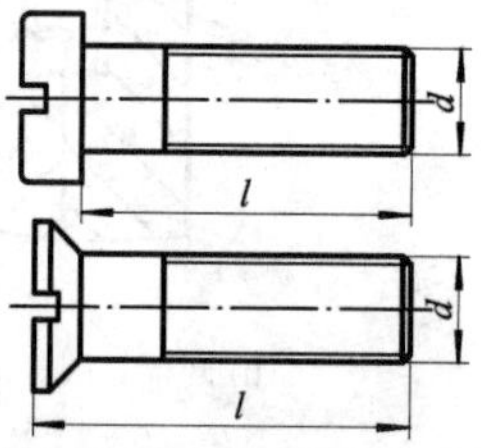	螺纹规格 d=M10、公称长度 i=50 mm,性能等级为 4.8 级、不经表面处理、产品等级为 A 级的开槽圆柱头螺钉。 完整标记:螺钉 GB/T 65—2000—M10×50 简化标记:螺钉 GB/T 65 M10×50
开槽锥端紧定螺钉 GT/T 71—1985	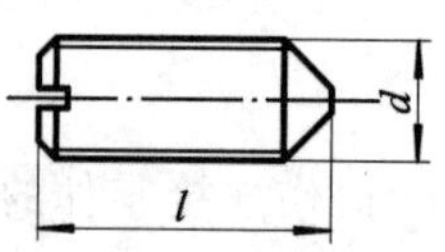	螺纹规格 d=M5、公称长度 l=12 mm,性能等级为常用的 14H 级、表面氧化的开槽锥端紧定螺钉。 完整标记:螺钉 GB/T 71—1985—M5×12—14H—O 简化标记:螺钉 GB/T 71 M5×12
1 型六角螺母 GB/T 6170—2000	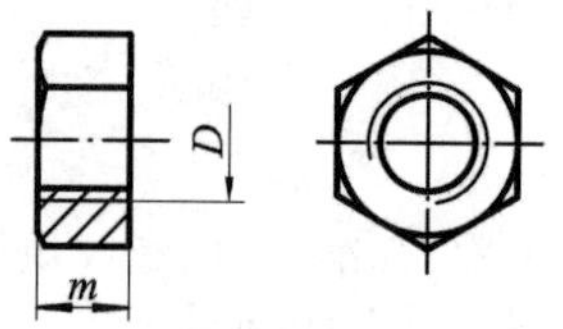	螺纹规格 d=M16,性能等级为常用的 8 级、不经表面处理、产品等级为 A 级的 1 型六角螺母。 完整标记:螺母 GB/T 6170—2000—M16—8—A 简化标记:螺母 GB/T 6170 M16
平垫圈 A 级 GB/T 97.1—2002 平垫圈倒角型 A 级 GB/T 97.2—2002	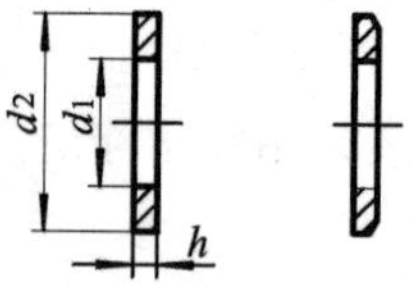	标准系列、规格为 10mm,性能等级为 200HV 级、表面氧化、产品等级为 A 级的平垫圈 完整标记:垫圈 GB/T 97.1—2002—10—200HV—A—O 简化标记:垫圈 GB/T 97.1 10 (查标准得,该垫圈内径 d_1 为 10.5 mm)
标准型弹簧垫圈 GB/T 93—1987	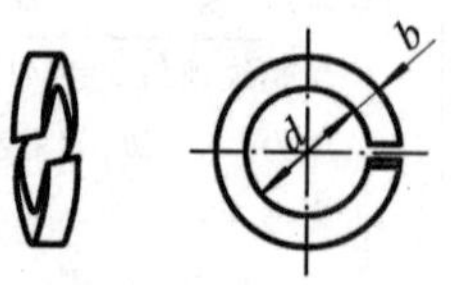	规格为 16mm、材料为 65Mn、表面氧化的标准型弹簧垫圈。 完整标记:垫圈 GB/T 93—1987—16—65Mn—O 简化标记:垫圈 GB/T 93 16 (查标准,该垫圈内径 d 最小为 16.2 mm)
螺栓紧固轴端挡圈 GB/T 892—1986	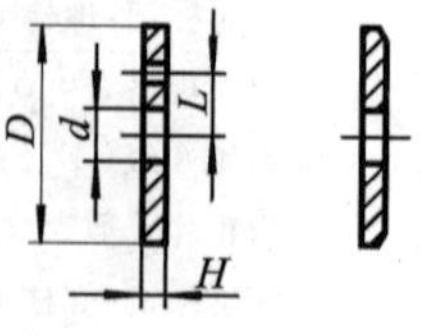	公称直径 D=45,材料为 Q235、不经表面处理的 A 型螺栓紧固挡圈。 完整标记:挡圈 GB/T 892—1986 45 简化标记:挡圈 GB/T 892 45 当挡圈为 B 型时,标记为: 挡圈 GB/T 892 B45

8.2.3　螺纹紧固件的画法

螺纹紧固件一般都是标准件，其结构形式和尺寸可按其标记在有关标准中查出。螺纹紧固件的画法有两种，即查表画法和比例画法。

1. 查表画法

查表画法就是按照国家标准规定的数据画图。要画螺母 GB/T 6170 M24 的两个视图，就需从国家标准中查出 1 型六角螺母的相关尺寸：$D=\phi24$、$D_1=\phi20.752$、$dw=33.2$、$e=39.55$、$s=36$、$m=21.5$，然后按表 8.4 所示的画图步骤画出即可。

表 8.4　螺母的查表画法

	1	2	3	4	5
画图步骤	以 $s=36$ 为直径画圆	作圆外切正六边形，以 $m=21.5$ 为高作六棱柱	以 $D=\phi24$ 画 3/4 圆（螺纹大径），以 $D_1=\phi20.752$ 画圆（螺纹小径）	以 $dw=33.2$ 为直径作圆，找出点 1′、2′，过两点作与端面成 30°的斜线，并画出双曲线	描深（双曲线可用合适的圆弧代替）
图形	s	m	D　D_1	1′　30°　2′　dw　1　2	

所有的螺纹紧固件都可用表 8.4 所示的方法绘制。

2. 比例画法

为了提高画图速度，可将螺纹紧固件各部分的尺寸（公称长度除外）都与规格 d（或 D）建立一定的比例关系，并按此比例画图，这就是比例画法。由于画图速度较快，且表达上也是允许的，所以工程上常用比例画法。常用的螺纹紧固件的画法如表 8.5 所示。

表 8.5　常用螺纹紧固件的比例画法

名　称	比　例　画　法
螺　栓 螺　母	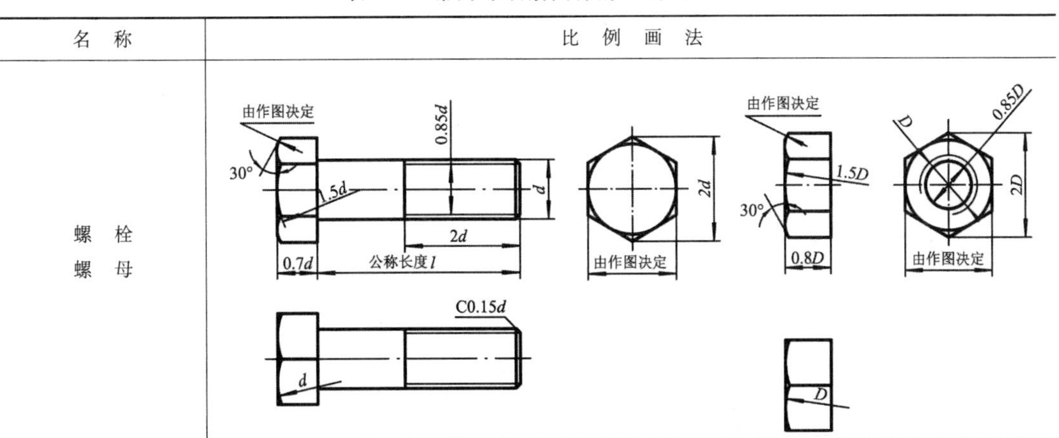

续表

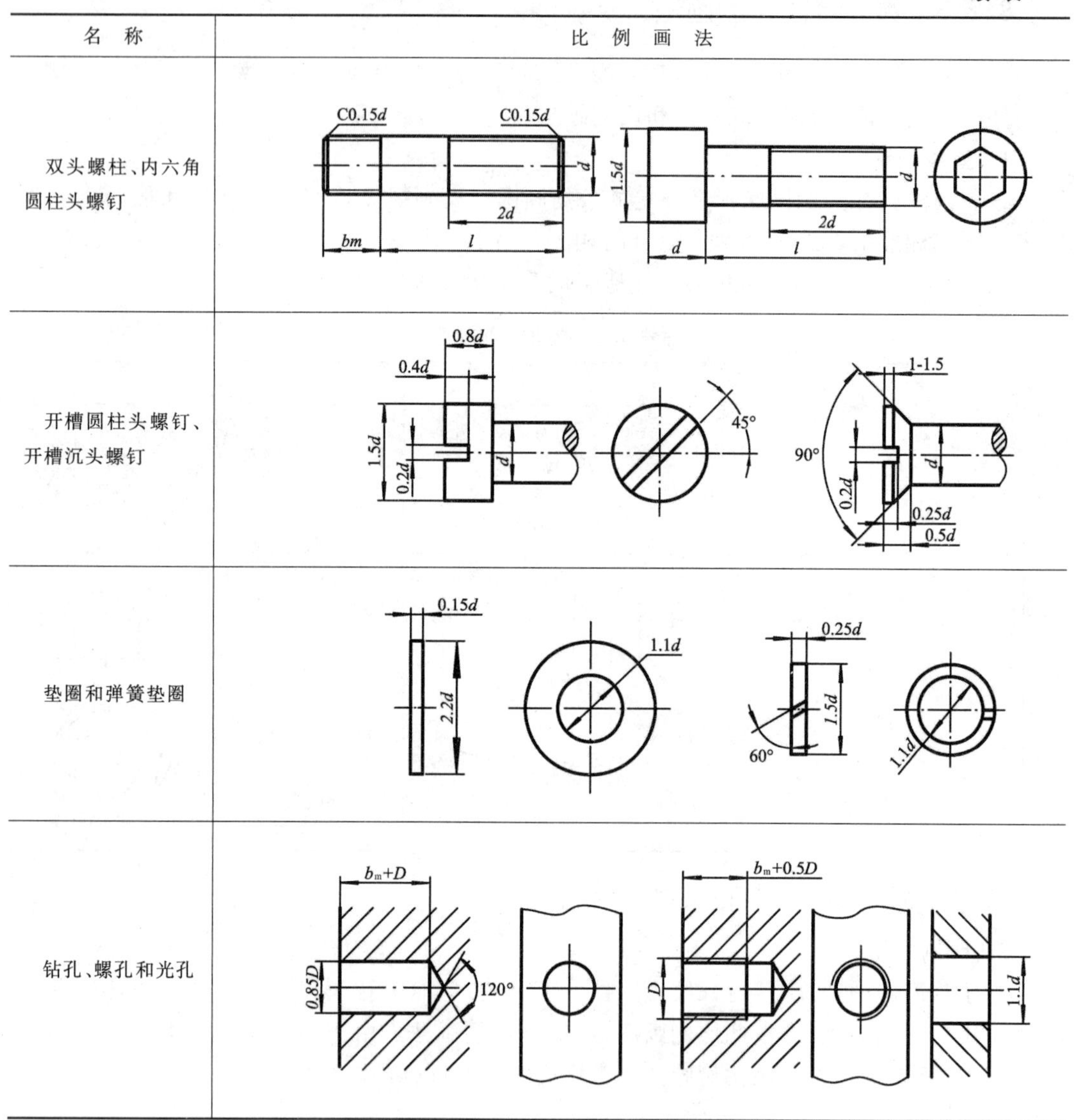

名称	比例画法
双头螺柱、内六角圆柱头螺钉	
开槽圆柱头螺钉、开槽沉头螺钉	
垫圈和弹簧垫圈	
钻孔、螺孔和光孔	

8.2.4 螺纹紧固件的连接画法

螺纹紧固件的连接画法主要涉及螺栓连接、螺柱连接和螺钉连接，由于是装配结构，所以涉及到装配图的规定画法，如图 8.18 所示。

1. 规定画法

(1) 两零件接触面只画一条粗实线。

(2) 剖切平面沿轴线(或对称中心线)通过实心零件或标准件(螺栓、螺母、螺柱、螺钉、垫圈、挡圈等)时，这些零件按不剖画出，即只画其外形。

(3) 在剖视图中，不同零件的剖面线应有所区别，同一零件在同一张图纸上，它的剖面线应完全相同(即在各个剖视图中方向应一致，间隔应相等)，而相互接触的两零件的剖面线

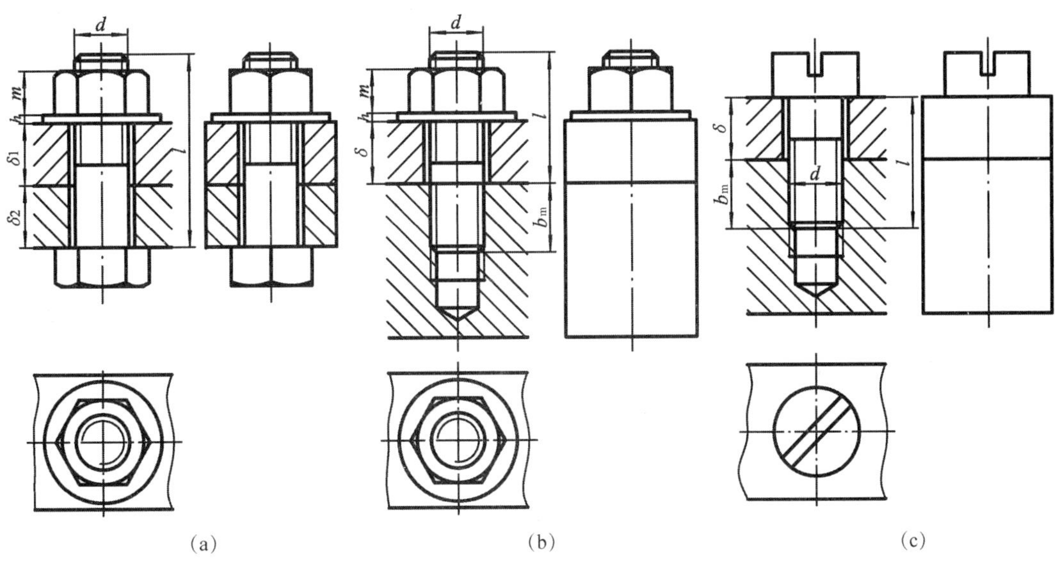

(a)　　(b)　　(c)

图 8.18　螺纹紧固件的连接画法

方向应相反或间隔不同。

2. 画图步骤

以螺栓连接为例,用比例画法的画图步骤如下:

(1) 定出基准线,如图 8.19(a)所示。

(2) 画出螺栓的两个视图(螺栓为标准件不剖),螺纹小径先不画,如图 8.19(b)所示。

(3) 画出被连接的两零件(要剖开,孔径为 1.1d),如图 8.19(c)所示。

(4) 画出垫圈(不剖)的三视图,如图 8.19(d)所示。

(5) 画出螺母(不剖)的三视图,在俯视图中,要画螺栓,如图 8.19(e)所示。

(6) 画出剖开处的剖面线(注意剖面线的方向和间隔),补全螺母表面上的截交线,全面检查,描深,如图 8.19(f)所示。

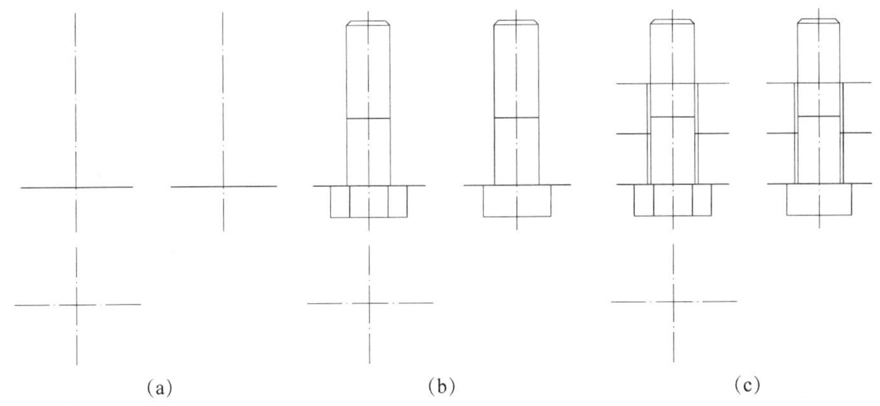
(a)　　(b)　　(c)

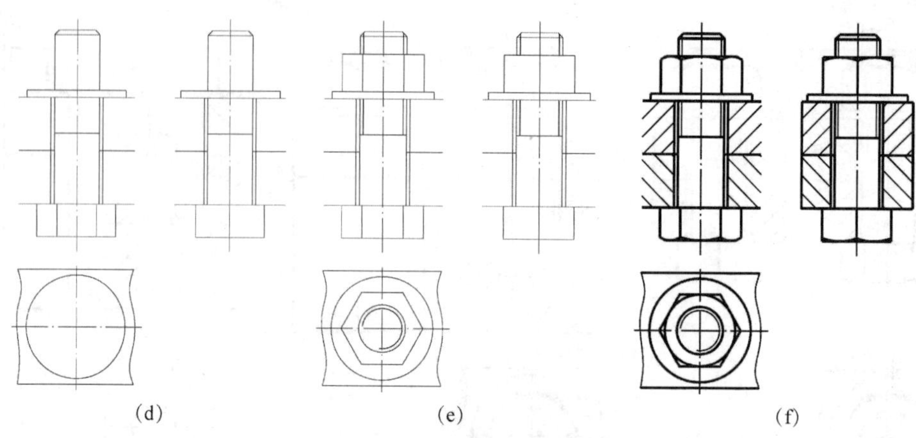

图 8.19 螺栓连接的画图步骤

3. 螺纹紧固件公称长度 l 的确定

(1) 螺栓的公称长度 l 的确定

由图 8.18(a)可以看出,螺栓的公称长度 l 的大小可按下式计算:

$$l>\delta_1+\delta_2+h+m$$

螺栓末端一般伸出螺母约 $0.3d$。

设 $d=20$ mm、$\delta_1=32$ mm、$\delta_2=30$ mm,则

$$l\approx\delta_1+\delta_2+h+m+0.3d=32+30+0.15d+0.8d+0.3d=62+1.25d=87$$

从附录附表 3.1 中查出与其相近的数值为 $l=90$ mm。

(2) 螺柱的公称长度 l 的确定

螺柱的公称长度 l 是指双头螺柱上螺纹部分长度与螺柱紧固端长度之和,而不是双头螺柱的总长度。由图 8.18(b)可知

$$l\approx\delta+h+m+0.3d$$

计算后,查附录附表 3.6,找到相近的值,就可确定公称长度。

(3) 螺钉的公称长度 l 的确定

由图 8.18(c)可知,开槽圆柱头螺钉的公称长度 $l\approx\delta+b_m$。计算后,查附录附表 3.3,找到相近的值,就可确定公称长度。注意,开槽沉头螺钉的公称长度是螺钉的全长,如图 8.20 所示。

图 8.20 沉头螺钉连接

(4) 双头螺柱和螺钉的旋入端长度 b_m

双头螺柱和螺钉的旋入端长度 b_m 与被旋入零件的材料有关,见表 8.6。被旋入零件的螺孔深度一般为 $b_m+0.5d$,钻孔深度一般取 b_m+d,如图 8.21 所示。

表 8.6 旋入长度

旋入零件的材料	b_m	旋入零件的材料	b_m
钢、青铜	d	铝	$2d$
铸　铁	$1.25d$ 或 $1.5d$		

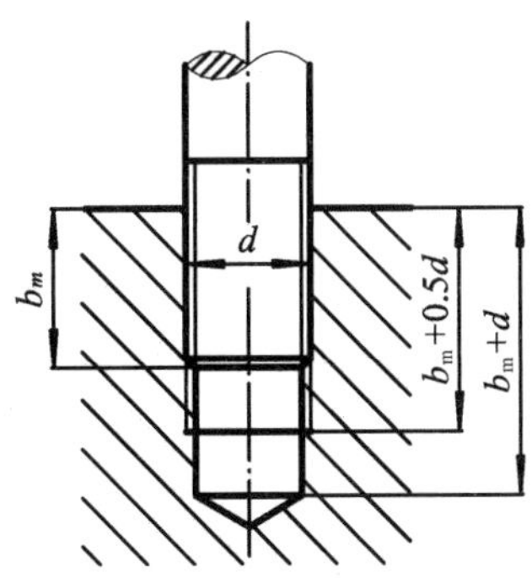

图 8.21　钻孔和螺孔深度

4. 简化画法

工程实践中，为了简化作图，可以对螺纹紧固件的连接图采用简化画法，见表 8.7。采用简化画法画图时，其六角头螺栓头部和六角螺母上的截交线可省略不画；不穿通的孔的螺纹深度和钻孔深度可以画到一起。螺纹紧固件的各部分尺寸可按表 8.5 所示的比例画出。

表 8.7　螺纹紧固件的简化画法

	简　化　画　法
螺栓连接与螺柱连接	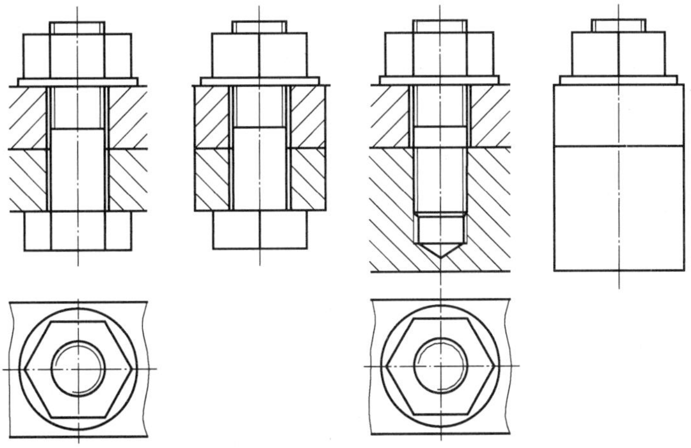
螺钉连接	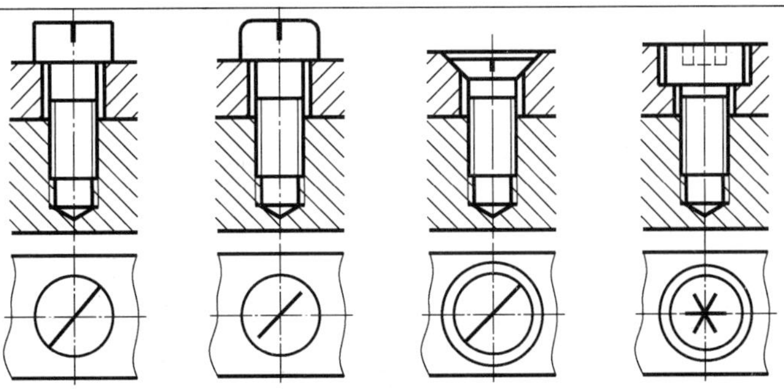

5. 画螺纹紧固件连接图的注意事项

(1) 螺纹紧固件连接的画法比较烦琐，容易出错。下面以图 8.22 所示的双头螺柱连接图为例作正误对比。

① 被连接件的孔径为 1.1d,此处应画两条粗实线(间隙可适当夸大);

② 应有交线(粗实线);

③ 俯、左视图宽度应相等;

④ 应有螺纹小径(细实线);

⑤ 内、外螺纹的大、小径分别对齐,小径应画到倒角处;

⑥ 钻孔锥角应为 120°;

⑦ 剖面线应画到粗实线;

⑧ 同一零件在不同视图上剖面线方向、间隔应相同;

⑨ 此处应画成外螺纹。

注意,俯视图上的螺柱末端应有 3/4 圈细实线,倒角圆不画。

(2) 螺柱旋入端螺纹要全部旋入螺孔内,因此旋入端螺纹终止线应与被连接的两零件的接合面平齐,如图 8.18(b)和图 8.22(a)所示。

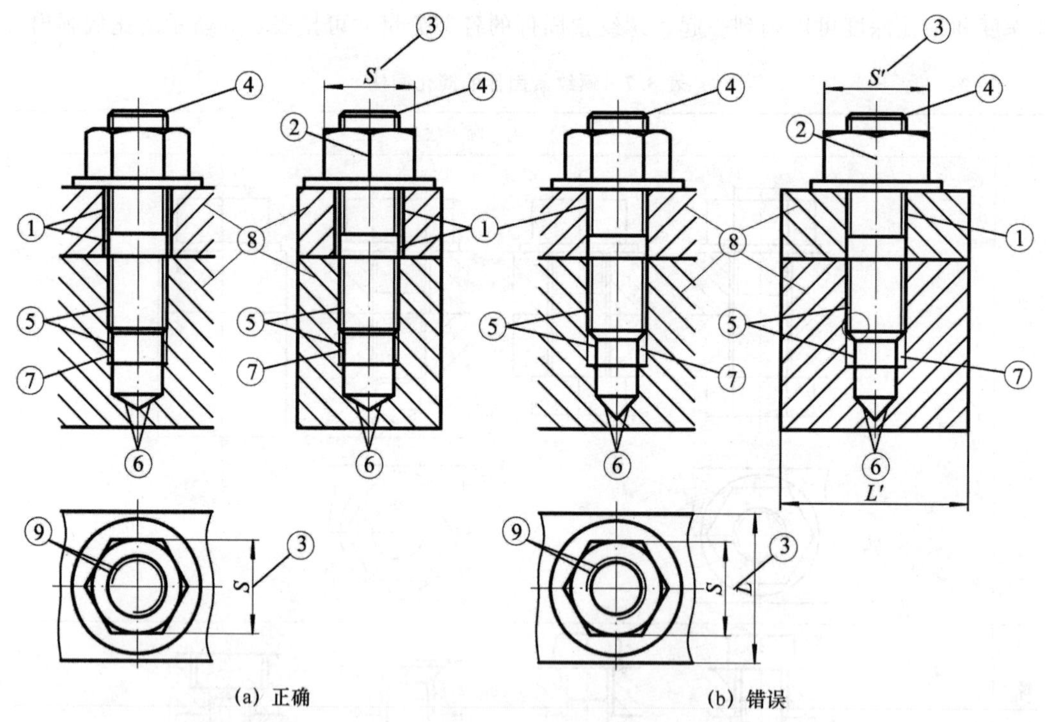

图 8.22 双头螺柱连接图正误对比

(3) 对螺钉连接(如图 8.18(c)和图 8.20 所示),螺钉的螺纹终止线要高于被连接两零件的接合面。

8.3 键

键是用来连接轴与轴上的传动件(齿轮、带轮),使轴和传动件不发生相对转动,以传递扭矩或旋转运动。图 8.23 是键连接轴和带轮、齿轮的示意图。由图可以看出,键连接时,必须先在连接轴和轮上轮毂孔内加工出键槽。连接好后，键有一部分嵌在轴的键槽内，另一部分嵌在轮毂孔的键槽内，这样就可以保证轴和轮一起转动。常用的键有普通平键、半圆键、楔键，如图 8.24 所示。

图 8.23　键连接

(a) 普通平键　(b) 半圆键　(c) 钩头楔键

图 8.24　常用的键

8.3.1　普通平键

普通平键按轴槽结构分为 A 型(圆头)、B 型(方头)和 C 型(单圆头)三种，如图 8.25 所示。

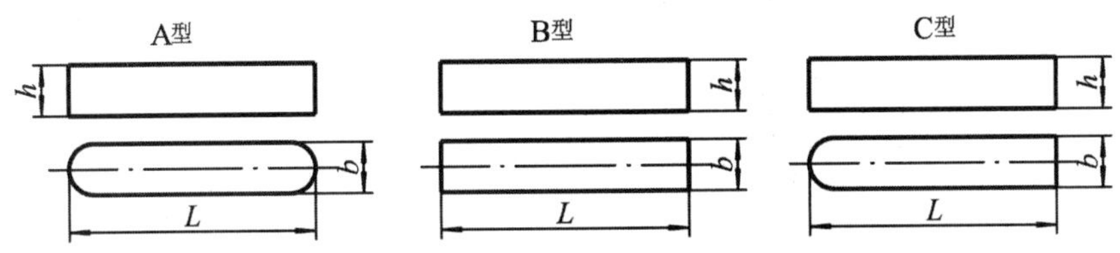

图 8.25　普通平键

键的大小由被连接的轴孔尺寸大小和所传递的扭矩大小决定。选用时根据传动的情况确定键的型式，并根据轴径查标准手册，选定键宽 b 和键高 h，再根据轮毂长度选定键长 L 的标准值。

普通平键用于轴孔连接时，键的两侧面是工作表面，与轴上的键槽和轮毂上的键槽两侧都接触，只画一条线；而键的上底面与轮毂上的键槽底面间应有间隙，不接触，应画两条线(当间隙太小、不足以表达时，可适当夸大)；键的下底面与轴上的键槽底面也接触，也应画一条线，如图 8.26 所示。

在剖视图中，当剖切平面通过键的纵向对称面时，键按不剖绘制；当剖切平面垂直于轴线剖切键时，被剖切的键应画出剖面线。在键连接中，键的倒角或小圆角一般不画，如图 8.26 所示。

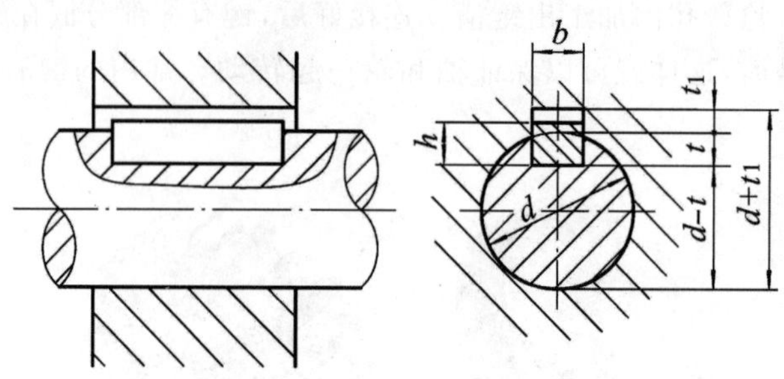

图 8.26　平键的装配画法

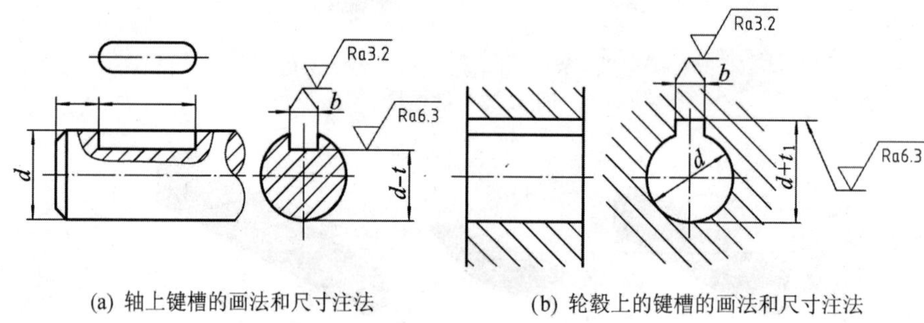

(a) 轴上键槽的画法和尺寸注法　　(b) 轮毂上的键槽的画法和尺寸注法

图 8.27　键槽的画法和尺寸注法

图 8.27 示出了轴上键槽及轮毂上键槽的画法和尺寸注法。

键的标记由名称、型式与尺寸、标准编号三部分组成。例如,A 型(圆头)普通平键,$b=12$ mm,$h=8$ mm,$L=50$ mm,键的标记为

键　12×50　GB/T 1096—2003

又如 C 型(单圆头)普通平键,$b=18$ mm,$h=11$ mm,$L=100$ mm,键的标记为

键　C18×100　GB/T 1096—2003

键的标记中,A 型平键的 A 字省略不注,而 B 型和 C 型要标注 B 和 C。

8.3.2　半圆键

半圆键常用在载荷不大的传动轴上,其连接画法与平键类似:键的两侧面与轮和轴接触,底面与轴上键槽接触,顶面应留有间隙,如图 8.28 所示。

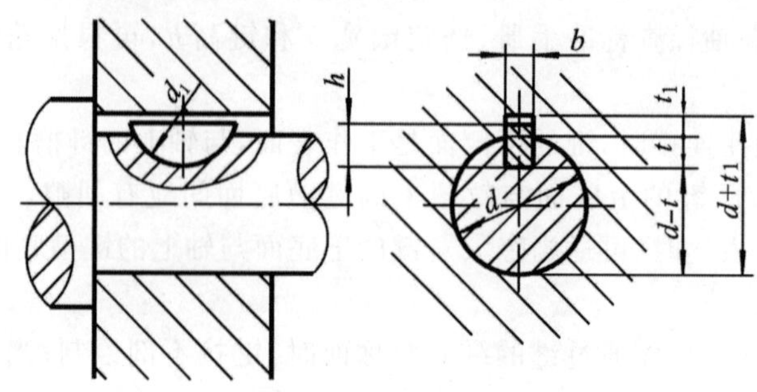

图 8.28　半圆键的装配画法

半圆键的标记由名称、尺寸和标准编号组成。例如，

$b=6$ mm，$h=10$ mm，$d=25$ mm，$L=24.5$ mm，其标记为

键　6×25　GB/T 1099—2003

8.3.3 楔键

楔键有普通楔键和钩头楔键两种，普通楔键又分 A、B、C 三种型号，钩头楔键只有一种。钩头楔键的顶面有 1∶100 的斜度，装配时将键打入键槽，依靠键的顶面和底面与轮和轴之间挤压的摩擦力而连接，故画图时上、下两接触面只画一条线。而键的两侧为非工作面，但画图时不留间隙，如图 8.29 所示。

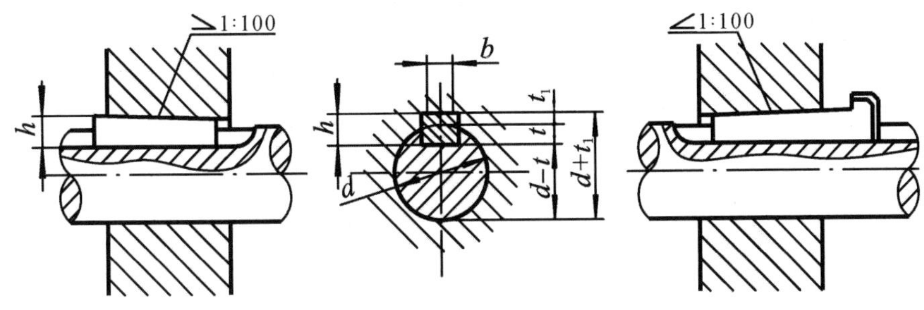

图 8.29　楔键的装配画法

普通楔键：C 型(单圆头)普通楔键，$b=16$ mm，$h=10$ mm，$L=100$ mm，其标记为

键　C 16×100　GB/T 1564—2003

与普通平键的标记类似，A 型的 A 字省略不注，而 B 型和 C 型要标注 B 和 C。

钩头楔键：$b=18$ mm，$h=11$ mm，$L=100$ mm，其标记为

键　18×100　GB/T 1565—2003

8.4 销

销也是标准件，通常用于零件之间的定位和连接。常用的销有圆柱销、圆锥销和开口销，如图 8.30 所示。圆柱销和圆锥销起定位和连接作用，如图 8.31 所示。开口销与六角开槽螺母配合使用，它穿过螺母上的槽和螺杆上的孔以防止螺母松动或限定其他零件在机器中的位置，如图 8.32 所示。

图 8.30　销

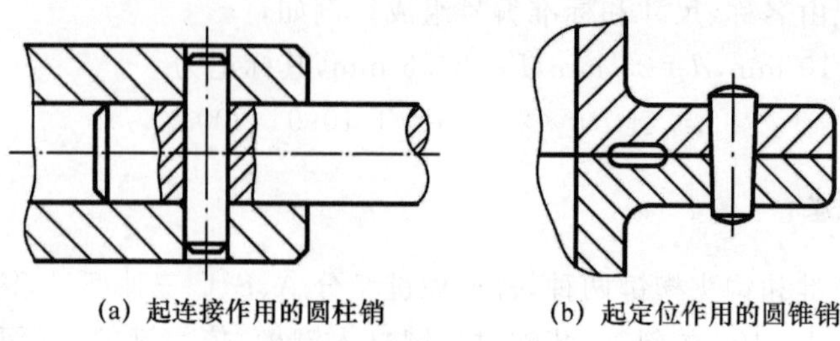

(a) 起连接作用的圆柱销　　(b) 起定位作用的圆锥销

图 8.31　圆柱销和圆锥销的连接

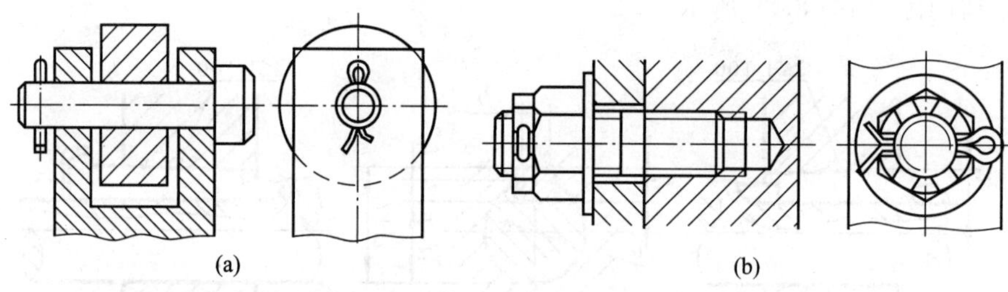

(a)　　(b)

图 8.32　开口销连接

8.4.1　圆柱销

常用的圆柱销分为不淬硬钢圆柱销和淬硬钢圆柱销两种。不淬硬钢圆柱销直径公差有 m6 和 h8 两种;淬硬钢圆柱销直径公差只有 m6 一种。淬硬钢圆柱销因淬火方式不同分为 A 型(普通淬火)和 B 型(表面淬火)两种。

圆柱销一般用于机件的定位和连接,它在装配图中的画法如图 8.31(a)所示。

圆柱销的标记见表 8.8。一般采用简化标记。

表 8.8　销的标记示例

名称及标准编号	图　例	标记示例
圆柱销 GB/T 119.1—2000(不淬硬钢和奥氏体不锈钢) 圆柱销 GB/T 119.2—2000(淬硬钢和马氏体不锈钢)	d　l	销　GB/T 119.1—2000　8m6×30 销　GB/T 119.2—2000　8m6×30 销　GB/T 119.2—2000　B8×30
内螺纹圆柱销 GB/T 120.1—2000(不淬硬钢和奥氏体不锈钢) 内螺纹圆柱销 GB/T 120.2—2000(淬硬钢和马氏体不锈钢)	d　l	销　GB/T 120.1—2000　8m6×30 销　GB/T 120.2—2000　8m6×30 销　GB/T 120.2—2000　B8×30
圆锥销 GB/T 127—2000	1:50　l　l	销　GB/T 117—2000　6×30 销　GB/T 117—2000　B6×30
开口销 GB/T 91—2000	l　d	销　GB/T 91—2000　5×50

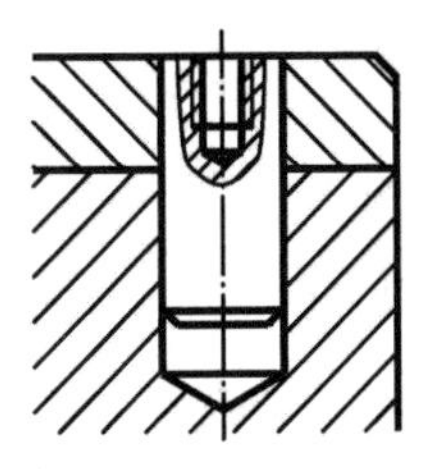

图 8.33　内螺纹圆柱销的连接

当被连接件的孔不通时，为了便于拆卸，可采用内螺纹圆柱销连接，如图 8.33 所示。

内螺纹圆柱销也分为不淬硬钢圆柱销和淬硬钢圆柱销两种。直径公差只有 m6 一种。淬硬钢圆柱销因淬火方式不同也分为 A 型（普通淬火）和 B 型（表面淬火）两种。

在某些连接要求不高的场合，还可采用拆卸方便的弹性圆柱销（如图 8.34 所示）。弹性圆柱销由于有弹性，其在销孔中始终保持张力，紧贴孔壁，不宜松动，而且这种销对销孔表面要求不高，应用日益广泛。

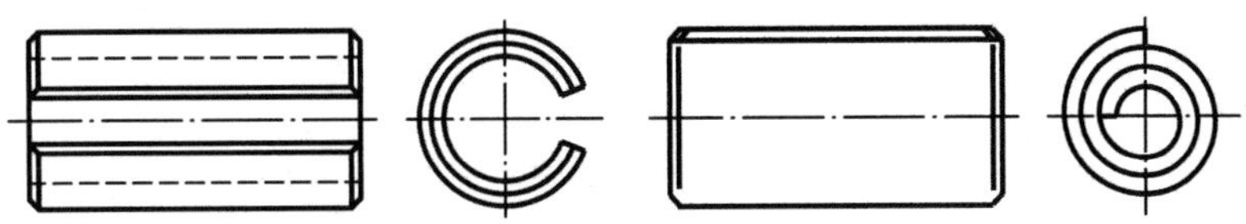

图 8.34　弹性圆柱销

8.4.2　圆锥销

常用的圆锥销分为 A 型（磨削）和 B 型（切削或冷镦）两种。其公称直径是小头的直径。圆锥销的标记见表 8.8。圆锥销一般用于机件之间的定位，在装配图中的画法如图 8.31(b)所示。

用圆锥销、圆柱销连接和定位的两个零件有较高的装配要求，在加工销孔时应把有关零件装配在一起加工，这个要求必须在零件图上注明，如图 8.35 所示。

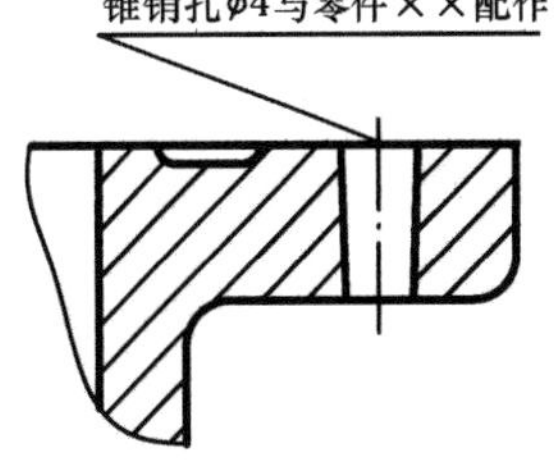

图 8.35　销孔的尺寸标注

8.4.3　开口销

开口销通常和六角开槽螺母配合使用，其在装配图中的画法如图 8.32 所示，标记可见表 8.8。

注意，开口销的公称直径是指与开口销相配的销孔直径，而开口销的实际直径要比公称直径小。

8.5　滚动轴承

机器中支撑轴的部件称为轴承。轴承分为滑动轴承和滚动轴承两种。

滚动轴承是由多个零件组成的标准部件，由于结构紧凑，摩擦损失较小，所以得到广泛应用。

8.5.1　滚动轴承的结构和分类

滚动轴承（见图 8.36）一般由四个元件组成。

(1) 内圈紧密的安装在轴上,随轴转动。

(2) 外圈安装在机座上的轴承孔内,一般固定不动。

(3) 滚动体安装在内、外圈间的滚道中,其型式有圆球、圆柱、圆锥等。

(4) 保持架(或叫做隔离罩)用来把滚动体隔离开,以避免运动的干涉。

滚动轴承按受力方向分三类,如图 8.36 所示。

(1) 深沟球轴承。主要承受径向力(见图(a))。

(2) 推力球轴承。只承受轴向力(见图(b))。

(3) 圆锥滚子轴承。同时承受径向和轴向力(见图(c))。

(a) 深沟球轴承

(b) 推力球轴承

(c) 圆锥滚子轴承

图 8.36 滚动轴承

8.5.2 滚动轴承的代号和标记

滚动轴承的种类很多,国家标准(GB/T 271—1997 和 GB/T 272—1993)规定了各种滚动轴承的分类和标记代号。

滚动轴承的标记格式如下:

(1) 名称。用“轴承”表示。

(2) 轴承代号,包括基本代号和补充代号。其中基本代号由类型代号、尺寸系列代号和内径代号组成;补充代号是轴承在结构形状、尺寸、公差、技术要求等有改变时,在其基本代号左右添加的数字或字母。一般常用的轴承代号用基本代号表示。

(3) 国家标准代号。滚动轴承所参照的国家标准,例如:

滚动轴承 6 2 08 GB/T 276—1994

内径代号:内径 d=8×5=40 mm

轴承类型代号:“6”表示深沟球轴承

尺寸系列代号:02

滚动轴承 5 12 07 GB/T 301—1995

内径代号:内径 d=7×5=35 mm

轴承类型代号:“5”表示推力球轴承

尺寸系列代号:12

轴承类型代号用数字或字母表示,如表 8.9 所示。

表 8.9 部分轴承的类型代号

代号	轴 承 类 型	代号	轴 承 类 型
0	双列角接触球轴承	7	角接触球轴承
1	调心球轴承	8	推力圆柱滚子轴承
2	调心滚子轴承和推力调心滚子球轴承	N	圆柱滚子轴承
3	圆锥滚子轴承		双列或多列用字母 NN 表示
4	双列深沟球轴承	U	外球面球轴承
5	推力球轴承	QJ	四点接触球轴承
6	深沟球轴承		

为了适应不同的工作环境，轴承在内径(d)一定的情况下，有不同的宽(B)或高(T)度和不同的外径(D)大小，它们成一定的系列，即轴承宽(高)度系列代号和直径系列代号，统称为尺寸系列代号。一般用两位数字表示(有时可省略其中一位)。

常用的轴承内径如表 8.10 所示。其中表内未列入的轴承公称内径，d 为 0.6～10、$d=22/28/32$、$d \geqslant 500$ 时，内径代号用公称内径(mm)数值直接表示，内径与尺寸系列代号之间用“/”分开。如“深沟球轴承 62/22”，表示其内径为 $d=\phi 22$ mm。

表 8.10 常用滚动轴承的内径

内径代号	00	01	02	03	04～96
轴承代号/mm	10	12	15	17	代号数字×5

8.5.3 滚动轴承的画法

滚动轴承是标准部件，不需要画零件图，国家标准 GB/T 4459.7—1998 规定了它的表示方法。在装配图中采用通用画法、特征画法或规定画法表示。表 8.11 给出了规定画法和特征画法示例。

表 8.11 常用滚动轴承的画法

轴承名称和代号	结构形式	规定画法	特征画法
深沟球轴承 GB/T 276—1994 类型代号 6 主要参数 D、d、B		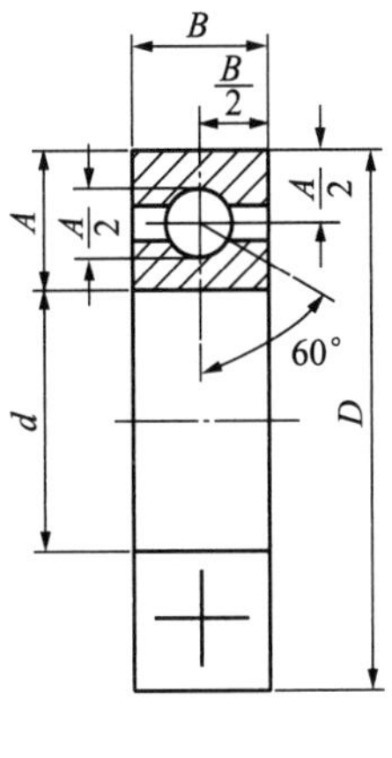 B, $\frac{B}{2}$, A, $\frac{A}{2}$, 60°, d, D	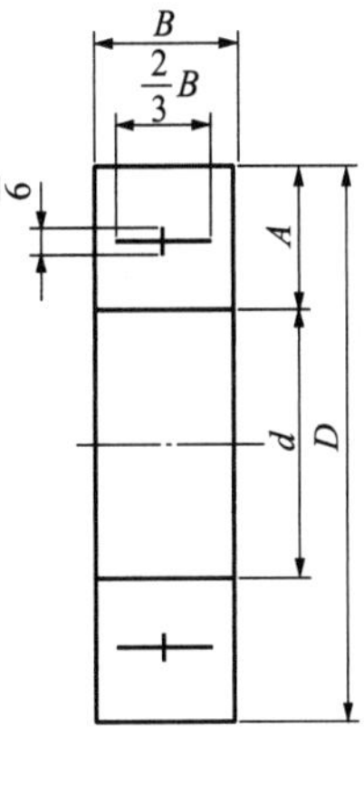 B, $\frac{2}{3}B$, $\frac{B}{6}$, A, d, D

续表

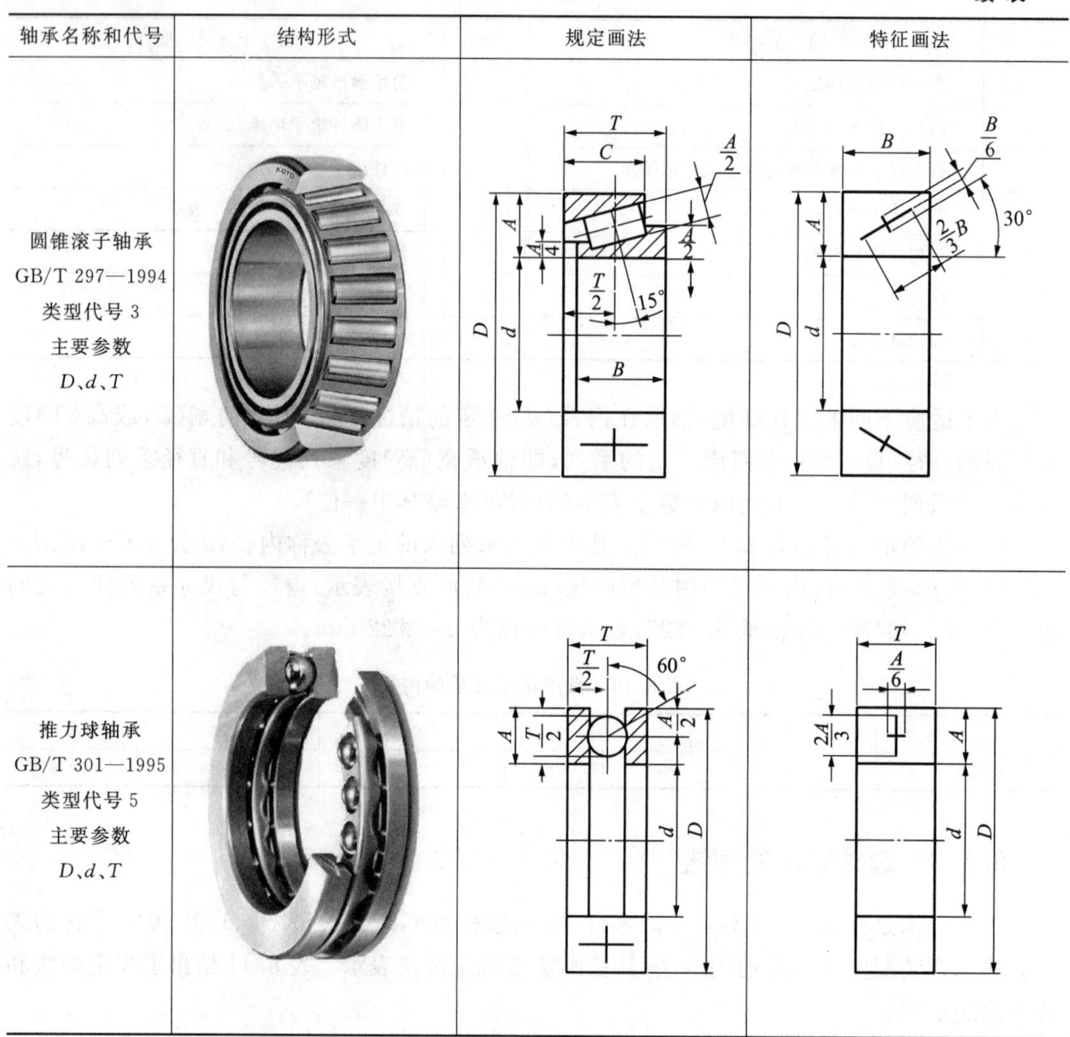

轴承名称和代号	结构形式	规定画法	特征画法
圆锥滚子轴承 GB/T 297—1994 类型代号 3 主要参数 D、d、T			
推力球轴承 GB/T 301—1995 类型代号 5 主要参数 D、d、T			

在表示滚动轴承端面的视图上，无论滚动体(球、柱、锥、针)的形状和尺寸如何，一般都按图 8.37 所示的方法绘制。

一般情况下，可以按图 8.38 所示表示滚动轴承。轴承的上一半按规定画法绘制，轴承的内圈和外圈的剖面线和间隔均要相同，而另一侧按通用画法绘制，线框中央画出粗实线的十字形。注意，十字形符号不要与矩形线框接触。标注尺寸时，由于与轴承外圈配合的孔采用基轴制，与轴承内圈配合的轴采用基孔制，故可以像图 8.38 所示的那样简化标注配合尺寸。

在装配图中，如需要较详细地表示滚动轴承的结构特征，可采用规定画法；只需要表达滚动轴承的主要结构，可采用特征画法。根据外径、内径、宽度等几个主要尺寸，按比例画法近似地画出它的结构特征。

当不需要确切地表示滚动轴承的外形轮廓、载荷特征、结构特征时，可将轴承按通用画法绘制，如图 8.39 所示。

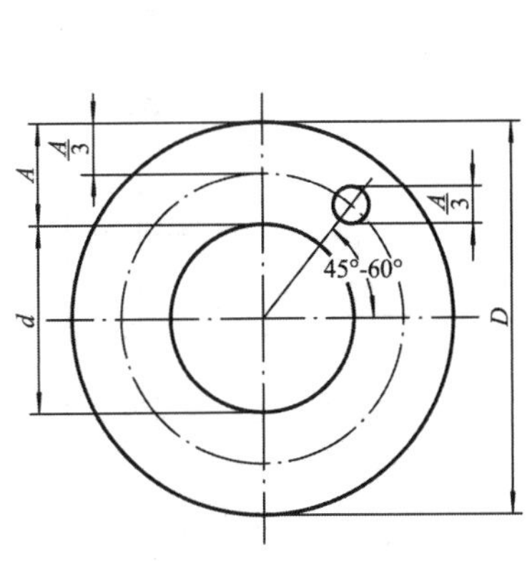

图 8.37　滚动轴承的端面视图

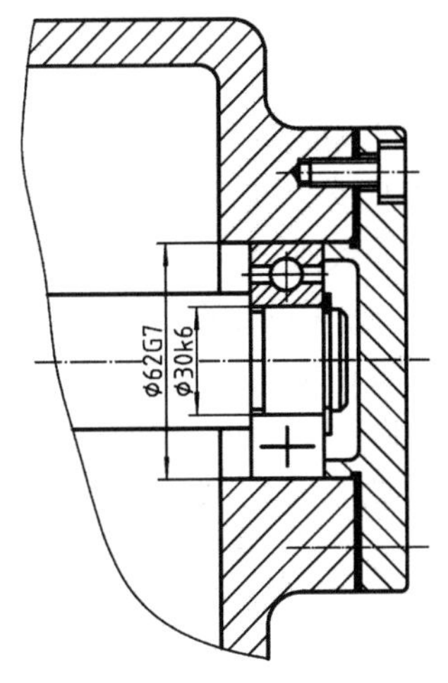

图 8.38　装配图中的滚动轴承

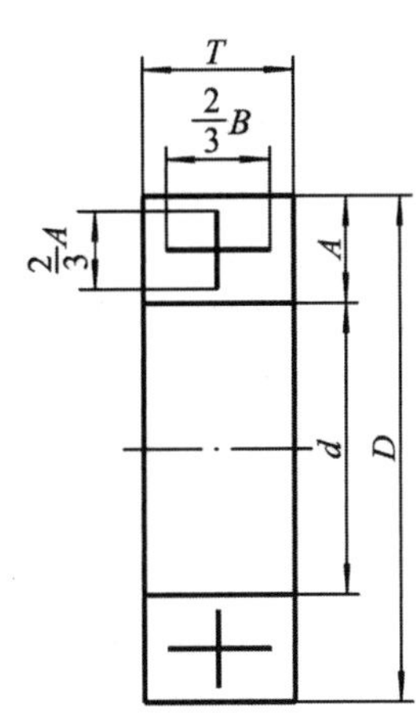

图 8.39　滚动轴承的通用画法

8.6 弹　　簧

弹簧是利用材料的弹性和结构特点，通过变形，储存能量工作的一种机械零(部)件，可用来减震、夹紧、承受冲击、测力和储存能量等。

8.6.1 概述

弹簧的种类很多，常见的有螺旋弹簧(图 8.40)、板弹簧、平面涡卷弹簧(图 8.41)等。圆柱螺旋弹簧又有如图 8.40 所示的压缩弹簧、拉伸弹簧以及扭转弹簧三种。本书主要介绍圆柱螺旋压缩弹簧。

(a) 压缩弹簧

(b) 拉伸弹簧

(c) 扭转弹簧

图 8.40　圆柱螺旋弹簧

图 8.41　平面涡卷弹簧

8.6.2 圆柱螺旋压缩弹簧的参数和尺寸关系

圆柱螺旋压缩弹簧的参数和尺寸之间的关系，如图 8.42 所示。

(1) 线径 d。用于制成弹簧的钢丝直径。

(2) 弹簧的外径、内径和中径。弹簧的外圈直径称为外径，用 D_2 表示；弹簧的内圈直径称为内径,用 D_1 表示,$D_1=D_2-2d$;弹簧外径和内径的平均值称为中径,用 D 表示,$D=(D_1+D_2)/2$。

(3) 节距 t。除两端的支承圈外,相邻两圈沿轴向的距离。

(4) 支承圈数、有效圈数、总圈数。为了使压缩弹簧工作时受力均匀、工作平稳,需保证中心线垂直于支承端面,通常将弹簧的两端并紧且磨平(或锻平)。并紧的这部分圈数只起支承和定位作用,叫做支承圈。支承圈有 1.5、2、2.5 圈三种,其中 2.5 圈用得最多。其余保持节距相等并参加工作的圈称为有效圈。有效圈数与支承圈数之和,称为总圈数,即

有效圈数(n)=总圈数(n_1)-支撑圈数(n_2)

(5) 自由高度(长度)H_0。弹簧无负荷作用时的自然高度(长度)。

$$H_0=nt+(n_2-0.5)d$$

(6) 弹簧丝展开长度 L。用于制造弹簧的钢丝坯料的长度。

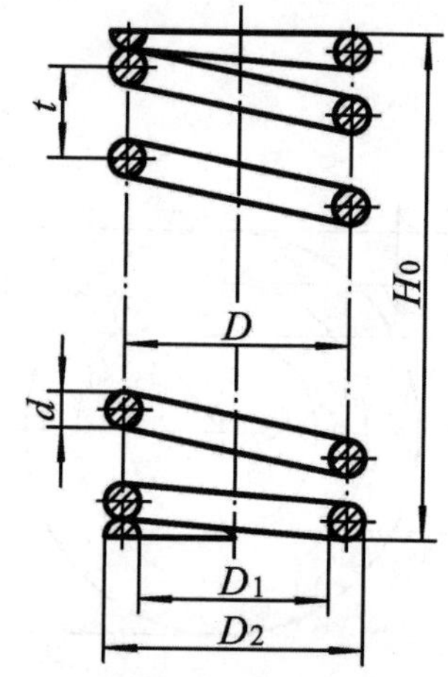

图 8.42 圆柱螺旋压缩弹簧的参数

$$L\approx n_1\sqrt{(\pi D_2)^2+t^2}$$

8.6.3 圆柱螺旋压缩弹簧的标记

圆柱螺旋压缩弹簧的标记,由下面几部分组成:

[名称代号] [形式代号] $d\times D\times H_0$ [精度代号] [旋向代号] [标准代号] [材料牌号] [表面处理]

自由高度(H_0)

线径(d)　弹簧中径(D)

国家标准规定圆柱螺旋压缩弹簧的名称代号为 Y,弹簧在端圈型式上分为 A 型(两端并紧磨平)和 B 型(两端并紧锻平)两种。弹簧的制造精度分为 2 级和 3 级,3 级精度的右旋弹簧使用最多,精度代号 3 和右旋代号可省略;左旋弹簧需标注旋向代号 LH。制造弹簧时,在线径 $d\leqslant 10$ mm 时采用冷卷工艺,一般使用 C 级碳素弹簧钢丝为弹簧材料;在线径 $d>10$ mm时采用热卷工艺,一般使用 60SiMnA 为弹簧材料,使用这些材料时可不标注。弹簧标记中的表面处理一般也省略。

例如,圆柱螺旋压缩弹簧,B 型,线径 30 mm,中径 150 mm,自由高度 300 mm,制造精度 3 级,材料 60SiMnA,表面涂漆处理的右旋弹簧标记为

YB 30×150×300　GB/T 2089—1994

再如,圆柱螺旋压缩弹簧,A 型,线径 1.2 mm,中径 8 mm,自由高度 40 mm,制造精度 2 级,材料 B 级碳素弹簧钢丝,表面镀锌处理的左旋弹簧标记为

YA 1.2×8×40—2LH　GB/T 2089—1994 B 级

8.6.4 圆柱螺旋压缩弹簧的画法

弹簧的真实投影很复杂,圆柱螺旋压缩弹簧通常按照国家标准的规定画法绘制。

(1) 在平行于螺旋弹簧轴线的投影面上的视图中,各圈的轮廓线画成直线。

(2) 右旋螺旋弹簧在图上一定画成右旋;左旋弹簧也可画成右旋,但不论画成左旋还是

右旋，在图上均需注出旋向“左”字。

(3) 有效圈数在 4 圈以上的螺旋弹簧只画出两端的 1～2 圈（支撑圈不算在内），中间只需用通过弹簧丝断面中心的细点画线连起来，并允许适当缩短图形的长度。

(4) 对于螺旋压缩弹簧，如要求两端并紧且磨平时，不论支承圈的圈数多少和末端贴紧情况如何，均可按支承圈数 2.5 圈（有效圈是整数）的形式绘制。必要时可按支撑圈的实际结构绘制。表 8.12 给出了圆柱螺旋压缩弹簧的画图步骤。

表 8.12　圆柱螺旋压缩弹簧的画图步骤

步骤	根据弹簧的自由高度 H_0、弹簧中径 D，画出矩形	画出支撑圈部分，线径为 d	画出部分有效圈，t 为节距	按旋向为右旋（或实际旋向）作相应的公切线，需要时，画成剖视图
图形	H_0　D	ϕd　d　d	t　$t/2$　t　$t/2$　t	

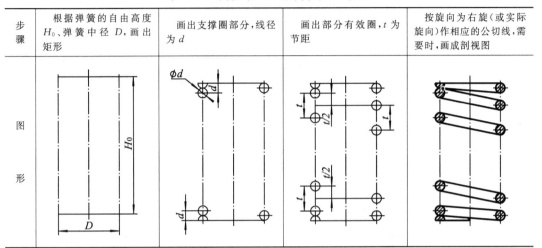

(5) 在装配图中画螺旋弹簧时，一般画成剖视（如图 8.43(a)所示），当簧丝直径在图形上不大于 2 mm 时，簧丝断面全部涂黑（如图 8.43(b)所示）或采用示意画法（如图 8.43(c)所示）。机件被弹簧遮挡的结构一般不画出，未被遮挡的部分画到弹簧的外轮廓线或弹簧钢丝断面的中心连线处，如图 8.43 所示。

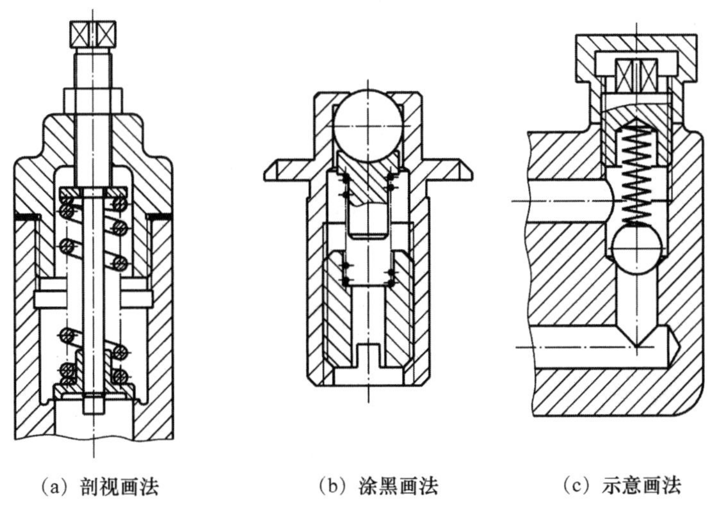

(a) 剖视画法　　(b) 涂黑画法　　(c) 示意画法

图 8.43　装配图中弹簧的画法

8.7 齿　　轮

齿轮传动是机械传动中广泛应用的传动方式,可以完成传递动力、运动,以及改变运动方向、速度和运动方式等功能。

如图 8.44 所示,常见的齿轮有圆柱齿轮、圆锥齿轮、蜗杆和蜗轮,它们的作用各不相同。

(1) 圆柱齿轮:用于两轴平行时的传动,如图 8.44(a)所示。

(2) 圆锥齿轮:用于两轴相交时的传动,如图 8.44(b)所示。

(3) 蜗杆蜗轮:用于两垂直交叉轴的传动,如图 8.44(c)所示。

在齿轮传动中,为了使运动平稳、啮合正确,轮齿的轮廓曲线一般采用渐开线、摆线或圆弧,其中渐开线齿廓最为常见。轮齿的方向有直齿、斜齿、人字齿和弧形齿等。本书着重介绍渐开线标准齿轮的基本知识和规定画法。

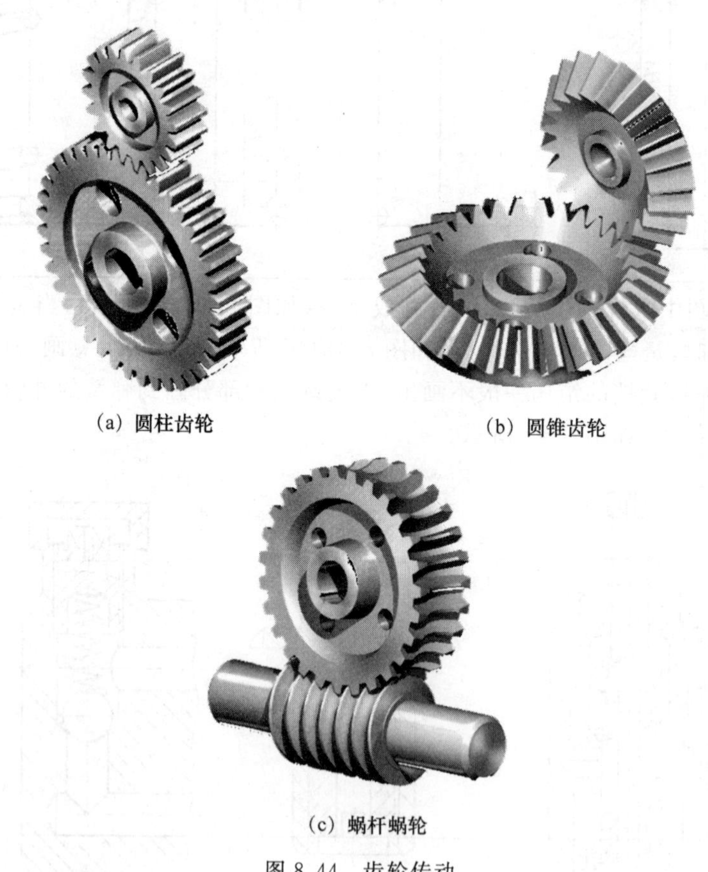

(a) 圆柱齿轮　(b) 圆锥齿轮

(c) 蜗杆蜗轮

图 8.44　齿轮传动

8.7.1 圆柱齿轮

圆柱齿轮的齿形分为直齿轮、斜齿轮和人字齿轮三种,如图 8.45 所示。

(a) 直齿轮　　(b) 斜齿轮　　(c) 人字齿轮

图 8.45　圆柱齿轮

1. 圆柱齿轮的基本参数和基本尺寸

(1) 直齿轮

直齿轮是直齿圆柱齿轮的简称，其外形为圆柱形，齿向与齿轮轴线平行。图 8.46(a)表示单个齿轮各部分名称，图 8.46(b)表示两齿轮相互啮合时各部分名称和代号。

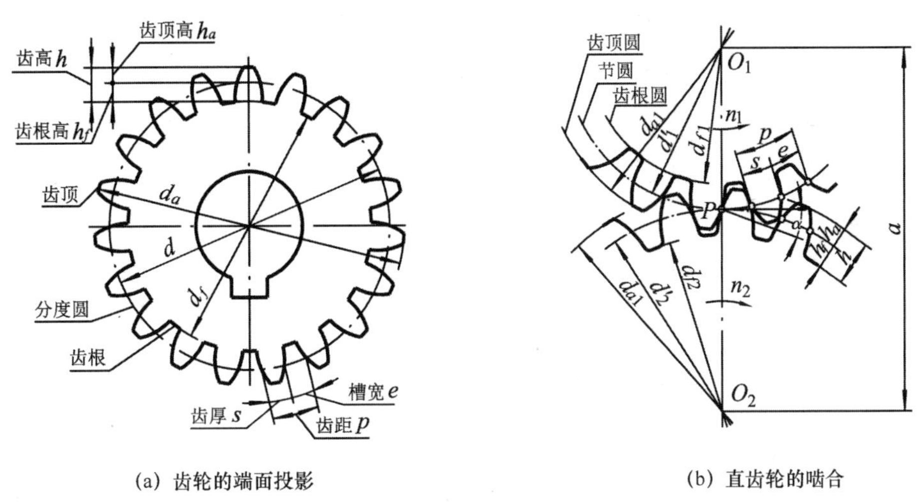

(a) 齿轮的端面投影　　(b) 直齿轮的啮合

图 8.46　直齿轮各部分名称和代号

① 齿轮的名词术语

- 节圆和分度圆。在两齿轮啮合时，连心线 O_1O_2 上两相切的圆(齿廓的接触点 P——节点，将齿轮的连心线分为两段，以 O_1、O_2 为圆心，以 O_1P、O_2P 为半径所画的圆)称为节圆，其直径用 d'表示。当齿轮传动时，可以假想是两个节圆在作无滑动的纯滚动。两节圆的切点，即齿廓的接触点，称为节点。

很明显，齿轮的轮齿是在圆周上等分的，加工齿轮时，作为轮齿分度的圆称为分度圆，其直径用 d 表示，它是设计和加工齿轮的重要参数。在标准齿轮中，$d'=d$。

- 齿顶圆。通过轮齿顶部的圆柱面与端面相交的圆称为齿顶圆，其直径用 d_a 表示。
- 齿根圆。通过轮齿根部的圆柱面与断面相交的圆称为齿根圆，其直径用 d_f 表示。
- 齿距、齿厚、槽宽。对标准齿轮，两个相邻的轮齿同侧面间的分度圆弧长称为齿距，

用 p 表示;单个轮齿两侧面之间的分度圆弧长称为齿厚,用 s 表示;一个齿槽齿廓间的分度圆上的弧长称为槽宽,用 e 表示。在标准齿轮中,$s=e$,$p=e+s$。

• 齿高、齿顶高、齿根高。齿顶圆到齿根圆之间的径向距离,称为齿高,用 h 表示;分度圆将轮齿的高度分为两个不等的部分——分度圆到齿顶圆之间的径向距离,称为齿顶高,用 h_a 表示;分度圆到齿根圆之间的径向距离,称为齿根高,用 h_f 表示。齿高是齿顶高和齿根高之和,即 $h=h_a+h_f$。

• 啮合角、压力角、齿形角。一对相啮合轮齿齿廓在接触点 P 的公法线(即齿廓的受力方向)与两节圆的公切线(即节点 P 处的瞬时运动方向)所夹的锐角,称为啮合角或压力角。加工齿轮的原始基本齿条的法向压力角称为齿形角,用字母 α 表示

$$啮合角=压力角=齿形角=\alpha$$

相啮合的一对齿轮的压力角应该相等。国家标准齿轮的压力角 $\alpha=20°$。

• 传动比。主动齿轮转速 n_1(转/min)与从动齿轮转速 n_2(转/min)之比,用 i 表示。由于转速与齿数成反比,因此传动比也等于从动齿轮齿数与主动齿轮齿数之比,即

$$i=\frac{n_1}{n_2}=\frac{z_2}{z_1}。$$

• 中心距。两圆柱齿轮轴线之间的最短距离称为中心距,用 a 表示。对于标准齿轮,在图 8.45(a)中,$a=O_1P+O_2P=\frac{1}{2}(d_1+d_2)$。

② 齿轮的参数关系

由图 8.46(a)可知,若以 z 表示齿数,则齿轮的分度圆圆周长度为

$$\pi d=zp$$

则分度圆直径为

$$d=\frac{p}{\pi}z$$

令 $m=\frac{p}{\pi}$,则

$$d=mz$$

式中,m 为齿轮的模数。

模数是设计和制造齿轮的基本参数。为设计和制造方便,模数已经标准化,见表 8.13。

表 8.13 标准模数(GB/T 1357—1987) mm

系列														
第一系列	0.1,	0.12,	0.15,	0.2,	0.25,	0.3,	0.4,	0.5,	0.6,	0.8,	1,	1.25,	1.5,	2,
	2.5,	3,	4,	5,	6,	8,	10,	12,	16,	20,	25,	32,	40,	50
第二系列	0.35,	0.7	0.9	1.75	2.25	2.75	(3.25)	3.5	(3.75)	4.5	5.5	(6.5)	7,	9
	(11)	14	18	22	28	36	45							

注:① 在选用模数时,应优先采用第一系列,括号内的模数尽可能不用。

② GB/T 12368—1990 规定了圆锥齿轮的模数,除了表中的数值外,还有 1.125、1.375、25、30。

模数是齿距和圆周率的比值,因此,模数越大,齿距就越大,齿厚越大,即轮齿越大;若齿数一定,模数越大的齿轮,其分度圆直径就越大,轮齿也越大,轮齿所能承受的载荷也就越大。

值得注意的是,一对相啮合的齿轮,其齿距应相等,即模数必须相等(压力角也要相等)。

设计齿轮时,先要确定模数和齿数,其他各部分尺寸都可由模数和齿数计算出来。

对标准直齿圆柱齿轮,国家标准规定:齿顶高为

$$h_a = m$$

齿根高为
$$h_f = 1.25m$$

齿高为
$$h = h_a + h_f = 2.25m$$

根据上述关系可决定齿轮的齿顶圆直径和齿根圆直径。齿顶圆直径为

$$d_a = d + 2h_a = mz + 2m = m(z+2)$$

齿根圆直径为
$$d_f = d - 2h_f = mz - 2.5m = m(z-2.5)$$

中心距为
$$a = \frac{1}{2}(d_1 + d_2) = \frac{1}{2}(mz_1 + mz_2) = \frac{1}{2}m(z_1 + z_2)$$

标准直齿轮的各基本尺寸的计算公式，见表 8.14。

表 8.14　标准直齿轮各基本尺寸的计算公式(基本参数：模数 m，齿数 z，压力角 $\alpha=20°$)

名　　称	符　　号	计算公式	名　　称	符　　号	计算公式
齿　　距	p	$p=\pi m$	分度圆直径	d	$d=mz$
齿　　高	h	$h=2.25m$	齿顶圆直径	d_a	$d_a=m(z+2)$
齿 顶 高	h_a	$h_a=m$	齿根圆直径	d_f	$d_f=m(z-2.5)$
齿 根 高	h_f	$h_f=1.25m$	中 心 距	a	$a=(z_1+z_2)m/2$

(2) 斜齿轮

斜齿轮是斜齿圆柱齿轮的简称。

一对直齿圆柱齿轮啮合传动时，轮齿的整个齿宽同时进入接触，转动一定角度后又同时分离，使传动不够平稳。图 8.47(a)示出了把直齿轮在垂直于轴线方向切成五片并相互错开同一个角度，变成一个五阶梯齿轮，这样的两个齿轮相啮合时，由于齿面是依次进入啮合，所以传动将更平稳。如果假想把直齿轮切成很薄的无穷多片，相互错开，就形成图 8.47(b)所示的斜齿轮。相对于直齿轮，斜齿轮除了传动更平稳，还有承载能力更大等优点，但会产生轴向力。一般情况下，斜齿轮传动的轴线保持平行。

斜齿轮的轮齿倾斜以后，它在端面上的齿形和垂直轮齿方向的齿形不同，如图 8.48 所示。轮齿的轮齿方向在分度圆柱面上与分度圆柱轴线的倾角称为螺旋角，用 β 表示，它表明了齿的倾斜程度。在与轴线垂直的平面上的齿距和模数称为端面齿距 P_t 和端面模数 m_t。在与轮齿螺旋线方向垂直的平面上的齿距和模数称为法向齿距 P_n 和法向模数 m_n。

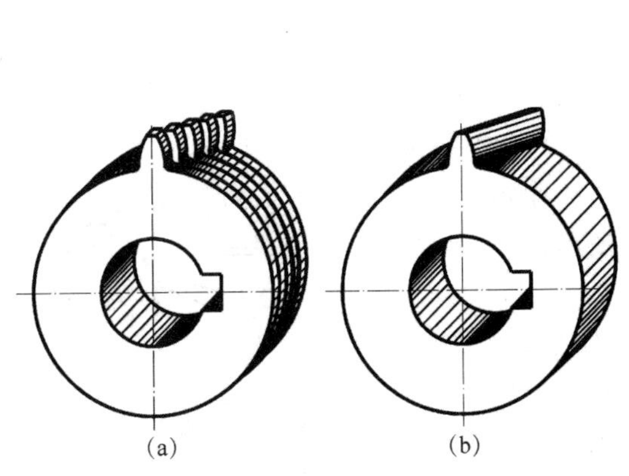

图 8.47　斜齿轮

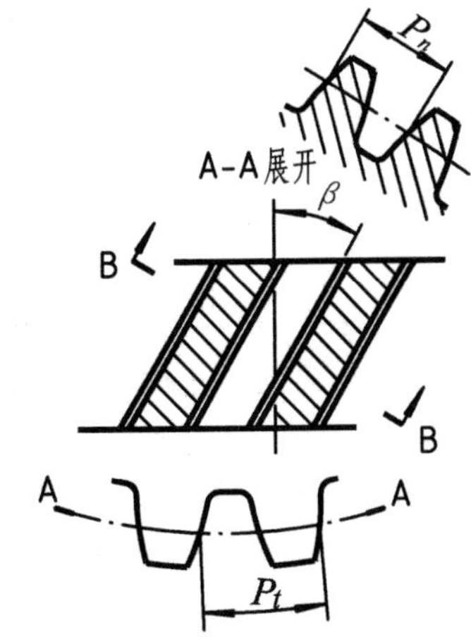

图 8.48　斜齿轮在分度圆柱面上的展开图

$$m_t=\frac{m_n}{\cos\beta}$$

法向模数 m_n 是斜齿轮的标准模数，其值在表 8.13 中选取。齿高也由法向模数确定。斜齿轮的分度圆直径由端面模数 m_t 确定。标准斜齿轮的各基本尺寸的计算公式见表 8.15。

表 8.15　标准斜齿轮各基本尺寸的计算公式(基本参数:模数 m_n,齿数 z,螺旋角 β)

名　称	符　号	计算公式	名　称	符　号	计算公式
法向齿距	P_n	$P_n=\pi m_n$	分度圆直径	d	$d=\frac{m_n z}{\cos\beta}$
齿　高	h	$h=2.25m_n$	齿顶圆直径	d_a	$d_a=d+2m_n$
齿顶高	h_a	$h_a=m_n$	齿根圆直径	d_f	$d_f=d-m_n$
齿根高	h_f	$h_f=1.25m_n$	中心距	a	$a=\frac{m_n(z_1+z_2)}{2\cos\beta}$

2. 直齿轮的规定画法

国家标准规定，齿轮的轮齿部分采用规定画法，即用通过齿顶圆、齿根圆和分度圆的三个圆柱面的投影表示齿轮的轮齿部分。规定如下：①齿顶线和齿顶圆用粗实线绘制；②分度线和分度圆用细点画线绘制；③齿根线和齿根圆用细实线绘制，也可省略不画；在剖视图中，当剖切平面通过齿轮轴线时，齿根线用粗实线绘制，轮齿按不剖处理；④当轮齿有倒角时，在端面视图上，倒角圆不画。如图 8.49 所示。

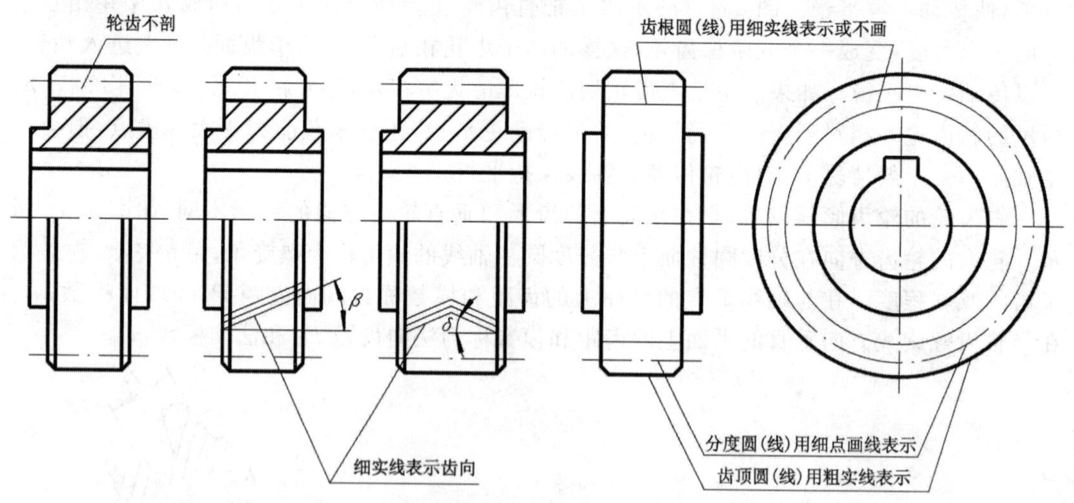

图 8.49　圆柱齿轮的画法

如需表达齿形，可在图形中用粗实线画出一两个齿，或用局部放大图表示。齿形的近似画法，如图 8.50 所示。

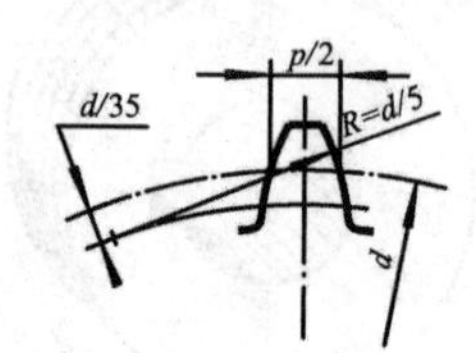

图 8.50　齿形的近似画法

(1) 单个圆柱齿轮的画法

单个齿轮常将主视图画成全剖视，左视图画成视图或局部视图来表达。当需要表示斜齿轮和人字齿轮的齿线方向时，可将主视图画成半剖，并用三条与齿线方向一致相互平行的细实线表示。如图 8.49 所示。

(2) 圆柱齿轮工作图的画法

在齿轮工作图中，应包括足够的视图及制造时所需的尺寸和技术要求。齿顶圆直径、分度圆直径及有关齿轮的基本尺寸必须直接注出，齿根圆直径规定不注；同时，在其图样右上角的参数表中，注写模数、齿数、压力角、精度等级等参数。有时也要注写与之相啮合的齿轮的图号及齿数，如图 8.51 所示。

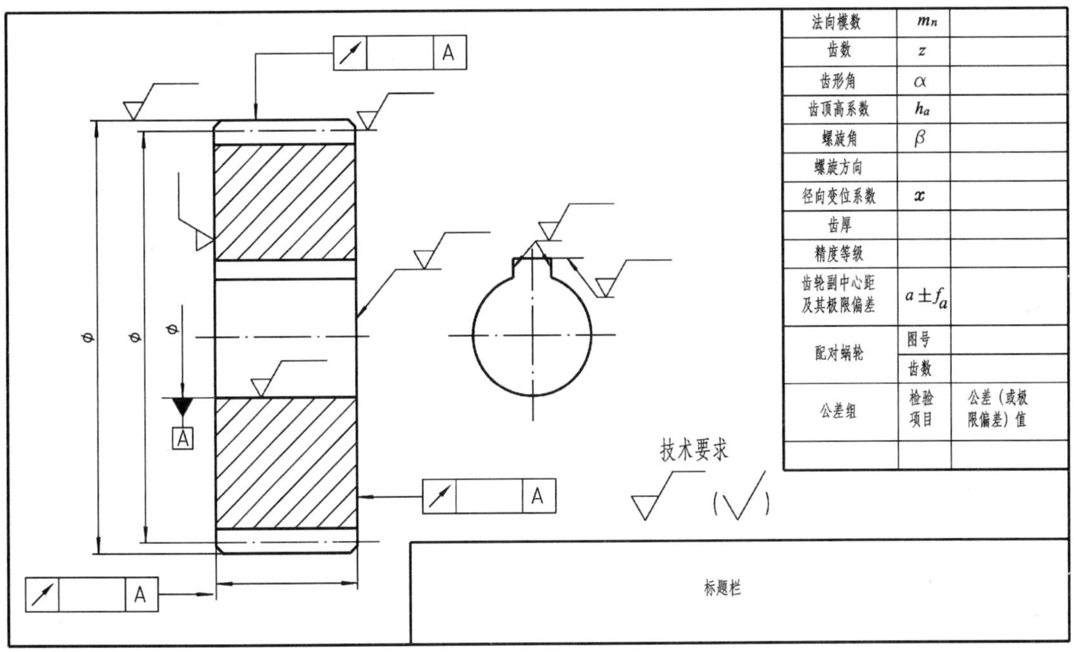

法向模数
m_n
齿数
z
齿形角
α
齿顶高系数
h_a
螺旋角
β
螺旋方向
径向变位系数
x
齿厚
精度等级
齿轮副中心距及其极限偏差
$a \pm f_a$
配对蜗轮
图号
齿数
公差组
检验项目
公差（或极限偏差）值
技术要求
标题栏
A

图 8.51　渐开线圆柱齿轮图样格式

(3) 圆柱齿轮的啮合画法

在垂直于圆柱齿轮轴线的投影面的视图中（即端面视图），两节圆用细点画线画成相切。齿顶圆均用粗实线绘制，在啮合区内的齿顶圆可用粗实线绘制，也可省略不画；两齿根圆可用细实线画出，但多省略不画。如图 8.52(b)和(c)所示。

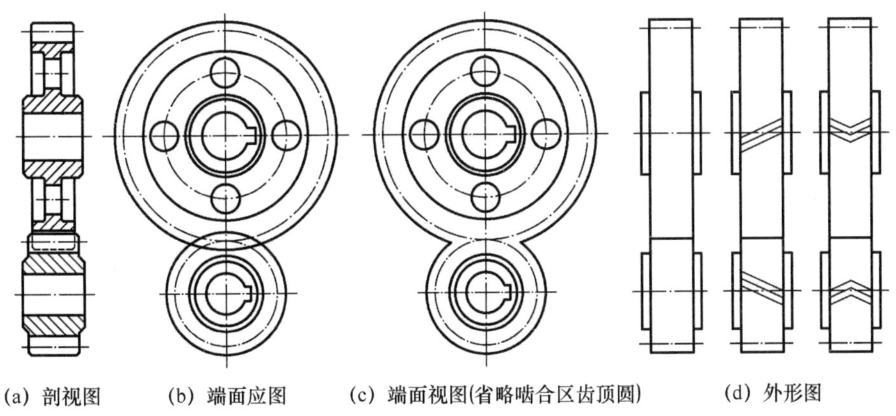

(a) 剖视图　(b) 端面应图　(c) 端面视图(省略啮合区齿顶圆)　(d) 外形图

图 8.52　圆柱齿轮啮合画法

在平行于圆柱齿轮轴线的投影面的视图中，若画外形图，啮合区内的齿顶线和齿根线不需画出，节线用粗实线绘制，其他处的节线仍用细点画线绘制，如图 8.52(d)所示。当画成剖视图且剖切平面通过两啮合齿轮的轴线时，啮合区内的两条节线重合为一条，用细点画线绘制；两齿轮的齿根线都用粗实线画出；两齿轮的齿顶线，其中一条用粗实线绘制，而另一条用虚线或省略不画，如图 8.53 所示。有时为了明确传动关系，齿顶线画成粗实线的为主动轮。圆柱齿轮啮合画法如图 8.52(a)所示。

注意：齿顶线与齿根线之间有 0.25 mm 的间隙。画图时，如实际间隙太小，可适当夸大画出。齿轮啮合区的画法如图 8.53 所示。

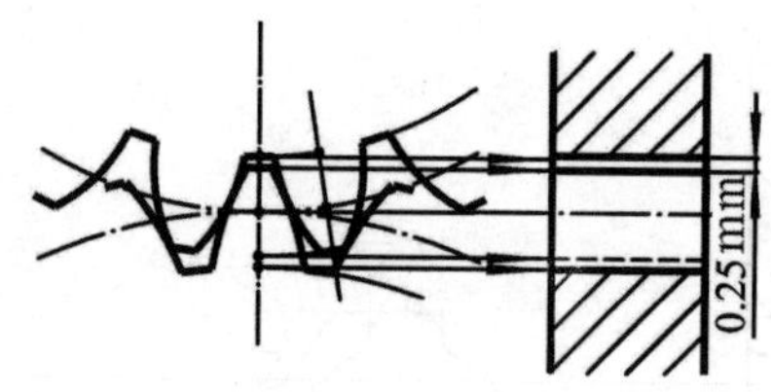

图 8.53　齿轮啮合区的画法

内啮合齿轮和齿轮齿条啮合的画法，如图 8.54 和 8.55 所示。

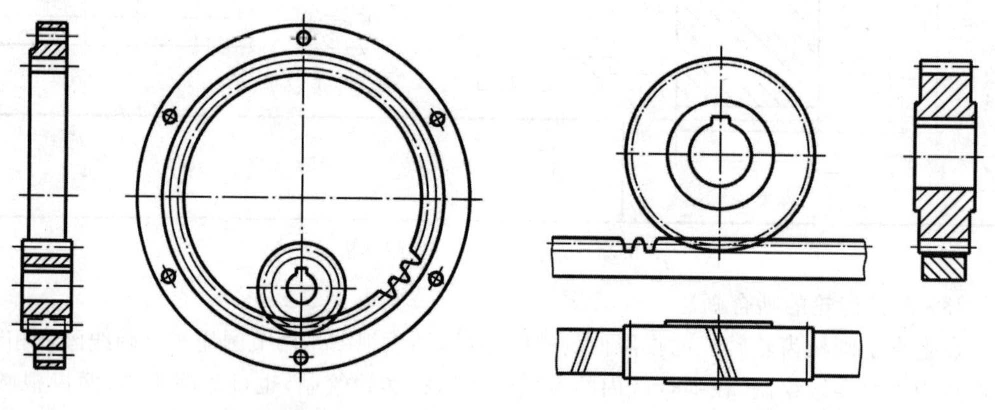

图 8.54　内啮合齿轮的画法

图 8.55　齿轮齿条啮合的画法

8.7.2　圆锥齿轮

为了传递两相交轴(一般交角为 90°)之间的回转运动，可在圆锥面上制出轮齿，这样形成的齿轮称为圆锥齿轮。由于圆锥齿轮的轮齿分布在圆锥面上，所以轮齿一端大、一端小，沿齿宽方向轮齿大小均不相同。轮齿全长上的模数、齿高等都不相同，它们的尺寸沿着齿宽方向变化，而以大端的尺寸最大。圆锥齿轮分为直齿、斜齿、螺旋齿和人字齿等。

1. 直齿圆锥齿轮的基本尺寸计算

为了便于计算和制造，规定圆锥齿轮的大端端面模数为标准模数来计算轮齿各部分的尺寸。图 8.56 为圆锥齿轮的各部分名称及其传动的啮合图。标准直齿圆锥齿轮各部分的尺寸也都与模数和齿数有关，见表 8.16。

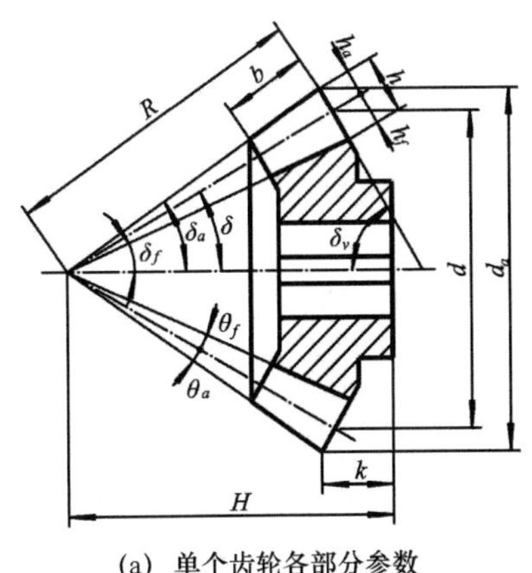

(a) 单个齿轮各部分参数

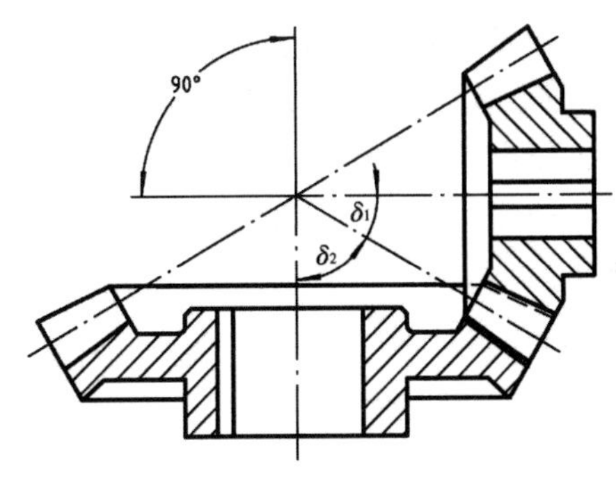

(b) 圆锥齿轮啮合图

图 8.56　圆锥齿轮各部分参数及啮合图

表 8.16　标准直齿圆锥齿轮各基本尺寸的计算公式(基本参数:模数 m,齿数 z,分度圆锥角 δ)

名　称	符　号	计算公式	名　称	符　号	计算公式
齿　高	h	$h=2.2m$	齿顶角	θ_a	$\tan\theta_a=\frac{2\sin\delta}{z}$
齿顶高	h_a	$h_a=m$	齿根角	θ_f	$\tan\theta_f=\frac{2.4\sin\delta}{z}$
齿根高	h_f	$h_f=1.25m$	分度圆锥角	δ	一般 $\delta_1+\delta_2=90°$
分度圆直径	d	$d=mz$	顶锥角	δ_a	$\delta_a=\delta+\theta_a$
齿顶圆直径	d_a	$d_a=m(z+2\cos\delta)$	根锥角	δ_f	$\delta_f=\delta-\theta_f$
齿根圆直径	d_f	$d_f=m(z-2.4\cos\delta)$	齿　宽	b	$b\leqslant R/3$
外锥距	R	$R=\frac{mz}{2\sin\delta}$			

2. 直齿圆锥齿轮的画法

圆锥齿轮的主视图常作剖视,轮齿按不剖处理。在左视图中,用粗实线画出大端和小端的齿顶圆,用点画线画出大端的分度圆。大、小端齿根圆及小端分度圆均不画出。若圆锥齿轮为人字齿或圆弧形时,可将主视图画成半剖,并用三条细实线表示轮齿的方向。

图 8.57 示出了圆锥齿轮的画图步骤。

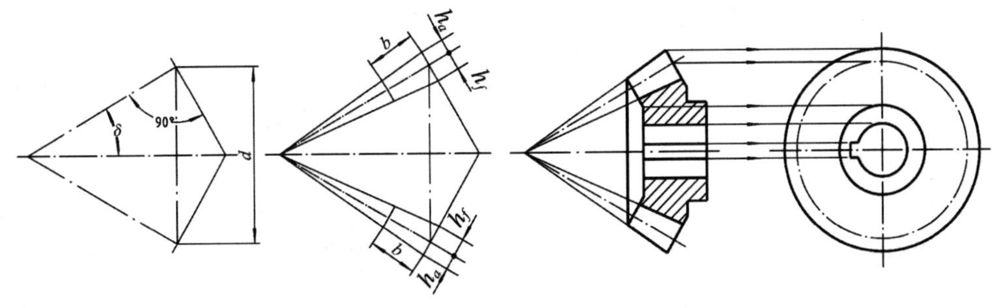

图 8.57　圆锥齿轮的画图步骤

(1) 定出分度圆直径和分度圆锥角。

(2) 画出齿顶线(圆)和齿根线(圆),并定出齿宽 b。(齿顶高、齿根高沿大端背锥素线量取,其背锥素线与分锥素线垂直。)

(3) 作出其他投影轮廓。

(4) 加深,画剖面线,擦去作图线,完成全图。

图 8.58 示出了等顶隙圆锥齿轮的图样格式。这种齿轮的性能优于前面所介绍的普通圆锥齿轮,应用日益广泛。

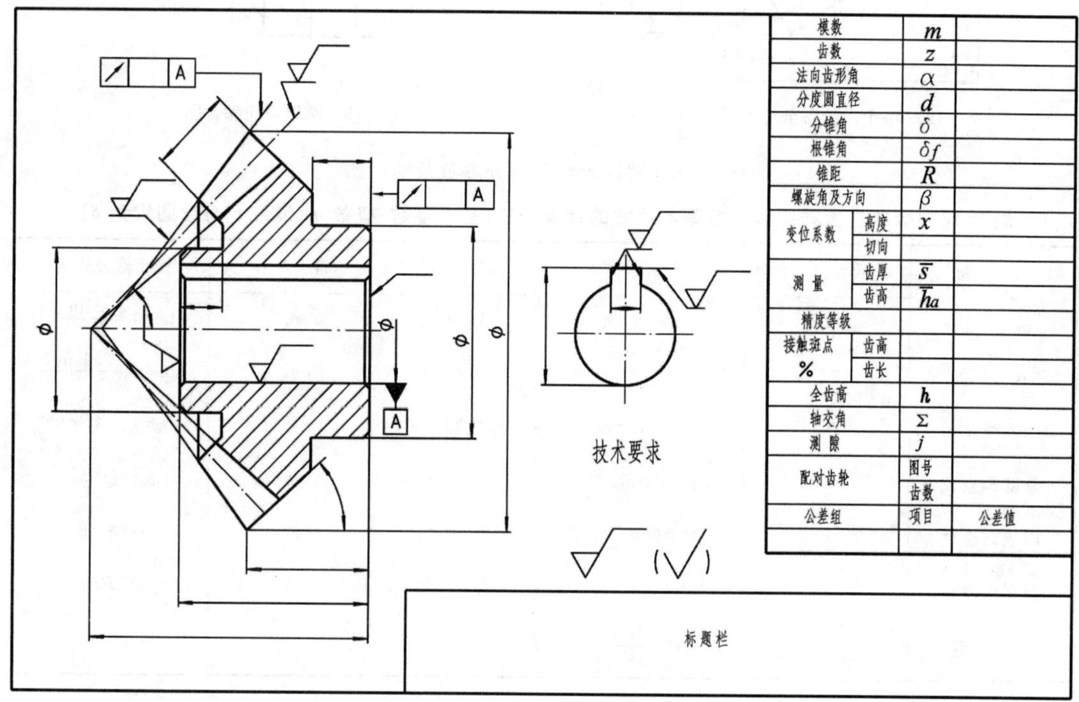

A
A
A
技术要求
标题栏
模数 m
齿数 z
法向齿形角 α
分度圆直径 d
分锥角 δ
根锥角 δf
锥距 R
螺旋角及方向 β
变位系数 高度 x
切向
测量 齿厚 s
齿高 ha
精度等级
接触斑点 % 齿高
齿长
全齿高 h
轴交角 Σ
测隙 j
配对齿轮 图号
齿数
公差组 项目 公差值

图 8.58 圆锥齿轮的零件图

两圆锥齿轮啮合时,其锥顶交于一点,节圆(两分度圆锥)相切。画图步骤如图 8.59 所示。

8.7.3 蜗杆和蜗轮

蜗轮和蜗杆常用于空间垂直交叉轴之间的传动,如图 8.60 所示。蜗轮和蜗杆传动可以得到很高的传动比,且传动平稳,结构紧凑。但由于摩擦力大,传动效率低。工作时蜗杆带动蜗轮。蜗杆的齿数 z_1 称为头数,相当于传动螺纹的线数,常用单头或双头。单头蜗杆转一圈蜗轮只转一个齿,因此可得到很大的转速比($i=z_2/z_1$,z_2 为蜗轮的齿数)。一对啮合的蜗轮和蜗杆,必须有相同的模数和压力角。

常见的蜗杆是圆柱形蜗杆。轮齿沿圆柱面上一条螺旋线运动即形成蜗杆。蜗轮和蜗杆的齿向是螺旋形的,蜗轮(实际上是斜齿圆柱齿轮)的齿顶常制成凹环面,以增加它和蜗杆的接触面积,延长使用寿命。

蜗轮、蜗杆的主要参数是在通过蜗杆轴线并垂直于蜗轮轴线的平面内决定的。蜗轮和蜗杆的基本尺寸计算可查阅有关手册。图 8.61 和图 8.62 示出了蜗杆、蜗轮的图样格式,具

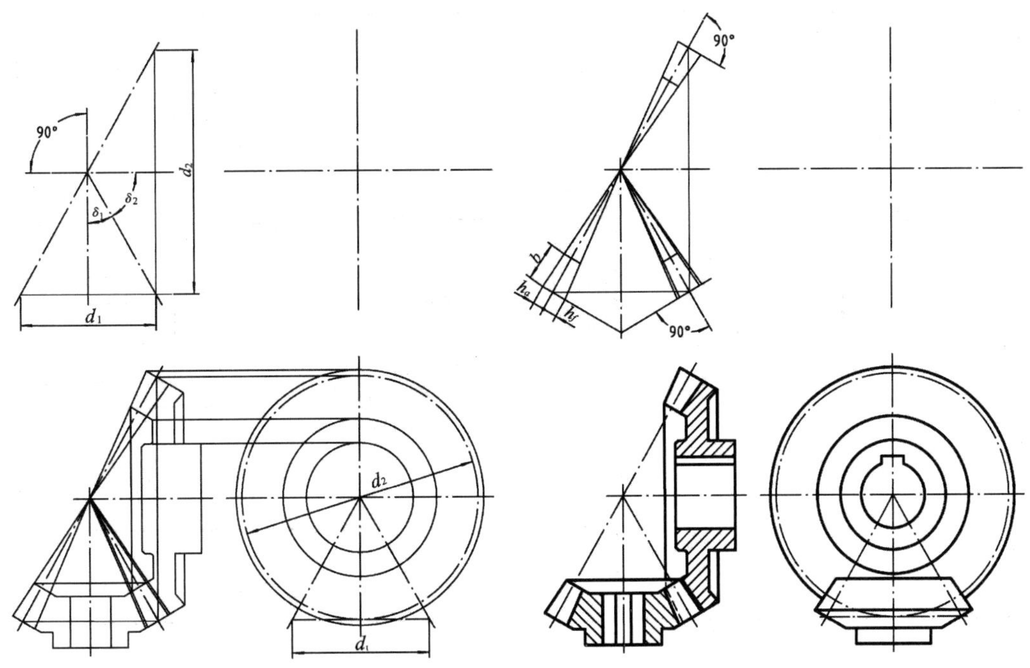

图 8.59　圆锥齿轮啮合时的画图步骤

体画法与圆柱齿轮类似。

蜗轮与蜗杆啮合的画法如下：在蜗轮投影为非圆的视图上，蜗轮与蜗杆重合的部分，只画蜗杆不画蜗轮。在蜗轮投影为圆的视图上，蜗杆的节线与蜗轮的节圆画成相切。在剖视图中，当剖切平面通过蜗杆的轴线时，齿顶圆或齿顶线均可省略不画。蜗轮与蜗杆啮合图如图 8.60 所示。

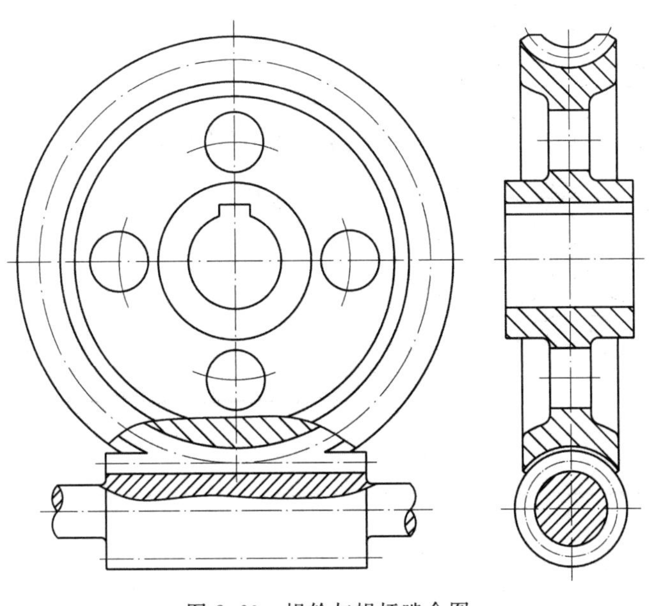

图 8.60　蜗轮与蜗杆啮合图

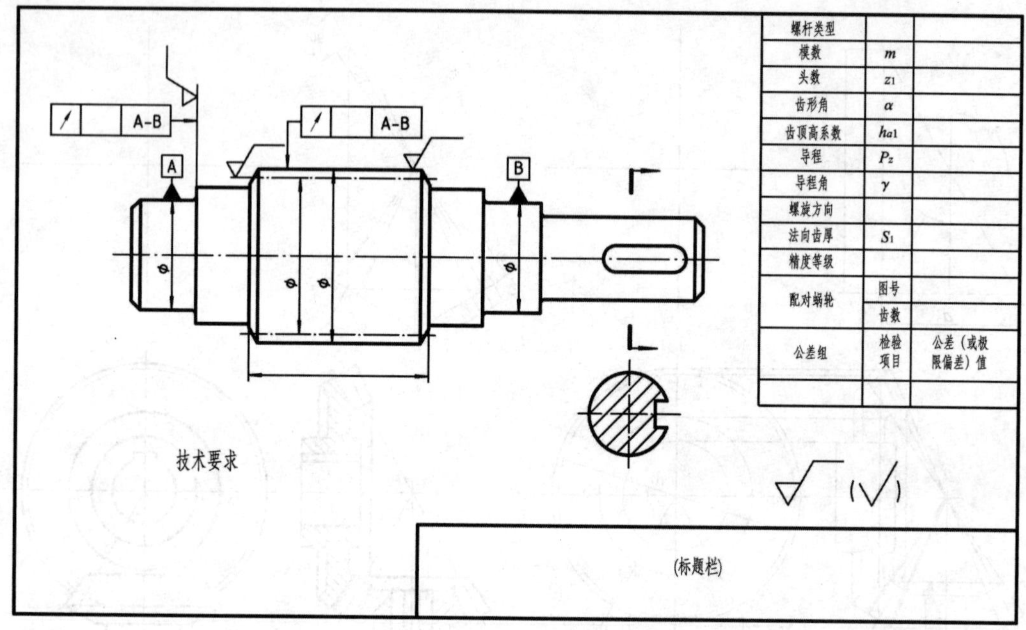
A-B
A-B
A
B
螺杆类型
模数 m
头数 z_1
齿形角 α
齿顶高系数 h_{a1}
导程 P_z
导程角 γ
螺旋方向
法向齿厚 S_1
精度等级
配对蜗轮 图号
齿数
公差组 检验项目 公差(或极限偏差)值
技术要求
(标题栏)

图 8.61 蜗杆图样

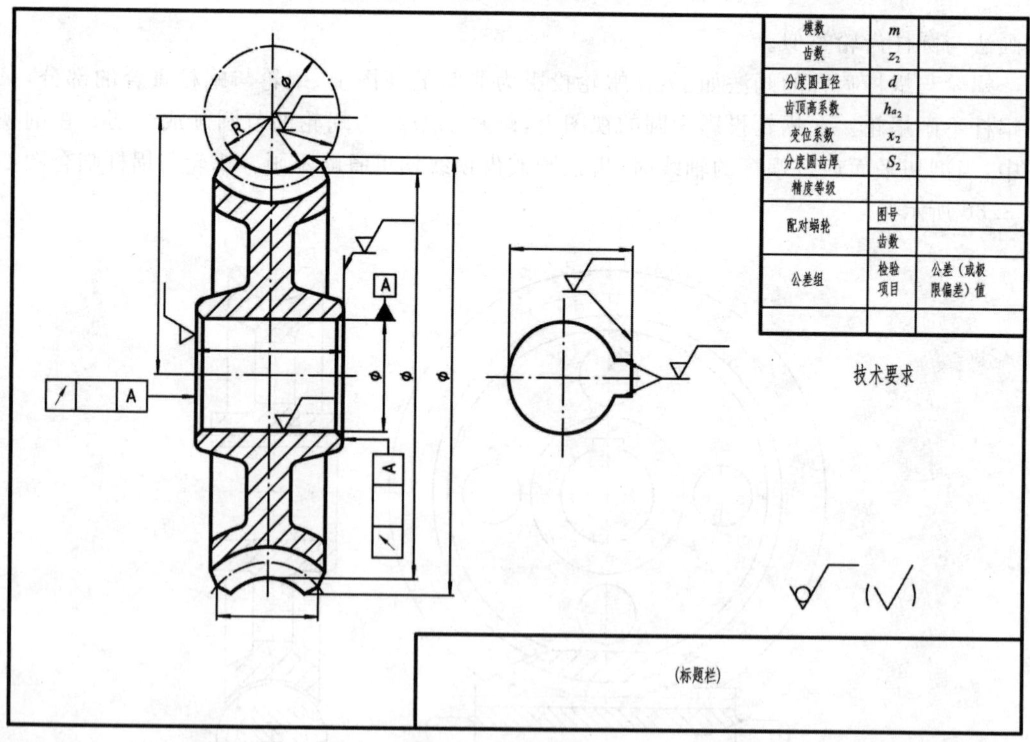
R
A
A
A
模数 m
齿数 z_2
分度圆直径 d
齿顶高系数 h_{a_2}
变位系数 x_2
分度圆齿厚 S_2
精度等级
配对蜗轮 图号
齿数
公差组 检验项目 公差(或极限偏差)值
技术要求
(标题栏)

图 8.62 蜗轮图样

8.8 花　　键

花键是轴或孔的表面上等距分布的相同键齿，用于轴孔连接，相对于普通平键、楔键等能传递较大的动力。花键连接比较可靠，并且被连接零件之间的同轴度和沿轴向的导向性都比较好。花键的齿形有矩形、三角形和渐开线形等，其中矩形花键应用较广。花键是一种常用的标准要素，它本身的结构形式、尺寸大小和公差等都已标准化。

花键结构在轴(外圆柱面或外圆锥面)上时称为外花键，花键结构在孔(内圆柱面或内圆锥面)上时称为内花键，如图 8.63 所示。

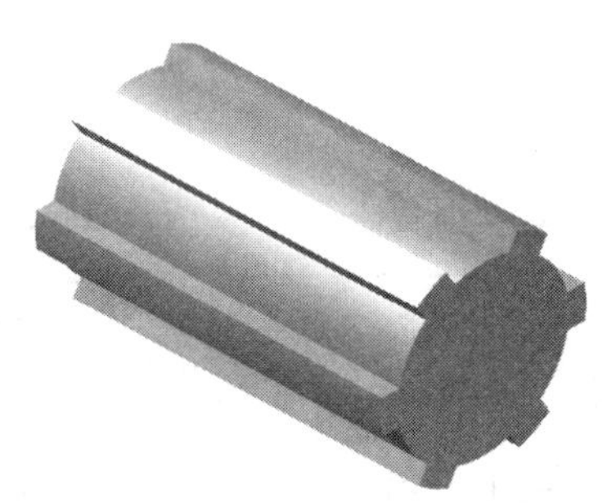

(a) 花键轴上的外花键　　(b) 齿轮上的内花键

图 8.63　花键

8.8.1　花键连接的画法

1. 外花键的画法

在平行于花键轴线的投影面的视图中，外花键的大径用粗实线、小径用细实线绘制。外花键的终止端和尾部的末端均用细实线绘制，并与轴线垂直；尾部则画成与轴线成 30°角的斜线，必要时可按实际情况画出。在垂直于花键轴线的投影面的视图中，大径用粗实线、小径用细实线绘制完整的圆，倒角圆规定不画。如图 8.64 所示。

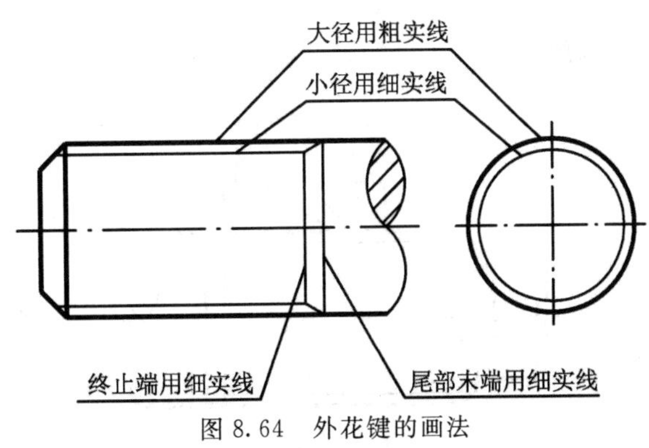

图 8.64　外花键的画法

当外花键在平行于花键轴线的投影面的视图中需画局部剖视图时，键齿按不剖绘制；当外花键需要画端面图时，应在断面图上画出一部分齿形，并注明齿数或画出全部齿形。如图 8.65 所示。

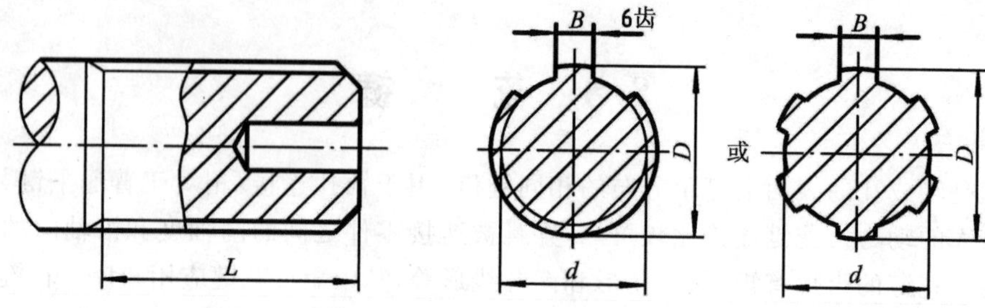

图 8.65 外花键的剖视图、断面图及尺寸的一般注法

2. 内花键的画法

在平行于花键轴线的投影面的视图中,大径及小径都用粗实线绘制。在垂直于花键轴线的投影面的视图中,花键应画出一部分(注明齿数)或全部齿形。如图 8.66 所示。

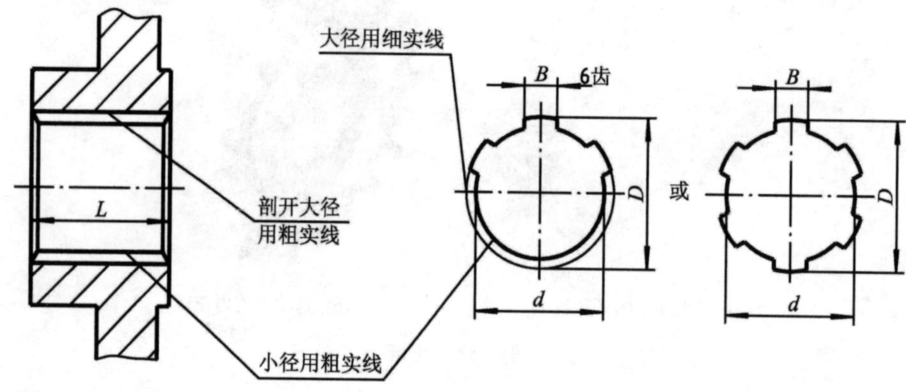

图 8.66 内花键的画法及尺寸的一般注法

3. 花键连接的画法

在装配图中,当花键连接需用剖视图或断面图表示时,其连接部分按外花键的画法绘制,其他部分则按各自的画法画出,如图 8.67 所示。

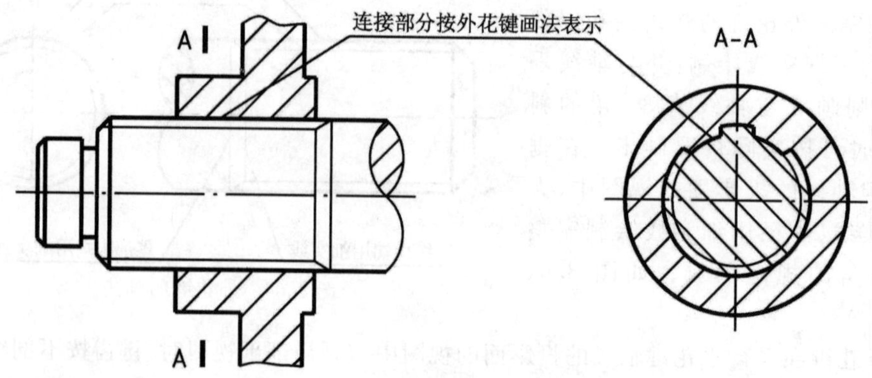

图 8.67 花键连接的画法

8.8.2 花键的尺寸注法和标注

1. 花键的尺寸标注

花键在零件图中的尺寸标注有两种方法，一是采用一般尺寸注法，注出花键的大径 D、小径 d、键宽 B 和工作长度 L 等各部分尺寸及齿数 Z，如图 8.65 和 8.66 所示；另一种注法是标准规定的花键代号标注，在图中注出表明花键的图形符号、花键的标记和工作长度等的标记注法，如图 8.68 所示。

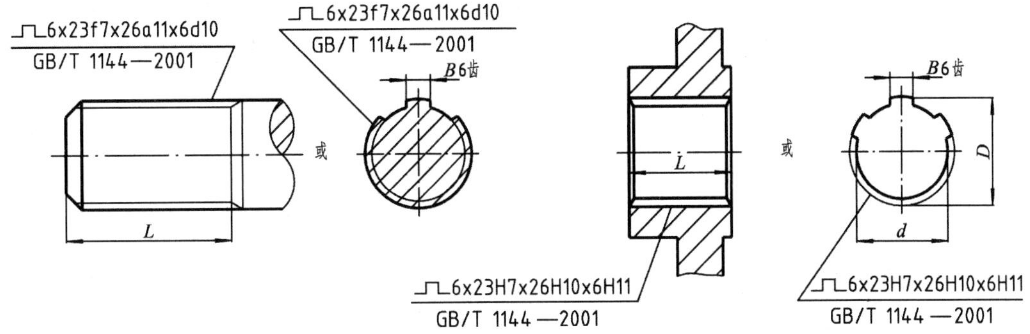

图 8.68　花键尺寸的代号注法

矩形花键的标记为"图形符号 键数 N×小径 d×大径 D×键宽 B"，注写时将它们的基准尺寸和公差带代号、标准编号写在指引线上。指引线应从花键的大径引出。

注意，无论采用何种标注形式，花键的工作长度都要在图上直接注出。

2. 花键连接的尺寸注法

花键连接的尺寸注法如图 8.69 所示。

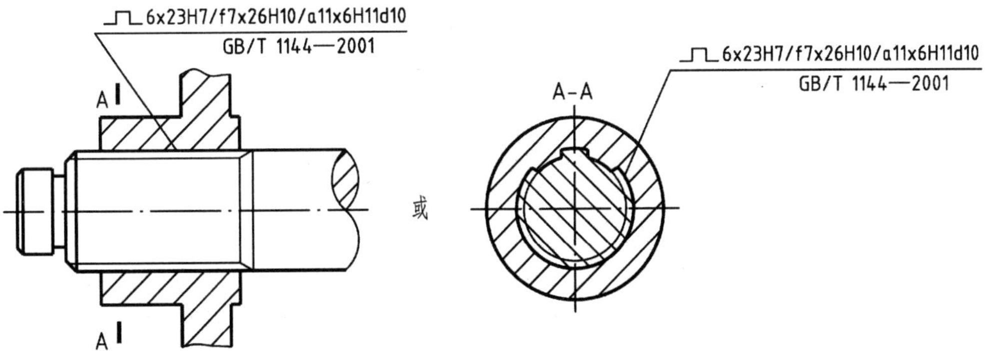

图 8.69　花键连接的尺寸注法

第 9 章　二维零件图

任何机器或部件都是由零件装配而成的，如图 9.1 表示的齿轮泵是由一般零件、传动件和标准件装配起来的。表达单个零件的图样称为零件工作图，即二维零件图。它是制造和检验零件的主要依据，也是设计和生产过程中的主要技术资料。

本章主要介绍绘制和阅读零件图的方法，包括零件的构型设计、表达方法、尺寸标注和技术要求。

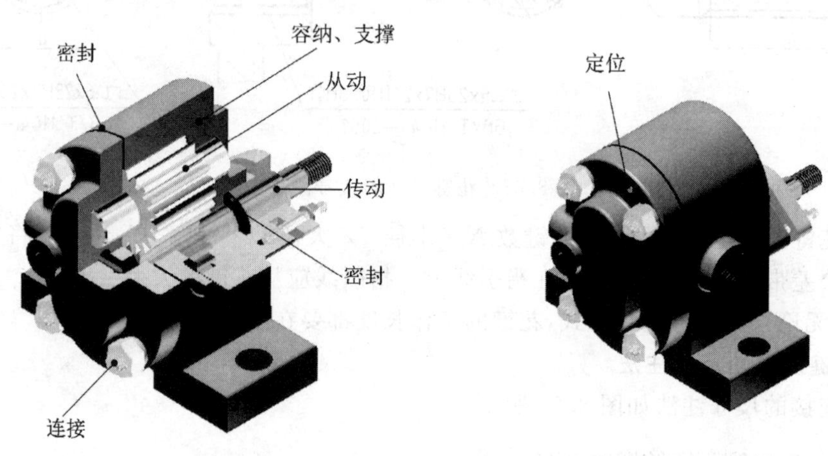

图 9.1　齿轮泵轴测装配图

9.1　零件图的内容

9.1.1　零件图的作用

零件图是设计部门提交给生产部门的重要技术文件，它反映了设计者的意图，表达了机器或部件对零件的要求（包括对零件的结构要求和制造工艺的可能性、合理性要求等），是制造和检验零件的依据。

9.1.2　零件图的内容

图 9.2 是齿轮泵中的主动齿轮轴零件图，从图中可以看出零件图一般应包括以下四方面内容：

(1) 图形。用一组图形（包括视图、剖视图、断面图、局部放大图和简化画法等），准确、清楚和简便地表达出零件的结构形状。如图 9.2 所示的主动齿轮轴用一个基本视图和一个断面图清楚地表达了该零件的结构形状。

(2) 尺寸。正确、完整、清晰、合理地标注出组成零件各形体的大小及其相对位置尺寸，即提供制造和检验零件所需的全部尺寸。如图 9.2 中所标注的尺寸。

(3) 技术要求。将制造零件应达到的质量要求(如表面结构(粗糙度)、尺寸公差、几何公差、热处理及表面处理等)，用一些规定的代(符)号、数字、字母或文字，准确、简明地表示出来。不便用代(符)号标注在图中的技术要求，可用文字注写在标题栏的上方或左方。

(4) 标题栏。标题栏在图样的右下角，用以填写零件的名称、数量、材料、比例、图号及设计、审核、批准人员的签名、日期等。

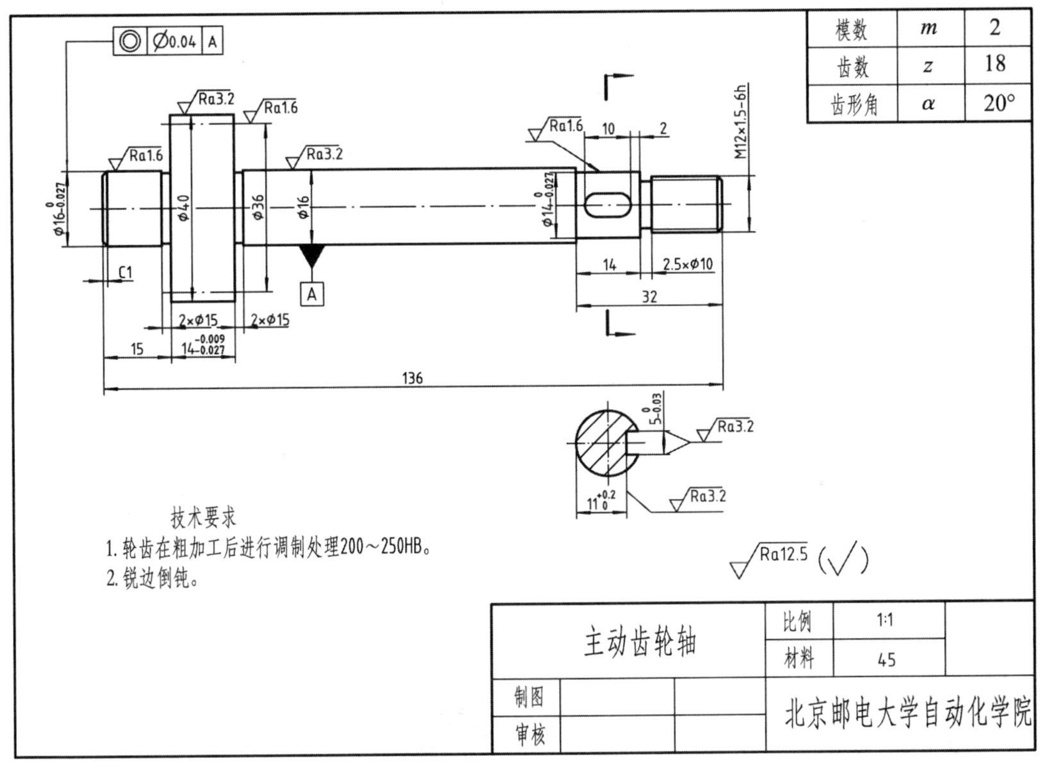

图 9.2　主动齿轮轴零件图

9.2　零件的结构分析

在第六章讨论过形体分析和线面分析方法，它们是组合体画图和看图的基本方法，也是零件画图和看图的基本方法。但组合体与零件并不完全相同。它们的区别之一，就是在零件上的这些形体和线面都体现一定的结构，而这些结构又是由设计要求和工艺要求所决定的，都有一定的功用。因此，在画零件图和看零件图时，还需要进行结构分析。

9.2.1　零件的结构分析方法

零件的结构分析就是从设计要求和工艺要求出发，对零件的不同结构进行逐一分析，分析它们的功用。

零件是组成一部机器(或部件)的基本单元。它的结构形状、大小和技术要求是由设计要求和工艺要求决定的。

从设计要求方面来看,零件在机器(或部件)中可以起到支承、容纳、传动、配合、连接、安装、定位、密封和防松等一项或几项功用,这是决定零件主要结构的根据。

从工艺要求方面来看,为了使零件的毛坯制造、加工、测量以及装配和调整工作能进行得更顺利、更方便,应设计出铸造圆角、起模斜度、倒角等的结构,这是决定零件局部结构的根据。

设计一个零件是这样,观察和分析一个零件也是这样。通过零件的结构分析,可对零件上的每一个结构的功用加深认识,从而才能正确、完整、清晰和简便地表达出零件的结构形状,正确、清晰、完整与合理地标注出零件的尺寸和技术要求。

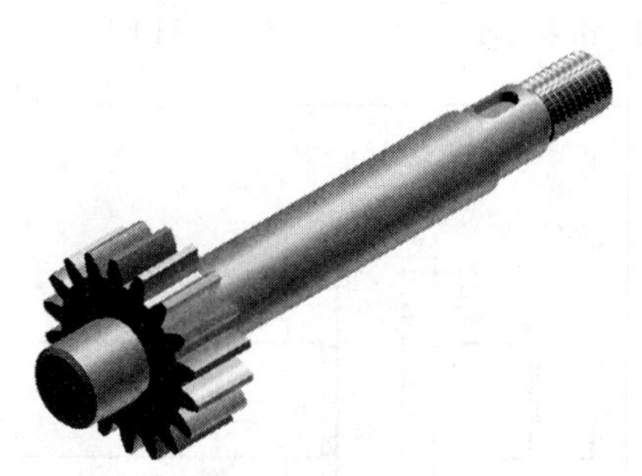

图 9.3 主动齿轮轴的轴测图

9.2.2 零件的结构分析举例

例 9.1 图 9.3 是齿轮泵中的主动齿轮轴的轴测图,它的主要功用是传递扭矩,输入动力,并与外部设备连接。为了使主动轴能够满足设计要求和工艺要求,它的结构形状形成过程和需要考虑的主要问题如表 9.1 所示。

表 9.1 主动轴结构分析

结构形成过程	主要考虑的问题	结构形成过程	主要考虑的问题
1	为了与箱体相连,起支撑作用,制出一轴颈	4	为与外部设备相连,在右端制出一轴颈,并加工一键槽
2	为传递动力和扭矩,制出一齿轮。且齿轮直径较小,故齿轮与轴制成一体	5	为固定(用螺母),在右端再制出一轴颈,并加工螺纹。且为方便装配,保护装配面,多处做成倒角和退刀槽
3	为了与箱体另一面相连,起支撑作用,再制出一轴颈。且与 1 轴颈直径一致		

9.2.3　结构分析进一步考虑的问题

当然，从设计要求和工艺要求出发确定主要结构形状和局部结构形状，一般来说要从力学、材料学、工艺学等角度来分析考虑，以满足使用要求。随着科学技术的不断进步，文化水平不断提高，人们对产品的要求也越来越高。因而在外观零件设计时，人们不仅要求功用，而且还要求轻便、经济、美观……这就需要进一步从美学的角度出发来考虑结构形状。因此，具备一些工业设计、技术美学和造型科学的知识，才能设计出更好的产品。

9.2.4　零件上常见的工艺结构

零件的结构形状除满足工作要求和设计要求外，还必须考虑制造过程中提出的一系列工艺结构要求，否则将使制造工艺复杂化甚至无法制造或造成废品。因此，应了解零件上常见的工艺结构。

1. 零件上的铸造工艺结构

1）起模斜度

造型时，为了将木模从砂型中顺利取出，在铸件的内外壁上沿起模方向常设计出一定的斜度，称为起模斜度，也称拔模斜度，如图 9.4 所示。

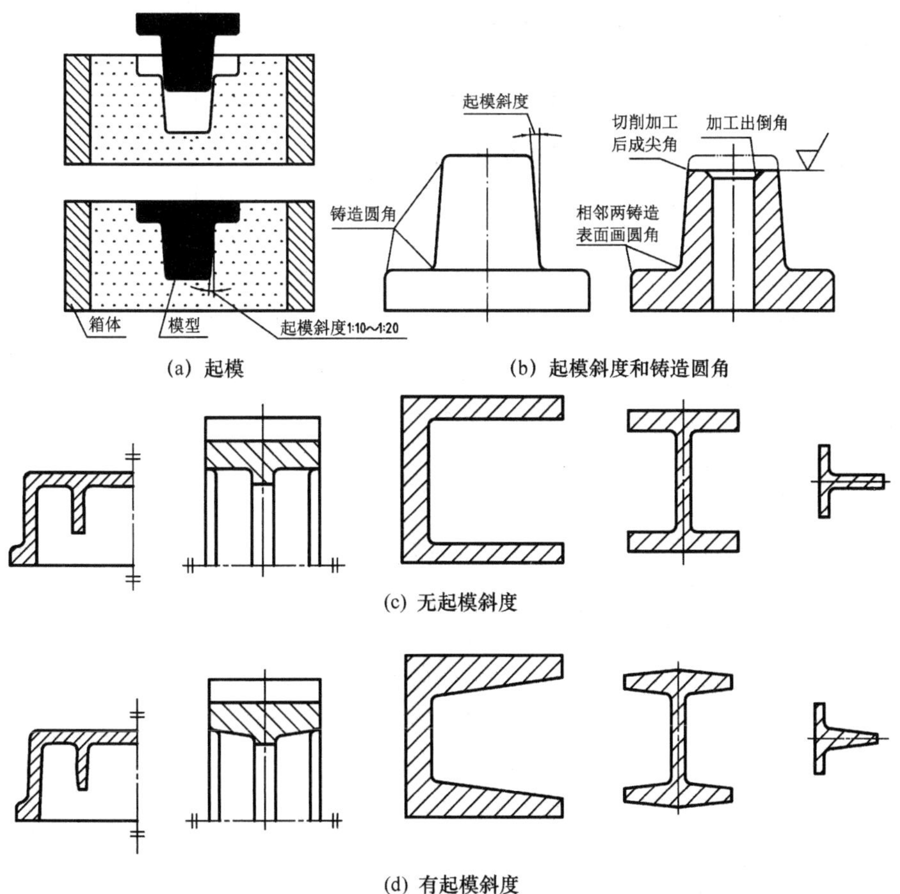

图 9.4　铸件的起模斜度和铸造圆角

起模斜度的大小通常为 1∶10～1∶20,用角度表示时,手工造型木样模为 1°～3°,金属样模为 1°～2°,机械造型金属样模为 0.5°～1°。

通常在图中不画出起模斜度(当起模斜度不大于 3°时),如图 9.5(a)所示,而在技术要求中用文字说明。需要表示时,如在一个视图中起模斜度已表示清楚,如图 9.5(b)所示,则其他视图允许只按小端画出,如图 9.5(c)所示。

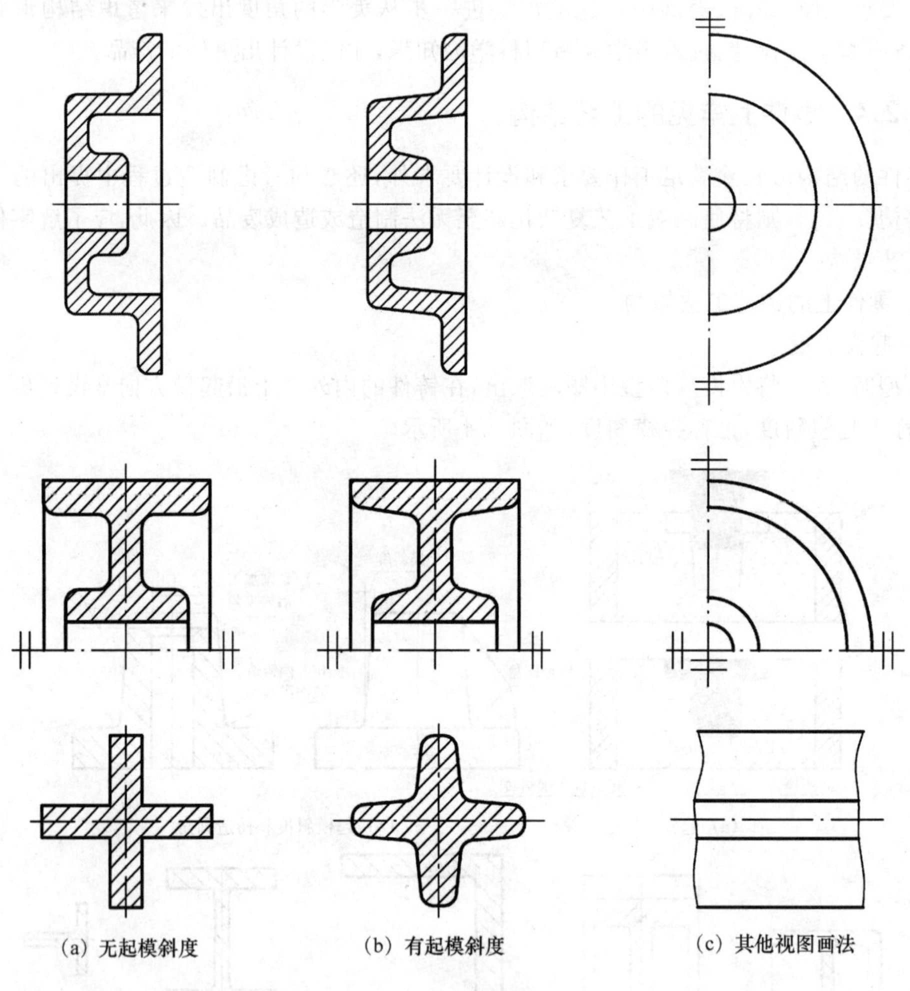

(a) 无起模斜度　(b) 有起模斜度　(c) 其他视图画法

图 9.5　起模斜度

2) 铸造圆角

为了避免从砂型中起模时砂型尖角处落砂,防止铸件尖角处产生裂纹、组织疏松及缩孔等铸造缺陷,在铸件各表面相交处都做成圆角,如图 9.6 所示。圆角半径一般取壁厚的 0.2～0.4倍,可从有关标准中查取。同一铸件圆角半径大小应尽量相同或接近。

图中一般应画出铸造圆角,各圆角半径相同或接近时,可在技术要求中统一注写,如“全部铸造圆角 R5”或“铸造圆角 R3～R5”,如图 9.7 所示。

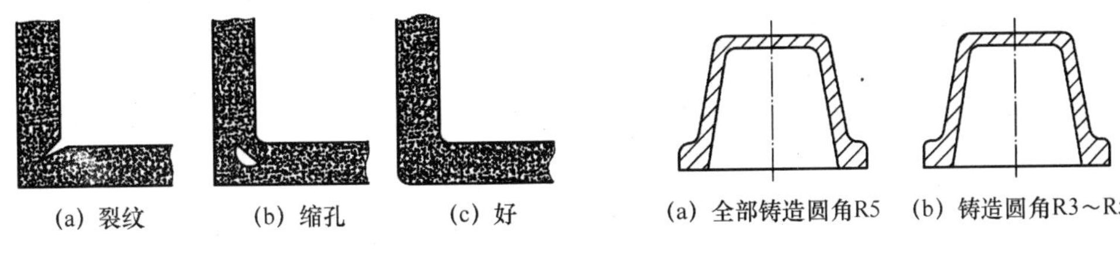

图 9.6 铸造圆角

图 9.7 铸造圆角半径尽量相同或相近

铸件经机械加工的表面，其毛坯上的圆角被切削掉，转角处呈尖角或加工出倒角，如图 9.4(b)所示，画图时应正确表示。

由于铸件表面相交处有铸造圆角存在，表面间的交线实际上就不存在了，但为使看图时能区分不同表面，原来的交线仍要表示，但要以细实线画出，以示区别。这种交线通常称为过渡线。

画各种形式的过渡线时应注意：

(1) 两曲面相交的过渡线，不应与圆角轮廓线接触，要画到理论交点处为止，如图 9.8 所示。

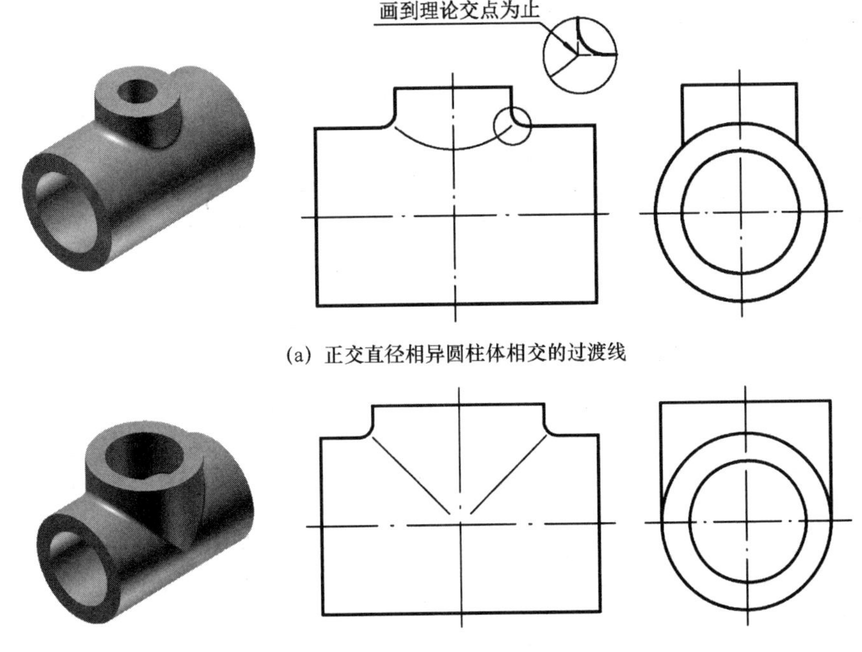

(a) 正交直径相异圆柱体相交的过渡线

(b) 正交直径相同圆柱体相交的过渡线

图 9.8 两曲面相交的过渡线画法

(2) 板与平面相交的过渡线与板的断面形状有关，当断面形状为方形带圆角时，应在转角处断开，并加画小圆弧如图 9.9(a)所示。当断面形状为半圆形时，应按求圆柱与倾斜平面变线(椭圆)的方法求过渡线如图 9.9(b)所示。

(3) 板与圆柱面相交或相切的过渡线，其形状取决于板的断面形状及相交或相切的关系，如图 9.9(c)、(d)、(e)、(f)所示。

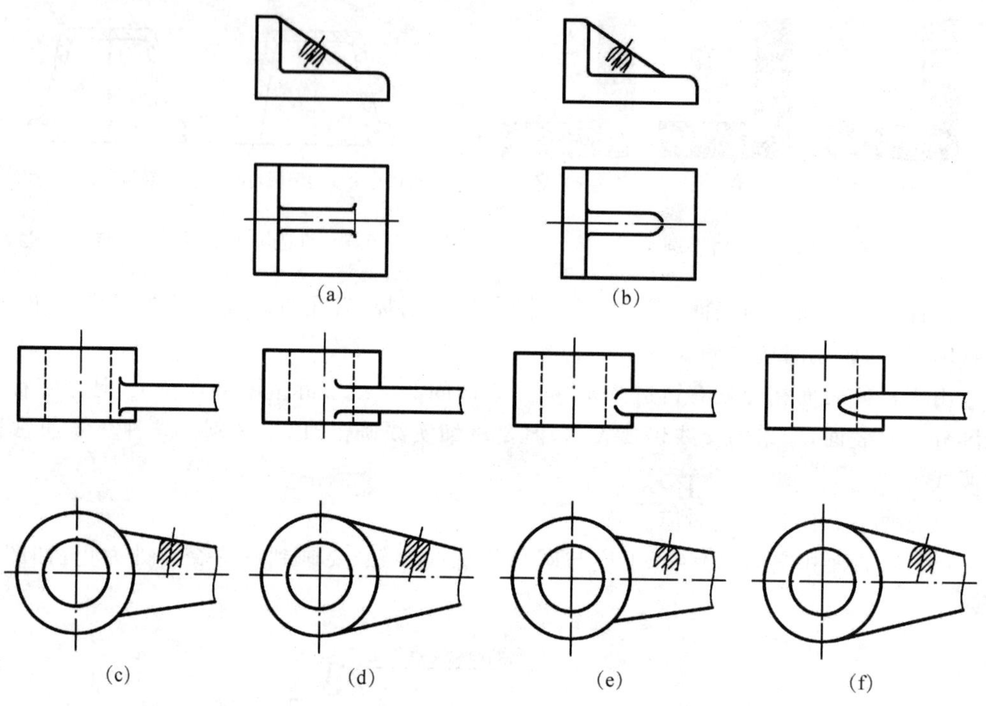

图 9.9　板与平面和曲面相交的过渡线画法

(4) 图 9.10(a)图中的底板上表面与圆柱面相交,交线如果处在大于或等于 60°的位置时,过渡线按两端带小圆角的直线画出;图 9.10(b)中的压板上表面与圆柱面相交,交线如果处在小于 45°的位置时,过渡线按两端不到头的直线(细实线)画出。

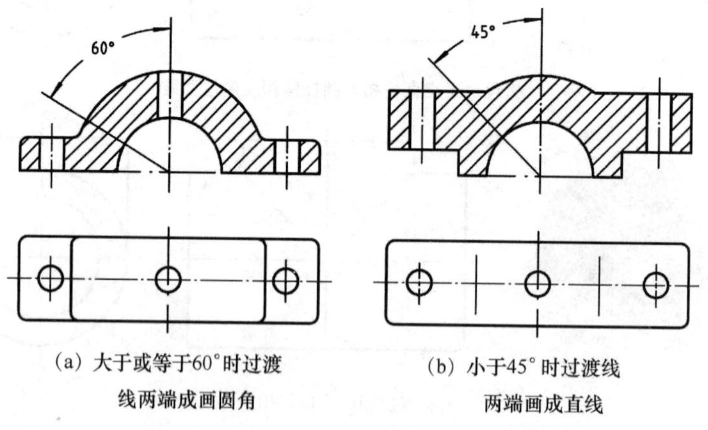

60°
45°
(a) 大于或等于60°时过渡线两端成画圆角
(b) 小于45°时过渡线两端画成直线

图 9.10　底板与圆柱面相交交线处于不同角度时过渡线画法

3) 铸件壁厚应均匀

为保证铸件的铸造质量,防止因壁厚不均冷却结晶速度不同,在肥厚处产生组织疏松以致缩孔、裂纹等,应使铸件壁厚均匀或逐渐变化,不宜相差过大,过大时应在两壁相交处设计过渡斜度,如图 9.11 所示。等壁厚铸件,其壁厚有时可在技术要求中注写,如“未注明壁厚为 5 mm”。

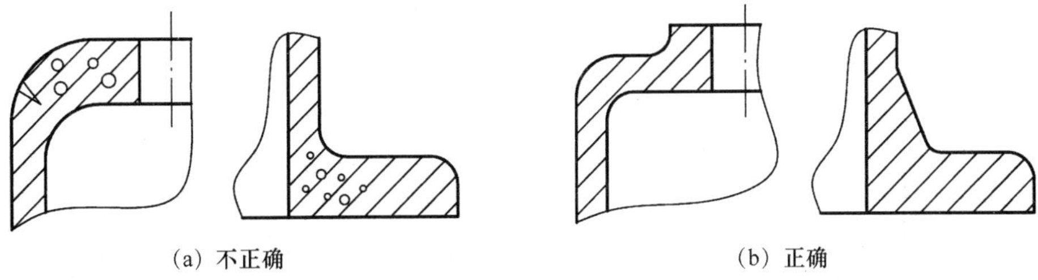

(a) 不正确　　(b) 正确

图 9.11　铸件壁厚要均匀或逐渐变化

为了便于制模、造型、清砂和机械加工，铸件形状应尽量简化，外形尽可能平直，内壁应减少凸凹结构，如图 9.12 所示。

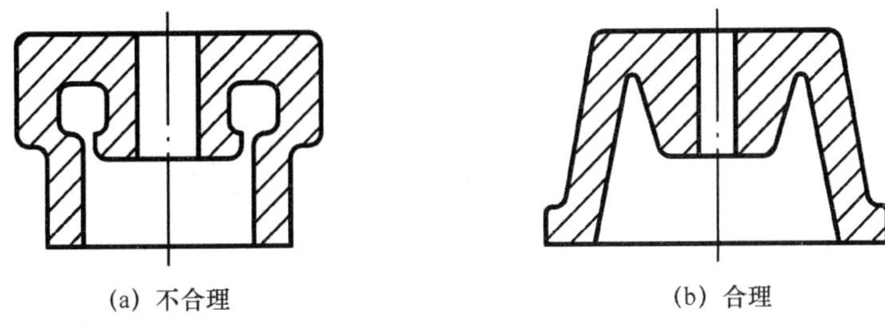

(a) 不合理　　(b) 合理

图 9.12　铸件内外结构形状应尽量简化

铸件厚度过厚易产生裂纹、缩孔等铸造缺陷，但厚度过薄又使铸件强度不够。为避免由于厚度减薄对强度的影响，可用加强肋来补偿，如图 9.13 所示。

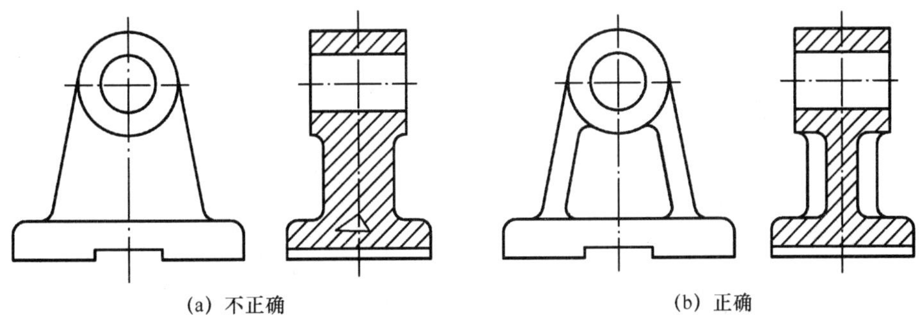

(a) 不正确　　(b) 正确

图 9.13　铸件壁厚不均匀时的补偿

2. 零件上的机械加工工艺结构

1) 倒角和圆角

为了去掉切削零件时产生的毛刺、锐边，使操作安全、保护装配面便于装配，常将轴或孔的端部等处加工成倒角，其画法及尺寸注法如图 9.14 所示。倒角多为 45°，有时也用 30°或 60°倒角。45°倒角注成 Cx(x 为倒角宽度值)形式；其他角度的倒角应分别注出倒角宽度值 x 和角度。倒角宽度 x 的数值可根据轴径或孔径由标准查取。

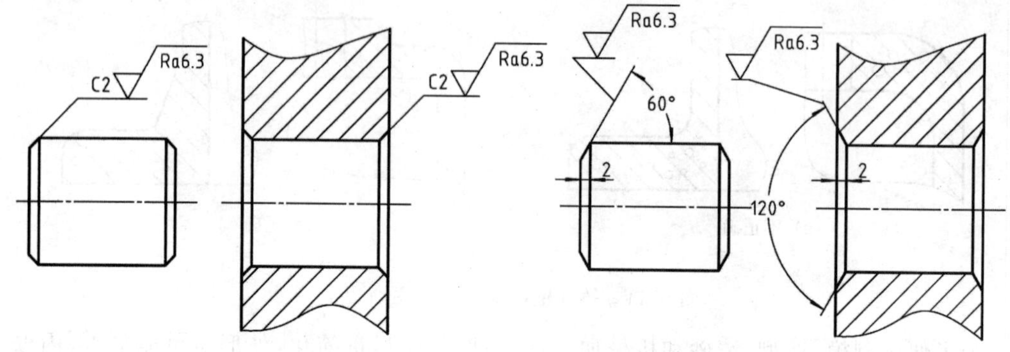

图 9.14　倒角

为避免在台肩等转折处由于应力集中而生产生裂纹,常加工出圆角,如图 9.15 所示。圆角半径 r 数值可根据轴径或孔径由标准查取。

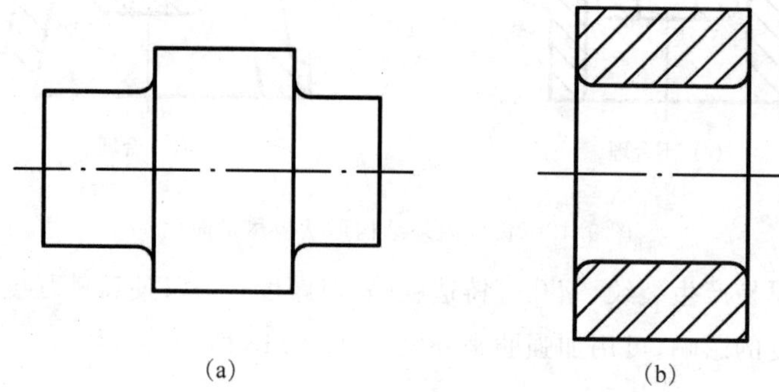

图 9.15　圆角

零件上的小圆角、锐边的小倒角或 45°的小倒角,在不致引起误解时允许省略不画,但必须注写尺寸或在技术要求中加以说明,如“锐边倒钝”或“全部倒角 C0.5”等。

2) 退刀槽和砂轮越程槽

为了在切削时容易退出刀具,保证加工质量及装配时与相关零件易于靠紧,常在加工表面的台肩处先加工出退刀槽或越程槽。常见的有螺纹退刀槽、插齿退刀槽、砂轮越程槽、刨削越程槽等,其画法如图 9.16(b)所示,其中槽的数值可由标准查取。图 9.16(a)没有设置退刀槽和砂轮越程槽,是不合理的。

3) 孔

零件上有各种不同形式和不同用途的孔,多数是用钻头加工而成的。钻孔处结构如图 9.17 所示。

用钻头钻孔时,被加工零件的结构设计应考虑到加工方便,以保证钻孔的主要位置准确和避免钻头折断。为此,钻头的轴线应垂直于被钻孔的表面,如果钻孔处表面是斜面或曲面,应预先设置与钻孔方向垂直的平面、凸台或凹坑,并且设置的位置应避免钻头单边受力产生偏斜或折断,如图 9.17(b)符合上述工艺条件,故合理,图 9.17(a)则不合理。

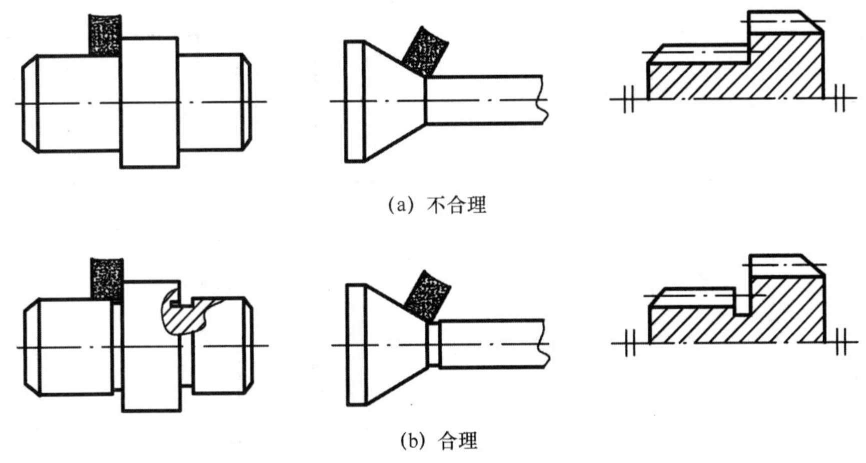

图 9.16　退刀槽和砂轮越程槽

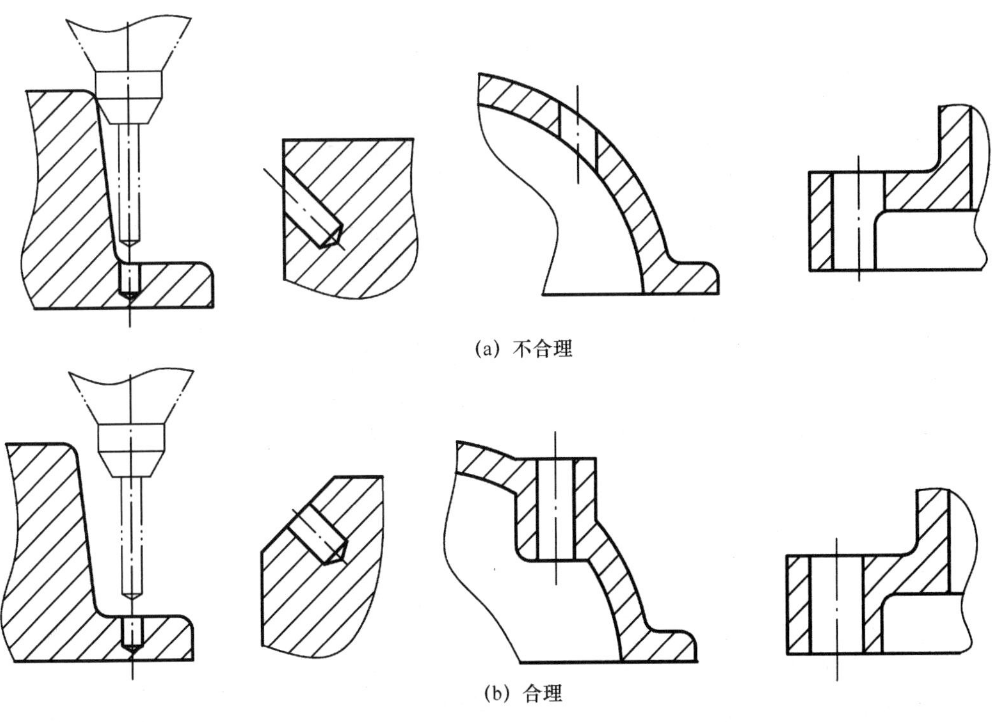

图 9.17　钻孔处结构

4）凸台或凹坑

凸台和凹坑结构如图 9.18 所示。

为了保证装配时零件间接触良好，零件上凡是与其他零件接触的表面都要进行机械加工。但为了降低加工费用，应尽量减少零件上的加工面积，在设计铸件结构时常设计出凸台或凹坑（或凹槽、凹腔），以保证加工方便，如图 9.18(a)、(b)所示。

零件在与螺栓头部或与螺母、垫圈接触的表面，常设置凸台或加工出沉孔（鱼眼坑），以保证两零件接触良好，如图 9.19 所示。

不好　　好　　好

(a) 底面

凹腔

不好　　好

(b) 凹腔

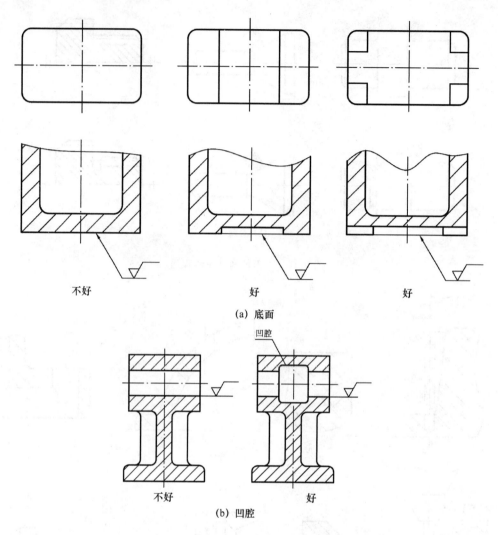

图 9.18　凸台和凹腔

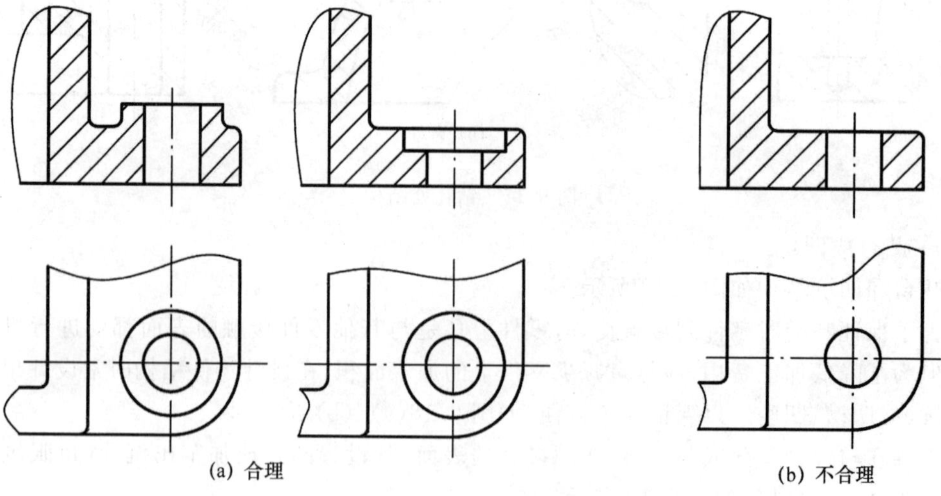

(a) 合理　　(b) 不合理

图 9.19　凸台和沉孔

5）滚花

在某些用手转动的手柄、圆柱头调整螺钉头部等表面上常做出滚花，以防操作时打滑。塑料嵌接件的嵌接面有时也做出滚花，以增强嵌接的牢固性。滚花可在车床上加工。滚花有直纹、网纹两种形式，其画法及尺寸注法如图 9.20 所示，滚花前的直径为 D，滚花后的直径为 $D+\Delta$，Δ 为滚压出的齿深，t 为齿的节距。

6）铣方

轴、杆上的铣方画法及尺寸注法如图 9.21 所示。孔内的铣方可用剖视表达，画法及尺寸注法与外铣方类同。

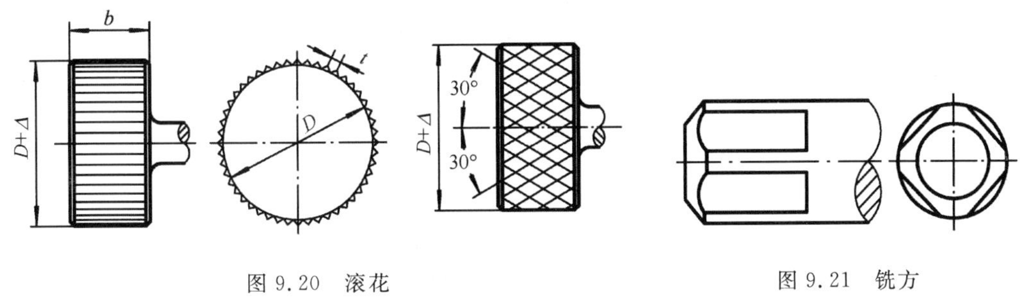

图 9.20　滚花

图 9.21　铣方

9.3　零件表达方案的选择

不同的零件有不同的结构形状，所以有不同的表达方案。零件的表达方案选择，是考虑便于看图的前提下，根据结构特点，运用第 7 章的表达方法，选择一组图形把零件的内外结构形状完整、清晰地表达出来，并力求绘图简捷方便。所以画零件图时必须选择一个较好的表达方案。选择表达方案的一般原则为：优先选用基本视图（包括剖视）表达零件的主要结构形状。在选择了若干基本视图之后，如果还有一些局部结构没有表达清楚，如斜视方向和基本视图没有或不便表达的局部结构，可采用局部表达的方法，如斜视（剖视）图、局部（剖）视图、断面图等。目标就是完整、清晰。选择表达方案的方法和步骤如下。

9.3.1　分析零件的结构形状

零件的结构形状是由零件在机器中的作用、装配关系和制造方法等因素决定的。零件的结构形状及其工作位置或加工位置不同，视图选择也往往不同。因此，在零件的视图选择之前，应首先对零件进行形体分析和结构分析，并了解零件的工作和加工情况，以便确切地表达零件的结构形状，反映零件的设计和工艺要求。

9.3.2　零件主视图的选择

一般情况下，主视图是表达零件内外结构形状的一组图形中最主要的视图，画图和看图一般多从主视图开始。主视图选择的是否合理，直接影响到其他视图的选择、配置和看图、画图是否方便，甚至也影响到图幅能否合理使用。因此，首先要全面分析零件的结构形状，选好主视图，然后确定其他视图。在选择主视图时，要考虑下列两个问题。

1. 主视图的投射方向

主视图的投射方向应该能够反映出零件的形状特征。即以零件的“形状特征原则”为依据，考虑零件的投影方向选择，从而使零件的特征在该零件的主视图上能较清楚和较多地表达出该零件的形状结构，以及各结构形状之间的相互位置关系。图 9.22 中轴和图 9.23 中泵体的轴测图上箭头 A 所指的投射方向，能较多地反映出零件的结构形状。而对于轴来说，按箭头 A 所指的投射方向很好地表达了轴的结构形状，而箭头 B 所指的投射方向所得视图是不可取的(图 9.22(c))，它几乎没有表达出轴的任何结构形状。对于泵体来说，按箭头 A 的方向投射所得到的视图(图 9.23(b))较多地表达了泵体各部分结构形状和相对位置(图 9.23(b))，而箭头 B 的方向所得到视图虽然表达了泵体的外部形状，但泵体各部分结构的相对位置表达较少，因此，一般选择箭头 A 所指的方向作为主视图的投射方向(图 9.23(b))，而将 B 向作为左视图(图 9.23(c))。

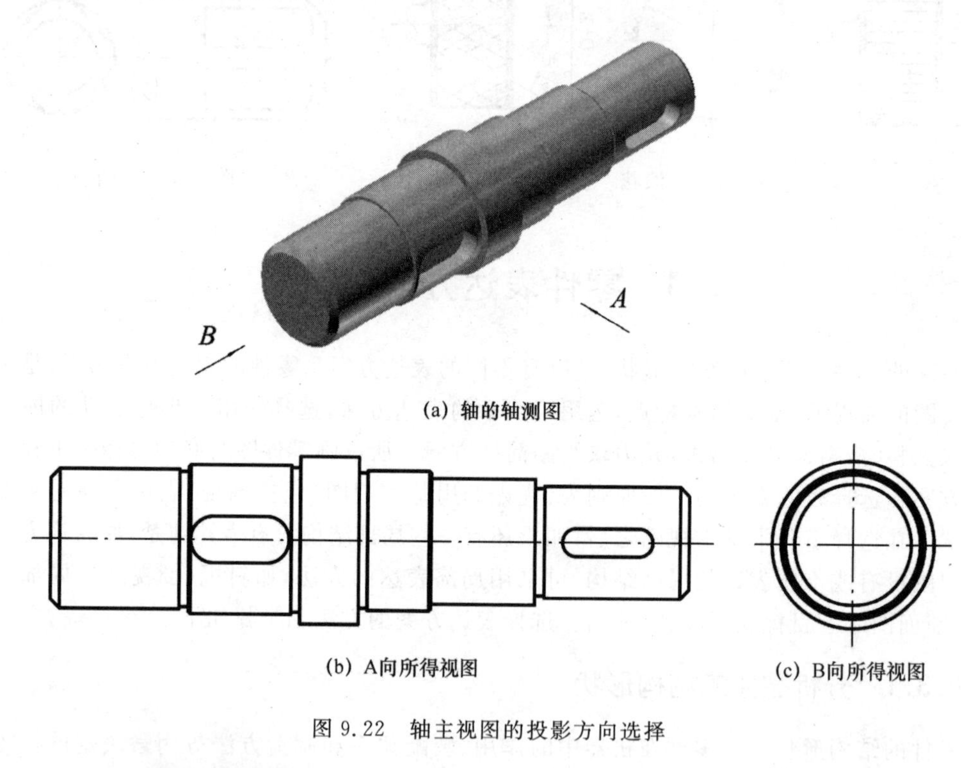

(a) 轴的轴测图

(b) A向所得视图

(c) B向所得视图

图 9.22　轴主视图的投影方向选择

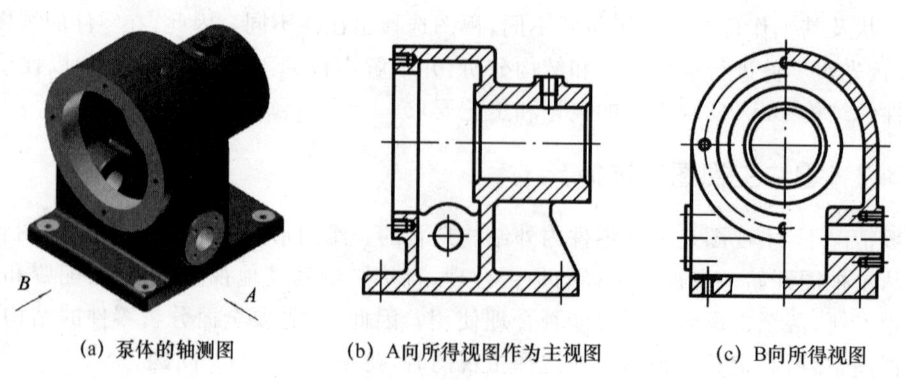

(a) 泵体的轴测图

(b) A向所得视图作为主视图

(c) B向所得视图

图 9.23　支架主视图的投影方向选择

2. 考虑零件的安放位置

零件在主视图上所表现的位置，一般有两种：

1) 加工位置。加工位置是指零件在机床上加工时的装夹位置。零件在制造过程中，特别是在机械加工时，要把它固定和夹紧在一定位置上进行加工。在选择主视图时，应尽量与零件主要加工工序中的加工位置相一致，以便于看图加工和检测尺寸，这种选择原则称为“加工位置原则”。如图 9.22(b)所示的轴。对于主要在车床上加工的轴、套、轮和盘等零件，一般要按加工位置画主视图。

2) 工作位置。工作位置是指零件在机器或部件中工作时的位置。主视图与零件的工作位置相一致，有利于把零件图和装配图对照起来看图，也便于想象零件在部件中的位置和作用，称为“工作位置原则”。对于叉架类、箱体类零件，因为常需经过多种工序加工，而各工序的加工位置往往不同，且难以分别主次，故一般要按工作位置选择主视图。如图 9.23(b)所示的泵体主视图就是按工作位置画出的。

应当指出，上述选择主视图的两方面原则，对于有些零件来说是可以同时满足的；但对于某些零件来说就难以同时满足。对于一些运动零件，它们的工作位置不固定；还有些零件在机器上处于倾斜位置，若按其倾斜位置画图，则必然给画图看图带来麻烦，故习惯上常将这些零件摆正画，使零件上尽量多的表面处于与某一基本投影面平行或垂直的位置。

综上所述，选择主视图时，在分析零件结构形状的基础上，根据零件的结构特点，考虑加工位置原则和工作位置原则、看画图是否方便并兼顾其他视图的选择和图幅的利用等情况来确定。主视图根据零件的结构形状可采用视图或剖视表达，具体见 9.6 典型零件的表达。

9.3.3 其他视图的选择

主视图确定后，再根据零件结构形状，看主视图是否已完整、清楚地予以表达，来确定是否需要和需要多少其他视图(包括采用的表达方法)，以补充主视图表达的不足，达到完整、清晰表示出零件结构形状的目的。

图 9.24 示出的顶尖、手把、套和曲柄，它们由锥、柱、球、环等回转体同轴组合而成，或是轴线同方向但不同轴组合而成，它们的形体和位置关系简单，注上必要的尺寸，一个视图就可表达得完整、清晰。

图 9.25 示出的底板、轴套、压板和齿轮，它们由具有同方向(或不同方向)但不同轴的几个回转的基本形体(特别是不完整的)组合而成，它们的形体虽简单，但位置关系略复杂，一个视图不能表达完整，所以需要两个视图。图 9.25(b)所示轴套上的回转体虽然同轴，但因其孔内的键槽需要左视图表达形状，所以也是两个视图。

图 9.26 所示的弯板支架，需要三个视图才可表达清楚。

因而对一个较简单的零件，用一个视图、两个视图，最多用三个视图一般即可表达清楚。而一个复杂的零件，则可能需要多个视图才可表达清楚。

选择其他视图时，应注意以下几点：

(1) 所选的表达方法要恰当。每个视图都应有明确的表达目的，对零件的内部形状与外部形状、主体形状与局部形状的表达，每个视图都应各有侧重。

(2) 所选的视图数量要恰当。应考虑尽量减少虚线或恰当运用少量虚线，在足以把零件各部分形状表达清楚的前提下，力求表达简练，不出现多余视图，避免表达重复、烦琐。

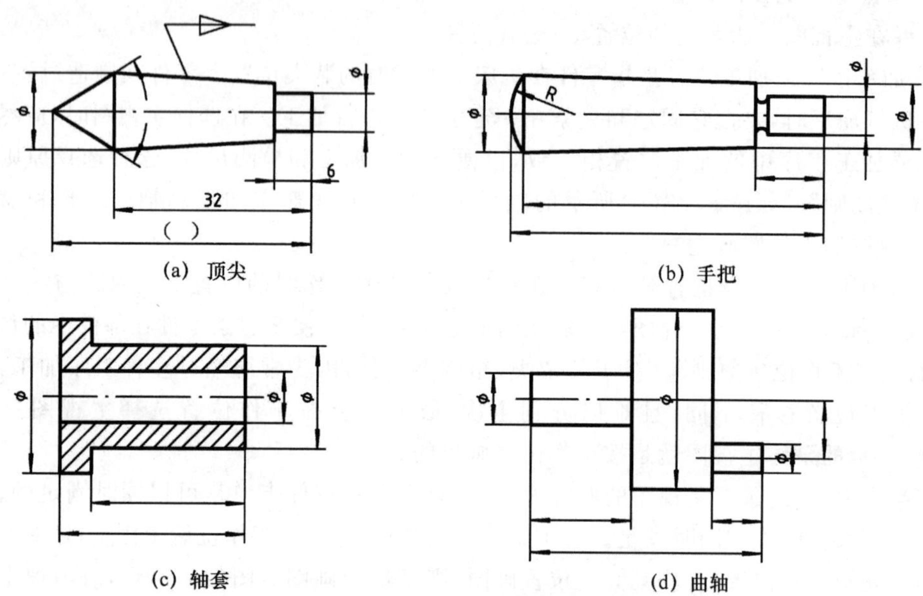

(a) 顶尖　(b) 手把　(c) 轴套　(d) 曲轴

图 9.24　一个视图即可表达清楚

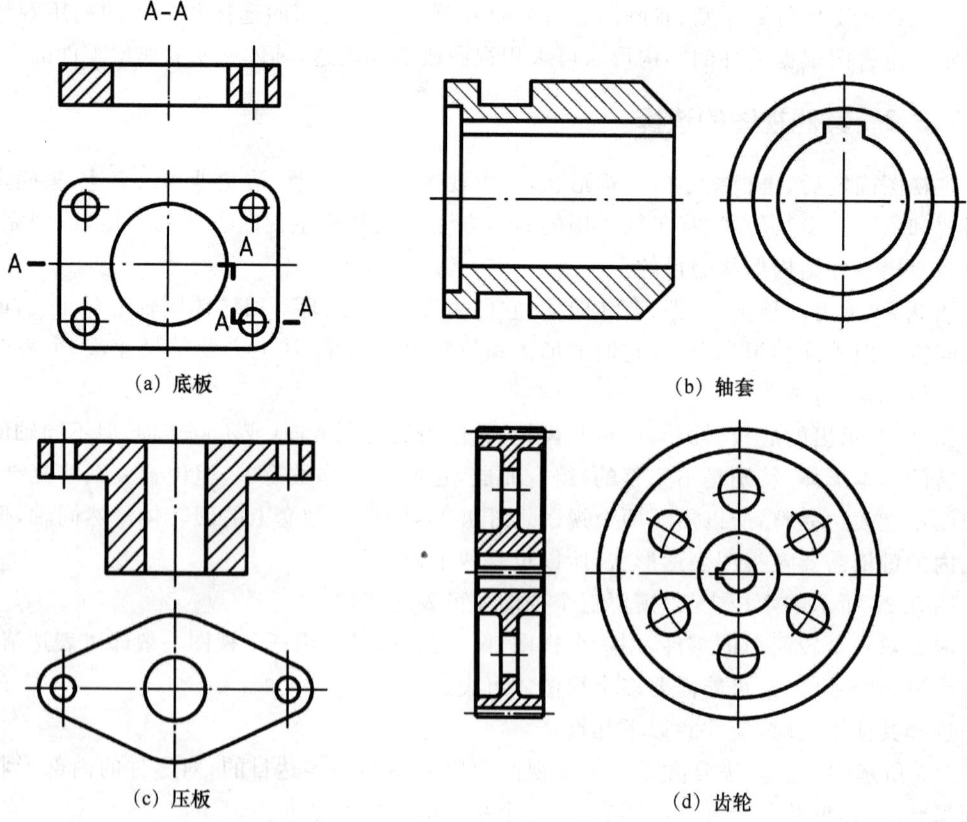

(a) 底板　(b) 轴套　(c) 压板　(d) 齿轮

图 9.25　两个视图表达完整

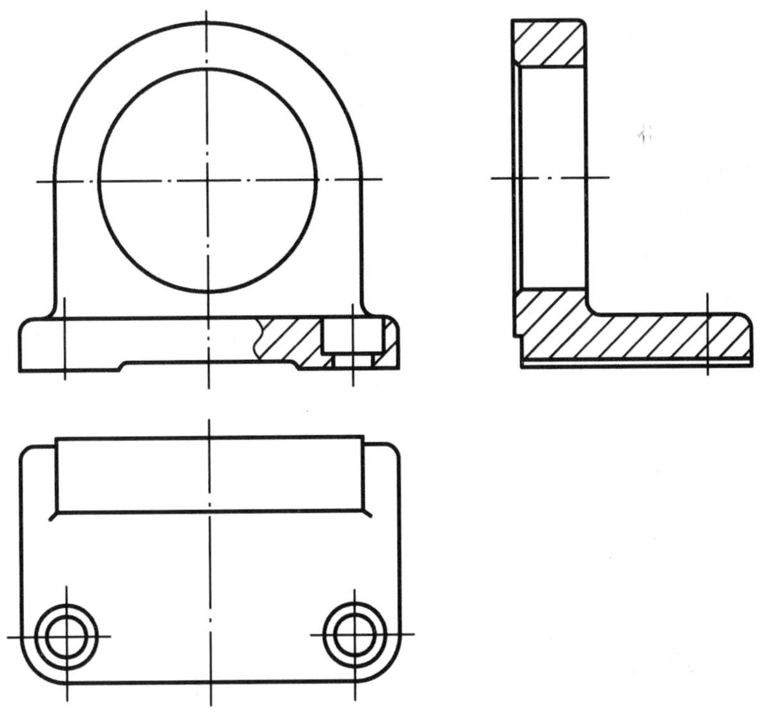

图 9.26　弯板支架

(3) 对于表达同一个内容，应拟出几种表达方案进行比较，以确定一种较好的表达方案。

9.3.4 表达方法的选择举例

例 9.2　以齿轮泵中的泵体为例讨论零件表达方案的选择过程，如图 9.27 所示，并参看图 9.1。

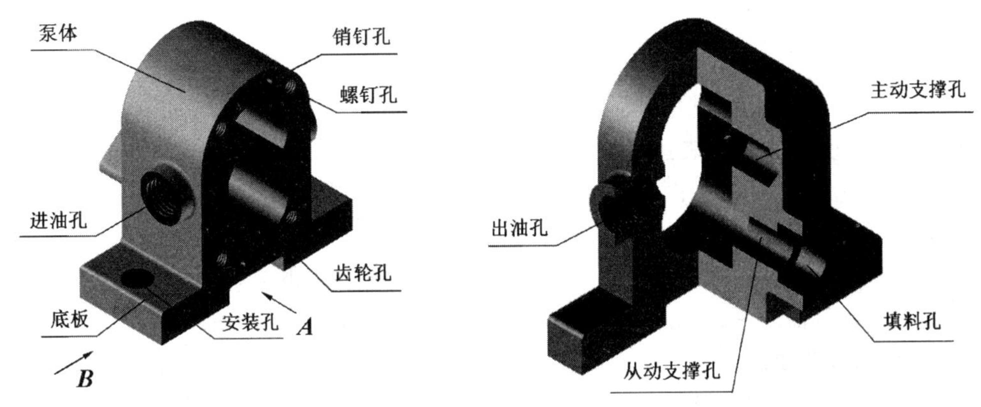

图 9.27　泵体结构

1. 分析零件结构

首先对该零件进行结构分析，并了解其装配关系、在部件中的作用以及加工工艺等。

泵体是齿轮泵的主要零件，在它的内部装有主动齿轮轴、从动齿轮轴等零件，两轴和轴上齿轮均制成一体。泵体在主动齿轮轴的伸出端有填料盒(用压盖压紧)；另一端有泵盖等零件。从图 9.27 中可以看出，泵体结构可分为泵体、进油孔、出油孔、从动、主动齿轮轴支承孔、填料孔、底板等几个部分。整个零件基本左右对称(除销钉孔)。

2. 选择主视图

(1) 考虑泵体安放位置选择主视图。泵体为箱体类零件，一般按工作位置画主视图。图 9.28 为泵体的工作位置。

(2) 考虑泵体的投影方向选择主视图。按图 9.27(a)中 A 向或 B 向投影，可得图 9.28(a)和(b)，两者反映该零件的形状特征各有侧重，但 A 向较佳且兼顾其他视图的配置和图幅合理利用，故选取 A 向作为主视图的投影方向。经上述分析，确定以图 9.28(a)为主视图。

(3) 主视图主要表达泵体外形和螺纹孔、销钉孔的分布情况，同时用两个局部剖视表达出油孔和安装孔。

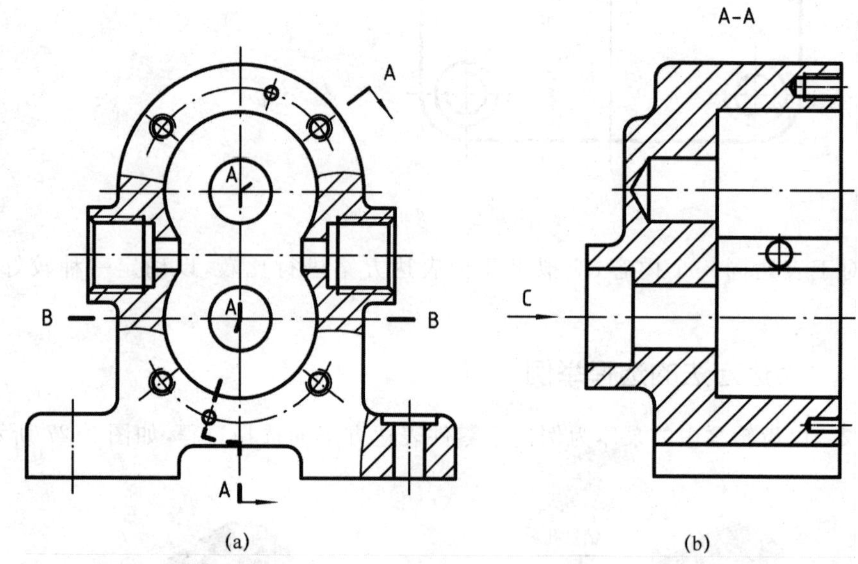

(a) (b)

图 9.28 泵体主视图的选择

3. 选择其他视图，初定表达方案

由图 9.28 所确定的主视图投射方向 A 和主视图未能表达的结构，其他视图的选择和表达如下：

(1) 左视图。为了表达泵体空腔的深度和填料孔的内腔结构形状及前结合面上螺孔的深度、销孔的深度，需用左视图，并采用复合全剖视来表达(图中用(A－A)表示)。

(2) 俯视图。虽然泵体空腔深度和填料孔的内部结构在左视图(A－A 剖视)中已有表达，填料孔两旁的螺孔深度没有表达清楚。为表示清楚该处螺孔深度，及泵体底板结构形状和进出油孔的形状和位置，增加一个半剖俯视图，来表达内外结构外形状和部分结构的相对位置。

(3) 为反映泵体后部从动齿轮轴支承和填料孔的外形，可采用局部视图 C。

这样就形成了如图 9.29 所示的最终表达方案。一个较复杂的零件往往有多种表达方案，请读者考虑其他的表达方案。

上述各步不是截然分开的，分析选择往往贯穿于选择表达方案的整个过程。

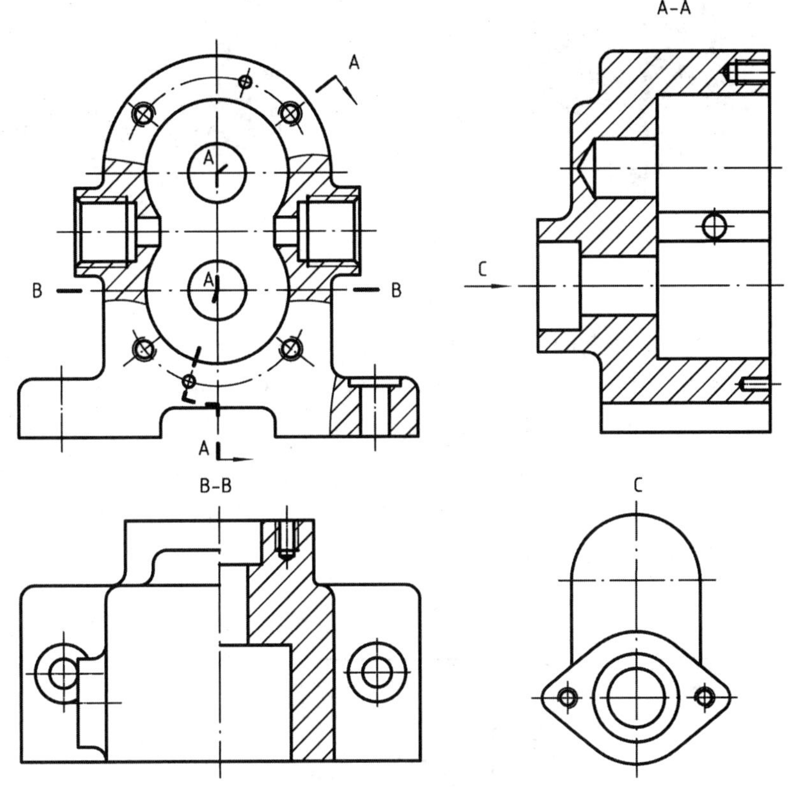

图 9.29　泵体表达方案

例 9.3　以减速箱体中的箱体为例再次讨论零件表达方案的选择过程，如图 9.29 所示。

1. 结构分析

减速器箱体的功能是容纳、支撑其他零件，是减速箱中的重要零件。

主体结构为箱体外壁 a 和内壁 b 及四壁上的轴承孔 d、e、f、g、h 组成，用于容纳、支撑其他零件。安装部分包括三部分，箱体下方底板 c 的作用是将箱体安装在基座上；箱体上端面要经过机械加工，并且上面有四个螺纹孔，用于箱盖连接；轴承孔的外侧凸台都有螺纹孔，用来安装端盖。

轴承孔的内侧凸台 i 起加强支撑作用。轴承孔下方的螺纹孔和小孔是为了安装油标和螺塞时使用的。

2. 表达方案选择

(1) 选择主视图

按照工作位置原则，以图 9.30(a)中的 A 向作为主视图方向。

(2) 表达方案

1) 表达方案一

表达方案一共采用 8 个视图，如图 9.31 所示。主视图采用局部剖表达 d 孔及螺塞孔、

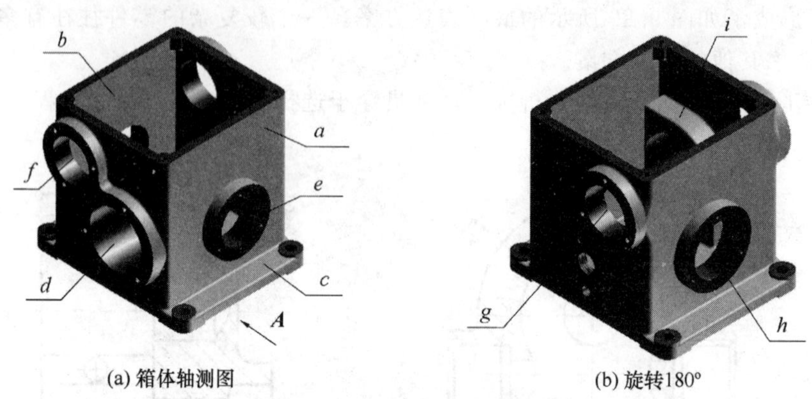

(a) 箱体轴测图 (b) 旋转180°

图 9.30 箱体的轴测图

用于连接箱盖的箱体上端面上的小螺纹孔等,并保留了外形;左视图采用全剖,表达 e 孔和内壁 b 的形状;俯视图采用局部剖表达 f 孔,并表达了底板 c 和箱体上断面的外形;除此以外,以右视图表达箱体的外形及孔 f 的对面孔的凸台,向视图 E 是左视图的外形图,表达箱体左侧面的外形及孔 f 和孔 d 的凸台;局部剖视 E-E 表达内侧凸台的形状;局部视图 F 表示 e 孔对面的凸台,局部视图 G 表示底板底部形状。表达方案一虽然将箱体表达清楚了,但有些视图不够简捷,如右视图和 D 向视图。

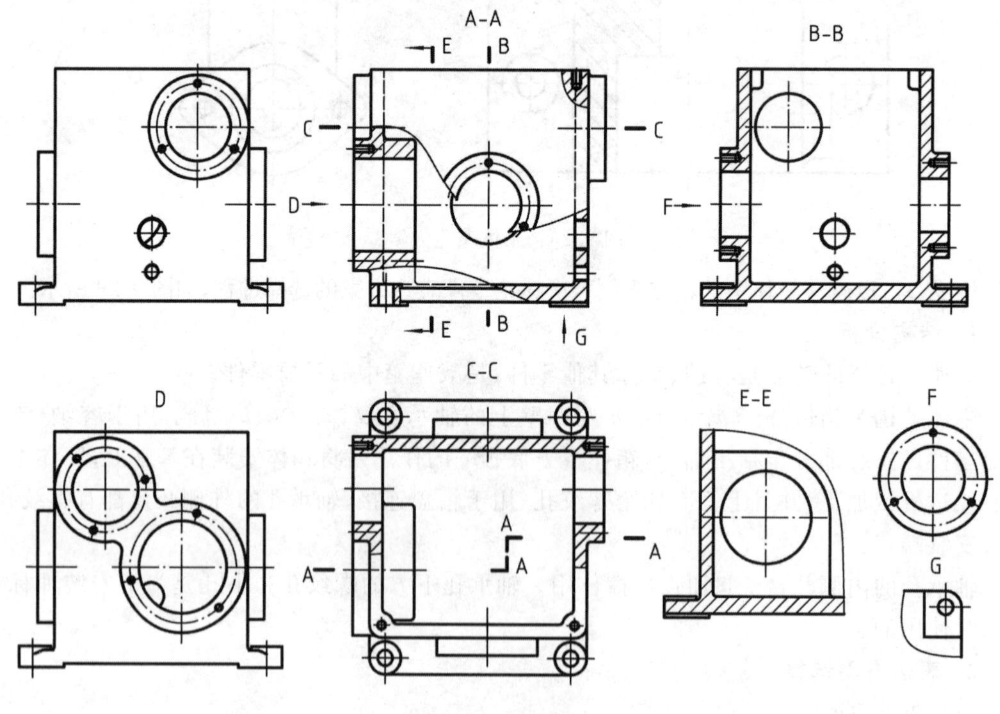

图 9.31 表达方案一

2) 表达方案二

表达方案二也采用了 8 个视图,如图 9.32 所示。主视图和俯视图及 D-D 剖视、F 和 G 向局部视图不变,为了简化作图,左视图采用局部剖,同时表达内形和外形,这样就可以省略

D 向视图。另外，将右视图所表达的凸台外形以简化的局部视图表达（见俯视图右边），将凸台下面的两个螺纹孔以 D 向局部视图表达，以省略右视图。因此与表达方案一相比，表达方案二作图简便、紧凑，而且内外部结构的关系也更加清楚，是一个较好的表达方案。

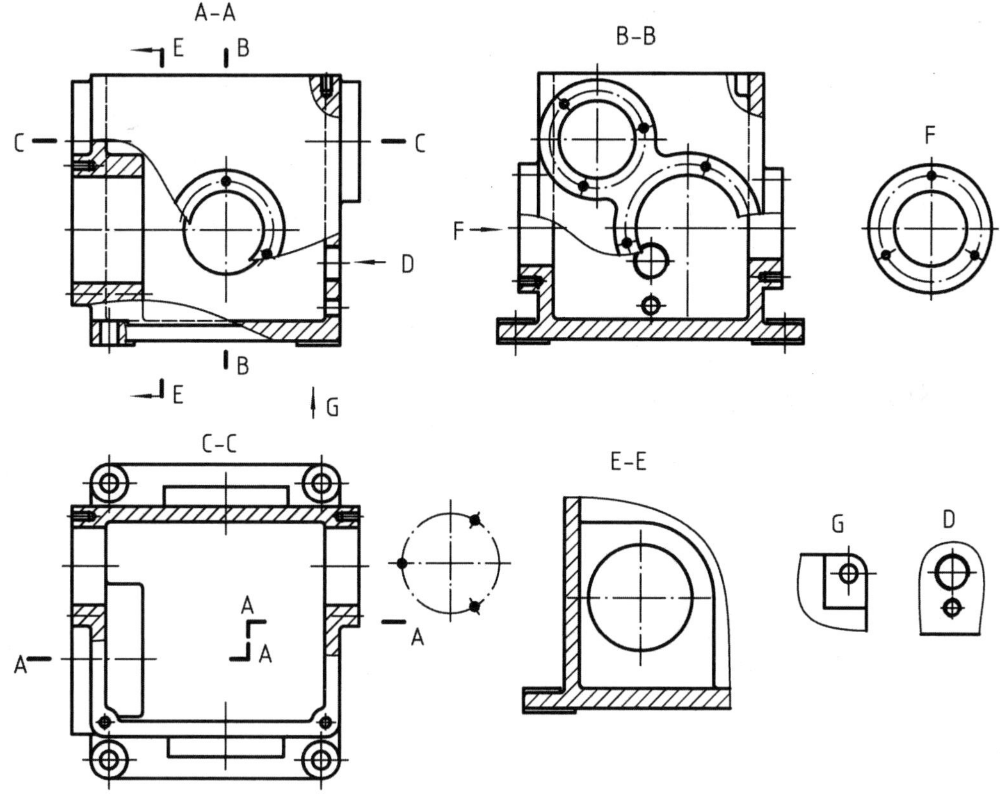

图 9.32　表达方案二

3）表达方案三

如图 9.33 所示。这个方案主视图采用了全剖，目的是清楚地表达箱体的内部形状，而将表达方案二主视图所表达的凸台外形改为简化局部视图表达，见左视图右边；主视图以局部剖表达的箱体上端面的螺纹孔改在左视图上表达；表示底板上四小孔的局部剖改为G－G局部剖表达。将表达方案二中 F 向局部视图也改为简化局部视图表达，见左视图左边，同时将俯视图右边的简化局部视图作了进一步的简化（只画一半）。其余的与表达方案二相同。尽管表达方案三用了较多的视图（10 个），但因主视图采用全剖，箱体的内部形状表达更加清楚。可见表达方案三也是一个较好的表达方案。

9.3.5　选择表达方案的步骤

通过上述分析不难看出，选择表达方案的步骤如下。

1. 对零件进行分析

对零件进行形体分析、结构分析（包括零件的装配位置及功用）和工艺分析（零件的制造加工和检测方法）。

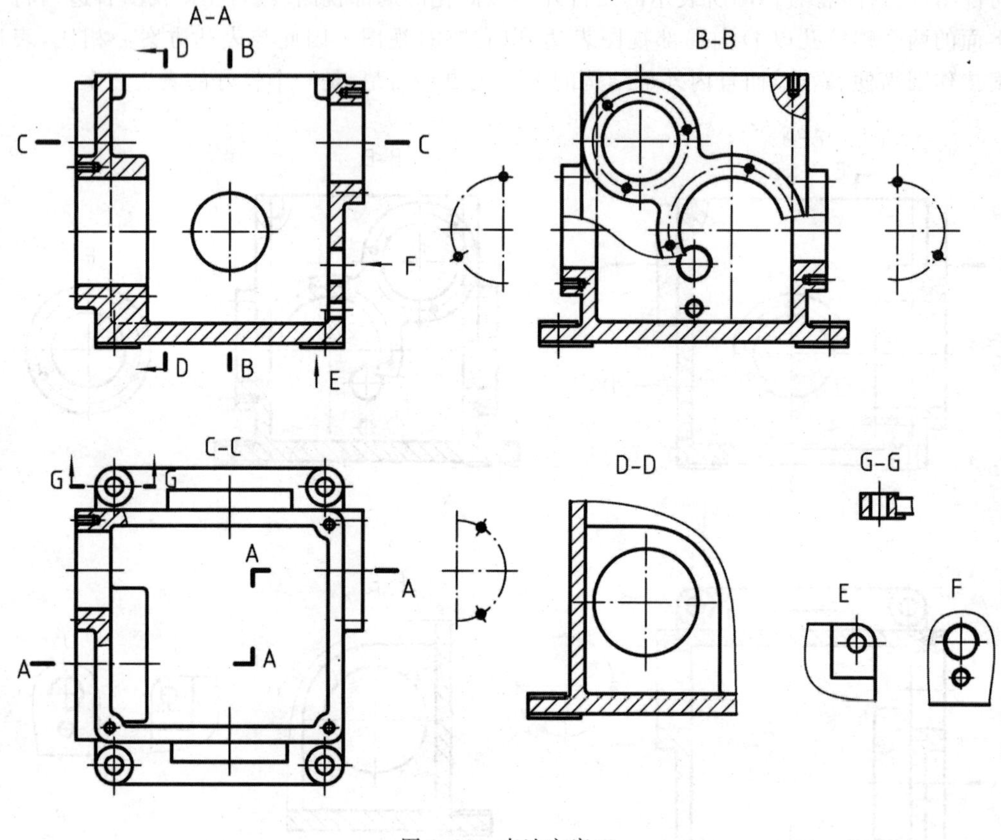

图 9.33 表达方案三

2. 选择主视图

在上述分析的基础上,选定主视图。确定了主视图的投射方向,其他视图的投射方向随之确定,根据零件的特点,主视图应尽量符合工作位置或加工位置。

3. 选择合适的表达方案

根据零件的形状和结构特点,运用第 7 章的表达方法,拟定出几种表达方案进行比较,从中选择较好的一种。

9.3.6 选择表达方案时应注意的问题

在主视图选定后,根据零件的外部结构形状与内部结构形状的复杂程度和零件的结构形状特点来选择视图数量和表达方法。在选择时,要处理好以下四个问题:

(1) 零件的内、外部结构形状的表达问题

如果零件的内、外部结构形状都需要表达,零件的某一方向有对称平面时,可采用半剖视;无对称平面,且外部结构形状简单,可采用全剖视;对于无对称平面,而外部结构形状与内部结构形状都很复杂,且投影并不重叠时,也可采用局部剖视,如图 9.32 中的主视图和左视图都采用了局部剖视;当投影重叠时,可根据实际分别表达。

(2) 集中与分散的表达问题

对于局部视图、斜视图和一些局部的剖视图等分散表达的图形,若属同一个方向的投

影，可以适当地集中和结合起来，优先采用基本视图，如图 9.32 中的主视图和左视图就是内外形的表达集中到了一个基本视图上。若在一个方向仅有一部分结构没有表达清楚时，可采用一个分散图形表达，则更加清晰和简便。如图 9.33 中的主视图及左视图右侧的简化局部视图和 G－G 剖视等就是由图 9.32 主视图的集中表达改为分散表达的。注意各视图都应有明确的表达重点。

(3) 是否用虚线表达的问题

为了便于看图和标注尺寸，一般不用虚线表达。如果零件上的某部分结构的大小已经确定，仅形状或位置表达不完全，且不会造成看图困难时，可用虚线表达，如图 9.32 的主视图和左视图，因采用的是局部剖，箱体的内腔只表达了一部分，不可见部分以虚线补充，就完整表达了内腔的形状。

(4) 表达时要考虑尺寸标注的问题。有的形状在标注尺寸之后就已清楚，如圆柱、圆锥等的直径已经在非圆视图标出，圆投影就没有必要再画出了，如图 9.22(c)没有任何用处，不应画出。

(5) 最好拟出几种表达方案进行比较，从中选择一种较好的表达方案。

9.4　零件图中尺寸的合理标注

尺寸标注是零件图中的主要内容之一，是零件加工制造的主要依据。在第 6 章组合体的画图与读图中曾提出标注尺寸必须满足正确、完整、清晰的要求。在零件图中标注尺寸，除了这三方面要求外，还需满足合理的要求。所谓尺寸标注合理，是指所注的尺寸既要满足设计要求，又要满足加工、测量和检验等制造工艺要求。为了能做到尺寸标注合理，必须对零件进行结构分析、形体分析和工艺分析，据此确定尺寸基准，选择合理的标注形式，结合零件的具体情况标注尺寸。

9.4.1　设计基准与工艺基准

在第 6 章中已经介绍过尺寸基准的概念。零件的尺寸基准是指零件装配到机器上或在加工测量时，用以确定其位置的一些面、线或点。

根据基准的作用不同，一般将基准分为设计基准和工艺基准。

1. 设计基准

根据机器的结构和设计要求，用以确定零件在机器中位置的一些面、线、点，称为设计基准。通常作为尺寸标注的主要基准。如图 9.34(a)所示，依据轴线及右轴肩确定齿轮轴在机器中的位置，因此该轴线和右轴肩端平面分别为齿轮轴径向和轴向的设计基准。

2. 工艺基准

根据零件加工制造、测量和检验等工艺要求所选定的一些面、线、点，称为工艺基准。如图 9.34(b)所示的齿轮轴，加工、测量时是以左右端面作为轴向基准，因此该零件的左右端面为工艺基准。

任何一个零件都有长、宽、高三个方向(或轴向、径向两个方向)的尺寸，因此每个方向至少要有一个基准。同一方向上有多个基准时，其中必定有一个是主要的，称为主要基准；其余的则为辅助基准。主要基准与辅助基准之间应有尺寸联系。

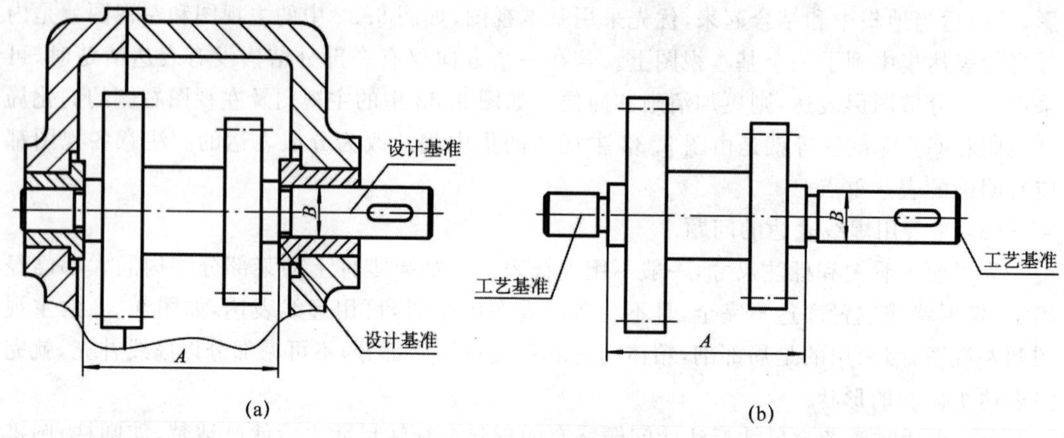

图 9.34　设计基准和工艺基准

3. 基准的选择

首先要选择主要基准。主要基准一般应为设计基准,同时最好也为工艺基准;辅助基准可以是设计基准,也可以是工艺基准。从设计基准出发标注尺寸,能反映设计要求,保证零件在机器中的工作性能;从工艺基准出发标注尺寸,能把尺寸标注与零件加工制造联系起来,保证工艺要求,方便加工和测量。因此,标注尺寸时应尽可能将设计基准与工艺基准统一起来。在某些情况下,工艺基准与设计基准是可以统一的,这样既满足设计要求,又满足工艺要求。当两者不能统一时,应以保证设计要求为主,在满足设计要求前提下,力求满足工艺要求。

可作为设计基准或工艺基准的面、线、点主要有:对称平面、主要加工面、结合面、底面、端面、轴肩平面;轴线、对称中心线;圆心、球心等。应根据零件的设计要求和工艺要求,结合实际情况恰当选择尺寸基准。

9.4.2　尺寸标注的形式

根据尺寸在图上的布置特点,标注尺寸的形式有下列三种。

1. 链状式

零件同一方向的几个尺寸依次首尾相接,后一个尺寸以前一个尺寸的终点为起点(基准),注写成链状,称为链状式。如图 9.35 所示。链状式可保证所注各段尺寸的精度要求,但由于基准依次推移,使各段尺寸的位置误差相互影响。

从图 9.35 中可以看出,加工制造该零件时,以右端面为基准加工测量尺寸 30,以轴肩右端面为基准加工测量尺寸 18,以轴肩左端面为基准加工测量尺寸 20,这样每段尺寸的误差确立不受其他尺寸误差的影响,容易保证每段尺寸的精度。但是每段尺寸的位置由于基准不统一,则受前几个尺寸的误差影响,其位置误差为前几个尺寸误差之和,造成位置误差积累。因此,当阶梯状零件对总长精度要求不高而对各段长度的尺寸精度要求较高时,或零件中各孔中心距的尺寸精度要求较高时,均可采用这种注法。

2. 坐标式

零件同一方向的几个尺寸由同一基准出发进行标注,称为坐标式。如图 9.36 所示。坐标式所注各段尺寸其尺寸精度只取决于本段尺寸加工误差,故能保证所注尺寸的精度要求,各段尺寸精度互不影响，不产生位置误差积累。因此，当需要从同一基准定出一组精确的尺寸时，常采用这种注法。

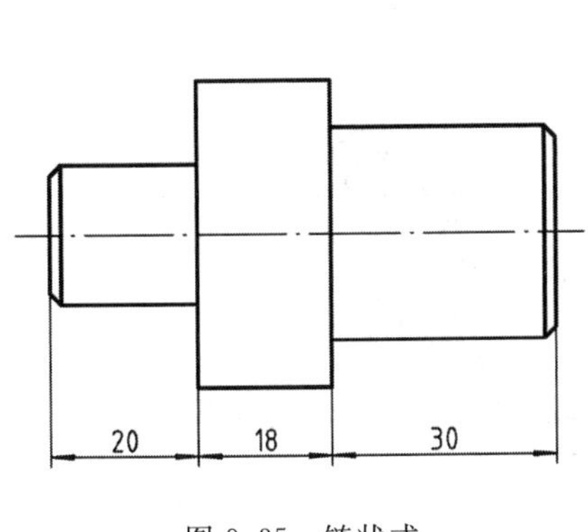

图 9.35　链状式

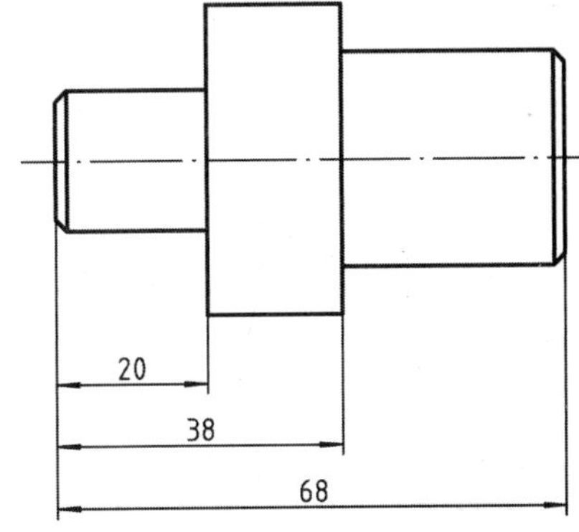

图 9.36　坐标式

3. 综合式

零件同一方向的尺寸标注既有链状式又有坐标式，是这两种形式的综合，故称为综合式。如图 9.37 所示。综合式具有链状式和坐标式的优点，既能保证一些精确尺寸，又能减少阶梯状零件中尺寸误差积累。所以标注零件图中的尺寸时，用得最多的是综合式标注。

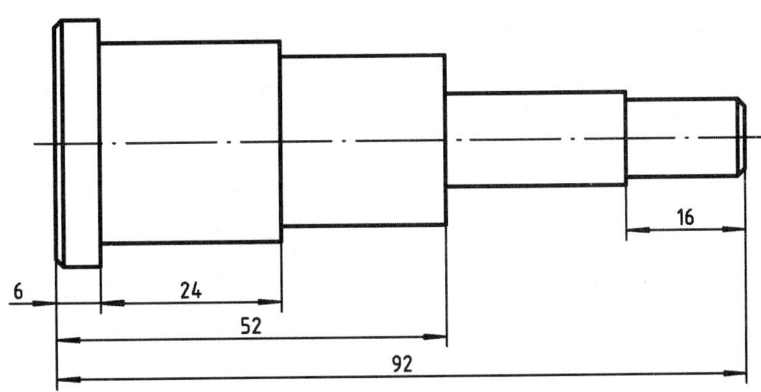

图 9.37　综合式

9.4.3　合理标注尺寸应注意的事项

1. 注意满足设计要求

(1) 主要尺寸应从设计基准出发直接注出

所谓零件的主要尺寸是指影响产品性能、工作精度和装配精度的尺寸。如图 9.34(a)、(b)中的尺寸 A，图 9.38(a)中尺寸 A 和 B。为保证设计要求，对零件的主要尺寸应从设计基准出发直接注出，而不要注成图 9.38(b)那样。在一个零件的尺寸中，主要尺寸的数量并不多，占尺寸总数的 10%～20%，其余是非主要尺寸，即一般尺寸。一般尺寸在满足设计要求情况下，可从工艺基准出发标注。

(2) 不应注成封闭的尺寸链

封闭的尺寸链是首尾相接，形成一个封闭圈的一组尺寸。图 9.39 中链状尺寸形式已注出尺寸 A1、A2、A3、A4,如再注出总长 A5,这五个尺寸就构成一个封闭尺寸链。每个尺寸为尺寸链中的组成环。根据尺寸标注形式对尺寸误差的分析,尺寸链中任一环的尺寸误差,都等于其他各环尺寸误差之和。因此,如注成封闭尺寸链,欲同时满足各组成环的尺寸精度是办不到的。

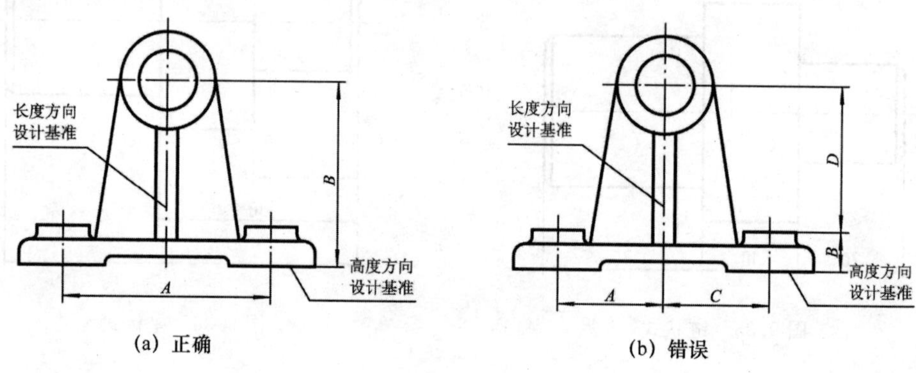

图 9.38　从设计基准标注尺寸

因此,标注尺寸时,在尺寸链中应选一个不重要的环不注尺寸,该环称为开口环,如图 9.36、图 9.37、图 9.420 中长度方向的未注尺寸段。开口环的尺寸误差等于其他各环尺寸误差之和,因为它不重要,在加工中最后形成,使误差积累到这个开口环上去,该环尺寸精度得不到保证对设计要求没有影响,从而保证了其他各组成环的尺寸精度。但出于某种需要有时也可注出开口环尺寸,但必须加括号,称为参考尺寸,加工时不作测量和检验,如图 9.41 中的(A4)。

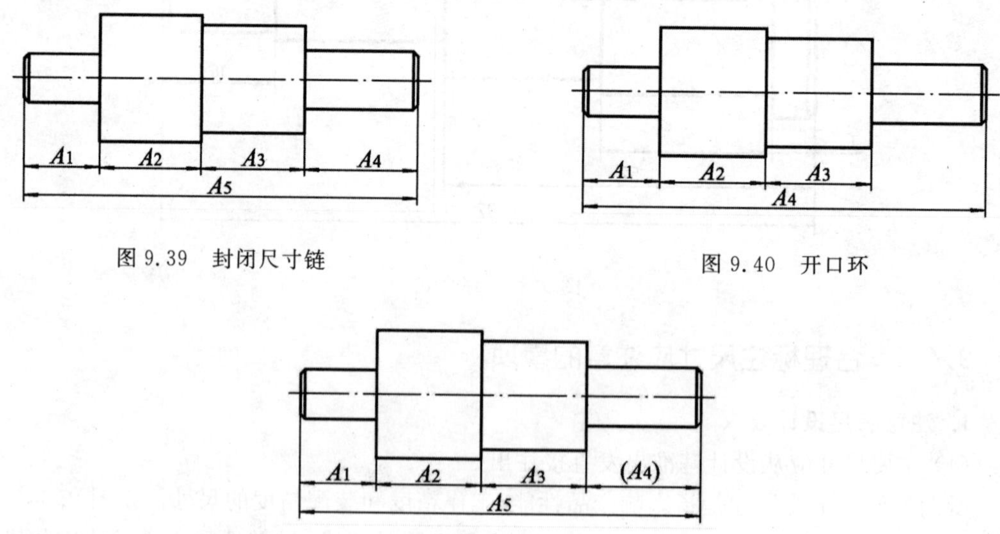

图 9.39　封闭尺寸链

图 9.40　开口环

图 9.41　标注参考尺寸

(3) 有联系的尺寸应协调一致

一台机器是由许多零部件装配而成。机器中各零件之间有配合、连接、传动等关系,标注零件间有联系的尺寸,应做到尺寸基准、标注形式及内容等协调一致。图 9.42 中一对齿轮传动中心距为 $40^{+0.053}_{0}$,左、右盖的两个轴孔中心距及泵体齿轮中心距,这三个零件尺寸的基准、尺寸数值、偏差等都应协调一致。

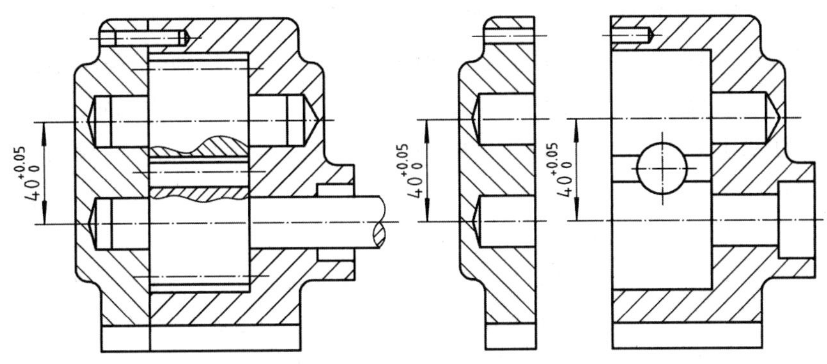

图 9.42　标注联系尺寸

2. 注意满足工艺要求

(1) 按加工顺序标注尺寸

按加工顺序标注尺寸符合加工过程，方便加工和测量，从而保证工艺要求。轴套类零件的一般尺寸或零件阶梯孔等都按加工顺序标注尺寸。图 9.43 表示齿轮轴在车床上的加工顺序，车削加工后还要铣削轴上键槽和轮齿。从加工顺序的分析中可以看出，图 9.2 对该齿轮轴的尺寸注法是符合加工要求的。图中除了轮齿宽度 $14^{-0.009}_{-0.027}$ 这一主要尺寸从设计基准直接注出之外，其余轴向尺寸因结构上没有特殊要求，故均按加工顺序标注。

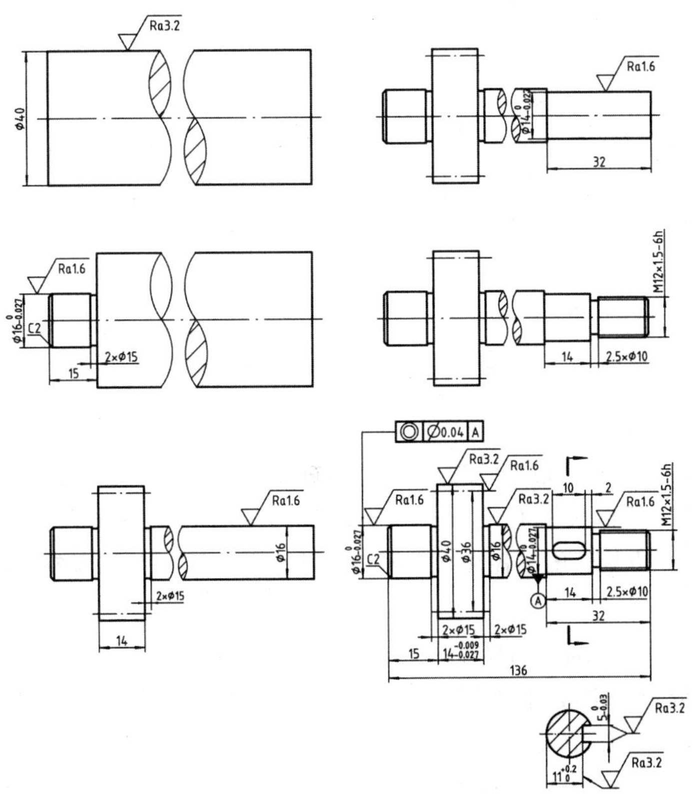

图 9.43　齿轮轴在车床上的加工顺序

(2) 不同工种加工的尺寸应尽量集中标注

一个零件,可能经过几种加工方法(如车、刨、铣、钻、磨等)才能制成。在标注尺寸时,最好将不同加工方法的有关尺寸,集中标注。如图 9.2 所示的齿轮轴,轴是车削加工,键槽是在铣床上加工。标注尺寸时,将键槽长度尺寸及其定位尺寸注在主视图的上方,车削加工的各段长度尺寸注在下方,键槽的宽度和深度集中标注在剖面图上,这样配置尺寸清晰易找,加工时看图方便。

(3) 标注尺寸应尽量方便测量

在没有结构上或其他重要的要求时,标注尺寸应尽量考虑测量方便。如图 9.44(a)所示的一些图例是由设计基准注出中心至某面的尺寸,但不易测量;考虑对设计要求影响不大,按图 9.44(b)的注法则便于测量。在满足设计要求的前提下,所注尺寸应尽量做到使用普通量具就能测量,以减少专用量具的设计和制造。

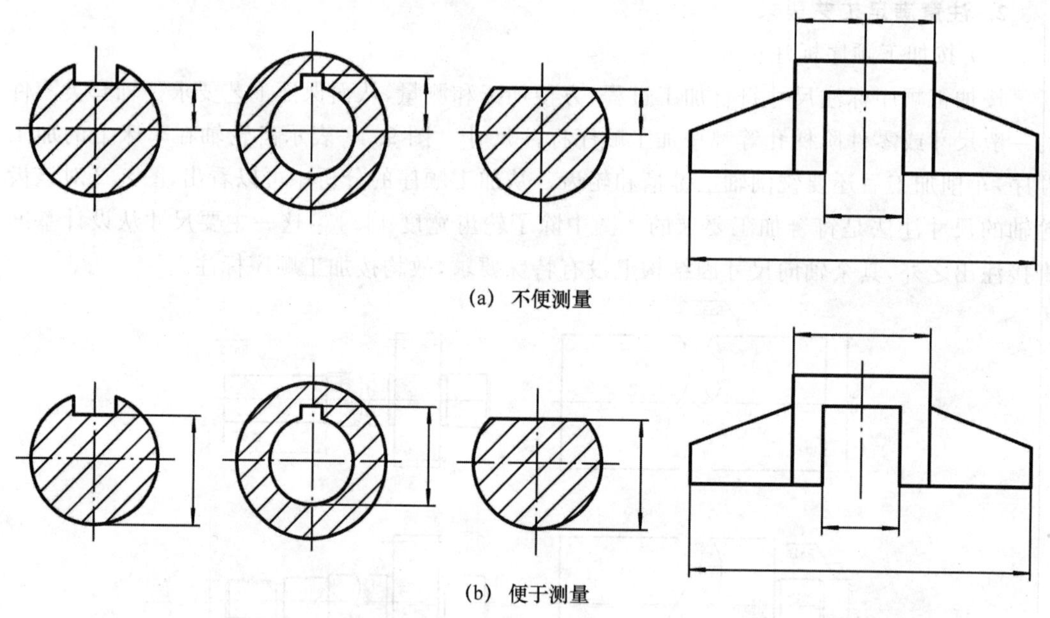

图 9.44 标注尺寸要方便测量

(4) 铸件尺寸按形体分析法标注

铸件制造过程是先制做模型及芯盒,再造出砂型并浇注金属熔液而铸成。模型是由基本形体组合而成的,因此,对铸件尺寸应按形体分析法标注,这样既反映出设计意图,又方便制做模型。图 9.45 直接给出了各基本形体的定形尺寸和定位尺寸,是符合制作模型工艺要求的。

(5) 加工面与不加工面间的尺寸注法

按两组尺寸分别标注,各个方向要有一个尺寸把它们联系起来。如图 9.45 和图 9.46 所示的铸件,全部不加工面(毛面)之间用一组尺寸相互联系,分别只有一个尺寸 H_2 和 B 使这组尺寸与加工面(底面)发生联系。这样在加工零件的底面时,尺寸 H_2 和 B 的精度要求是容易满足的。所有其他尺寸仍然保持着它们在毛坯时所得到的精度和相互关系。因此,制造和加工都很方便，同时还保证了设计要求。

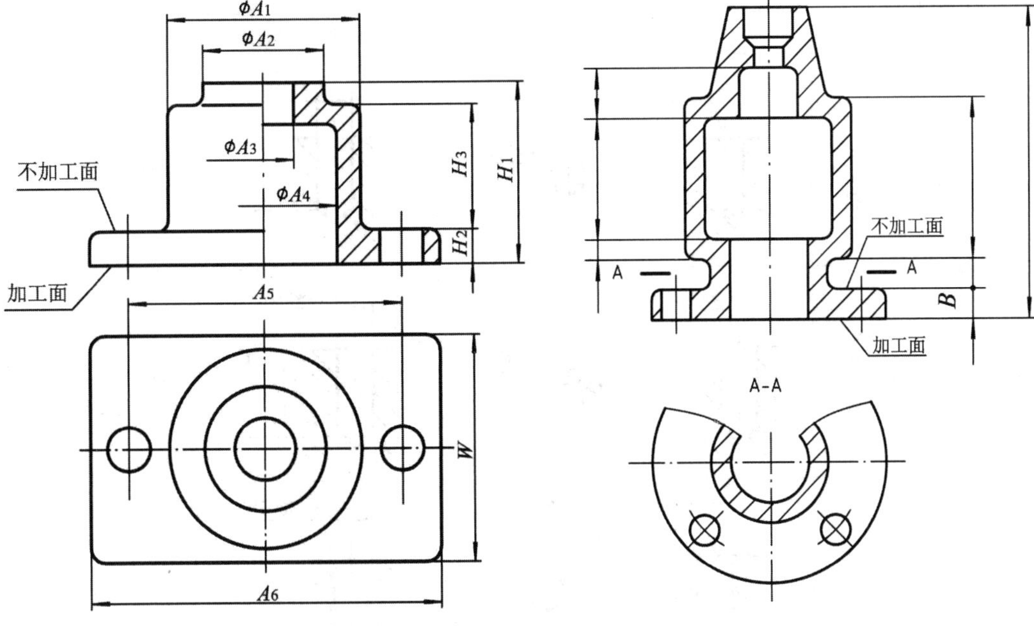

图 9.45　铸件尺寸标注　　　　图 9.46　加工面与不加工面间的尺寸注法

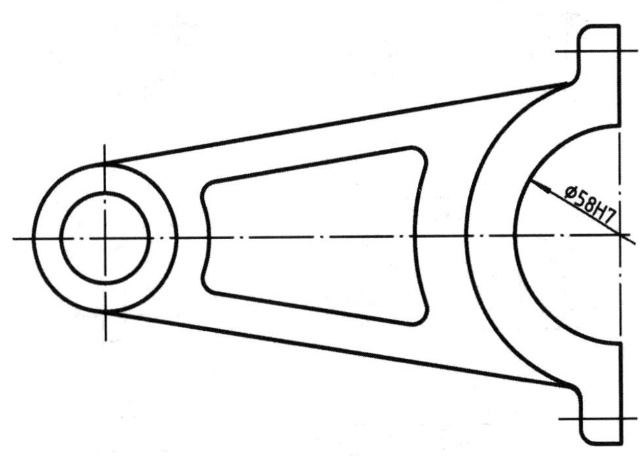

图 9.47　考虑加工工艺特点标注尺寸

(6) 标注尺寸要适合加工工艺特点的要求

如图 9.47 所示连杆的半圆柱孔，是与连杆的另一半半圆柱孔合在一起之后加工出来的，以保证装配后的同轴度。因此应注直径不注半径，以方便加工和测量。

(7) 零件上常见典型结构的尺寸注法

从表 9.2 中可以看出，孔结构有两种注法：普通注法和旁注法。旁注法使用了尺寸符号，使标注得以简化。

表 9.2 零件上常见典型结构的尺寸注法

结构类型		标注方法 旁注法	标注方法 普通注法	说明
光孔	一般孔	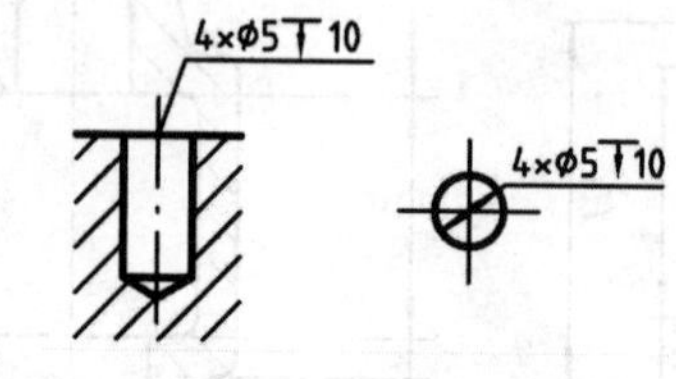 4×φ5↧10；4×φ5↧10	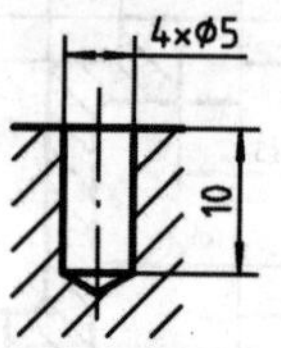 4×φ5；10	钻孔深度为 10
光孔	精加工孔	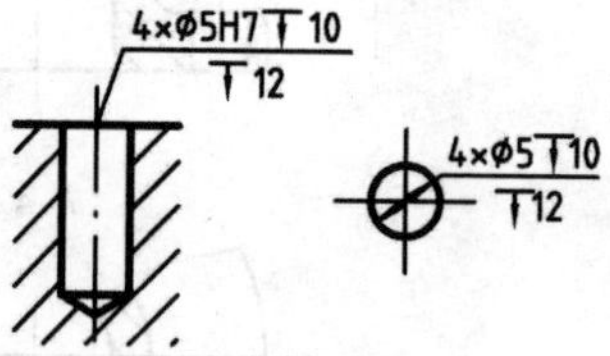 4×φ5H7↧10 ↧12；4×φ5↧10 ↧12	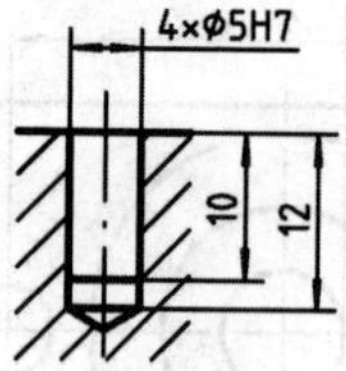 4×φ5H7；10；12	钻孔深为 12,钻孔后需精加工至 φ5H7,深度为 10
螺纹孔	通孔	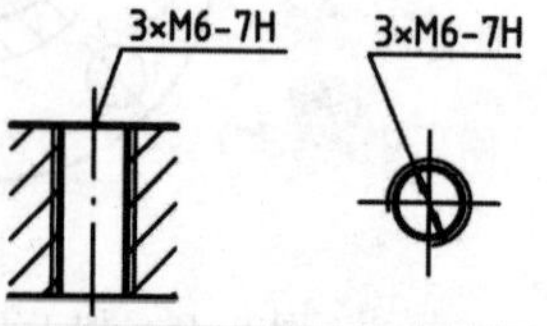 3×M6-7H；3×M6-7H	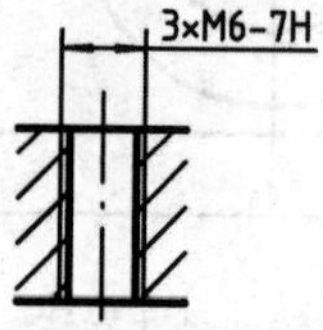 3×M6-7H	表示 3 个均匀分布的、大径为 6 的螺纹孔,螺纹的中径、顶径公差带均为 7H
螺纹孔	盲孔	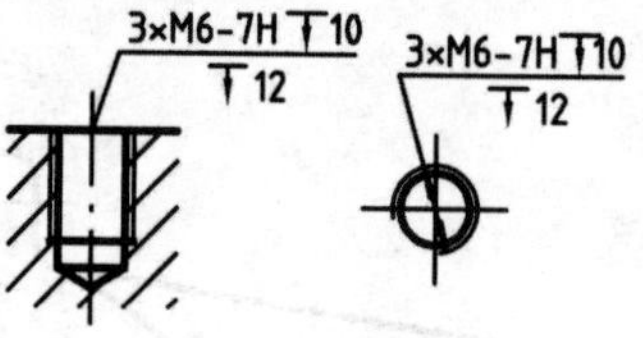 3×M6-7H↧10 ↧12；3×M6-7H↧10 ↧12	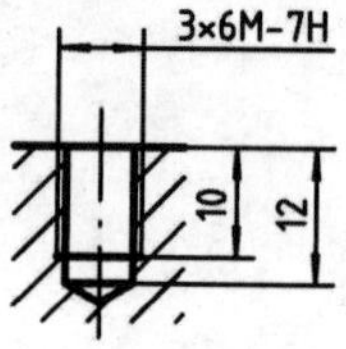 3×6M-7H；10；12	表示 3 个均匀分布的、大径为 6 的螺纹孔,螺纹的中径、顶径公差带均为 7H。螺纹深度为 10,孔深 12
埋头孔和沉孔	埋头孔	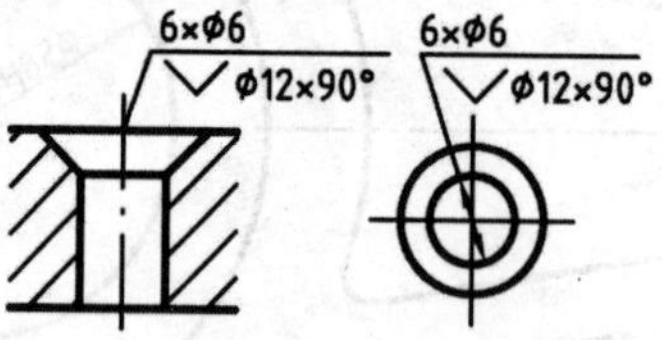 6×φ6 ⌵φ12×90°；6×φ6 ⌵φ12×90°	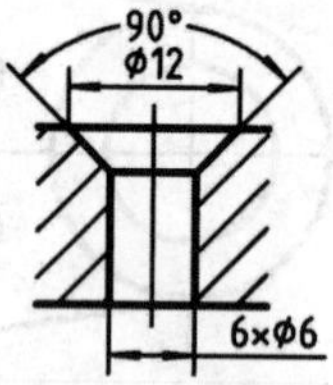 90°；φ12；6×φ6	表示 6 个均匀分布直径为 φ6 的孔,埋头孔的直径为 φ12,锥角为 90°
埋头孔和沉孔	沉孔	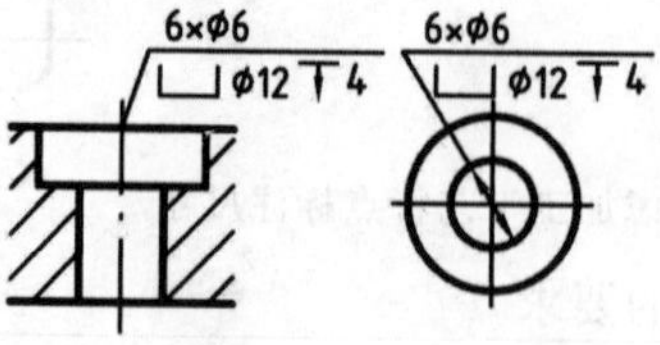 6×φ6 ⌴φ12↧4；6×φ6 ⌴φ12↧4	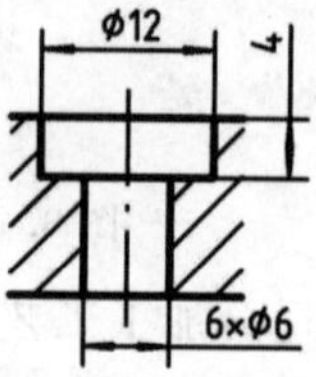 φ12；4；6×φ6	柱形沉孔的直径为 φ12,深度为 4,通孔直径为 φ6
埋头孔和沉孔	锪平孔	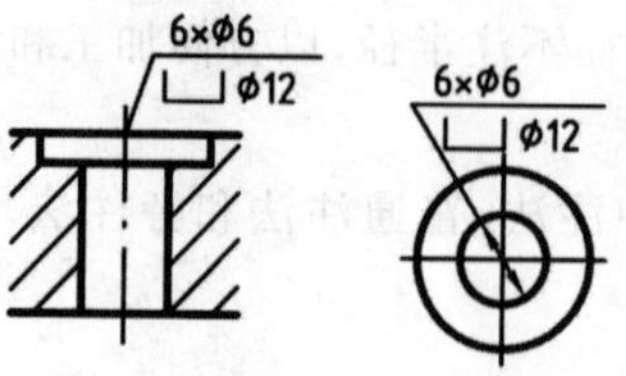 6×φ6 ⌴φ12；6×φ6 ⌴φ12	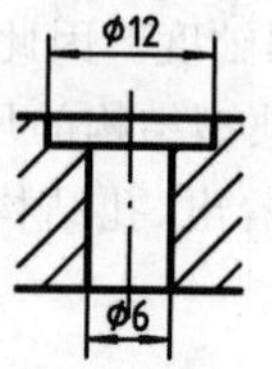 φ12；φ6	用机械加工的方法锪平 φ12,一般锪平到没有了毛面为止,故深度不需标注

续表

结构类型	标注方法		说　明
	旁注法	普通注法	
45°倒角注法	C2　C2	C2	用 C 表示倒角为 45°倒角，2 表示倒角的距离
其他倒角注法	30°　2	30°　2	其余角度的倒角需要注出距离和角度
退刀槽和越程槽注法	2×1.5　2×ϕ10	2×1.5	2×1.5 表示槽宽为 2，深度为 1.5；3×ϕ10 表示槽宽为 3，槽的直径为 ϕ10

9.4.4　合理标注零件尺寸的方法步骤

1. 标注零件尺寸的方法步骤

通过零件结构分析和表达方案的确定，以及对零件的工作性能和加工、测量方法充分理解的基础上，标注零件尺寸的方法步骤如下：

(1) 选择尺寸基准；

(2) 考虑设计要求，标注主要尺寸；

(3) 考虑工艺要求，标注出一般尺寸；

(4) 用形体分析、结构分析法补全尺寸和检查尺寸，同时计算三个方向(长、宽和高)的尺寸链是否正确，尺寸数值是否符合标准数系。

2. 零件尺寸标注举例

例 9.3　试标注出图 9.2 齿轮泵的轴测装配图中主动齿轮零件图的尺寸。

按标注零件尺寸的方法步骤标注，如图 9.48 所示。

(1) 分析零件的结构形状；

(2) 选择尺寸基准，按照零件的工作情况和加工特点，尺寸基准如图 9.48(a)所示。图中 A 处为设计基准，B 处为工艺基准；

(3) 标注主要尺寸，如图 9.48(b)所示；

(4) 标注一般尺寸,如图 9.48(c)所示;

(5) 检查调整,补遗删余。

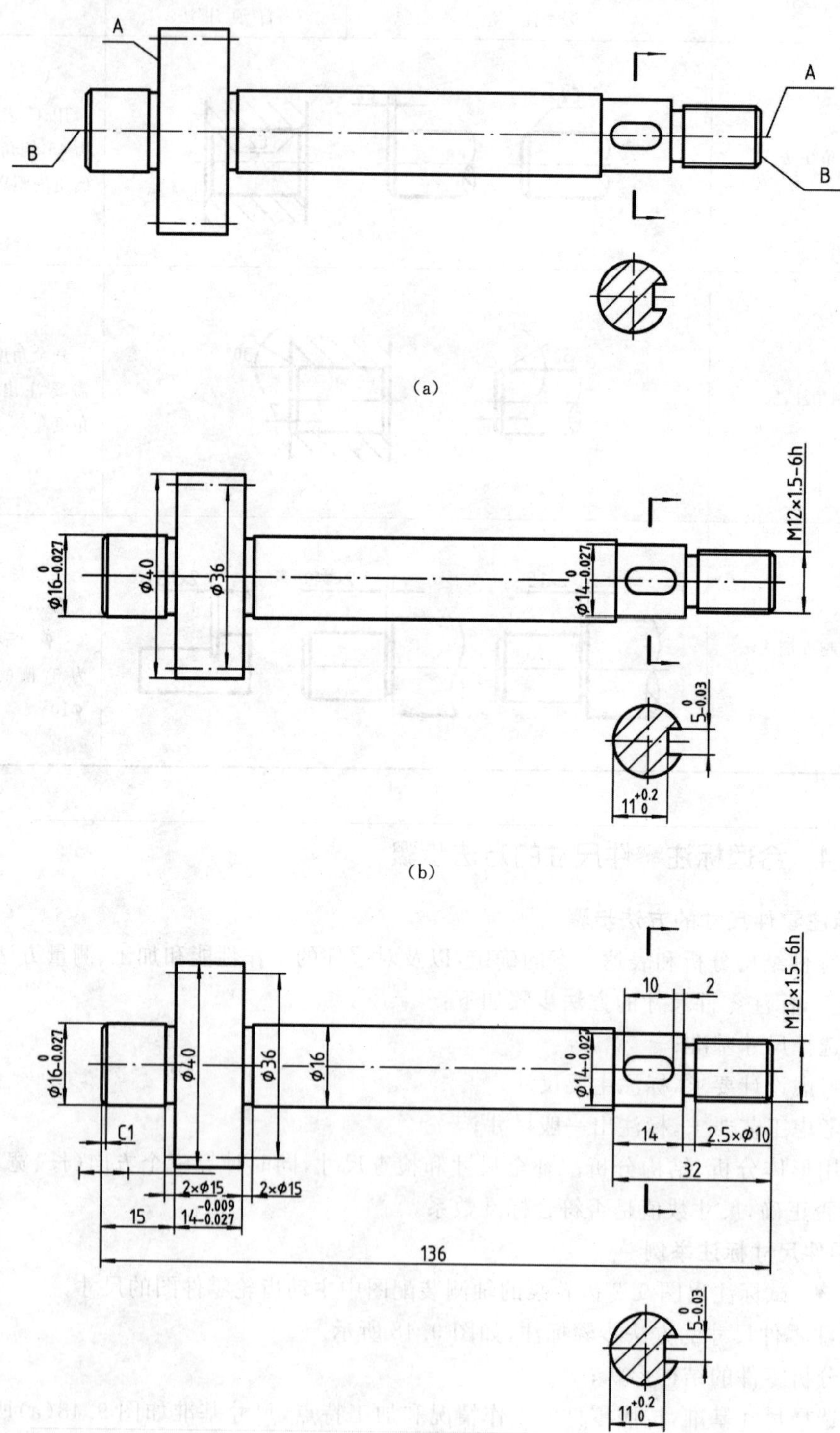

图 9.48 主动齿轮轴的尺寸标注步骤

例 9.4　试标注出座体(支架)的尺寸(图 9.49)

按标注零件尺寸的方法步骤标注。

(1) 分析零件的结构形状;

(2) 选尺寸基准,如图 9.49 中所标出的三个方向的基准;

(3) 标出主要尺寸,ϕ80H7、中心高度 115、定位尺寸 160、150 等;

(4) 标出一般尺寸;

(5) 检查调整,补遗删余,见图 9.49。

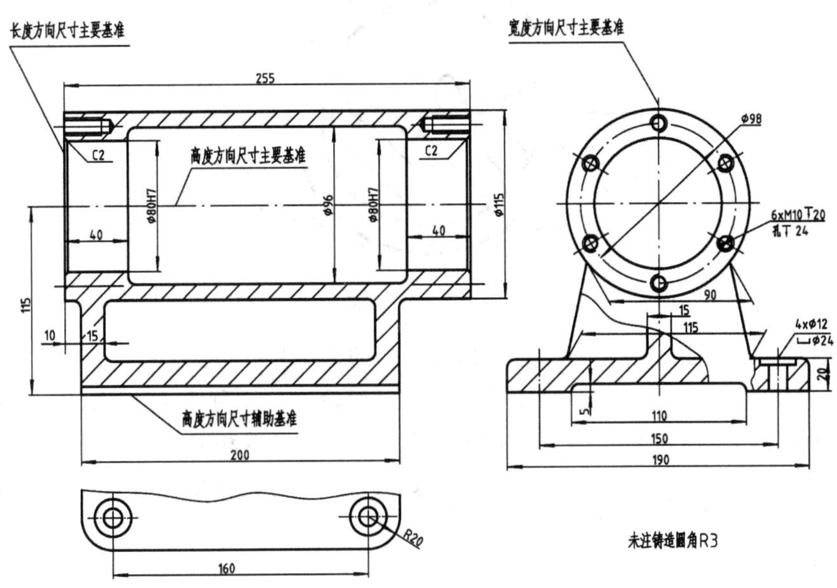

图 9.49　座体(支架)的尺寸标注

9.5　零件图上的技术要求

零件图是设计部门提交给生产部门的重要的技术文件,是制造机器零件的重要依据。它不仅要合理地表达出零件内外结构和准确尺寸,还必须有制造该零件时零件应该达到的一些质量要求,一般称为技术要求。

9.5.1　技术要求的内容

零件图上的技术要求一般有以下几个方面的内容:零件的表面结构要求;零件的尺寸公差;零件的几何公差;零件材料的要求和说明;零件的热处理、表面处理和表面修饰的说明;零件的特殊加工、检查、试验及其他必要的说明;零件上某些结构的统一要求,如圆角、倒角尺寸等。

9.5.2　表面结构的表示法(GB/T 131—2006)

1. 基本概念

零件的每一个加工表面,无论采用哪种加工方法所获得的零件表面,都不是绝对的平整和光滑的,放在显微镜(或放大)下观察,都可以看到刀具加工过程中留下的微观的表面几何特征,如图 9.50 所示。这种微观表面几何特征一般是由刀具与零件的运动、摩擦,机床的振动及零件的塑性变形等各种因素的影响而形成的。由于存在这种微观的表面几何特征,使得零件在制造过程中产生的表面几何形状以及加工后的实际表面与理想表面形状总是存在一定的偏差。实际表面与理想表面几何形状的偏差,可划分为三类:形状误差、表面波纹度和表面粗糙度。

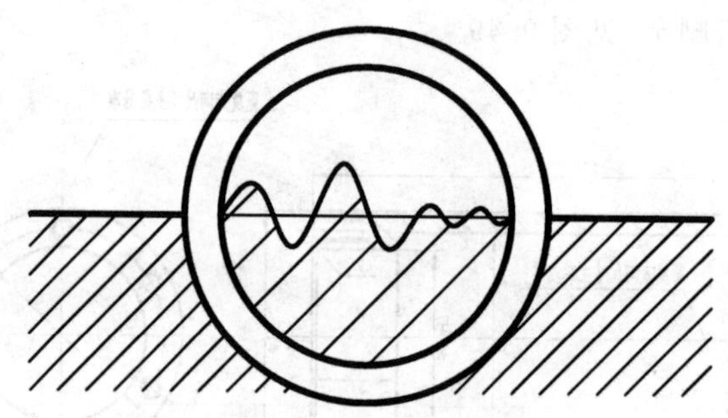

图 9.50　表面的微观特征

粗糙度轮廓、波纹度轮廓和原始轮廓构成零件的表面特征,称为表面结构。表示表面微观几何特征时要用表面结构参数,国家标准把这三种轮廓分别称为 R 轮廓、W 轮廓和 P 轮廓,从这三种轮廓上计算得到的参数分别称为 R 参数、W 参数和 P 参数。

在零件图上标注的表面结构通常以 R 参数为主,它是从粗糙度轮廓上计算所得的参数,也称为粗糙度参数。

2. 表面粗糙度

表面粗糙度是评定零件表面质量的一项技术指标,它对零件的配合性质、耐磨性、抗腐蚀性、接触刚度、抗疲劳强度、密封性和外观等都有影响。因此,图样上要根据零件的功能要求,对零件的表面粗糙度做出相应的规定。

评定表面粗糙度的主要参数是 R 参数中的轮廓算术平均偏差 Ra,它是指在取样长度 l_r 范围内,被测轮廓线上各点至基准线的距离 $Z(x)$ 绝对值的算术平均值(图 9.51),可用下式表示:

$$Ra=\frac{1}{l_r}\int_0^{l_r}|Z(x)|\,\mathrm{d}x$$

或近似表示为

$$Ra=\frac{1}{n}\sum_{i=1}^{n}|Z_i|$$

轮廓算术平均偏差可用电动轮廓仪测量,运算过程由仪器自动完成。根据国标规定,轮廓算术平均偏差 Ra 的数值越小,零件表面越平整光滑;Ra 数值越大,零件表面越粗糙。

表面粗糙度有时还使用 R 参数中的轮廓最大高度 Rz 来评定,它是指在一个取样长度内最大轮廓峰高和最大轮廓谷深之间的距离。

3. 表面粗糙度的选用

零件表面粗糙度参数值的选用,应该既要满足零件表面的功能要求,又要考虑经济合理性。具体选用时,可参照生产中的实例和已有的类似零件图,用类比法确定。同时注意下列

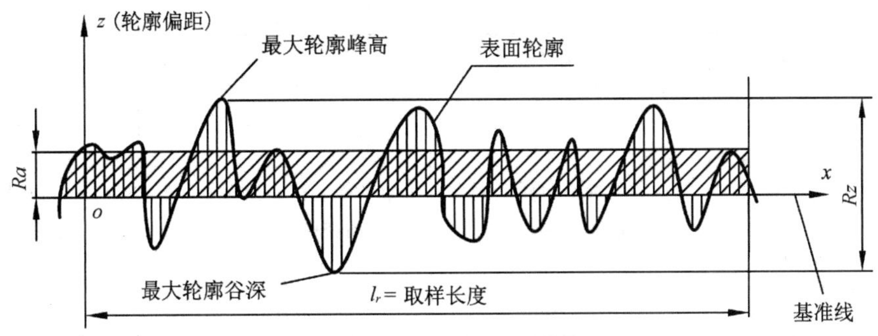

图 9.51　轮廓算术平均偏差 Ra 和轮廓最大高度 Rz

问题：

(1) 在满足功用的前提下，尽量选用较大的表面粗糙度参数值，以降低生产成本。

(2) 在同一零件上，工作表面的粗糙度参数值应小于非工作表面的粗糙度参数值。

(3) 受循环载荷的表面及容易引起应力集中的表面(如圆角、沟槽)，表面粗糙度参数值要小。

(4) 配合性质相同时，零件尺寸小的比尺寸大的表面粗糙度参数值要小；同一公差等级，小尺寸比大尺寸、轴比孔的表面粗糙度参数值要小。

(5) 运动速度高、单位压力大的摩擦表面比运动速度低、单位压力小的摩擦表面的粗糙度参数值小。

(6) 一般地说，尺寸和表面形状要求精确度高的表面，粗糙度参数值小。

表 9.3 列举了表面粗糙度参数 Ra 值与加工方法的关系及其应用实例，可供选用时参考。

表 9.3　表面粗糙度参数 *Ra* 值及应用举例

$Ra/\mu m$	表面状况	加工方法	应　用　举　例
50～100	明显可见刀痕	粗车、镗、刨、钻等	粗加工的表面，如粗车、粗刨、切断等的表面，用粗锉刀和粗砂轮等加工的表面，一般很少采用
25			
12.5	可见刀痕	粗车、刨、铣、钻等	一般非结合表面，如轴的端面、倒角、齿轮及带轮的侧面、键槽的非工作表面，减重孔眼表面等
6.3	可见加工痕迹	精车、精刨、精铣、粗磨、镗、铰等	不重要零件的非配合表面，如支柱、支架、外壳、衬套、轴、盖等的端面；和其他零件连接不形成配合的表面，如箱体、外壳、端盖等零件的端面；相对运动速度不高的接触面，如支架孔、衬套的工作面
3.2	微见加工痕迹		
1.6	看不清加工痕迹		
0.8	可辨加工痕迹的方向	精车、精镗、精拉、精磨等	要求保证定心及配合特性的表面，如锥销与圆柱销的表面；要求长期保持配合性质稳定的配合表面。IT7 级的轴、孔配合表面；工作时受变应力作用的重要零件的表面，如轴颈表面、要求气密的表面圆锥定心表面等
0.4	微辨加工痕迹的方向		
0.2	不可辨加工痕迹的方向		

续 表

Ra/μm	表面状况	加工方法	应 用 举 例
0.1	暗光泽面	研磨、抛光、超级精细研磨等	精密量具的表面和极重要零件的摩擦面,如气缸的内表面、精密机床的主轴轴颈、坐标镗床的主轴颈
0.05	亮光泽面		
0.025	镜状光泽面		
0.012	雾状镜面		
0.006	镜面		

9.5.3 表面结构的注法

1. 表面结构代(符)号

表面结构要求由表面结构代(符)号和在其周围标注的表面结构参数数值及有关规定符号所组成,如表 9.4 所示。

表 9.4 表面结构符号

符 号	意义及说明	表面结构参数值及其有关的规定在符号中注写的位置
	基本符号:表示表面可用任何方法获得。当不加注表面结构参数值或有关说明(例如:表面处理、局部热处理状况等)时,仅适用于简化代号标注	c a e d b *a*、*b*—注写两个或多个表面结构要求; *c*—注写加工方法、表面处理、涂层或其他加工工艺要求等; *d*—注写表面纹理和方向; *e*—注写加工余量(单位为 mm)
	扩展图形符号:表示表面是用去除材料的方法获得。例如:车、铣、钻、磨、剪切、抛光、腐蚀、电火花加工、气割等	
	扩展图形符号:表示表面是用不去除材料的方法获得。例如:铸、锻、冲压变形、热扎、冷扎、粉末冶金等,或者是用于保持原供应状况的表面(包括保持上道工序的状况)	
	完整图形符号:当要求标注表面结构特征的补充信息时,应在上述三个符号的长边上均加一横线,用于标注有关参数和说明	
	工件轮廓各表面的图形符号:当在某个视图上构成封闭轮廓的各表面有相同的表面结构要求时,应在完整图形符号上加一圆圈,注写在图样中的封闭轮廓上	

(1) 表面结构符号,见表 9.4,其画法如图 9.52 所示,尺寸规格如表 9.5 所示。

(2) 表面结构数值及其有关规定在符号中的注写位置,如表 9.4 所示。

(3) 采用表面结构 R 轮廓的注法及含义如表 9.6 所示,单位为微米(μm)。

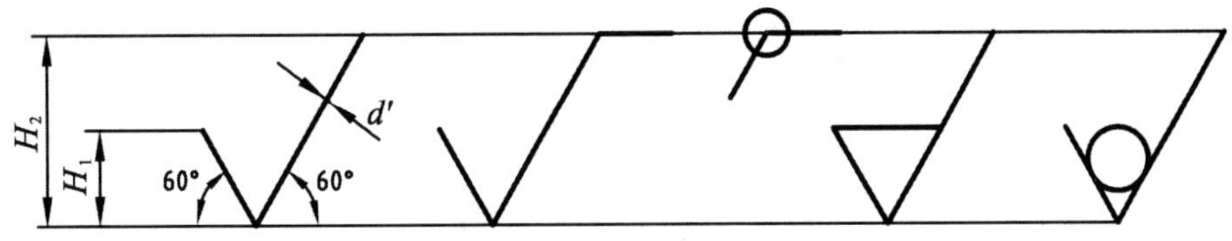

图 9.52　表面结构符号的画法

表 9.5　表面结构图形符号尺寸

数字和字母高度 h	2.5	3.5	5	7	10	14	20
符号线宽 d' 字母线宽 d	0.25	0.35	0.5	0.7	1	1.4	2
高度 H_1	3.5	5	7	10	14	20	28
高度 H_2(最小值)	7.5	10.5	15	21	30	42	60
高度 H_2 取决于标注内容。							

表 9.6　表面结构 *R* 轮廓的标注

代号	意义	代号	意义
Ra3.2	用任何方法获得,单向上限值(默认),*Ra* 的上限值为 3.2 μm,“16%规则”(默认)	Ra3.2	用不去除材料的方法获得,单向上限值(默认),*Ra* 的上限值为 3.2 μm
Rzmax3.2	用任何方法获得,单向上限值(默认),*Rz* 的上限值为 3.2 μm,“最大规则”	U Rz3.2 L Ra1.6	用去除材料的方法获得,双向极限,*Rz* 的上限值为 3.2 μm,下限值为 1.6 μm
Ra3.2	用去除材料的方法获得,单向上限值(默认),*Ra* 的上限值为 3.2 μm	U Ra3.2 L Ra1.6	用去除材料的方法获得,双向极限,*Ra* 的上限值为 3.2 μm,下限值为 1.6 μm。同一参数,在不引起歧义时,可省略 U、L
车 Ra3.2	表示加工方法为车削,其他同上	3 Ra3.2	表示加工余量为 3 mm,其他同上
Ra3.2 ⊥	表示表面纹理垂直于视图的投影面,其他同上	Ra3.2	表示对投影视图上封闭的轮廓线所表示的各表面有相同的 *Ra* 的上限值

2. 表面结构符号、代号的标注位置与方向

表面结构要求对每一个表面一般只标注一次,并尽可能注在相应的尺寸及其公差的同一视图上。

(1) 标注原则

总的原则是根据 GB/T 4458.4 的规定,使表面结构的注写和读取方向与尺寸的注写和读取方向一致,如图 9.53 所示。

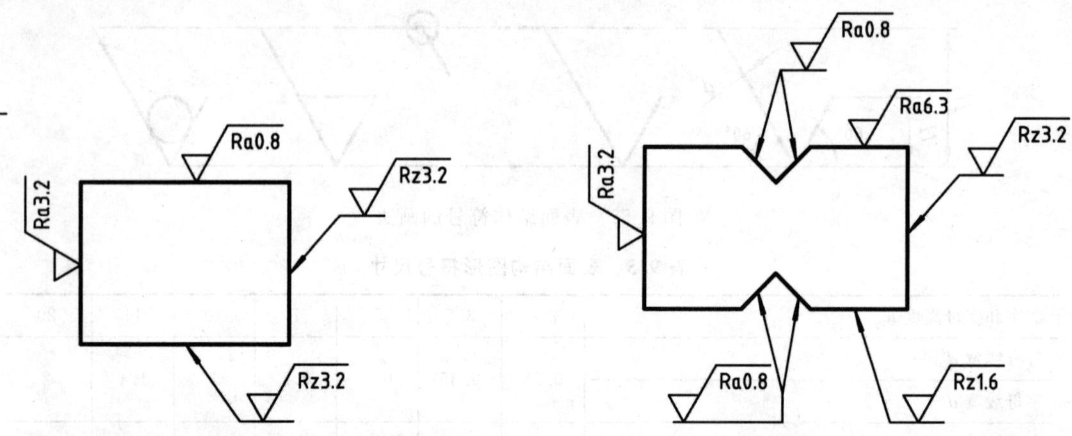

图 9.53 表面结构要求的注写方向　　图 9.54 表面结构要求在轮廓线上的标注

(2) 标注在轮廓线上或指引线上

表面结构要求可标注在轮廓线上或指引线上,上侧水平或左侧垂直表面可注在轮廓线上,其符号应从材料外指向并接触表面,下侧和右侧及其他方向的表面须注在指引线上,指引线带箭头指向表面,如图 9.54 所示。必要时,表面结构符号用带箭头或黑点的指引线引出标注,如图 9.55 所示。

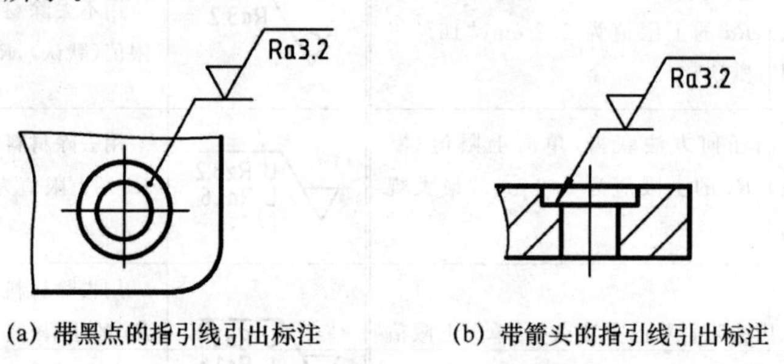

(a) 带黑点的指引线引出标注　　(b) 带箭头的指引线引出标注

图 9.55 指引线引出标注

(3) 标注在特征尺寸的尺寸线上

在不致引起误解时,表面结构要求可以标注在给定的尺寸线上,如图 9.56 所示。

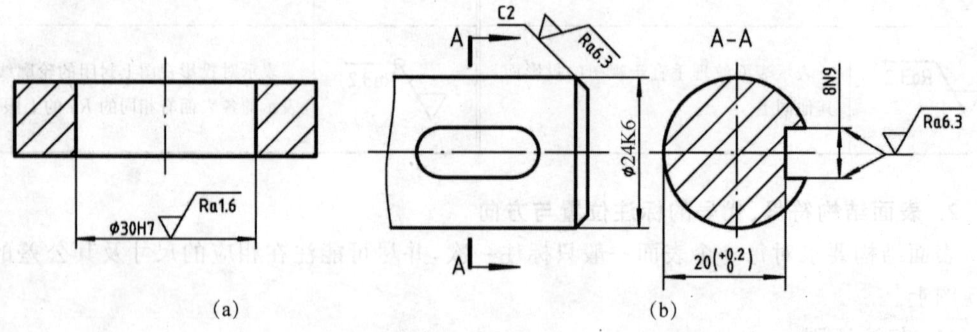

(a)　　(b)

图 9.56 表面结构要求标注在尺寸线上

(4) 标注在几何公差框格的上方,如图 9.57 所示。(几何公差在下面讲解)

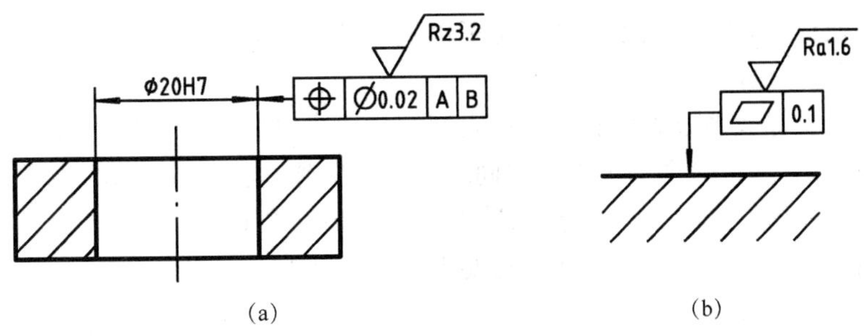

图 9.57 表面结构要求标注在几何公差框格的上方

(5) 直接标注在延长线上或延长线用带箭头的指引线引出标注,如图 9.58 所示。

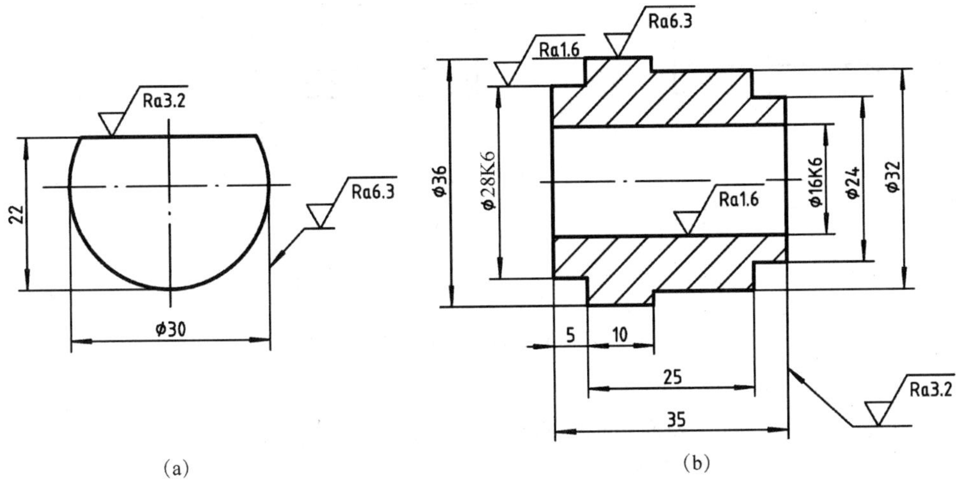

图 9.58 表面结构要求标注在圆柱特征的延长线上

(6) 标注在圆柱和棱柱表面上

圆柱和棱柱表面的表面结构要求只标注一次(图 9.58),如果每个棱柱表面有不同的表面结构要求,则应分别单独标注(图 9.59)。

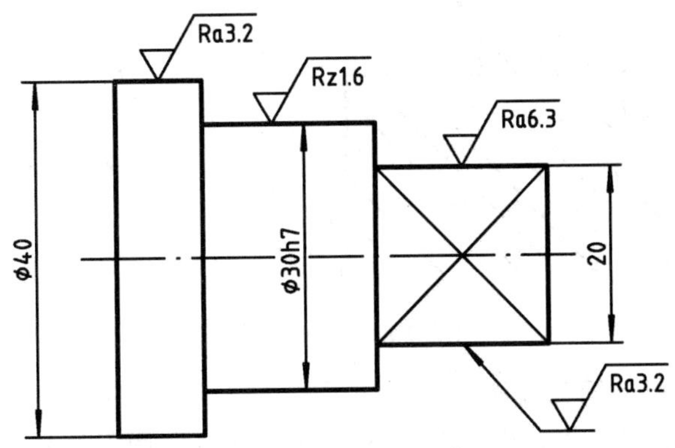

图 9.59 圆柱棱柱表面结构要求的注法

3. 表面结构要求的简化注法

复杂的零件具有多个表面,每个表面都注表面结构的符号不仅烦琐,且也会受到图纸空间的限制而不便标注，为此，国家标准规定了以下的简化注法。

(1) 有相同表面结构要求的简化注法

如果工件的全部或多数表面有相同的表面结构要求，则其表面结构要求可统一标注在图样标题栏附近。此时(除全部表面有相同要求的情况外)表面结构要求的代号后面应有：

——在圆括号内给出无任何其他标注的基本符号(图 9.60(a))；

——在圆括号内给出不同的表面结构要求(图 9.60(b))。

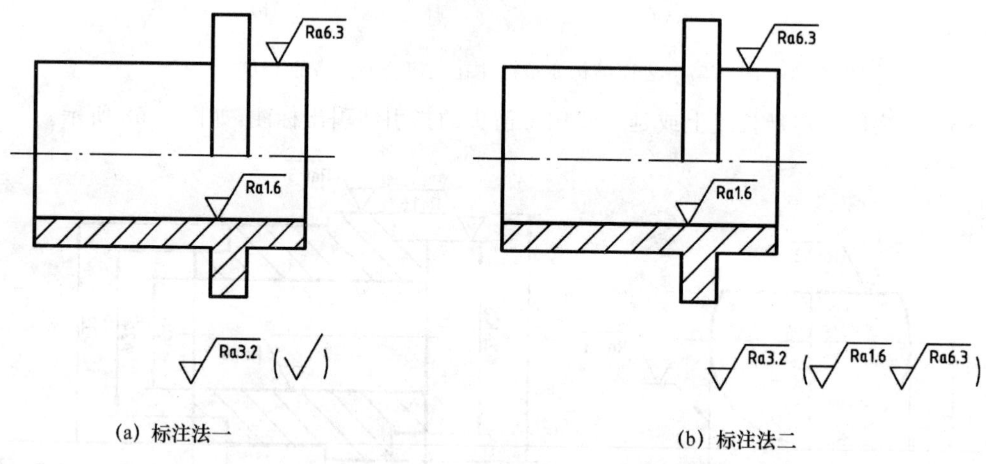

图 9.60　大多数表面有相同的表面结构要求的简化标注

(2) 多个表面有共同要求的注法

当多个表面具有相同的表面结构要求或图纸空间有限时，可以采用简化注法。

① 带字母的完整符号的简化注法

可用带字母的完整符号标注，然后以等式的形式，在图形或标题栏附近，对有相同表面结构要求的表面进行简化标注，如图 9.61 所示。

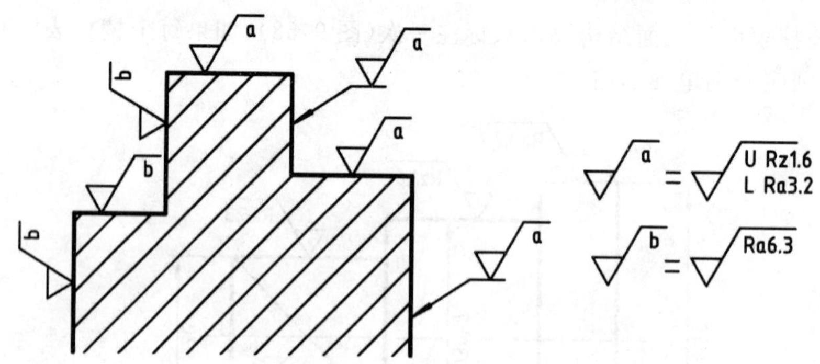

图 9.61　用带字母的完整符号的简化注法

② 用表面结构符号的简化注法

根据被标注表面所用工艺方法的不同，相应地使用基本图形符号、应去除材料或不允许去除材料的扩展图形符号在图中进行标注，再在标题栏附近以等式的形式给出对多个表面共同的表面结构要求，如图 9.62 所示。

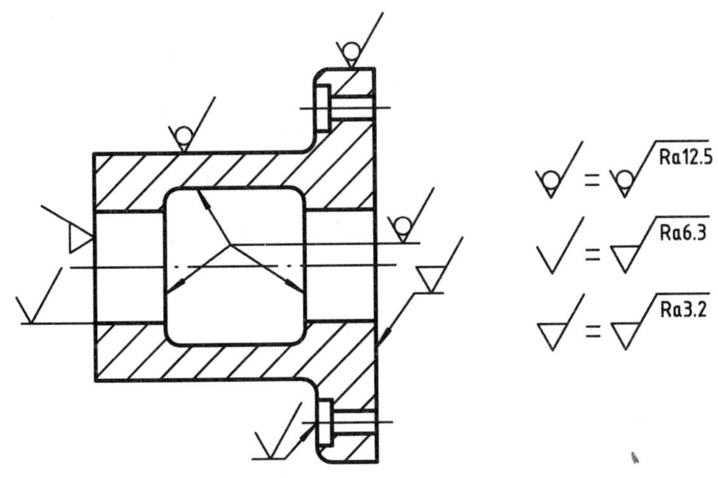

图 9.62 只用表面结构符号的简化注法

4. 两种或多种工艺获得的同一表面的注法

由几种不同的工艺方法获得的同一表面，当需要明确每种工艺方法的表面结构要求时，可以在国家标准规定的图线上标注相应的表面结构代号。图 9.63 表示同时给出镀、覆前后的表面结构要求的注法。

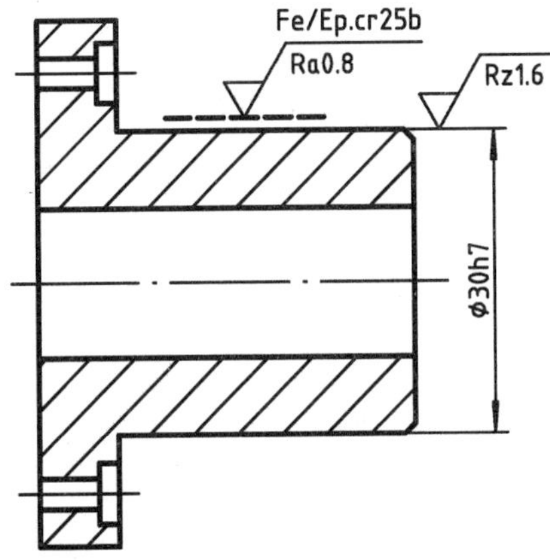

图 9.63 同时给出镀、覆前后的表面结构要求的注法

表面结构标注的实例请参见图 9.2、图 9.83、图 9.85、图 9.87、图 9.88 等。

9.5.4 极限与配合及其注法(GB/T 1800.1—2009、GB/T 1800.2—2009)

1. 极限与配合的概念

1）零件的互换性

互换性的概念在日常生活中到处都可能遇到，例如灯泡坏了，可以在市场上买一个换上；自行车、汽车、电脑的零部件坏了，也可以换个新的。之所以这样方便，是因为这些合格的产品和零部件具有在尺寸、功能上能够互相替换的性能。在装配机器时，把同样零件中的任一零件，不经挑选或修配，便可装到机器上去，机器就能正常运转；在修配时，把任一同样规格的零件更换上去，仍能保持机器的原有性能。零件的互换性就是同一规格零部件按规定的技术要求制造能够彼此相互替换使用而效果相同的性能。零件具有互换性,不但给机器装配、修理带来方便,更重要的是为机器的现代化大量生产提供可能性。

2) 公差的有关术语

零件在加工过程中,由于机床精度、刀具磨损、测量误差等多种因素的影响,不可能把零件的尺寸加工得绝对准确。为了保证互换性,必须将零件尺寸的加工误差限制在一定的范围内,规定出尺寸的允许变动量,从而形成了公差与配合的一系列概念。下面先以图 9.64 为例说明公差的有关术语。

(1) 基本尺寸。根据零件的强度、结构和工艺要求,设计时确定的尺寸。其数值应优先选用标准直径或标准长度。

(2) 实际尺寸。通过测量所得到的尺寸。

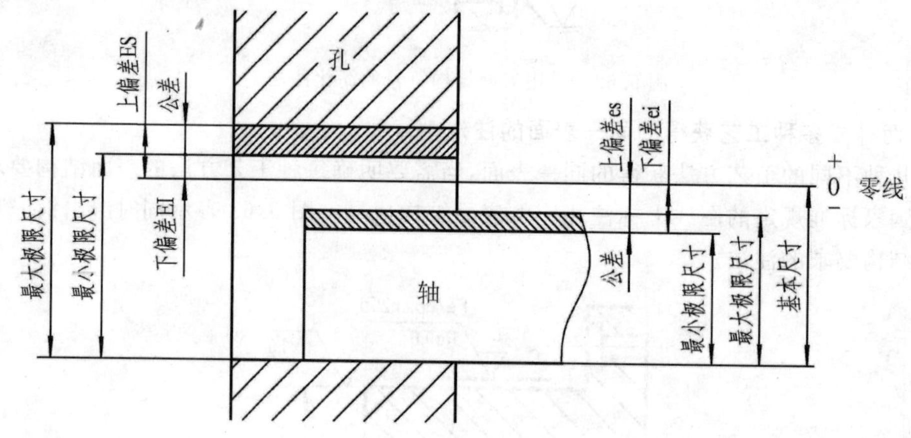

图 9.64 公差的有关术语

(3) 极限尺寸。允许尺寸变动的两个界限值。它是以基本尺寸为基数来确定的。两个界限值中较大的一个称为最大极限尺寸;较小的一个称为最小极限尺寸。

(4) 尺寸偏差(简称偏差)。某一尺寸减去其基本尺寸所得的代数差。尺寸偏差有

上偏差=最大极限尺寸-基本尺寸

下偏差=最小极限尺寸-基本尺寸

其中,上、下偏差统称为极限偏差,上、下偏差可以是正值、负值或 0。

国家标准规定:孔的上偏差代号为 ES,孔的下偏差代号为 EI;轴的上偏差代号为 es,轴的下偏差代号为 ei。

(5) 尺寸公差(简称公差)。允许尺寸的变动量。

尺寸公差=最大极限尺寸-最小极限尺寸

=上偏差-下偏差

因为最大极限尺寸总是大于最小极限尺寸,所以尺寸公差一定为正值。

如图 9.65 所示的孔径:

基本尺寸=ϕ30

最大极限尺寸=ϕ30.006

最小极限尺寸=ϕ29.985

$$\text{上偏差 ES}=\text{最大极限尺寸}-\text{基本尺寸}$$
$$=30.006-30=+0.006$$
$$\text{下偏差 EI}=\text{最小极限尺寸}-\text{基本尺寸}$$
$$=29.985-30=-0.015$$
$$\text{公差}=\text{最大极限尺寸}-\text{最小极限尺寸}$$
$$=30.006-29.985=0.021$$
$$=ES-EI=+0.006-(-0.015)=0.021$$

如果产品实际尺寸在ϕ30.006与ϕ29.985之间，产品即为合格。

(6) 公差带、公差带图和零线。公差带是由代表上、下偏差的两条直线所限定的一个区域。为了简便地说明上述术语及其相互关系，在实用中一般将尺寸公差与基本尺寸的关系，按放大比例画成简图，即所谓的公差带图来表示。零线是在公差带图中用以确定偏差的一条基准直线，即零偏差线，通常零线表示基本尺寸。在零线左端标上“0”“+”和“−”号，零线上方偏差为正，零线下方偏差为负。公差带图方框的左右长度可根据需要任意确定。为区别轴和孔的公差带，一般用左低右高斜线表示孔的公差带；用左高右低斜线表示轴的公差带，如图9.66所示。

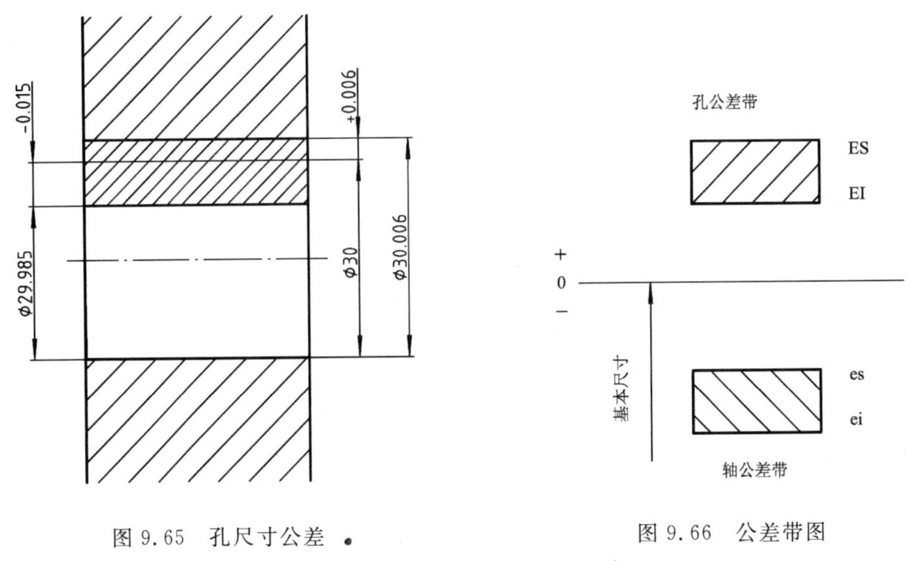

图9.65　孔尺寸公差　　图9.66　公差带图

(7) 公差等级。公差等级是确定尺寸精确程度的等级。国家标准将公差等级分为20级，即：IT01、IT0、IT1～IT18，IT表示标准公差，阿拉伯数字表示公差等级，其中IT01最高，等级依次降低，IT18最低。

(8) 标准公差。标准公差是国家标准用以确定公差带大小的公差，标准公差是基本尺寸的函数。对于一定的基本尺寸，公差等级越高，标准公差值越小，尺寸的精确程度越高。基本尺寸和公差等级相同的孔与轴，它们的标准公差值相等。国家标准把小于或等于500 mm的基本尺寸范围分成13段，按不同的公差等级列出了各段基本尺寸的公差值，如表9.7所示。

表 9.7　部分标准公差数值

基本尺寸/mm		标准公差等级								
		IT6	IT7	IT8	IT9	IT10	IT11	IT12	IT13	IT14
大于	至	μm						mm		
—	3	6	10	14	25	40	60	0.1	0.14	0.25
3	6	8	12	18	30	48	75	0.12	0.18	0.3
6	10	9	15	22	36	58	90	0.15	0.22	0.36
10	18	11	18	27	43	70	110	0.18	0.27	0.43
16	30	13	21	33	52	84	130	0.21	0.33	0.52
30	50	16	25	39	62	100	160	0.25	0.39	0.62
50	80	19	30	46	74	120	190	0.3	0.46	0.74
80	120	22	35	54	87	140	220	0.35	0.54	0.87
120	180	25	40	63	100	160	250	0.4	0.63	1
180	250	29	46	72	115	185	290	0.46	0.72	1.15
250	315	32	52	81	130	210	320	0.52	0.81	1.3
315	400	36	57	89	140	230	360	0.57	0.89	1.4
400	500	40	63	97	155	250	400	0.63	0.97	1.55

(9) 基本偏差。用以确定公差带相对于零线位置的上偏差或下偏差。一般是指靠近零线的那个偏差,如图 9.67 所示,当公差带位于零线上方时,其基本偏差为下偏差,当公差带位于零线下方时,其基本偏差为上偏差。

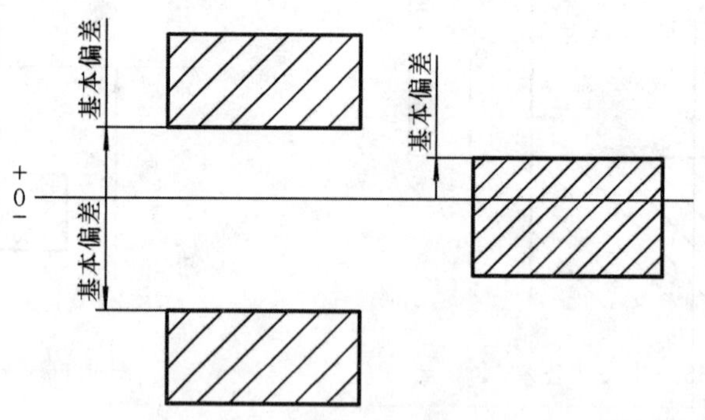

图 9.67　基本偏差示意图

根据实际需要,国家标准分别对孔和轴各规定了 28 个不同的基本偏差,如图 9.68 所示。

表 9.8 和表 9.9 分别列出了部分轴和孔的基本偏差数值,其他孔、轴的基本偏差数值可从有关标准中查出。

从图 9.68 中可知:

① 基本偏差代号用拉丁字母(一个或两个)表示,大写字母表示孔的基本偏差代号,小写字母表示轴的基本偏差代号。由于图中用基本偏差只表示公差带的位置而不表示公差带的大小,故公差带一端画成开口。

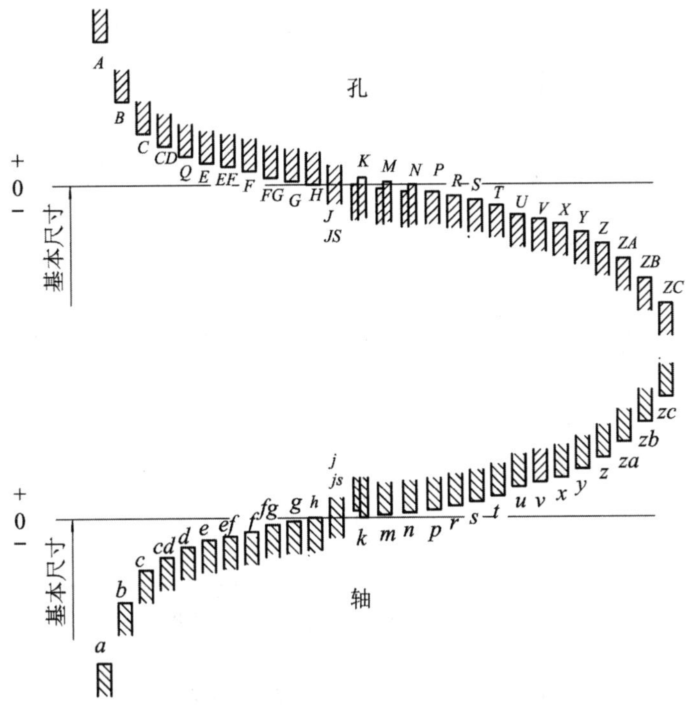

图 9.68　基本偏差系列

② 孔的基本偏差从 A～H 为下偏差，从 J～ZC 为上偏差，JS 的上下偏差分别为 $+\frac{IT}{2}$ 和 $-\frac{IT}{2}$。

表 9.8　部分轴的基本偏差数值

基本偏差	上偏差(es)						下偏差(ei)				
	d	e	f	g	h	jd	j		k	m	N
公差等级 / 基本尺寸 mm	所有等级						5、6	7	4～7	所有等级	
≤3	−20	−14	−6	−2	0	偏差 $=\pm\frac{ITn}{2}$	−2	−4	0	+2	+4
>3～6	−30	−20	−10	−4			−2	−4	+1	+4	+8
>6～10	−40	−25	−13	−5			−2	−5	+	+6	+10
>10～18	−50	−32	−16	−6			−3	−6	+1	+7	+12
>18～30	−65	−40	−20	−7			−4	−8	+2	+8	+15
>30～50	−80	−50	−25	−9			−5	−10	+2	+9	+17
>50～80	−100	−60	−30	−10			−7	−12	+2	+11	+20
>80～120	−120	−72	−36	−12			−9	−15	+3	+13	+23

注：公差带 js7～js11，若 ITn(指不同公差等级的 IT)数值是奇数，则取偏差 $=\pm\frac{IT(n-1)}{2}$。

表 9.9　部分孔的基本偏差数值

基本偏差	下偏差(EI)				上偏差(ES)					△		
	F	G	H	JS	J			K	M			
公差等级 基本尺寸 mm	所有等级				6	7	8	≤8		6	7	8
≤3	+6	+2	0	偏差$=\pm\frac{ITn}{2}$	+2	+4	+6	0	−2	0		
>3～6	+10	+4			+5	+6	+10	−1+△	−4+△	3	4	6
>6～10	+13	+5			+5	+8	+12	−1+△	−6+△	3	6	7
>10～18	+16	+6			+6	+10	+15	−1+△	−7+△	3	7	9
>18～30	+20	+7			+8	+12	+20	−2+△	−8+△	4	8	12
>30～50	+25	+9			+10	+14	+24	−2+△	−9+△	5	9	14
>50～80	+30	+10			+13	+18	+28	−2+△	−11+△	6	11	16
>80～120	+36	+12			+16	+22	+34	−3+△	−13+△	7	13	19

注:公差带 JS7～JS11,若 ITn(指不同公差等级的 IT)数值是奇数,则取偏差$=\pm\frac{IT(n-1)}{2}$。

③ 轴的基本偏差从 a～h 为上偏差,从 j～zc 为下偏差,js 的上下偏差分别为$+\frac{IT}{2}$和$-\frac{IT}{2}$。

④ 孔和轴的另偏差可由基本偏差和标准公差算出,计算代数式如下:

轴的另一个偏差(上偏差或下偏差):ei = es − IT 或 es = ei + IT。

孔的另一个偏差(上偏差或下偏差):ES = EI + IT 或 EI = ES − IT。

(10) 孔、轴的公差代号。由基本偏差代号与公差等级代号组成,并且要用同一号字书写。例如:ϕ60H7、ϕ60f8。

例 9.5　说明 ϕ60H7 的含义。

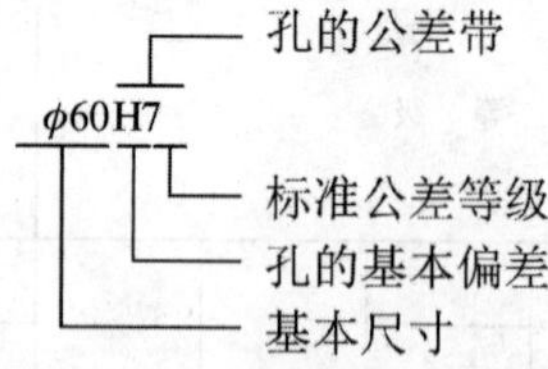

即基本尺寸为 ϕ60,基本偏差为 H,公差等级为 7 级的孔的公差带。

例 9.6　说明 ϕ60f8 的含义。

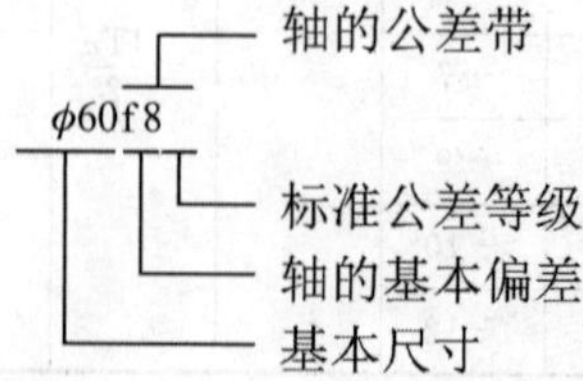

即基本尺寸为 ϕ60,基本偏差为 f,公差等级为 8 级的轴的公差带。

3）配合的有关术语

在机器装配中，基本尺寸相同的、相互结合的孔和轴公差带之间的关系，称为配合。

（1）配合种类

根据机器的设计要求、工艺要求和生产实际的需要，国家标准将配合分为三大类。

① 间隙配合。孔的公差带在轴的公差带之上，任取其中一对孔和轴相配都成为具有间隙（包括最小间隙为 0）的配合，如图 9.69(a)所示。

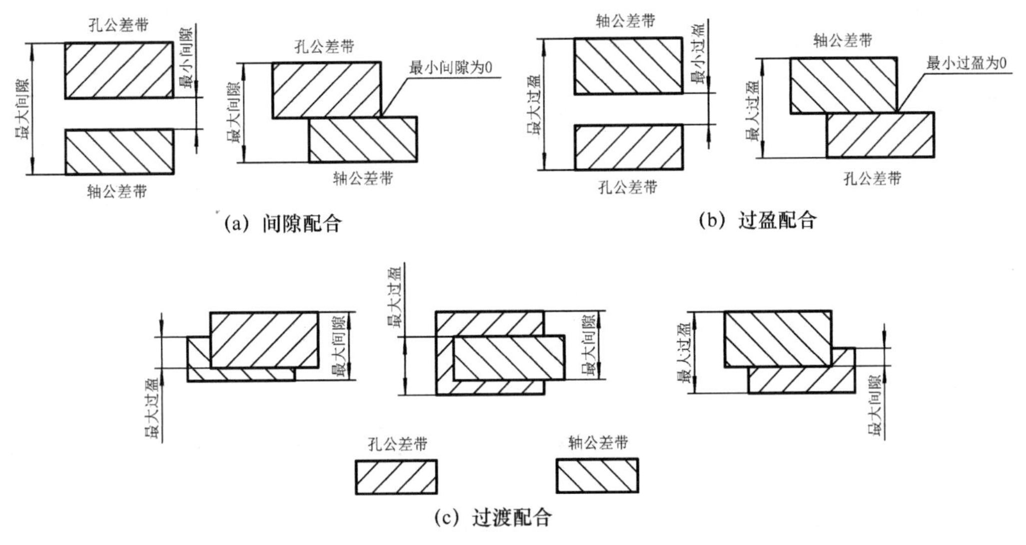

图 9.69　三类配合

② 过盈配合。孔的公差带在轴的公差带之下，任取其中一对孔和轴相配都成为具有过盈（包括最小盈为 0）的配合，如图 9.69(b)所示。

③ 过渡配合。孔的公差带与轴的公差带相互交叠，任取其中一对孔和轴相配，可能具有间隙，也可能具有过盈的配合，如图 9.69(c)所示。

（2）配合的基准制

国家标准规定了两种基准制，如图 9.70 所示。

① 基孔制。基本偏差为一定的孔的公差带与不同基本偏差的轴的公差带构成各种配合的一种制度，如图 9.70(a)所示。也就是在基本尺寸相同的配合中将孔的公差带位置固定，通过变换轴的公差带位置得到不同的配合。

基孔制的孔称为基准孔，国家标准中规定基准孔的下偏差为 0，“H”为基准孔的基本偏差代号。

② 基轴制。基本偏差为一定的轴的公差带与不同基本偏差的孔的公差带构成各种配合的一种制度，如图 9.70(b)所示。也就是在基本尺寸相同的配合中将轴的公差带位置固定，通过变换孔的公差带位置得到不同的配合。

基轴制的轴称为基准轴，国家标准中规定基准轴的上偏差为 0，“h”为基准轴的基本偏差代号。

从基本偏差系列（图 9.68）中可以看出：

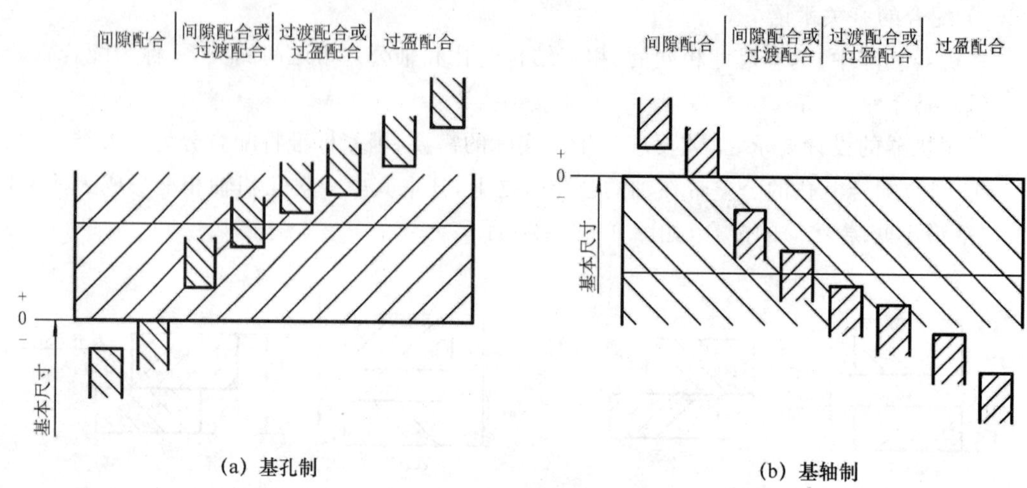

(a) 基孔制

(b) 基轴制

图 9.70　基孔制和基轴制

在基孔制中,基准孔 H 与轴配合,a～h(共 11 种)用于间隙配合;j～n(共 5 种)主要用于过渡配合(n、p、r 可能为过渡配合或过盈配合);p～zc(共 12 种)主要用于过盈配合。

在基轴制中,基准轴 h 与孔配合,A～H(共 11 种)用于间隙配合;J～N(共 5 种)主要用于过渡配合(N、P、R 可能为过渡配合或过盈配合);P～ZC(共 12 种)主要用于过盈配合。

2. 公差与配合的选用

公差与配合的选用包括基准制、公差等级和配合种类三项内容。

1)基准制的选择

国家标准中规定,设计时应优先选用基孔制,因为一般地说加工孔比加工轴难,孔通常使用定值刀具(如钻头、铰刀、拉刀等)加工,用光滑极限塞规检验;而轴使用通用刀具(如车刀、砂轮等)加工,用光滑极限卡规检验。采用基孔制可以限制和减少加工孔所需用的定值刀具、量具的规格和数量,从而获得较好的经济效益。

基轴制通常仅用于结构设计要求不适宜采用基孔制或者采用基轴制具有明显经济效果的场合。例如,同一轴与几个具有不同公差带的孔配合,或冷拉制成不再进行切削加工的轴在与孔配合时,采用基轴制。

与标准件相配合的孔或轴,必须以标准件(或标准部件)为基准件来选择基准制,如滚动轴承的内圈与轴的配合则为基孔制;而外圈与机体孔的配合则为基轴制。

此外,在必要时还可以采用任意孔、轴公差带组成配合。如在圆柱齿轮减速器箱体与轴承盖的配合,轴承盖只要求装拆方便,满足要求即可。

2) 公差等级的选择

选择公差等级时,要求正确处理使用要求、制造工艺和成本之间的关系,因此选择公差等级的基本原则是:在满足零件使用要求的前提下,应尽量选择低的公差等级。

公差等级较低,公差值较大,零件的制造成本就低。由于加工孔比较困难,当公差等级高于 IT8 时,在基本尺寸从 0～500 mm 的配合中,应选择孔的公差等级比轴低一级(如孔为 8 级,轴为 7 级)来加工孔。因为公差等级越高,加工越困难。公差等级低时,轴、孔的配合可选择相同的公差等级。

通常 IT01～IT4 用于块规和量规；IT5～IT12 用于配合尺寸；IT12～IT18 用于非配合尺寸。表 9.10 列举了 IT5～IT12 公差等级的应用说明，可供选择时参考。

表 9.10　公差等级应用

公差等级	应用条件及举例
IT5	用于机床、发动机和仪表中特别重要配合，在配合公差要求很小，形状精度要求很高的条件下，这类公差等级能使配合性质比较稳定，它对加工要求较高，一般机械制造中较少应用
IT6	广泛应用于机械制造中的重要配合，配合表面有较高均匀性的要求，能保证相当高的配合性质，使用可靠，如曲轴轴径、活塞杆、连杆衬套等
IT7	应用条件与 IT6 相类似，但精度要求可比 IT6 稍低一点，在一般机械制造业中应用相当普遍
IT8	在机械制造中属于中等精度，在仪器、仪表及钟表制造中，由于基本尺寸较小，所以较高精度范畴配合确定性要求不太高时，应用较多的一个等级，尤其是在农业机械、纺织机械、印染机械、自行车、缝纫机、医疗器械中应用最广
IT9	应用条件与 IT8 相类似，但精度要求低于 IT8，如发动机中机油泵体内孔
IT10	应用条件与 IT9 相类似，但精度要求低于 IT9，如打字机中铆合件的配合尺寸
IT11	配合精度要求粗糙，装配后可能有较大的间隙，特别适用于间隙要求较大且有显著变动而不会引起危险的场合，如机床上法兰止口与孔
IT12	配合精度要求很粗糙，装配后有较大的间隙，如发动机分离杆

3）配合种类的选择

选择基准制和公差等级，也就是确定了基准孔或基准轴的公差带，以及相应的非基准孔或非基准轴的公差带的大小，因此选择配合种类就是确定非基准孔或非基准轴的公差带的位置，也就是确定非基准孔或非基准轴的基本偏差代号。

表 9.11　优先配合的特性及应用

基孔制	基轴制	配合的特性及应用
$\frac{H11}{c11}$	$\frac{C11}{h11}$	间隙非常大，用于转动很慢很松的配合；用于大公差与大间隙的外露组件；要求装配方便得很松的配合
$\frac{H8}{d8}$	$\frac{D8}{h8}$	配合间隙比较大，用于精度不高、高速及负载不高的配合或高温条件下的转动配合，以及由于装配精度不高而引起的连接
$\frac{H7}{f6}$	$\frac{F7}{h6}$	具有中等间隙，广泛适用于普通机械中转动不大用普通润滑油或润滑脂润滑的滑动轴承，以及要求在轴上自由转动或移动的配合
$\frac{H6}{g5}$	$\frac{G6}{h5}$	具有很小间隙，适用于有一定相对运动、运动速度不高，并且精密定位的配合，以及运动可能有冲击但又能保证零件同心或紧密性的配合
$\frac{H7}{h6}$	$\frac{H7}{h6}$	配合间隙较小，能较好的对准中心，一般多常拆卸或在调整时需移动或转动的连接处，或工作时滑移较慢并要求较好的导向精度的地方
$\frac{H7}{k6}$	$\frac{K7}{h6}$	用于受不大的冲击载荷处，同心度较好，用于常拆卸部件。为广泛采用的一种过渡配合
$\frac{H6}{n5}$	$\frac{N6}{h5}$	用于承受很大转矩，振动及冲击（但需附加紧固件），不经常拆卸的地方。同心度及配合紧密性较好

续表

基孔制	基轴制	配合的特性及应用
$\frac{H7}{p6}$	$\frac{P7}{h6}$	用于不拆卸和轻型过盈,连接不宜靠配合过盈量传递摩擦负荷,传递转矩时要争加紧固件,以及用于以高的定位精度达到部件的刚性及对中性要求
$\frac{H6}{s5}$	$\frac{S6}{h5}$	不加紧固件可传递较小的转矩,当材料强度不够时,可用来代替重型压入配合,但需加紧固件
$\frac{H8}{u7}$	$\frac{U7}{h6}$	用于传递较大转矩,配合处不加紧固件即可得到十分牢固地连接。材料的许用应力要求较大

国家标准规定了优先选用、常用和一般用途的孔、轴公差带(见附录C中的附表C2.2和C2.3)。应根据配合特性和使用功能要求,尽量选用优先和常用配合。当相互配合的孔、轴间有相对运动,必须选择间隙配合;无相对运动且传递载荷时,则选择过盈配合,有时也可选择过渡配合或间隙配合,但必须加键、销等连接件;当用过盈来传递大扭矩时,必须选择最大过盈配合;当零件之间不要求有相对运动,同轴度要求较高,且不是依靠该配合传递动力时,通常选择过渡配合。表9.11列举了优先配合的特性及应用说明,可供选择时参考。

3. 公差与配合的注法

1) 配合在装配图中的注法

配合代号由相配的孔和轴的公差带代号组成,用分数形式表示,分子为孔的公差带代号,分母为轴的公差带代号,通常形式如下:

基本尺寸$\frac{\text{孔的公差带代号}}{\text{轴的公差带代号}}$　或　基本尺寸 孔的公带代号/轴的公差带代号

例如:$\frac{H8}{r7}$或H8/r7,$\frac{F7}{h6}$或F7/h6。

由上述分析中可知,在配合代号,如果分子含有H的,则为基孔制配合;如果分母含有h的,则为基轴制配合。如果分子含有H,同时分母也含有h时,则是基准孔与基准轴相配合,即最小间隙为零的间隙配合,一般可视为基孔制配合,也可视为基轴制配合。

具体注法,如图9.71(a)所示。

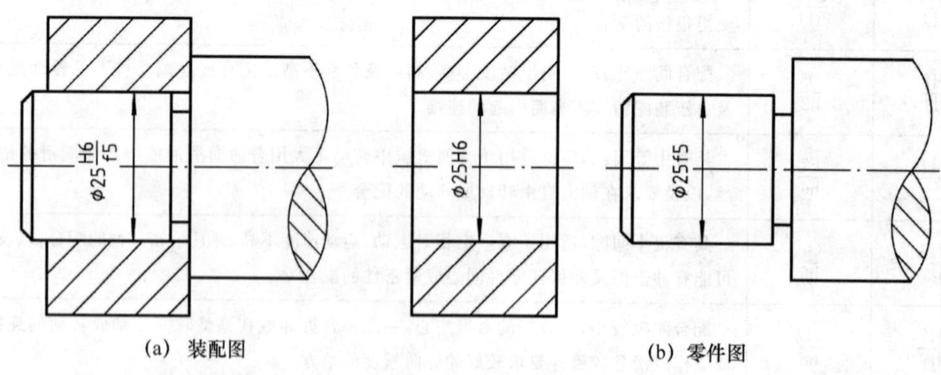

图9.71　大批量生产时可只注公差带代号

2) 零件图中的公差注法

零件图中的公差注法,有以下三种形式。

(1) 标注公差带的代号,如图9.71(b)所示。这种注法和采用专用量具检验零件统一起来，以适应大批量生产的需要。因此，不需标注偏差数值。

(2) 标注偏差数值，如图 9.72(b)所示。上偏差注在基本尺寸的右上方，下偏差与基本尺寸在同一底线上。上下偏差的数字字号应比基本尺寸的小一号。如果上偏差或下偏差数值为 0 时，可简写为"0"，另一偏差仍标在原来的位置上，如图 9.72(b)所示。这种注法主要用于小批量或单件生产，以便加工和检验时减少辅助时间。

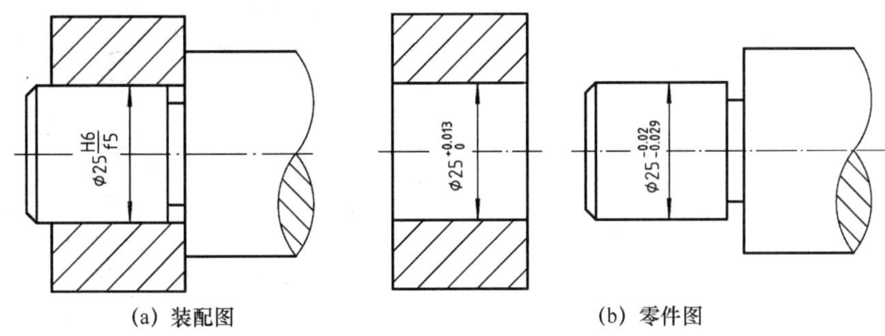

图 9.72 单件小批量生产时可只注偏差数值

(3) 标注公差带代号和偏差数值，如图 9.73(b)所示。这种注法主要用于产量不定时。

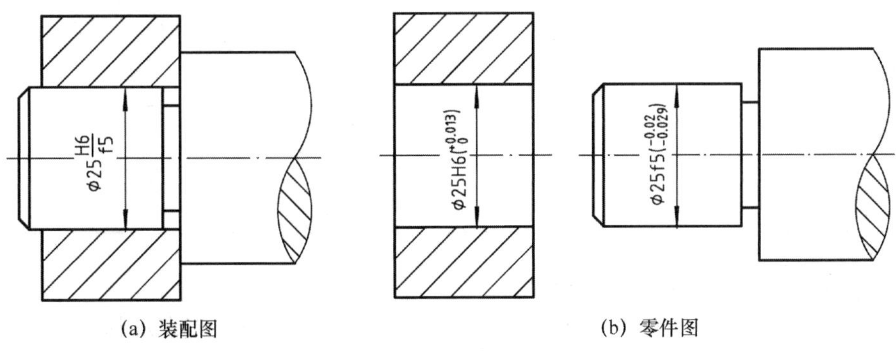

图 9.73 产量不定时可同时注出公差带代号和偏差数值

9.5.5 几何公差的概念及其标注(GB/T 1182—2008)

评定零件质量的指标是多方面的，除前述的表面结构要求和尺寸公差要求，对精度要求较高的零件，还必须有几何公差要求。

1. 几何公差的概念

加工后的零件不仅尺寸存在误差，而且几何形状也存在误差。为了满足使用要求，零件结构的几何形状误差由几何公差来保证。

几何公差包含形状、方向、位置和跳动等公差，是指实际要素的相对其几何理想要素的偏离状况。

1) 各几何公差的含义

形状公差：实际要素的形状所允许的变动全量。

方向公差：关联实际要素在方向上对基准所允许的变动全量。

位置公差：关联实际要素在位置上对基准所允许的变动全量。

跳动公差：关联实际要素绕基准回转一周或连续回转时所允许的最大跳动量。

2）几何公差的几何特征与符号。

几何公差的几何特征与符号，见表 9.12。

表 9.12　几何公差的几何特征与符号

公差类型	几何特征	符号	有无基准要求	公差类型	几何特征	符号	有无基准要求
形状公差	直线度	—	无	位置公差	位置度	⌖	有或无
	平面度	⏥			同心度（用于中心点）	◎	有
	圆度	○			同轴度（用于轴线）	◎	
	圆柱度	⌭			对称度	⌯	
	线轮廓度	⌒			线轮廓度	⌒	
	面轮廓度	⌓			面轮廓度	⌓	
方向公差	平行度	∥	有	跳动公差	圆跳动	↗	有
	垂直度	⊥			全跳动	⌰	
	倾斜度	∠					
	面轮廓度	⌓					
	线轮廓度	⌒					

3）公差带及其形状

公差带是由一个或几个理想的几何线或面限定的，由线性公差值表示其大小的区域。

公差带的形状有：一个圆的区域、两同心圆之间的区域、两等距线或两平行直线之间的区域、一个圆柱面内的区域、两同轴圆柱面之间的区域、两等距或两平行平面之间的区域、一个球面内的区域。当公差带形状为圆柱面时，要在公差数值前加符号 ϕ。具体形状可参阅本书附录 C 附表 C3。

4）独立原则和相关原则

独立原则是指在图样上给定的形位公差与尺寸公差相互无关，分别满足要求的公差原则；相关原则是在图样上给定的形位公差与尺寸公差相互有关的公差原则。

5）最大实体状态

最大实体状态是指实际要素在尺寸公差范围内具有材料量为最多的状态。表示最大实体状态的符号，如图 9.74(a)所示。

(a) 最大实体状态

(b) 包容原则

图 9.74　几何公差的附加符号

6）包容原则

要求实际要素处处位于具有理想形状的包容面内的一种公差原则，称为包容原则。而该理想形状的尺寸应为最大实体尺寸，表示包容原则的符号，如图 9.74(b)所示。

2. 几何公差的注法

国际规定，几何公差在图样中应采用代号标注。代号由公差项目符号、框格、指引线、公差数值和其他有关符号组成。

1）几何公差框格及其内容

几何公差框格用细实线绘制，可画两格或多格，要水平(或铅垂)放置，框格的高度是图样中尺寸数字高度的二倍，框格长度根据需要而定。框格中的数字、字母和符号与图样中的数字同高，框格内由左至右(或由下至上)填写的内容为：第一格为几何公差项目符号，第二格为几何公差数值及其有关符号，第三格及以后各格为基准代号的字母及有关符号，如图 9.75 所示。

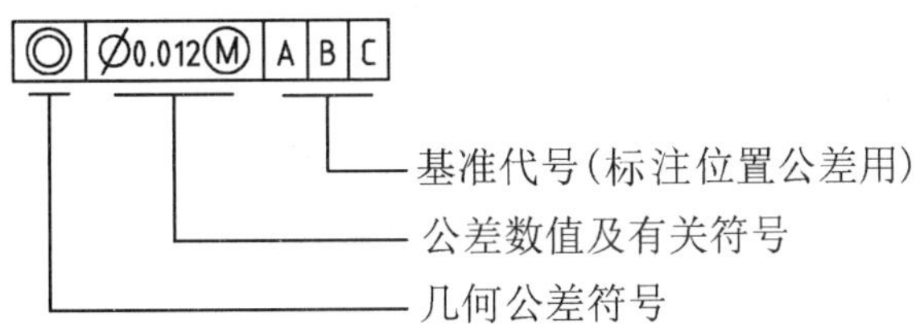

图 9.75　几何公差框格内容

2）被测要素的标注方法

用带箭头的指引线将被测要素与公差框格的一端相连。箭头应指向公差带的宽度方向或直径方向。指引线用细实线绘制，可以不转折或转折一次(通常为垂直转折)。

箭头按下列方法与被测要素相连。

(1) 当公差涉及轮廓线或轮廓面时，箭头应指在该要素的轮廓线或其延长线上，并应明显地与该要素的尺寸线错开，如图 9.76(a)所示；箭头也可指向引出线的水平线，引出线引自被测面，如图 9.76(b)所示。

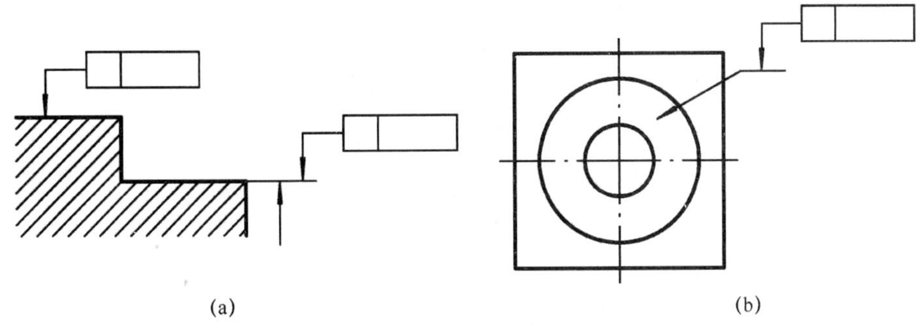

图 9.76　公差涉及轮廓线或轮廓面时的标注方法

(2) 当公差涉及要素的中心线、中心平面或中心点时，箭头应位于相应尺寸线的延长线上，如图 9.77 所示。

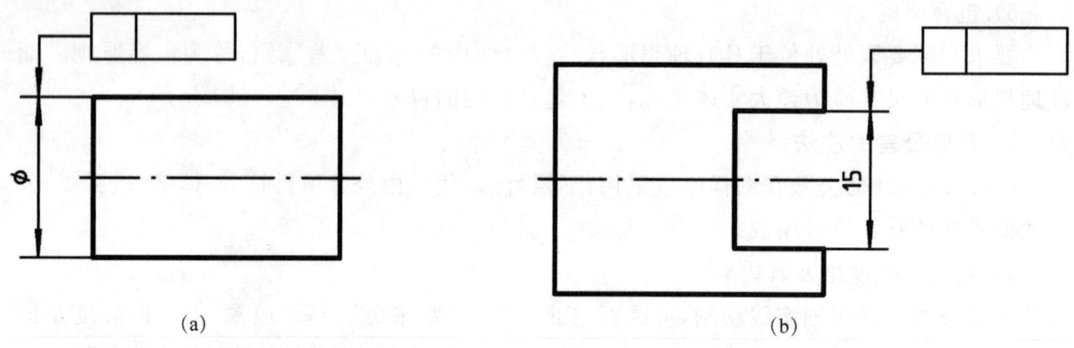

图 9.77　公差涉及要素的中心线、中心平面或中心点时的标注方法

3. 基准要素符号及标注方法

与被测要素相关的基准用一个大写字母表示。字母标注在基准框格内,与一个涂黑的或空格的三角形相连以表示基准,如图 9.78 所示。表示基准的字母还应标注在公差框格内,涂黑的或空格的基准三角形含义相同。

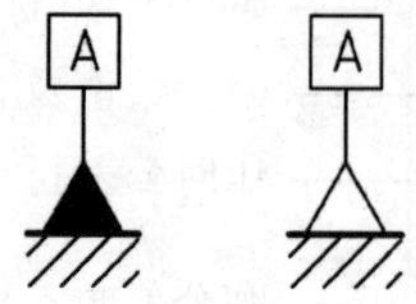

图 9.78　基准要素符号

(1) 当基准要素是轮廓线或轮廓面时,基准三角形放置在要素的轮廓线或其延长线上,并应明显地与尺寸线错开,如图 9.79(a)所示;基准三角形也可放置在该轮廓面引出线的水平线上,如图 9.79(b)所示。

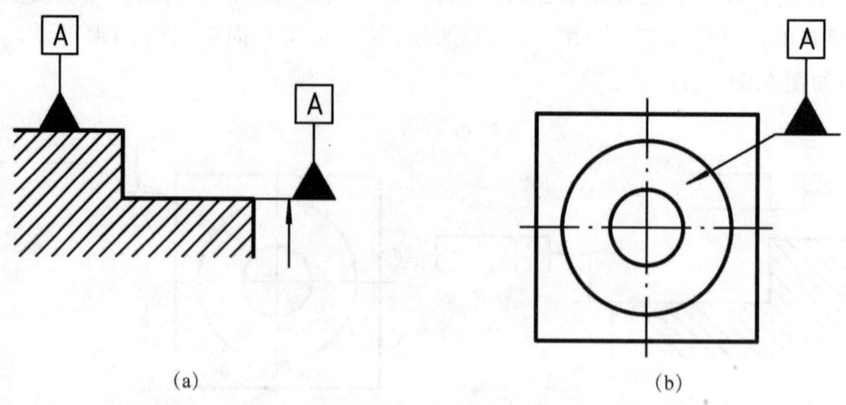

图 9.79　基准要素是轮廓线或轮廓面时的标注方法

(2) 当基准是尺寸要素确定的轴线、中心平面或中心点时,基准三角形应放置在该尺寸线的延长线上,如图 9.80(a)所示;如果没有足够的位置标注基准要素尺寸的两个箭头,则其中一个箭头可用基准三角代替,如图 9.80(b)所示。

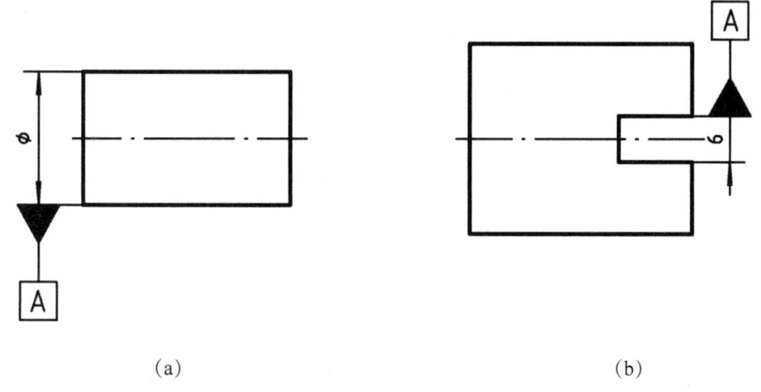

(a)　　　　　　(b)

图 9.80　基准要素为轴线、球心或中心平面时的标注方法

几何公差的综合举例，如图 9.81 所示。

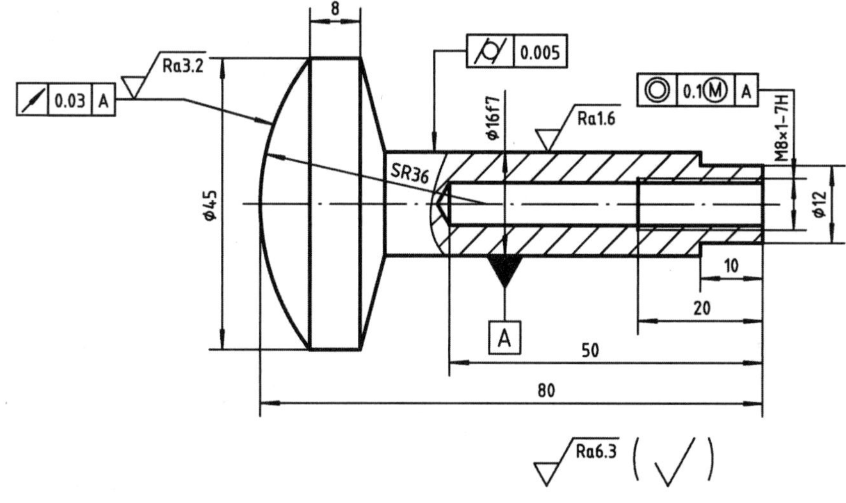

图 9.81　几何公差的标注综合举例

⌭ | 0.005 表示该零件的杆身 φ16 的圆柱度公差为 0.005 mm。

◎ | φ0.1Ⓜ | A 表示 M8×1-7H 螺纹孔的轴线对于零件杆身 φ16f7 的轴线的同轴度公差遵循最大实体原则，公差值为 φ0.1 mm，其中 φ0.1 中的“φ”表示公差带形状为圆柱形，A 为基准代号。

↗ | 0.03 | A 表示 SR72 的球面对于零件杆身 φ16 的轴线的圆跳动公差为0.03 mm。

其他几何公差的实例见图 9.83、图 9.85 等。

零件图上的技术要求，除表面结构、尺寸公差、几何公差要求之外，还有零件材料、热处理及表面处理等要求。

9.6 典型零件的表达

零件的种类很多,结构形状也千差万别。通常根据零件的结构和用途相似及加工制造方面的特点,一般将零件分为轴套、轮盘、叉架、箱体四类典型零件。

9.6.1 轴套类零件

1. 用途

轴套类零件包括各种用途的轴和套。轴主要用来支承传动零件(如带轮、齿轮等)和传递动力,如图 9.82(a)和(b)所示,前面介绍过的齿轮轴(图 9.2、图 9.43、图 9.48)就属于轴类零件;套一般是装在轴上或机体孔中,用于定位、支承、导向、连接或保护传动零件,如图 9.82(c)和(d)所示。

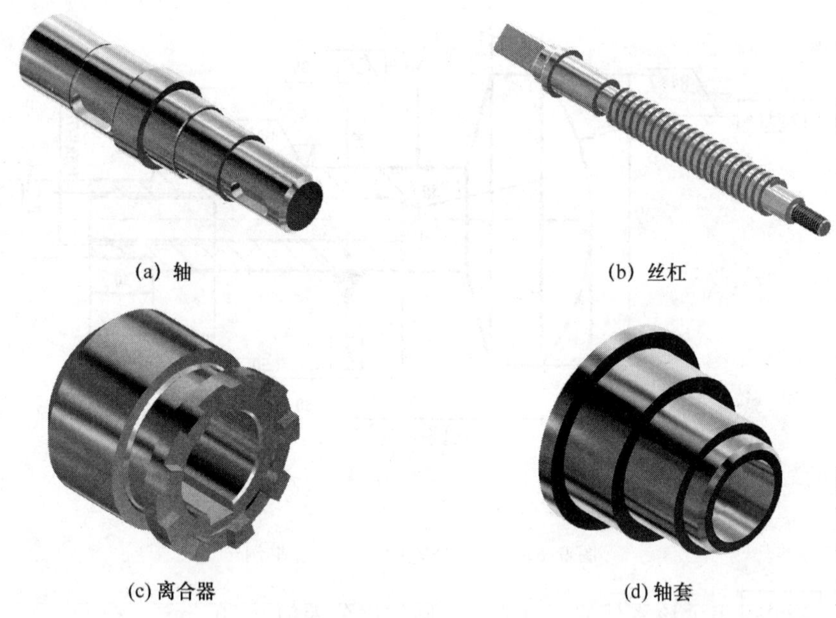

(a) 轴　(b) 丝杠　(c) 离合器　(d) 轴套

图 9.82　轴套类零件

2. 结构特点

轴套类零件结构形状通常比较简单,一般由大小不同的同轴回转体(圆柱、圆锥)组成,具有轴向尺寸大于径向尺寸的特点。轴有直轴和曲轴,光轴和阶梯轴,实心轴和空心轴之分。阶梯轴上直径不等所形成的台阶称为轴肩,可供安装在轴上的零件轴向定位用,如图 9.82(a)。轴类零件上常有倒角、倒圆、退刀槽、砂轮越程槽、挡圈槽、键槽、花键、螺纹、销孔、中心孔等结构。这些结构都是由设计要求和加工工艺要求所决定的,多数已标准化,设计时应查表决定。

3. 表达方案选择

(1) 轴套类零件主要在车床上加工,一般应按加工位置将轴线水平放置(侧垂线)选择主视图。这样也基本上符合轴的工作位置(机器上多数的轴是水平安装的),同时也反映了零件的形状特征。为便于在加工时看图,通常将轴的大头朝左,小头朝右;轴上的键槽、孔可朝前或朝上,表示其形状和位置明显。

(2) 形状简单且较长的零件可采用断开画法;实心轴没有必要剖开,但轴上个别的内部结构形状可用局部剖视表达。空心套可根据内外结构的实际情况用全剖、半剖、局部剖来表达。轴端中心孔不作剖视,用规定标准代号表示。

(3) 由于轴套类零件的主要结构是回转体,在主视图上注出相应的直径符号"ϕ",即可表示清楚形体特征,一般不必再选其他基本视图(结构复杂的轴例外)。

(4) 基本视图尚未表达完整清楚的局部结构形状(如键槽、退刀槽、孔等),可另用断面图、局部视图和局部放大图等补充表达,这样既清晰又便于标注尺寸。

图9.85所示的轴就是按照上述原则选择的表达方案,除主视图外,采用断面图表达键槽,采用局部放大图表达左端的越程槽。因轴的内部有沿着轴向的孔,主视图采用了局部剖。

4. 尺寸标注

(1) 它们的宽度方向和高度方向的主要基准是回转轴线,长度方向的主要基准是端面。

(2) 如果轴是由同轴的回转体组成的,则不需要径向(即宽度和高度方向)的定位尺寸。

(3) 主要尺寸必须直接标注出来,其余尺寸多按加工顺序标注。

(4) 为了清晰和便于测量,在剖视图上,内外结构形状的尺寸分开标注。

(5) 零件上的标准结构(倒角、退刀槽、越程槽、键槽)较多,应按该结构的标准(在机械设计手册查相应表)标注尺寸。

5. 技术要求

(1) 有配合要求的表面,其表面粗糙度参数值较小。无配合要求表面的表面粗糙度参数值较大。

(2) 有配合要求的轴颈尺寸公差等级较高、公差较小。无配合要求的轴颈尺寸公差等级较低,或不需标注。

(3) 有配合要求的轴颈和重要的端面一般应有几何公差的要求,以保证形状和位置的准确。如图9.83中的轴,轴颈ϕ26k6和ϕ40h6就有圆度、圆跳动的要求;重要端面还有垂直度的要求。

9.6.2　轮盘类零件

1. 用途

轮盘类零件包括各种用途的轮和盘盖零件,其毛坯多为铸件或锻件,如图9.84所示。轮一般用键、销与轴连接,用以传递扭矩。盘盖可起支承、定位和密封等作用。

2. 结构特点

轮常见有手轮、带轮、链轮、齿轮、蜗轮、飞轮等,盘盖有圆、方各种形状的法兰盘、端盖等。轮盘类零件主体部分多系回转体,一般径向尺寸大于轴向尺寸。其上常有均布的孔、肋、槽和耳板、齿等结构,透盖上常有密封槽。轮一般由轮毂、轮辐和轮缘三部分组成。较小的轮也可制成实体式。

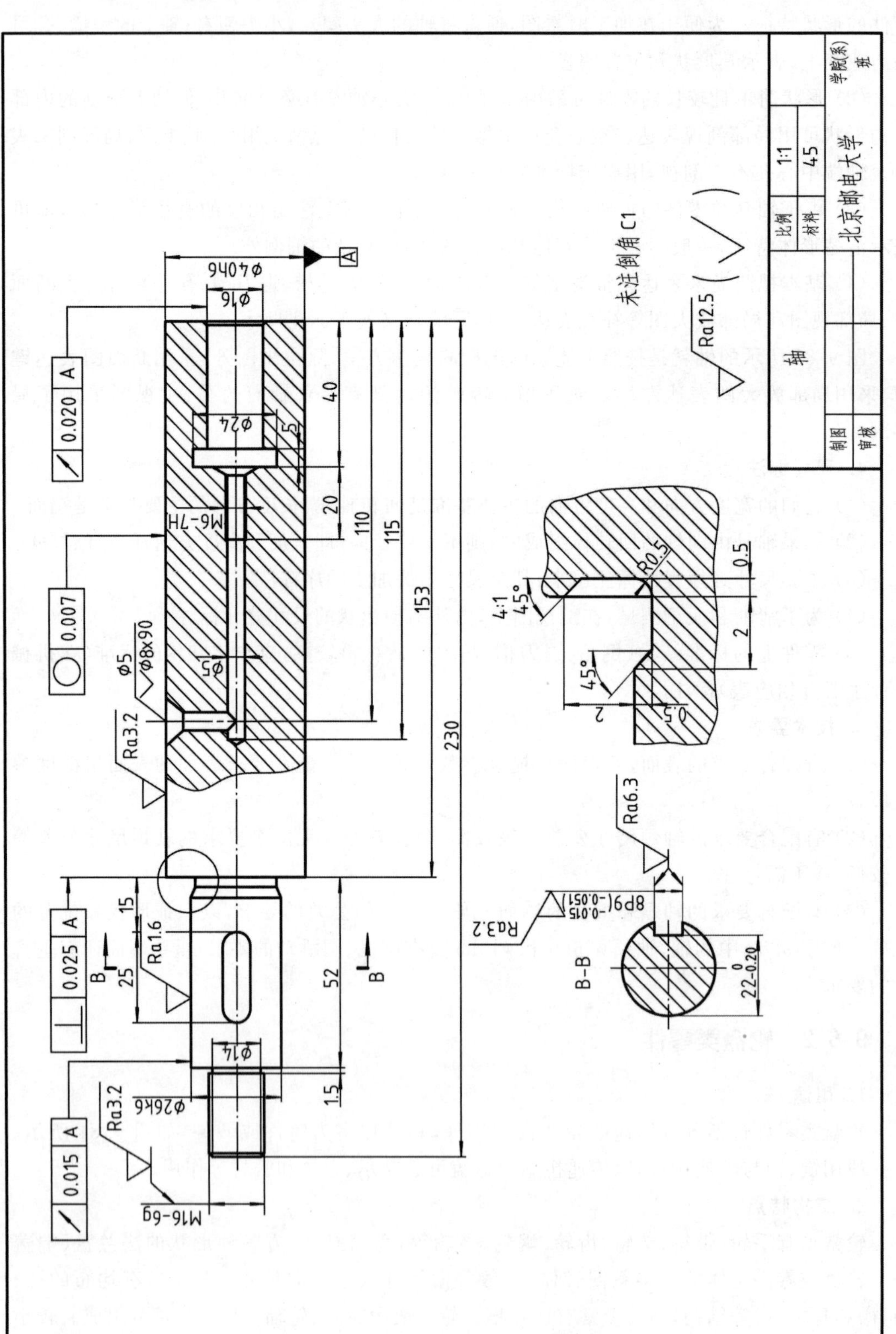

轴
比例
1:1
材料
45
北京邮电大学
制图
审核
学院(系)
班
未注倒角 C1
Ra12.5
Ra3.2
Ra1.6
Ra6.3
0.020 A
0.007
0.025 A
0.015 A
M6-7H
M16-6g
φ40h6
φ26k6
φ16
φ24
φ14
φ5
φ8x90
B-B
8P9(-0.015 -0.051)
4:1
45°
R0.5
230
153
115
110
52

图 9.83 轴

(a) 平皮带轮　　(b) 三角皮带轮

(c) 法兰盘　　(d) 端盖

图 9.84　轮盘类零件

3. 表达方案选择

(1) 轮盘类零件的主要回转面和端面都在车床上加工，故与轴套类零件相同，也按加工位置将其轴线水平放置作为主视图的投射方向。对有些不以车削加工为主的某些盘盖零件也可按工作位置选择主视图。主视图的投影方向应反映结构形状特征。通常选投影非圆的视图作为主视图，主视图通常侧重反映内部形状，故多用各种剖视，如图 9.85 所示的端盖主视图就采用了全剖视表达其内外部结构形状。

(2) 如果轮有轮辐、轮毂上有键槽或盘端面分布有孔、槽等结构，则需要画出左视或右视图来表达它们的形状和分布情况，如图 9.85 就以左视图表达了均匀分布的 6 个 ϕ11 的孔、4 个 M8 的螺纹孔和 6 个宽度 10、深(长)度 12 的槽。

(3) 轮辐可用移出断面或重合断面表示其断面形状。

4. 尺寸标注

(1) 它们的宽度和高度方向的主要基准也是回转轴线，长度方向的主要基准是经过机械加工的大端面。

(2) 轮盘类零件的定形尺寸主要是各圆柱的直径和轴向长度尺寸，一般都有配合尺寸。定位尺寸有轴向定位尺寸和在圆周上分布的孔、槽、轮辐的定位圆直径及角度，特别是定位圆直径是这类零件的典型定位尺寸，均匀分布的孔一般采用“6× ϕ11/EQS”形式标注，如图 9.85 所示。如果非均匀分布就需要以角度来定。

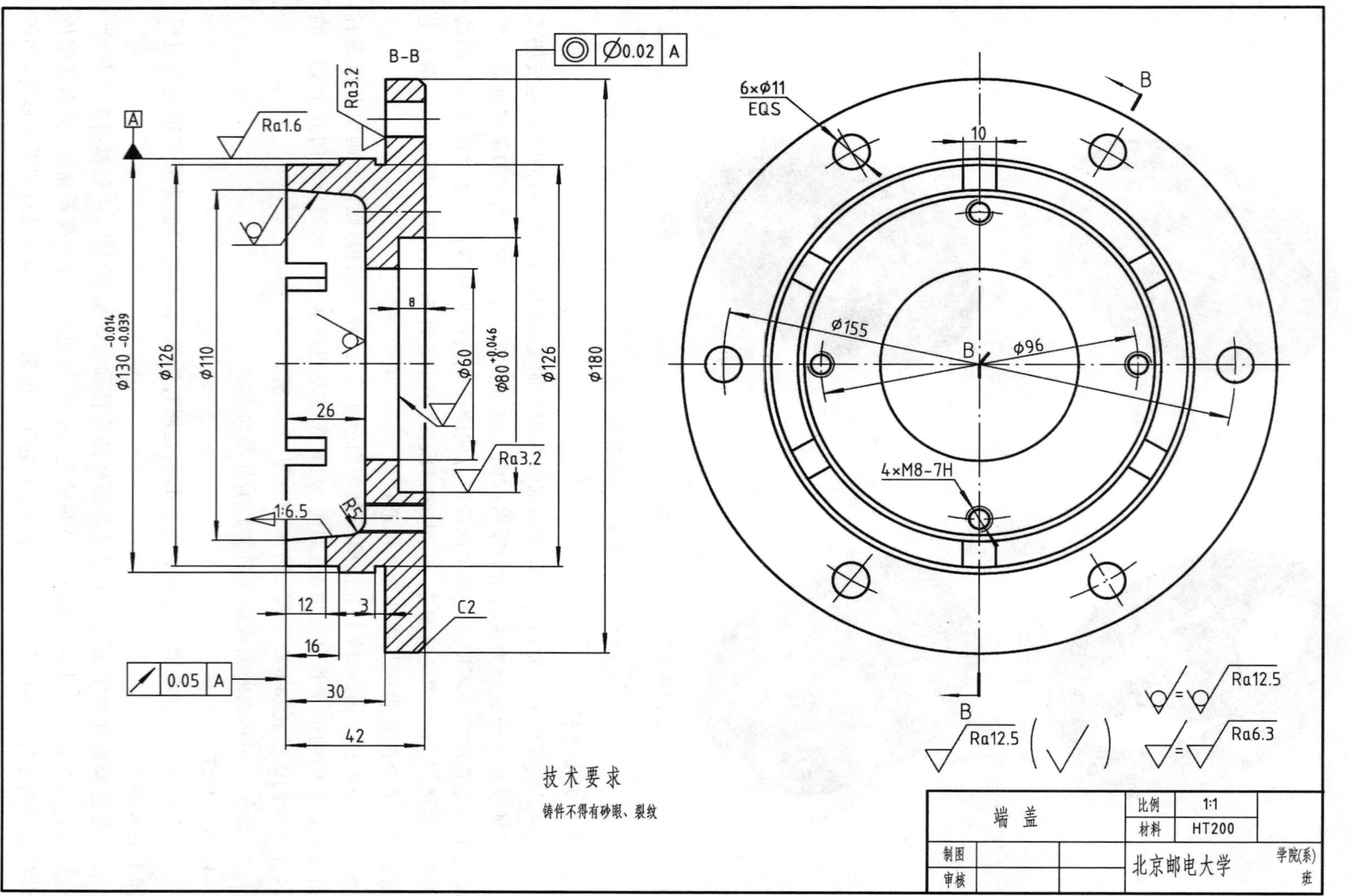
B-B
0.02
A
Ra3.2
Ra1.6
φ130 -0.014 -0.039
φ126
φ110
8
φ60
φ80 +0.046 0
φ126
φ180
26
Ra3.2
1:6.5
R5
12
3
C2
16
0.05
A
30
42
6×φ11
EQS
B
10
φ155
φ96
4×M8-7H
Ra12.5
Ra6.3
Ra12.5
技术要求
铸件不得有砂眼、裂纹
端盖
比例
1:1
材料
HT200
制图
审核
北京邮电大学
学院(系)
班

图 9.85 端盖

(3) 内外结构形状仍应分开标注。

5. 技术要求

(1) 有配合的内、外面表面结构参数值较小;起轴向定位的端面,表面结构参数值也较小。

(2) 有配合的孔和轴的尺寸公差较小;与其他运动零件相接触的表面往往有跳动、同轴度、平行度、垂直度等几何要求,如图 9.85 中的 ϕ80 和 ϕ130 的两个内外表面就有同轴度要求。

9.6.3　叉架类零件

1. 用途

叉架类零件包括各种用途的拨叉(杆)和支架零件。拨叉类零件多为运动件,通常起传动、连接、调节或制动等作用。支架零件通常起支承、连接等作用。叉架类零件的毛坯多为铸件或锻件。

2. 结构特点

此类零件形状不规则,外形比较复杂。拨叉零件常有弯曲或倾斜结构,其上常有肋板、轴孔、耳板、底板等结构,局部结构常有油槽、油孔、螺孔、沉孔等,如图 9.86(a)和(b)所示。

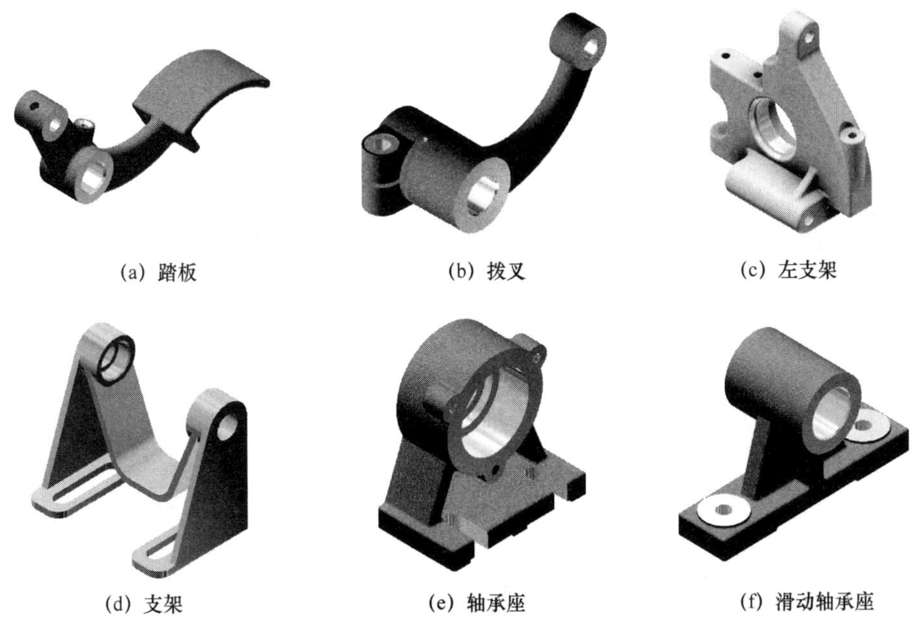

(a) 踏板　(b) 拨叉　(c) 左支架

(d) 支架　(e) 轴承座　(f) 滑动轴承座

图 9.86　叉架类零件

3. 视图选择(如图 9.87 所示)

(1) 叉架类零件加工时,各工序位置不同,较难区别主次,故一般都按工作位置画主视图。当工作位置是倾斜的或不固定时,可将其摆正画主视图。

(2) 主视图常采用视图和局部剖视表达主体外部形状和局部内部形状。其上的肋剖切时应采用规定画法。表面过渡线较多,应仔细分析,正确表达。

(3) 叉架类零件结构形状较复杂,通常需要两个或两个以上的基本视图,并多用局部剖视兼顾内外形状表达。

(4) 叉杆零件的倾斜结构常用视图、局部视图和剖面等表达。与投影面处于特殊位置的局部结构可用局部视图或剖面表达。对某些较小的结构,也可采用局部放大图。此类零件采用适当分散表达较多。

4. 尺寸标注

(1) 它们的长度方向、宽度方向、高度方向的主要基准一般为孔的中心线、轴线、对称平面和较大的加工平面。

(2) 定位尺寸较多,要注意能否保证定位的精度。一般要标注出孔中心线(或轴线)间的距离,或孔中心线(轴线)到平面的距离,或平面到平面的距离。

(3) 定形尺寸一般都采用形体分析法标注,便于制作铸造用模型。一般情况下,内外结构形状要注意保持一致。起模斜度、铸造圆角也要标注出来。

5. 技术要求

有配合的表面要注出偏差和较高的表面结构要求。叉架类零件的定位尺寸很重要,为了准确,往往有几何公差的要求。

9.6.4 箱体类零件

1. 用途

前面介绍的图 9.23、图 9.27、图 9.30 所示的零件和本节的图 9.88 以及图 9.89 所示的都属箱体类零件。箱(壳)体类零件一般是机器的主体,起承托、容纳、定位、密封和保护等作用。如图 9.88 所示的减速器下箱体就有承托、容纳、密封等作用。其毛坯多为铸件。

2. 结构特点

箱体类零件的结构形状复杂,尤其是内腔形状。此类零件多有带安装孔的底板,上面常有凹坑或凸台结构。支承孔处常设有加厚凸台或加强肋。箱体类零件往往带有众多的孔。

3. 视图选择

(1) 箱体类零件加工部位多,加工工序也较多(车、刨、铣、钻、镗、磨等),各工序加工位置不同,较难区分主次工序,因此这类零件都按工作位置选择主视图。

(2) 主视图常采用各种剖视(全剖、半剖、局部剖)来表达主要结构。其投影方向应反映形状特征。

(3) 箱体类零件一般都较复杂,常需用三个或三个以上的视图,如图 9.32、图 9.33 分别采用了 8 个和 10 个视图,其中有 3 个是基本视图。内部结构形状一般都采用剖视图表示。如果外部结构形状简单,内部结构形状复杂,且具有对称平面时,可采用半剖视或全剖视;如果外部结构形状复杂,内部结构形状简单,且不具有对称平面时,可采用局部剖视或用虚线表示内部结构形状;如果外、内部结构形状都较复杂,且投影并不重叠时,也可采用局部剖视;重叠时,外部结构形状和内部结构形状应分别表达;对局部的外、内部结构形状可采用局部视图、局部剖视和断面来表示。图 9.88 所示的下箱体采用了三个基本视图,主视图采用局部剖,同时表达内外部结构形状;因下箱体前后基本对称,故左视图采用半剖视,同时表示内外形;俯视图主要表达上箱体顶部的外形,箱体的底板结构大部分不可见,采用虚线表达。需要指出的是,受图纸空间的限制,图 9.88 并不是一个理想的表达方案。如底板形状只能以虚线表达,不够清晰。左视图采用半剖是为了兼顾内外形,但只剖开了孔 ϕ100H7,孔

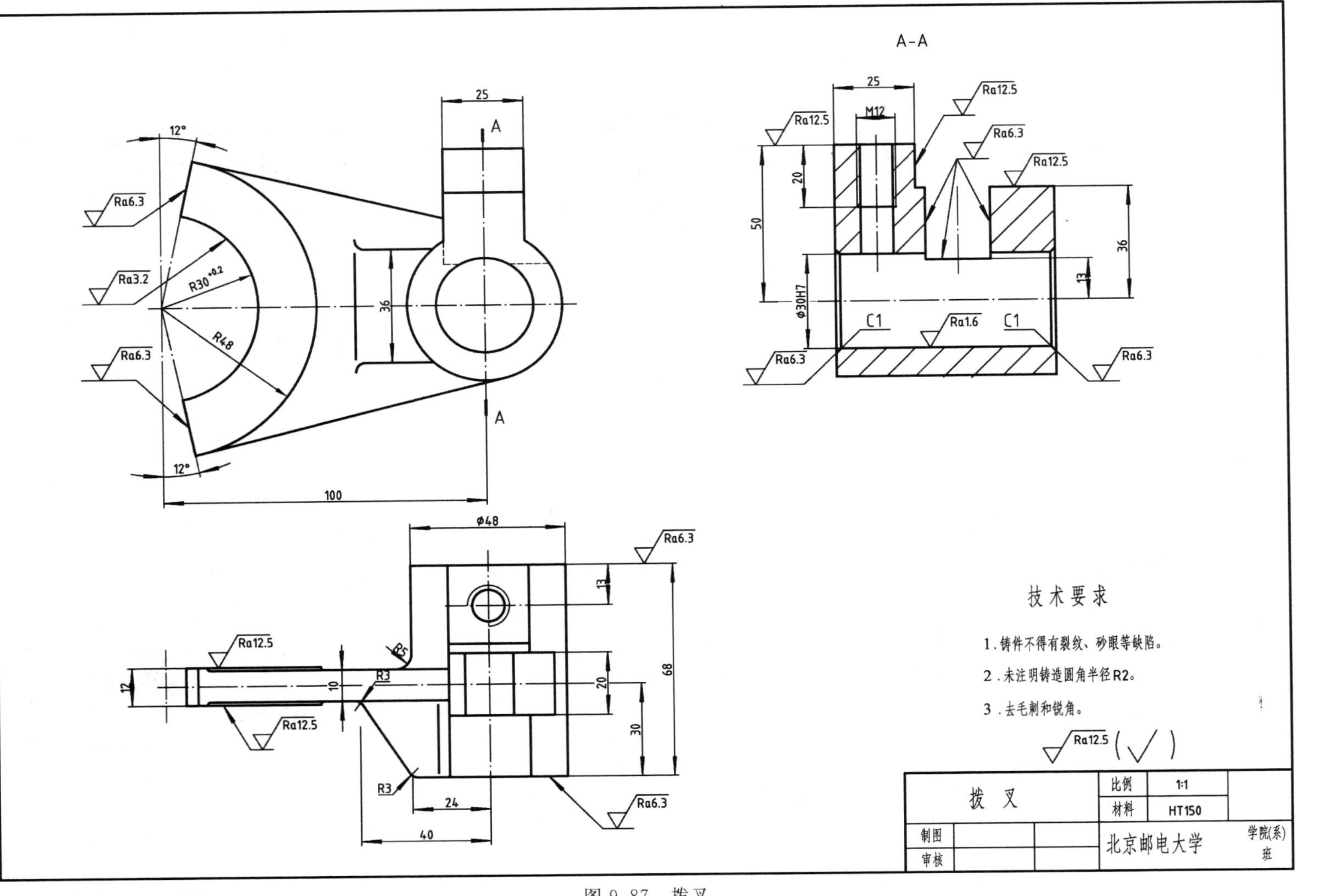
A-A
技术要求
1.铸件不得有裂纹、砂眼等缺陷。
2.未注明铸造圆角半径R2。
3.去毛刺和锐角。
拨叉
比例 1:1
材料 HT150
制图
审核
北京邮电大学
学院(系)
班

图 9.87　拨叉

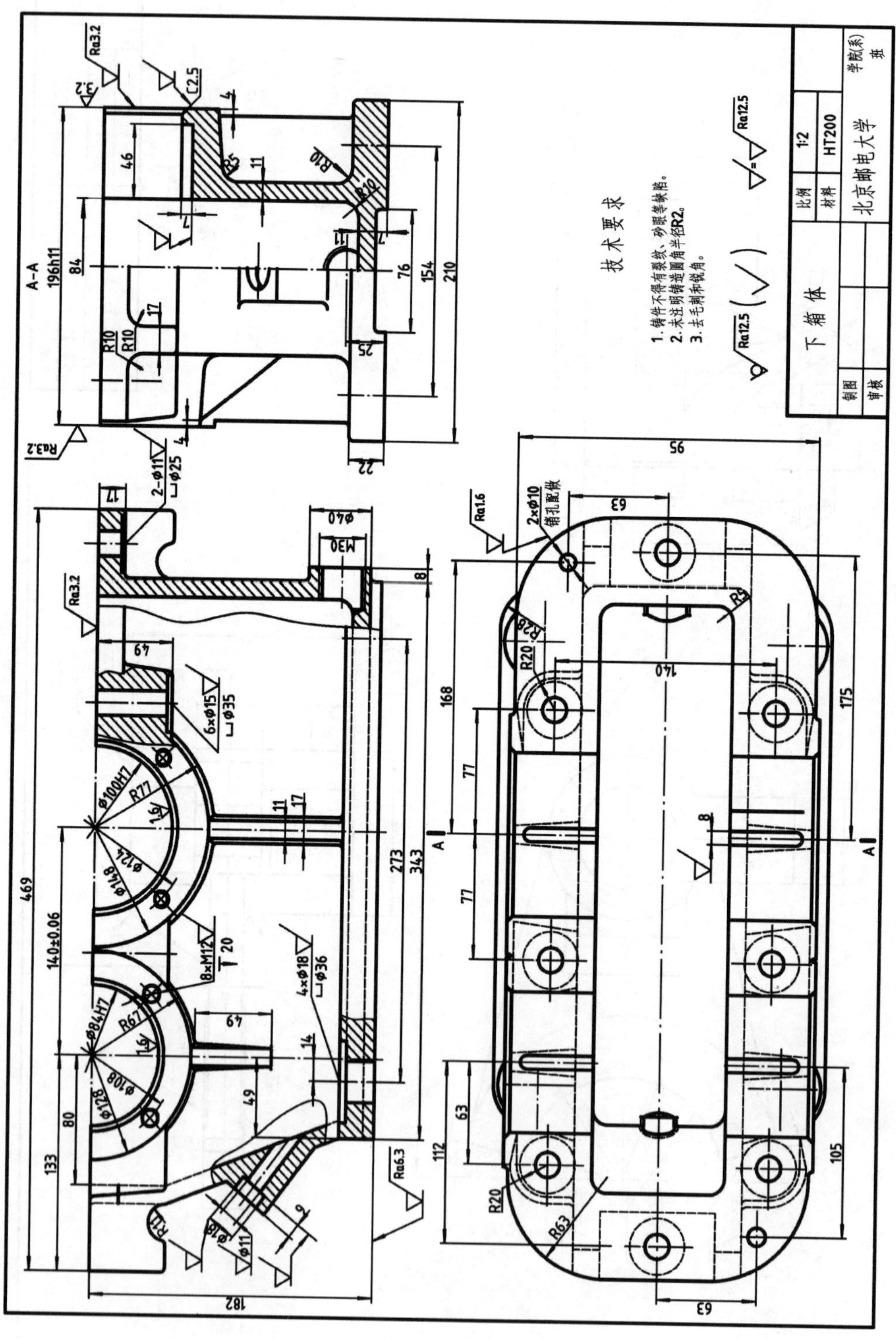
A-A
技术要求
1. 铸件不得有裂纹、砂眼等缺陷。
2. 未注明铸造圆角半径R2。
3. 去毛刺和锐角。
下箱体
比例 1:2
材料 HT200
制图
审核
北京邮电大学
学院(系) 班

图 9.88 下箱体

ϕ84H7 及其下面的肋板未能剖开表示。如能再增加几个视图，表达会更加清楚。请读者考虑更加理想的表达方案。

(4) 箱体类零件投影关系复杂，常会出现截交线和相贯线；由于它们是铸造件，所以经常会出现过渡线，要认真分析。

4. 尺寸标注

箱体类零件形状复杂，尺寸自然也多。完整、正确、清晰和合理标注箱体类零件的尺寸要注意以下几个问题。

(1) 选择合理的尺寸基准。长、宽、高方向的主要基准选择孔的中心线、轴线、对称平面和较大的加工平面。请读者自行分析图 9.88 下箱体长、宽、高三个方向的主要尺寸基准。

(2) 按照形体和结构分析的方法标注定位、定形尺寸。它们的定位尺寸更多，各孔中心线(或轴线)间的距离一定要直接标注出来，如 140±0.06 等。

(3) 定形尺寸仍用形体分析法标注。

5. 技术要求

(1) 重要的箱体孔和重要的表面，其表面结构参数值较小。

(2) 重要的箱体孔和重要的表面应该有尺寸公差和几何公差的要求，以保证其大小和相互位置的准确性。

9.7　看零件图的方法步骤

在第 6 章讨论过看组合体视图的方法，这是看零件图的重要基础。在零件的设计、制造和生产实际工作中，都需要看零件图，例如设计零件时要参考同类型的零件图，研究分析零件的结构特点，使所设计的零件结构更先进合理；对设计的零件图进行校对、审批；生产制造零件时，为制定适当的加工方法和检测手段，以确保零件加工质量；进行技术改造，研究改进设计；引进国外先进技术，进行技术交流等等，都要看零件图。因此看零件图是一项非常重要的工作。

9.7.1　看零件图的要求

看零件图的目的要求是：

(1) 了解零件的名称、用途、材料等；

(2) 了解组成零件各部分结构的形状、特点和功用以及它们之间的相对位置；

(3) 了解零件的大小、制造方法和所提出的技术要求。

9.7.2　看零件图的方法步骤

现以图 9.89 为例说明看零件图的方法步骤。

1. 看标题栏，了解零件

看标题栏，了解零件的名称、材料、数量、比例等，从而大体了解零件的功用。即：泵体，由 HT200 材料制成，图样的比例为 1∶1。

2. 进行视图分析，明确表达目的

看视图，首先应找到主视图，根据投影关系识别出其他视图的名称和投影方向，局部视图或斜视图的投影部位，剖视或断面的剖切位置，从而弄清各视图的表达目的。

如该泵体零件共采用了主、俯、左三个基本视图。主视图选择符合工作位置和形状特征原则,视图数量和表达方法都比较恰当。具体分析如下:

(1) 看主视图。联系俯、左视图,主视图是通过该零件的前后对称平面剖切所得到的全剖视图,因其前后对称,故未加标注。主视图(全剖视图)反映了泵体空腔的结构形状,即泵体进出孔和关闭孔的结构形状。

(2) 看俯视图。联系主、左视图,俯视图是采用基本视图的表达方法,反映出泵体的外部结构外形。

(3) 看左视图。联系主、俯视图,从俯视图上找到 A-A 剖切位置可知,左视图是通过关闭孔的轴线剖切所得的 A-A 半剖视图。一半反映出泵体空腔内部和外部形状,另一半反映出泵体左端面的结构形状。

3. 进行形体分析、线面分析和结构分析,想象结构形状

进行形体分析和线面分析是为了更好地搞清楚投影关系和便于综合想象出整个的形状。在这里,形体一般都体现为零件的某一个结构,可按下列顺序进行分析:

(1) 先看大致轮廓,再分几个较大的独立部分进行分析,逐个看懂;

(2) 对外部结构进行分析,逐个看懂;

(3) 对内部结构进行分析,逐个看懂;

(4) 对不便于进行形体分析的部分进行线面分析,搞清投影关系,最后分析细节。

4. 进行尺寸分析

尺寸分析可按下列顺序进行分析:

(1) 根据形体分析和结构分析,了解定形尺寸和定位尺寸;

(2) 根据零件的结构特点,了解基准和尺寸的标注形式;

(3) 了解功能尺寸,如主视图上 $\phi20$;

(4) 了解一般尺寸;

(5) 确定零件的总体尺寸。

5. 进行结构、工艺和技术要求的分析

零件图的技术要求是制造零件的质量指标。看图时应根据零件在机器中的作用,分析零件的技术要求是否能在低成本的前提下保证产品质量。主要分析零件的表面粗糙度、尺寸公差和几何公差要求,先弄清配合面或主要加工面的加工精度要求,了解其代号含义;再分析其余加工面和非加工面的相应要求,了解零件加工工艺特点和功能要求;然后了解分析零件的材料热处理、表面处理或修饰、检验等其他技术要求,以便根据现有加工条件,确定合理的加工工艺方法,保证这些技术要求。

此泵体的结构有容纳、配合、连接、安装和密封等功用。它是一个铸件,由毛坯经过车、铣、镗、钻等加工,制成该零件。它的技术要求内容很多。如有配合要求的加工面 ϕ26H11, ϕ42H8, ϕ18H11 等;表面结构参数有 $Ra3.2$、$Ra6.3$、$Ra12.5$,以及采用不去除材料的方法获得的表面;图中有两处有几何公差要求,即以 ϕ42H8 孔的轴线为基准,18H11 孔的轴线与其垂直度公差为 0.08 mm,ϕ35H8 孔的右端面与其垂直度公差为 0.06 mm。此外,还有文字注解的内容等。

通过上述看图步骤,对零件已有了全面了解。但还应综合考虑零件的结构和工艺是否合理,表达方案是否恰当,以及检查有无看错或漏看等,以便对所看的零件图加深印象,彻底看懂弄通。

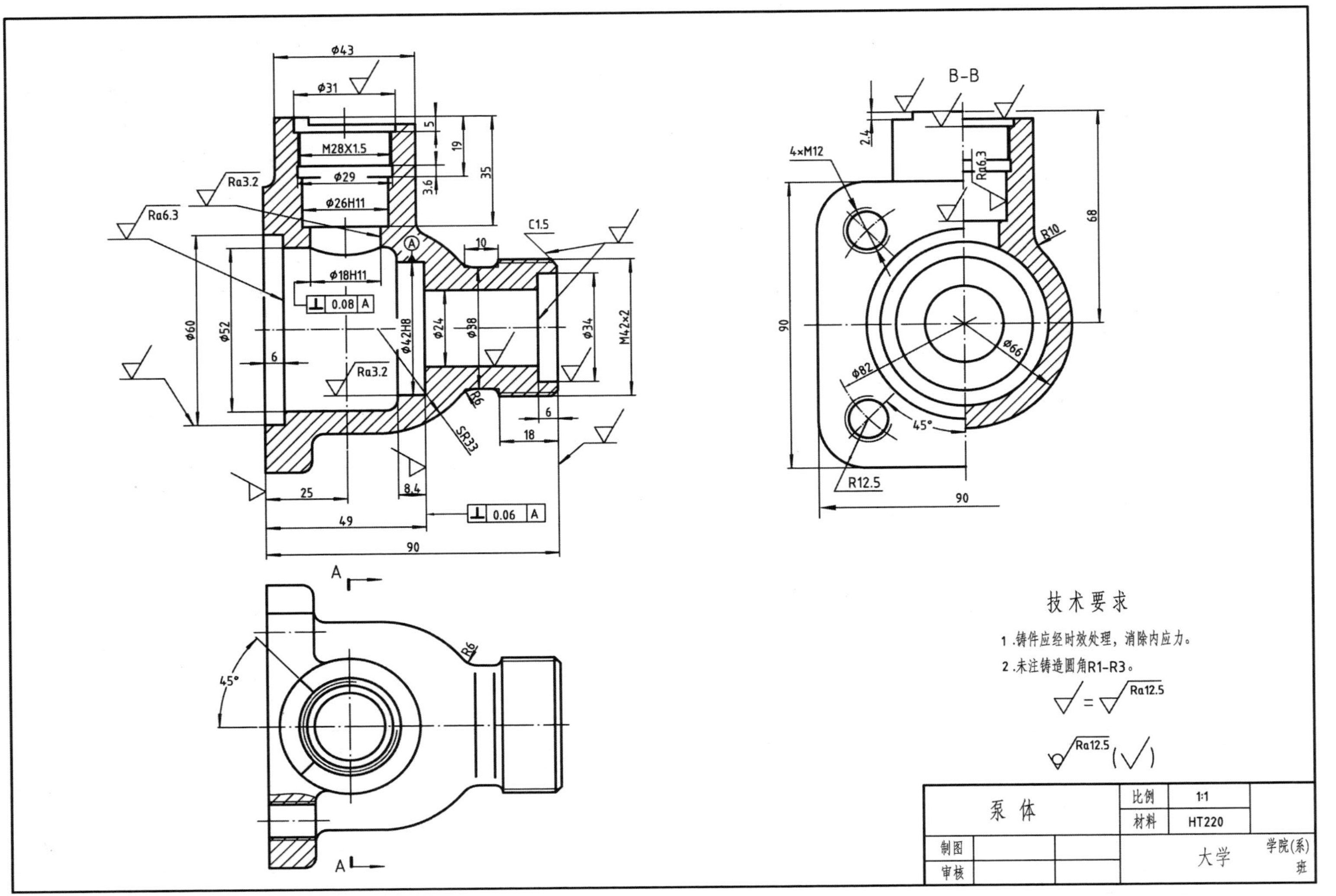
B-B
A
A
技术要求
1.铸件应经时效处理，消除内应力。
2.未注铸造圆角R1-R3。
泵体
比例
1:1
材料
HT220
制图
审核
大学
学院(系)
班

图 9.89　泵体

9.8 零件测绘

零件的测绘就是依据实际零件，通过分析，选定表达方案，画出它的图形，测量出尺寸并标注，制定必要的技术要求，从而完成零件图的过程。零件测绘一般先画零件草图(徒手图)，再根据整理后的零件草图画零件工作图(零件图)。零件测绘对仿造、改造设备、推广先进技术、进行技术交流、革新成果都有重要作用，是工程技术人员必须掌握的技术绘画。零件测绘，通常与所属的部件或机器的测绘协同进行，以便了解零件的功能、结构要求，协调视图、尺寸和技术要求。

9.8.1 绘制零件草图的要求

1. 内容俱全

零件草图是画零件工作图的重要依据，有时也直接用以制造零件，因此，必须具有零件工作图的全部内容，包括一组图形、完整的尺寸、技术要求和标题栏。

2. 目测徒手

零件草图不使用绘图工具，只凭目测实际零件形状大小和大致比例关系，用铅笔徒手画出图形，然后集中测量(见 9.8.4 小节)标注尺寸和技术要求，不要边画边测边注。零件草图与零件工作图的不同之点仅在于前者徒手画，后者用仪器。

3. 图形不草

草图决不能理解为“潦草之图”。画出的零件草图应做到：图形正确、比例匀称、表达清楚；尺寸完整清晰；线型分明、字体工整。为提高绘图质量和速度，可在方格纸上画零件草图。

9.8.2 绘制零件草图的步骤

画草图可用普通白纸，也可用方格纸，以便确定图形的大小。

1. 画零件草图前的准备

在着手画零件草图之前，应该对零件进行详细分析，分析的内容如下：

(1) 了解该零件的名称和用途。

(2) 鉴定该零件是由什么材料制成的。

(3) 对该零件进行结构分析。因为零件的每个结构都有一定的功用，而弄清楚这一点对破旧、磨损和带有某些缺陷的零件的测绘尤为重要。在分析的基础上，把破损的结构进行修正，只有这样，才能正确地表达它们的结构形状，并且完整、合理、清晰地标注出它们的尺寸。

(4) 对该零件进行工艺分析。因为同一零件可以按不同的加工顺序制造，故其结构形状的表达、基准的选择和尺寸的标注也不一样。

(5) 拟定该零件的表达方案。通过上述分析，加深了对该零件的认识，在此基础上再来确定主视图、视图数量和表达方法。

2. 画零件草图

确定了表达方案以后，就可以按照以下步骤画出草图(以轴承座为例)：

(1) 布图。根据零件的总体尺寸和大致比例确定图幅；画边框线和标题栏；布置图形定出各视图的位置，画主要轴线、中心线或作图基准线，如图 9.90(a)所示。布置图形应考虑各视图标注尺寸有足够位置。

(2) 目测徒手画图形。先画零件主要轮廓，再画次要轮廓和细节，每部分应几个视图对应起来画，以对准投影关系，逐步画出零件的全部结构形状，如图 9.90(b)所示。初学者，可先画出底稿(线条应轻细，以便擦拭)，然后再描深。

(3) 加深描粗，画出尺寸线和尺寸界线。仔细检查，擦去多余线；再按规定线型描深；画剖面线；确定尺寸基准，依次画出所有尺寸界线、尺寸线和箭头，如图 9.90(c)所示。轴承座长度方向基准为过支承孔轴线的中心平面；宽度方向基准为支撑板后面；高度方向基准为底座下底面。

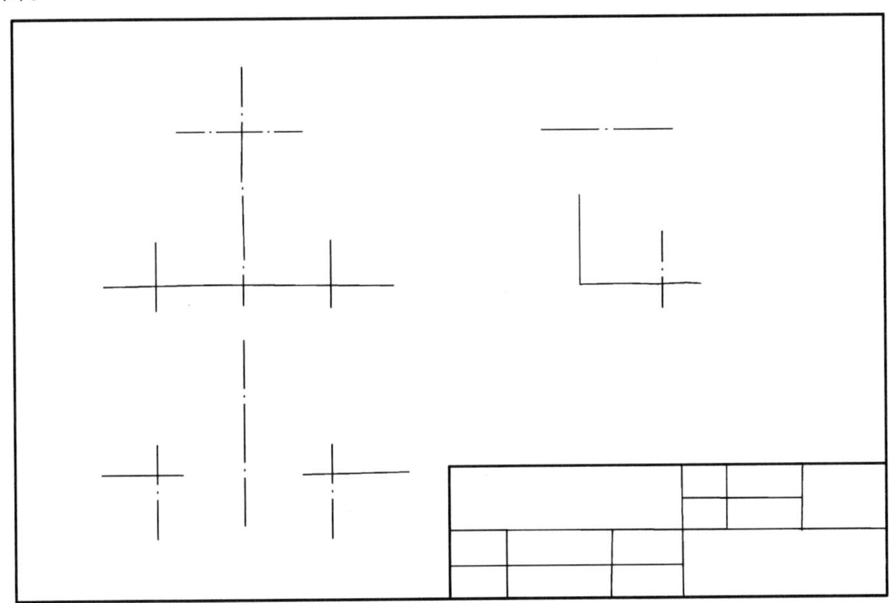

(a) 布图

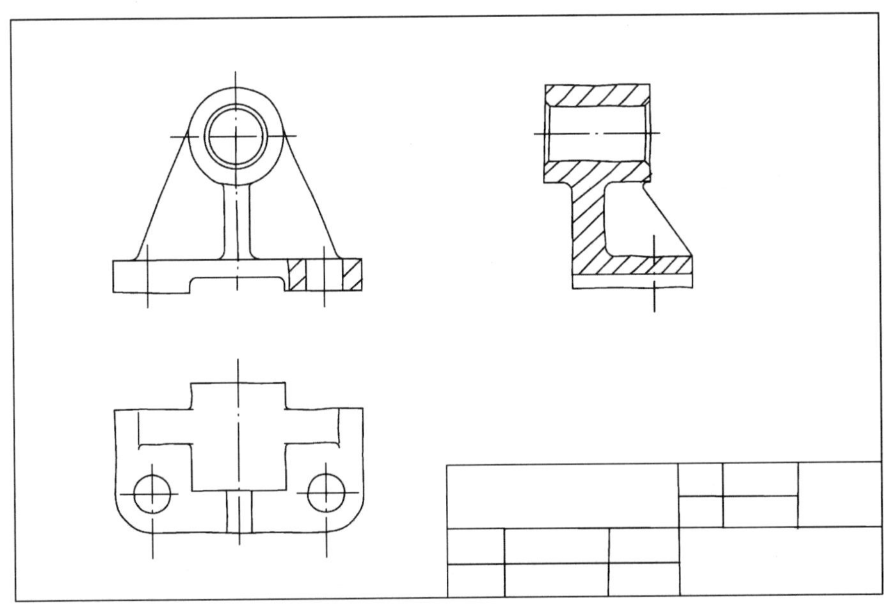

(b) 画草图底稿

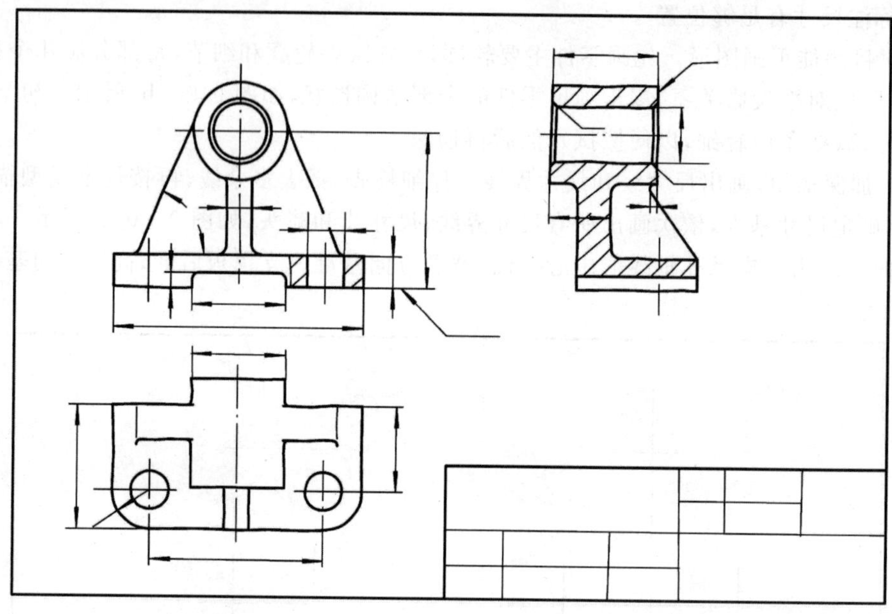

(c) 加深描粗并拉出尺寸线

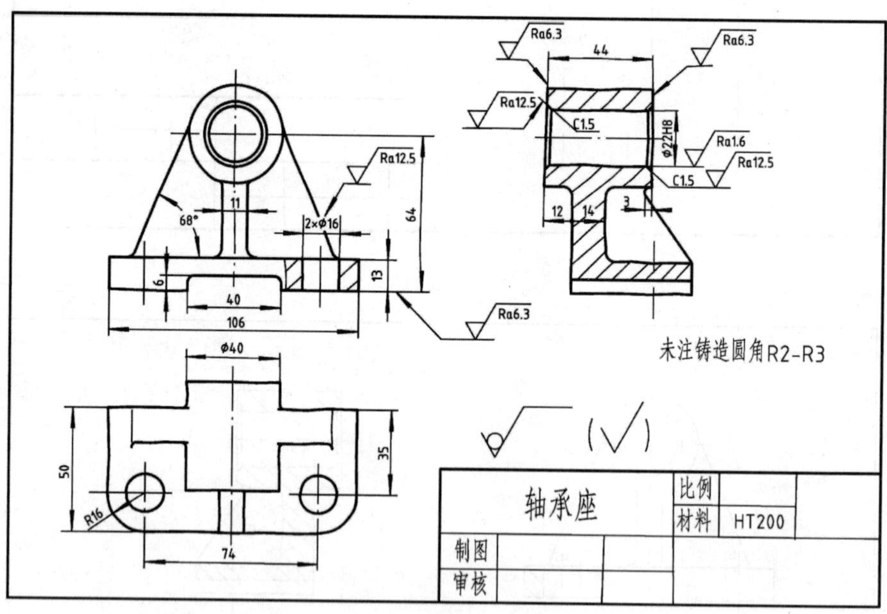

(d) 测量并填写尺寸和技术要求

图 9.90 轴承座草图绘制

(4) 填写尺寸数值,完成草图。用测量工具测量尺寸,协调联系尺寸,查有关标准校对标准要素尺寸,填写尺寸数值和必要的技术要求,填写标题栏,完成零件草图全部工作,如图9.90(d)所示。

关于制定技术要求,可根据零件的性能和工作要求,参照类似图样和有关资料,用类比法确定后查有关标准复核。

9.8.3 画零件工作图的方法步骤

零件草图一般是在现场(车间)测绘的,测绘的时间不允许太长,有些问题只要表达清楚就可以了,不一定是最完善的。因此,在测绘的零件草图后要整理成零件工作图,这时需要对零件草图进行审查校核。有些问题需要设计、计算和选用,如表面结构、尺寸公差、几何公差、材料及表面处理等;也有些问题重新加以考虑,如表达方案的选择、尺寸的标注等,经过复查、补充、修改后,才开始画零件工作图。画零件工作图的具体方法步骤如下。

1. 对零件草图进行审核校对

1) 表达方案是否完整、清晰和简便。

2) 零件上的结构形状是否有损坏、疵病等情况。

3) 尺寸标注得是否完整、合理和清晰。

4) 技术要求是否满足零件的性能要求。

2. 画零件工作图的方法步骤

1) 选择比例。根据实际零件的复杂程度选择比例(尽量用1∶1)。

2) 选择幅面。根据表达方案、比例,留出标注尺寸和技术要求的位置,选择标准图幅。

3) 画底稿。

(1) 定出各视图的基准线;

(2) 画出图形;

(3) 标注出尺寸;

(4) 注写出技术要求;

(5) 填写标题栏。

4) 校核。

5) 描深。

6) 审核。

9.8.4 测量尺寸的工具和方法

1. 测量工具

画完草图并画出尺寸界线和尺寸线后,用测量工具测量零件的尺寸标注在草图上。测量尺寸的简单工具有:直尺、外卡钳和内卡钳;测量较精密的零件时,要用游标卡尺、千分尺或其他工具,如图9.91所示。直尺、游标卡尺和千分尺上有尺寸刻度,测量零件时可直接从刻度上读出零件的尺寸。用内、外卡钳测量时,必须借助直尺上的尺寸刻度,测量零件时可直接从刻度上读出零件的尺寸。

2. 几种常用的测量方法

1) 测量直线尺寸(长、宽、高)。一般可用直尺或游标卡尺直接量得尺寸的大小,如图9.92所示。

2) 测量回转面的直径。一般可用卡钳、游标卡尺或千分尺,如图9.93所示。

在测量阶梯孔的直径时,会遇到外面孔小,里面孔大的情况,用游标卡尺就无法测量大孔的直径。这时,可用内卡钳测量,如图9.94(a)所示。也可用特殊量具(内外同值卡钳),

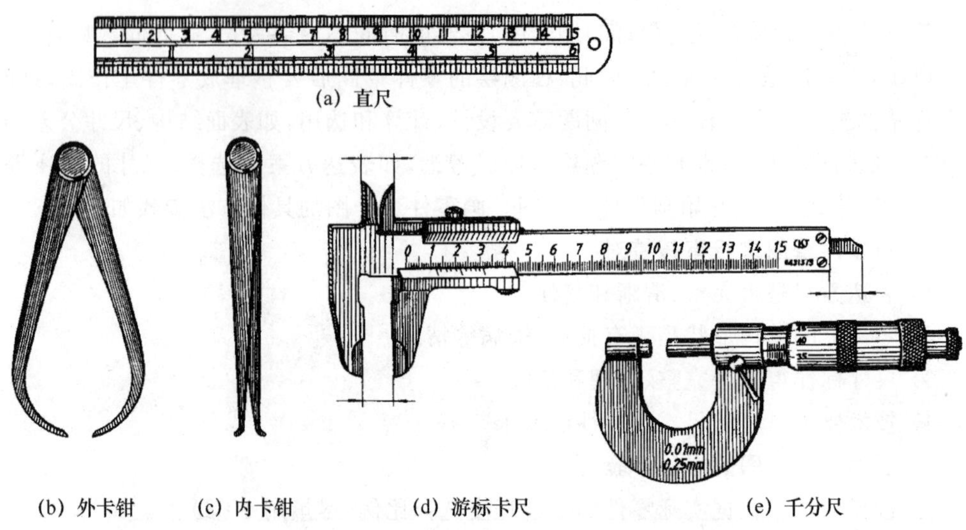
(a) 直尺

(b) 外卡钳　(c) 内卡钳　(d) 游标卡尺　(e) 千分尺

图 9.91　测量工具

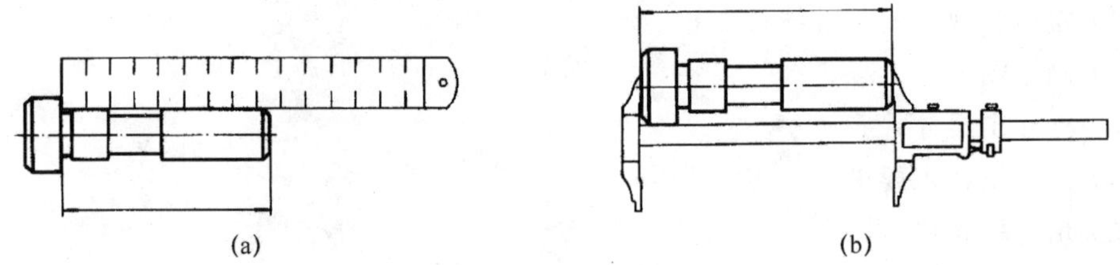
(a)　(b)

图 9.92　测量直线尺寸

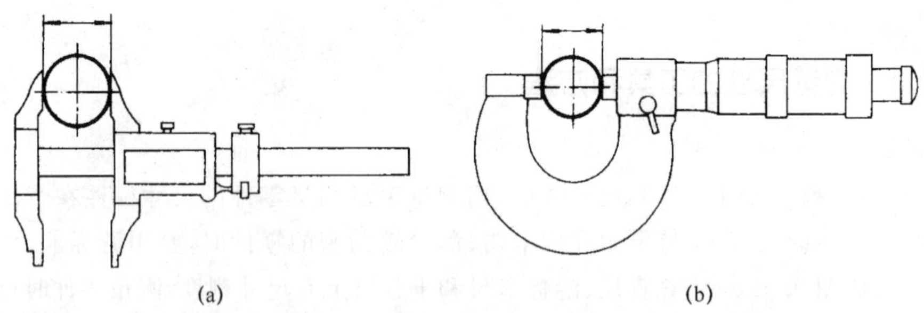
(a)　(b)

图 9.93　测量回转面的直径

如图9.94(b)所示。

3）测量壁厚。一般可用直尺测量,如图 9.95(a)所示。若孔径较小时,可用带测量深度的游标卡尺测量,如图 9.95(b)所示。有时也会遇到用直尺或游标卡尺都无法测量的壁厚。这时则需要用卡钳来测量,如图 9.95(c)所示。

4）测量孔间距。可用游标卡尺、卡钳或直尺测量,如图 9.96 所示。

5）测量中心高。一般可用直尺和卡钳或游标高度尺测量,如图 9.97 所示。

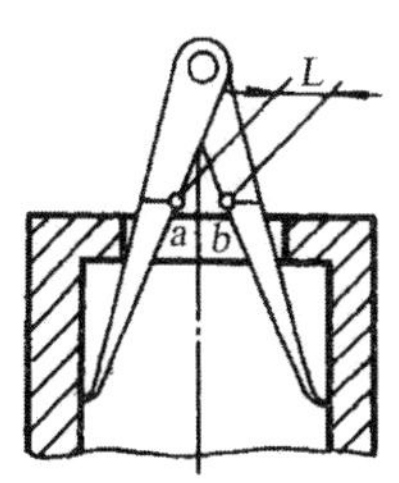

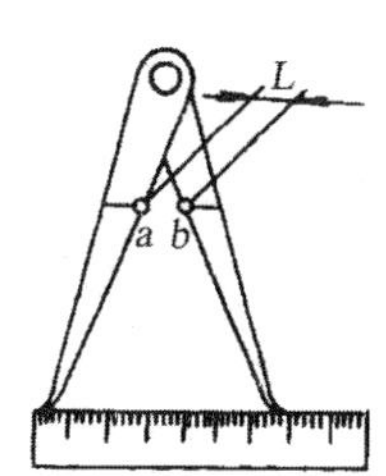

(a) 内卡钳测量

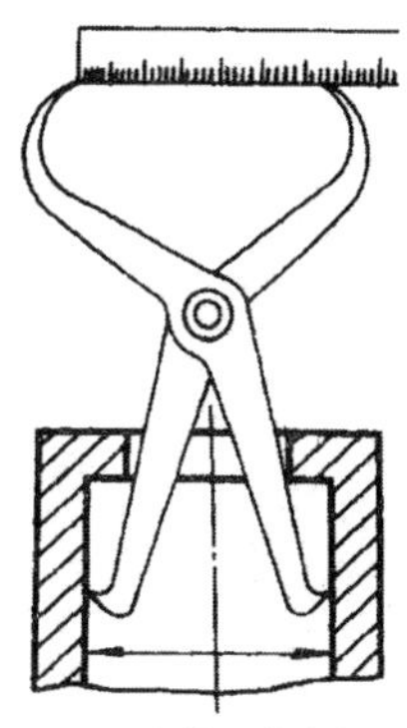

(b) 内外同值卡钳

图 9.94　测量阶梯孔的直径

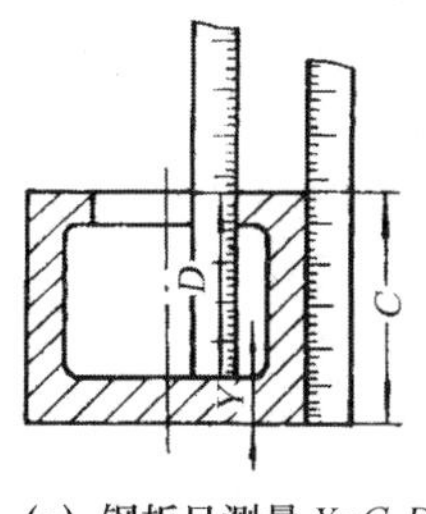

(a) 钢板尺测量 $Y=C-D$

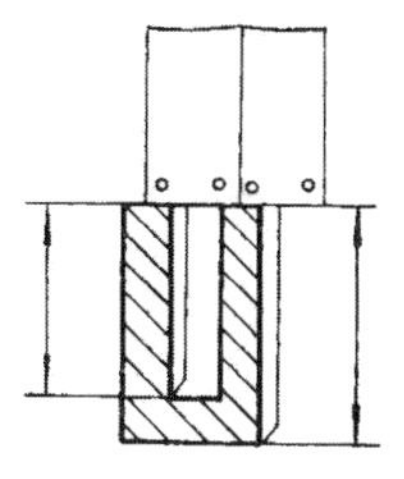

(b) 游标卡尺测量

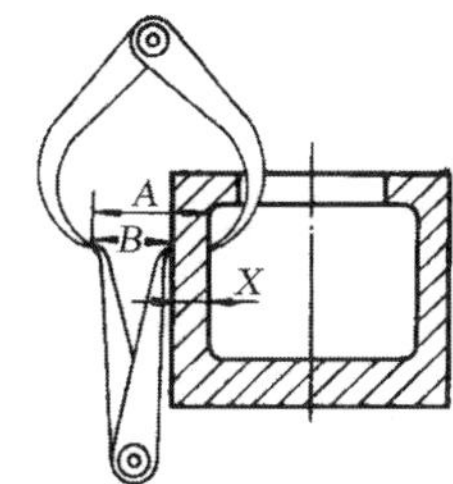

(c) 卡钳测量 $X=A-B$

图 9.95　测量壁厚

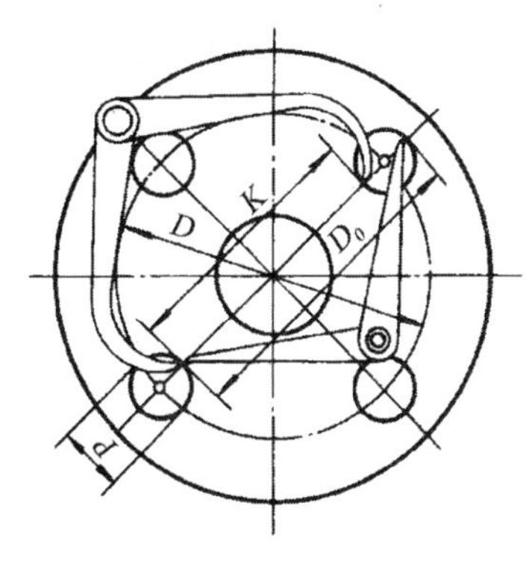

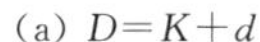

(a) $D=K+d$

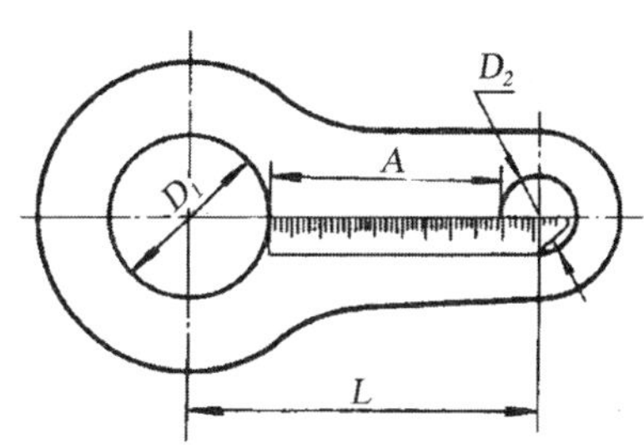

(b) $L=A+\frac{D_1+D_2}{2}$

图 9.96　测量孔间距

6）测量圆角。一般用圆角规测量。每套圆角规有很多片，一半测量外圆角，一半测量内圆角，每片刻有圆角半径的大小。测量时，只要在圆角规中找到与被测部分完全吻合的一片，从该片上的数值可知圆角半径的大小，如图 9.98 所示。

7）测量角度。可用量角规测量，如图 9.99 所示。

8）测量曲线或曲面。曲线和曲面要求测得很准确时，必须用专门量仪进行测量。要求不太准确时，常采用下面三种方法测量：

(1) 拓印法。对于柱面部分的曲率半径的测量，可用纸拓印其轮廓，得到如实的平面曲线，然后判定该曲线的圆弧连接情况，测量其半径，如图 9.100(a)所示。

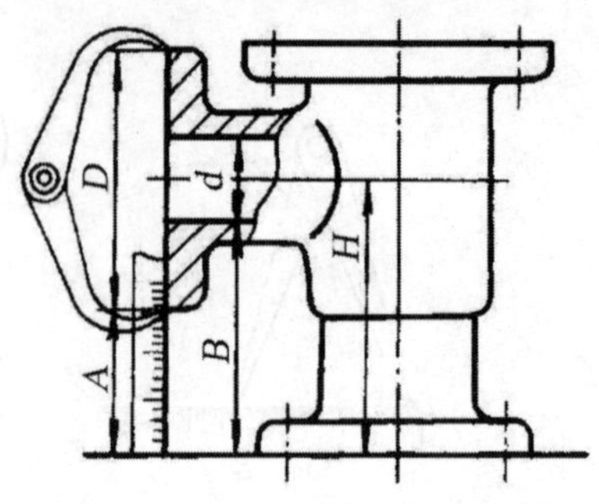

$$H=A+\frac{D}{2}=B+\frac{d}{2}$$

图 9.97 测量中心高

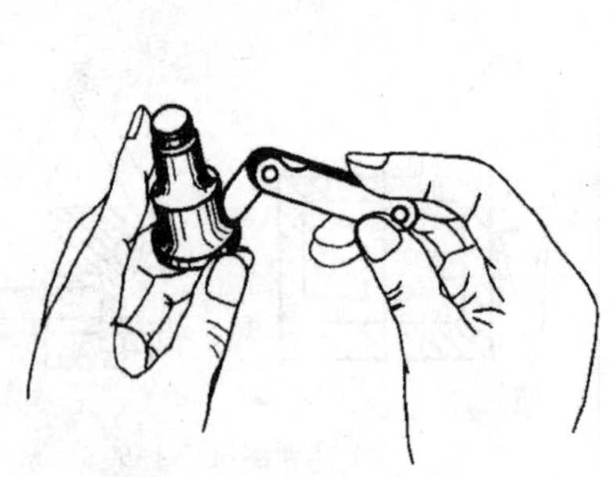

图 9.98 测量圆角

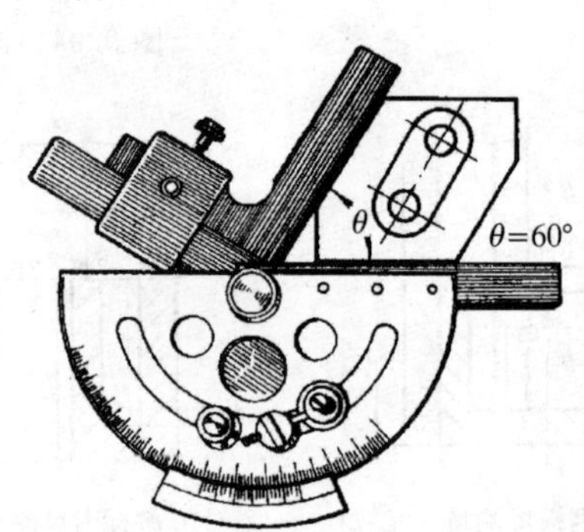

图 9.99 测量角度

(2) 铅丝法。对于曲线回转面零件的母线曲率半径的测量,可用铅丝弯成实形后,得到如实的平面曲线,然后判定曲线的圆弧连接的情况,最后用中垂线法,求得各段圆弧的中心,测量其半径,如图 9.100(b)所示。

(3) 坐标法。一般的曲线和曲面都可用直尺和三角板定出曲面上各点的坐标,在图上画出曲线,或求出曲率半径,如图 9.100(c)所示。

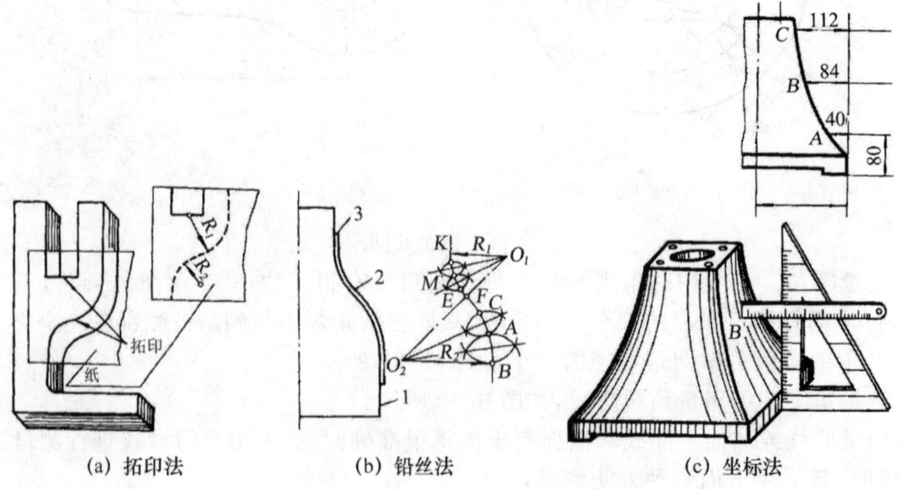

(a) 拓印法　(b) 铅丝法　(c) 坐标法

图 9.100 测量曲线或曲面

第 10 章　二维装配图

表示机器或部件的图样，称为装配图。它表示机器或部件的工作原理、零件之间的装配关系和相互位置，以及装配、检验、安装调试时所需要的尺寸数据和技术要求。

装配图是生产中重要的技术文件。在设计过程中，一般是根据设计要求画出装配图，再根据装配图设计并绘制零件图。在生产过程中，装配图是制定装配工艺规程，进行装配、检验、调试、安装及维修的技术依据。

本章介绍装配图的内容、画法、部件测绘和读装配图的方法等内容。

10.1　装配图的内容

图 10.1 为球阀主要零件的轴测分解图。球阀是用于启闭和调节流体流量的部件，图 10.2 是该部件的装配图。球阀工作时，将扳手 13 的方孔套进阀杆 12 上部的四棱柱，当扳手带动阀杆，进而带动阀心旋转到图示位置时，阀门全部开启，管道畅通；当扳手按顺时针旋转 90°时(图 10.2 所示的俯视图中的双点画线所示的位置)，则阀门全部关闭，管道断流。阀体 1 和阀盖 2 都带有方形凸缘，用 4 个螺柱 6 和螺母 7 连接，并用合适的调整垫调节阀芯 4 与密封圈 3 之间的松紧程度。阀杆 12 下部有凸块，榫接阀心 4 的凹槽，达到二者联动的目的。为了密封，在阀体和阀杆之间加进填料并旋入压紧套 11 压紧；阀心 4 两侧也有密封圈起到密封作用。

从图 10.2 所示球阀的装配图可以看出，一张完整的装配图应具有四个方面的内容。

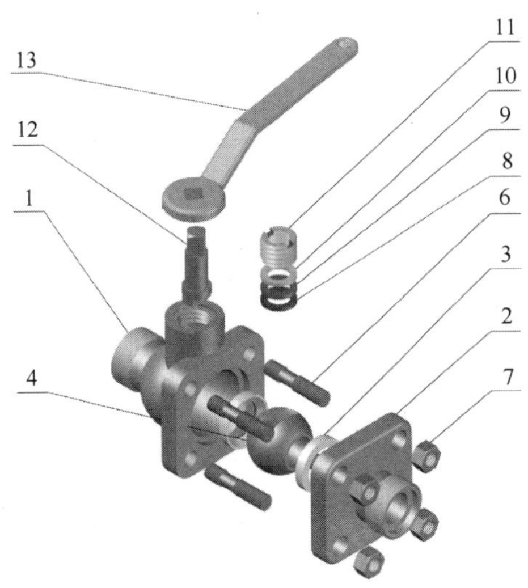

图 10.1　球阀主要零件轴测分解图

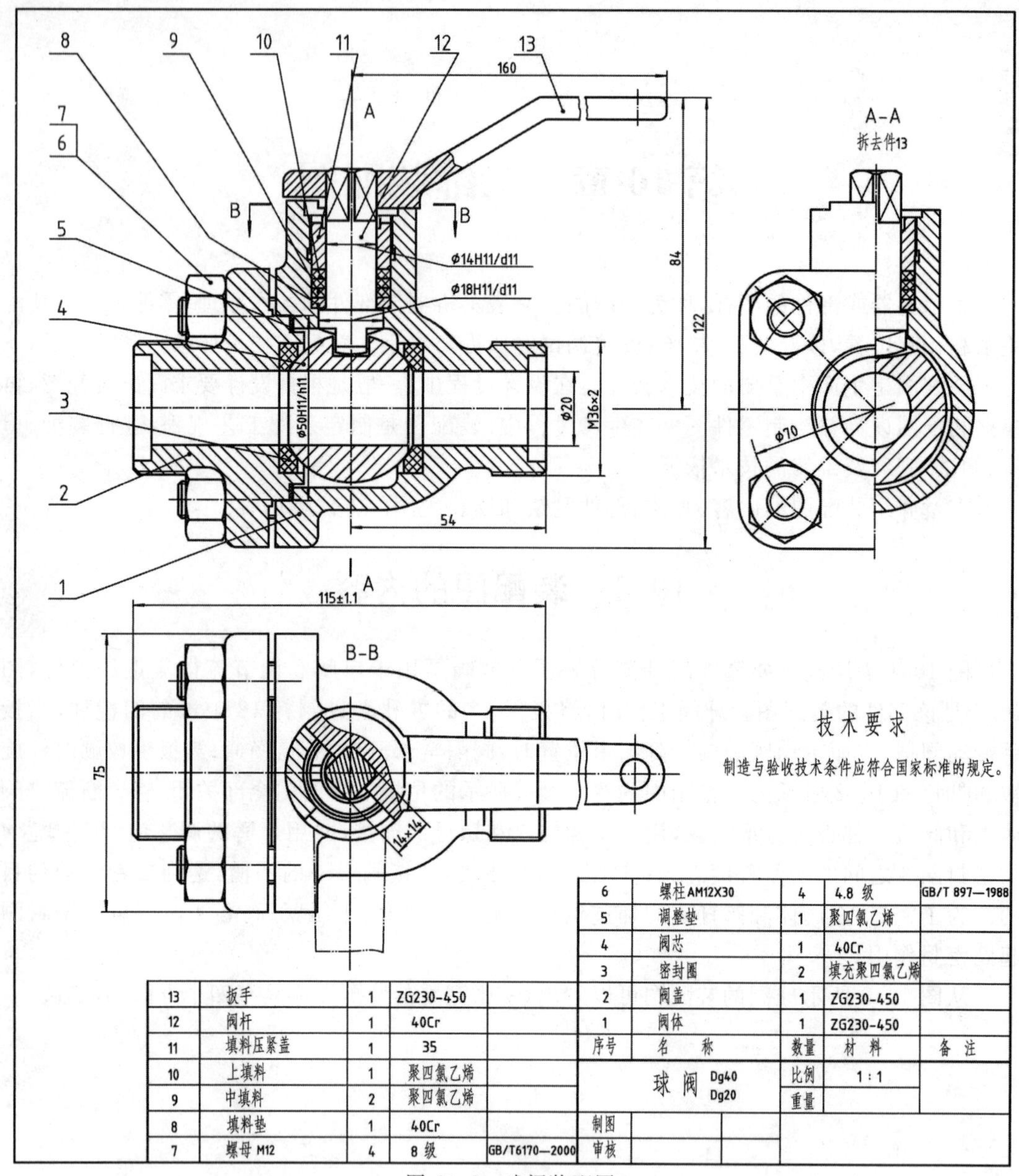

1
2
3
4
5
6
7
8
9
10
11
12
13
160
A
B
B
ϕ14H11/d11
ϕ18H11/d11
84
122
ϕ50H11/h11
ϕ20
M36×2
54
115±1.1
A-A
拆去件13
ϕ70
B-B
75
14×14
技术要求
制造与验收技术条件应符合国家标准的规定。
6 螺柱AM12X30 4 4.8级 GB/T 897—1988
5 调整垫 1 聚四氯乙烯
4 阀芯 1 40Cr
3 密封圈 2 填充聚四氯乙烯
2 阀盖 1 ZG230-450
1 阀体 1 ZG230-450
序号 名 称 数量 材 料 备 注
球阀 Dg40 Dg20
比例 1:1
重量
制图
审核
13 扳手 1 ZG230-450
12 阀杆 1 40Cr
11 填料压紧盖 1 35
10 上填料 1 聚四氯乙烯
9 中填料 2 聚四氯乙烯
8 填料垫 1 40Cr
7 螺母 M12 4 8级 GB/T6170—2000

图 10.2 球阀装配图

1. 一组图形

其表达机器或部件的工作原理、各零件之间的装配关系和零件的主要结构形状等。

2. 必要的尺寸

它们主要包括与机器或部件有关的规格尺寸、装配尺寸、安装尺寸、外形尺寸、部件或零件间的相对位置尺寸及其他重要尺寸等。

3. 技术要求

用文字或符号说明与机器或部件有关的性能、装配、检验、安装、调试和使用等方面的特殊要求。

4. 标题栏、零件序号和明细栏

标题栏填写部件或机器的名称、图号、绘图比例、设计单位及设计、审核者的签名等。零件序号和明细栏是装配图与零件图的重要区别,用以说明零件的编号、名称、材料和数量等内容。

10.2　装配图的画法

机器(部件)的表达与零件的表达,其共同点都是要反映它们的内外结构形状,因此,第 7 章介绍的机件的各种表达方法和选用原则,不仅适用于零件图,也同样适用于装配图。另外,为表达机器(部件)的工作原理和装配、连接关系,在装配图中还有一些规定画法和特殊的表达方法。

10.2.1　规定画法

为了在读装配图时能迅速区分不同零件,并正确理解零件之间的装配关系,画装配图时应遵循下述规定。

(1) 两零件的接触面和配合面只画一条实线;不接触面和非配合表面(即使间隙很小)也应画两条线。如图 10.2 所示的主视图中注有尺寸 ϕ50H11/h11、ϕ8H11/d11、ϕ14H11/d11 的配合面及螺母 7 与阀盖 2 的接触面等,都只画一条线。而图中的阀杆 12 的榫头与阀心 4 的槽口的非配合面、阀盖 2 与阀体 1 的非接触面都是画两条线表示各自轮廓。

(2) 两个(或两个以上)金属零件相互邻接时,剖面线的倾斜方向应相反,或者方向一致但间隔必须不相等;同一装配图中的同一个零件,在各视图上的剖面线方向和间隔必须一致,如图 10.2 中各相邻零件的剖面线。

画图时零件厚度在 2 mm 以下,剖切时允许以涂黑代替剖面线。如图 10.3 中的垫片 8。

(3) 在装配图中,对于标准件(如螺纹紧固件、键、销等)和实心零件(如轴、连杆、拉杆、手柄、球),若剖切平面通过其轴线或对称面纵向剖切这些零件时,这些零件只画外形,按不剖绘制,如图 10.2 中的零件 6、7、12、13 等。如果实心零件上有些结构和装配关系需要表达时,可采用局部剖视,如图 10.2 中的零件 12 与 13 的连接以及图 10.3 中零件 6 和销的连接。当剖切平面垂直其轴线剖切时,需要画出剖面线,如图 10.3 中零件 3、4 和零件 6 在 A－A剖视图中需要画出剖面线。

当剖切平面通过某些标准组件的轴线时,该组件也可按不剖绘制,如图 10.4 所示的滑动轴承的油杯。

10.2.2　装配图的特殊画法

1. 拆卸画法

当一个或几个零件在装配图中的某一视图中遮住了需要表达的装配关系或其他结构,而它(们)在其他视图中又已表达清楚时,可假想将其拆去,只画出所要表达部分的视图。需要说明时应在该视图的上方加注"拆去××",如图 10.4 中的俯视图,就是拆去上面部分画出的。

2. 沿结合面剖切画法

为表达内部结构,可采用沿两零件间的结合面剖切的画法。如图 10.4 所示的俯视图,为表示轴瓦和轴承座的装配情况,图的右半部沿轴承盖和轴承座的结合面剖开,拆去上面部

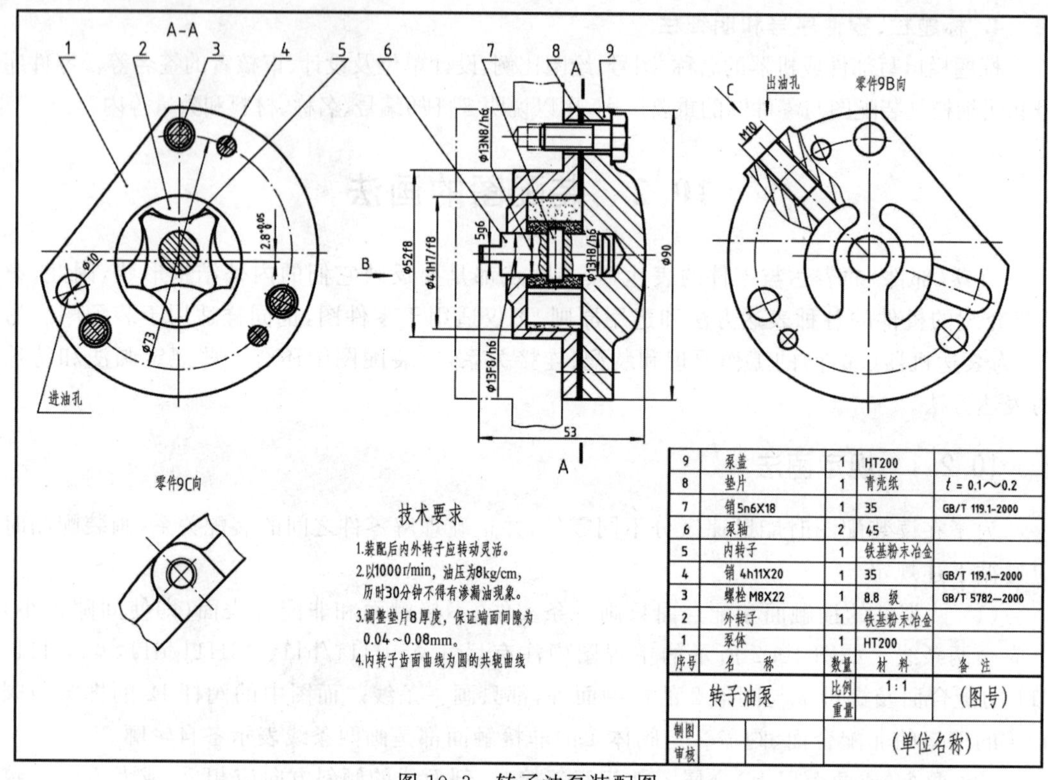

图 10.3 转子油泵装配图

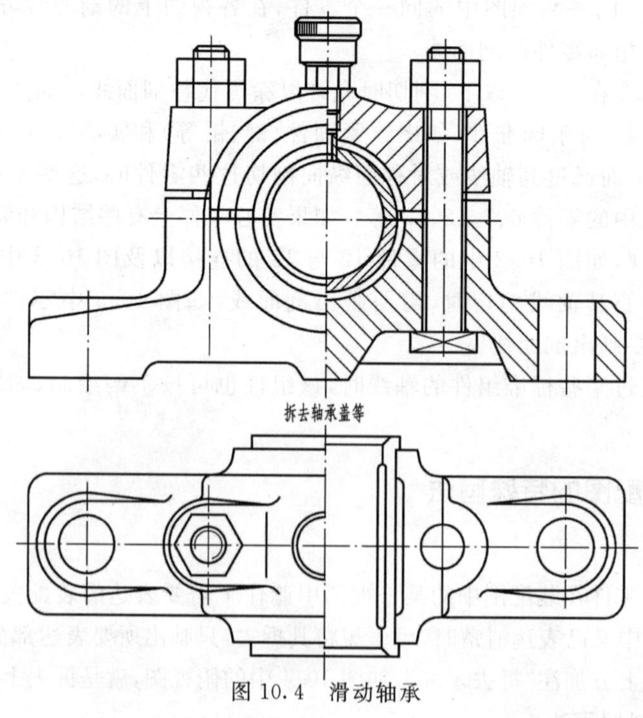

图 10.4 滑动轴承

分画出。又如图 10.3 所示的 A－A 剖视图，是沿泵体和泵盖的结合面(中间涂黑的是垫片)剖切后画出的。这种画法，结合面不画剖面线，但被剖到的螺纹紧固件等实心零件因受横向剖切应画出剖面线。这与拆卸画法的零件被拆掉不同。

3. 单独表示某个零件

当某个零件的形状或结构没有表达清楚，而又对理解装配关系、工作原理有影响时，可单独画出该零件的某一视图。如图 10.3 所示，转子油泵装配图中单独画出了零件 9(泵盖) B 和 C 两个方向的视图。

4. 夸大画法

在装配图中，对于薄片零件、细丝零件，微小间隙或较小的锥度、斜度等，当无法按实际尺寸画出，或者虽能如实画出，但不能明显地表达其结构时，均可采用夸大画法，即将该部分不按原图比例而适当夸大画出。如图 10.3 所示，转子油泵装配图中的零件 8 垫片的厚度，就是夸大画出的。

5. 假想画法

表示与本部件有装配关系但又不属于本部件的其他零、部件，可采用假想画法，将它们的外部轮廓用细双点画线画出。图 10.3 和图 10.5 所示的细双点画线分别表示了转子油泵的相邻零件机架和三星齿轮传动机构的相邻部件主轴箱。

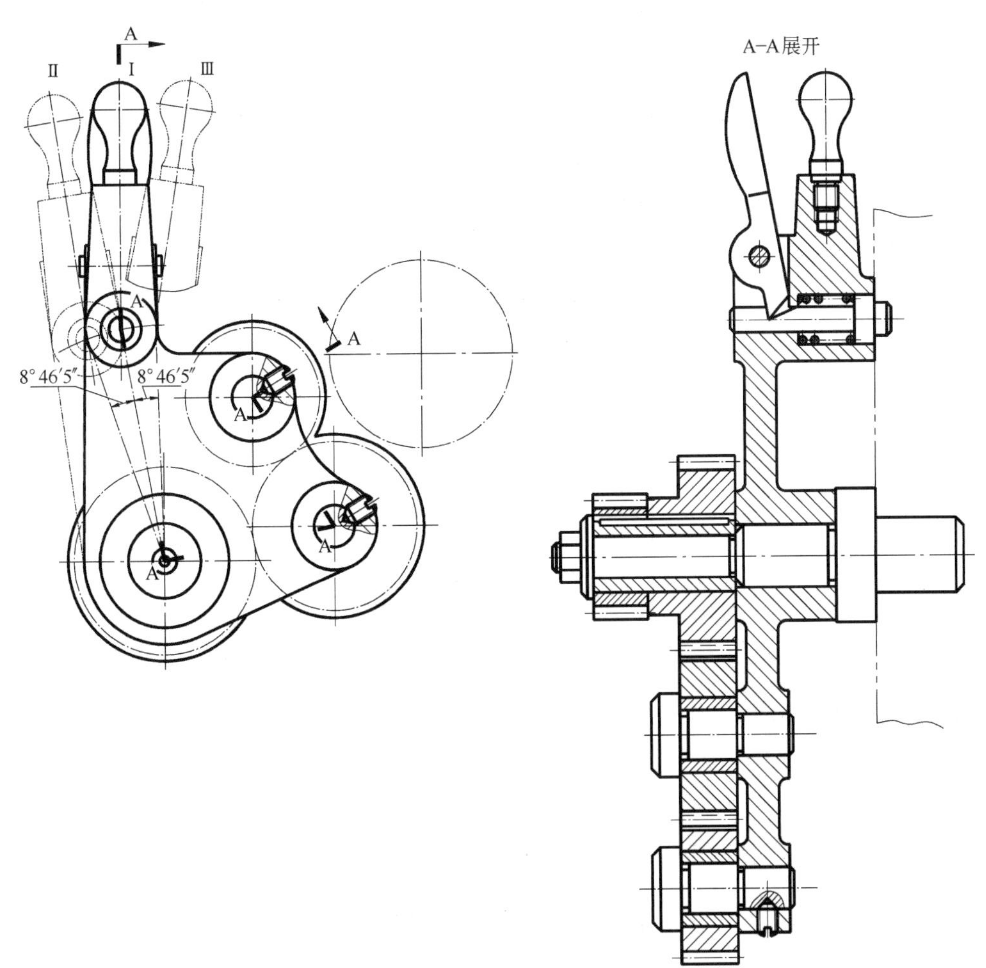

图 10.5　三星齿轮传动机构

为了表示运动零(部)件的运动范围和极限位置,可将运动件画在一个极限位置,而在另一个极限位置上用细双点画线画出其外部轮廓。如图 10.2 中扳手的极限位置画法,以及图 10.5 中三星齿轮传动机构中的手柄的两个极限位置的画法。

6. 展开画法

为了表示传动系统的传动关系及各轴的装配关系,假想将各轴按传动顺序,沿它们的轴线剖开,并把这些剖切平面展开在同一平面上,所得的剖视图就是展开图,如图 10.5 所示。这种展开画法在表达重叠的装配关系,如机床的主轴箱、进给箱以及汽车的变速箱等较复杂的变速装置时经常用到。展开画法也可用于零件的表达。

7. 其他常用画法

装配图中经常用到的特殊画法还有下面 5 种。

(1) 在装配图中的若干相同的零件组(如相同的螺纹连接组件等),允许仅画出一处(或几处),其余各处则以细点画线表示其中心位置,如图 10.6 中的螺钉连接画法。

(2) 在装配图中,零件的工艺结构如小圆角、倒角,如图 10.6 所示。退刀槽等允许不画。螺母和螺栓头因倒角而产生的曲线也允许省略不画,而采用简化画法。

(3) 在剖视图中,表示滚动轴承时,一般一半采用规定画法,另一半采用通用画法;轴承的密封标准件也采用类似的表达方法,如图 10.6 所示。

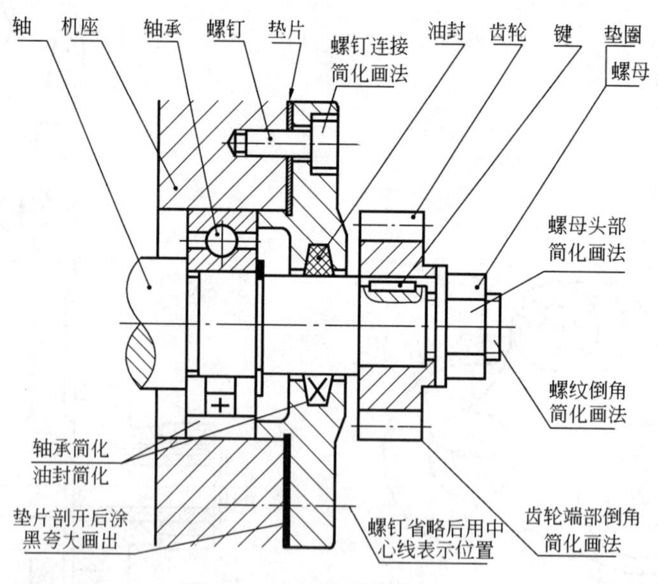

图 10.6 装配图的简化画法

(4) 在剖视图和断面图中,画图时若图形的厚度在 2 mm 以下,允许用涂黑代替剖面符号,如图 10.3 中的垫片。如果是玻璃或其他材料不宜涂黑时,可不画剖面符号。

(5) 机件被弹簧遮挡的轮廓一般不画,未被遮挡的部分画到弹簧的外轮廓线处,当其在弹簧的省略部分时,画到弹簧的中径处。参看图 8.43(a)。

10.3 装配结构

为使零件装配成机器(或部件)后能达到设计性能要求,并考虑到拆、装方便,必须使零件间的结构满足装配工艺的要求。本节讨论几种常见装配结构的合理性。

10.3.1　接触面与配合面的结构

1. 装配时，两个零件在同一方向上，应该只有一对接触面（见图 10.7(a)），即 $a_1 > a_2$。若 $a_1 = a_2$，就必须提高接触面的尺寸精度，增加不必要的加工成本。图 10.7(b)所示的套筒沿轴线方向不能有两个接触面，因为 a_1 和 a_2 不可能加工得绝对相等。

2. 图 10.7(c)示出的是轴和孔的配合，由于 ϕB 已组成所需要的配合，因此 ϕA 的配合就没有必要，加工中也很难保证。

3. 对于锥面配合，只要求锥面接触，而在锥体顶部和锥孔底部应留有调整空间，否则很难保证只有锥面接触，如图 10.7(d)所示。

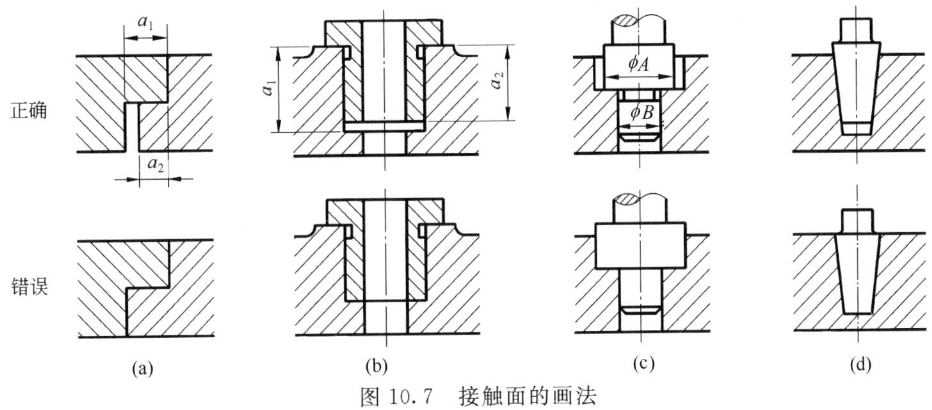

图 10.7　接触面的画法

4. 为了保证接触面良好，接触面需经机械加工。因此合理地减少加工面积，不但可以降低加工费用，而且可以改善接触情况，如图 10.7(b)中两个零件的上下接触面。

(1) 为了保证螺纹紧固件（螺栓、螺母、垫圈）和被连接件的良好接触，在被连接件上经常要做出沉孔、凸台等结构，如图 10.8 所示。沉孔的尺寸，可根据紧固件的尺寸，从相关设计手册中查取。

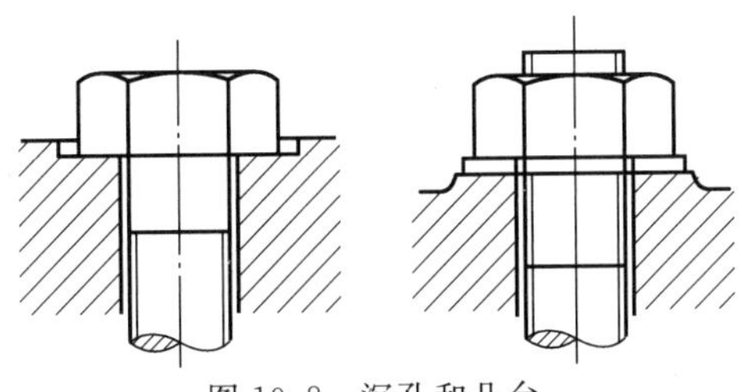
图 10.8　沉孔和凸台

(2) 图 10.9 示出了轴承底座的图形，为了减少接触面，轴承底座和轴瓦的接触面上，开了一个环形槽；其底部挖一凹槽。

(3) 为了使具有不同方向接触面的两个零件接触良好，在接触面的交角处要做成倒角、圆角、凹槽，而不应都做成尖角或尺寸相同的圆角，如图 10.10 所示。

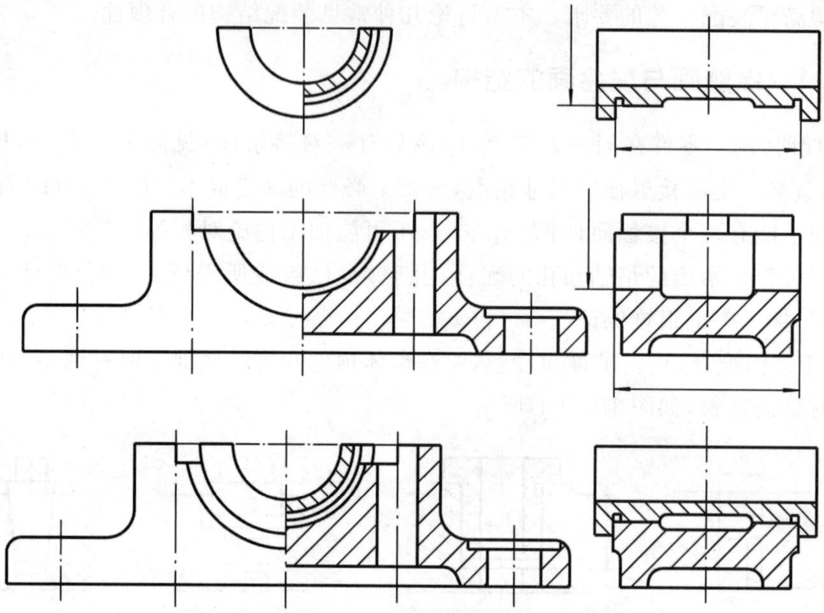

图 10.9　轴承底座和轴瓦

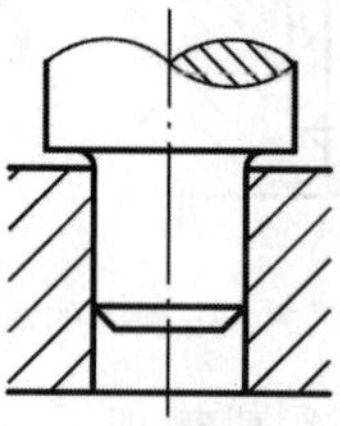

(a) 不正确

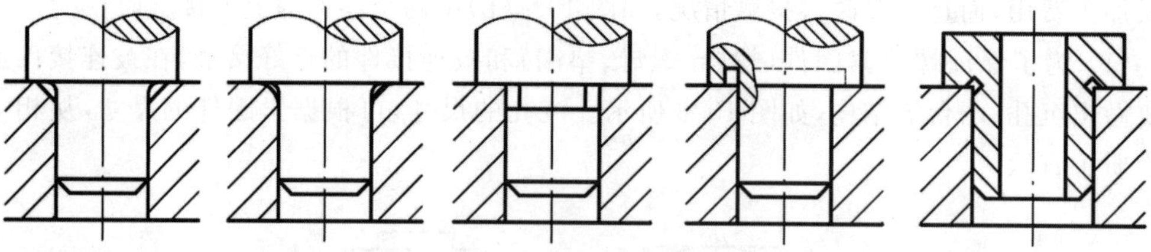

(b) 正确

图 10.10　保证零件接触良好

10.3.2　便于拆装

为了便于拆装,设计时必须留出工具的活动空间和装、拆螺栓、螺钉的空间(图 10.11)。

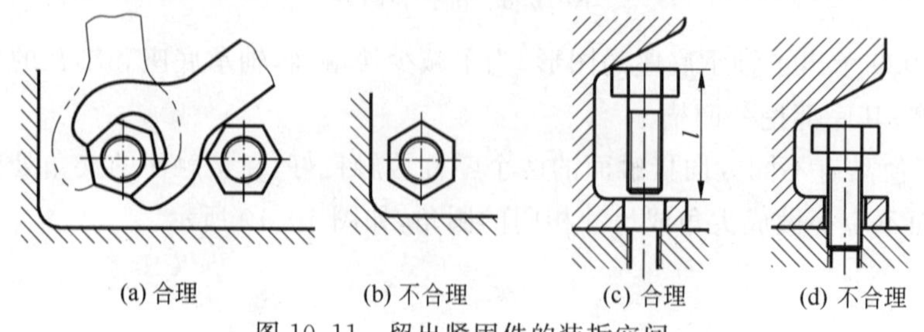

(a) 合理　(b) 不合理　(c) 合理　(d) 不合理

图 10.11　留出紧固件的装拆空间

图 10.13 示出了滚动轴承装在箱体的轴承孔中及轴上的情形，若设计成如图 10.12(a)和(c)所示的那样，将很难拆卸；如改成图 10.12(b)和(d)所示的形式，就可以很容易地将轴承顶出。

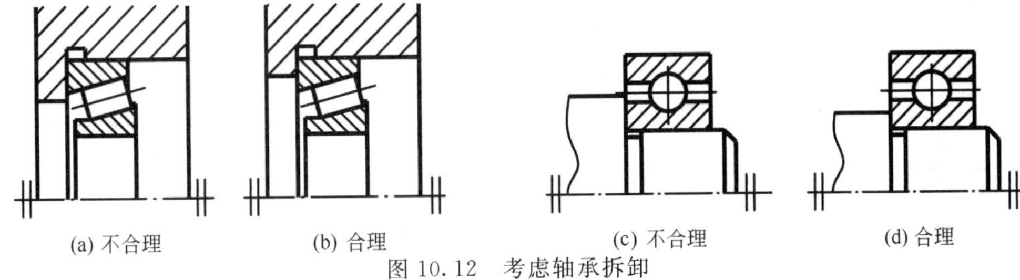

图 10.12　考虑轴承拆卸

10.3.3　轴向零件的固定

为了防止滚动轴承等轴上的零件产生轴向窜动，必须采用一定的结构来固定其内外圈(有的轴承还承受轴向力)。常用的固定形式有 4 种。

1. 用台肩和轴肩固定，如图 10.13 所示。

2. 用弹性挡圈固定，如图 10.14(a)所示。弹性挡圈是标准件，如图 10.14(b)所示。弹性挡圈和轴端环槽的尺寸，可根据轴颈的直径，从相关手册中查取。

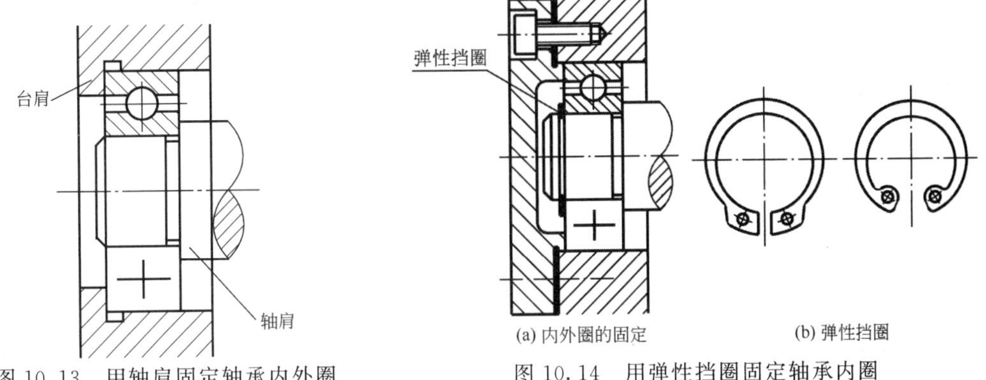

图 10.13　用轴肩固定轴承内外圈

图 10.14　用弹性挡圈固定轴承内圈

3. 用轴端挡圈固定，如图 10.15(a)所示。轴端挡圈(图 10.15(b))为标准件，其尺寸可查相关标准手册。为了使挡圈能够压紧轴承内圈，轴颈的长度要小于轴承的宽度，否则挡圈起不到固定轴承的作用。

4. 用圆螺母及止动垫圈固定，如图 10.16(a)所示。圆螺母(图 10.16(b))及止动垫圈(图 10.16(c))均为标准件。

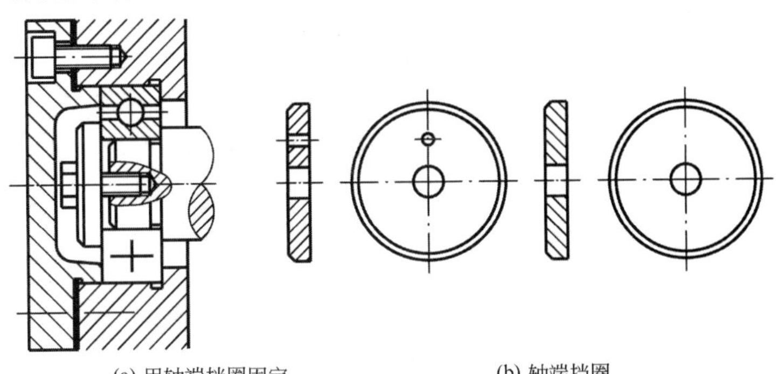

图 10.15　用轴端挡圈固定轴承

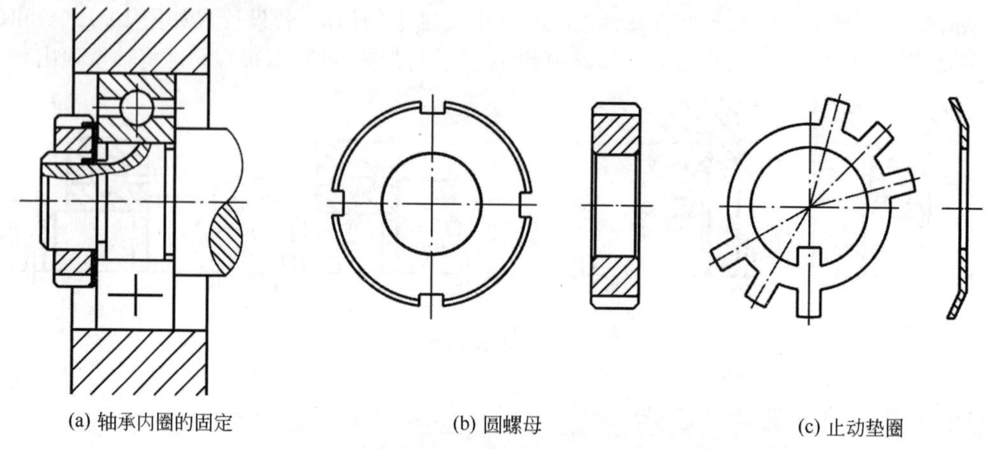

(a) 轴承内圈的固定　　(b) 圆螺母　　(c) 止动垫圈

图 10.16　用圆螺母及止动垫圈固定轴承

10.3.4　密封和防漏的结构

在机器或部件中,为了防止内部液体外漏,同时防止外部灰尘、杂质侵入,要采用密封防漏措施。图 10.17 示出了两种典型的防漏结构。用压盖及螺母将填料压紧起到防漏作用,压盖要画在开始压填料的位置,表示填料刚刚加满的状态。

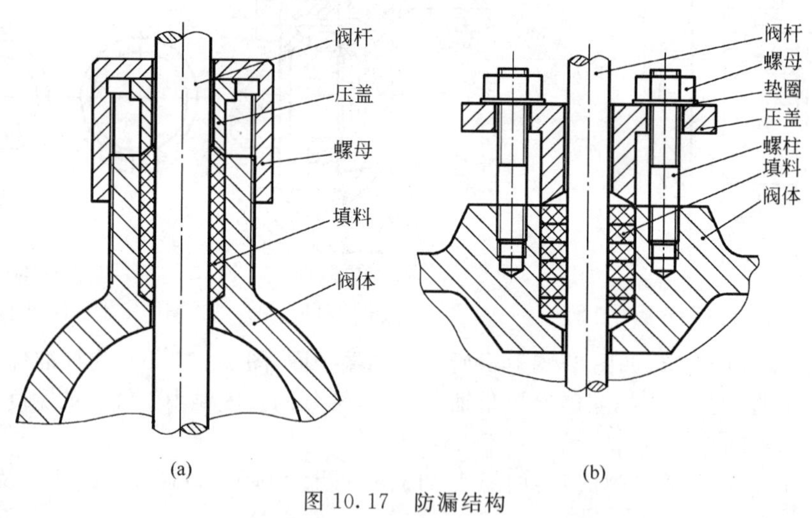

(a)　　(b)

图 10.17　防漏结构

滚动轴承需要进行密封,一方面是防止外部的灰尘和水分进入轴承;另一方面也是防止轴承的润滑剂渗漏。图 10.18 示出了常见的几种密封方法。各种密封方法所用的零件,有的已经标准化,如密封圈和毡圈;有的某些局部结构标准化,如轴承盖的毡圈槽、油沟等,其尺寸要从相关手册中查取。标准化的零件要采用规定画法,如图 10.18(a)和(c)所示的密封圈和毡圈在轴的一侧按规定画法画出,在轴的另一侧按通用画法画出。

10.3.5　防松的结构

机器运转时,由于受到振动和冲击,螺纹连接件可能发生松动,有时甚至造成严重的事故。因此,在某些机构中要采取必要的防松措施。

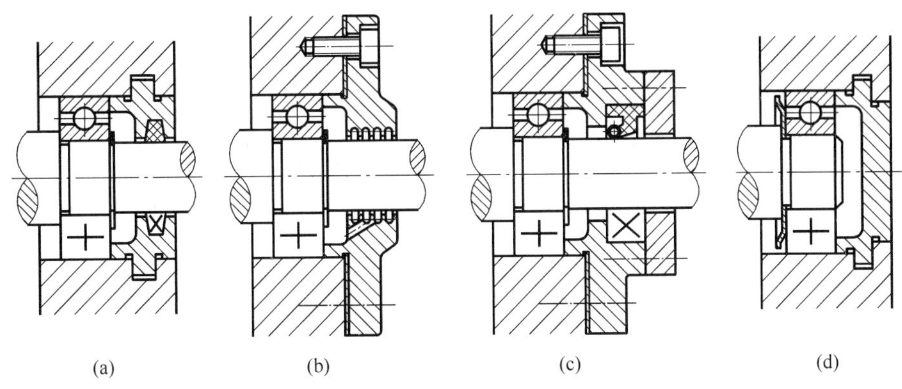

图 10.18　滚动轴承的密封

1. 采用弹簧垫圈可以起到防松作用。当螺母拧紧后，弹簧垫圈受压变平，产生轴向的变形力，使螺母和螺栓的螺牙之间摩擦力增大，从而起到防止螺母松脱的作用。

2. 用双螺母防松。如图 10.19(a)所示，两个螺母拧紧后，螺母之间产生轴向力，同样使螺母和螺栓的螺牙之间摩擦力增加，防止螺母自动松脱。

3. 用开口销和开槽螺母锁紧。如图 10.19(b)所示，开口销直接锁住了六角槽型螺母，使之不能松脱。

4. 用止动垫圈和圆螺母锁紧。这种装置常用来固定安装在轴端部的零件。轴端开槽，止动垫圈和圆螺母联合使用，可直接锁住螺母，如图 10.16 所示。

5. 用双耳止动垫圈锁紧。如图 10.19(c)所示，螺母拧紧后，弯折止动垫片的两个止动边即可锁紧螺母。图 10.19(d)所示的是标准件双耳止动垫圈未工作时的形状。

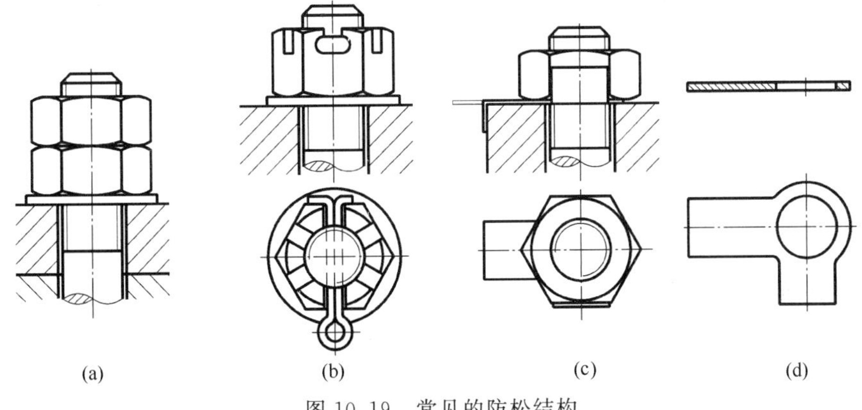

图 10.19　常见的防松结构

10.4　装配图的尺寸、零件序号和明细栏

装配图中需要标注必要的尺寸；同时装配图中画出了组成机器(部件)的所有零件和组件，为了方便管理和统计零(组)件的信息，有必要对零件进行编号并把这些信息填写在明细栏中。

10.4.1 装配图的尺寸标注

在装配图上标注尺寸的目的与零件图不同。零件图是为了制造零件用的,所以在图上需要注出全部尺寸;而装配图是为了装配机器和部件用的,或者是在设计时拆画零件用的,所以在图上只需注出与机器或部件的性能、装配、安装、运输有关的尺寸。各行业和企业的装配图中所标注的尺寸,差别较大,下面只列出几类较常用的装配图尺寸。

1. 性能尺寸(规格尺寸)

它表示了该部件的性能和规格。这类尺寸作为设计的主要数据,在画图之前就确定了。如图 10.3 所示转子油泵中的出油孔尺寸 M10,它和泵的出油量有关;又如图 10.2 所示球阀的管口直径 ϕ20,该尺寸显然与球阀的最大流量有关。这一类尺寸,在装配图中要直接注出。

2. 装配尺寸

为了保证机器的性能,在装配图上需要标出各零件间的配合尺寸和主要的相对位置尺寸,作为设计零件和装配零件的依据。这些尺寸也是拆画零件图时,确定零件尺寸偏差的依据;同时又是调整零件之间距离、间隙时所需要的尺寸。

配合尺寸如图 10.3 所示转子油泵装配图中的 ϕ41H7/f7 等,以及图 10.2 球阀装配图中的 ϕ50H11/h11 等,它们都是由基本尺寸和孔与轴的公差带代号所组成,表示了配合的要求。

相对位置尺寸如图 10.3 所示转子油泵装配图中的 ϕ73、$2.8^{+0.05}_{0}$ 等,以及图 10.2 所示球阀装配图中的 115±0.1。

3. 安装尺寸

安装尺寸就是将机器(部件)安装到其他零、部件或基座上所必需的尺寸;或者是机器(部件)的局部结构与其他零、部件相连接时所需要的尺寸。如图 10.2 所示球阀装配图中的 M36×2,以及柱塞泵装配图(参见图 10.25)的泵体上所标的 74、120、4×ϕ7 和单向阀的尺寸 M14×1.5-6g 等。

4. 外形尺寸

外形尺寸表示了机器(部件)的总长、总宽、总高。它反映了机器(部件)的大小,提供了其在包装、运输和安装过程中所占空间的尺寸,如图 10.2 中的 121.5 和 75(表示了球阀的总宽和总高)。

5. 其他重要尺寸

有些装配图中,经常会出现一些经过计算确定或选定的尺寸,如零件的一些主要结构尺寸、轴向设计尺寸等,以限定零件的主要形状、大小和结构。这类尺寸注写的灵活性很大,完全看实际需要而定,如图 10.2 所示的 14×14,以及柱塞泵装配图(参见图 10.25)的凸轮直径 ϕ38。

以上所列的各类尺寸,彼此并不是绝然无关。实际上,有的尺寸往往同时具有几种不同的含义。因此,在装配图中实际标注尺寸时,要认真细致地分析考虑。

10.4.2 装配图的零件序号

在装配图中,为了便于看图,更是为了便于生产和管理,对机器(部件)中的所有零件都应编写序号,并把相应信息填写在明细栏中。

图 10.20 示出了标注零件序号的常用形式。编号应注在图形轮廓外，并写在指引线的横线或圆内（指引线应指向圆心），横线或圆用细实线画出。指引线应从所指零件的可见轮廓内（若剖开时，尽量由剖面区域内）引出，并在末端画一小圆点。编号字体要比尺寸数字大一号，如图 10.20(a)所示；编号也可比尺寸数字大两号，如图 10.20(b)所示；也允许采用图 10.20(c)所示的形式。若所指部分不易画小圆点（很薄的零件或涂黑的剖面区域），也可在指引线末端画出指向该部分轮廓的箭头，如图 10.21 所示。

指引线尽可能分布均匀且不能彼此相交。指引线通过剖面区域时，不应与剖面线平行，必要时可画成折线，但只允许折一次，如图 10.22 所示。

螺纹紧固件组成装配关系清楚的零件组，允许采用公共指引线（图 10.23），这种情况常用于螺栓、螺柱等的连接。

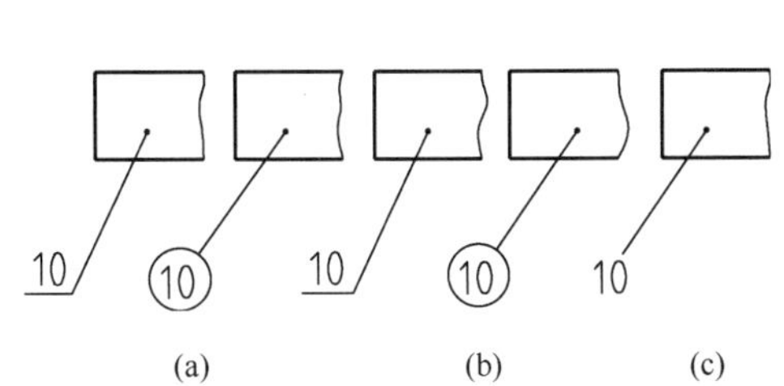

图 10.20　零件序号注写

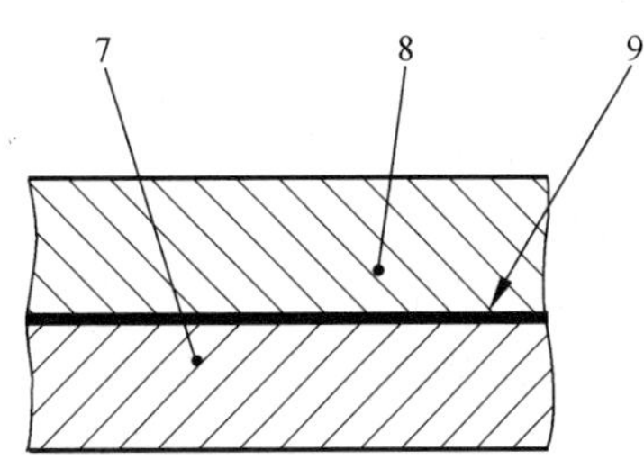

图 10.21　零件序号的箭头指引

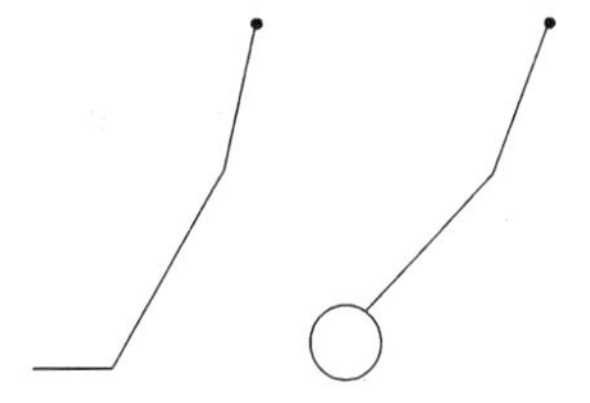

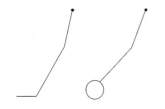

图 10.22　指引线的弯折

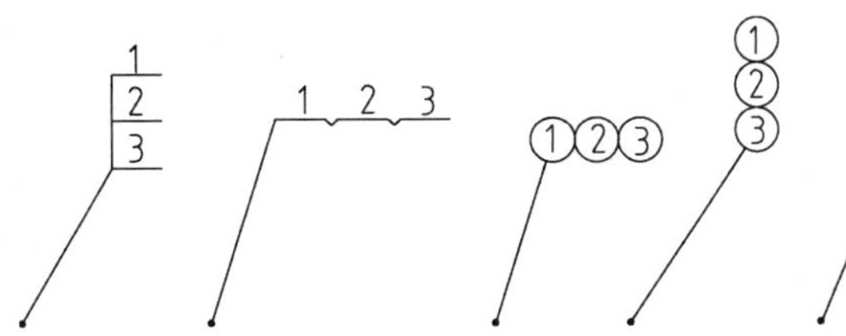

图 10.23　公共指引线

装配图的序号编写还有下述规定。

(1) 每一种零件在一张装配图的各视图上只编一个序号。同一个标准部件（如油杯、滚动轴承、电动机等），在装配图中也只编写一个序号。

(2) 零、部件的编号应与明细栏中的编号一致。

(3) 同一装配图中编注序号的形式应一致。

(4) 序号应顺次按水平或垂直方向排列整齐。

在编写装配图的序号时，要注意以下三点。

(1) 为了便于看图，应使编号依顺时针或逆时针方向顺序排列；在整个图上无法连续时，可只在某个视图的水平或垂直方向顺序排列。如图 10.2 和图 10.3 所示。

(2) 为了使全图布置得美观整齐，在画零件序号时，应先按一定位置画好横线或圆，然后再与零件一一对应，画出指引线和小圆点（画之前要核对零件数量）。

(3) 序号编排方法通常是将一般件和标准件混合一起编排，如图 10.2 所示的球阀装配图。

10.4.3 明细栏

明细栏是机器(部件)的装配图中全部零件的详细目录,GB/T 10609.1—1989 和 GB/T 10609.2—1989 分别规定了标题栏和明细栏的统一格式(见第 2 章)。学习时使用的明细栏可适当简化,参见图 10.25。

装配图的明细栏画在标题栏的上方,左右两侧外框画粗实线,上面外框及内框为细实线,并顺序地由下向上填写,便于增加零件。如位置不够,也可在标题栏的左方顺次由下向上增加。

在实际生产中,对于较复杂的机器或部件也可使用单独的明细栏,装订成册,作为装配图的附件。其编写顺序仍是由下向上,且应配置与装配图一致的标题栏。

10.4.4 装配图的技术要求

在装配图中,有些技术要求无法用图形表达,需要用文字加以说明。例如:

1. 装配体的功能、性能、安装、运输和维护的要求。
2. 装配体的组装、检验、使用的方法和要求。
3. 装配体对润滑、密封等的特殊要求。

10.5 装配图的画法

画装配图的目的是要满足生产需要,为生产服务,因此,既要保证所画部件结构正确,也要考虑工人在加工、装拆、调整、检验时的工作方便和读图方便。

生产上对装配图的表达要求是完整、正确、清楚。

1. 部件的功用、工作原理、装配结构和零件之间的装配关系等要表达完整。
2. 视图、剖视、规定画法及装配关系的表示方法要正确。
3. 读图时,清楚易懂。

下面以图 10.24 所示柱塞泵的分解图和剖切图为对象,从确定装配图的表达方案和画图步骤两方面,说明装配图的画法。

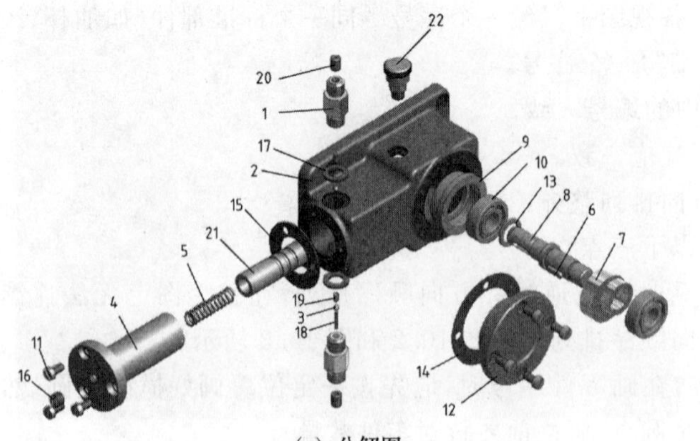

(a) 分解图

(b) 剖切图

图 10.24 柱塞泵的立体图

10.5.1　仔细剖析,认识表达对象

首先从实物、模型和有关资料了解机器或部件,并从其功用和工作原理出发,对部件进行解剖,仔细分析它的工作状况,研究各零件在部件中的作用及零件间的连接与配合关系。

由图 10.24 所示柱塞泵的立体图和有关资料可知,柱塞泵是机器中用以输送润滑油或压力油的一个重要部件,由泵体、泵套、衬盖、柱塞、轴、凸轮、滚动轴承、弹簧、单向阀、密封零件以及一些标准件(共 22 种)组成。

工作原理(参见图 10.24(a)和(b)):运动从轴 8 输入,轴 8 通过键 6 带动凸轮 7 转动,凸轮 7 的曲面与柱塞 21 的端面接触,推动柱塞 21 在泵套 4 内向左做直线移动,即由凸轮的回转运动转换为柱塞的直线运动;当凸轮 7 继续转动不顶推柱塞 21 时,压缩弹簧 5 的伸张使柱塞 21 向右移动。柱塞 21 向右移动时,泵套 4 内腔容积增大,进油阀(位于泵体左下方的单向阀)开启,完成吸油过程;柱塞 21 向左移动时,泵套 4 内腔容积减小,出油阀(位于泵体左上方的单向阀)开启,完成压油过程。轴带动凸轮每转一周,柱塞往复移动一次,完成一次吸油和压油过程。

泵套 4 在泵体 2 内无相对运动。柱塞内的弹簧 5,其松紧可由螺塞 15 调节。泵套 4 与泵体 2 左端及衬盖 12 与泵体 2 前端各用三个和四个螺钉 11 紧固。位于泵体左端上、下方的两个单向阀,一个是出油口,一个是进油口,互不干扰,并可互调安装。单向阀由阀体 1、弹簧 19、球 3、球托 18 和调节塞 20 组成,并垫有封油圈 17。弹簧 19 的松紧可由调节塞 20 调节。泵体 2 的底板处有安装用的四个螺栓孔和两个定位销孔。油杯 22 和滚动轴承 10(两个)都是标准组件,油杯是为了润滑凸轮;两滚动轴承是为了支撑轴 8,方便其转动。

由上述分析可知,柱塞泵主要有四条装配干线:①驱动部分(轴系零件);②柱塞工作部分(柱塞、泵套、弹簧等);③进出油部分(单向阀);④泵体及密封部分(含油杯等)。

在画装配图之前,除了要明确工作原理,装配干线和装配次序之外,还要着重弄清以下 3 个方面的问题。

(1) 装配体的运动情况。各个零件起什么作用。哪些零件运动,各极限位置在哪;哪些不动,运动零件与不动零件之间采取什么样的结构防止不必要的摩擦和干涉。

(2) 各个零件是如何确定它的位置的。各个零件之间哪些表面是接触的,哪些表面是不接触的。

(3) 哪些地方有配合关系,判别配合的基准制(基孔制、基轴制)、类别(过盈配合、过渡配合、间隙配合)等。

10.5.2　选择视图,确定表达方案

下面以图 10.25 所示的柱塞泵装配图为例说明如何选择视图,确定表达方案。

1. 选择主视图

主视图按柱塞泵的工作位置放置。用较大范围的局部剖视,着重反映柱塞泵的内部构造、柱塞的工作部分和进出油口部分;兼顾反映泵体前部与衬盖的连接情况及泵体底板上的安装孔、销孔的分布情况。

2. 选择其他视图

俯视图用两处局部剖视,着重反映柱塞泵驱动部分轴系零件的连接情况和泵体左端与

泵套及泵体前端与衬盖的连接;兼顾反映柱塞泵的上部外形。

主、俯视图联系起来可以充分表达柱塞泵的内部构造、工作原理、装配关系和零件的主要结构形状,基本上满足了表达要求。为了进一步反映泵体与泵套的连接状况,以及泵体上安装孔的情况和柱塞泵左端的外形,又用了左视图,并在安装孔处做了小范围的局部剖视。三个视图表达各有侧重,相互补充,构成了较完整的表达方案。

注意,视图之间要留出一定的位置,以便注写尺寸和零件序号,还要留出明细栏、标题栏所需要的位置。

3. 调整表达方案

从装配、安装相关的零件形状方面分析,上述的表达方案中对泵体的后部外形表达还不完整、清楚,因此增加了一个局部视图单独表达(零件 2A);泵体内部空腔形状表达也很不明白,增加了一个局部剖视图(零件 2B - B),并采用了简化画法。这样就构成了一个更加完整的表达方案,如图 10.25 所示。

在调整时,要注意两点。

(1) 分清主次,合理安排

一个部件可能有许多装配线,在表达时一定要分清主次,把主要的装配线表示在基本视图上;对于次要的装配线如果不能兼顾,可以表示在单独的剖视图或向视图上。每个视图或剖视所表达的内容应该有明确的目的。

(2) 注意联系,便于读图

所谓联系是指在工作原理或装配关系方面的联系。为了读图方便,在视图表达上要防止不适当的过于分散零碎的方案,尽量把一个完整的装配关系表示在一个或几个相邻的视图上。

下面分析图 10.2 和图 10.3 所示装配图的表达方案。

图 10.2 所示球阀装配图的主视图采用了全剖视,清楚地表达了阀的工作原理、两条主要装配干线的装配关系和一些零件的形状;俯视图表达了与装配关系有关的零件的形状、手柄转动的极限位置;左视图则用半剖的形式反映了球阀的外形和主要装配结构。

图 10.3 所示转子油泵装配图的主视图也采用了全剖视,表达了泵的主要装配干线和次要装配干线的装配关系以及主要的工作原理;右视图采用了沿结合面剖切画法,再加上零件 9 的 A 向视图和 B 斜视图,进一步清楚地表达了泵的工作原理和零件的结构形状。

10.5.3 画装配图的步骤

画装配图的步骤可以有两种。在设计时,应首先画出与该部件功用、工作原理有关的主要零件,然后再按装配关系画出其他零件。在测绘时,常常先从壳体(泵体)或机座或轴开始画起,将其他零件按次序逐个装上。

下面按画设计图的要求说明画装配图的步骤。

1. 按照选定的表达方案,根据所画对象的大小,决定画图的比例、各视图的位置以及图幅大小,画出图框并定出标题栏和明细栏的位置大小。

2. 画出各视图的主要基准。例如主要的中心线、对称线和主要端面的轮廓线等,本例是柱塞的中心线和轴的中心线(图 10.26(a))。

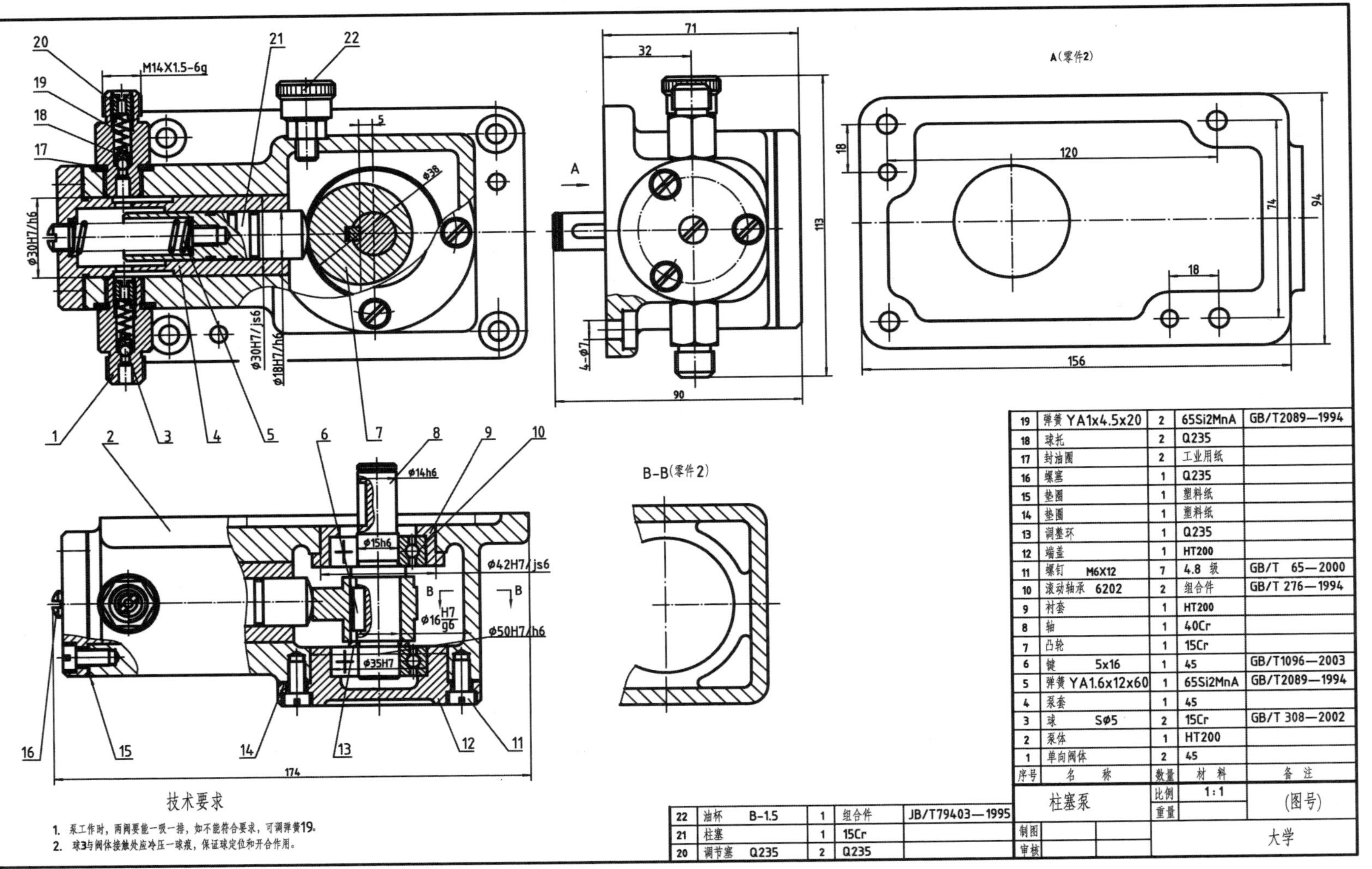

A(零件2)
B-B(零件2)
M14X1.5-6g
ϕ30H7/h6
ϕ30H7/js6
ϕ18H7/h6
ϕ38
5
71
32
113
90
4-ϕ7
A
120
74
94
18
156
ϕ14h6
ϕ15h6
ϕ42H7/js6
ϕ16 H7/g6
ϕ50H7/h6
ϕ35H7
174
技术要求
1. 泵工作时，两阀要能一吸一排，如不能符合要求，可调弹簧19。
2. 球3与阀体接触处应冲压一球痕，保证球定位和开合作用。
19 弹簧 YA1x4.5x20 2 65Si2MnA GB/T2089—1994
18 球托 2 Q235
17 封油圈 2 工业用纸
16 螺塞 1 Q235
15 垫圈 1 塑料纸
14 垫圈 1 塑料纸
13 调整环 1 Q235
12 端盖 1 HT200
11 螺钉 M6X12 7 4.8 级 GB/T 65—2000
10 滚动轴承 6202 2 组合件 GB/T 276—1994
9 衬套 1 HT200
8 轴 1 40Cr
7 凸轮 1 15Cr
6 键 5x16 1 45 GB/T1096—2003
5 弹簧 YA1.6x12x60 1 65Si2MnA GB/T2089—1994
4 泵套 1 45
3 球 Sϕ5 2 15Cr GB/T 308—2002
2 泵体 1 HT200
1 单向阀体 2 45
序号 名称 数量 材料 备注
22 油杯 B-1.5 1 组合件 JB/T79403—1995
21 柱塞 1 15Cr
20 调节塞 Q235 2 Q235
柱塞泵
比例 1:1
重量
(图号)
制图
审核
大学

图 10.25　柱塞泵装配图

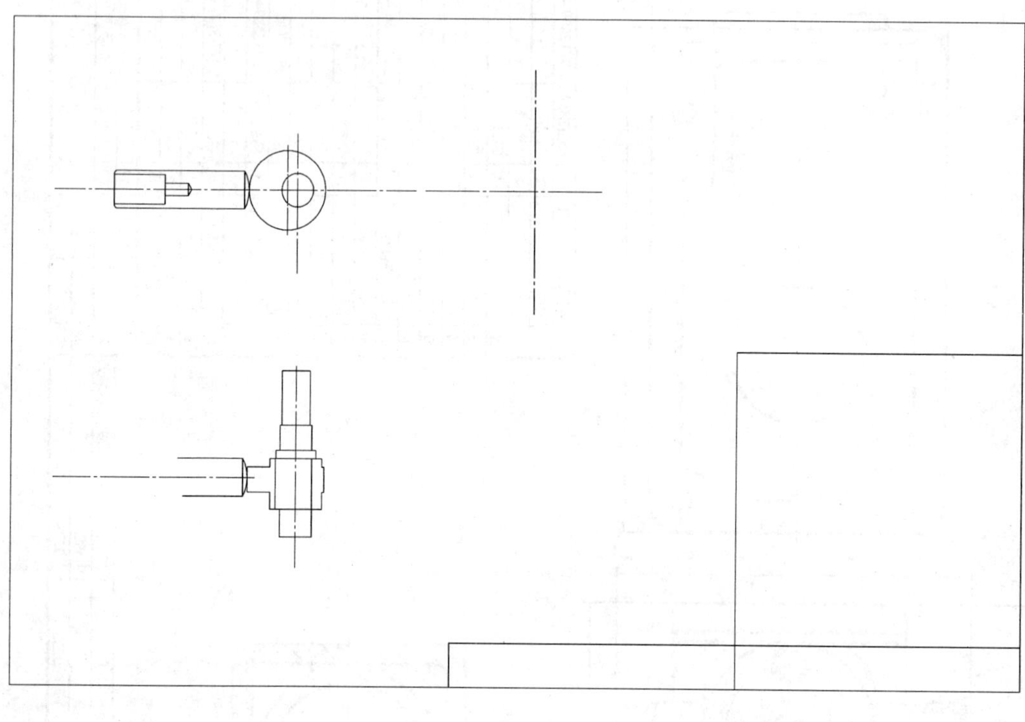

(a)

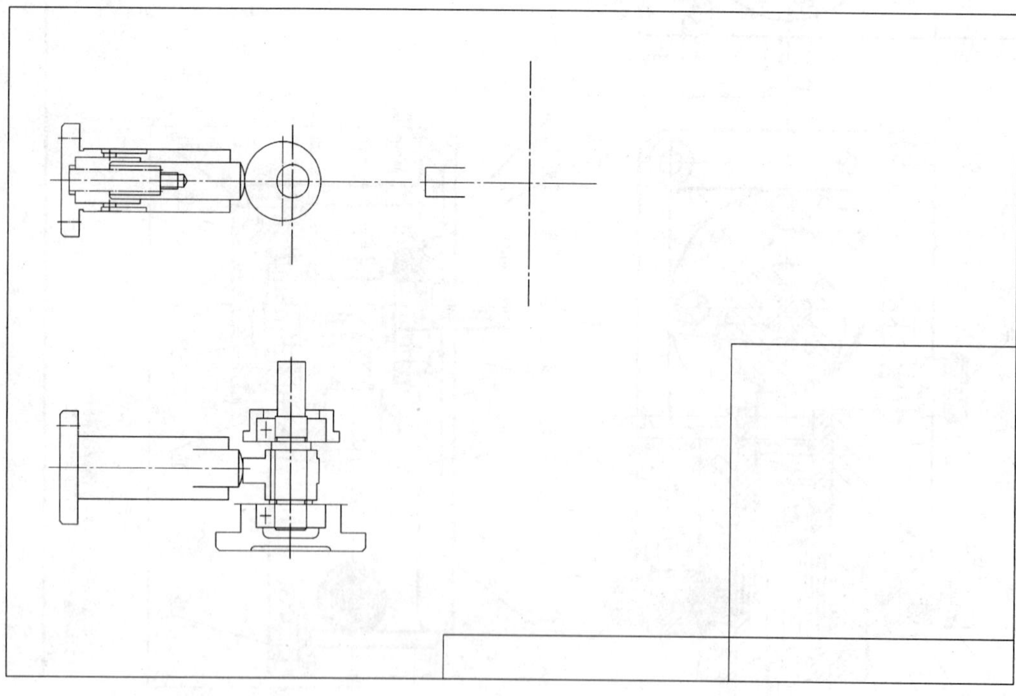

(b)

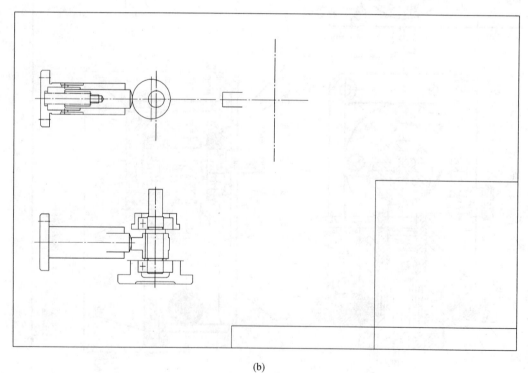

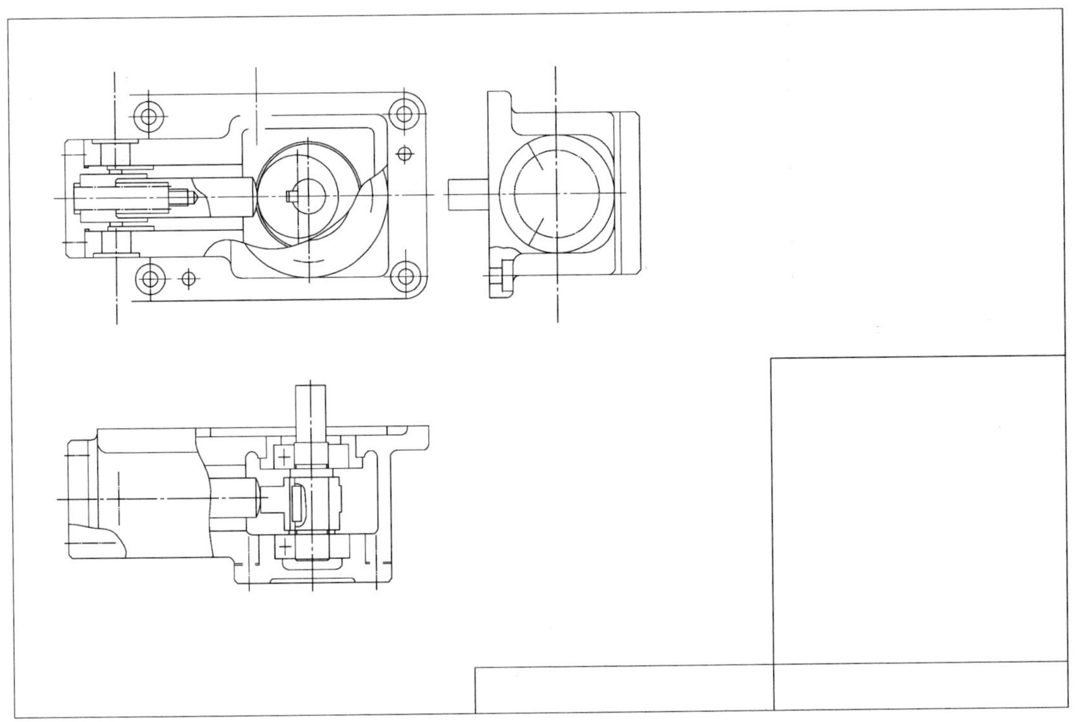

(c)

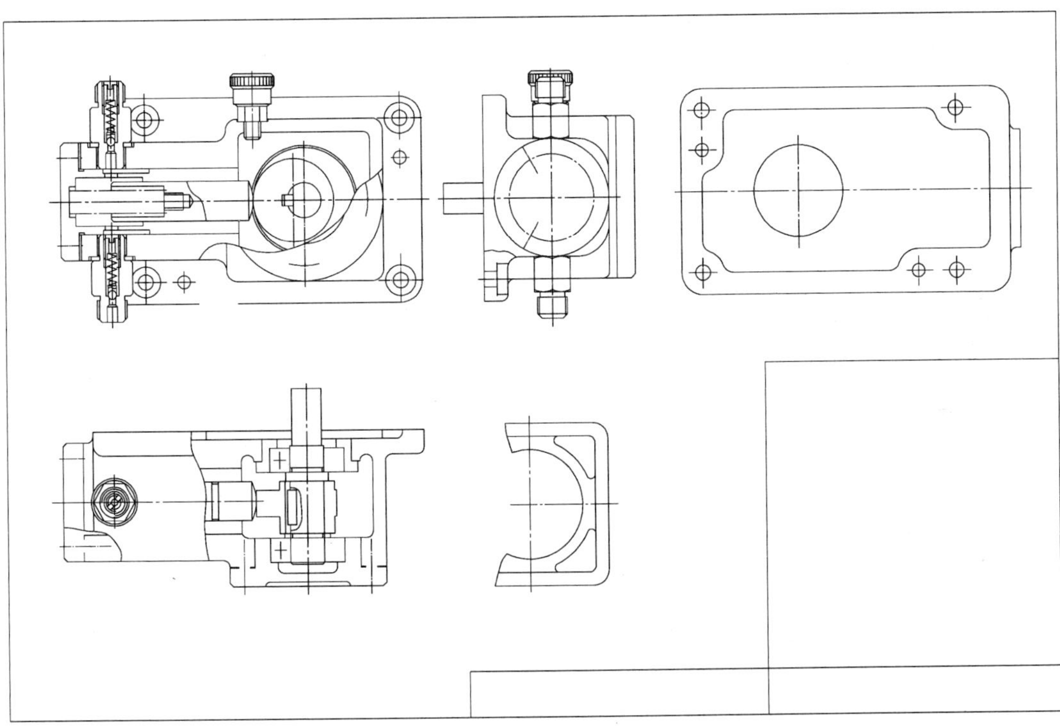

(d)

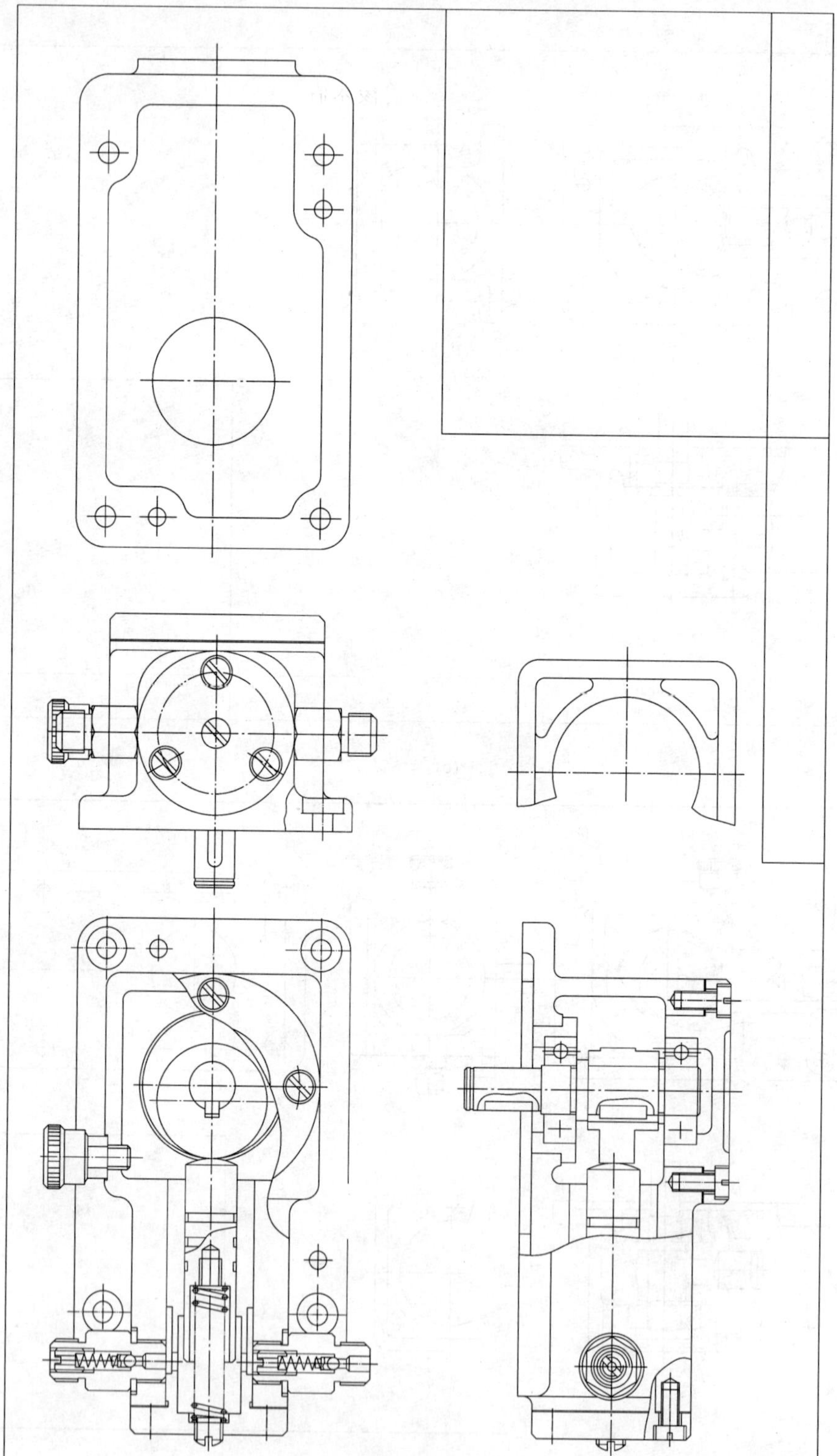

(e)

图 10.26 装配图的画图步骤

3. 画出主要的装配线。对柱塞泵来说,有两条重要的装配干线,应先确定驱动轴系的位置,再画凸轮和柱塞工作部分的装配线和俯视图的驱动轴系装配干线。绘图时一般从主视图开始,以装配干线视图为主,几个视图同时考虑,逐个画图(图 10.26(b))。

4. 以柱塞为基础,按照装配关系画出垫片、泵体、左视图轮廓(图 10.27(c))。

5. 依次画出其他装配线,如单向阀、油杯,左视图相关结构,以及泵体的左视图和局部剖视图(图 10.26(d))。

6. 画出细致结构,如弹簧、螺钉、轴承内外圈,以及各零件上的小结构,如柱塞上的开槽、轴上的键槽等(图 10.26(e))。

7. 经过检查后,画上剖面线、标注尺寸和配合代号,编零件序号,填写明细栏、标题栏和技术要求。

8. 描深粗实线等,完成全图(见图 10.25)。

10.6　读装配图的方法和步骤

在生产工作中,经常要读装配图。例如,在装配机器时,要按照装配图安装零件和部件;在设计过程中要按照装配图设计零件;在技术交流时,需要参阅装配图了解结构等。

读装配图的目的是:①弄清机器(部件)的性能、功用和工作原理;②了解各零件间的装配关系、拆装顺序,以及各零件的主要结构形状和作用。③了解其他要求,如使用方法、运输要求、检测和调试方法等。

下面以图 10.27 所示平口钳为例,介绍读装配图的方法和步骤。

10.6.1　概括了解

通过看标题栏了解机器(部件)的名称;由明细栏了解各零件的名称、数量、材料及标准件等的规格,估计部件的复杂程度;由画图的比例、视图的大小和外形尺寸了解部件的大小;由产品说明书和其他有关资料,联系生产实践知识,通过概括地浏览装配图,了解该机器(部件)的性能和功用。

在图 10.27 中,从标题栏、明细栏可知,该图表达的部件是 136 机用平口钳,由 19 种零件组成,其中 10 种为标准件。联系有关知识可知,该平口钳可用于机床上,通过它的钳口夹持被加工零件;由底座上的刻度盘也可获知,该平口钳可做旋转运动,以满足对工件加工时的不同位置要求。根据画图的比例和图形尺寸,也可知道 136 机用平口钳的大致大小。

10.6.2　分析视图,初步识别零件

了解各视图、剖视、断面的相互关系,找出剖面、断面图所对应的剖切位置,明确各图的表达意图和表达重点,为下一阶段深入读图作准备。

1. 分析表达方案

机用平口钳装配图采用了主、左、俯三个基本视图及 A、B、C 三个局部视图,各视图表达意图如下。

(1) 主视图。按平口钳工作位置放置,通过丝杠轴线取大范围的局部视图,较多地反映了零件间的相对位置和装配关系。

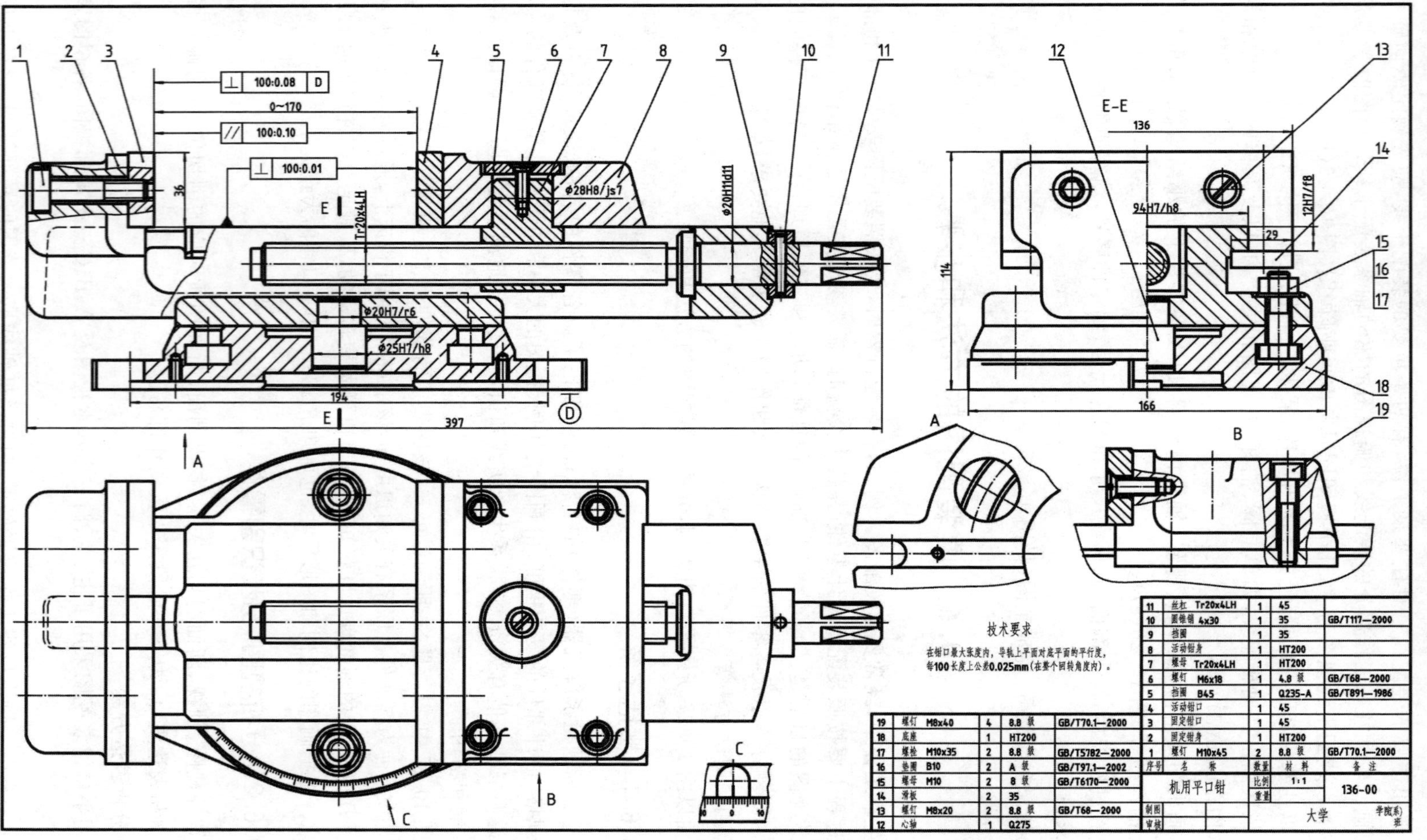

序号	名称	数量	材料	备注
19	螺钉 M8x40	4	8.8 级	GB/T70.1—2000
18	底座	1	HT200	
17	螺栓 M10x35	2	8.8 级	GB/T5782—2000
16	垫圈 B10	2	A 级	GB/T97.1—2002
15	螺母 M10	2	8 级	GB/T6170—2000
14	滑板	2	35	
13	螺钉 M8x20	2	8.8 级	GB/T68—2000
12	心轴	1	Q275	
11	丝杠 Tr20x4LH	1	45	
10	圆锥销 4x30	1	35	GB/T117—2000
9	挡圈	1	35	
8	活动钳身	1	HT200	
7	螺母 Tr20x4LH	1	HT200	
6	螺钉 M6x18	1	4.8 级	GB/T68—2000
5	挡圈 B45	1	Q235-A	GB/T891—1986
4	活动钳口	1	45	
3	固定钳口	1	45	
2	固定钳身	1	HT200	
1	螺钉 M10x45	2	8.8 级	GB/T70.1—2000

图 10.27 136 机用平口钳装配图

(2) 左视图。采用半剖视图，一半表示外形，另一半表达了固定钳身和底座的连接情况，以及固定钳身和活动钳身、滑板之间的连接关系。

(3) 俯视图。其是外形图，主要表达固定钳身、底座以及活动钳身、丝杠等的外形和相对位置，可以看到底座上有刻度盘。

(4) 其他视图。A 局部视图表达了底座零件的底面局部外形和安装螺栓用的圆柱孔及 U 型槽的形状；B 局部视图反映了活动钳身的下部外形(在主视图中，这部分由于剖切无法表达)，并用两处局剖侧重表达了活动钳口、滑板与活动钳身的连接关系；C 斜视图表达了固定钳身上有一拱形凸台，上边有刻线，下面的底座上有刻度盘。

2. 识别零件的方法

在读图时，要做到正确地区分不同零件，除运用已有的结构知识外，通常还会采用下面的一些方法。

(1) 从主视图开始，根据各装配干线，对照零件在各视图的投影关系。

(2) 同一零件的剖面线，在各视图上的方向和间隔都相同，不同零件会有不同的方向或间隔。可依此分清各零件的轮廓。

(3) 利用装配图的规定画法及常见结构的表达方法识别零件，如利用标准件、实心杆件沿纵向剖切不画剖面线等可很容易区分出键、销、螺纹紧固件等；常见的油杯、轴承、齿轮、密封防漏结构等也很容易识别。

(4) 根据零件序号对照明细栏，找出零件的数量、材料、规格，帮助了解零件的作用和确定零件在部件中的位置。

(5) 利用零件的对称性和相连接两零件接触面应大致形同的特点，帮助想象零件结构形状。

只有在正确地识别出各零件之后，才能深入了解工作原理。

10.6.3　分析工作原理和装配关系

分析工作原理和装配关系是读装配图的重要阶段。根据前面对部件的了解，首先从反映工作原理、装配关系较明显的视图入手，找出主要的装配干线或传动路线，分析有关零件的运动关系和装配关系；然后分析其他装配干线。一般说来，应注意 6 个方面。

1. 运动关系。运动如何传递，哪些零件运动，哪些不动，运动的形式如何(转动、移动、摆动、往复、间歇等)。

2. 配合关系。有配合关系的尺寸要弄清配合的制度(基轴制、基孔制)、种类(过渡、间隙、过盈)，这些配合要求对部件性能的影响等。

3. 连接和固定的方式。各零件之间是用什么方式连接和固定的，搞清键、销、螺纹连接的状态。

4. 定位和调整。零件的何处是定位表面，哪些面与其他零件接触；哪些间隙需要调整，用什么方法调整。

5. 拆装顺序。

6. 运动件的润滑方法、密封方式等。

由于部件功用的不同，在分析工作原理和装配关系时，采用的方法也不尽相同。如对于变速部件(减速器、变速箱等)，可按传动路线，由输入端逐步分析到输出端；而对于泵、阀等部件,由于其内部有流体通过,则要搞清楚流体进入和排出的位置,从流体的流动过程分析工作原理;对于模具、夹具则要联系其支持的工件,通过其定位、夹紧、导向等功用分析工作和连接状况。

由图 10.27 所示装配图的主视图可知,转动丝杠 11 时,由于挡圈 9、圆锥销(主要起连接作用)10 以及丝杠上轴肩的限制作用,使丝杠在固定钳身的 ϕ20 孔内不能作轴向移动,只能转动。丝杠转动,带动螺母 7(梯形螺纹起传动作用)作轴向移动;而螺母是由沉头螺钉 6 和轴端挡圈 5 固定在活动钳身上的,所以当丝杠转动时,活动钳身 8 便可带着活动钳口左右移动,与不动的固定钳口配合,夹紧或松开零件。

固定钳身 2 可用两组螺栓连接固定在底座 18 上,从主视图可以看出,固定钳身和底座通过心轴 12 发生联系;联系俯、左两视图可知,松开六角螺母 15 时,固定钳身可绕心轴作旋转运动,以适应加工要求。

由 C 斜视图,可知固定钳身上的刻线与底座上的刻度盘应有对应关系。钳身在图示位置(正常位置)时,该刻线与底座刻度盘的零线对齐,而该位置是平口钳安装在机床上的没有旋转的常用位置。当需要加工斜面时,可松开螺母 15,根据斜面角度旋转固定钳身后,再拧紧螺母 15 进行加工。

由上分析可以知道 136 机用平口钳的工作原理和主要的装配关系,下面继续分析图 10.27。

主视图左侧的局部剖视图反映了固定钳身和固定钳口之间用 2 个螺钉(内六角圆柱头)相连接的状况;活动钳身与活动钳口之间的连接则在局部视图 B 中表达,连接螺钉 13 是开槽沉头螺钉;B 局部视图还反映了活动钳身与滑板的连接状况,用 4 个螺钉(内六角圆柱头)19 相连接,这在俯视图中表达了出来。

图中的配合关系较多,如心轴与固定钳身、底座之间的 ϕ20H7/r6 和 ϕ25H7/h6,前者为过盈配合,保证心轴和固定钳身无相对运动;后者为间隙配合(最小间隙为 0),既保证旋转精度,又能保证旋转顺畅,滑板和固定钳身的配合尺寸 12H7/f7 及活动钳身和固定钳身的配合尺寸 94H7/h7 都是是间隙配合,使滑板、活动钳身和固定钳身之间既保持紧密接触,又不至于影响活动钳身带着滑板的移动。丝杠和固定钳身之间有一个配合尺寸 ϕ20H11/d11,很明显这个间隙配合尺寸的间隙很大,主要是为了保证丝杠的顺畅转动。

10.6.4 分析零件的结构和形状

机器(部件)上,通常会有标准件、常用件和一般零件,标准件和常用件一般容易看懂;对于一般零件有简有繁,其作用和地位也各不相同,分析时通常先从主要零件开始,把该零件与其他零件分开,确定其形状、结构和装配关系。

图 10.27 中的主视图显示底座 18 的上部是锥形,再联系俯视图知道锥形部分有刻度,用以确定平口钳钳口夹持工件的旋转角度。其顶面要与固定钳身接触,为减少加工面和接触面,在中间部分开有凹槽。底座的中心有 ϕ20 的通孔,用以和心轴配合。底座和固定钳身用两个螺栓相连接,使其既能相对运动,又能在平口钳夹持工件工作时不发生转动。这样底座上就需要有螺栓孔,还要保证相对转动时,螺栓不成为障碍,故底座上安装螺栓的部位应是 360°的 T 形槽。A 局部视图反映了底座 18 的底部结构,U 形槽、螺纹孔和一个较大的孔,这个孔显然是用于安装螺栓 17 的。没有这个孔,螺栓 17 将无法安装。而 U 形槽、螺纹

孔正是平口钳安装在机床上所需的结构。联系三个视图可知，为了保证平口钳的重心稳定，底座下部做成了底板状，其外形由 A 向局部视图反映出来。

10.6.5　归纳总结

在对装配关系和主要零件的结构进行分析的基础上，还要对技术要求、全部尺寸进行研究，进一步了解机器(部件)的设计意图和装配工艺性。例如要求两钳口的平行度公差，就是要保证两钳口所夹持工件的正确位置，以保持加工精度。从图 10.27 中的尺寸，也可以看出平口钳的工作性能，钳口宽 136 mm，最大张开距离为 170 mm，钳口深度为 36 mm。

经过归纳总结，加深对机器(部件)的认识，为下一步拆画零件图打下基础。

10.7　由装配图拆画零件图

根据装配图拆画零件图是设计过程中的重要环节。前面已经对零件图的作用、要求和画法进行了讨论，这里仅对拆画零件图作必要的几点说明。

10.7.1　零件的分类处理

拆画零件图前要对机器(部件)中的零件进行分类处理，以明确拆画对象。一般把零件分成四类。

1. 标准零件。大多数标准件属于外购件，故只需列出汇总表填写标准件的规定标记、材料及数量即可，不必拆画其零件图。

2. 借用零件。定型产品中的零件。可利用已有的零件图，而不必另行拆画。

3. 特殊零件。经过特殊设计和计算确定的重要零件。在设计说明书中都附有这类零件的图样和设计数据，如汽轮机的叶片、喷嘴。拆图时，这类零件应按给出的图样和数据绘制零件图。

4. 一般零件。拆画的主要对象。应按照装配图中所表达的形状、大小和有关技术要求拆画零件图。

10.7.2　对表达方案的处理

拆画零件图时，零件的表达方案应根据零件的结构形状特点考虑，不一定与装配图的视图表达一致；应根据第 9 章中讨论的方法，以及零件的设计和工艺要求来重新全面考虑。例如，对轴套类、轮盘零件，一般按照加工位置选取主视图；在多数情况下，壳体、泵体、箱体类零件主视图所选的位置与装配图一致(一般为工作位置)，便于装配机器时零件图和装配图的对照。

在装配图中，零件的某些局部结构往往没有完全表达(见图 10.28 和图 10.29)，一些标准结构如倒角、圆角、退刀槽等也没有完全表达，在拆画零件图时，应考虑设计和工艺要求，补画这些结构。如零件上的局部结构需要与其他零件装配时一起加工，则应在零件图中标注(见图 10.32(a)和(f))。

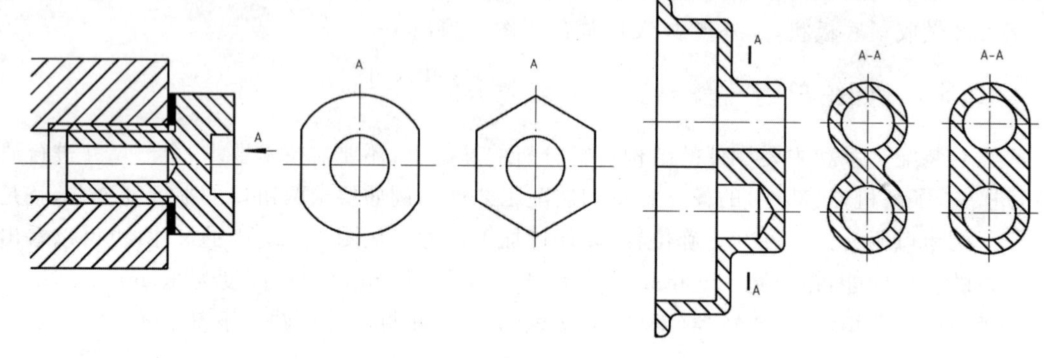

图 10.28　螺堵头部形状

图 10.29　泵盖外形

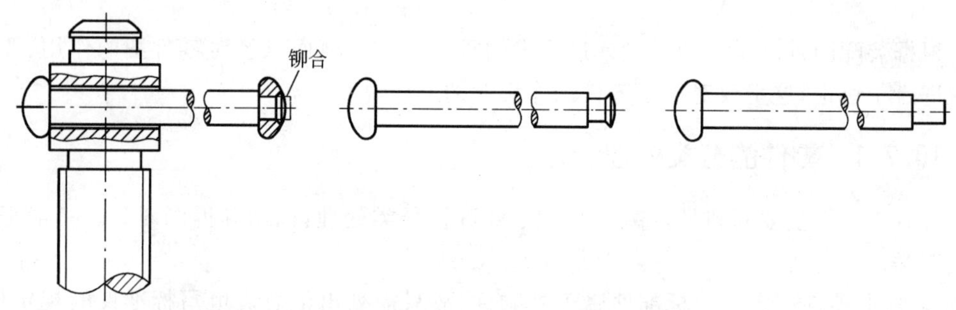

图 10.30　画出铆合前的形状

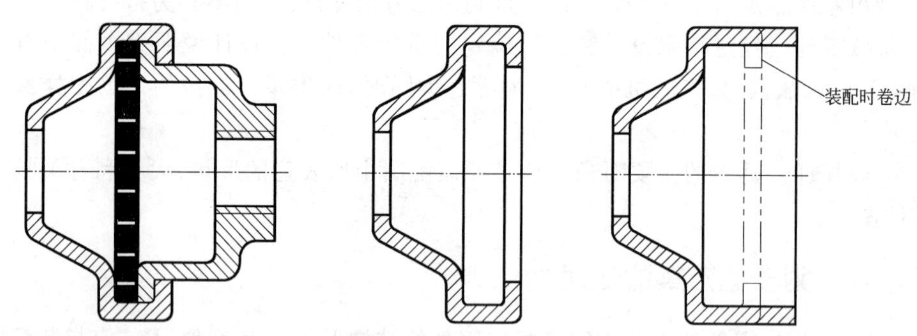

图 10.31　画出卷边前的形状

当零件之间采用弯曲卷边、铆合等变形方法连接时,应画出其连接前的形状,如图 10.30 和图 10.31所示。

10.7.3　对零件图上尺寸的处理

虽然装配图上的尺寸不是很多,但零件结构形状的大小已经过设计人员的考虑,虽然未注尺寸数字,但基本上是合适的。因此,根据装配图画零件图,可以直接从图样上量取尺寸,但有些尺寸需要根据不同情况处理。

1. 装配图上已注出的尺寸,在零件图上要直接注出。对配合尺寸、某些重要的相对位置尺寸要注出尺寸偏差数值。

2. 与标准件相连接或配合的有关尺寸，如螺纹尺寸、销孔直径等，要根据标准代号从相应的标准手册中查取数值，再给以合适的尺寸。

3. 某些零件在明细栏中给定了相关尺寸，如弹簧尺寸、垫片厚度等，要按给定的尺寸注写。

4. 根据装配图所给定的数据可进行计算的尺寸，如通过齿轮的模数和齿数可计算出分度圆、齿顶圆直径等尺寸，要按计算出的尺寸注写。

5. 相邻零件接触面的有关尺寸及连接件的有关定位尺寸要一致。

6. 有关标准给定的尺寸，如倒角、沉孔、螺纹退刀槽、砂轮越程槽等，要从相关手册中查取。

其他尺寸均从装配图中直接量取标注，要注意装配图和零件图采用的比例关系，以及尺寸数字的圆整和取标准整数值。标注尺寸要符合前面讨论的要求。

10.7.4 零件表面粗糙度的确定

零件图上各表面的粗糙度是根据其作用和要求确定的。一般接触面和配合面的粗糙度数值应较小，自由表面的粗糙度数值则较大，有密封、耐腐蚀、美观要求的表面粗糙度数值应较小。表面粗糙度可参照相关的标准手册选注。

10.7.5 技术要求的拟定

零件图上的技术要求，直接影响零件的加工质量。但正确制定技术要求，涉及许多专业知识。一般初学者可查阅相关手册或参照同类、相近产品的零件图初步确定零件图的技术要求，这里不做详细讨论。

10.7.6 拆画零件图举例

绘制零件图的方法和步骤，在第 9 章中已经讨论，这里不再赘述。图 10.32 给出了 136 机用平口钳 10 个一般零件的零件图，此处仅以图 10.32(d)136 机用平口钳的底座(零件序号 18，见图 10.27)为例，说明拆画零件图时应处理的几个问题。

1. 确定表达方案

根据零件序号 18 和剖面符号，对照装配图的各视图，找到底座的投影，确定底座的整个轮廓。底座的主视图应按零件的特点选择，按表达完整、清晰的要求依次确定各视图，形成表达方案。由于底座左右对称，外形较简单，故主视图采用半剖；俯视图表达外形，由于图面的结构简单、清楚，可在俯视图上用虚线表示 $\phi 30$ 孔(安装螺栓用的)和中间的凹槽的位置。为了更进一步地表示其结构，增加 A－A 和 B－B 两个断面图。为了表达底座上的刻度标尺，增加 D 局部视图。

2. 尺寸标注

一般尺寸均可从图上量取并圆整，但下列尺寸需要特殊处理。

(1) 与心轴配合的孔 $\phi 25H7$ 应查表确定其偏差。

(2) 提供螺栓连接的 T 形槽(整个圆周 360°)和 $\phi 30$ 孔(安装螺栓用的)，应保证螺栓的连接顺畅。

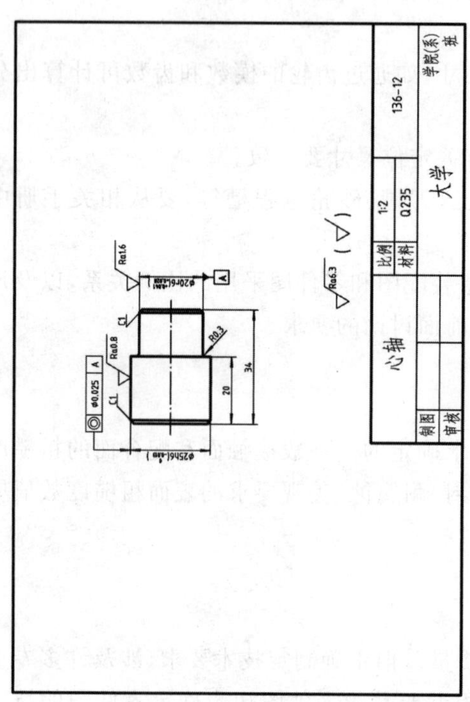
心轴
比例 1:2
材料 Q235
136-12
大学
学院(系) 班
制图
审核

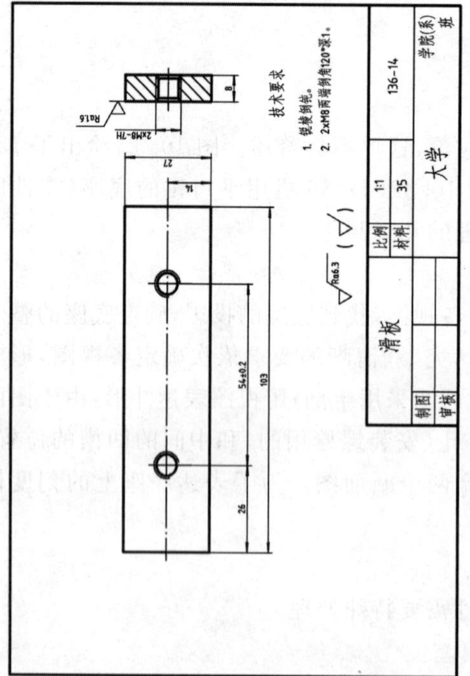
技术要求
1. 锐边倒钝。
2. 2xM8两端倒角120°深1。
滑板
比例 1:1
材料 35
136-14
大学
学院(系) 班
制图
审核

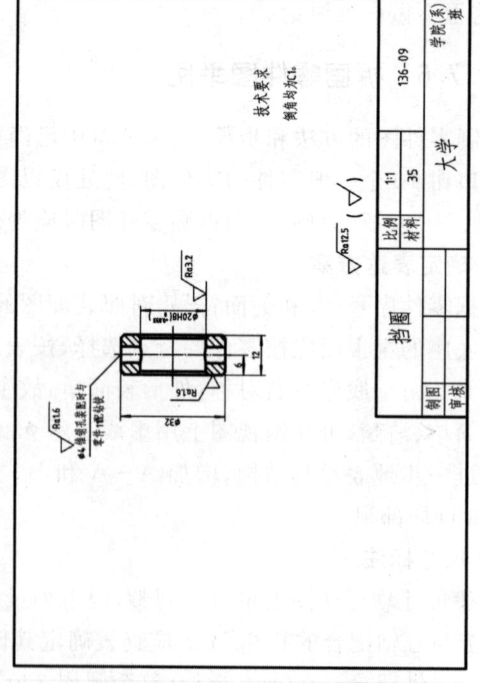
技术要求
倒角均为C1。
挡圈
比例 1:1
材料 35
136-09
大学
学院(系) 班
制图
审核

(a) 心轴、挡圈和滑板

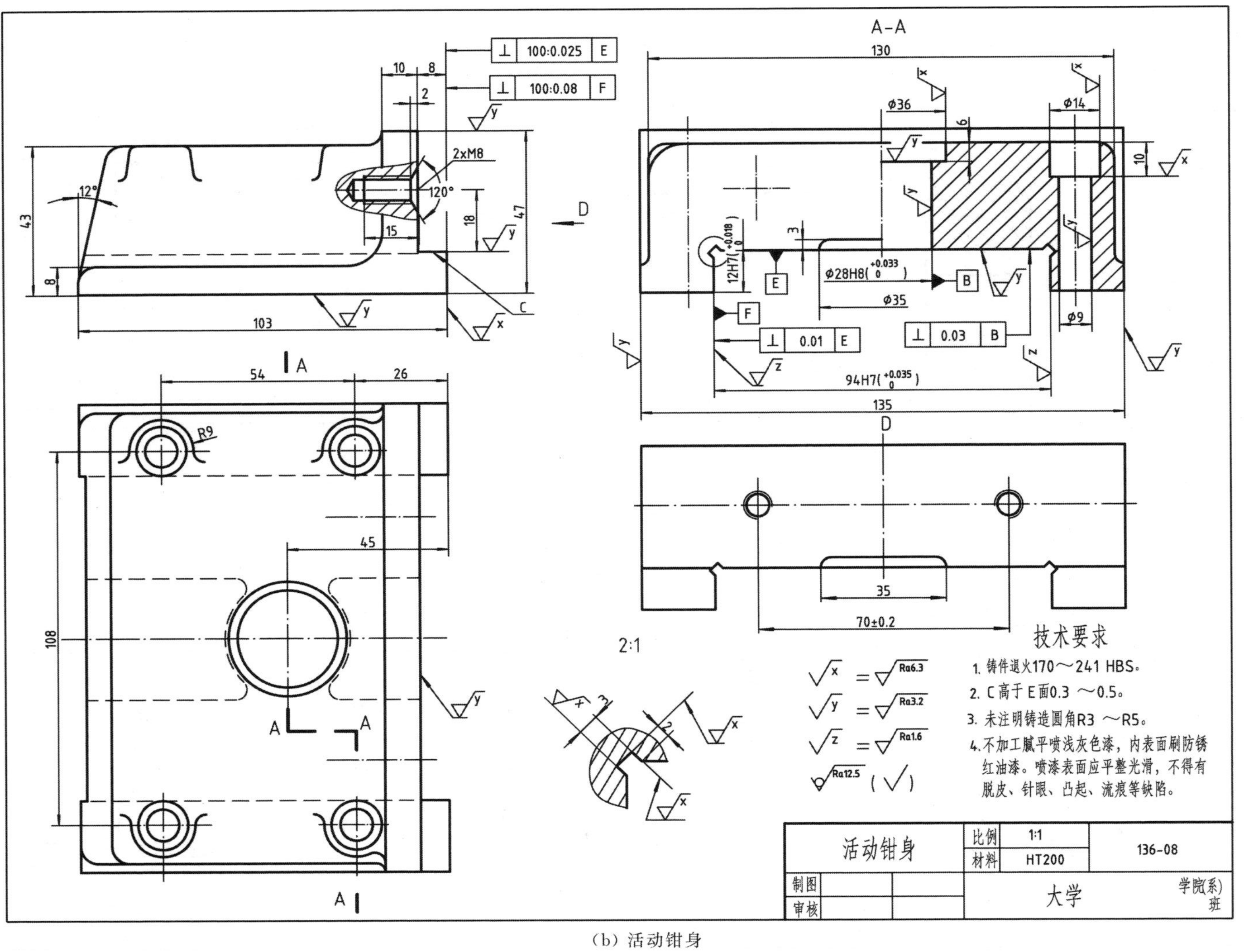

A-A
2:1
技术要求
1. 铸件退火170～241 HBS。
2. C高于E面0.3 ～0.5。
3. 未注明铸造圆角R3 ～R5。
4. 不加工腻平喷浅灰色漆，内表面刷防锈红油漆。喷漆表面应平整光滑，不得有脱皮、针眼、凸起、流痕等缺陷。
活动钳身
比例
1:1
材料
HT200
136-08
制图
审核
大学
学院(系)
班

（b）活动钳身

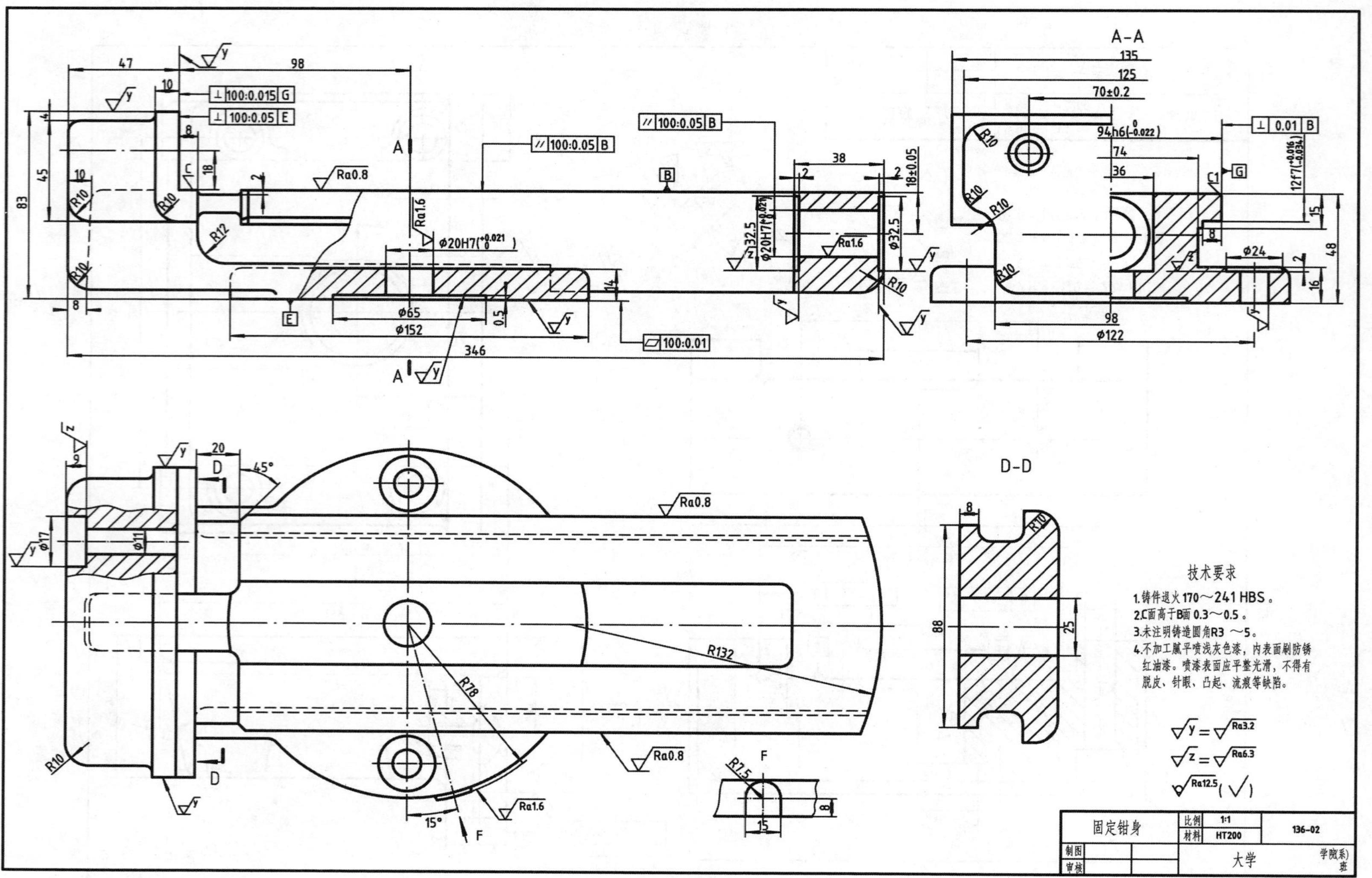
A-A
D-D
技术要求
1.铸件退火170～241 HBS。
2.C面高于B面0.3～0.5。
3.未注明铸造圆角R3～5。
4.不加工腻平喷浅灰色漆，内表面刷防锈红油漆。喷漆表面应平整光滑，不得有脱皮、针眼、凸起、流痕等缺陷。
固定钳身
比例 1:1
材料 HT200
136-02
制图
审核
大学
学院(系)
班

(c) 固定钳身

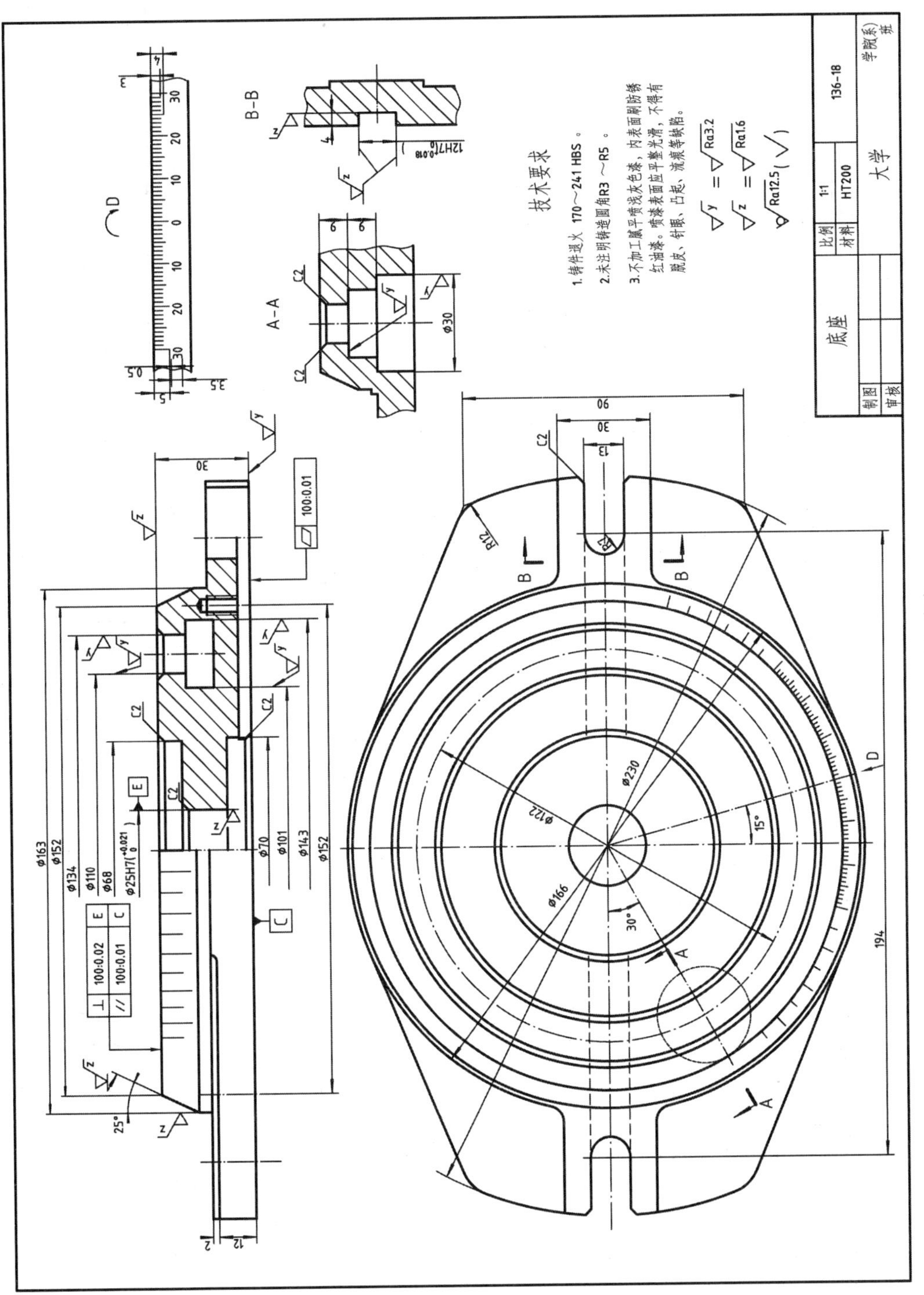
技术要求
1.铸件退火 170～241 HBS 。
2.未注明铸造圆角R3～R5 。
3.不加工腻平喷浅灰色漆，内表面刷防锈红油漆。喷漆表面应平整光滑，不得有脱皮、针眼、凸起、流痕等缺陷。
底座
比例 1:1
材料 HT200
136-18
大学
学院(系) 班
制图
审核
A-A
B-B

(d) 底盘

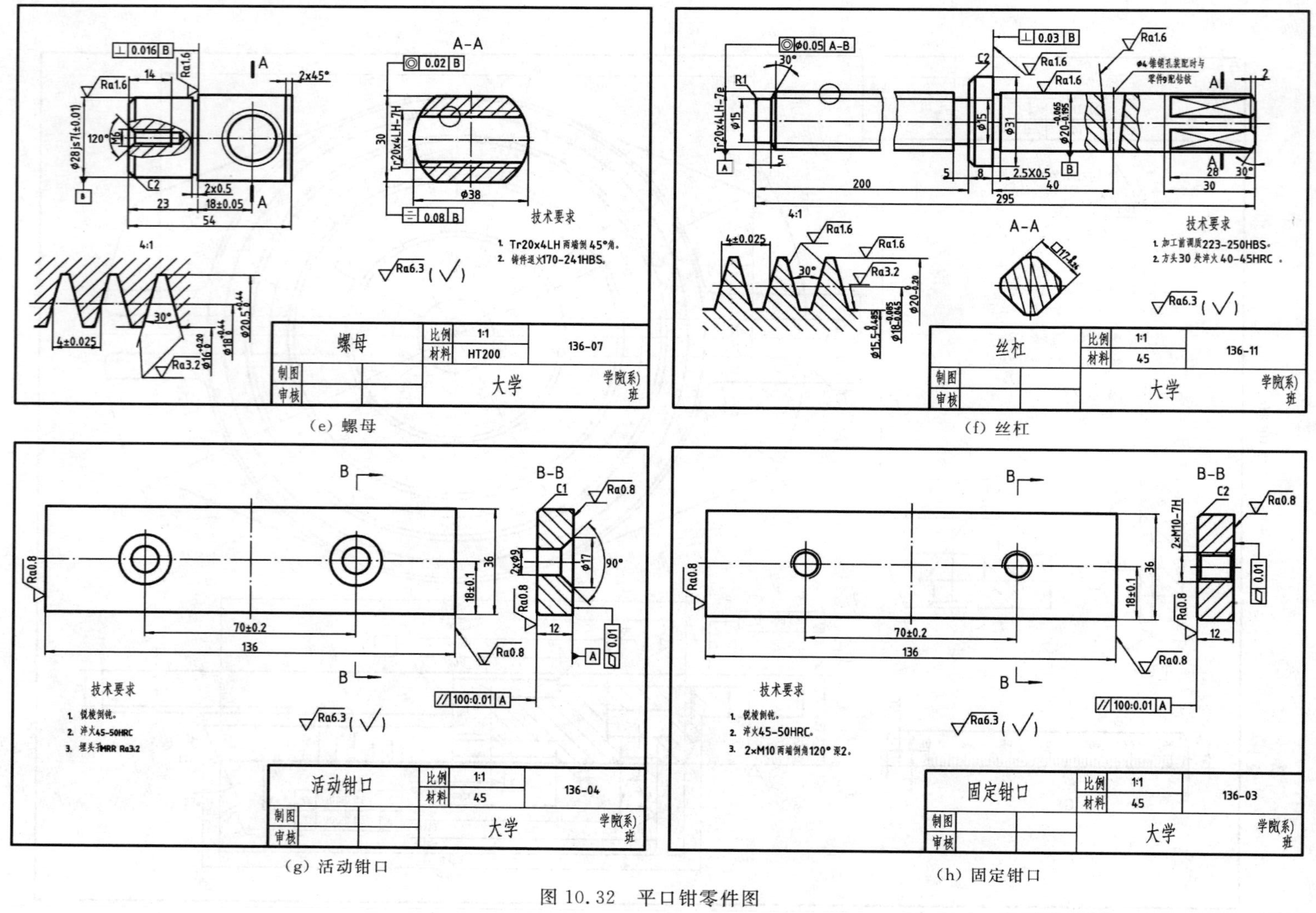

(e) 螺母

(f) 丝杠

(g) 活动钳口

(h) 固定钳口

图 10.32 平口钳零件图

3. 表面粗糙度

参考附录中有关表面粗糙度的资料，选定各加工表面的粗糙度数值。其中 ϕ25H7 孔是配合面，底座的顶面和地面是接触面，表面粗糙度数值要选用较小的数值；与螺栓连接相关的 T 形槽和 ϕ30 孔都是加工面，与其他加工面一样，选用一般的表面粗糙度数值；刻有标尺的刻度盘的锥面由于有测量和美观的要求，表面粗糙度数值也要小。

4. 技术要求

根据平口钳的工作要求，给出底座的技术要求。

其他的零件图请读者自己看图分析。

第 11 章　轴 测 投 影

轴测图是单面投影图，能同时反映出物体长、宽、高三个方向的尺度，因此是三维图形，它直观性好，立体感强。本章将介绍常用的正等轴测图和斜二轴测图。

11.1　轴测投影的基本知识和术语

11.1.1　概述

前面学习的视图和剖视图能真实地反映机件的形状和大小，作图简便，在工程上应用非常广泛。但由于机件的主要平面一般都垂直或平行投影面，使机件这些平面的投影具有积聚性，因此不能在一个视图上同时反映长、宽、高三个方向的形状，所以缺乏立体感。为了弥补它的不足，国家标准还规定了轴测图作为正投影图的辅助图样。轴测图具有较强的立体感，很容易看懂，如图 11.1 和图 11.2 所示。但为了反映机件长宽高三个方向的形状，一般让机件的表面倾斜于投影面，所以表面投影失去了实形性，使得度量性较差，作图比正多面投影图要复杂。因此传统上轴测图只作为辅助图样，以弥补正多面投影直观性差的不足，用来绘制机箱、机架、零部件的装配图及产品的外形图，用于广告、说明书等。目前设计表达采用三维图形逐渐增多，而三维表达采用的大多是轴测图。GB/T 26099.4—2010 机械产品三维建模通用规则第 4 部分模型投影工程图中规定：为了方便识图，推荐在图样合适位置增加轴测图，并标明轴测类型。如图 11.2 所示，为便于识图，在泵体零件图中增加了轴测图。另外，轴测图也可在产品造型设计和产品广告等方面，帮助人们进行空间构思，表达设计思想。可见轴测图的应用会更加广泛。

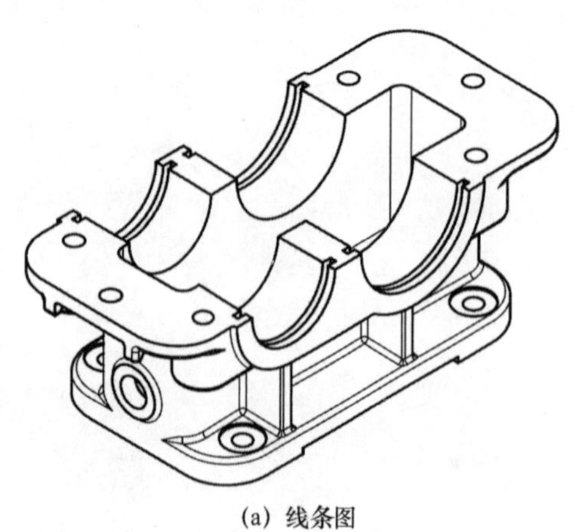

(a) 线条图

(b) 具有真实感

图 11.1　箱体的轴测图

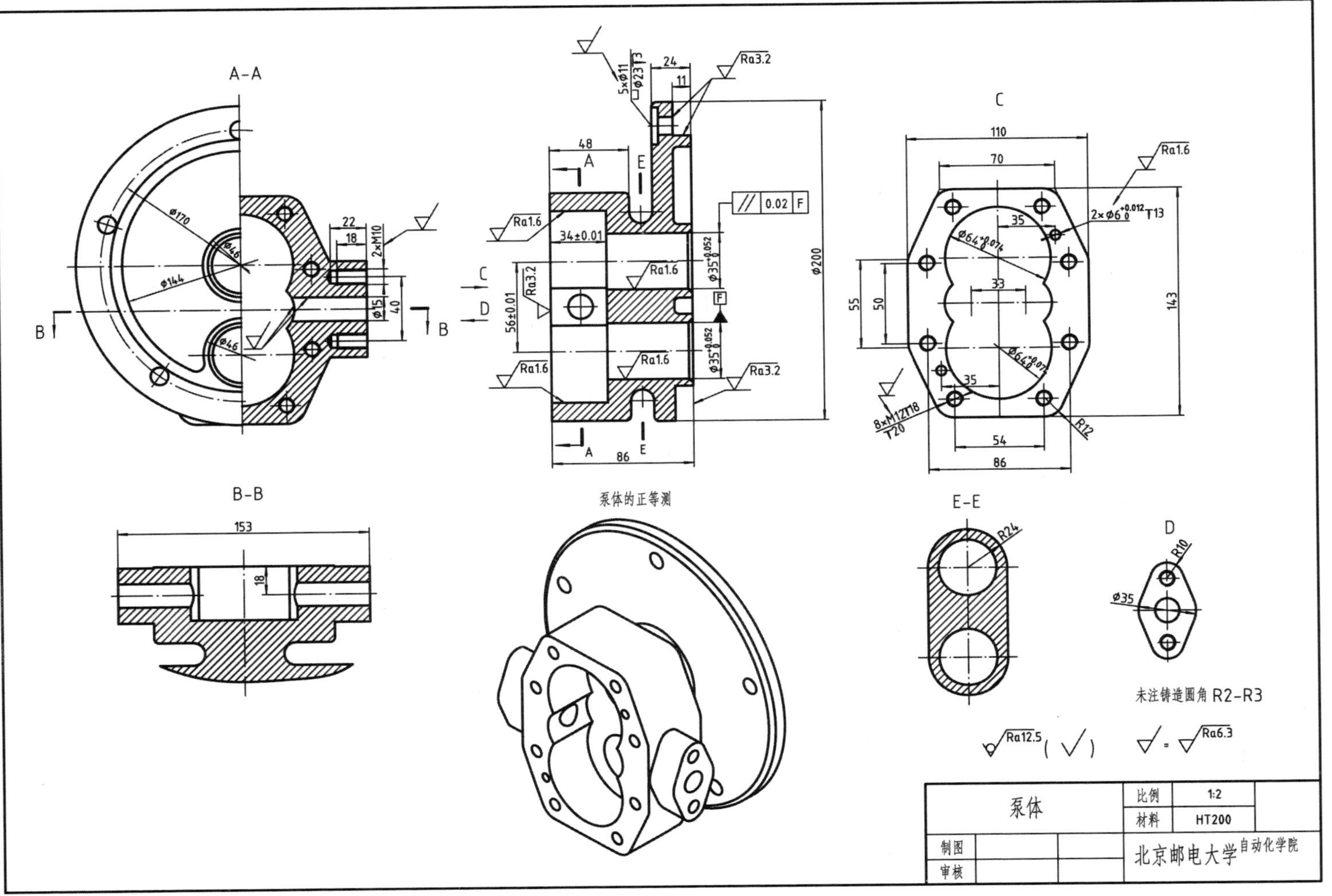

图 11.2　零件图中增加轴测图

轴测投影图由于采用平行投影法,与透视投影图相比作图相对简便。

11.1.2 轴测图的基本知识和术语

轴测投影是将物体和其参考直角坐标系,沿不平行于任一坐标面的方向,用平行投影法将其投射到单一投影面所得到的具有立体感的图形。轴测投影又称轴测图。

图 11.3 表示了在直角坐标系中立方体的投影,以及用平行投影法将立方体投射得到平面 P 形成轴测投影的情况。

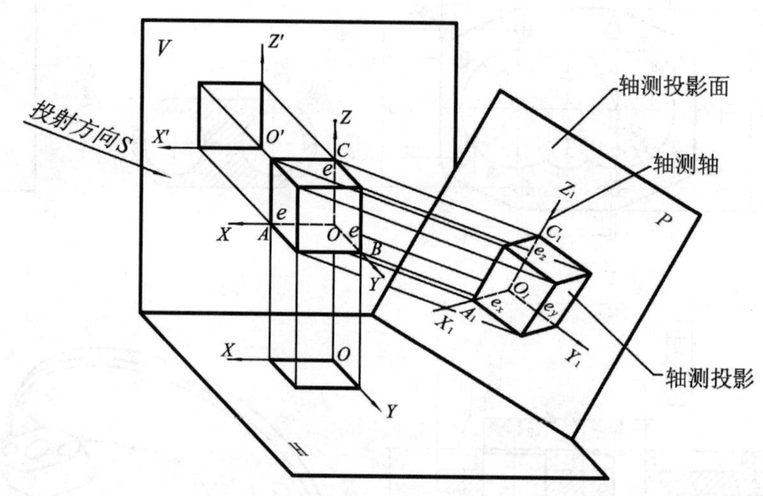

图 11.3 轴测投影的形成

投影面 P 称为轴测投影面。投射线方向 S 称为投射方向。空间坐标轴 OX、OY、OZ 在轴测投影面上的投影 O_1X_1、O_1Y_1、O_1Z_1 称为轴测投影轴,简称轴测轴。

1. 轴间角与轴向伸缩系数

轴测轴之间的夹角称作轴间角。随着坐标轴、投射方向与轴测投影面相对位置不同轴间角大小也不同。轴测单位长度与空间坐标单位长度之比,称作轴向伸缩系数。如图 11.3 所示,在坐标轴 OX、OY、OZ 上截取长为空间单位 e 的线段,使 $OA=OB=OC=e$,其轴测投影分别为:$O_1A_1=e_x$,,$O_1B_1=e_y$,,$O_1C_1=e_z$,称为轴测单位长度。则有:

$O_1A_1/OA=e_x/e=p_1$(沿 OX 轴的轴向伸缩系数);

$O_1B_1/OB=e_y/e=q_1$(沿 OY 轴的轴向伸缩系数);

$O_1C_1/OC=e_z/e=r_1$(沿 OZ 轴的轴向伸缩系数)。

2. 轴测图的投影特性

因轴测图是用平行投影法画出的,所以它具有平行投影的特性:

(1) 平行关系不变。相互平行的两直线,其投影仍保持平行;

(2) 比例关系不变。点分线段之比和两条平行直线段长度之比的投影后不变;

(3) 空间平行于某坐标轴的线段,其投影长度等于该坐标轴的轴向伸缩系数与线段长度的乘积。

由性质(3)知,若已知各轴向伸缩系数,即可沿着轴测轴测量平行于坐标轴的各线段长度,从而画出这些线段,这就是轴测图"轴测"的含义。同时还应注意,虚线在轴测图中一般不画。

3. 轴测图的分类

根据投影方向与轴测投影面是否垂直，可分为正轴测图和斜轴测图两大类。每类按轴向伸缩系数不同，又分为三种：

(1) 正(或斜)等轴测图。三个轴向伸缩系数都相同，即 $p=q=r$。

(2) 正(或斜)二轴测图。有两个轴向伸缩系数相同，即 $p=r\neq q$，或 $p\neq r=q$，或 $p=r\neq q$。

(3) 正(或斜)三轴测图。三个轴向伸缩系数都不相同，$p\neq q\neq r$。

国家标准《机械制图》规定绘制轴测图时，一般采用下列三种：

(1) 正等轴测图，简称正等测 $p=q=r$；

(2) 正二轴测图，简称正二测 $p=r\neq q$；

(3) 斜二轴测图，简称斜二测 $p=r\neq q$。

这里只介绍正等轴测图和斜二轴测图。

11.2　正等轴测投影

11.2.1　轴间角和轴向伸缩系数

正等轴测图的三个轴向伸缩系数是相等的，则三条坐标轴与轴测投影面的倾角也必须相等，根据几何关系可以证明，轴间角 $\angle XOY=\angle YOZ=\angle ZOX=120°$。轴向伸缩系数，$p=q=r=0.82$，如图 11.4(b)所示。绘图时，使 OZ 轴处于铅垂位置，OX 轴、OY 轴与水平方向成 30°角，可以利用三角板与丁字尺配合画出。如图 11.4(a)所示。

为了简化作图，可以采用简化轴向伸缩系数，即取 $p=q=r=1$，如图 11.4(b)所示。这样一来，作图时沿轴向的尺寸就可以直接量取物体实长了。采用简化轴向伸缩系数画出的正等轴测图比按理论轴向伸缩系数画出的图沿轴向尺寸放大了 1/0.82≈1.22 倍，如图 11.5 所示。

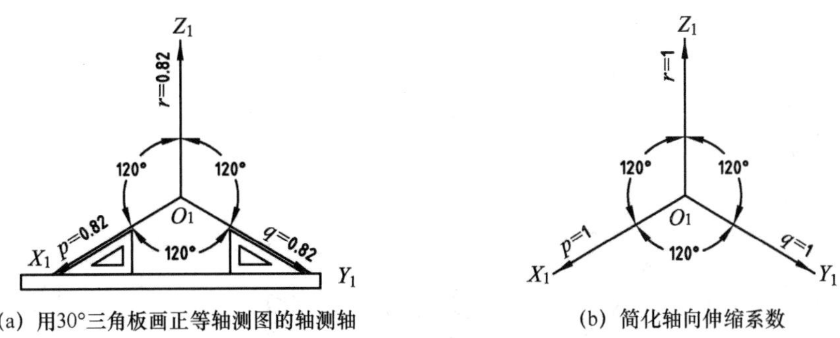

(a) 用30°三角板画正等轴测图的轴测轴　　(b) 简化轴向伸缩系数

图 11.4　正等轴测图的轴测轴和轴向简化系数

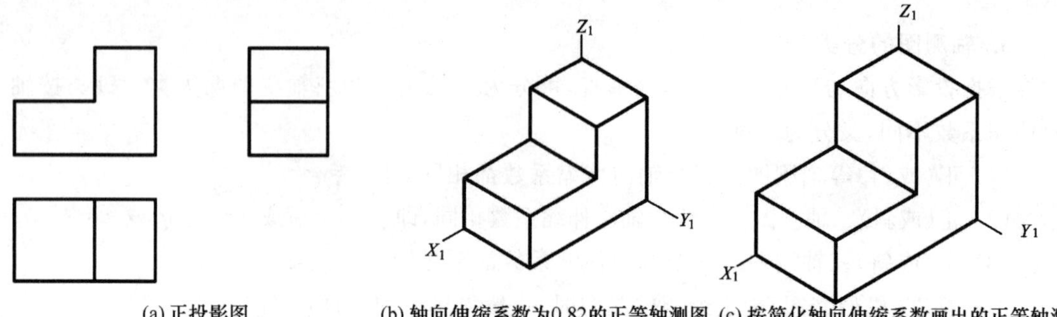

(a) 正投影图 (b) 轴向伸缩系数为0.82的正等轴测图 (c) 按简化轴向伸缩系数画出的正等轴测

图 11.5 伸缩系数为 0.82 和 1 的正等轴测图

11.2.2 平面立体的正等轴测图

画轴测图的基本方法是坐标法，即根据物体表面上各顶点的坐标值，分别画出它们的轴测投影，然后顺次连接各点的轴测投影，可见的棱线画成粗实线，不可见的棱线一般省略不画。根据物体的具体情况，还可以采用切割法和组合法。

一般作图步骤如下：

(1) 坐标原点位置。坐标原点位置的选择，应以作图简便为原则。一般选择物体某个顶点或对称中心为原点，或把原点定在对称面上或主要轮廓线上。

(2) 画轴测轴。根据轴间角画出轴测轴 O_1X_1，O_1Y_1，O_1Z_1。

(3) 按物体上点的坐标作点、线的轴测图。最后，擦去多余作图线，加深，完成作图。

例 11.1 画出图 11.6(a)所示正六棱柱的正等轴测图。

解 由投影图可知，正六棱柱顶面、底面是平行于水平面的正六边形，六条棱线平行于坐标轴 Z。在轴测图中，顶面可见，底面不可见，宜从顶面画起，作图过程如下(如图 11.6 所示)：

(1) 选择正六棱柱顶面中心 O 作为坐标原点，确定坐标轴。

(2) 画轴测轴，在 O_1X_1 轴上量取 $O_1 = O_4 = a/2$，得 1、4 两点，如图 11.6(b)所示。

(3) 根据尺寸 b、c 作出 2、3、5、6 四点，然后由顶面上各顶点向下画棱线，并截取尺寸 h，即得底面上各点(只需画出可见点)，如图 11.6(c)所示。

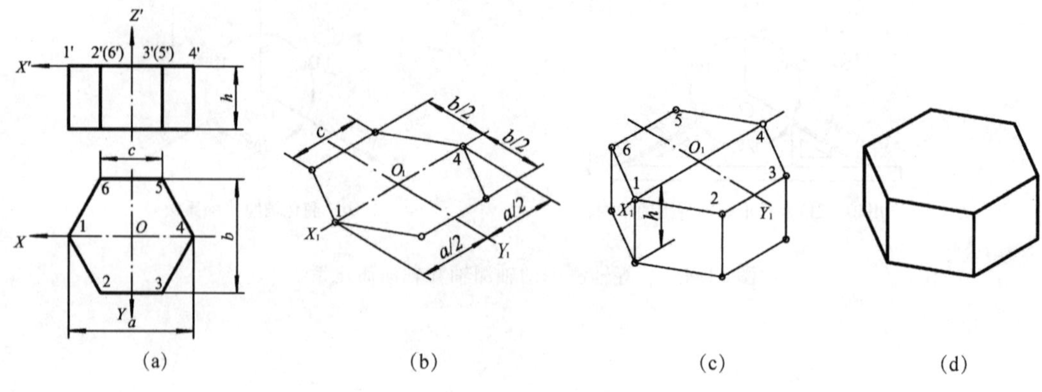

(a) (b) (c) (d)

图 11.6 正六棱柱的正等轴测图的画法

(4) 连接各点擦去作图线，加深各可见棱线，即完成正六棱柱的正等轴测图，如图 11.6(d)。

例 11.2　画出图 11.7(a)所示立体的正等轴测图。

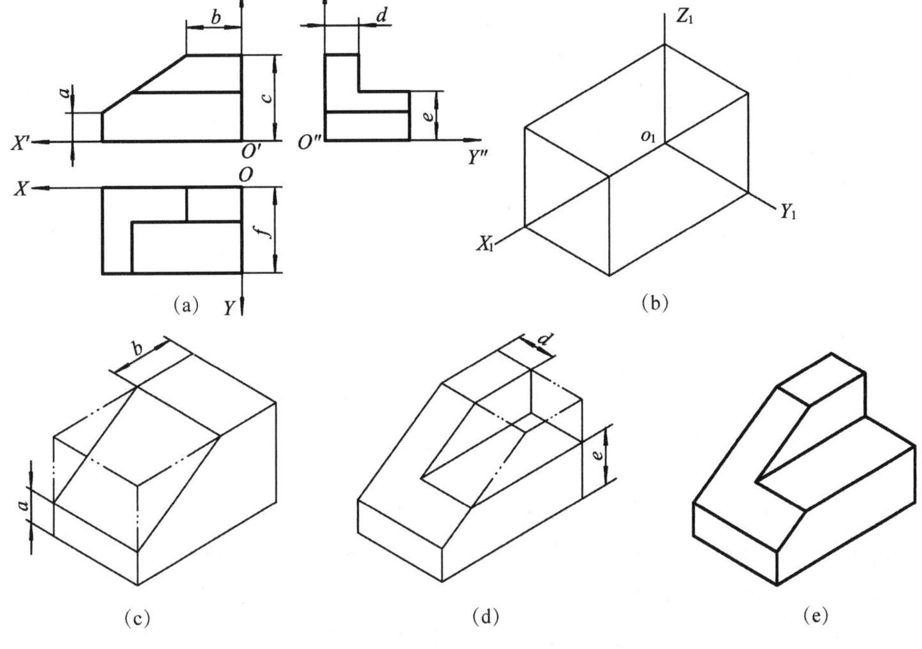

图 11.7　用切割法画正等轴测图

解　由正投影图可知，该物体是由长方体切割而成，因此作图适合采用切割画法。即先画出完整长方体的轴测图，然后逐步画出其被切去的部分，最后即得到该物体的轴测图，作图步骤如下：

(1) 画轴测轴，用坐标法画长方体的正等测图，如图 11.7(b)所示；

(2) 量尺寸 a,b 切去左上角，如图 11.7(c)所示；

(3) 量尺寸 e 平行 $X_1O_1Y_1$ 面由前向后切，量尺寸 d 平行 $X_1O_1Z_1$ 面由上往下切，两面相交切去四棱柱，如图 11.7(d)所示；

(4) 擦去多余图线，加深完成轴测图，如图 11.7(e)所示。

11.2.3　曲面立体的正等轴测图

1. 坐标面上或其平行面上圆的正等轴测图画法

在正等轴测图中，因空间三坐标面都倾投影斜于轴测投影面，且倾角相等，故三坐标面上及其平行面内直径相等的圆，其正等测轴测图均为长短轴相等的椭圆，但长短轴的方向不同(长轴与其所在坐标面相垂直的轴测轴垂直；短轴与该轴测轴平行)，如图 11.8 所示。

椭圆 1 为平行于水平投影面圆的投影，其长轴垂直于 Z_1 轴；椭圆 3 为平行于正立投影面圆的投影，其长轴垂直于 Y_1 轴；椭圆 2 为平行于侧立投影面圆的投影，其长轴垂直于 X 轴。采用原轴向伸缩系数和简化系数时各椭圆的长短轴大小分别如图 11.8(a)和(b)所示。

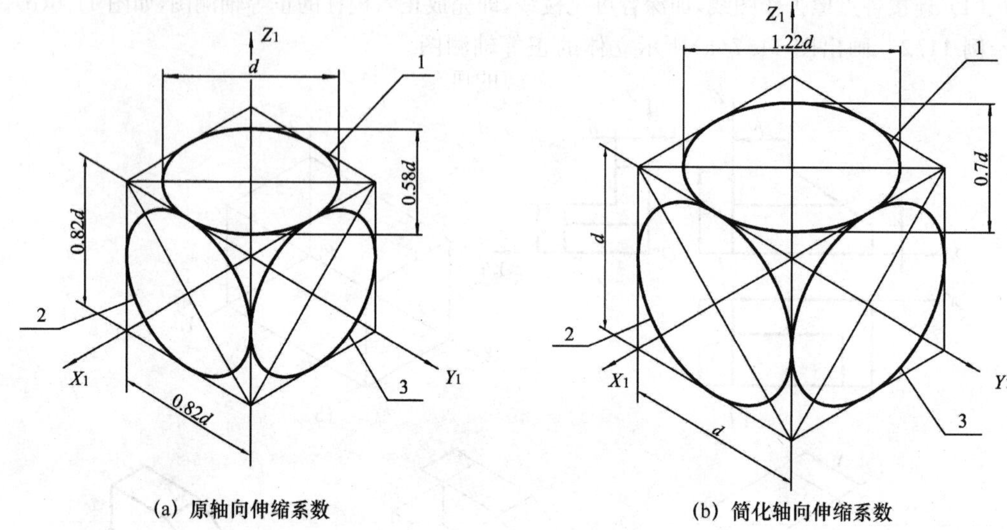

(a) 原轴向伸缩系数　　(b) 简化轴向伸缩系数

图 11.8　坐标面上圆的轴测投影-椭圆

为了作图简便,正等轴测图中的椭圆常采用四段圆弧近似画法,有菱形法、三点法等几种画法,其中菱形法是常用的画法。菱形法作图时,可把坐标面或其平行面内的圆看作正方形的内切圆,先画出正方形的正等测图——菱形,则圆的正等测图——椭圆内切于该菱形;然后用四段圆弧分别与菱形相切并光滑连接成椭圆。现以水平面内圆的正等轴测图为例,说明作图方法,具体过程如图 11.9 所示。

(1) 在视图上以圆心为原点建立坐标轴,并作圆的外切正方形,如图 11.9(a)所示。

(2) 画轴测轴,并作圆外切正方形的正等轴测图,其形状为一菱形,如图 11.11(b)所示。

(3) 连接 1_1D_1、3_1B_1,它们与对角线 2_14_1 分别相交于 O_2 和 O_3。分别以 1_1、3_1 为圆心,以 1_1C_1、3_1B_1 为半径作大圆弧 C_1D_1、A_1B_1,如图 11.9(c)所示。

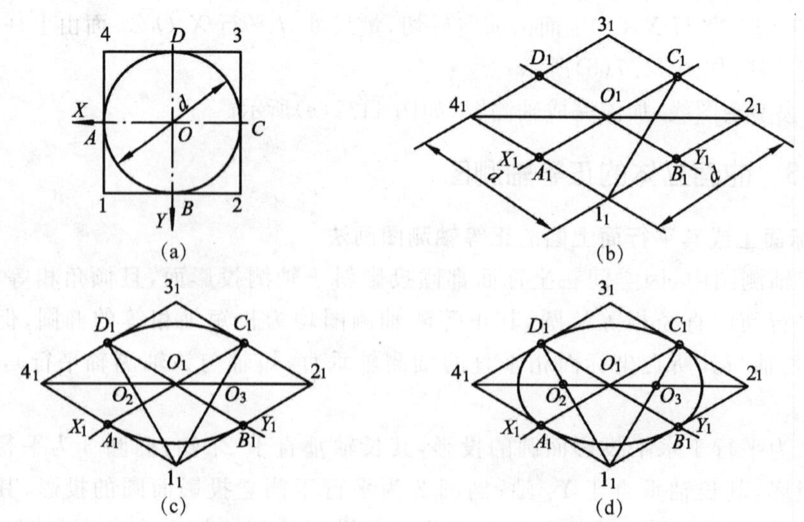

图 11.9　圆的正等轴测图的画法

(4) 分别以 O_2、O_3 为圆心，以 O_2A_1、O_3B_1 为半径作小圆弧 A_1D_1、B_1C_1，与两大圆弧光滑连接，所得椭圆即为圆的正等测图，如图 11.9(d)所示。

正平面和侧平面上圆的正等测图——椭圆的画法与水平椭圆画法相同，只是其外切菱形的方向有所不同，要正确画出圆所在坐标面上的两根轴(轴测轴)，组成方位菱形，菱形的长、短对角线分别为椭圆的长、短轴方向。

2. 圆柱的正等轴测图画法

画圆柱和圆锥台等回转体的正等测图，只要先画出顶面和底面圆的正等测图——椭圆，然后作出两椭圆的公切线即可。作图过程如图 11.10 所示。

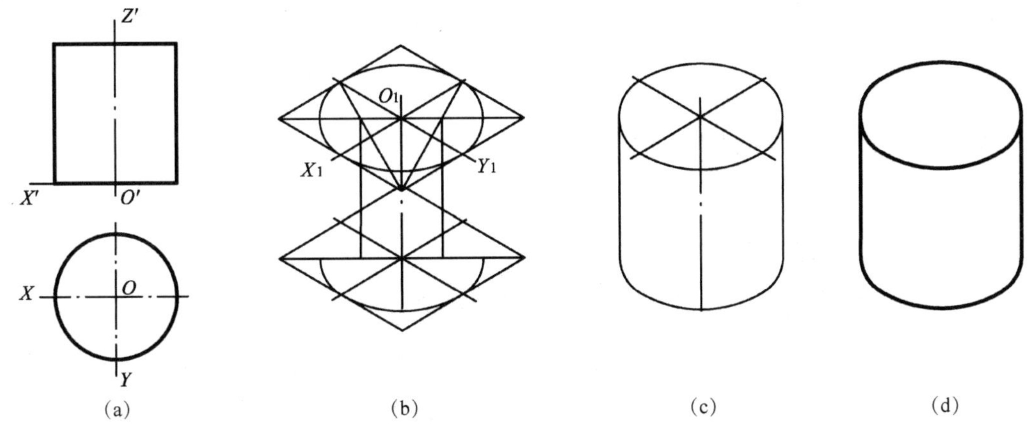

图 11.10　圆柱的正等轴测图的画法

3. 圆角的正等轴测图画法

圆角一般是四分之一圆柱，作出圆弧对应的椭圆弧的四分之一菱形，便能近似画出圆角的轴测图。

已知带有圆角长方体的投影图，如图 11.11(a)。作图过程如图 11.11(b)所示。

(1) 画出长方体的正等测图，沿角的两边量取圆角半径 R 分别得到八个切点，分别自八个切点作边线的垂线，两垂线的交点 O_1、O_2 即为圆心。

(2) 分别以 O_1、O_2 为圆心，垂线长为半径画弧，所得弧即为轴测图上的圆角。将顶面圆角的圆心 O_1、O_2 下移长方体的高度，切点也同时下移，画出长方体底面的圆角，并画出圆心为 O_2 的圆弧的顶面与底面圆角的公切线。擦去多余的作图线并加粗，即完成带有圆角长方体的正等测图，如图 11.11(c)所示。

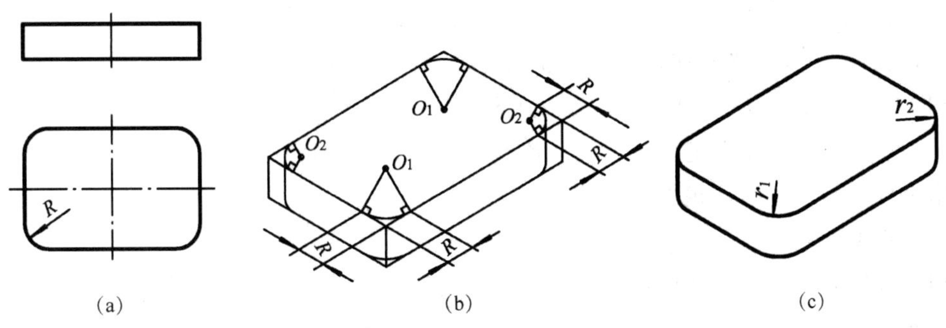

图 11.11　圆角的正等轴测图画法

类似的可画出其他方向圆角的轴测图。

11.2.4 组合体上交线的画法

组合体上的交线主要是指组合体表面上的截交线和相贯线。画组合体轴测图上交线可采用坐标法和辅助面法。

(1) 坐标法。根据三视图中截交线和相贯线上点的坐标,画出截交线和相贯线上各点的轴测图,然后用曲线板光滑连接。

(2) 辅助面法。根据组合体的几何性质直接作出轴测图,如同在三视图中用辅助面法求截交线和相贯线的方法一样。为便于作图,辅助面应取平面,并尽量使它与各形体的截交线为直线。

例 11.3 画出圆柱截交线的正等轴测图。

解 首先在三视图上定出截交线上各点的坐标,如图 11.12(a)所示。

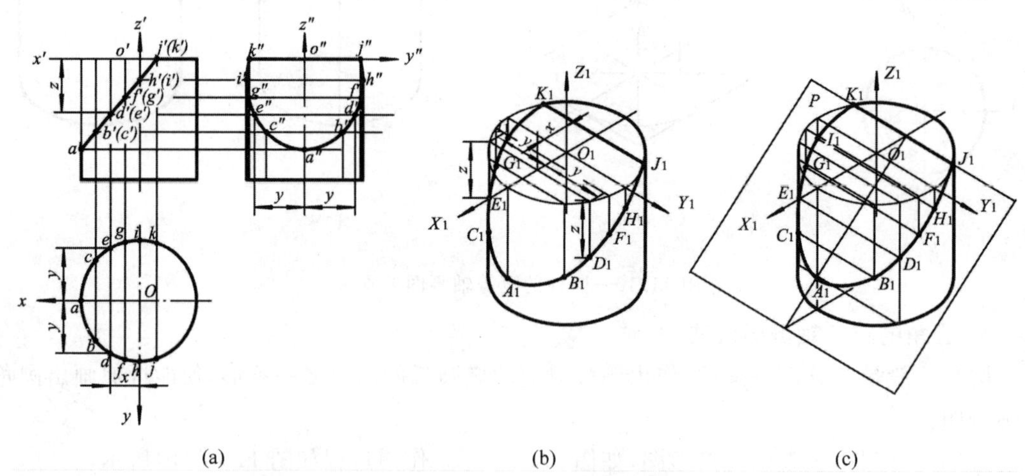

图 11.12 截交线正等轴测图的画法

用坐标法画出圆柱截交线,如图 11.12(b)所示。以三视图上点 D 和 E 为例,沿轴量取,在对应轴测图上找到坐标为 x、y、z 的点 D_1 和点 E_1。其他点也用同样方法求得。然后用曲线板光滑连接即为圆柱截交线的正等轴测图。

用辅助面法画出圆柱截交线如图 11.12(c)所示。选取一系列平行于圆柱轴线的辅助面截圆柱,并于截平面 P 相交,得点 A_1、B_1、C_1、D_1、F_1、G_1、H_1、I_1、J_1、K_1 等一系列截交线上的点,然后用曲线板光滑连接即为圆柱截交线的正等轴测图。

例 11.4 画出两圆柱相贯的正等轴测图。

解 首先在三视图上定出相贯线上各点的坐标,如图 11.13(a)所示。

用坐标法画出两圆柱相贯线,如图 11.13(b)所示。

(1) 求特殊位置点

相贯线轴测投影的特殊位置点包括:最高点、最低点及轮廓线上的点。显然,三视图中的 A 点为最高、B 点为最低点。由图 11.3(a)看出,其对应的轴测投影分别在 Y_1、X_1 轴与小圆柱顶部椭圆交点的正下方，只需沿 Z_1 轴量取其 z 坐标 z_A、z_B 即可得到 A_1 和 B_1 点。正等轴测投影的投射方向 S 在三面体系的投影如图 11.3(a)所示，据此，直立小圆柱轴测投影的轮廓线为过点 E 和 M 的素线，图中示出了求点 E 轴投影的方法，同理可求出点 M 的轴测投影。

(2) 求一般位置点

可按照求点 E 的方法沿 X_1、Y_1、Z_1 轴测量相应坐标求出一般位置点的轴测投影。

(3) 光滑连接

依次光滑连接各点即得相贯线的轴测投影。

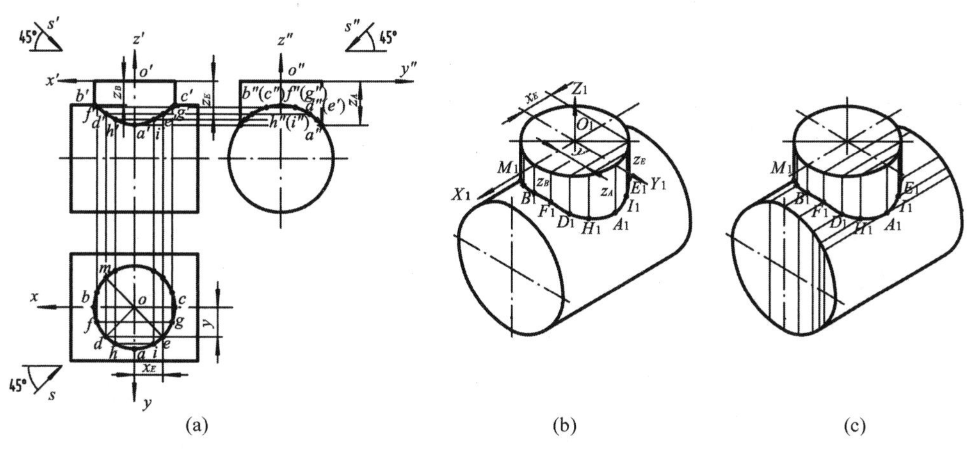

图 11.13　相贯线正等轴测图的画法

用辅助面法画出圆柱相贯线，如图 11.13(c)所示。选一系列辅助面截两圆柱，截交线交点 A_1、B_1、C_1、D_1、F_1、G_1、H_1、I_1 即为相贯线上的点。然后用曲线板光滑连接即为圆柱相贯线的正等轴测图。

11.2.5　组合体的正等轴测图

画组合体的轴测图，也要使用形体分析法。即将组合体分解成若干个基本形体，然后逐个画出它们的轴测图。画轴测图之前，首先要确定坐标轴的位置。坐标系原点位置一般应选在三个基准平面的交点(共点)处，即三个坐标面与基准面重合，使轴测图的画图从基准出发。

例 11.5　画出图 11.14(a)所示轴承座的正等轴测图。

解　由正投影图 11.14(a)可知，轴承座由轴承(圆筒)、支撑板、筋板以及底板四部分组成。作图时逐个形体画出，具体步骤如下：

(1) 定坐标轴。基准的选择参见第 6 章例 6.7，根据基准的选择，把坐标原点 O 定在如图 11.4(a)所示的位置，并画出对应的轴测轴，如图 11.14(b)所示。

(2) 画出底板的轮廓。根据底板的长、宽、高，按照对称性画出，如图 11.4(b)所示。

(3) 画出轴承(圆筒)。根据定位尺寸 47 确定轴线的位置，然后自宽度基准向前量取尺寸 22 确定圆筒宽度，并得前后两圆圆心位置；然后以 $\phi32$ 和 $\phi16$ 为直径画出内外圆的轴测投影——椭圆；最后做出前后两大椭圆的公切线(轮廓线投影)，即得轴承的正等轴测图。如

图 11.14(c)所示。

(4) 画支撑板。自后面圆心向前量取尺寸 8 得与支撑板相切圆的圆心,画出该圆的轴测椭圆,然后在底板上面两侧的宽度边从后向前量取尺寸 8,在边上的前后两点作直线与椭圆相切即得支撑板的轴测图,如图 11.14(d)所示。

(5) 画出筋板。关键是画出斜面投影,其斜面的两条斜边与坐标轴不平行,不能直接画出,需确定其端点。如图 11.14(e)所示,在底板前面的长边中点以对称面为基准向两侧各量取尺寸 7/2,得斜面斜边的两个端点,并根据筋板左右两面与圆筒表面截交线的位置,确定斜线的另外两个端点,分别以直线连接端点即得斜面。

(6) 做出底板的圆角。如图 11.14(f)所示,画法参看图 11.11。

(7) 做出底板上的螺孔。如图 11.14(g)所示。

擦去全部作图线(有些可随时擦去)和不可见的线,描深后即得轴承座的正等轴测图。如图 11.14(h)所示。

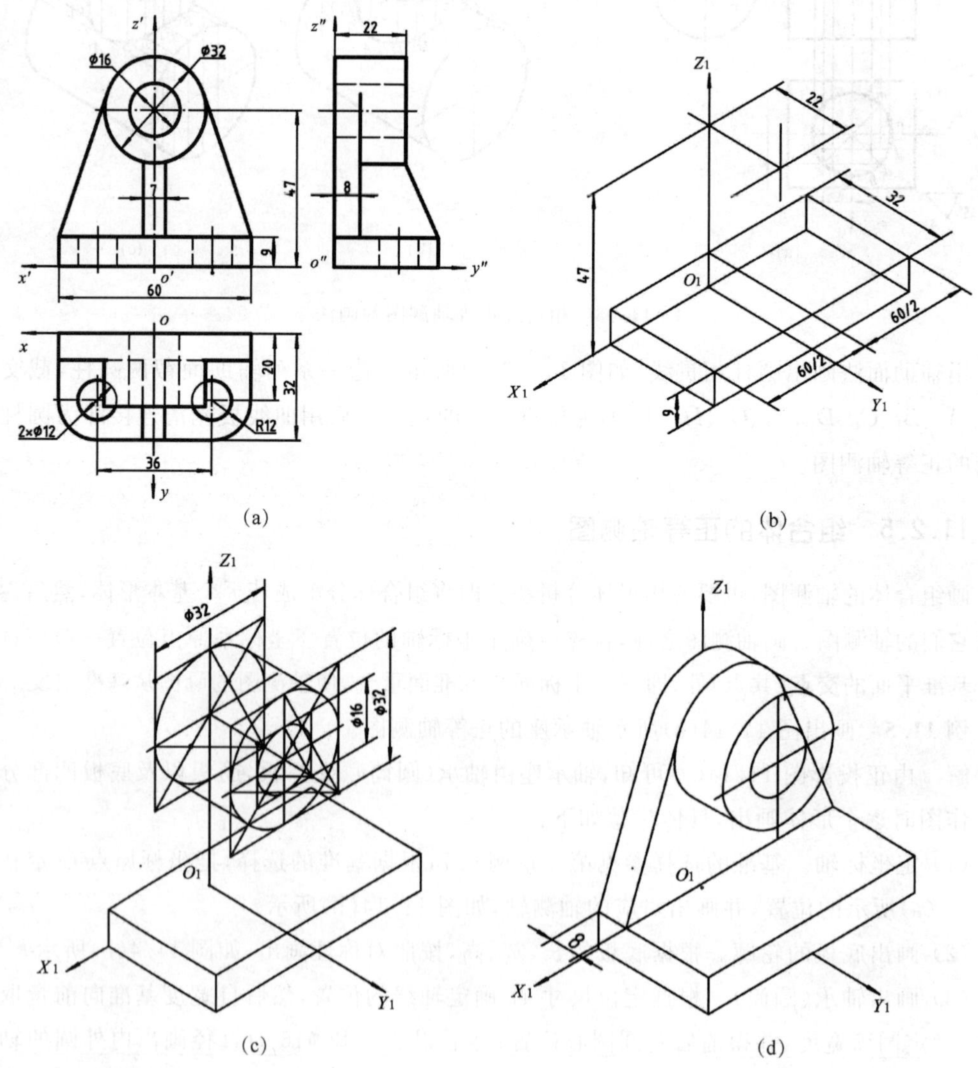

(a) (b) (c) (d)

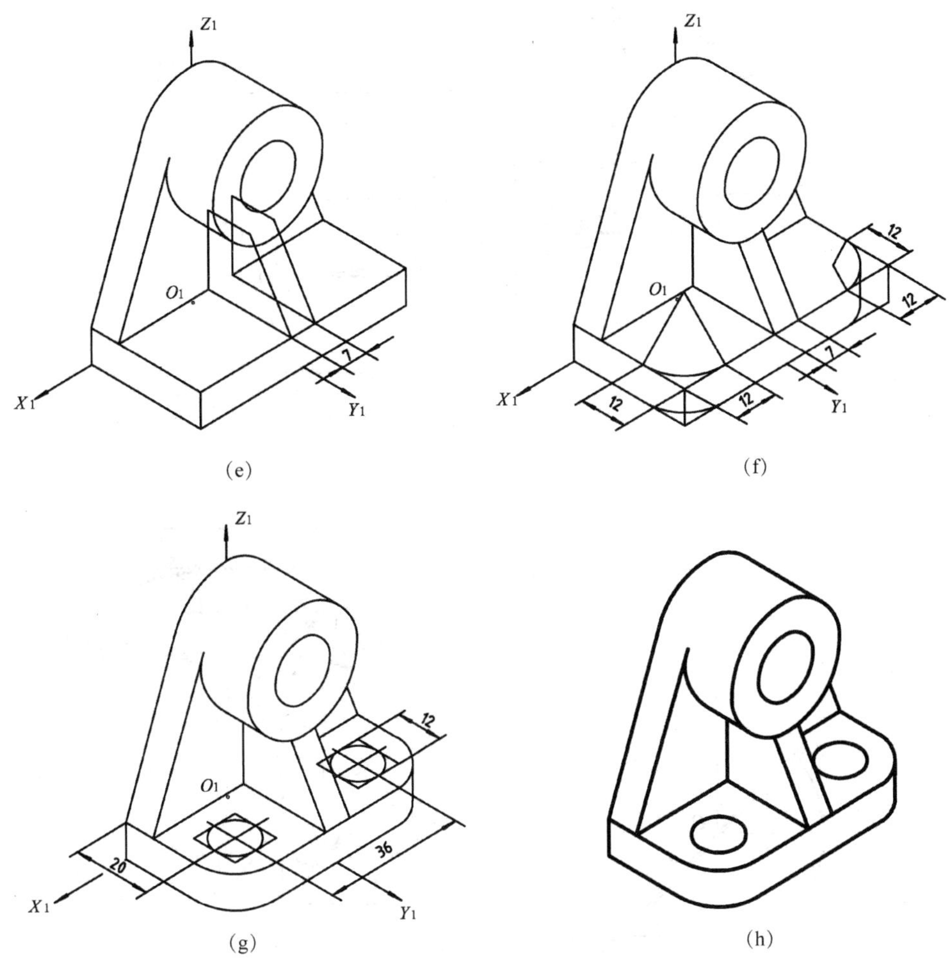

图 11.14 轴承座的正等轴测图的画法

11.3 斜二等轴测图

11.3.1 斜二等轴测图的形成及轴间角和轴向伸缩系数

斜轴测图形成的条件是"物体正放，光线斜射"，此时即让 XOZ 坐标面平行于投影面，如图 11.15 所示。轴测轴 O_1X_1 与 O_1Z_1 的夹角保持 90°，并且长度不变，也就是 X 轴和 Z 轴的轴向伸缩系数都是 1，如图 11.6 所示。因为平行光线斜射的方向和角度是任意的，所以第三个轴 O_1Y_1 与水平线倾斜的角度和 Y_1 轴的轴向伸缩系数都可以各自任选。国标规定的斜二等轴测图，OY 与水平线倾斜成 45°，轴向伸缩系数为 1∶2，如图 11.6(a)所示。

斜二等轴测图的最大优点是：凡平行于 XOZ 平面的图形都反映实形。因此当物体平行 XOZ 坐标面的平面形状比较复杂，特别是有较多的圆或曲线时，采用斜二轴测图作图更为简便。

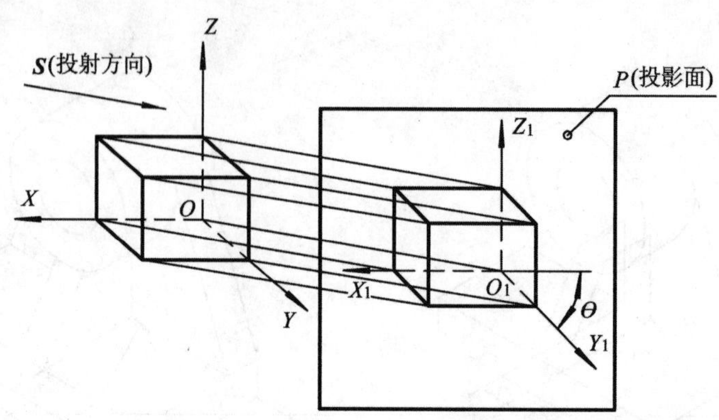

图 11.5　斜轴测投影的形成

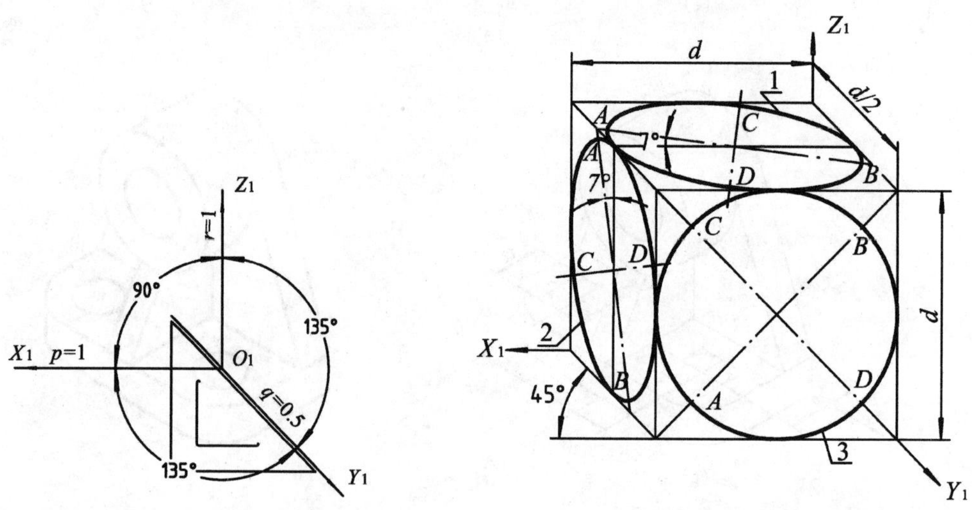

图 11.16　斜二等轴测图的轴间角和轴向伸缩系数　图 11.17　平行于各坐标面的圆的斜二等测图的画法

11.3.2　平行于各坐标面的圆的斜二等轴测图的画法

平行于 XOZ 坐标面的圆,仍然是圆,反映实形。

平行于 YOZ 坐标面和 XOY 坐标面上的圆的轴测投影为椭圆,形状相同。平行于 XOY 面的椭圆 1 的长轴对 O_1X_1 轴偏转 7°;平行于 YOZ 面上的椭圆 2 的长轴对 O_1Z_1 轴偏转 7°。

椭圆 1 和椭圆 2 的长轴≈1.06d;

椭圆 1 和椭圆 2 的短轴≈0.33d,如图 11.17 所示。

11.3.3　斜二等轴测图的画法

因椭圆的画法比较烦琐,故当平行 XOY 或 YOZ 的平面上有圆时,一般不用斜二等测圆,只有物体平行 XOZ 坐标面的平面上有圆采用斜二等测图作图才简便。

例 11.6　画图 11.18(a)所示端盖的斜二测轴测图。

解　由投影图可知,端盖由一个圆筒和一个带有四个孔的盘组成,且各圆所在平面都相互平行，所以画图时应选择各圆的平面平行坐标面 XOZ，这时端盖的轴线与 Y 轴重合，作图步骤如图 11.18 所示。

(1) 在视图上建立坐标轴，如图 11.18(a)所示。

(2) 画轴测轴，并根据 Y 轴轴向伸缩系数 $q=1/2$ 确定三个层次圆的圆心位置 O_1、O_2、O_3，如图 11.18(b)所示。

(3) 分别画出圆筒和圆盘的斜二测图，如图 11.18(c)、(d)所示。

(4) 确定圆盘上小圆孔的圆心，画出四个小圆孔的斜二测图，如图 11.18(e)所示。

(5) 擦去多余图线，再将轮廓线加深，即完成了组合体的斜二测图，如图 11.18(f)所示。

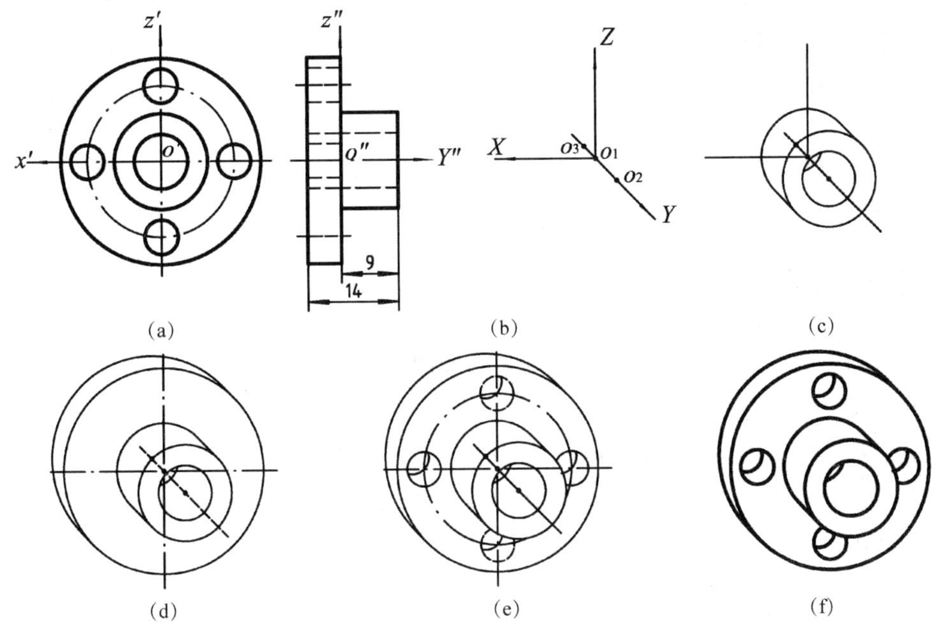

图 11.18 端盖的斜二轴测图的画法

11.3.4 轴测剖视图的画法

在轴测图中，为了表达物体内部的结构形状，可假想用剖切平面将物体的一部分切去，画成轴测剖视图。

1. 画轴测剖视图的规定

(1) 剖切平面的选择

为了使物体的内、外形状表达清楚，通常采用两个平行于坐标面的垂直平面剖切物体的四分之一，如图 11.20(c)所示，且剖切平面应通过物体的对称面或主要轴线。

在投影图上剖面线(金属材料的剖面符号)的方向是与水平线成 45°，在轴测图的剖面上仍要保持这个关系。因为 45°角的对边和底边是 1∶1 的比例关系，因此可以在轴测图上按各个轴的简化系数取相等的长度而画出剖面线的方向。在图 11.19(a)中，在 X_1 及 Z_1 轴上各取 1 长度单位，连以直线，即为 X_1OZ_1 平面上 45°线的方向。凡平行于 X_1OZ_1 平面的剖面上，剖面线都应该与此平行。对正等轴测图来说，该线与水平线成 60°。平行于

X_1OY_1 坐标面与 Y_1OZ_1 坐标面的剖面的剖面线方向是类似的,如图 11.19(a)所示。

图 11.19(b)是斜二轴测图剖面线方向的画法。

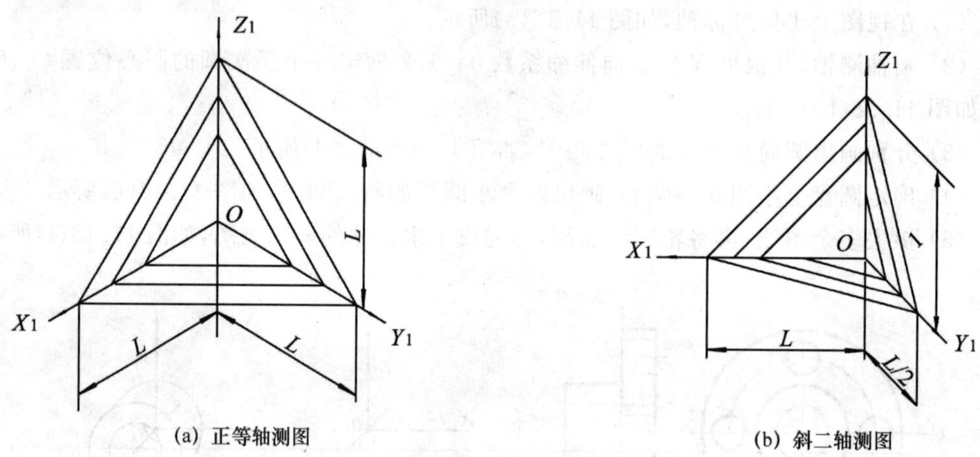

图 11.19　常用轴测图上剖面线的方向

2. 画轴测剖视图的方法

画轴测剖视图的方法有两种:

1) 先画外形,后画剖面和内形。作图过程如图 11.20 所示。

具体步骤如下:

(1) 选定坐标轴的位置,如图 11.20(a)所示。

(2) 画套筒外形的轴测图,选取适当的剖切平面,如图 11.20(b)所示。

(3) 画出断面的形状及断面后面套筒可见部分的投影,如图 11.20(c)所示。

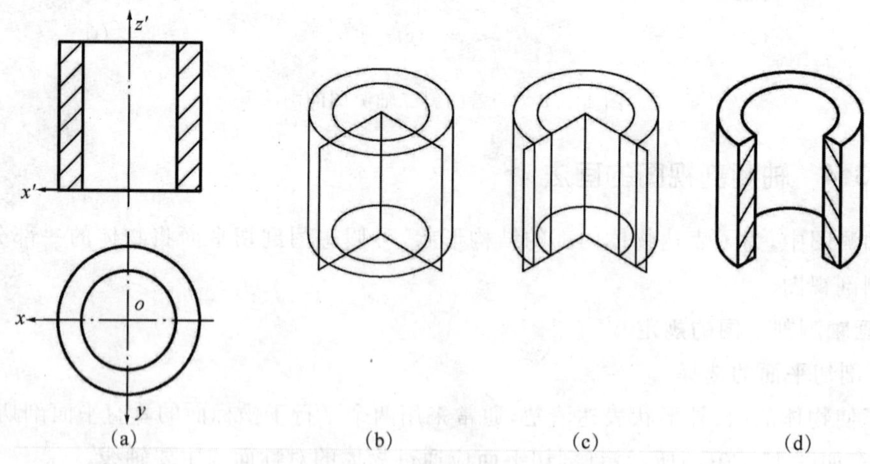

图 11.20　套筒的轴测图的剖切画法

(4) 去掉多余的线,并在断面处画出剖面符号,如图 11.20(d)。

2) 先画剖面,再画内、外形状。作图过程如图 11.21、图 11.22 所示。

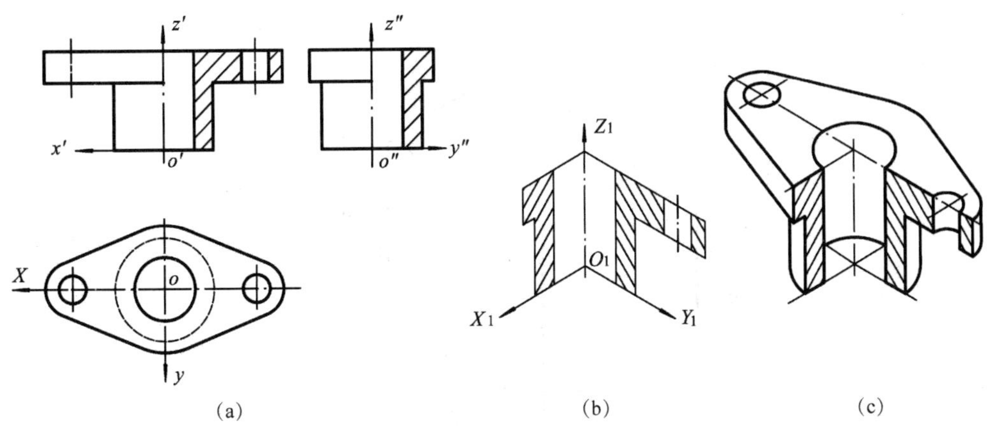

图 11.21　压盖的轴测图剖切画法(正等轴测图)

具体步骤如下：

(1) 选定坐标轴及剖切平面的位置,如图 11.21(a)、图 11.22(a)所示。

(2) 画轴测轴及剖面的轴测图,如图 11.21(b)、图 11.22(b)所示。

(3) 画全压盖其他部分可见轮廓线 ,如图 11.21(c)、图 11.22(c)所示。

对比上述两种画法:第一种画法比较符合人们对剖视图形成过程的认识,容易判断剖面形状和其他部分的关系,初学者易于掌握,但作图较麻烦;第二种画法作图线较少,作图迅速,适合画内、外形状都比较复杂的物体,但需要有一定的画图经验。

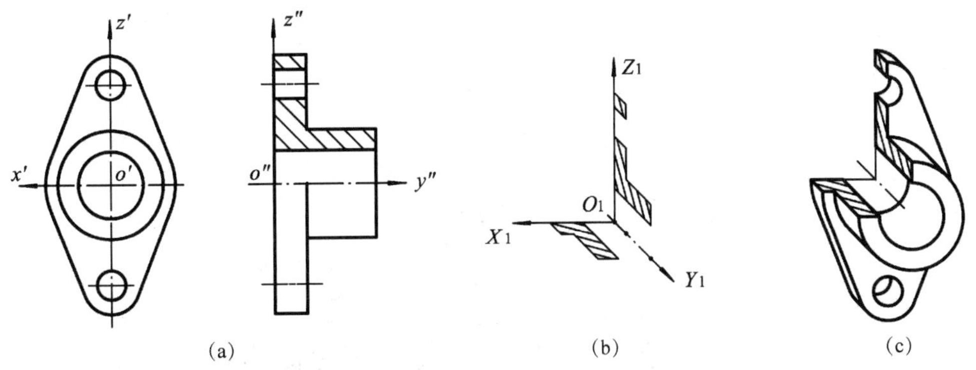

图 11.22　压盖的轴测图剖切画法(斜二等轴测图)

11.3.5　轴测图的尺寸标注

以轴测图表达机件时,经常需要在轴测图上标注机件的尺寸。根据 GB/T4458.3—1984 的规定,在轴测图标注尺寸应遵循以下几个原则。

1. 线性尺寸注法

线性尺寸的尺寸线必须与所标注的线段平行;尺寸界线一般应平行于轴测轴;尺寸数字应按相应的轴测图形标注在尺寸线的上方。当出现数字字头向右或向下时, 用引出线引出标注,并将数字按水平位置注写,如图 11.23 所示。

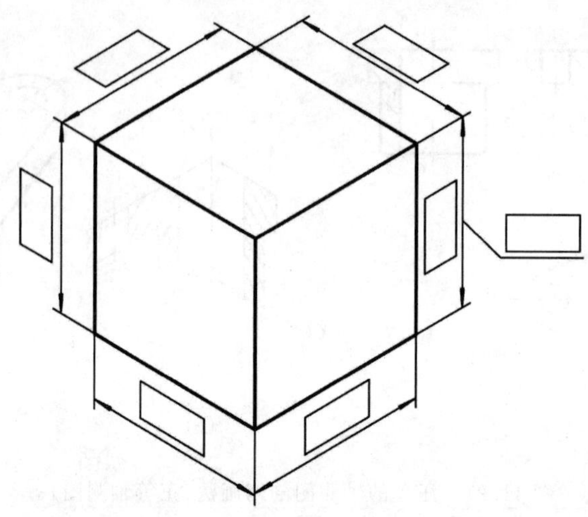

图 11.23　线性尺寸的标注

2. 圆和圆弧的注法

标注圆的直径时,尺寸线和尺寸界线应分别平行于圆所在平面内的轴测轴。标注圆弧半径或较小圆的直径时,尺寸线可从(或通过)圆心引出标注,但注写尺寸数字的横线必须平行于轴测轴,如图 11.24 所示。

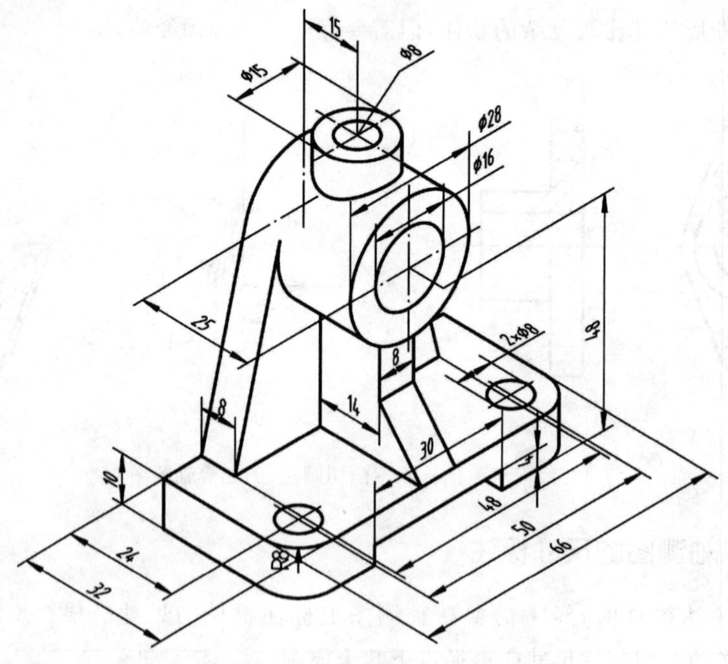

图 11.24　正等轴测图标注实例

3. 角度的注法

标注角度的尺寸时,尺寸线应画成与该坐标平面相应的椭圆弧,角度数字一般写在尺寸线的中断处,字头向上,如图 11.25 所示。

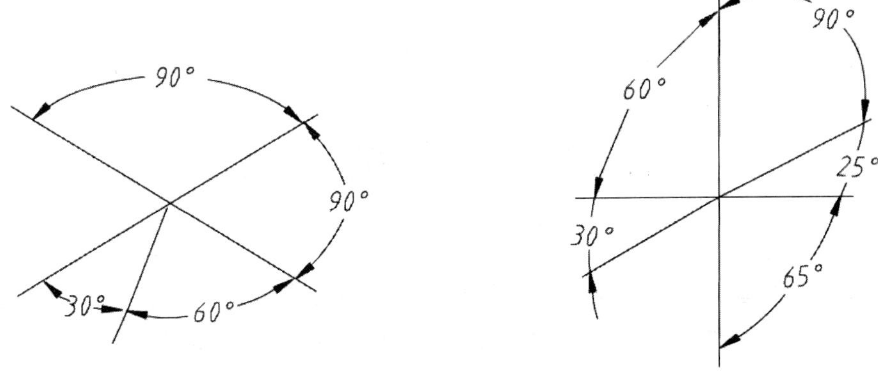

图 11.25　角度注法

由以上几种尺寸可以看出，必须在同一平面上标注尺寸。标注定位尺寸时，经常需要作出辅助线来确定点(圆心)、线、面等几何元素的位置，以便标注定位尺寸，如图 11.25 中的定位尺寸 48 就是通过沿圆柱 ϕ28 轴线方向作出一条辅助线，使该线的端点与底板前面位于同一平面，以便标注定位尺寸 48。

第12章　透视投影

透视图是一种直观性好，比轴测图立体感更强的单面投影图，且符合人的视觉成像。它和轴测图的不同之处在于，轴测图是用平行投影法绘制的，而透视图则是用中心投影法绘制的，因此，度量性较差，作图较烦琐。一般应用于建筑设计、道路工程、工业设计等领域中。近年来，透视图已可由计算机显示与绘制，应用领域也日益广泛。

12.1　透视投影的基本知识和术语

12.1.1　透视投影的概念

一张照片可以十分逼真地表现出建筑物的外貌，这是因为物体通过照相所成的像，和我们观看物体时，物体在我们视网膜上所成的像是基本一致的。用中心投影法画出的透视投影图，或称透视图，与照片也是基本一致的。透视投影可以看成是以人的一只眼睛为投射中心，人与建筑物之间设置一平面作为投影面，用这只眼睛观看建筑物上的点的视线作为投射线，视线与投影面的交点，即为该点的透视投影(简称透视)。

如图 12.1 所示是万能铣床的线画透视图，图 12.2 为多功能一体机具有真实感的透视图，图 12.3 为建筑物的线画透视图。

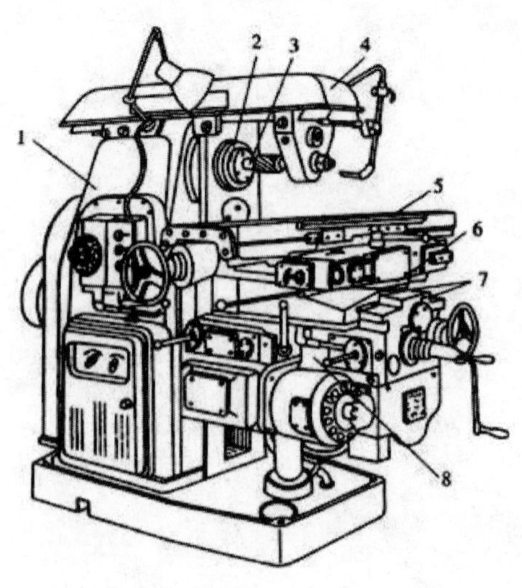

图 12.1　万能铣床的线画透视图

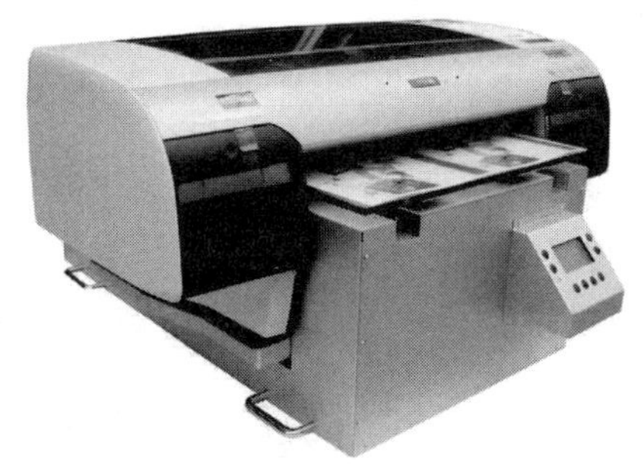

图 12.2　集打印、扫描、复印、传真于一体的多功能一体机具有真实感的透视图

图 12.3　建筑物的线画透视图

图 12.4　同一建筑物的两种(具有真实感和线画)透视图

12.1.2　基本术语

现结合图 12.5 介绍透视图的基本术语。

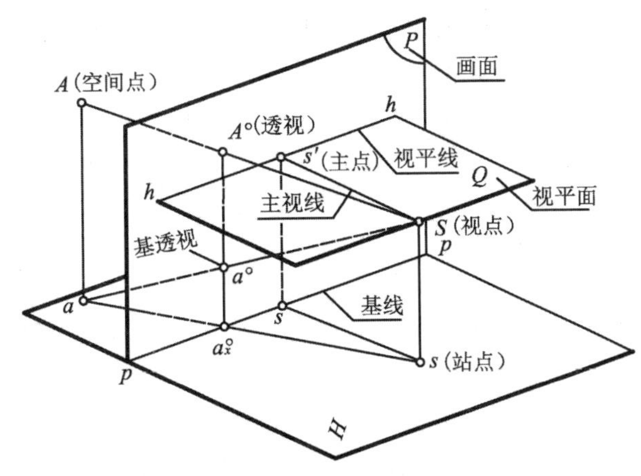

图 12.5　基本术语

基面 H——观察者所站立的水平地面，即物体所在的水平面。

画面 P——透视图所在平面即投影面。

基线 p-p——画面与基面的交线。

视点 S——观察者眼睛所在的位置,即投射中心。

视平面 Q——通过视点(投射中心)的水平面。

视平线 h-h——视平面与画面的交线。

主视线 Ss'——通过视点且与画面垂直相交的视线。

主点 s'——主视线与画面的交点(视点在画面上的正投影)。

站点 s——视点在基面上的正投影,即观察者站立的位置。

12.1.3 透视图的分类

与正投影图相比,透视图有一个很明显的特点,就是形体距离观察者(视点)越近,所得的透视投影越大;反之,距离越远则投影越小,即所谓近大远小。

此外,物体上原本平行的线,在透视图中它们将交于一点,这个点称为灭点。欧氏(欧几里德)空间的几何元素是固有元素,欧氏空间在补充了非固有几何元素后称为射影空间。在射影空间,互相平行的直线交于非固有点(无穷远点),相互平行的平面交于非固有直线。经过中心投射,固有点可以得到一个对应的非固有点,非固有点也可以得到一个对应的固有点。灭点是一个固有点,它是直线上非固有点的透视。如图 12.6 所示,AB 是一条平行基面的直线(水平线),过视点 S 作直线 SF 平行于 AB,SF 与基面平行,与视平线交于点 F 即为直线 AB 的灭点。

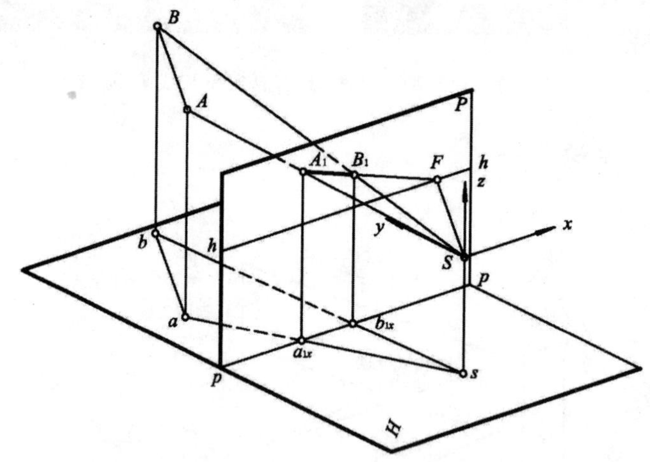

图 12.6 直线的灭点

平行坐标轴方向的直线灭点称为主向灭点,如图 12.7 所示,F_x 和 F_y 分别是平行于 x 轴和 y 轴方向的主向灭点。

透视图按图上主向灭点的数量分为以下三类:

(1) 一点透视(又称平行透视)是只有一个主向灭点的透视图,如图 12.8(a)所示。

(2) 两点透视(又称成角透视)是有两个主向灭点的透视图,如图 12.8(b)所示。

(3) 三点透视(又称斜透视)是形成三个主向灭点的透视图,如图 12.8(c)所示。

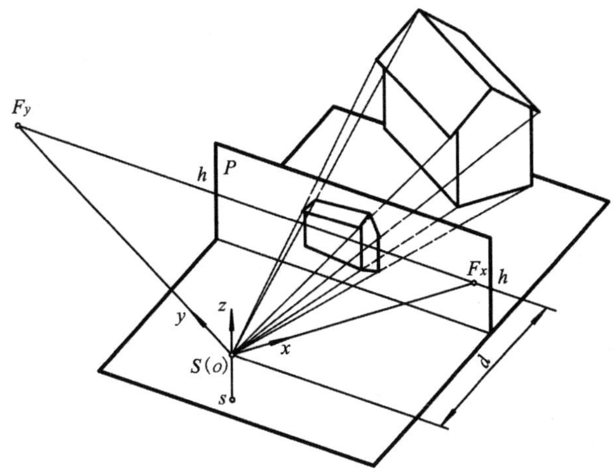

图 12.7　主向灭点

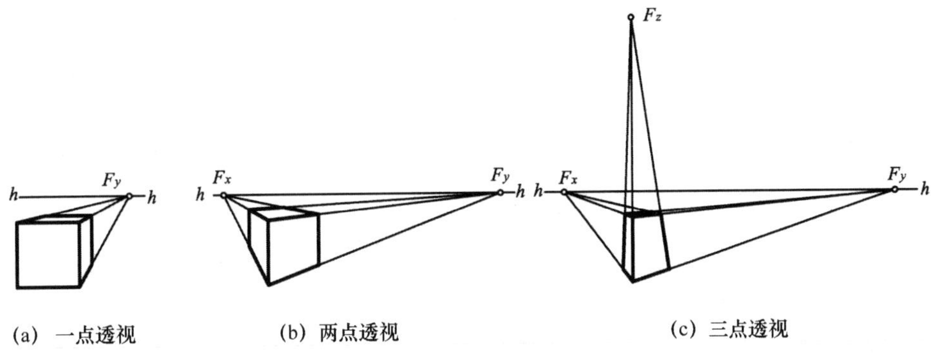

图 12.8　透视的分类

12.2　点、线、面的透视

12.2.1　点的透视

1. 点的透视

点的透视即为通过该点的视线与画面的交点。如图 12.9 所示，设画面为 P，视点为 S。现有一点 A 位于画面 P 的后方，引视线 SA，与 P 面的交点 A°，即为点 A 的透视。现设一点 B 位于画面 P 的前方，则延长视线 SB，与 P 面交得透视点 B°。若一点 C 属于画面 P，则通过点 C 的视线与 P 面的交点 C°，即 C 点本身。如图中有一点 D 的视线 SD 平行画面 P 时，则与画面相交于无限远处，因而 D 点不存在透视（固有点变成非固有点）。

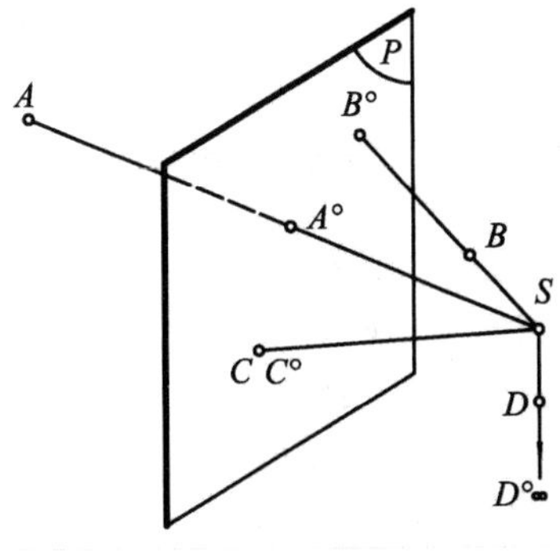

图 12.9　点的透视

如图 12.10(a)所示，由视点 S 引视线至点 A，SA 与画面 P 的交点 A° 即为 A 点的透视。点 A 在基面 H 的投影 a(称为基投影)，Sa 与画面 P 的交点 a° 是 a 在画面 P 的透视，称为点 A 的基透视。在透视图中要确定点 A 的空间位置，除求出透视 A° 外，还必须作出其基透视 a°。

由于投射线垂直于基面，则自视点 S 引视线 SA、Sa 形成的视线平面必垂直于基面，因此它与画面 P 的交线 $A^{\circ}a^{\circ}$ 必垂直于基面，即垂直于基线。可见点的透视及其基透视位于同一条铅垂线上。

点 A 的透视 A° 与其基透视 a° 的连线 $A^{\circ}a^{\circ}$，其长度称为点 A 的透视高度，一般情况下不与实际高度相等。

2. 点的透视作图

点的透视作图，实际上就是求直线(视线)与平面(画面)的交点。如图 12.10(b)所示，为方便，在进行透视作图时，把画面 P 与基面 H 分开，但上下应对齐，基线 $p-p$ 和视平线 $h-h$ 构成画面，$p-p$ 为画面在基面 H 上的积聚性投影，它与站点 S 构成基面。

求点的透视与基透视作图步骤如下，如图 12.10(b)所示。

(1) 在基面 H 上作连线 sa，与 $p-p$ 交于 a_x°。

(2) 在画面 P 上作连线 $s'a'$ 和 $s'ax$。

(3) 由 a_x° 作 $p-p$ 的垂线，与 $s'a'$ 和 $s'a_x$ 分别交于 A° 和 a° 即为所求。

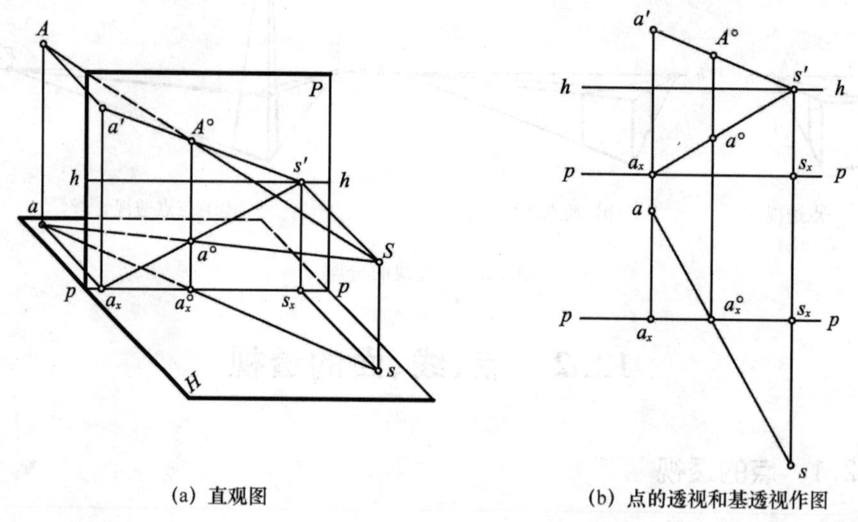

(a) 直观图　　(b) 点的透视和基透视作图

图 12.10　作点的透视和基透视

12.2.2　直线的透视

1. 直线的透视

直线的透视是通过直线的视平面与画面的交线。一般情况下直线的透视仍为直线，但当直线通过视点时，其透视仅为一点。直线属于画面时，其透视即为本身。

直线的透视，为属于直线各点的透视的集合。如图 12.11 所示，通过属于直线 AD 各点 A，L，…，D 的视线 SA，SL，…，SD，与画面 P 交得的各点透视 A°，L°，…，D° 等的连线，为直线 AD 的透视。这时，所有视线 SA，SL，…，SD 组成一个平面，称为视平面。它与画面 P

的相交直线 $A^{\circ}D^{\circ}$，包含了所有视线与画面的交点，即包含了各点的透视。因此，通过直线 AD 的视平面 SAD 与画面 P 的相交直线 $A^{\circ}D^{\circ}$ 即为直线 AD 的透视。

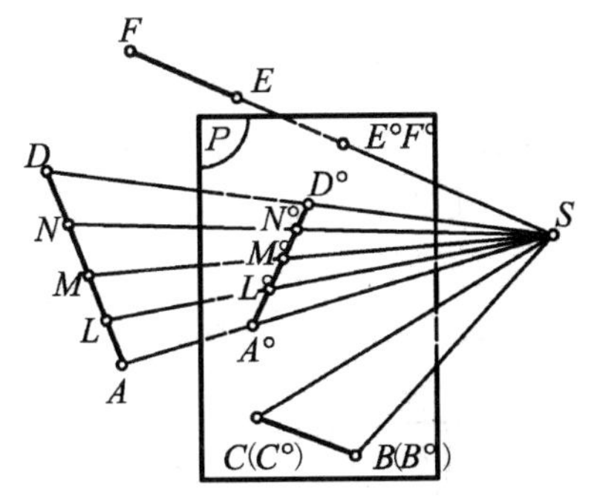

图 12.11 直线的透视

但当直线 EF 通过视点 S 时，通过线上各点的视线，实际上只是与 EF 重合的一条视线，与画面只交于一点，故这种位置的直线，其透视 $E^{\circ}F^{\circ}$ 蜕化成一点。

又如图 12.11 中直线 BC，因属于画面，通过它的视平面与画面 P 的交线，仍是这条直线 BC，所以 BC 的透视即为本身。

2. 直线的透视特性

(1) 当直线平行与画面时，它的透视与该直线相平行；属于直线的点分直线所成的比例，与该点的透视分直线的透视所成的比例相同。例如图 12.12(a)所示中画出了画面平行线 AB 及其上的 E 点，它们的透视就有这样的特性：$A^{\circ}B^{\circ} /\!/ AB$，$A^{\circ}E^{\circ} : E^{\circ}B^{\circ} = AE : EB$。

(2) 两互相平行的画面平行线，它们的透视也仍互相平行。例如图 12.12(a)所示的画面平行线 $AB /\!/ CD$，它们的透视 $A^{\circ}B^{\circ} /\!/ C^{\circ}D^{\circ}$。

(3) 两相交直线的透视也相交，透视的交点也就是交点的透视。例如图 12.12(a)所示中画出了两相交直线 AB 和 BD，交于 B 点，则它们的透视 $A^{\circ}B^{\circ}$ 和 $B^{\circ}D^{\circ}$ 也相交，且交于 B° 点。

(4) 不平行于画面的直线，与画面有交点，交点称为直线与画面的迹点。不平行于画面的直线上无穷远点的透视，称为直线的灭点(常用 F 表示)。

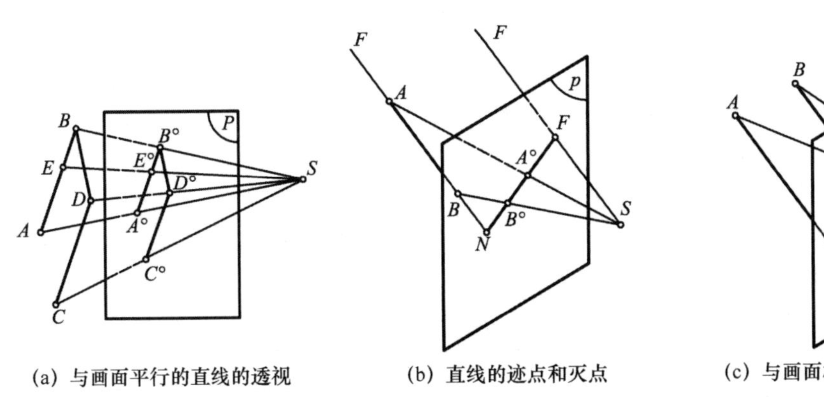

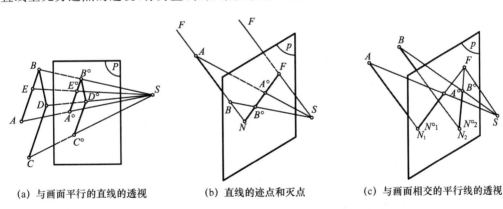

(a) 与画面平行的直线的透视　(b) 直线的迹点和灭点　(c) 与画面相交的平行线的透视

图 12.12 直线的透视特性

例如图 12.12(b)所示，直线 AB 的迹点为 N，设直线 AB 上无限远的点为 $F\infty$，作 $F\infty$ 点的透视，只要过视点 S 作视线平行于直线 AB，该视线与画面的交点 F 就是 $F\infty$ 的透视，即为直线 AB 的灭点。连接迹点与灭点的直线 NF 称为直线的全透视，直线的透视位于直线的全透视上。

(5) 与画面相交的平行线有共同的灭点，即它们的透视都相交于这个灭点。如图 12.12(c)所示中，两平行直线 AN_1 和 BN_2 的透视 $A^{\circ}N^{\circ}_1$ 和 $B^{\circ}N^{\circ}_2$ 相交于同一灭点 F。

(6) 从上述投影特性可得如下推论：当画面与基面垂直时，铅垂线的透视仍为铅垂线；

平行于画面的水平线的透视仍为水平线；与画面相交的水平线的灭点，必定位于视平线 $h-h$ 上；垂直于画面的直线的灭点就是主点 s'。

3. 直线的透视作图

例 12.1 作基面平行线 AB 的透视 $A^\circ B^\circ$。

解 空间分析和作图过程的轴测图，如图 12.13(a)所示。

(1) 求迹点。延长直线 AB，求出迹点 N，N 在 $p-p$ 的上方，与 $p-p$ 的距离等于 AB 的高度 H。

(2) 求直线 AB 的灭点。过视点 S 作 $SF /\!/ AB$，与视平线 $h-h$ 交得 AB 灭点 F。

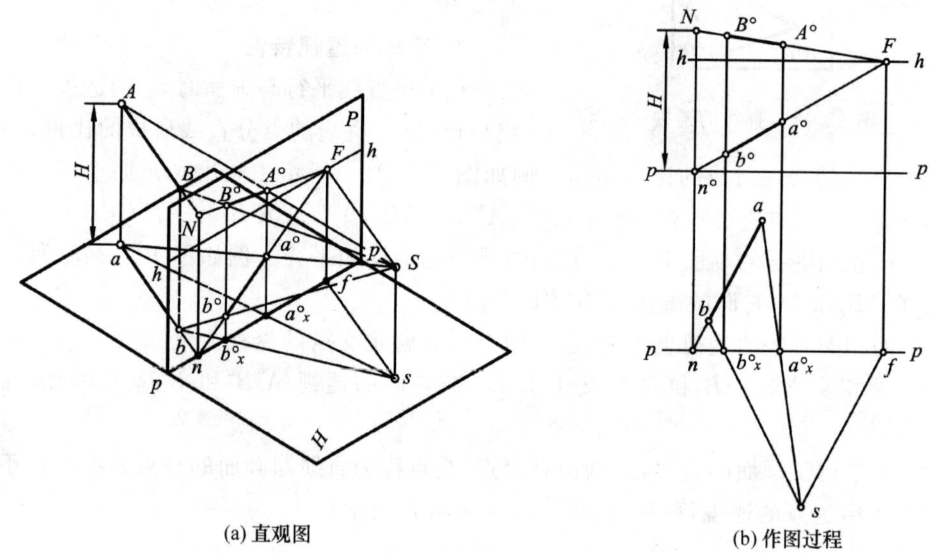

图 12.13 基面平行线的透视

(3) 求全透视。将点 N 与 F 相连，得 AB 的全透视；再过视点 S 向点 A、B 作视线，与 NF 交得 A°、B°，连 $A^\circ B^\circ$ 即为水平线 AB 的透视。

具体的作图过程如图 12.13(b)所示。

(1) 在基面上，延长直线 ab，与 $p-p$ 交得 n；由 n 作垂线，与 $p-p$ 交得 n°；在画面上由 n° 量取高度 H，作出 AB 的迹点 N。

(2) 在基面上，过站点 s 作 $sf /\!/ ab$，与 $p-p$ 交得 f；由 f 作垂线，与视平线 $h-h$ 交得 AB 灭点 F。

(3) 在基面上，将 a、b 分别与站点 s 相连，sa、sb 与 $p-p$ 交得 a°_x、b°_x；由 a°_x、b°_x 作垂线，与 F、N 连线交得 A°、B°，$A^\circ B^\circ$ 即为水平线 AB 的透视。

例 12.2 作基面垂直线 AB 的透视 $A^\circ B^\circ$。

解 空间分析和作图过程的轴测图，如图 12.14(a)所示。

(1) 过直线 AB 分别任作相互平行的水平线 AA 和 BB(BB 属于基面 H)，与画面 P 交于 A_1 和 B_1，连接 A_1 和 B_1。

(2) 过视点 S 作视线 $SF /\!/ AA_1$，与视平线 $h-h$ 交得 AA_1 和 BB_1 的灭点 F。

(3) 分别将灭点 F 与 A_1 和 B_1 相连，在作视线 SA 和 SB，SA 与 FA_1 交得 A°，SB 与 FB_1 交得 B°，直线 $A^\circ B^\circ$ 即为基面垂直线 AB 的透视。

具体的作图过程如图 12.14(b)所示。

(1) 在基面上，过 ab 任作一直线，作为水平线 AA_1 和 BB_1 相重合的基投影，与 $p-p$ 交于 a_1、b_1，由 a_1、b_1 作垂线，与 $p-p$ 交于 B_1，由 B_1 向上量取高度 H，得 A_1。

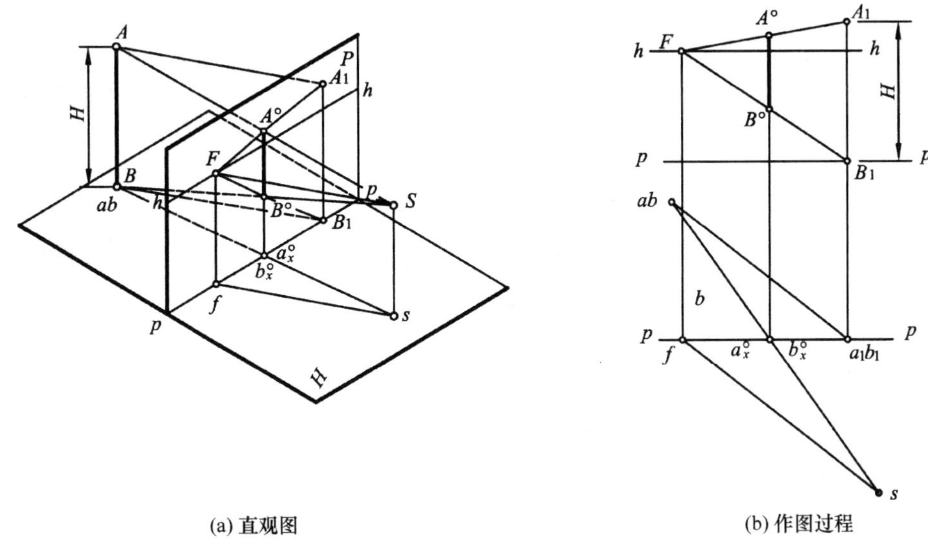

(a) 直观图　　(b) 作图过程

图 12.14　作基面垂直线的透视

(2) 在基面上，过站点 s 作 $sf \parallel aa_1$，与 $p-p$ 交得 f。由 f 作垂线，与视平线 $h-h$ 交得 AA_1、BB_1 的灭点 F。

c. 在画面上，将点 F 分别与 A_1 和 B_1 相连；在基面上将 s 与 ab 相连，与 $p-p$ 交于 a°_x 和 b°_x；由 a°_x 和 b°_x 作垂线，分别与 FA_1 和 FB_1，交得 A° 和 B°，直线 $A^\circ B^\circ$ 即为所求。

例 12.3　如图 12.15(a)所示，已知 H 面上的基线 $p-p$、站点 s 和画面垂直线 AB 的 H 面投影 ab，以及画面上的基线 $p-p$、视平线 $h-h$ 和 AB 离基面的高度 H，作这条画面垂直线 AB 的透视和基透视。

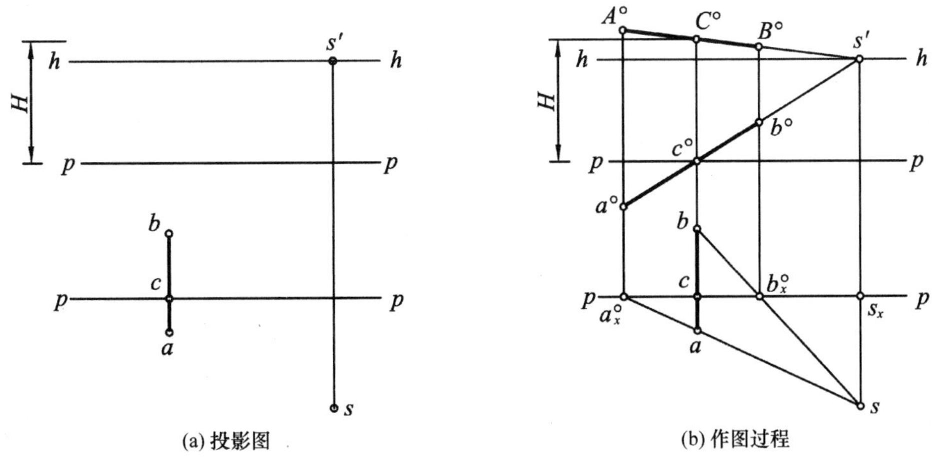

(a) 投影图　　(b) 作图过程

图 12.15　作画面垂直线的透视和基透视

解　图 12.15(a)只画出了投影图，可以根据已知的投影图和其他已知条件，想象和分析空间的状况，确定作图步骤，然后按作图步骤在投影图中逐步作图。

具体的作图过程如图 12.15(b)所示。

(1) 从图 12.15(a)所示的已知图形可知，端点 A 在画面之前，端点 B 在画面之后，于是应求出 AB 与画面的迹点 C 及其基透视 c°，C 的透视 C° 与 C 相重合。

(2) 由于 AB 垂直于画面，它的灭点就是主点，于是应作出主点 s'。

(3) 在画面上作出 $s'C^{\circ}$、$s'c^{\circ}$，即为 AB 的不定长的透视和基透视；作视线 SA、SB、Sa、Sb，分别与 $s'C^{\circ}$、$s'c^{\circ}$ 及其延长线交得 A°、B°、a°、b°，就可得出 AB 的透视 $A^{\circ}B^{\circ}$ 和基透视 $a^{\circ}b^{\circ}$。

12.2.3 平面的透视

平面图形的透视，为平面图形边线的透视。一般情况下，平面多边形的透视仍为一个边数相同的平面图形；只有当平面(或扩大后)通过视点时，其透视成为一条直线。画面上平面图形的透视，即为图形本身。

因为平面图形的形状、大小和位置，是由它的边线(轮廓线)决定的，故平面图形的透视，由其边线的透视来表示，且边线的线段数量亦不变。如图 12.16 所示，一个五边形 $AB\cdots E$ 的透视仍为一个五边形 $A^{\circ}B^{\circ}\cdots E^{\circ}$。

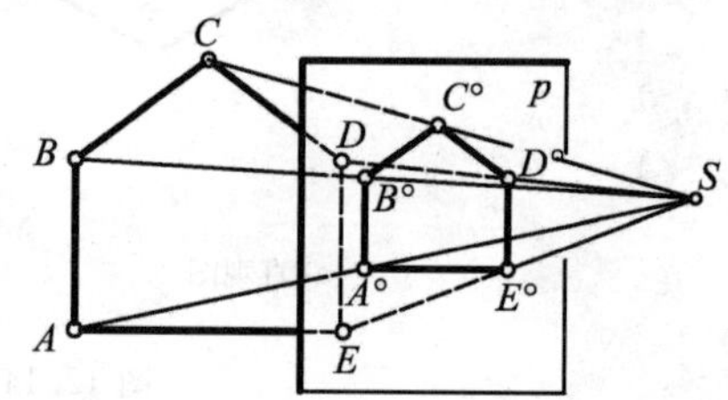

图 12.16 画面平行面的透视图

当平面通过视点时，通过平面上各点的视线，位于一个与该面重合的视平面上，故这些视线与画面的交点的集合，即平面的透视，实为该视平面，也为平面本身与画面的相交直线，故这时的透视成为一直线。

平面图形位于画面上时，其透视即为本身，所以形状、大小和位置不变。

12.3 视线迹点法绘制透视图

视线迹点法是绘制透视图的一种基本的方法。它是利用正投影图中求视线迹点的方法来绘制透视图的。

如图 12.17 所示，设画面 P 与正立投影面 V 重合，则求作点 A 的透视，就是求作通过点 A 的视线 SA 的正面迹点。根据正投影的基本原理：OX 及 OZ 轴可看作是画面 V 的 H 面投影和 W 面投影，它们都具有积聚性。视线 SA 对画面 V 得交点(即迹点)A°，其 H 面投影 a_x 就是 sa 与 OX 得交点，而其 W 面投影 A_z 就是 $s''A''$ 与 OZ 的交点；过 a_x 作铅垂线，与过 A_z 所引 A 的水平线相交，交点 A° 就是点 A 在 V 面上的透视。点 A 的基透视，即视线 Sa 与 V 面的交点 a°，其求作方法也和透视 A° 相同。

例 12.4 如图 12.18(a)所示，已知一座房屋及视点的正投影，试利用视线迹点法作出该房屋的透视。

解 画面是正平面 P，其 H 面投影和 W 面投影均积聚成直线 pp 和 $p''p''$。作图过程如图 12.18(b)所示，在 H 面投影中，由 s 向房屋的平面图各顶点引视线的投影 sc、sd、se 等，与 pp 相交于 cz、dz、ez 等点；再于 W 面投影中，由 s'' 向房屋的侧立面图各顶点引视线的投影 $s''c''$、$s''d''$、$s''e''$ 等，于 $p''p''$ 相交于 cz、dz、ez 等点。然后由 cx、dx、ex 等点作铅垂线，由 cz、

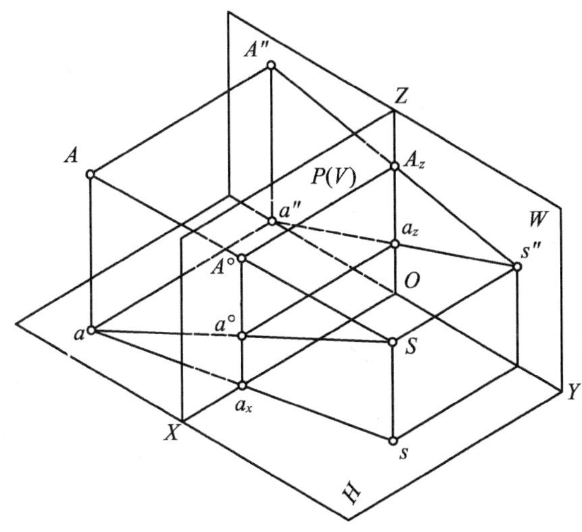

图 12.17 视线迹点法作透视图

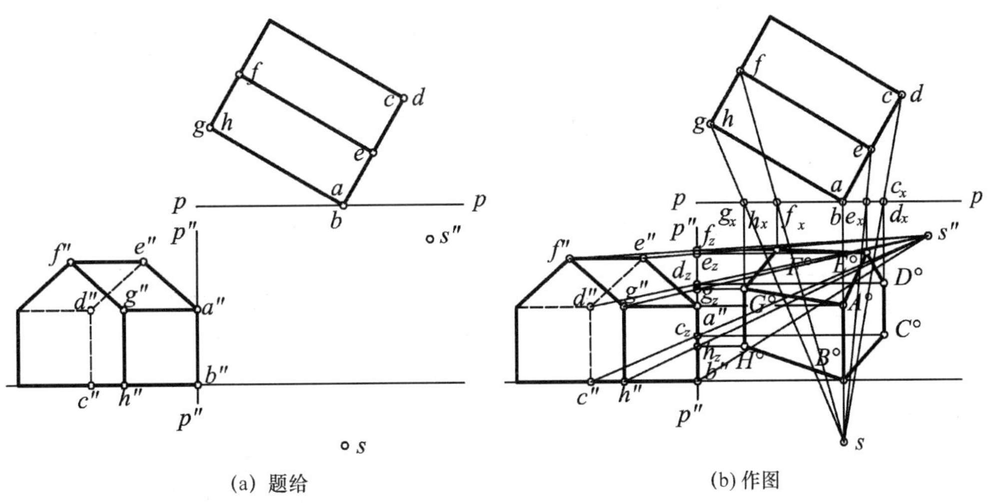

(a) 题给 (b) 作图

图 12.18 用视线迹点法作房屋的透视图

dz、ez 等点作水平线，这两组直线相应相交，就得到了房屋上各顶点的透视。将这些透视点相应地连接起来，就得到该房屋的透视图。

例 12.5 作四棱柱的两点透视。

解 将四棱柱的 $abBA$ 面与画面 P 倾斜成一个角度(一般为 30°)放置，且使四棱柱高度方向的一棱线重合与画面。四棱柱长、宽两个方向的棱线与画面相交，产生两个主向灭点。高度方向的棱线平行于画面，无灭点。先作出四棱柱底面的透视，再作出高度方向四条棱线的透视及顶面的透视，即可完成四棱柱的两点透视。具体的作图过程如图 12.19(c)和(d)所示。

(1) 作出已知的基线 $p-p$，视平线 $h-h$，站点 s.。在基面上作出四棱柱的水平投影 $abcd$，使 ab 与 $p-p$ 成 30°，如图 12.19(b)所示。

(2) 在基面上过 s 分别作 ab 和 cd 的平行线，与 $p-p$ 交于 f_x 和 f_y，过 f_x 和 f_y 作$p-p$

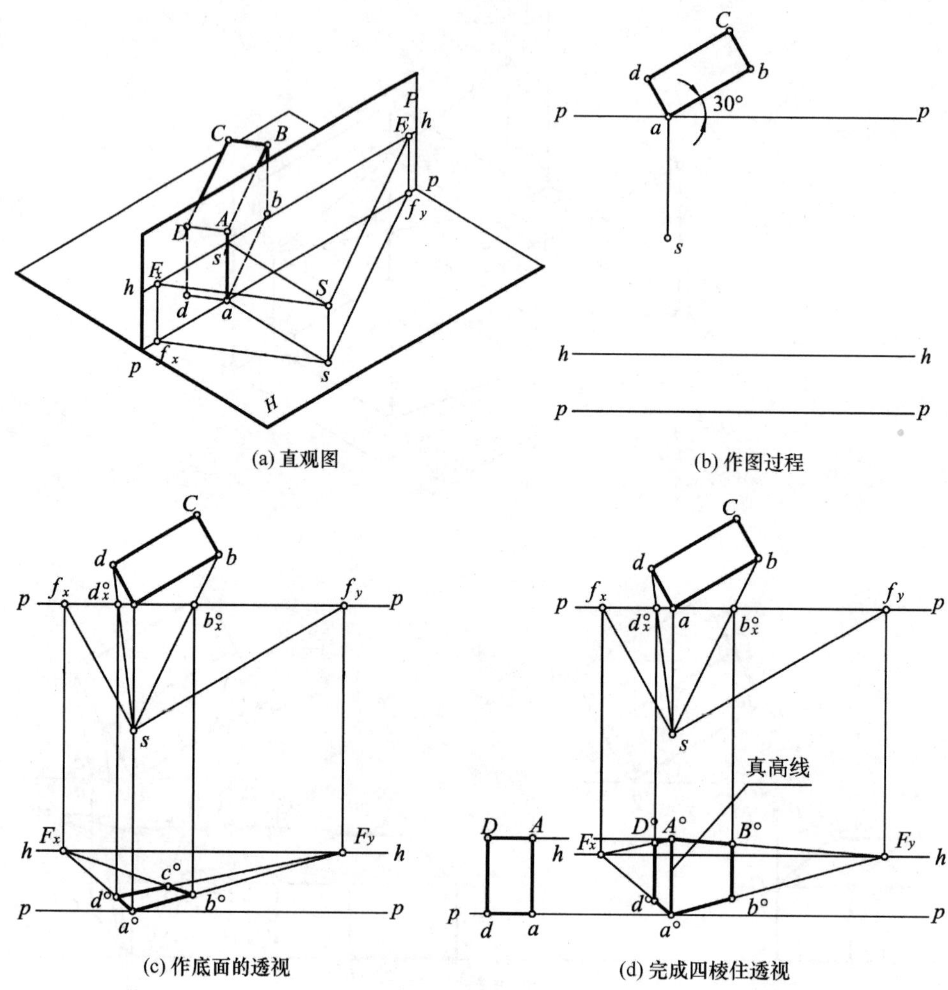

(a) 直观图 (b) 作图过程

(c) 作底面的透视 (d) 完成四棱住透视

图 12.19 四棱柱的两点透视

垂线与视平线 $h-h$ 交于 F_x 和 F_y，即长、宽两个方向的灭点，如图 12.19(c)所示。

(3) 求四棱柱底面的透视 $a^\circ b^\circ c^\circ d^\circ$，作图过程如图 12.19(c)中箭头所示。

(4) 确定四棱柱的高度，如图 12.19(d)所示。Aa 棱线与画面重合，$A^\circ a^\circ$为真高线(用来测定 Aa 高度的直线)，因此由 a°垂直向上直接量取四棱柱的高度得 A°，再分别由 b°和 d°引 $p-p$ 的垂线与 $A^\circ F_y$ 和 $A^\circ F_x$ 交与 B°和 D°，就画出了四棱柱的两点透视图。在作图中，常把高度方向的正投影图画在旁边，以便直接量取高度，如图 12.19(d)的左侧所示。

12.4 量点法绘制透视图

量点法是借助一组方向相同的水平辅助线的全透视来解决平面图形透视作图中长度和宽度的定位、度量问题。如图 12.20(a)所示，直线 CD 位于基面 H 上，其画面迹点 T 位于基线 $p-p$ 上，灭点 F 位于视平线 $h-h$ 上，TF 为 CD 的全透视。为了在全透视 TF 上求出点 C 的透视 C°，可通过点 C 在基面上作辅助线 CC_1，C_1 是辅助线与基线的迹点，并使 TC_1

等于 TC，CTC_1 为等腰三角形。然后求该辅助线的全透视；过视点 S 作平行于 CC_1 的视线，与画面相交于视平线上的点 M 为辅助线的灭点，称为量点。迹点 C_1 与量点 M 相连，就是辅助线 CC_1 的全透视。由两直线透视的交点是两直线交点的透视，C_1M 与 TF 的交点 C° 就是点 C 的透视。所以，为求 TF 线上的透视点 C°，在基线 $p-p$ 上，自 T 量取 TC 等于 TC_1，得点 C_1，连线 C_1M 与 TF 相交，交点 C° 即为所求。同理可以求出点 D 的透视 D°。这种利用量点直接根据基投影(平面图)中的直线长度求作透视图的方法称为量点法。

因 $\triangle SMF \cong \triangle smfp \backsim \triangle CTC_1$，故 $\triangle smfp$ 也是等腰三角形。因此，量点到灭点的距离等于站点到灭点的距离。由此，用量点法作透视图如图 12.20(b)所示，首先自站点 s 作平行于 cd 的直线，与 $p-p$ 交于点 f_p，以 f_ps 为半径画圆弧，与 $p-p$ 交于点 m，分别由 f_p、m 作垂线与 $h-h$ 相交，即得到灭点 F 和量点 M。再过迹点 T 量 TC 的长度到 $p-p$ 上，得 TC_1，将 C_1 引到画面上，C_1 与 M 相连与 TF 的交点，就是点 C 的透视 C°，D° 的求法同 C°。

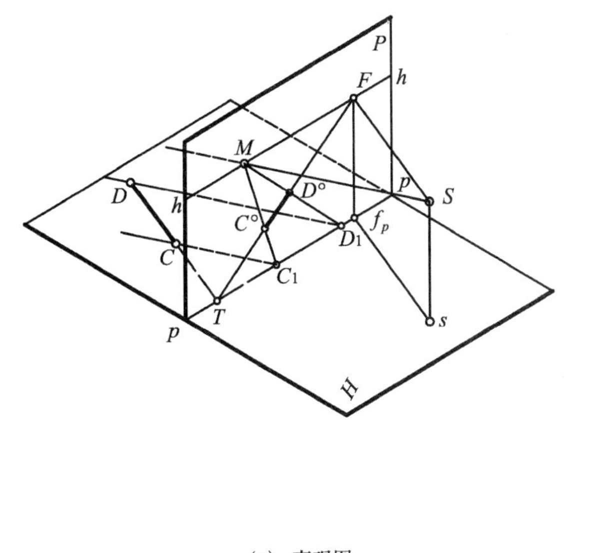

(a) 直观图　　(b) 作图

图 12.20　量点法的概念与作图

利用量点法作建筑透视图，一般先作出建筑平面图(即基投影)的透视(称为透视平面图)，以此解决建筑形体透视图中长度和宽度两个方向上的度量定位问题，在此基础上，定出各部分的透视高度，从而完成建筑物本身的透视。

例 12.6　如图 12.21(a)所示，已知建筑物的平面图(基投影)、站点 s、画面线 $p-p$ 和 $h-h$，画面通过平面上的一顶点 a，求作建筑平面图的透视。

解　由图 12.21(a)分析可知，所画透视为成角透视。

具体的作图过程如图 12.21(b)所示。

(1) 如图 12.21(a)所示，在基面上求出灭点和相应的量点的投影。平面图中有 X、Y 两组不同方向的平行线，从站点 s 分别向这两个方向引出视线的投影，与 $p-p$ 交于点 f_x 和点 f_y，这就是 X、Y 两个不同方向的灭点的投影。与 f_x、f_y 相对应，求得两个量点的投影 m_x、m_y。

(2) 如图 12.21(b)所示，在画面上按选定的视高画出视平线 $h-h$ 和基线 $p-p$，将 f_x、f_y、m_x、m_y 转绘到基线 $p-p$ 上，再过各点向上引铅垂线，在视平线 $h-h$ 上得到两个主向灭点 F_x、F_y 和相应的量点 M_x、M_y。然后将平面图中的顶点 a 移到 $p-p$ 上。要注意的是不

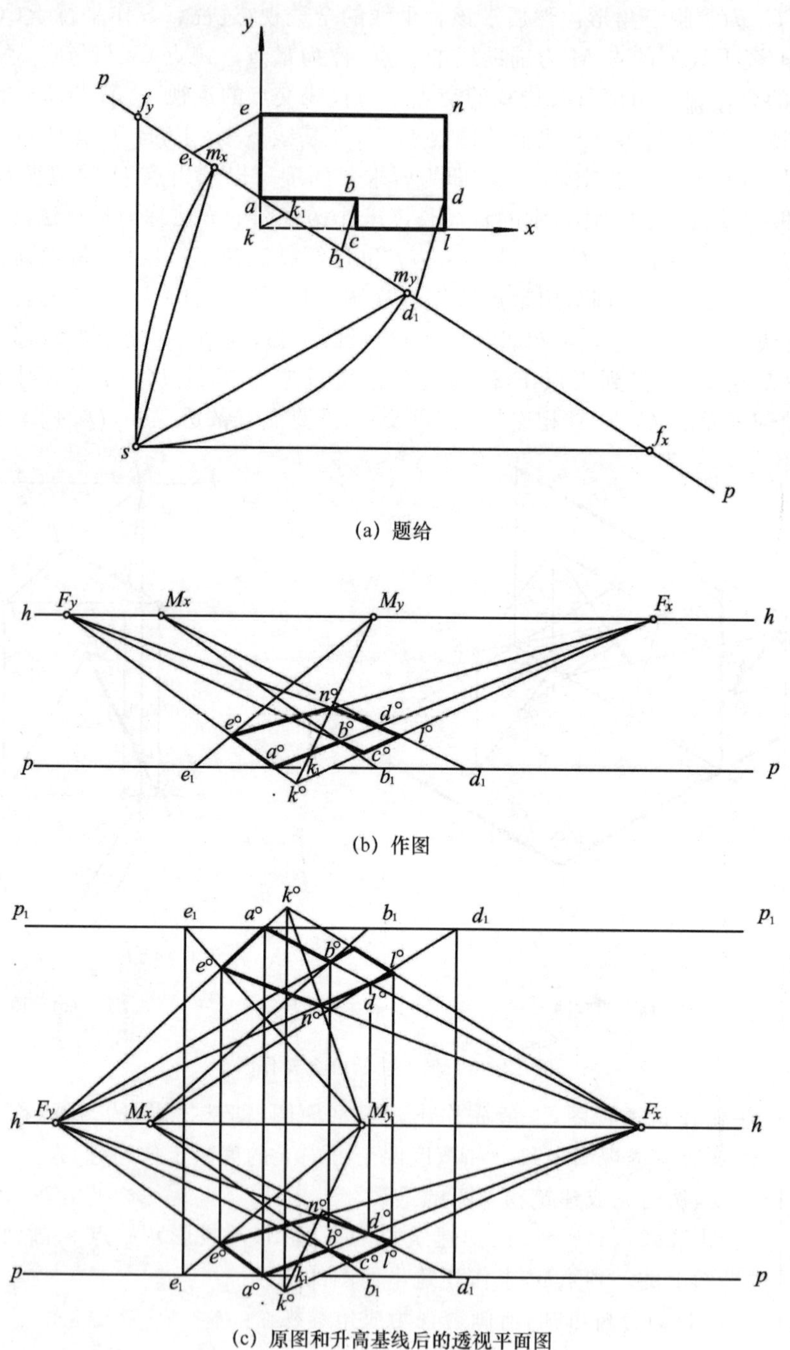

(a) 题给

(b) 作图

(c) 原图和升高基线后的透视平面图

图 12.21　用量点法作平面图

能改变它相对于灭点的左右距离。

(3) 求平面图形的透视,实际上是求平面图形上各点的透视,然后相连。平面图上的顶点 a 在 $p-p$ 上,点 a 的透视 a° 就是它自身。过 a° 向 F_x、F_y 引线,,得到 ae、ab 两条主向直线的透视方向(全透视)。自 a° 向左量取 e_1,由 e_1 向量点 M_y 引线,即辅助线 ee_1 的透视方向,该辅助线与 $a^{\circ}F_y$ 的交点就是点 e 的透视 e°。同理自 a° 向右量取 k_1、b_1、d_1(为求 ln 线的透视，在 ln 上取一点 d，d 在 ab 的延长线上），k_1M_y、b_1M_x、d_1M_x 与 $a^\circ F_y$、$a^\circ F_x$ 交于 k°、b°、d°，即为 k、b、d 的透视；通过 b°、d° 向 F_y 引直线，通过 e°、a°、k° 向 F_x 引直线，两组直线相交得 n、L、c 等点的透视 n°、L°、c°。对应点透视用粗实线相连即得到透视平面图。

如图原来选定的视高很小，基线过于接近视平线 $h-h$，则求出的透视平面图被“压得”很扁，图形不清晰，这时可以将基线 $p-p$ 降低或升高，如图 12.21(c)就将 $p-p$ 升高到了适当的位置后画出的透视平面图，尽管图形形状变了，但透视平面图的相应顶点位于同一铅至线上。

注意：量点用以确定辅助线的透视方向，而灭点是用以确定平面图上主向水平线的透视方向。从而求得主向水平线的透视长度。

例 12.7　如图 12.22(a)所示，已知一平顶小屋的平面、立面图及站点 s 和画面，现运用量点法求其建筑物的两点透视图。

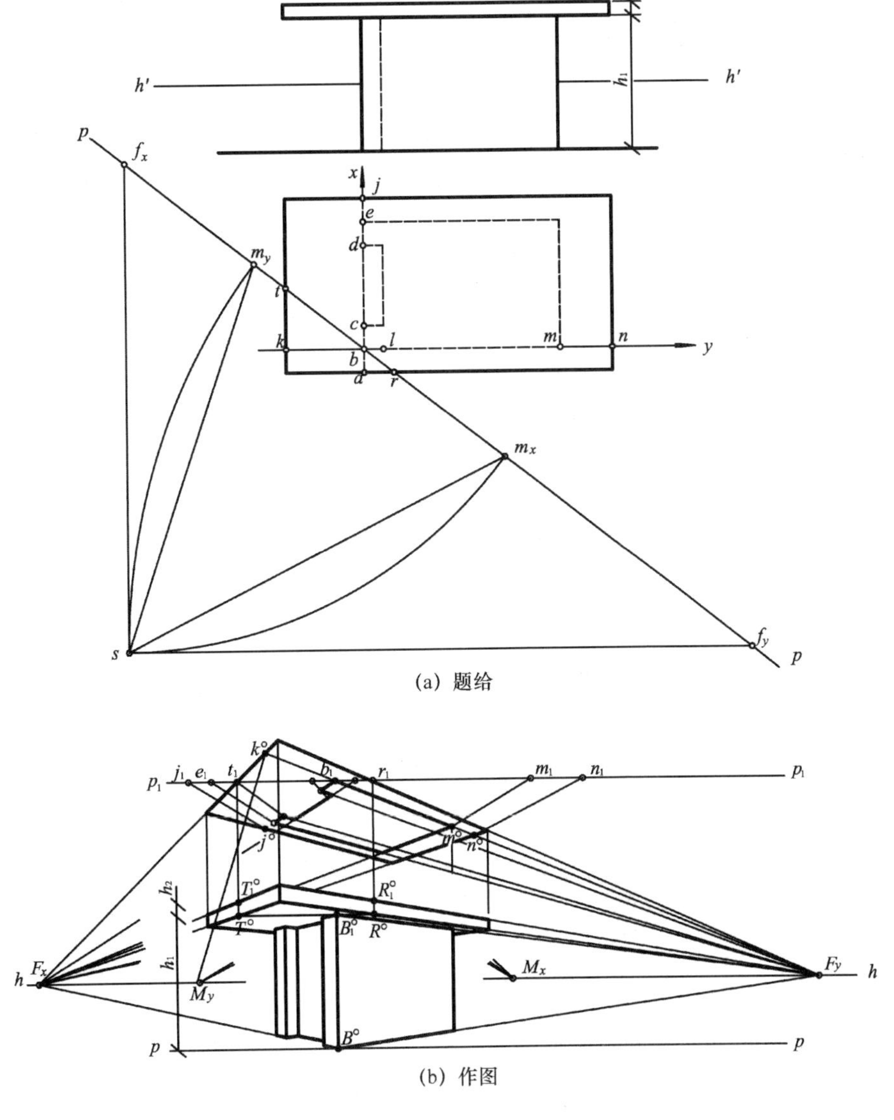

图 12.22　用量点法作建筑物的透视

解 由图 12.22(a)分析可知,作体的透视,实际上是作体上各点的透视。若作出该建筑物的透视图,首先要作出该建筑物的透视平面图,然后根据透视平面图,绘制建筑物的透视图,具体的作图过程如图 12.22(b)所示。

(1) 如图 12.22(a)可以看出,选定的视高较小,为了作图方便、清晰,采用升高基线的办法,即将基线升高到 p_1-p_1,画出该建筑物的透视平面图,如图 12.22(b)所示。

(2) 根据选定的真实视高,在图 12.22(b)中视平线的下方画基线 $p-p$。在图 12.22(a)中,点 b 在 $p-p$ 上,表明小屋的墙角线 BB_1 位于画面上,其透视 $B^\circ B_1{}^\circ$ 即该墙角线自身,能反映其真高;故自点 b_1 向下作铅垂线,与基线 $p-p$ 相交于点 B°,在此铅垂线上,自点 B° 向上直接截取墙的真高,即 $B^\circ B_1{}^\circ = h_1$,就是墙角线的透视。

(3) 透视平面图其他各顶点向下作铅垂线,定出各条墙角线的透视位置,再与真高线 $B^\circ B_1{}^\circ$ 和灭点 F_x、F_y 相配合,就能作出整个墙体的透视。

(4) 求作顶板的透视,利用透视平面图中,顶板边线与 p_1-p_1 的交点 t_1 和 r_1,由 t_1 和 r_1 作铅垂线,在此铅垂线上量取顶板的真实高度 $h_2 = T^\circ T_1{}^\circ = R^\circ R_1{}^\circ$,由此自点 T°、$T_1{}^\circ$、R°、$R_1{}^\circ$ 向相应的灭点 F_x 和 F_y 引直线,即可完成顶板的透视。

12.5 距点法绘制透视图

在求作一点透视时,建筑物只有一主向轮廓线,由于与画面垂直而产生灭点,即心点 s°。这样画面垂直线的透视是指向心点 s°。如图 12.23 所示,基面上有一垂直于画面的直线 AB,其透视方向即 Ts°,为了确定该直线上 A、B 各点的透视,可设想在基面上,自 A、B 各点作同一方向的 45°辅助线 AA_1、BB_1,与基线相交于 A_1 及 B_1。求这些辅助线的灭点,可平行于这些辅助线引视线,交画面于视平线上的点 D 而求得。A_1D、B_1D 与 Ts° 相交,交点 A°、B° 就是点 A 和 B 的透视。正由于辅助线是 45°的,则 $TA_1 = TA$ 、$TB_1 = TB$,在实际作图时,并不需要在基面上画出这些辅助线,而只需按点 A、B 对画面的距离,直接在基线上量得点 A_1 及 B_1 即可。同时,从图中也不难看出:视线 SD 对视平线的夹角也是 45°的,点 D 到心点 s° 的距离 ,正好等于视点对画面的距离。利用灭点 D,就可按画面垂直线上的点对画面的距离,求得该点的透视,因此,点 D 称为距点。它实际上是量点的特例。这样的距点可取在心点的左侧,也可取在心点的右侧。

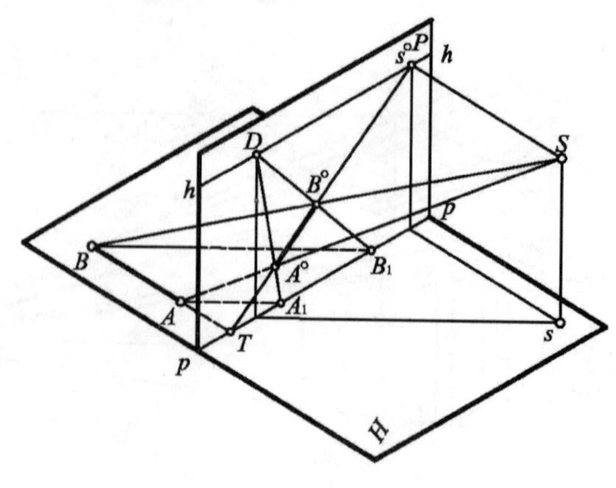

图 12.23 距点法的概念

例 12.8　如图 12.24 所示，已知一建筑物某部分的平面(剖面)、剖面图及站点 s 和画面，现运用距点法求其建筑物该部分的一点透视图。

解　由图 12.24 可以看出，画面位置与正墙面重合，在画面前的柱、门等，其透视较其平、剖面图所示的尺寸为大；而画面后的部分，其透视则较平、剖面图所示尺度为小。门、柱等透视高度都是利用画面上的真高线确定的。具体的作图过程如图 12.24 所示。

(1) 图 12.24 中是利用画面垂直线 ac 作为量度的基准线，将建筑物各部分对画面的距离全部移到 ac 线上。由于所取的的距点 D 在心点左侧，点 b 在画面上，画面前的点 a，其距离量在 b_1° 的左侧，而画面后点 c 距离，则量在 b_1° 右侧。

(2) 求点 a 的透视。在平面图上过点 a 作 sd 的平行线，其中，s 为站点，d 为量点 D 在平面图上的投影，在透视图上真高线上找到对应点 a_1，则点 a 的透视 a_1° 在 $s^\circ b_1^\circ$ 连线和 Da_1 的交点上。

(3) 其他各点与 a 点作图方法相同。

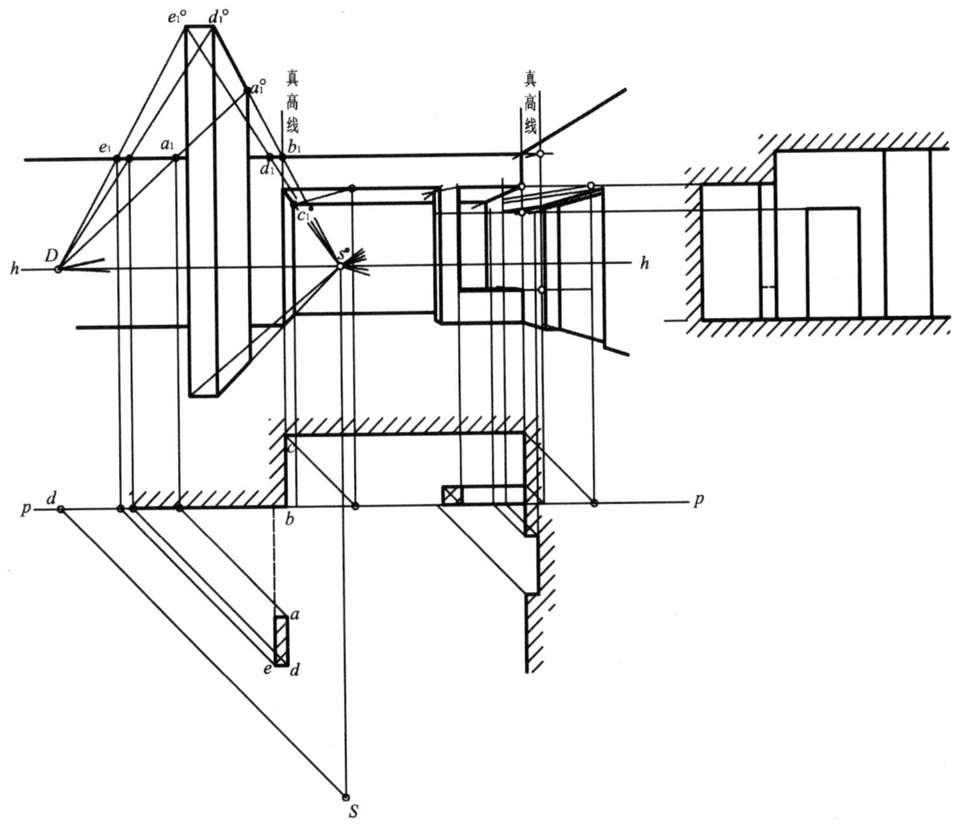

图 12.24　用距点法作建筑物的一点透视

附录 A　标准结构(摘录)

一、普通螺纹基本尺寸(摘自 GB/T 193—2003 和 GB/T 196—2003)

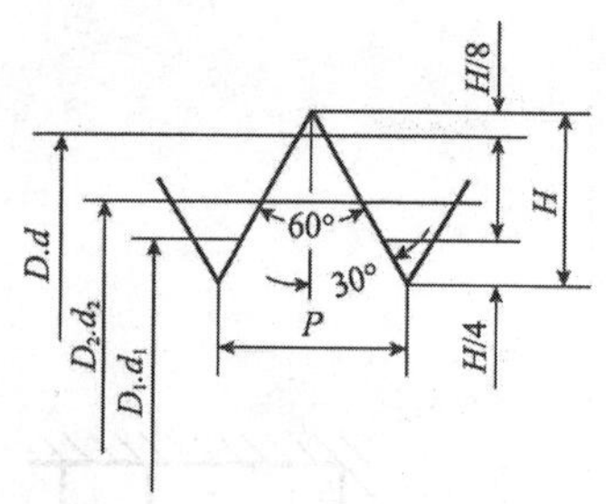

$$H=\frac{\sqrt{3}}{2}P=0.866\ 025\ 404P$$

标记示例：

公称直径 24 mm，螺距 1.5 mm，左旋细牙普通螺纹，公差带代号 $7H$，其标记为：

M24×1.5LH—7H

内外螺纹旋合的标记：M1b—7H/6g

附表 A1　普通螺纹的基本尺寸　　mm

公称直径 D、d			螺距 P	中径 D_2 或 d_2	小径 D_1 或 d_1	公称直径 D、d			螺距 P	中径 D_2 或 d_2	小径 D_1 或 d_1
第一系列	第二系列	第三系列				第一系列	第二系列	第三系列			
1			0.25	0.838	0.729	3			0.5	2.675	2.459
			0.2	0.870	0.783				0.35	2.773	2.621
	1.1		0.25	0.938	0.829		3.5		(0.6)	3.110	2.850
			0.2	0.970	0.883				0.35	3.273	3.121
1.2			0.25	1.038	0.929	4			0.7	3.545	3.242
			0.2	1.070	0.983				0.5	3.675	3.459
	1.4		0.3	1.205	1.075		4.5		(0.75)	4.013	3.688
			0.2	1.270	1.183				0.5	4.176	3.959
1.6			0.35	1.373	1.221	5			0.8	4.280	4.134
			0.2	1.474	1.383				0.5	4.675	4.459
	1.8		0.35	1.573	1.421			5.5	0.5	5.175	4.959
			0.2	1.670	1.583	6			1	5.350	4.917
	2		0.4	1.740	1.567				0.75	5.513	5.188
			0.25	1.838	1.729				(0.5)	5.676	5.459
	2.2		0.45	1.908	1.712			7	1	6.350	5.917
			0.25	2.038	1.929				0.75	6.513	6.188
2.5			0.45	2.208	2.013				0.5	6.675	6.459
			0.35	2.273	2.121	8			1.25	7.188	6.647

续表

公称直径 D、d			螺距 P	中径 D_2 或 d_2	小径 D_1 或 d_1
第一系列	第二系列	第三系列			
8			1	7.350	6.917
			0.75	7.513	7.188
			(0.5)	7.675	7.459
		9	(1.25)	8.188	7.647
			1	8.350	7.917
			0.75	8.513	8.188
			0.5	8.675	8.459
10			1.5	9.026	8.376
			1.25	9.188	8.647
			1	9.360	8.917
			0.75	9.513	9.188
			(0.5)	9.675	9.459
		11	(1.5)	10.026	9.376
			1	10.350	9.917
			0.75	10.513	10.188
			0.5	10.675	10.459
12			1.75	10.863	10.106
			1.5	11.026	10.376
			1.25	11.188	10.647
			1	11.350	10.917
			(0.75)	11.513	11.188
			(0.5)	11.675	11.459
	14		2	12.701	11.835
			1.5	13.026	12.376
			(1.25)	13.188	12.647
			1	13.350	12.917
			(0.75)	13.513	13.188
			(0.5)	13.675	13.459
	15		1.5	14.026	13.376
			(1)	14.350	13.917
16			2	14.701	13.835
			1.5	16.026	14.376
			1	16.350	14.917
			(0.75)	15.513	15.188
			(0.5)	15.675	15.459
		17	1.5	16.026	15.376
			(1)	16.350	15.917
	18		2.5	16.310	15.294
			2	16.701	15.835
			1.5	17.026	16.376
			1	17.350	16.917
			(0.75)	17.513	11.188
			(0.5)	17.675	17.459
20			2.5	18.376	17.294
			2	18.701	17.835
			1.5	19.020	18.376
			1	19.350	18.917
			(0.75)	19.513	19.188
			(0.5)	19.675	19.459
24			3	22.051	20.752
			2	22.701	21.835
			1.5	23.026	22.376
			1	23.350	22.917

注：① 直径优先选用第一系列，其次第二系列，第三系列尽可能不采用。

② 第一、二系列中螺距 P 的第一行为粗牙，其余为细牙，第三系列中螺距是细牙。

③ 括号内尺寸尽可能不用。

二、梯形螺纹的基本尺寸(GB/T 5796.2—2005、GB/T 5796.3—2005)

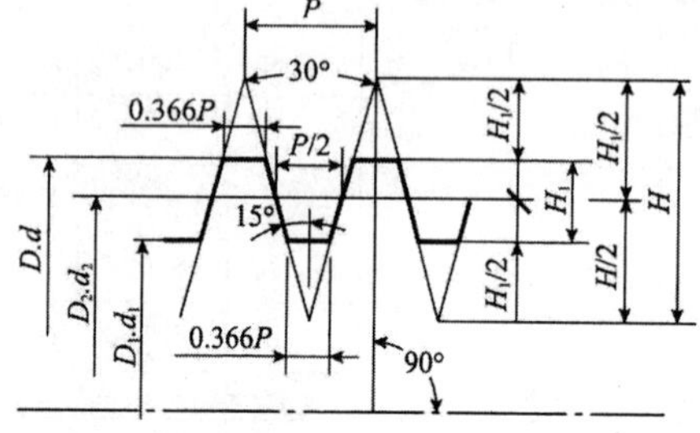

标记示例：

公称直径 40 mm，导程 14 mm，螺距 7 mm 的双线左旋梯形螺纹

Tr40×14(P7)LH

附表 A2　梯形螺纹的基本尺寸

mm

公称直径 d 第一系列	公称直径 d 第二系列	螺距 P	中径 $d_2=D_2$	大径 D_4	小径 d_3	小径 D_1
8		1.5	7.25	8.30	6.20	6.50
	9	1.5	8.25	9.30	7.20	7.50
		2	8.00	9.50	6.50	7.00
10		1.5	9.25	10.30	8.20	8.50
		2	9.00	10.50	7.50	8.00
	11	2	10.00	11.50	8.50	9.00
		3	9.50	11.50	7.50	8.00
12		2	11.00	12.50	9.50	10.00
		3	10.50	12.50	8.50	9.00
	14	2	13.00	14.50	11.50	12.00
		3	12.50	14.50	10.50	11.00
16		2	15.00	16.50	13.50	14.00
		4	14.00	16.50	11.50	12.00
	18	2	17.00	18.50	15.50	16.00
		4	13.00	18.50	13.50	14.00
20		2	19.00	20.50	17.50	18.00
		4	18.00	20.50	15.50	16.00
	22	3	20.00	22.50	18.50	19.00
		5	19.50	22.50	16.50	17.00
		8	18.00	23.00	13.00	4.00
24		3	22.50	24.50	20.50	21.00
		5	21.50	24.50	18.50	19.00
		8	20.00	25.00	15.00	16.00

公称直径 d 第一系列	公称直径 d 第二系列	螺距 P	中径 $d_2=D_2$	大径 D_4	小径 d_3	小径 D_1
	26	3	24.50	26.50	22.50	23.00
		5	23.50	26.50	20.50	21.00
		8	22.00	27.00	17.00	18.00
28		3	26.50	28.50	24.50	25.00
		5	25.50	28.50	22.50	23.00
		8	24.00	29.00	19.00	20.00
	30	3	28.50	30.50	26.50	29.00
		6	27.00	31.00	23.00	24.00
		10	25.00	31.00	19.00	20.00
32		3	30.50	32.50	28.50	29.00
		6	29.00	33.00	25.00	26.00
		10	27.00	33.00	21.00	22.00
	34	3	32.50	34.50	30.50	31.00
		6	31.00	35.00	27.00	28.00
		10	29.00	35.00	23.00	24.00
36		3	34.50	36.50	32.50	33.00
		6	33.00	37.00	29.00	30.00
		10	31.00	37.00	25.00	26.00
	38	3	36.50	38.50	34.50	35.00
		7	34.50	39.00	30.00	31.00
		10	33.00	39.00	27.00	28.00
40		3	38.50	40.50	36.50	37.00
		7	36.50	41.00	32.00	33.00
		10	35.00	41.00	29.00	30.00

注：① 螺纹公差带代号：外螺纹有 8e、7e；内螺纹有 8H、7H。

② 优先选用第一系列和每个公称直径中第二行的螺距。

三、非螺纹密封的管螺纹(GB/T 7307—2001)

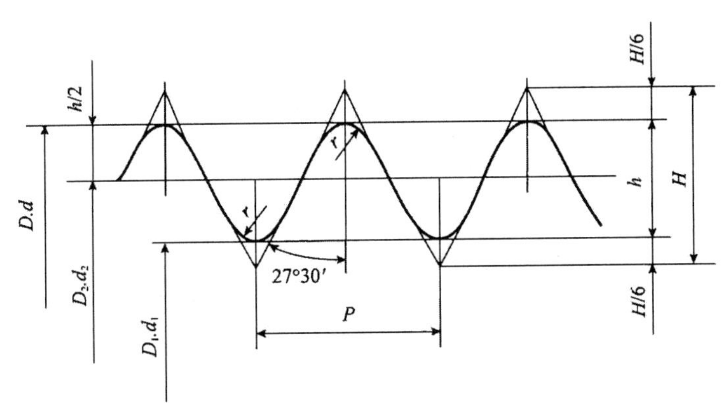

$$P=\frac{25.4}{n}$$

$$H=0.960\,491\,P$$

标记示例：

内螺纹 G1$\frac{1}{2}$

A 级外螺纹 G1$\frac{1}{2}$A

B 级外螺纹 G1$\frac{1}{2}$B

左旋 G1$\frac{1}{2}$B－LH

附表 A3 非螺纹密封管螺纹尺寸代号及基本尺寸

mm

尺寸代号	每 25.4 mm 内的牙数 n	螺距 P	牙高 h	圆弧半径 r～	基本直径		
					大 径 $d=D$	大 径 $d_2=D_2$	小 径 $d_1=D_1$
1/16	28	0.907	0.581	0.125	7.723	7.142	6.561
1/8	28	0.907	0.581	0.125	9.728	9.147	8.566
1/4	19	1.337	0.856	0.184	13.157	12.301	11.445
3/8	19	1.337	0.856	0.184	16.662	15.806	14.950
1/2	14	1.814	1.162	0.249	20.955	19.793	18.631
5/8	14	1.814	1.162	0.249	22.911	21.749	20.587
3/4	14	1.814	1.162	0.249	26.441	25.279	24.117
7/8	14	1.814	1.162	0.249	30.201	29.039	27.877
1	11	2.309	1.479	0.317	33.249	31.770	30.291
$1\frac{1}{8}$	11	2.309	1.479	0.317	37.897	36.418	34.939
$1\frac{1}{4}$	11	2.309	1.479	0.317	41.910	40.431	38.952
$1\frac{1}{2}$	11	2.309	1.479	0.317	47.803	46.324	44.845
$1\frac{3}{4}$	11	2.309	1.479	0.317	53.746	52.267	50.788
2	11	2.309	1.479	0.317	59.614	58.135	56.656
$2\frac{1}{4}$	11	2.309	1.479	0.317	65.710	64.231	62.752
$2\frac{1}{2}$	11	2.309	1.479	0.317	75.184	73.705	72.226
$2\frac{3}{4}$	11	2.309	1.479	0.317	81.534	80.055	78.576
3	11	2.309	1.479	0.317	87.884	86.405	84.926
$3\frac{1}{2}$	11	2.309	1.479	0.317	100.330	98.851	97.372
4	11	2.309	1.479	0.317	113.030	111.551	110.072
$4\frac{1}{2}$	11	2.309	1.479	0.317	125.730	124.251	122.772
5	11	2.309	1.479	0.317	138.430	136.951	135.472
$5\frac{1}{2}$	11	2.309	1.479	0.317	151.130	149.651	148.172
6	11	2.309	1.479	0.317	163.830	162.351	160.872

注：① 内螺纹中径只规定一种公差，不用代号表示。

② 外螺纹中径公差分 A 和 B 两个等级。

四、用螺纹密封的管螺纹 (GB/T 7306—2001)

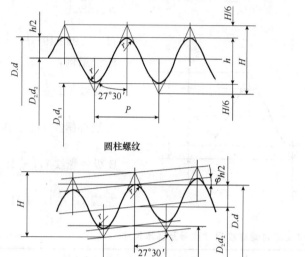

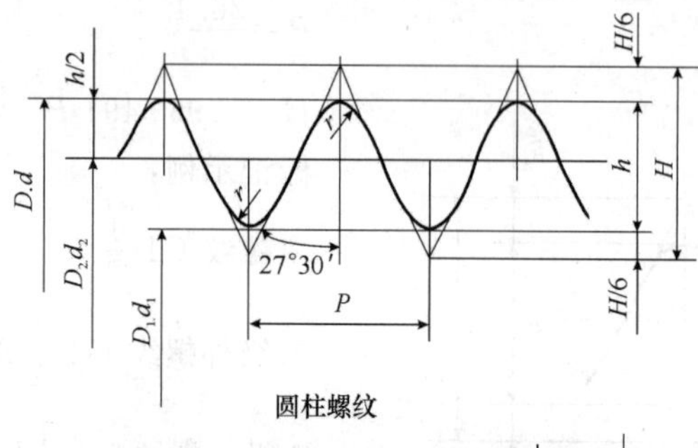

圆柱螺纹

圆锥螺纹

$P=\dfrac{25.4}{n}$

$H=0.960\ 237P$

标记示例:

圆锥内螺纹 $R_c1\dfrac{1}{2}$

圆锥外螺纹 $R_1\dfrac{1}{2}$

圆柱内螺纹 $R_p1\dfrac{1}{2}$

圆柱外螺纹 $R_21\dfrac{1}{2}$

左旋 $R_p1\dfrac{1}{2}$—LH

附表 A4　螺纹密封管螺纹尺寸代号及基本尺寸　　mm

尺寸代号	每 25.4 mm 内的牙数 n	螺距 P	牙高 h	圆弧半径 $r\sim$	基面上的基本直径		
					大径(基准直径) $d=D$	中径 $d_2=D_2$	小径 $d_1=D_1$
1/16	28	0.907	0.581	0.125	7.723	7.142	6.561
1/8	28	0.907	0.581	0.125	9.728	9.147	8.566
1/4	19	1.337	0.856	0.184	13.157	12.301	11.445
3/8	19	1.337	0.856	0.184	16.662	15.806	14.950
1/2	14	1.814	1.162	0.249	20.955	19.793	18.631
3/4	14	1.814	1.162	0.249	26.441	25.279	24.117
1	11	2.309	1.479	0.317	33.249	31.770	30.291
$1\frac{1}{4}$	11	2.309	1.479	0.317	41.910	40.431	38.952
$1\frac{1}{2}$	11	2.309	1.479	0.317	47.803	46.324	44.845
2	11	2.309	1.479	0.317	59.614	58.135	56.656
$2\frac{1}{2}$	11	2.309	1.479	0.317	75.184	73.705	72.226
3	11	2.309	1.479	0.317	87.884	86.405	84.926
$3\frac{1}{2}$	11	2.309	1.479	0.317	100.330	98.851	97.372
4	11	2.309	1.479	0.317	113.030	111.551	110.072
5	11	2.309	1.479	0.317	138.430	136.951	135.472
6	11	2.309	1.479	0.317	163.830	162.351	160.872

注:① 55°密封圆柱内螺纹的牙型与 55°非密封管螺纹牙型相同,尺寸代号为 1/2 的右旋圆柱内螺纹的标记为:$R_p1/2$;它与外螺纹组成的螺纹副的标记为 $R_pR1/2$。

② 55°密封圆锥管螺纹大径、小径是指基准平面上的尺寸。圆锥内螺纹的端面向里 0.5P 处即为基面,而圆锥外螺纹的基准平面与小端相距一个基准距离。

③ 55°密封管螺纹的锥度为 1∶16,即 $\varphi=1°47'24''$。

五、普通螺纹的倒角和退刀槽(GB/T 3—1997)

螺纹端部倒角见图,退刀槽尺寸见附表 A5。

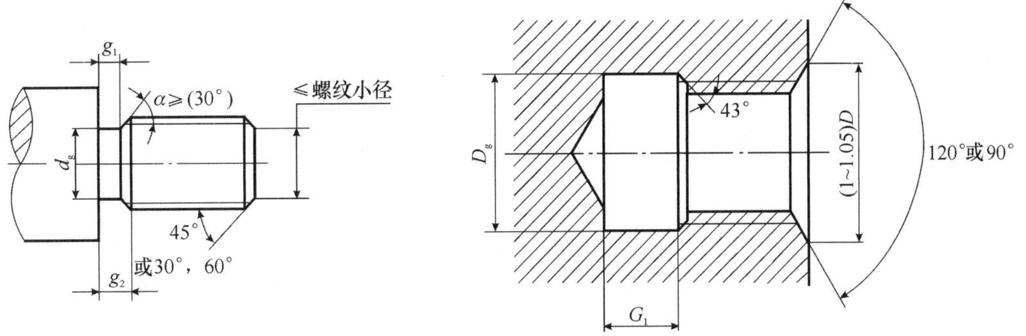

附表 A5　退刀槽尺寸　　mm

螺距	外螺纹			内螺纹		螺距	外螺纹			内螺纹	
	$g_{2\max}$	$g_{1\min}$	d_g	G_1	D_g		$g_{2\max}$	$g_{1\min}$	d_g	G_1	D_g
0.5	1.5	0.8	$d-0.8$	2		1.75	5.25	3	$d-2.6$	7	
0.7	2.1	1.1	$d-1.1$	2.8	$D+0.3$	2	6	3.4	$d-3$	8	
0.8	2.4	1.3	$d-1.3$	3.2		2.5	7.5	4.4	$d-3.6$	10	$D+0.5$
1	3	1.6	$d-1.6$	4		3	9	5.2	$d-4.4$	12	
1.25	3.75	2	$d-2$	5	$D+0.5$	3.5	10.5	6.2	$d-5$	14	
1.5	4.5	2.5	$d-2.3$	6		4	12	7	$d-5.7$	16	

六、零件倒圆与倒角 (GB/T 6403.4—2008)

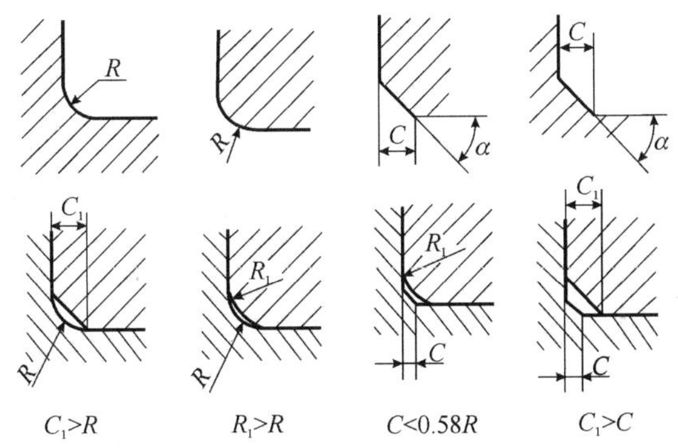

附表 A6 零件倒角与倒圆尺寸 mm

d、D	～3	＞3～6	＞6～10	＞10～18	＞18～30	＞30～50	＞50～80	＞80～120	＞120～180	＞180～250
C、R	0.2	0.4	0.6	0.8	1.0	1.6	2.0	2.5	3.0	4.0

d、D	＞250～320	＞320～400	＞400～500	＞500～630	＞630～800	＞800～1000	＞1000～1250	＞1250～1600
C、R	5.0	6.0	8.0	10	12	16	20	25

注：α 一般采用 45°，也可采用 30°或 60°

七、砂轮越程槽(GB/T 6403.5—2008)

磨外圆

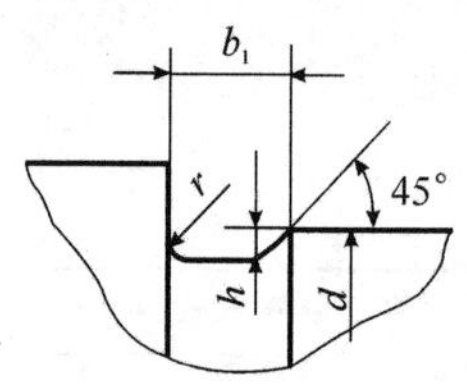

磨内圆

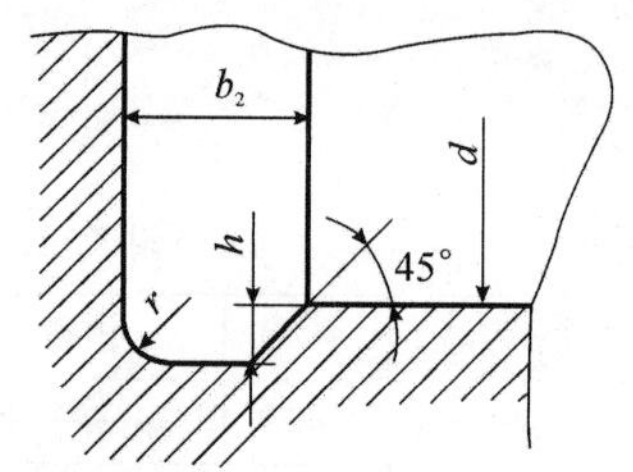

附表 A7 砂轮越程槽尺寸 mm

d	−10			＞10～50		＞50～100		＞100	
b_1	0.6	1.0	1.6	2.0	3.0	4.0	5.0	8.0	10
b_2	2.0	3.0		4.0		5.0		8.0	10
h	0.1	0.2		0.3	0.4		0.6	0.8	1.2
r	0.2	0.5		0.8	1.0		1.6	2.0	3.0

八、螺栓和螺钉通孔(GB/T 5277—1985)

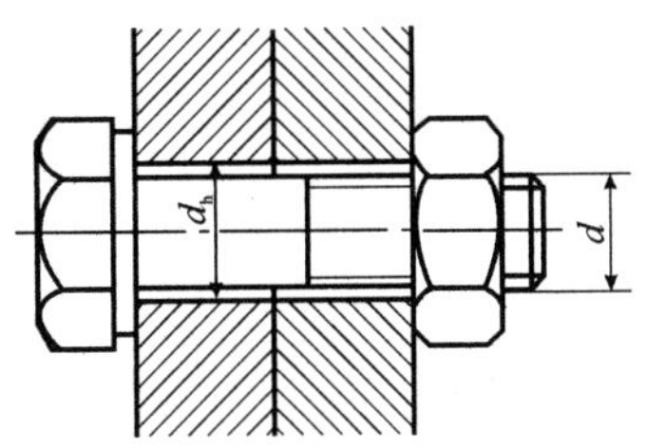

附表 A8　　mm

螺纹规格 d	通孔 d_h			螺纹规格 d	通孔 d_h		
	系　列				系　列		
	精装配	中等装配	粗装配		粗装配	中等装配	粗装配
M1	1.1	1.2	1.3	M10	10.5	11	12
M1.2	1.3	1.4	1.5	M12	13	13.5	14.5
M1.4	1.5	1.6	1.8	M14	15	15.6	16.5
M1.6	1.7	1.8	2	M16	17	17.5	18.5
M1.8	2	21	2.2	M18	19	20	21
M2	2.2	2.4	2.6	M20	21	22	24
M2.5	2.7	2.9	3.1	M22	23	24	26
M3	3.2	3.4	3.6	M24	25	26	28
M3.5	3.7	3.9	4.2	M27	28	30	32
M4	4.3	4.5	4.8	M30	31	33	35
M4.5	4.8	5	5.3	M33	34	36	38
M5	5.3	5.5	6.8	M36	37	39	42
				M39	40	42	45
M6	6.4	6.6	7	M42	43	45	43
M7	7.4	7.6	8	M45	46	48	52
M8	8.4	9	10	M48	50	52	56

附录B 标准件

一、螺 栓

1. 六角头螺栓——C级别(GB/T 5780—2000),六角头螺栓——全螺纹——C级(GB/T 5781—2000)

标记示例:

螺纹规格 d=M12,公称长度 l=80 mm,C级

螺栓 GB/T 5780 M12×80

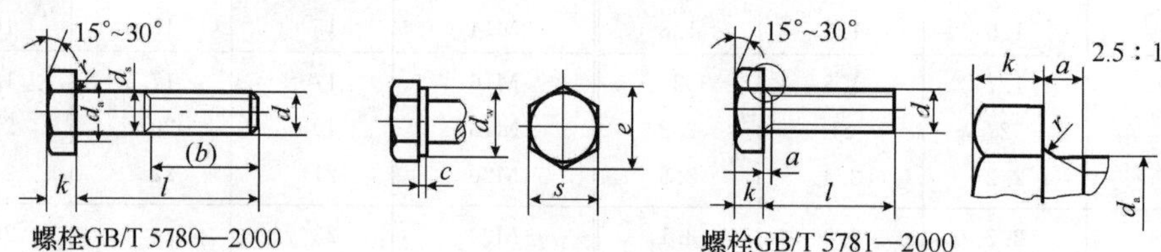

附表 B1.1

mm

螺纹规格 d		M5	M6	M8	M10	M12	(M14)	M16	(M18)	M20	(M22)	M24	(M27)
b 参考	l≤125	16	18	22	26	30	34	38	42	40	50	54	60
	125<l≤200	—	—	28	32	36	40	44	48	52	56	60	66
	l >200	—	—	—	—	—	53	57	61	65	69	73	79
c	max	0.5		0.6				0.8					
d_a	max	6	7.2	10.2	12.2	14.7	16.7	18.7	21.2	24.4	26.4	28.4	32.4
d_s	max	5.48	6.48	8.58	10.58	12.7	14.7	16.7	18.7	20.8	22.84	24.84	27.84
d_w	min	6.74	8.74	11.47	14.47	16.47	19.95	22	24.85	27.7	31.35	31.25	38
a	max	3.2	4	5	6	7	6	8	7.5	10	7.5	12	9
e	min	8.63	10.89	14.2	17.59	19.85	22.78	26.17	29.50	32.95	37.20	39.55	45.2
k	公称	3.5	4	5.3	6.4	7.5	8.8	10	11.5	12.5	14	15	17
r	min	0.2	0.25	0.4	0.4	0.6	0.6	0.6	0.6	0.8	1	0.8	1
s	max	8	10	13	16	18	21	24	27	30	34	36	41
l 范围	GB/T 5780—2000	25~50	30~60	35~80	40~100	45~120	60~140	55~160	80~180	65~200	90~220	80~240	100~260
	GB/T 5781—2000	10~50	12~60	16~80	20~100	25~120	30~140	35~160	35~180	40~200	15~220	50~240	55~280

续表

螺纹规格 d		M30	(M33)	M36	(M39)	M42	(M45)	M48	(M52)	M56	(M60)	M64
b 参考	l=125	66	72	78	84	—	—	—	—	—	—	—
	125<l≤200	72	78	84	90	96	102	108	116	124	132	140
	l>200	85	91	97	103	109	115	121	129	137	145	153
c	max	1										
d_a	max	35.4	38.4	42.4	45.4	48.6	52.6	56.6	62.6	67	71	75
d_s	max	30.84	34	37	40	43	46	49	53.2	57.2	61.2	65.2
d_w	max	42.75	46.55	51.11	55.86	59.95	64.7	69.45	74.2	78.66	83.41	88.16
a	max	14	10.5	16	12	13.5	13.5	15	15	16.5	16.5	18
e	max	50.85	55.37	60.79	66.44	72.02	76.95	82.6	88.25	93.56	99.21	104.86
k	公称	18.7	21	22.5	25	26	28	30	33	35	38	40
r	min	1	1	1	1	1.2	1.2	1.6	1.6	2	2	2
s	max	46	50	55	60	65	70	75	80	85	90	95
l 范围	GB/T 5780—2000	90～300	130～320	110～300	150～400	160～420	180～440	180～480	200～500	220～500	240～500	260～600
	GB/T 5781—2000	60～300	65～360	70～360	80～400	80～420	90～440	90～480	100～500	110～500	120～500	120～500
l 系列		10、12、16、20～50(5 进位)、(55)、60、(65)、70～160(10 进位)、180、220、240、260、280、300、320、340、360、380、400、420、440、460、480、500										

注：尽可能不采用括号内的规格，C 级为产品等级。

2. 六角头螺栓——A 和 B 级(GB/T 5782—2000)

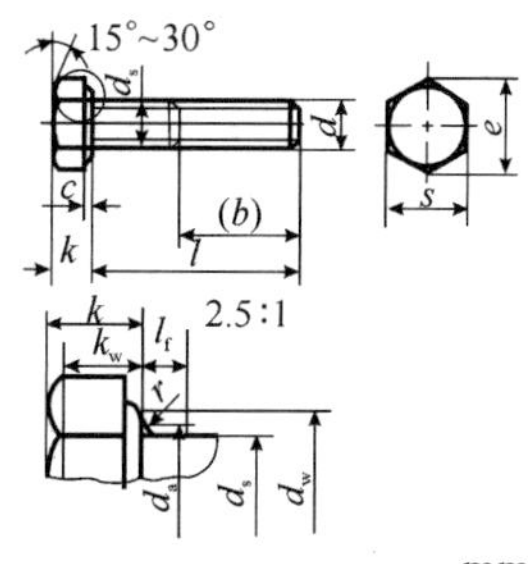

标记示例：

螺纹规格 d=M12，公称长度 l=80 mm，A 级

螺栓 GB/T 5782—1986　M12×80

附表 B1.2

mm

螺纹规格 d			M3	M4	M5	M6	M8	M10	M12	M16	M20	M24	M30	M36	M42	M48	M56	M64
b 参考	l≤125		12	14	16	18	22	26	30	38	46	54	66	78	—	—	—	—
	125<l≤200		18	20	22	24	28	32	36	44	52	60	72	84	96	108	124	140
	l >200		31	33	35	37	41	45	49	57	65	73	85	97	109	121	137	153
c	min		0.15	0.15	0.15	0.15	0.15	0.15	0.15	0.2	0.2	0.2	0.2	0.2	0.3	0.3	0.3	0.3
	max		0.4	0.4	0.5	0.5	0.6	0.6	0.6	0.8	0.8	0.8	0.8	0.8	1	1	1	1
d_a	max		3.6	4.7	5.7	6.8	9.2	11.2	13.7	17.7	22.4	26.4	33.4	39.4	45.6	52.6	63	71
d_s	max		3	4	5	6	8	10	12	16	20	24	30	36	42	48	56	64
	min	A	2.86	3.82	4.82	5.82	7.78	9.78	11.73	15.73	19.67	23.67	—	—	—	—	—	—
		B	2.75	3.70	4.70	5.70	7.64	9.64	11.57	15.57	19.48	23.48	29.48	35.38	41.38	47.38	55.26	63.26

续 表

螺纹规格 d			M3	M4	M5	M6	M8	M10	M12	M16	M20	M24	M30	M36	M42	M48	M56	M64
d_w	min	A	4.57	5.88	6.88	8.88	11.63	14.63	16.63	22.49	28.19	33.61	—	—	—	—	—	—
		B	4.45	5.74	6.74	8.74	11.47	14.47	16.47	22	27.7	33.25	42.75	51.11	59.95	69.45	78.66	88.16
e	min	A	6.01	7.66	8.79	11.05	14.38	17.77	20.03	26.75	33.53	39.98	—	—	—	—	—	—
		B	5.88	7.50	8.63	10.89	14.20	17.59	19.85	26.17	32.95	39.55	50.85	60.79	72.02	82.6	93.56	104.86
l_f	max		1	1.2	1.2	1.4	2	2	3	3	4	4	6	6	8	10	12	13
k	公称		2	2.8	3.5	4	5.3	6.4	7.5	10	12.5	15	18.7	22.5	26	30	35	40
	A	min	1.875	2.675	3.35	3.85	5.15	6.22	7.32	9.82	12.28	14.78	—	—	—	—	—	—
		max	2.125	2.925	3.65	4.15	5.45	6.58	7.68	10.18	12.72	15.22	—	—	—	—	—	—
	B	min	1.8	2.6	3.26	3.76	5.06	6.11	7.21	9.71	12.15	14.65	18.28	22.08	25.58	29.58	34.6	39.5
		max	2.2	3.0	3.74	4.24	5.54	6.69	7.79	10.29	12.85	15.35	19.12	22.92	26.42	30.42	35.5	40.5
k_w	min	A	1.31	1.87	2.35	2.70	3.61	4.35	5.12	6.87	8.6	10.35	—	—	—	—	—	—
		B	1.26	1.82	2.28	2.63	3.54	4.28	5.05	6.8	8.51	10.26	12.8	15.46	17.91	20.91	24.15	27.65
r	min		0.1	0.2	0.2	0.25	0.4	0.4	0.6	0.6	0.8	0.8	1	1	1.2	1.6	2	2
s	max=公称		5.5	7	8	10	13	16	18	24	30	36	46	55	65	75	85	95
	min	A	5.32	6.78	7.78	9.78	12.73	15.73	17.73	23.67	29.67	35.38	—	—	—	—	—	—
		B	5.20	6.64	7.64	9.64	12.57	15.57	17.57	23.16	29.16	35	45	53.8	63.8	73.1	82.8	92.8
l(商品规格范围及通用规格)			20~30	25~40	25~50	30~60	40~80	45~100	50~120	65~160	80~200	90~240	110~300	140~360	160~440	180~480	220~500	260~500
l系列			20、25、30、35、40、45、50、(55)、60、(65)、70、80、90、100、110、120、130、140、150、160、180、200、220、240、260、280、300、320、340、360、380、400、420、440、460、480、500															

注：A和B为产品等级，根据公差取值不同而定，A级公差小，A级用于$d\leqslant24$和$l\leqslant10d$或$\leqslant150$ mm(按较小值)的螺栓，B级用于$d>24$或$l>10d$或>150 mm(按较小值)的螺栓。

二、螺钉

1. 开槽圆柱头螺钉(GB/T 65—2000)、开槽盘头螺钉(GB/T 67—2000)、开槽沉头螺钉(GB/T 68—2000)、开槽半沉头螺钉(GB/T 69—2000)

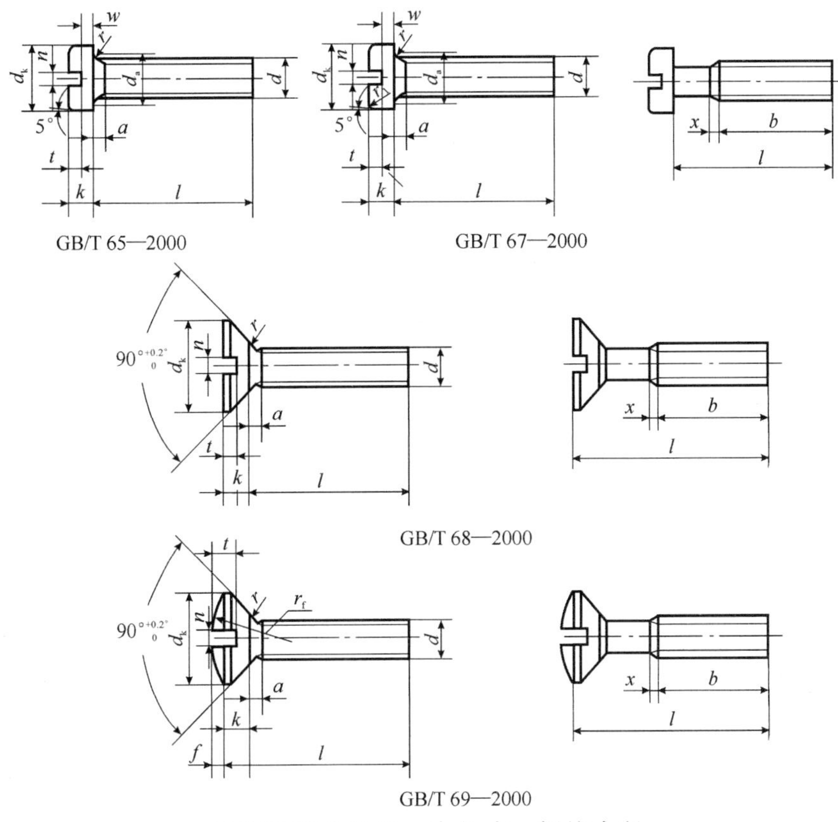

GB/T 65—2000

GB/T 67—2000

GB/T 68—2000

GB/T 69—2000

无螺纹部分杆径≈中径或=螺纹大径

标记示例：

螺纹规格 d=M5,公称长度 l=20 mm 的开槽圆柱头螺钉

螺钉 GB/T 65　M5×20

螺纹规格 d=M5,公称长度 l=20 mm 的开槽盘头螺钉

螺钉 GB/T 67　M5×20

螺纹规格 d=M5,公称长度 l=20 mm 的开槽沉头螺钉

螺钉 GB/T 68　M5×20

螺纹规格 d=M5,公称长度 l=20 mm 的开槽半沉头螺钉

螺钉 GB/T 69　M5×20

内六角螺钉 GB/T 70.1—2008

附表 B2.1 mm

螺纹规格 d		M1.6	M2	M2.5	M3	M4	M5	M6	M8	M10
p		0.35	0.4	0.45	0.5	0.7	0.8	1	1.25	1.5
a max		0.7	0.8	0.9	1	1.4	1.6	2	2.5	3
b min		25				38				
n 公称		0.4	0.5	0.6	0.8	1.2		1.6	2	2.5
d_n max		2.1	2.6	3.1	3.6	4.7	5.7	6.8	9.2	11.2
x max		0.9	1	1.1	1.25	1.75	2	2.5	3.2	3.8
GB/T 65—2000	d_k max	3	3.8	4.5	5.5	7	8.5	10	13	16
	k max	1.10	1.4	1.8	2	2.6	3.3	3.9	5	6
	t min	0.45	0.6	0.7	0.85	1.1	1.3	1.6	2	2.4
	r min	0.1				0.2		0.25	0.4	
	l 范围公称	2～16	3～20	3～25	4～30	5～40	6～50	8～60	10～80	12～80
	全螺纹时最大长度	30				40				
GB/T 67—2000	d_k max	3.2	4	6	5.6	8	9.5	12	16	20
	k max	1	1.3	1.5	1.8	2.4	3	3.6	4.8	6
	l min	0.35	0.5	0.6	0.7	1	1.2	1.4	1.9	2.4
	r min	0.1				0.2		0.25	0.4	
	r_1 参考	0.5	0.6	0.8	0.9	1.2	1.5	1.8	2.4	3
	l 范围公称	2～16	2.5～20	3～25	4～30	5～40	6～50	8～60	10～80	12～80
	全螺纹时最大长度	30				40				
GB/T 68—2000 GB/T 69—2000	d_k max	3	3.8	4.7	5.5	8.4	9.3	11.3	15.8	18.3
	k max	1	1.2	1.5	1.65	2.7	2.7	3.3	4.65	5
	t min GB/T 68—2000	0.32	0.4	0.5	0.6	1	1.1	1.2	1.8	2
	t min GB/T 68—2000	0.64	0.8	1	1.2	1.6	2	2.4	3.2	3.8
	r max	0.4	0.5	0.6	0.8	1	1.3	1.5	2	2.5
	r_f	3	4	5	6	9.5	9.5	12	16.5	19.5
	f	0.4	0.5	0.6	0.7	1	1.2	1.4	2	2.3
	l 范围公称	2.5～16	3～20	4～25	5～30	6～40	8～50	8～60	10～80	12～80
	全螺纹时最大长度	30				45				
L 系列(公称)		2、2.5、3、4、5、6、8、10、12、(14)、16、20、25、30、35、40、45、50、(55)、60、70、(75)、80								

注：① b 不包括螺尾。

② 括号内规格尽可能不采用。

2. 内六角头圆柱头螺钉(GB/T 70.1—2008)

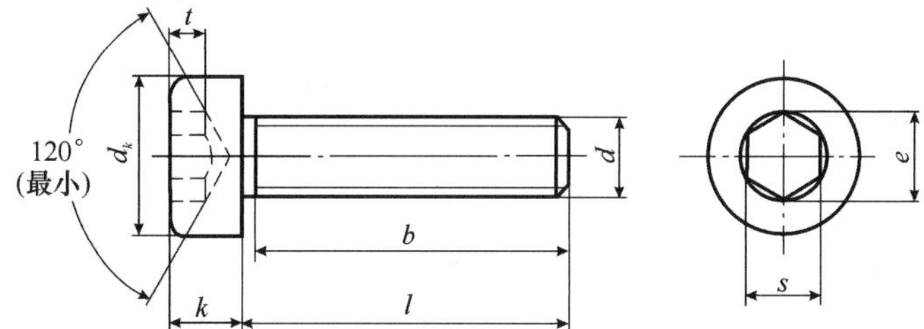

标记示例：

螺纹规格 d=M5，公称长度 l=12 mm，性能等级为 8.8 级、表面氧化的 A 级内六角圆柱头螺钉：

螺钉 GB/T 70.1 M5×20

附表 B2.2　内六角头螺钉各部分尺寸　　mm

螺纹规格 d	M2.5	M3	M4	M5	M6	M8	M10	M12	M16	M20	M24	M30	M36
d_k max	4.5	5.5	7	8.5	10	13	16	18	24	30	36	45	54
k max	2.5	3	4	5	6	8	10	12	16	20	24	30	36
t min	1.1	1.3	2	2.5	3	4	5	6	8	10	12	15.5	19
s	2	2.5	3	4	5	6	8	10	14	17	19	22	27
e	2.3	2.87	3.44	4.58	5.72	6.86	9.15	11.43	16	19.44	21.73	25.15	30.85
b(参考)	17	18	20	22	24	28	32	36	44	52	60	72	84
l 范围	4～25	5～30	6～40	8～50	10～60	12～80	16～100	20～120	25～160	30～200	40～200	45～200	55～200

注：① 标准规定螺钉规格 M1.6～M64。
② 公称长度 l(系列)：2.5，3，4，5，6～16(2 进位)，20～65(5 进位)，70～160(10 进位)，180～300(20 进位)mm。
③ 材料为钢的螺钉性能等级有 8.8、10.9、12.9 级，其中 8.8 级为常用。

3. 开槽锥端紧定螺钉(GB/T 71—1985)、开槽平端紧定螺钉(GB/T 73—1985)、开槽长圆柱端紧定螺钉(GB/T 75—1985)

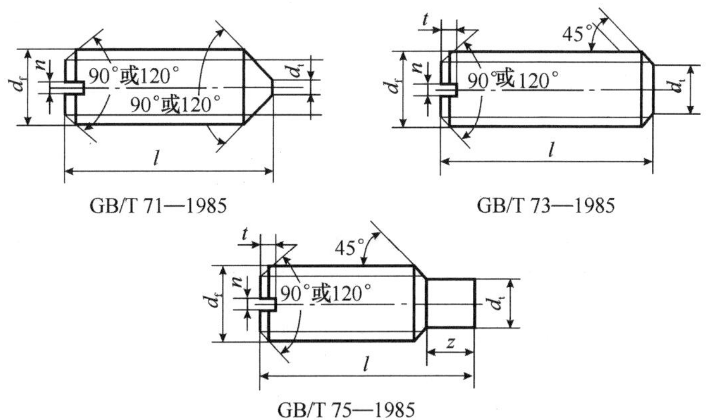

GB/T 71—1985　　GB/T 73—1985　　GB/T 75—1985

标记示例：

螺纹规格 d=M5，公称长度 l=12 mm

螺钉　GB/T 71　M5×12

螺钉　GB/T 73　M5×12

螺钉　GB/T 75　M5×12

附表 B2.3

mm

螺纹规格 d		M1.2	M1.6	M2	M2.5	M3	M4	M5	M6	M8	M10	M12
d_p	max	0.6	0.8	1	1.5	2	2.5	3.5	4	5.5	7	8.5
n	公称	0.2	0.25	0.25	0.4	0.4	0.6	0.8	1	1.2	1.6	2
t	max	0.52	0.74	0.84	0.95	1.05	1.42	1.63	2	2.5	3	3.6
d_t	max	0.12	0.16	0.2	0.25	0.3	0.4	0.5	1.5	2	2.5	3
z	max	—	1.05	1.25	1.5	1.75	2.25	2.75	3.25	4.3	5.3	6.3
l 范围	GB/T 71—1985	2~6	2~8	3~10	3~12	4~16	6~20	8~25	8~30	10~40	12~50	14~60
	GB/T 73—1985	2~6	2~8	2~10	2.5~12	3~16	4~20	5~25	6~30	8~40	10~50	12~60
	GB/T 75—1985	—	2.5~8	3~10	4~12	5~16	6~20	8~25	8~30	10~40	12~50	14~60
公称长度 l≤表内值时制成 120°，l>表内值制成 90°	GB/T 71—1985	2	2.5		3		4	5	6	8	10	12
	GB/T 73—1985	—	2	2.5	3		4	5	6		8	10
	GB/T 75—1985	—	2.5	3	4	5	6	8	10	14	16	20
l 系列	公称	2,2.5,3,4,5,6,8,10,12,(14),16,20,25,30,35,40,45,50,(55),60										

注：① 本表所列规格均为商品规格。

② 尽可能不采用括号内规格。

4. 开槽锥端定位螺钉(GB/T 72—1988)

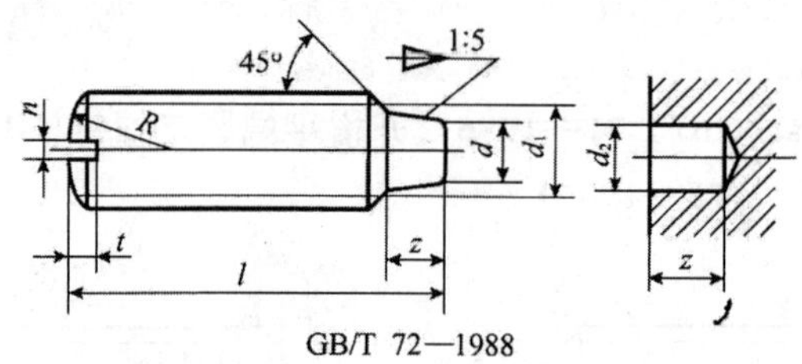

GB/T 72—1988

标记示例：

螺纹规格 d=M10，公称长度 l=20 mm

螺钉 GB/T 72 M10×20

附表 B2.4

mm

螺纹规格 d		M3	M4	M5	M6	M8	M10	M12
d_p	max	2	2.5	3.5	4	5.5	7	8.5
n	公称	0.4	0.6	0.8	1.0	1.2	1.6	2.0
t	max	1.05	1.42	1.63	2	2.5	3	3.6
d_1	~	1.7	2.1	2.5	3.4	4.7	6	7.3
z		1.5	2.0	2.5	3.0	4.0	5.0	6.0
R	~	3	4	5	6	8	10	12
d_2	(推荐)	1.8	2.2	2.6	3.5	5	6.5	8.0
l	范围	4~16	4~20	5~20	6~25	8~35	10~45	12~50
l 系列	公称	4,5,6,8,10,12,(14),16,20,25,30,35,40,45,50						

注：括号内的尺寸尽可能不采用。

三、双头螺柱

双头螺柱 $b_m=1d$ (GB/T 897—1988)、$b_m=1.25d$ (GB/T 898—1988)、$b_m=1.5d$ (GB/T 899—1988)、$b_m=2d$ (GB/T 900—1988)

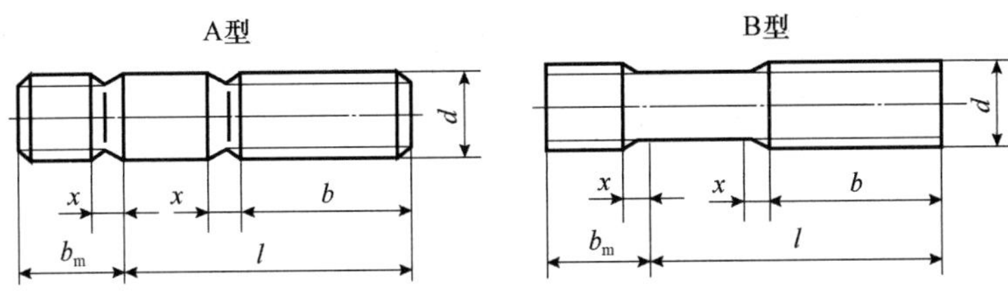

标记示例：

两端均为粗牙普通螺纹，$d=10$ mm，$l=50$ mm，B 型，$b_m=1d$

螺柱　GB/T 897　M10×50

旋入一端为粗牙普通螺纹，旋螺母一端为螺距 $P=1$ mm 的细牙普通螺纹，$d=10$ mm，$l=50$ mm，A 型，$b_m=1d$

螺柱　GB/T 897—AM10—M10×1×50

旋入一端为过渡配合的第一种配合，旋螺母一端为粗牙普通螺纹，$d=10$ mm，$l=50$ mm，B 型，$b_m=1d$

螺柱　GB/T 897—GM10—M10×50

附表 B3　　mm

螺纹规格 d		M5	M6	M8	M10	M12	M16
b_m	GB/T 897—1988	5	6	8	10	12	16
	GB/T 898—1988	6	8	10	12	1.5	20
	GB/T 899—1988	8	10	12	15	18	24
	GB/T 900—1988	10	12	16	20	24	32
d		5	6	8	10	12	16
x		1.5P	1.5P	1.5P	1.5P	1.5P	1.5P
$\frac{l}{b}$		$\frac{16\sim22}{10}$、$\frac{25\sim50}{16}$	$\frac{20\sim22}{10}$、$\frac{25\sim30}{14}$、$\frac{32\sim75}{18}$	$\frac{20\sim22}{12}$、$\frac{25\sim30}{16}$、$\frac{32\sim90}{22}$	$\frac{25\sim28}{14}$、$\frac{30\sim38}{16}$、$\frac{40\sim120}{26}$、$\frac{130}{32}$	$\frac{25\sim30}{16}$、$\frac{32\sim40}{20}$、$\frac{45\sim120}{30}$、$\frac{130\sim180}{36}$	$\frac{30\sim38}{20}$、$\frac{40\sim55}{30}$、$\frac{60\sim120}{38}$、$\frac{130\sim200}{44}$
螺纹规格 d		M20	M24	M30	M36	M42	M48
b_m	GB/T 897—1988	20	24	30	36	42	48
	GB/T 898—1988	25	30	38	45	52	60
	GB/T 899—1988	30	36	45	54	65	72
	GB/T 900—1988	40	48	60	72	84	96

续表

螺纹规格 d	M20	M24	M30	M36	M42	M48
d	20	24	30	36	42	48
x	1.5P	1.5P	1.5P	1.5P	1.5P	1.5P
$\frac{l}{b}$	$\frac{35\sim40}{25}$、$\frac{45\sim65}{35}$、$\frac{70\sim120}{46}$、$\frac{130\sim200}{52}$	$\frac{45\sim50}{30}$、$\frac{55\sim75}{45}$、$\frac{80\sim120}{54}$、$\frac{130\sim200}{60}$	$\frac{60\sim65}{40}$、$\frac{70\sim90}{50}$、$\frac{95\sim120}{60}$、$\frac{130\sim200}{72}$、$\frac{210\sim250}{85}$	$\frac{60\sim75}{45}$、$\frac{80\sim110}{60}$、$\frac{120}{78}$、$\frac{130\sim200}{84}$、$\frac{210\sim300}{91}$	$\frac{60\sim80}{50}$、$\frac{85\sim110}{70}$、$\frac{120}{90}$、$\frac{130\sim200}{96}$、$\frac{210\sim300}{109}$	$\frac{80\sim90}{60}$、$\frac{95\sim110}{80}$、$\frac{120}{102}$、$\frac{130\sim200}{108}$、$\frac{210\sim300}{121}$
l 系列　公称	16、(18)、20、(22)、25、(28)、30、(32)、35、(38)、40、45、50、(55)、60、(65)、70、(75)、80、(85)、90、(95)、100、110、120、130、140、150、160、170、180、190、200、210、220、230、240、250、260、280、300					

注：括号内的规格尽可能不采用。$b_m=d$ 一般用于钢对钢；$b_m=(1.25\sim1.5)d$ 一般用于钢对铸铁；$b_m=2d$ 一般用于钢对铝合金。

四、螺　母

1. Ⅰ型六角螺母——A级和B级(GB/T 6170—2000)

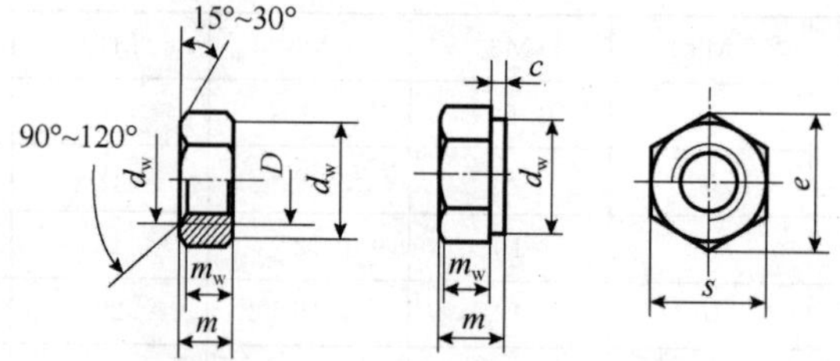

螺纹规格 D=M12，A级

螺母　GB/T 6170　M12

附表 B4.1

mm

螺纹规格 D		M1.6	M2	M2.5	M3	M4	M5	M6	M8	M10	M12
c	max	0.2	0.2	0.3	0.4	0.4	0.5	0.5	0.6	0.6	0.6
d_s	max	1.84	2.3	2.9	3.45	4.6	5.75	6.75	8.75	10.8	13
	min	1.6	2	2.5	3	4	5	6	8	10	12
d_w	min	2.4	3.1	4.1	4.6	5.9	6.9	8.9	11.6	14.6	16.6
e	min	3.41	4.32	5.45	6.01	7.66	8.79	11.05	14.38	17.77	20.03
m	max	1.3	1.6	2	2.4	3.2	4.7	9.2	6.8	8.4	10.8
	min	1.05	1.35	1.75	2.15	2.9	4.4	4.9	6.44	8.04	10.37

续 表

螺纹规格 *D*		M1.6	M2	M2.5	M3	M4	M5	M6	M8	M10	M12
m_w	min	0.8	1.1	1.4	1.7	2.3	3.5	3.9	5.1	6.4	8.3
s	max	3.2	4	5	5.5	7	8	10	13	16	18
	min	3.02	3.82	4.82	5.32	6.78	7.78	9.78	12.73	15.73	17.73

螺纹规格 *D*		M16	M20	M24	M30	M36	M42	M48	M56	M64
c	max	0.8	0.8	0.8	0.8	0.8	1	1	1	1.2
d_s	max	17.3	21.6	25.9	32.4	38.9	45.4	51.8	60.5	69.1
	min	16	20	24	30	36	42	48	56	64
d_w	min	22.5	27.7	33.2	42.7	51.1	60.6	69.4	78.7	88.2
e	min	26.75	32.95	39.55	50.85	60.79	72.02	62.6	93.56	104.86
m	max	14.8	18	21.5	25.6	31	34	38	45	51
	min	14.1	16.9	20.2	24.3	29.4	32.4	36.4	43.4	49.1
m_w	min	11.3	13.5	16.2	19.4	23.5	25.9	29.1	34.7	39.3
s	max	24	30	36	45	55	65	75	85	95
	min	23.67	29.16	35	45	53.8	63.8	74.1	82.8	92.8

注：A 级用于 $D \leqslant 16$ 的螺母；B 级用于 $D > 16$ 的螺母。

2. Ⅰ型六角螺母——C 级(GB/T 41—2000)

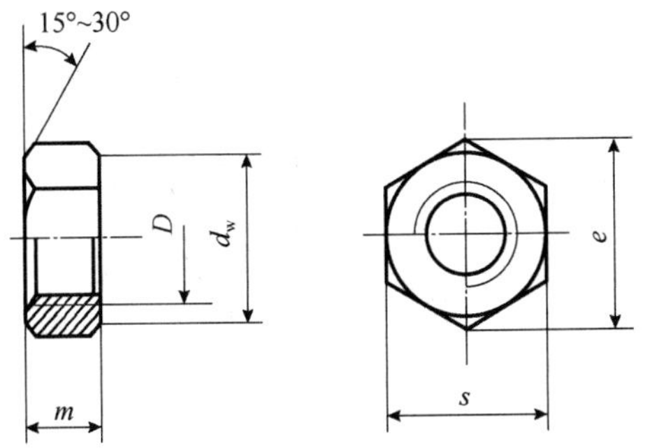

标记示例：

螺纹规格 *D*=M12，C 级

螺母 GB/T 41 M12

附表 B4.2 mm

螺纹规格 *D*	M5	M6	M8	M10	M12	M(14)	M16	M(18)	M20	M(22)	M24	M(27)
d_w min	6.9	8.7	11.5	14.5	16.5	19.2	22	24.8	27.7	31.4	33.2	38
e min	8.63	10.89	14.2	17.59	19.85	22.78	26.17	29.56	32.95	37.29	39.55	45.2
m max	5.6	6.1	7.9	9.5	12.2	13.3	15.9	14.9	18.7	20.2	22.3	24.7
s max	8	10	13	16	18	21	24	27	30	34	36	41

螺纹规格 *D*	M30	M(33)	M36	(M39)	M42	(M45)	M48	(M52)	M56	(M60)	M64	
d_w min	42.7	46.6	51.1	55.9	60.6	64.7	69.4	74.2	78.7	83.4	88.2	
e min	50.85	55.37	60.79	66.44	72.02	76.95	82.6	88.25	93.56	99.21	104.86	
m max	26.4	29.5	31.5	34.3	34.9	36.9	38.9	42.9	45.9	48.9	52.4	
s max	46	50	55	60	65	70	75	80	85	90	95	

注：括号内为尽量不采用规格，M42、M48、M56、M64 为通用规格，其余为商品规格。

3. 六角薄螺母——A和B级(GB/T 6172.1—2000)

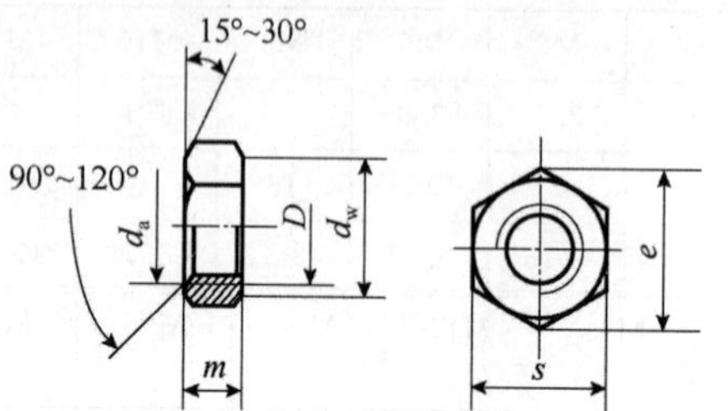

标记示例：

螺纹规格 D=M20

螺母　GB/T 6172.1　M20

附表 B4.3

mm

螺纹规格	D	M1.6	M2	M2.5	M3	M4	M5	M6	M8	M10	M12	(M14)	M16	(M18)	M20	(M22)
	P	0.35	0.4	0.45	0.5	0.7	0.8	1	1.25	1.5	1.75	2	2	2.5	2.5	2.5
d_a min		1.6	2	2.5	3	4	5	6	8	10	12	14	16	18	20	22
d_w min		2.4	3.1	4.1	4.0	5.9	6.9	8.9	11.6	14.6	16.6	19.6	22.5	24.8	27.7	31.4
e min		3.41	4.32	5.45	6.01	7.66	8.79	11.05	14.28	17.77	20.03	23.35	26.75	29.56	32.95	37.29
m max		1	1.2	1.6	1.8	2.2	2.7	3.1	4	5	6	7	8	9	10	11
s max		3.2	4	5	5.5	7	8	10	13	16	18	21	24	27	30	32

注：① 括号内规格为尽量不采用的规格。

② p 为螺距。

4. Ⅰ型六角开槽螺母——A和B级(GB/T 6178—2000)

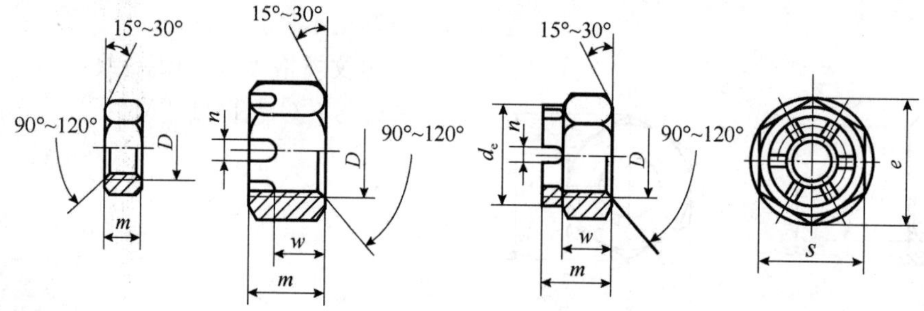

标记示例：

螺纹规格 D=M5,A级

螺母　GB/T 6178　M5

附表 B4.4

mm

螺纹规格 D	M4	M5	M6	M8	M10	M12	(M14)	M16	M20	M24	M30	M36
d_e									28	34	42	50
e	7.66	8.79	11.05	14.38	17.77	20.03	23.35	26.75	32.95	39.55	50.85	60.79
m	5	6.7	7.7	9.8	12.4	15.8	17.8	20.8	24	29.5	32.6	40
n	1.2	1.4	2	2.5	2.8	3.5	3.5	4.5	4.5	5.5	7	7
s	7	8	10	13	16	18	21	24	30	36	46	55
w	3.2	4.7	5.2	6.8	8.4	10.8	12.8	14.8	18	21.5	25.6	31
开口销	1×10	1.2×12	1.6×14	2×16	2.5×20	3.2×22	3.2×25	4×28	4×36	5×40	6.3×50	6.3×63

注：① 括号内规格为尽可能不采用。

② A级用于 $D \leqslant 16$；B级用于 $D > 16$。

五、垫　圈

1. 小垫圈——A 级(GB/T 848—2002)、平垫圈——A 级(GB/T 97.1—2002)、平垫圈倒角型——A 级(GB/T 97.2—2002)、平垫圈——C 级(GB/T 95—2002)、特大垫圈——C 级(GB/T 5287—2002)、大垫圈——A 级和 C 级(GB/T 96—2002)

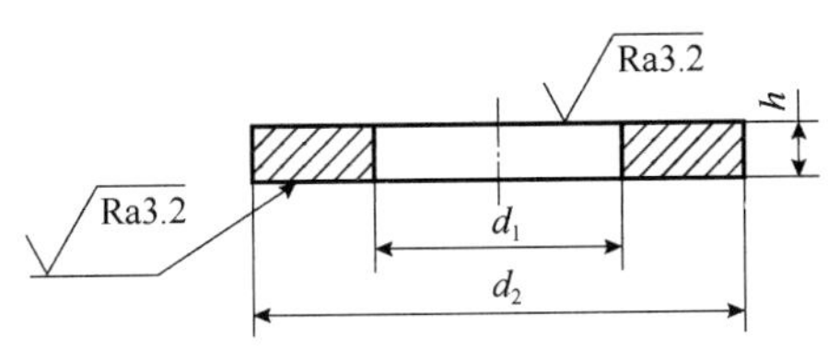

标记示例：
标准系列,公称尺寸 d=8 mm,
性能等级为 100 HV
垫圈　GB/T 95　8～100 HV

标记示例：
标准系列,公称尺寸 d=8 mm,
性能等级为 140 HV,倒角型
垫圈　GB/T 97.2　8～140 HV

附表 B5.1　　mm

公称尺寸 d	GB/T 95—2002			GB/T 97.1—2002			GB/T 97.2—2002			GB/T 5287—2002			GB/T 96—2002			GB/T 848—2002		
	d_1	d_2	h	d_1	d_2	h	d_1	d_2	h	d_1	d_2	h	d_1	d_2	h	d_1	d_2	h
1.6	—	—	—	—	—	—	—	—	—	—	—	—	—	—	—	1.7	3.5	0.3
2	—	—	—	—	—	—		—	—	—	—	—	—	—	—	2.2	4.5	0.3
2.5	—	—	—	—	—	—	—	—	—	—	—	—	—	—	—	2.7	5	0.5
3	—	—	—	—	—	—	—	—	—	—	—	—	3.2	9	0.8	3.2	6	0.5
4	—	—	—	—	—	—	—	—	—	—	—	—	4.3	12	1	4.3	8	0.5
5	5.5	10	1	5.3	10	1	5.3	10	1	5.5	18	2	5.3	15	1.2	5.3	9	1
6	6.6	12	1.6	6.4	12	1.6	6.4	12	1.6	6.6	22	2	6.4	18	1.6	6.4	11	1.6
8	9	16	1.6	8.4	16	1.6	8.4	16	1.6	9	28	3	8.4	24	2	8.4	15	1.6
10	11	20	2	10.5	20	2	10.5	20	2	11	34	3	10.5	30	2.5	10.5	18	1.6
12	13.5	24	2.5	13	24	2.5	13	24	2.5	13.5	44	4	13	37	3	13	20	2
14	15.5	28	2.5	15	28	2.5	15	28	2.5	15.5	50	4	15	44	3	15	24	2.5
16	17.5	30	3	17	30	3	17	30	3	17.5	56	5	17	50	3	17	28	2.5
20	22	37	3	31	37	3	21	37	3	22	72	6	22	60	4	21	34	3
24	26	44	4	25	44	4	25	44	4	26	85	6	26	72	5	25	39	4
30	33	56	4	31	56	4	31	55	4	33	105	6	33	92	6	31	50	4
36	39	66	5	37	66	5	37	66	5	39	125	8	36	110	8	37	60	5

续表

<table>
<tr><td rowspan="2">公称尺寸
d</td><td colspan="3">GB/T 95—2002</td><td colspan="3">GB/T 97.1—2002</td><td colspan="3">GB/T 97.2—2002</td><td colspan="3">GB/T 5287—2002</td><td colspan="3">GB/T 96—2002</td><td colspan="3">GB/T 848—2002</td></tr>
<tr><td>d_1</td><td>d_2</td><td>h</td><td>d_1</td><td>d_2</td><td>h</td><td>d_1</td><td>d_2</td><td>h</td><td>d_1</td><td>d_2</td><td>h</td><td>d_1</td><td>d_2</td><td>h</td><td>d_1</td><td>d_2</td><td>h</td></tr>
<tr><td rowspan="7">机械性能</td><td colspan="3">材料</td><td colspan="3">钢</td><td colspan="12">奥氏体不锈钢</td></tr>
<tr><td colspan="3" rowspan="2">GB/T 848—2002
GB/T 97.1—2002
GB/T 97.2—2002</td><td colspan="3">等级</td><td colspan="2">140 HV</td><td colspan="2">200 HV</td><td colspan="2">300 HV</td><td colspan="2">A140</td><td colspan="2">A200</td><td colspan="2">A350</td></tr>
<tr><td colspan="3">硬度/HV</td><td colspan="2">≥140</td><td colspan="2">200～300</td><td colspan="2">300～400</td><td colspan="2">≥140</td><td colspan="2">200～300</td><td colspan="2">350～400</td></tr>
<tr><td colspan="3" rowspan="2">GB/T 95—2002
GB/T 5287—2002</td><td colspan="3">等级</td><td colspan="6">100 HV</td><td colspan="6"></td></tr>
<tr><td colspan="3">硬度/HV</td><td colspan="6">≥100</td><td colspan="6"></td></tr>
<tr><td colspan="3" rowspan="2">GB/T 96—2002</td><td colspan="3">等级</td><td colspan="6">A级:140 HV;C级:100 HV</td><td colspan="6">A140</td></tr>
<tr><td colspan="3">硬度/HV</td><td colspan="6">A级:≥140;C级:≥100</td><td colspan="6">≥140</td></tr>
</table>

注:① A级、C级为产品等级:A级适用于精装配系列,C级适用于中等装配系列,C级垫圈没有 $Ra3.2$ 和去毛刺的要求。

② GB 84.8—85 主要用于带圆柱头螺钉,其他用于标准六角螺栓、螺钉和螺母。

2. 标准弹簧垫圈(GB/T 93—1987)、轻型弹簧垫圈(GB/T 859—1987)、重型弹簧垫圈(GB/T 7244—1987)

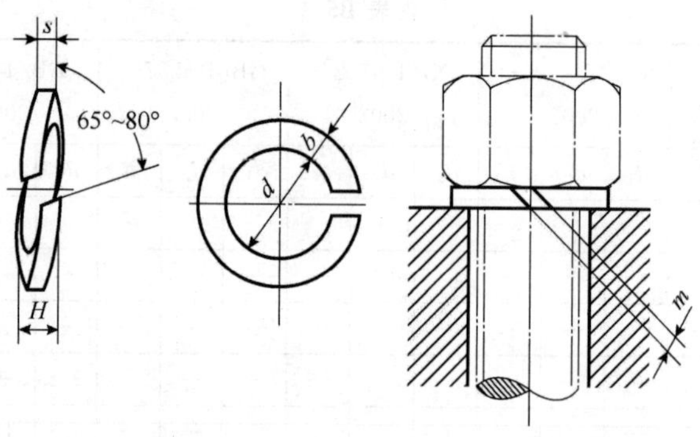

标记示例:

规格 16 mm,材料为 64Mn 标准型弹簧垫圈:

垫圈 GB/T 93 16

附表 B5.2

mm

规格(螺纹大径)		4	5	6	8	10	12	16	20	24	30
d	min	4.1	5.1	6.1	8.1	10.2	12.2	16.2	20.2	24.5	30.5
	max	4.4	5.4	6.68	8.68	10.9	12.9	16.9	21.04	25.5	31.5
$S(b)$	公称	1.1	1.3	1.6	2.1	2.6	3.1	4.1	5	6	7.5
	min	1	1.2	1.5	2	2.45	2.95	3.9	4.8	5.8	7.2
	max	1.2	1.4	1.7	2.2	2.75	3.25	4.3	5.2	6.2	7.8
H	min	2.2	2.6	3.2	4.2	5.2	6.2	8.2	10	12	15
	max	2.75	3.25	4	5.25	6.5	7.75	10.25	12.5	15	18.75
$m\leqslant$		0.55	0.65	0.8	1.05	1.3	1.55	2.05	2.5	3	3.75

六、键

1. 平键的剖面及键槽(GB/T 1095—2003)

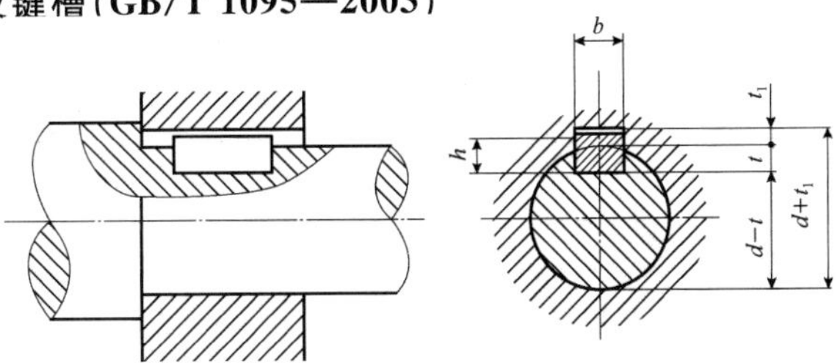

标记示例：

宽度 b=16 mm、高度 h=10 mm、长度 L=100 mm 普通 A 型平键的标记为：

GB/T 1096　键　16×10×100

宽度 b=16 mm、高度 h=10 mm、长度 L=100 mm 普通 B 型平键的标记为：

GB/T 1096　键 B　16×10×100

宽度 b=16 mm、高度 h=10 mm、长度 L=100 mm 普通 C 型平键的标记为：

GB/T 1096　键 C　16×10×100

附表 B6.1　普通平键和键槽的尺寸与联结公差　　mm

键			键槽											
			宽度 b						深度					
轴径（参考）	键尺寸 $b\times h$	L 范围	基本尺寸	极限偏差					轴 t		毂 t_1		半径 r	
				正常联结		紧密联结	松联结		基本尺寸	极限偏差	基本尺寸	极限偏差		
				轴 N9	毂 JS9	轴和毂 P9	轴 H9	毂 D10					min	max
自 6～8	2×2	6～20	2	−0.004 −0.029	±0.0125	−0.006 −0.031	+0.025 0	+0.060 +0.020	1.2	+0.1 0	1.0	+0.1 0	0.08	0.16
>8～10	3×3	6～36	3						1.8		1.4			
>10～12	4×4	8～45	4	0 −0.030	±0.015	−0.012 −0.042	+0.030 0	+0.078 +0.030	2.5		1.8			
>12～17	5×5	10～56	5						3.0		2.3		0.16	0.25
>17～22	6×6	14～70	6						3.5		2.8			
>22～30	8×7	18～90	8	0 −0.036	±0.018	−0.015 −0.051	+0.036 0	+0.098 +0.040	4.0	+0.2 0	3.3	+0.2 0		
>30～38	10×8	22～110	10						5.0		3.3		0.25	0.40
>38～44	12×8	28～140	12	0 −0.043	±0.0215	−0.018 −0.061	+0.043 0	+0.120 +0.050	5.0		3.3			
>44～50	14×9	36～160	14						5.5		3.8			
>50～58	16×10	45～180	16						6.0		4.3			
>58～65	18×11	50～200	18						7.0		4.4			
>65～75	20×12	56～220	20	0 −0.052	±0.026	−0.022 −0.074	+0.052 0	+0.149 +0.065	7.5		4.9		0.40	0.60
>75～85	22×14	63～250	22						9.0		5.4			
>85～95	25×14	70～280	25						9.0		5.4			
>95～110	28×16	80～320	28						10.0		6.4			
		L 的系列	6,8,10,12,14,16,18,20,22,25,28,32,36,40,45,50,56,63,70,80,90,100,110,125,140,160,180,200,220,250,280,320,360,400,450,500											

注：① 标准规定键宽 b=2～100 mm，公称长度 L=6～500 mm。

② 在零件图中轴槽深用($d-t$)标注，轮毂槽深用($d+t_1$)标注。键槽的极限偏差按 t(轴)和 t_1(毂)的极限偏差选取，但轴槽深($d-t$)的极限偏差值应取负号。

2. 普通型平键(GB/T 1096—2003)

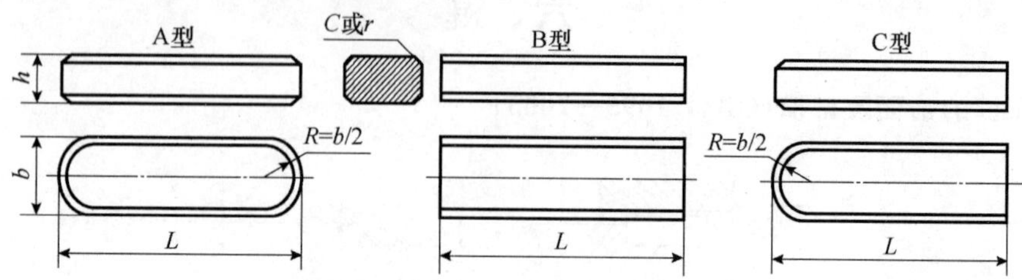

标记示例:

圆头普通平键(A 型)b=16 mm,h=10 mm,L=100 mm

键　16×100　GB/T 1096—1979

平头普通平键(B 型)b=16 mm,h=10 mm,L=100 mm

键　B16×100　GB/T 1096—1979

单圆头普通平键(C 型)b=16 mm,h=10 mm,L=100 mm

键　C16×100　GB/T 1096—1979

附表 B6.2　普通平键的尺寸与公差

mm

b	公称尺寸	2	3	4	5	6	8	10	12	14	16
	偏差 $h9$	0 −0.025		0 −0.030			0 −0.036		0 −0.043		
h	公称尺寸	2	3	4	5	6	7	8	8	9	10
	偏差 $h11$	0 −0.06 $\left(\begin{matrix}0\\-0.025\end{matrix}\right)$		0 −0.075 $\left(\begin{matrix}0\\-0.030\end{matrix}\right)$			0 −0.090				
C 或 r		0.16～0.25			0.25～0.40			0.40～0.60			
L		6～20	6～36	8～45	10～56	14～70	19～90	22～110	28～140	36～160	45～180
b	公称尺寸	18	20	22	25	28	32	36	40	45	50
	偏差 $h9$	0 −0.043	0 −0.052				0 −0.062				
h	公称尺寸	11	12	14	14	16	18	20	22	25	28
	偏差 $h11$	$\left(\begin{matrix}0\\-0.110\end{matrix}\right)$						$\left(\begin{matrix}0\\-0.130\end{matrix}\right)$			
C 或 r		0.40～ 0.60	0.60～0.80					1.0～1.2			
L		50～ 200	56～ 220	63～ 250	70～ 280	80～ 320	90～ 360	100～ 400	100～ 400	110～ 450	125～ 500

注:括号内的数值为 $h9$,适用于 B 型键。

七、销

1. 不淬硬钢和奥氏体不锈钢圆柱销 GB/T 119.1—2000、淬硬钢和马氏体不锈钢圆柱销 GB/T 119.2—2000

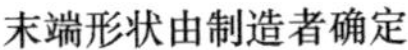

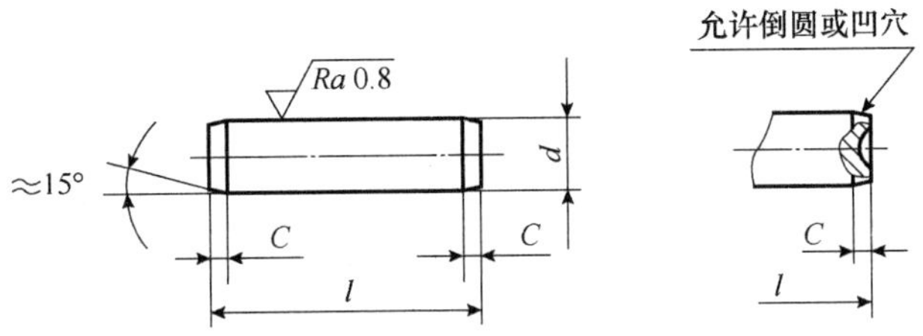

标记示例：

公称直径 d=6 mm、公差 m6、公称长度 l=30 mm、材料为钢、不经淬火、不经表面处理的圆柱销，其标记为：销 GB/T 119.1　6m6×30

附表 B7.1　圆柱销各部分尺寸　　mm

d		3	4	5	6	8	10	12	16	20	25	30	40	50
c≈		0.5	0.63	0.8	1.2	1.6	2	2.5	3	3.5	4	5	6.3	8
l 范围	GB/T 119.1	8～30	8～40	10～50	12～60	14～80	18～95	22～140	26～180	35～200	50～200	60～200	80～200	95～200
	GB/T 119.2	8～30	10～40	12～50	14～60	18～80	22～100	26～100	40～100	50～100	—	—	—	—
公称长度 l(系列)		2,3,4,5,6～32(2 进位),35～100(5 进位),120～200(20 进位)												

注：① GB/T 119.1—2000 规定圆柱销的公称直径 d=0.6～50 mm，公称长度 l=2～200 mm，公差有 m6 和 h8。GB/T 119.2—2000 规定圆柱销的公称直径 d=1～20 mm，公称长度 l=3～100 mm，公差仅有 m6。

② 当圆柱销公差为 h8 时，其表面粗糙度 $Ra \leqslant 1.6\ \mu m$。

③ 圆柱销的材料常用 35 钢。

④ GB/T 119.1—2000 公差 m6：$Ra \leqslant 0.8\ \mu m$，$Ra \leqslant 1.6\ \mu m$。GB/T 119.2—2000 $Ra \leqslant 0.8\ \mu m$。

2. 圆锥销 GB/T 117—2000

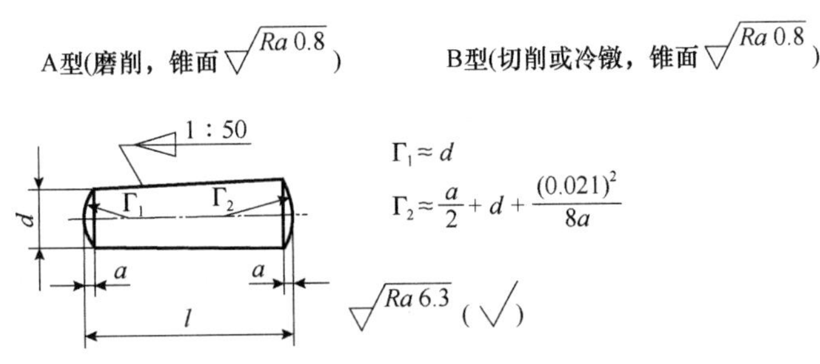

标记示例：

公称直径 d=10 mm、长度 l=60 mm、材料为 35 钢、热处理硬度 28～38HRC、表面氧化处理的 A 型圆锥销，其标记为：销 GB/T 117　10×60

附表 B7.2　圆锥销各部分尺寸

mm

d	4	5	6	8	10	12	16	20	25	30	40	50
$a\approx$	0.5	0.63	0.8	1	1.2	1.6	2	2.5	3	4	5	6.3
l范围	14～55	18～60	22～90	22～120	26～160	32～180	40～200	45～200	50～200	55～200	60～200	65～200
公称长度 l(系列)	2,3,4,5,6～32(2 进位),35～100(5 进位),120～200(进位)											

注：标准规定圆锥销的公称直径 d=0.6～50 mm。

3. 开口销(GB/T 91—2000)

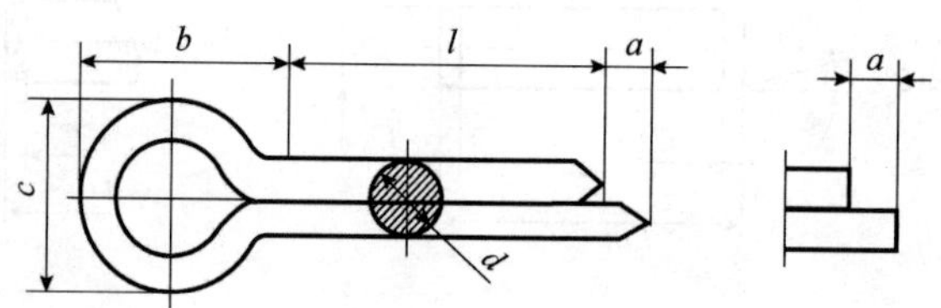

标记示例：

公称直径 d=5 mm、长度 l=5 mm

销 GB/T 91　5×50

附表 B7.3　开口销各部分尺寸

mm

d	公称	0.6	0.8	1	1.2	1.6	2	2.5	3.2	4	5	6.3	8	10	12
	min	0.4	0.6	0.8	0.9	1.3	1.7	2.1	2.7	3.5	4.4	5.7	7.3	9.3	11.1
	max	0.5	0.7	0.9	1	1.4	1.8	2.3	2.9	3.7	4.6	5.9	7.5	9.5	11.4
c	max	1	1.4	1.8	2	2.8	3.6	4.6	5.8	7.4	9.2	11.8	15	19	24.8
	min	0.9	1.2	1.6	1.7	2.4	3.2	4	5.1	6.5	8	10.3	13.1	16.6	21.7
$b\approx$		2	2.4	3	3	3.2	4	5	6.4	8	10	12.6	16	20	26
a max		1.6		2.5					3.2	4				6.3	

注：① 小孔的公称直径等于 $d_{公称}$。

② 根据使用需要，由供需双方协议，可采用 $d_{公称}$ 为 3.6 mm 的规格。

③ $a_{\min}=\frac{1}{2}a_{\max}$。

八、滚动轴承

1. 轴承类型代号

附表 B8.1　轴承类型代号

代号	轴承类型	代号	轴承类型
0	双列角接触球轴承	6	深沟球轴承
1	调心球轴承	7	角接触球轴承
2	调心滚子轴承和推力调心滚子轴承	8	推力圆柱滚子轴承
3	圆锥滚子轴承	N	圆柱滚子轴承，双列或多列用字母 NN 表示
4	双列深沟球轴承	U	外球面球轴承
5	推力球轴承	QJ	四点接触球轴承

2. 深沟球轴承(GB./T 276—2013)

附表 B8.2

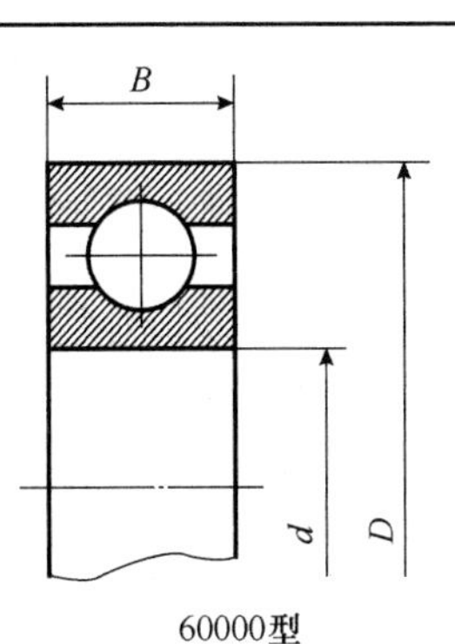

60000型

轴承代号	尺寸/mm		
	d	D	B
10 系列			
606	6	17	6
607	7	19	6
608	8	22	7
609	9	24	7
6000	10	26	8
6001	12	28	8
6002	15	32	9
6003	17	35	10
6004	20	42	12
60/22	22	44	12
6005	25	47	12
60/28	28	52	12
6006	30	55	13
60/32	32	58	13
6007	35	62	14
6008	40	68	15
6009	45	75	16
6010	50	80	16
6011	55	90	18
6012	60	95	18
02 系列			
623	3	10	4
624	4	13	5
625	5	16	5
626	6	19	6
627	7	22	7
628	8	24	8
629	9	26	8
6200	10	30	9
6201	12	32	10

轴承代号	尺寸/mm		
	d	D	B
02 系列			
6202	15	35	11
6203	17	40	12
6204	20	47	14
62/22	22	50	14
6205	25	52	15
62/28	28	58	16
6206	30	62	16
62/32	32	65	17
6207	35	72	17
6208	40	80	18
6209	45	85	19
6210	50	90	20
6211	55	100	21
6212	60	110	22
03 系列			
633	3	13	5
634	4	16	5
635	5	19	6
6300	10	35	11
6301	12	37	12
6302	15	42	13
6303	17	47	14
6304	20	52	15
63/22	22	56	16
6305	25	62	17
63/28	28	68	18
6306	30	72	19
63/32	32	75	20
6307	35	80	21
6308	40	90	23
6309	45	100	25
6310	50	110	27
6311	55	120	29
6312	60	130	31
6313	65	140	33
6314	70	150	35
6315	75	160	37
6316	80	170	39
6317	85	180	41
6318	90	190	43

续表

轴承代号	尺寸/mm			轴承代号	尺寸/mm		
	d	*D*	*B*		*d*	*D*	*B*
04 系列				04 系列			
6403	17	62	17	6413	65	160	37
6404	20	72	19	6414	70	180	42
6405	25	80	21	6415	75	190	45
6406	30	90	23	6416	80	200	48
6407	35	100	25	6417	85	210	52
6408	40	110	27	6418	90	225	54
6409	45	120	29	6419	95	240	55
6410	50	130	31	6420	100	250	58
6411	55	140	33	6422	110	280	65
6412	60	150	35				

3. 圆锥滚子轴承(GB/T 297—1994)

附表 B8.3

30000型

轴承代号	尺寸/mm				
	d	*D*	*T*	*B*	*C*
02 系列					
30202	15	35	11.75	11	10
30203	17	40	13.25	12	11
30204	20	47	15.25	14	12
30205	25	52	16.25	15	13
30206	30	62	17.25	16	14
302/32	32	65	18.25	17	15
30207	35	72	18.25	17	15
30208	40	80	19.75	18	16
30209	45	85	20.75	19	16
30210	50	90	21.75	20	17
30211	55	100	22.75	21	18
30212	60	110	23.75	22	19
30213	65	120	24.75	23	20
30214	70	125	26.75	24	21
30125	75	130	27.75	25	22

轴承代号	尺寸/mm				
	d	*D*	*T*	*B*	*C*
03 系列					
30302	15	42	14.25	13	11
30303	17	47	15.25	14	12
30304	20	52	16.25	15	13
30305	25	62	18.25	17	15
30306	30	72	20.75	19	16
30307	35	80	22.75	21	18
30308	40	90	25.75	23	20
30309	45	100	27.25	25	22
30310	50	110	29.25	27	23
30311	55	120	31.5	29	25
30312	60	130	33.5	31	26
30313	65	140	36	33	28
30314	70	150	38	35	30
30315	75	160	40	37	31
13 系列					
31305	25	62	18.25	17	13
31306	30	72	20.75	19	14
31307	35	80	22.75	21	15
31308	40	90	25.75	23	17
31309	45	100	27.25	25	18
31310	50	110	29.25	27	19
31311	55	120	31.5	29	21
31312	60	130	33.5	31	22
31313	65	140	36	33	23
31314	70	150	38	35	25
31315	75	160	40	37	26

续表

轴承代号	尺寸/mm				
	d	*D*	*T*	*B*	*C*
20 系列					
32004	20	42	15	15	12
320/22	22	44	15	15	11.5
32005	25	47	15	15	11.5
320/28	28	52	16	16	12
32006	30	55	17	17	13
320/32	32	58	17	17	13
32007	35	62	18	18	14
32008	40	68	19	19	14.5
32009	45	75	20	20	15.5
32010	50	80	20	20	15.5
32011	55	90	23	23	17.5
32012	60	95	23	23	17.5
32013	65	100	23	23	17.5
32014	70	110	25	25	19
32015	75	115	25	25	19
22 系列					
32203	17	40	17.25	16	14
32204	20	47	19.25	16	15
32205	25	52	19.25	18	16
32206	30	62	21.25	20	17
32207	35	72	24.25	23	19
32208	40	80	24.75	23	19
32209	45	85	24.75	23	19
32210	50	90	24.75	23	19
32211	55	100	26.75	25	21
32212	60	110	26.75	28	24
32213	65	120	29.75	31	27
32214	70	125	33.25	31	27
32215	75	130	33.25	31	27
23 系列					
32303	17	47	20.25	19	16
32304	20	52	22.25	21	18
32305	25	62	25.25	24	20
32306	30	72	28.75	27	23
32307	35	80	32.75	31	25
32308	40	90	35.25	33	27
32309	45	100	38.25	36	30
32310	50	110	42.25	40	33
32311	55	120	45.5	43	35
32312	60	130	48.5	46	37
32313	65	140	51	48	39
32314	70	150	54	51	42
32315	75	160	58	55	45

轴承代号	尺寸/mm				
	d	*D*	*T*	*B*	*C*
29 系列					
32904	20	37	12	12	9
329/22	22	40	12	9	
32905	25	42	12	12	9
329/28	28	45	12	12	9
32906	30	47	12	12	9
329/32	32	52	14	14	10
32907	35	55	14	14	11.5
32908	40	62	15	15	12
32909	45	68	15	15	12
32910	50	72	15	15	12
32911	55	80	17	17	14
32912	60	85	17	17	14
32913	65	90	17	17	14
32914	70	100	20	20	16
32915	75	105	20	20	16
30 系列					
33005	25	47	17	17	14
33006	30	55	20	20	16
33007	35	62	21	21	17
33008	40	68	22	22	18
33009	45	75	24	24	19
33010	50	85	24	24	19
33011	55	90	24	24	21
33012	60	95	27	27	21
33013	65	100	27	27	21
33014	70	110	31	31	25.5
33015	75	115	31	31	25.5
31 系列					
33108	40	75	26	26	20.5
33109	45	80	26	26	20.5
33110	50	85	26	26	20
33111	55	95	30	30	23
33112	60	100	30	30	23
33113	65	110	34	34	26.5
33114	70	120	37	37	29
33115	75	125	37	37	29
32 系列					
33205	25	52	22	22	18
332/28	28	58	24	24	19
33206	30	62	25	25	19.5
332/32	32	65	26	26	20.5

续表

轴承代号	尺寸/mm					轴承代号	尺寸/mm				
	d	D	T	B	C		d	D	T	B	C
32 系列						32 系列					
33207	35	72	28	28	22	33212	60	110	38	38	29
33208	40	80	32	32	25	33213	65	120	41	41	32
33209	45	85	32	32	25	33214	70	125	41	41	32
33210	50	90	32	32	24.5	33215	75	130	41	41	31
33211	55	100	35	35	27						

4. 推力球轴承(GB/T 301—1995)

附表 B8.4

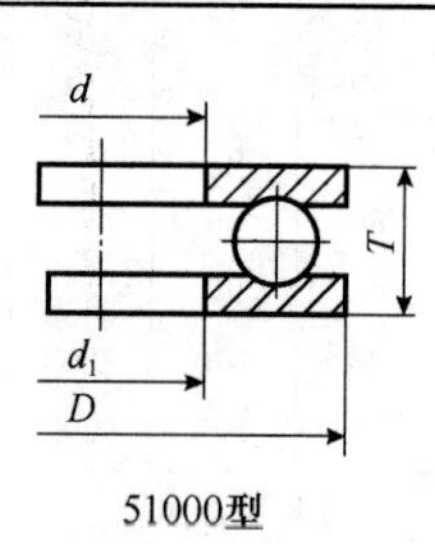

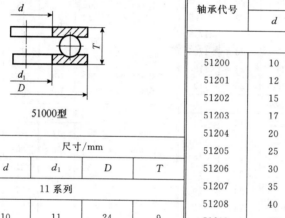

51000型

轴承代号	尺寸/mm			
	d	d_1	D	T
11 系列				
51100	10	11	24	9
51101	12	13	26	9
51102	15	16	28	9
51103	17	18	30	9
51104	20	21	35	10
51105	25	26	42	11
51106	30	32	47	11
51107	35	37	52	12
51108	40	42	60	13
51109	45	47	65	14
51110	50	52	70	14
51111	55	57	78	16
51112	60	62	85	17
51113	65	67	90	18
51114	70	72	95	18
51115	75	77	100	19
51116	80	82	105	19
51117	85	87	110	19
51118	90	92	120	22
51120	100	102	135	25

轴承代号	尺寸/mm			
	d	d_1	D	T
12 系列				
51200	10	12	26	11
51201	12	14	28	11
51202	15	17	32	12
51203	17	19	35	12
51204	20	22	40	14
51205	25	27	47	15
51206	30	32	52	16
51207	35	37	62	18
51208	40	42	68	19
51209	45	47	73	20
51210	50	52	78	22
51211	55	57	90	25
51212	60	62	95	26
51213	65	67	100	27
51214	70	72	105	27
51215	75	77	110	27
51216	80	82	115	28
51217	85	88	125	31
51218	90	93	135	35
51220	100	103	150	38
13 系列				
51304	20	22	47	18
51305	25	27	52	18
51306	30	32	60	21
51307	35	37	68	24
51308	40	42	78	26
51309	45	47	85	28
51310	50	52	95	31
51311	55	57	105	35

续 表

轴承代号	尺寸/mm				轴承代号	尺寸/mm			
	d	d_1	D	T		d	d_1	D	T
13 系列					14 系列				
51312	60	62	110	35	51408	40	42	90	36
51313	65	67	115	36	51409	45	47	100	39
51314	70	72	125	40	51410	50	52	110	43
51315	75	77	135	44	51411	55	57	120	48
51316	80	82	140	44	51412	60	62	130	51
51317	85	88	150	49	51413	65	67	140	56
51318	90	93	155	50	51414	70	72	150	60
51320	100	103	170	55	51415	75	77	160	65
14 系列					51416	80	82	170	68
51405	25	27	60	24	51417	85	88	180	72
51406	30	32	70	28	51418	90	93	190	77
51407	35	37	80	32	51420	100	103	210	85

九、弹　簧

圆柱螺旋压缩弹簧
GB/T 2089—2009

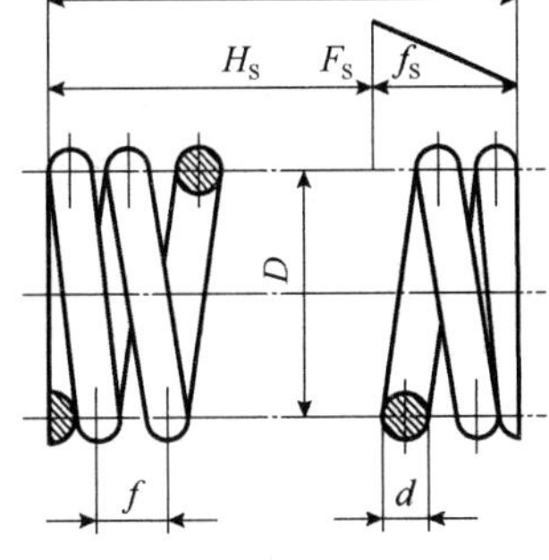

A 型(两端圈并紧磨平)
B 型(两端圈并紧锻平)

标记示例：

A 型、线径 6 mm、弹簧中径 38 mm、自由高度 60 mm、材料为 60Si2MnA、表面涂漆处理的右旋圆柱螺旋压缩弹簧，其标记为：YA　6×38×60　GB/T 2089

附表 B9　圆柱螺旋压缩弹簧(YA、YB 型)尺寸及参数

线径 d/mm	弹簧中径 D/mm	节距≈ t/mm	自由高度 H_0/mm	有效圈数 n(圈)	试验负荷 F_s/N	试验负荷变形量 f_s/mm	展开长度 L/mm
0.6	4	1.54	20	12.5	18.7	11.7	182
1	4.5	1.67	20	10.5	742.7	7.04	177
1.2	8	2.92	40	12.5	68.6	21.4	364
1.6	12	4.41	60	12.5	105	35.1	547
2	16	5.72	42	6.5	144	24.3	427
	20	7.85	55	6.5	115	38	534

续表

线径 d/mm	弹簧中径 D/mm	节距≈ t/mm	自由高度 H_0/mm	有效圈数 n(圈)	试验负荷 F_s/N	试验负荷变形量 f_s/mm	展开长度 L/mm
2.5	20	7.02	38	4.5	218	20.4	408
			80	10.5		47.5	785
	25	9.57	58	5.5	174	38.9	589
			70	6.5		45.9	668
4.5	32	10.5	65	5.5	740	32.9	754
			90	7.5		44.9	955
	50	19.1	80	3.5	474	21.2	864
			220	10.5		153	1964
6	38	11.9	60	4	368	23.5	714
			100	7.5		44.0	1134
	45	14.2	90	5.5	1155	45.2	1060
			120	7.5		61.7	1343
10	45	14.6	115	6.5	4919	29.5	1131
			130	7.5		34.1	1272
	50	15.6	80	4	4427	22.4	864
			150	8.5		47.6	1571
12	80	27.9	180	5.5	6274	87.4	1759
30	150	52.4	300	4.5	52281	101	2827

注：① 线径系列:0.5～1(0.1 进位),1.2～2(0.2 进位),2.5～5(0.5 进位),6～20(2 进位),25～50(5 进位)mm。

② 弹簧中径系列:3～4.5(0.5 进位),6～10(1 进位),12～22(2 进位),25,28,30,32,35,38,40～100(5 进位),110～200(10 进位),220～340(20 进位)mm。

附录C　技术要求

一、表面结构

附表 C1　表面粗糙度高度参数(Ra、Rz)的数值系列(GB/T 1031—2009)　　μm

轮廓算术平均偏差 Ra				轮廓最大高度 Rz			
第 1 系列	第 2 系列	第 1 系列	第 2 系列	第 1 系列	第 2 系列	第 1 系列	第 2 系列
	0.008		1.25	0.025		6.3	
	0.010	1.6			0.032		8.0
0.012			2.0		0.040		10.0
	0.016		2.5	0.05		12.5	
	0.020	3.2			0.063		16.0
0.025			4.0		0.080		20
	0.032		5.0	0.1		25	
	0.040	6.3			0.125		32
0.05			8.0		0.160		40
	0.063		10.0	0.2		50	
	0.080	12.5			0.25		63
0.1			16.0		0.32		80
	0.125		20	0.4		100	
	0.160	25			0.50		125
0.2			32		0.63		160
	0.25		40	0.8		200	
	0.32	50			1.00		250
0.4			63		1.25		320
	0.50		80	1.6		400	
	0.63	100			2.0		500
0.8					2.5		630
	1.00			3.2		800	
					4.0		1 000
					5.0		1 250
						1 600	

注：应优先选用第 1 系列。

二、极限与配合

1. 标准公差数值(GB/T 1800.3—2009)

附表 C2.1 标准公差数值

基本尺寸		公差等级																			
		IT01	IT0	IT1	IT2	IT3	IT4	IT5	IT6	IT7	IT8	IT9	IT10	IT11	IT12	IT13	IT14	IT15	IT16	IT17	IT18
大于	至	μm													mm						
—	3	0.3	0.5	0.8	1.2	2	3	4	6	10	14	25	40	60	0.10	0.14	0.25	0.40	0.60	1.0	1.4
3	6	0.4	0.6	1	1.5	2.5	4	5	8	12	18	30	48	75	0.12	0.18	0.30	0.48	0.75	1.2	1.8
6	10	0.4	0.6	1	1.5	2.5	4	6	9	15	22	36	58	90	0.15	0.22	0.36	0.58	0.90	1.5	2.2
10	18	0.5	0.8	1.2	2	3	5	8	11	18	27	43	70	110	0.18	0.27	0.43	0.70	1.10	1.8	2.7
18	30	0.6	1	1.5	2.5	4	6	9	13	21	33	52	84	130	0.21	0.33	0.52	0.84	1.30	2.1	3.3
30	50	0.6	1	1.5	2.5	4	7	11	16	25	39	62	100	160	0.25	0.39	0.62	1.00	1.60	2.5	3.9
50	80	0.8	1.2	2	3	5	8	13	19	30	46	74	120	190	0.30	0.46	0.74	1.20	1.90	3.0	4.6
80	120	1	1.5	2.5	4	6	10	15	22	35	54	87	140	220	0.35	0.54	0.87	1.40	2.20	3.5	5.4
120	180	1.2	2	3.5	5	8	12	18	25	40	63	100	160	250	0.40	0.63	1.00	1.60	2.50	4.0	6.3
180	250	2	3	4.5	7	10	14	20	29	46	72	115	185	290	0.46	0.72	1.15	1.85	2.90	4.6	7.2
250	315	2.5	4	6	8	12	16	23	62	52	81	130	210	320	0.52	0.81	1.30	2.10	3.20	5.2	8.1
315	400	3	5	7	9	13	18	25	36	57	89	140	230	360	0.57	0.89	1.40	2.30	3.60	5.7	8.9

注：基本尺寸小于 1 mm 时，无 IT14～IT18。

2. 基孔制优先、常用配合(GB/T 1801—2009)

附表 C2.2 基孔制优先和常用配合

基准孔	轴																				
	a	b	c	d	e	f	g	h	js	k	m	n	p	r	s	t	u	v	x	y	z
	间隙配合								过滤配合			过盈配合									
h6						$\frac{H6}{f5}$	$\frac{H6}{g5}$	$\frac{H6}{h5}$	$\frac{H6}{js5}$	$\frac{H6}{k5}$	$\frac{H6}{m5}$	$\frac{H6}{n5}$	$\frac{H6}{p5}$	$\frac{H6}{r5}$	$\frac{H6}{s5}$	$\frac{H6}{t5}$					
H7						$\frac{H7}{f6}$	▼ $\frac{H7}{g6}$	▼ $\frac{H7}{h6}$	$\frac{H7}{js6}$	▼ $\frac{H7}{k6}$	$\frac{H7}{m6}$	▼ $\frac{H7}{n6}$	▼ $\frac{H7}{p6}$	$\frac{H7}{r6}$	▼ $\frac{H7}{s6}$	$\frac{H7}{t6}$	▼ $\frac{H7}{u6}$	$\frac{H7}{v6}$	$\frac{H7}{x6}$	$\frac{H7}{y6}$	$\frac{H7}{z6}$
H8					$\frac{H8}{e7}$	▼ $\frac{H8}{f7}$	$\frac{H8}{g7}$	$\frac{H8}{h7}$	▼ $\frac{H8}{js7}$	$\frac{H8}{k7}$	$\frac{H8}{m7}$	$\frac{H8}{n7}$	$\frac{H8}{p7}$	$\frac{H8}{r7}$	$\frac{H8}{s7}$	$\frac{H8}{t7}$	$\frac{H8}{u7}$				
				$\frac{H8}{d8}$	$\frac{H8}{e8}$	$\frac{H8}{f8}$		$\frac{H8}{h8}$													
H9			$\frac{H9}{c9}$	▼ $\frac{H9}{d9}$	$\frac{H9}{e9}$	$\frac{H9}{f9}$		▼ $\frac{H9}{h9}$													
H10			$\frac{H10}{c10}$	$\frac{H10}{d10}$				$\frac{H10}{h10}$													

续 表

基准孔	轴																				
	a	b	c	d	e	f	g	h	js	k	m	n	p	r	s	t	u	v	x	y	z
	间隙配合								过滤配合			过盈配合									
H11	$\frac{H11}{a11}$	$\frac{H11}{b11}$	▼ $\frac{H11}{c11}$	$\frac{H11}{d11}$				▼ $\frac{H11}{h11}$													
H12			$\frac{H12}{b12}$						$\frac{H12}{h12}$												

注：① $\frac{H6}{n5}$、$\frac{H7}{p6}$在基本尺寸小于或等于 3 mm 和$\frac{H8}{r7}$在小于或等于 100 mm 时，为过渡配合。

② 常用配合 59 种，其中注有▼的配合为优先配合，有 13 种。

3. 基轴制优先、常用配合

附表 C2.3 基轴制优先、常用配合

基准轴	孔																				
	A	B	C	D	E	F	G	H	JS	K	M	N	P	R	S	T	U	V	X	Y	Z
	间隙配合								过渡配合			过盈配合									
h5						$\frac{G6}{h6}$	$\frac{G6}{h6}$	$\frac{H6}{h5}$	$\frac{JS}{h5}$	$\frac{K6}{h5}$	$\frac{M6}{h5}$	$\frac{N6}{h5}$	$\frac{P6}{h5}$	$\frac{R6}{h5}$	$\frac{S6}{h5}$	$\frac{T6}{h5}$					
h6						$\frac{F7}{h6}$	▼ $\frac{G7}{h6}$	▼ $\frac{H7}{h6}$	$\frac{JS7}{h6}$	▼ $\frac{K7}{h6}$	$\frac{M7}{h6}$	▼ $\frac{N7}{h6}$	▼ $\frac{P7}{h6}$	$\frac{R7}{h6}$	▼ $\frac{S7}{h6}$	$\frac{T7}{h6}$	▼ $\frac{U7}{h6}$				
h7					$\frac{E8}{h7}$	▼ $\frac{F8}{h7}$		$\frac{H8}{h7}$	▼ $\frac{JS8}{h7}$	$\frac{K8}{h7}$	$\frac{M8}{h7}$	$\frac{N8}{h7}$									
h8				$\frac{D8}{h8}$	$\frac{E8}{h8}$	$\frac{F8}{h8}$		$\frac{H8}{h8}$													
h9				▼ $\frac{D9}{h9}$	$\frac{E9}{h9}$	$\frac{F9}{h9}$		▼ $\frac{H9}{h9}$													
h10				$\frac{D10}{h10}$				$\frac{H10}{h10}$													
h11	$\frac{A11}{h11}$	$\frac{B11}{h11}$	▼ $\frac{C11}{h11}$	$\frac{D11}{h11}$				▼ $\frac{H11}{h11}$													
h12		$\frac{B12}{h12}$						$\frac{H12}{h12}$													

注：常用配合 47 种，其中注有▼的配合为优先配合，有 13 种。

4. 优先配合特性及其应用(GB/T 1801—2009)

附表 C2.4　优先配合特性及应用

基孔制	基轴制	优先配合特性及应用
$\frac{H11}{c11}$	$\frac{C11}{h11}$	间隙非常大,用于很松的、转动很慢的动配合,或要求大公差与大间隙的外露组件,或要求方便装配的很松的配合
$\frac{H9}{d9}$	$\frac{D9}{h9}$	间隙很大的自由转动配合,用于精度非主要要求,或有大的温度变动、高转速或大的轴颈压力时
$\frac{H8}{f7}$	$\frac{F8}{h7}$	间隙不大的转动配合,用于中等转速与中等轴颈压力的精确转动,也用于装配较易的中等定位配合
$\frac{H7}{g6}$	$\frac{G7}{h6}$	间隙很小的滑动配合,用于不希望自由转动,但可自由移动和滑动并精密定位时,也可用于要求明确的定位配合
$\frac{H7}{h6}\frac{H8}{h7}$ $\frac{H9}{h9}\frac{H11}{h11}$	$\frac{H7}{h6}\frac{H8}{h7}$ $\frac{H9}{h9}\frac{H11}{h11}$	均为间隙定位配合,零件可自由装拆,而工作时一般相对静止不动。在最大实体条件下的间隙为零,在最小实体条件下的间隙由公差等级决定
$\frac{H7}{k6}$	$\frac{K7}{h6}$	过渡配合,用于精密定位
$\frac{H7}{h6}$	$\frac{N7}{h6}$	过渡配合,允许有较大过盈的更精密定位
$\frac{H7^{*}}{p6}$	$\frac{P7}{h6}$	过盈定位配合,即小过盈配合,用于定位精度特别重要时,能以最好的定位精密达到部件的刚性及对中性要求,面对内孔承受压力无特殊要求,不依靠配合的坚固性传递摩擦负荷
$\frac{H7}{s6}$	$\frac{S7}{h6}$	中等压入配合,适用于一般钢件,或用于薄壁件的冷缩配合,用于铸铁件可得到最紧的配合
$\frac{H7}{u6}$	$\frac{U7}{h6}$	压入配合,适用于可以承受大压入力的零件或不宜承受大压入力的冷缩配合

注:"*"表示公称尺寸≤3 mm 时为过渡配合。

5. 轴的极限偏差(GB/T 1800.2—2009)

附表 C2.5　轴的极限偏差

基本尺寸/mm		常用公差带/μm												
		a	b		c			d				e		
大于	至	11	11	12	9	10	11	8	9	10	11	7	8	9
—	3	−270 −330	−140 −200	−140 −240	−60 −85	−60 −100	−60 −120	−20 −34	−20 −45	−20 −60	−20 −80	−14 −24	−14 −28	−14 −39
3	6	−270 −345	−140 −215	−140 −260	−70 −100	−70 −118	−70 −145	−30 −48	−30 −60	−30 −78	−30 −105	−20 −32	−20 −38	−20 −50
6	10	−280 −370	−150 −240	−150 −300	−80 −116	−80 −138	−80 −170	−40 −62	−40 −76	−40 −98	−40 −130	−25 −40	−25 −47	−25 −61
10 14	14 18	−2900 −400	−150 −260	−150 −330	−95 −165	−95 −165	−95 −205	−50 −77	−50 −93	−50 −120	−50 −160	−32 −50	−32 −59	−32 −75
18 24	24 30	−300 −430	−160 −290	−160 −370	−110 −162	−110 −194	−110 −240	−65 −98	−65 −117	−65 −149	−65 −195	−40 −61	−40 −73	−40 −92

续表

基本尺寸/mm		常用公差带/μm												
		a	b		c			d				e		
大于	至	11	11	12	9	10	11	8	9	10	11	7	8	9
30	40	-310 -470	-170 -330	-170 -420	-120 -182	-120 -220	-120 -280	-80 -119	-80 -142	-80 -180	-80 -240	-50 -75	-50 -89	-50 -112
40	50	-320 -480	-180 -340	-180 -430	-130 -192	-130 -230	-130 -290							
50	65	-340 -530	-190 -380	-190 -490	-140 -214	-140 -260	-140 -330	-100 -146	-100 -174	-100 -220	-100 -290	-60 -90	-60 -106	-60 -134
65	80	-360 -550	-200 -390	-200 -500	-150 -224	-150 -270	-150 -340							
80	100	-380 -600	-220 -440	-220 -570	-170 -257	-170 -310	-170 -399	-120 -174	-120 -207	-120 -260	-120 -340	-72 -107	-72 -126	-72 -159
100	120	-410 -630	-240 -460	-240 -590	-180 -267	-180 -320	-180 -400							
120	140	-520 -710	-260 -510	-260 -660	-200 -300	-200 -360	-200 -450	-145 -208	-145 -245	-145 -305	-145 -395	-85 -125	-85 -148	-85 -185
140	160	-460 -770	-280 -530	-280 -680	-210 -310	-210 -370	-210 -460							
160	180	-580 -830	-100 -560	-310 -710	-230 -330	-230 -390	-230 -480							
180	200	-660 -950	-340 -630	-340 -800	-240 -355	-240 -425	-240 -530	-170 -242	-170 -285	-170 -355	-170 -460	-100 -146	-100 -172	-100 -215
200	225	-740 -1030	-380 -670	-380 -840	-260 -375	-260 -445	-260 -550							
225	250	-820 -1110	-420 -710	-420 -880	-280 -395	-280 -465	-280 -570							
250	280	-920 -1240	-480 -800	-480 -1000	-300 -430	-300 -510	-300 -620	-190 -271	-190 -320	-190 -400	-190 -510	-110 -162	-110 -191	-110 -240
280	315	-1050 -1370	-540 -860	-540 -1060	-330 -460	-330 -540	-330 -650							
315	355	-1200 -1560	-600 -960	-800 -1170	-360 -500	-360 -590	-360 -720	-210 -299	-210 -350	-210 -440	-210 -570	-125 -182	-125 -214	-125 -265
355	400	-1350 -1710	-680 -1040	-680 -1250	-400 -540	-400 -630	-400 -760							

续 表

基本尺寸/mm		常用公差带/μm															
		f					g			h							
大于	至	5	6	7	8	9	5	6	7	5	6	7	8	9	10	11	12
—	3	−6 −10	−6 −12	−6 −16	−6 −20	−6 −31	−2 −6	−2 −8	−2 −12	0 −4	0 −6	0 −10	0 −14	0 −25	0 −40	0 −60	0 −100
3	6	−10 −15	−10 −18	−10 −22	−10 −28	−10 −40	−4 −9	−4 −12	−4 −16	0 −5	0 −8	0 −12	0 −18	0 −30	0 −48	0 −75	0 −120
6	10	−13 −19	−13 −22	−13 −28	−13 −35	−13 −49	−5 −11	−5 −14	−5 −20	0 −6	0 −9	0 −15	0 −22	0 −36	0 −58	0 −90	0 −150
10	14	−16	−16	−16	−16	−16	−6	−6	−6	0	0	0	0	0	0	0	0
14	18	−24	−27	−34	−43	−59	−14	−17	−24	−8	−11	−18	−27	−43	−70	−110	−180
18	24	−20	−20	−20	−20	−20	−7	−7	−7	0	0	0	0	0	0	0	0
24	30	−29	−33	−41	−53	−72	−16	−20	−28	−9	−13	−21	−33	−52	−84	−130	−210
30	40	−25	−25	−25	−25	−25	−9	−9	−9	0	0	0	0	0	0	0	0
40	50	−36	−41	−50	−64	−87	−20	−25	−34	−11	−16	−25	−39	−62	−100	−160	−300
50	65	−30	−30	−30	−30	−30	−10	−10	−10	0	0	0	0	0	0	0	0
65	80	−43	−49	−60	−76	−104	−23	−29	−40	−13	−19	−30	−46	−74	−120	−190	−300
80	100	−36	−36	−36	−36	−36	−12	−12	−12	0	0	0	0	0	0	0	0
100	120	−51	−58	−71	−90	−123	−27	−34	−47	−15	−22	−35	−54	−87	−140	−220	−350
120	140																
140	160	−43 −61	−43 −68	−43 −83	−43 −106	−43 −143	−14 −32	−14 −39	−14 −54	0 −18	0 −25	0 −40	0 −63	0 −100	0 −160	0 −250	0 −400
160	180																
180	200																
200	225	−50 −70	−50 −79	−50 −96	−50 −122	−50 −165	−15 −35	−15 −44	−15 −61	0 −20	0 −29	0 −46	0 −72	0 −115	0 −185	0 −290	0 −460
225	250																
250	280	−56	−56	−56	−56	−56	−17	−17	−17	0	0	0	0	0	0	0	0
280	315	−79	−88	−108	−137	−186	−40	−49	−69	−23	−32	−52	−81	−130	−210	−320	−520
315	335	−62	−62	−62	−62	−62	−18	−18	−18	0	0	0	0	0	0	0	0
355	400	−87	−98	−119	−151	−202	−43	−54	−75	−25	−36	−57	−89	−140	−230	−230	−570

基本尺寸/mm		常用公差带/μm														
		js			k			m			n			p		
大于	至	5	6	7	5	6	7	5	6	7	5	6	7	5	6	7
—	3	±2	±3	±5	+4 0	+6 0	+10 0	+6 +2	+8 +2	+12 +2	+8 +4	+10 +4	+14 +4	+10 +6	+12 +6	+16 +6
3	6	±2.5	±4	±6	+6 +1	+9 +1	+13 +1	+9 +4	+12 +4	+16 +4	+13 +8	+16 +8	+20 +8	+17 +12	+20 +12	+24 +12
6	10	±3	±4.5	±7	+7 +1	+10 +1	+16 +1	+12 +6	+15 +6	+21 +6	+16 +10	+19 +10	+25 +10	+21 +15	+24 +15	+30 +15

续 表

基本尺寸/mm		常用公差带/μm														
		js			k			m			n			p		
大于	至	5	6	7	5	6	7	5	6	7	5	6	7	5	6	7
10 14	14 18	±4	±5.5	±9	+9 +1	+12 +1	+19 +1	+15 +7	+18 +7	+25 +7	+20 +12	+23 +12	+30 +12	+26 +18	+29 +18	+36 +18
18 24	24 30	±4.5	±6.5	±10	+11 +2	+15 +2	+23 +2	+17 +8	+21 +8	+29 +8	+24 +15	+28 +15	+36 +15	+31 +22	+35 +22	+43 +22
30 40	40 50	±5.5	±8	±12	+13 +2	+18 +2	+27 +2	+20 +9	+25 +9	+34 +9	+28 +17	+33 +17	+42 +17	+37 +26	+42 +26	+51 +26
50 65	65 80	±6.5	±9.5	±15	+15 +2	+21 +2	+32 +2	+24 +11	+30 +11	+41 +11	+33 +20	+39 +20	+50 +20	+45 +32	+51 +32	+62 +32
80 100	100 120	±7.5	±11	±17	+18 +3	+25 +3	+38 +3	+28 +13	+35 +13	+48 +13	+38 +23	+45 +23	+58 +23	+52 +37	+59 +37	+72 +37
120 140 160	140 160 180	±9	±12.5	±20	+21 +3	+28 +3	+43 +3	+33 +15	+40 +15	+55 +15	+45 +27	+52 +27	+67 +27	+61 +43	+68 +43	+83 +43
180 200 225	200 225 250	±10	±14.5	±23	+24 +4	+33 +4	+50 +4	+37 +17	+46 +17	+63 +17	+51 +31	+60 +31	+77 +31	+70 +50	+79 +50	+96 +50
250 280	280 315	±11.5	±16	±26	+27 +4	+36 +4	+56 +4	+43 +20	+52 +20	+72 +20	+57 +34	+66 +34	+86 +34	+79 +56	+88 +59	+108 +56
315 355	355 400	±12.5	±18	±28	+29 +4	+40 +4	+61 +4	+46 +21	+57 +21	+78 +21	+62 +37	+73 +37	+94 +37	+87 +62	+98 +62	+119 +62

基本尺寸/mm		常用公差带/μm														
		r			s			t			u		v	x	y	z
大于	至	5	6	7	5	6	7	5	6	7	6	7	6	6	6	6
—	3	+14 +10	+16 +10	+20 +10	+18 +14	+20 +14	+24 +14	—	—	—	+24 +18	+28 +18	—	+26 +20	—	+32 +26
3	6	+20 +15	+23 +15	+27 +15	+24 +19	+27 +19	+31 +19	—	—	—	+31 +23	+35 +23	—	+36 +28	—	+43 +35
6	10	+25 +19	+28 +19	+34 +19	+29 +23	+32 +23	+38 +23	—	—	—	+37 +28	+43 +28	—	+43 +34	—	+51 +42
10	14	+31 +23	+34 +23	+41 +23	+36 +28	+39 +28	+46 +28	—	—	—	+44 +33	+51 +33	—	+51 +40	—	+61 +50
14	18							—	—	—			+50 +39	+56 +45	—	+71 +60
18	24	+37 +28	+41 +28	+49 +28	+44 +35	+48 +35	+56 +35	—	—	—	+54 +41	+62 +41	+60 +47	+67 +54	+76 +63	+86 +73
24	30							+50 +41	+54 +41	+62 +41	+61 +48	+69 +48	+68 +55	+77 +64	+88 +75	+101 +88

续表

基本尺寸/mm		常用公差带/μm														
		r			s			t			u		v	x	y	z
大于	至	5	6	7	5	6	7	5	6	7	6	7	6	6	6	6
30	40	+45 +34	+50 +34	+59 +34	+54 +43	+59 +43	+68 +43	+59 +48	+64 +48	+73 +48	+76 +60	+85 +60	+84 +68	+96 +80	+110 +94	+128 +112
40	50							+65 +54	+70 +54	+79 +54	+86 +70	+95 +70	+97 +81	+113 +97	+130 +114	+152 +136
50	65	+54 +41	+60 +41	+71 +41	+66 +53	+72 +53	+83 +53	+79 +66	+85 +66	+96 +66	+106 +87	+117 +87	+121 +102	+141 +122	+163 +144	+191 +172
65	80	+56 +43	+62 +43	+73 +43	+72 +59	+78 +59	+89 +59	+88 +75	+94 +75	+105 +75	+121 +102	+132 +102	+139 +120	+165 +146	+193 +174	+229 +210
80	100	+66 +51	+73 +51	+86 +51	+86 +71	+93 +71	+106 +91	+106 +91	+113 +91	+126 +91	+146 +124	+159 +124	+168 +146	+200 +178	+236 +214	+280 +258
100	120	+69 +54	+76 +54	+89 +54	+94 +79	+101 +79	+114 +79	+110 +104	+126 +104	+136 +104	+166 +144	+179 +144	+194 +172	+232 +210	+276 +254	+332 +310
120	140	+81 +63	+88 +63	+103 +63	+110 +92	+117 +92	+132 +92	+140 +122	+147 +122	+162 +122	+195 +170	+210 +170	+227 +202	+273 +248	+325 +300	+390 +365
140	160	+83 +65	+90 +65	+150 +65	+118 +100	+125 +100	+140 +100	+152 +134	+159 +134	+174 +134	+215 +190	+230 +190	+253 +228	+305 +280	+365 +340	+440 +415
160	180	+86 +68	+93 +68	+108 +68	+126 +108	+133 +108	+148 +108	+164 +146	+171 +146	+186 +146	+235 +210	+250 +210	+277 +252	+335 +310	+405 +380	+490 +465
180	200	+97 +77	+106 +77	+123 +77	+142 +122	+151 +122	+168 +122	+185 +166	+195 +166	+212 +166	+265 +236	+282 +236	+313 +284	+379 +350	+454 +425	+549 +520
200	225	+100 +80	+109 +80	+126 +80	+150 +130	+159 +130	+176 +130	+200 +180	+209 +180	+226 +180	+287 +258	+304 +258	+339 +310	+414 +385	+499 +470	+604 +575
225	250	+104 +84	+113 +84	+130 +84	+160 +140	+169 +140	+186 +140	+216 +196	+225 +196	+242 +196	+313 +284	+330 +284	+369 +340	+454 +425	+549 +520	+669 +640
250	280	+117 +94	+126 +94	+146 +94	+181 +158	+290 +158	+210 +158	+241 +218	+250 +218	+270 +218	+347 +315	+367 +315	+417 +385	+507 +475	+612 +680	+742 +710
280	315	+121 +98	+130 +98	+150 +98	+193 +170	+202 +170	+222 +170	+263 +240	+272 +240	+292 +240	+382 +350	+402 +350	+457 +425	+557 +525	+682 +650	+822 +790
315	355	+133 +108	+144 +108	+165 +108	+215 +190	+226 +190	+247 +190	+293 +268	+304 +268	+325 +268	+426 +390	+447 +390	+511 +475	+626 +590	+766 +730	+936 +900
355	400	+139 +114	+150 +114	+171 +114	+233 +208	+244 +208	+265 +208	+319 +294	+330 +294	+351 +294	+471 +435	+492 +435	+566 +530	+696 +660	+856 +820	+1036 +1000

注：基本尺寸小于 1 mm 时，各级的 a 和 b 均不采用。

6. 孔的极限偏差(GB/T 1800.2—2009)

附表 C2.6 孔的极限偏差

基本尺寸/mm		常用公差带/μm													
		A	B		C	D				E		F			
大于	至	11	11	12	11	8	9	10	11	8	9	6	7	8	9
—	3	+330 +270	+200 +140	+240 +140	+120 +60	+34 +20	+45 +20	+60 +20	+80 +20	+28 +14	+39 +14	+12 +6	+16 +6	+20 +6	+31 +6
3	6	+345 +270	+215 +140	+260 +140	+145 +70	+48 +30	+60 +30	+78 +30	+105 +30	+38 +20	+50 +20	+18 +10	+22 +10	+28 +10	+40 +10
6	10	+370 +280	+240 +150	+300 +150	+170 +80	+62 +40	+76 +40	+98 +40	+170 +40	+47 +25	+61 +25	+22 +13	+28 +13	+35 +13	+49 +13
10	14	+400 +290	+260 +150	+330 +150	+205 +95	+77 +50	+93 +50	+120 +50	+160 +50	+59 +32	+75 +32	+27 +46	+34 +16	+43 +16	+59 +16
14	18														
18	24	+430 +300	+290 +160	+370 +160	+240 +110	+98 +65	+117 +65	+149 +65	+195 +65	+73 +40	+92 +40	+33 +20	+41 +20	+53 +20	+72 +20
24	30														
30	40	+470 +310	+330 +170	+420 +170	+280 +170	+119 +80	+142 +80	+180 +80	+240 +80	+89 +50	+112 +50	+41 +25	+50 +25	+64 +25	+87 +25
40	50	+480 +320	+340 +180	+430 +180	+290 +180										
50	65	+530 +340	+389 +190	+490 +190	+330 +140	+146 +100	+170 +100	+220 +100	+290 +100	+106 +60	+134 +80	+49 +30	+60 +30	+76 +30	+104 +30
65	80	+550 +360	+330 +200	+500 +200	+340 +150										
80	100	+600 +380	+440 +220	+570 +220	+390 +170	+174 +120	+207 +120	+260 +120	+340 +120	+126 +72	+159 +72	+58 +36	+71 +36	+90 +36	+123 +36
100	120	+630 +410	+460 +240	+590 +240	+400 +180										
120	140	+710 +460	+510 +260	+660 +260	+450 +200	+208 +145	+245 +145	+305 +145	+395 +145	+148 +85	+135 +85	+68 +43	+83 +43	+106 +43	+143 +43
140	160	+770 +520	+530 +280	+680 +280	+460 +210										
160	180	+830 +580	+560 +310	+710 +310	+480 +230										
180	200	+950 +660	+630 +340	+800 +340	+530 +240	+240 +170	+285 +170	+355 +170	+460 +170	+172 +100	+215 +100	+79 +50	+96 +50	+122 +50	+165 +50
200	225	+1030 +740	+670 +380	+840 +380	+550 +260										
225	250	+1110 +820	+710 +420	+880 +420	+570 +280										

续表

基本尺寸/mm		常用公差带/μm													
		A	B		C	D				E		F			
大于	至	11	11	12	11	8	9	10	11	8	9	6	7	8	9
250	280	+1240 +320	+800 +480	+1000 +480	+620 +300	+271 +190	+320 +190	+400 +190	+510 +190	+191 +110	+240 +110	+88 +56	+108 +56	+137 +56	+186 +56
280	315	+1370 +1050	+860 +540	+1060 +540	+650 +330										
315	355	+1560 +1200	+960 +600	+1170 +600	+720 +360	+299 +210	+350 +210	+440 +210	+570 +210	+214 +125	+265 +125	+98 +62	+119 +62	+151 +62	+202 +62
355	400	+1710 +1350	+1040 +680	+1250 +680	+760 +400										

基本尺寸/mm		常用公差带/μm																	
		G		H							JS			K			M		
大于	至	6	7	6	7	8	9	10	11	12	6	7	8	6	7	8	6	7	8
—	3	+8 +2	+12 +2	+6 0	+10 0	+14 0	+25 0	+40 0	+60 0	+100 0	±3	±5	±7	0 −6	0 −10	0 −11	−2 −8	−2 −12	−2 −16
3	6	+12 +4	+16 +4	+8 0	+12 0	+18 0	+30 0	+48 0	+75 0	+120 0	±4	±6	±9	+2 −6	+3 −9	+5 −13	−1 −9	0 −12	+2 −16
6	10	+14 +5	+20 +5	+9 0	+15 0	+22 0	+36 0	+58 0	+90 0	+150 0	±4.5	±7	±11	+2 −7	+5 −10	+6 −16	−3 −12	0 −15	+1 −21
10	14	+17 +6	+24 +6	+11 0	+18 0	+27 0	+43 0	+70 0	+110 0	+180 0	±5.5	±9	±13	+2 −9	+6 −12	+8 −19	−4 −15	0 −18	+2 −25
14	18																		
18	24	+20 +7	+28 +7	+13 0	+21 0	+33 0	+52 0	+84 0	+130 0	+210 0	±6.5	±10	±16	+2 −11	+6 −15	+10 −22	−4 −17	0 −21	+4 −29
24	30																		
30	40	+25 +9	+34 +9	+16 0	+25 0	+39 0	+62 0	+100 0	+160 0	+250 0	±8	±12	±19	+3 −13	+7 −18	+12 −27	−4 −20	0 −25	+5 −34
40	50																		
50	65	+29 +10	+40 +10	+19 0	+30 0	+46 0	+74 0	+120 0	+190 0	+300 0	±9.5	±15	±23	+4 −15	+9 −21	+14 −32	−5 −24	0 −30	+5 −41
65	80																		
80	100	+34 +12	+47 +12	+22 0	+35 0	+54 0	+87 0	+140 0	+220 0	+350 0	±11	±17	±27	+4 −18	+10 −25	+16 −33	−6 −28	0 +35	+6 −43
100	120																		
120	140	+39 +14	+54 +14	+25 0	+40 0	+63 0	+100 0	+160 0	+250 0	+400 0	±12.5	±20	±31	+4 −21	+12 −28	+20 −43	−8 −33	0 −40	+8 −55
140	160																		
160	180																		
180	200	+44 +15	+61 +15	+29 0	+46 0	+72 0	+115 0	+180 0	+290 0	+460 0	±14.5	±23	±36	+5 −24	+13 −33	+22 −50	−8 −37	0 −46	+9 −63
200	225																		
225	250																		

续表

基本尺寸/mm		常用公差带/μm																	
		G		H							JS			K			M		
大于	至	6	7	6	7	8	9	10	11	12	6	7	8	6	7	8	6	7	8
250	280	+49	+69	+32	+52	+81	+130	+210	+320	+520	±16	±26	±40	+5	+16	+25	−9	0	+9
280	315	+17	+17	0	0	0	0	0	0	0				−27	−36	−56	−41	−52	−72
315	355	+54	+75	+36	+36	+89	+140	+230	+360	+570	±18	±28	±44	+7	+17	+28	−10	0	+11
355	400	+18	+18	0	0	0	0	0	0	0				−29	−40	−61	−46	−57	−78

基本尺寸/mm		常用公差带/μm											
		N			P		R		S		T		U
大于	至	6	7	8	6	7	6	7	6	7	6	7	7
—	3	−4 −10	−4 −14	−4 −18	−6 −12	−6 −16	−10 −16	−10 −20	−14 −20	−14 −24	—	—	−18 −28
3	6	−5 −13	−4 −16	−2 −20	−9 −17	−8 −20	−12 −20	−11 −23	−16 −24	−15 −27	—	—	−19 −31
6	10	−7 −16	−4 −19	−3 −25	−12 −21	−9 −24	−16 −25	−13 −28	−20 −29	−17 −32	—	—	−22 −37
10	14	−9 −20	−5 −23	−3 −30	−15 −26	−11 −29	−20 −31	−16 −34	−25 −36	−21 −39	—	—	−26 −44
14	18												
18	24	−11 −24	−7 −28	−3 −36	−18 −31	−14 −35	−24 −37	−20 −41	−31 −44	−27 −48	—	—	−33 −54
24	30										−37 −50	−33 −54	−40 −61
30	40	−12 −28	−8 −33	−3 −42	−21 −37	−17 −42	−29 −45	−25 −50	−38 −54	−34 −59	−43 −59	−39 −64	−51 −76
40	50										−49 −65	−45 −70	−61 −76
50	65	−14 −33	−9 −39	−4 −50	−26 −45	−21 −51	−35 −54	−30 −60	−47 −66	−42 −72	−60 −79	−55 −85	−86 −106
65	80						−37 −56	−32 −62	−53 −72	−48 −78	−69 −88	−64 −94	−91 −121
80	100	−16 −38	−10 −45	−4 −58	−30 −52	−24 −59	−44 −66	−38 −73	−64 −86	−58 −93	−84 −106	−78 −113	−111 −146
100	120						−47 −69	−41 −76	−72 −94	−66 −101	−97 −119	−91 −126	−131 −166
120	140						−56 −81	−48 −88	−85 −110	−77 −117	−115 −140	−107 −147	−155 −195
140	160	−20 −45	−12 −52	−4 −67	−36 −61	−28 −68	−58 −83	−50 −90	−93 −118	−85 −125	−137 −152	−110 −159	−175 −215
160	180						−61 −86	−53 −93	−101 −126	−93 −133	−139 −164	−131 −171	−195 −235

续 表

基本尺寸/mm		常用公差带/μm											
		N			P		R		S		T		U
大于	至	6	7	8	6	7	6	7	6	7	6	7	7
180	200	−22 −51	−14 −60	−5 −77	−41 −70	−33 −79	−68 −97	−60 −106	−113 −142	−101 −155	−157 −186	−149 −195	−219 −265
200	225						−71 −100	−63 −109	−121 −150	−113 −159	−171 −200	−163 −209	−241 −287
225	250						−75 −104	−67 −113	−131 −160	−123 −169	−187 −216	−179 −225	−317 −263
250	280	−25 −57	−14 −66	−5 −86	−47 −79	−36 −88	−85 −117	−74 −126	−149 −181	−138 −190	−209 −241	−198 −250	−295 −347
280	315						−89 −121	−78 −130	−161 −193	−150 −202	−231 −263	−220 −272	−330 −382
315	355	−26 −62	−16 −73	−5 −94	−51 −87	−41 −98	−97 −133	−87 −144	−179 −215	−169 −226	−257 −293	−247 −304	−369 −426
355	400						−103 −139	−93 −150	−197 −233	−187 −244	−283 −319	−273 −330	−414 −471

注：基本尺寸小于 1 mm 时，各级的 A 和 B 均不采用。

三、几何公差

附表 C3 (BG/T 1182—2008)

项目	公差带定义	标注示例	公差带示意图
直线段	在给定平面内，公差带是距离为公差值 t 的两平行直线之间的区域	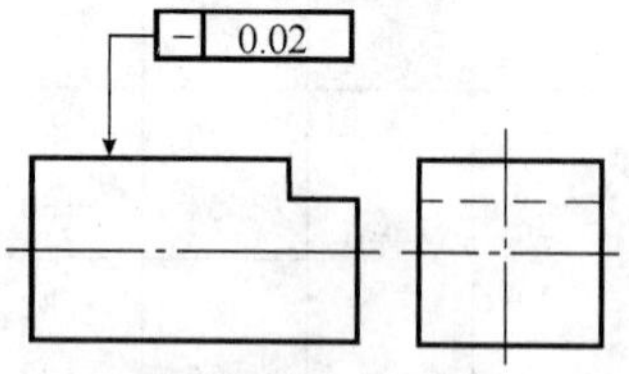	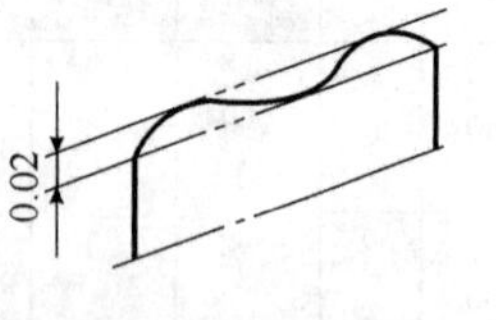
	在任意方向上，公差带是直径为公差值 t 的圆柱面内的区域	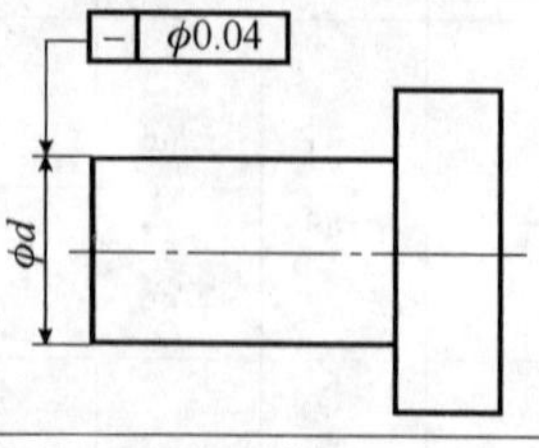	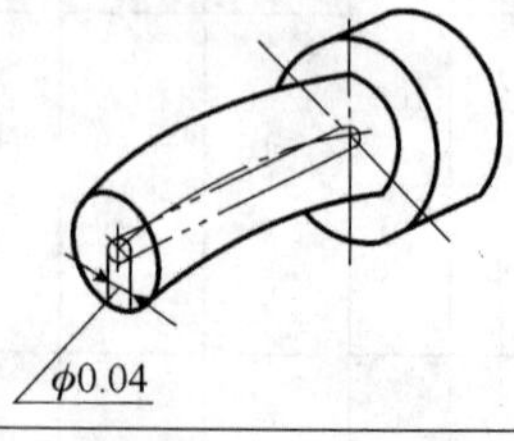
平面度	公差带是距离为公差值 t 的两平行平面之间的区域	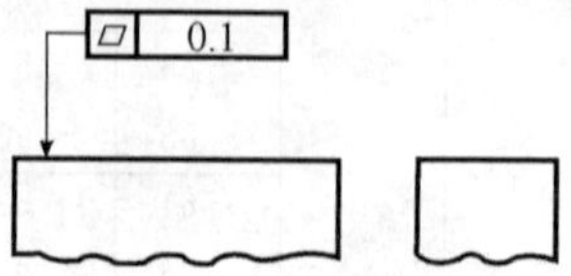	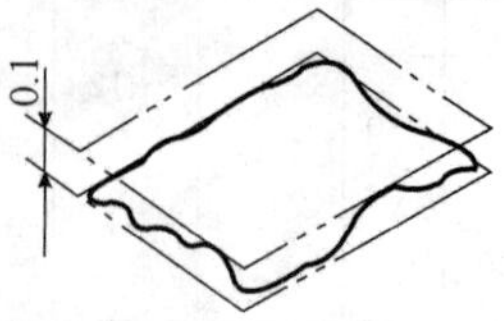

续 表

项目	公差带定义	标注示例	公差带示意图
圆度	公差带是在同一正截面上半径为公差值 t 的两同心圆间的区域	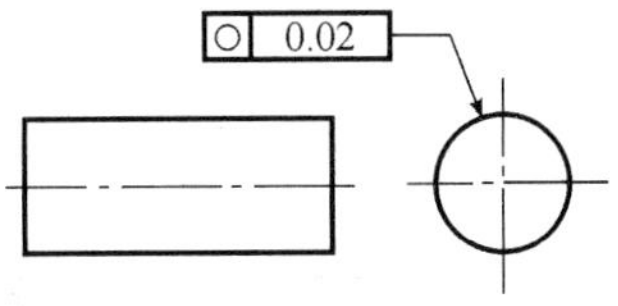	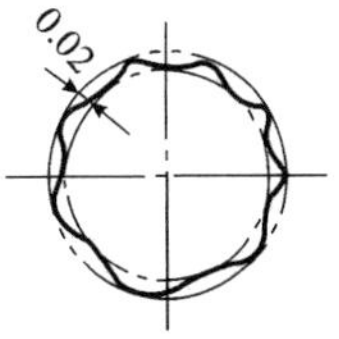
圆柱度	公差带是半径差为公差值 t 的两同轴圆柱面之间的区域	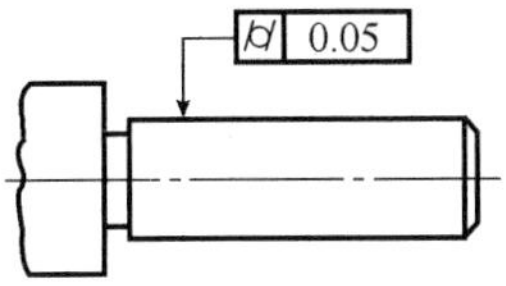	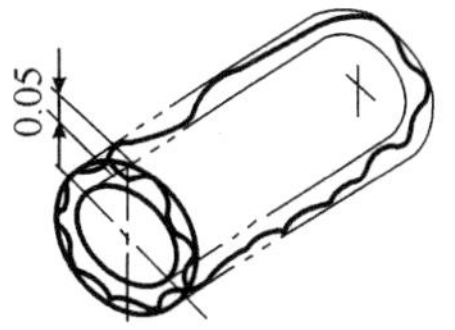
线轮廓度	公差带是包络一系列直径为公差值 t 的圆的两包络线之间的区域，该圆圆心应位于理想轮廓上。即公差带是相距为公差值 t 的两等距曲线	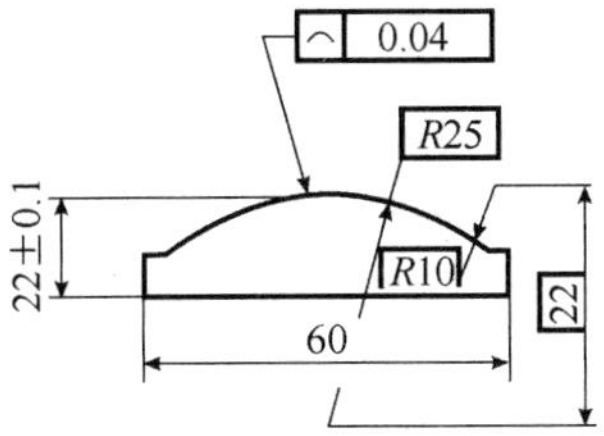	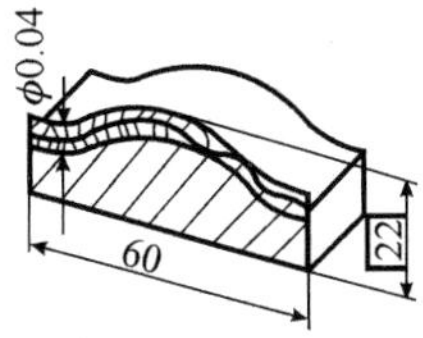
平行度	在给定方向上当给定一个方向时，公差带是距离为公差值 t，且平行于基准平面（或直线）的两平行平面之间的区域	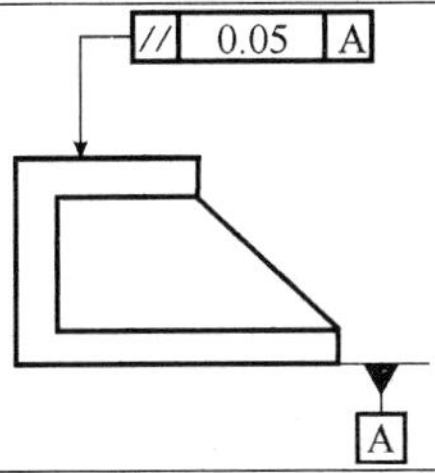	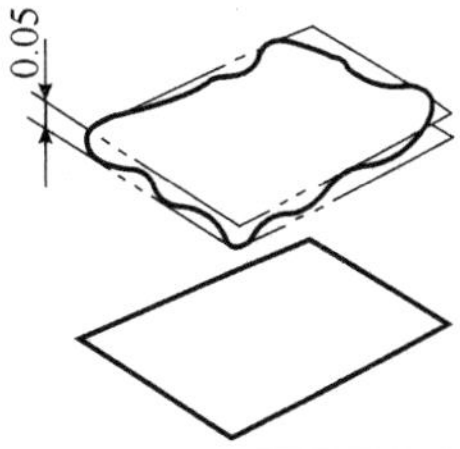
垂直度	在任一方向上公差带是直径为公差值 t，且垂直于基准平面的圆柱面内的区域	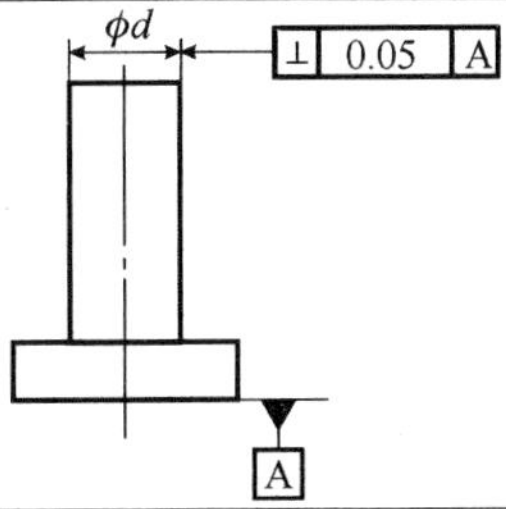	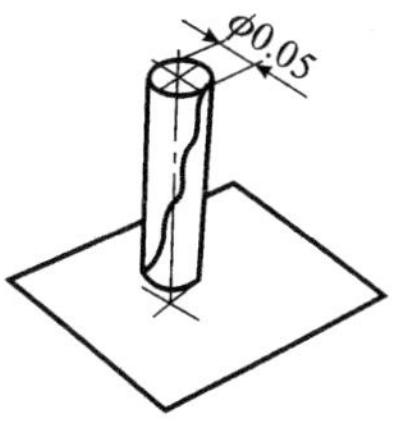
同轴度	公差带是直径为公差值 t，且与基准线同轴的圆柱内的区域	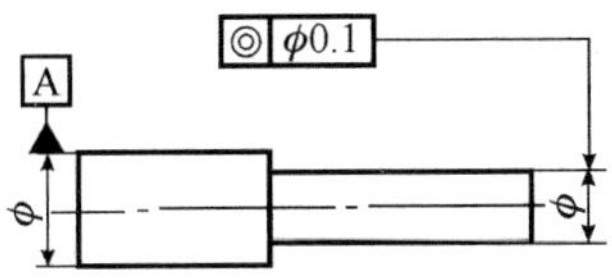	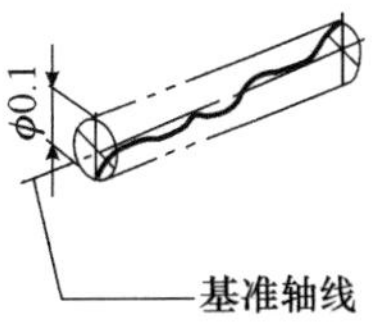
位置度	点的位置度公差带是直径为公差值 t，以点的理想位置为中心的圆或球内的区域	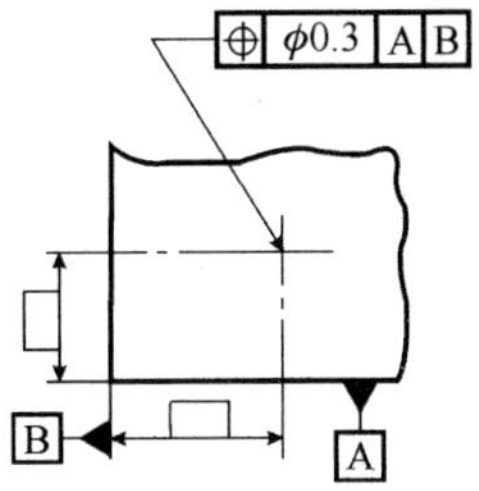	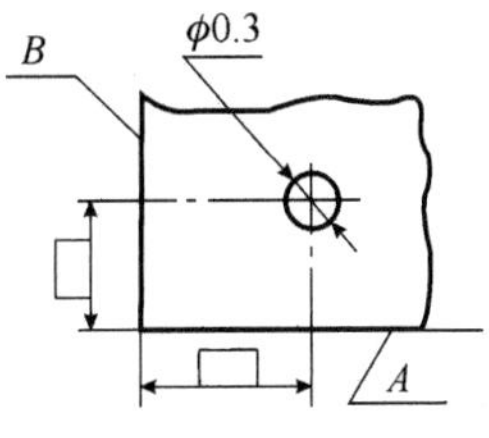

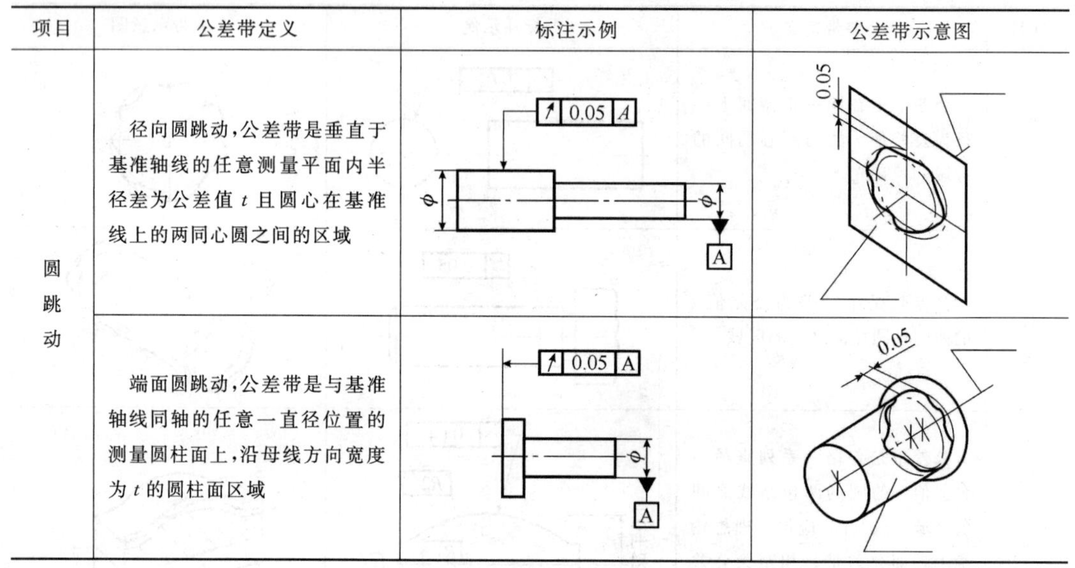

续表

项目	公差带定义	标注示例	公差带示意图
圆跳动	径向圆跳动,公差带是垂直于基准轴线的任意测量平面内半径差为公差值 t 且圆心在基准线上的两同心圆之间的区域	↗ 0.05 A	0.05
	端面圆跳动,公差带是与基准轴线同轴的任意一直径位置的测量圆柱面上,沿母线方向宽度为 t 的圆柱面区域	↗ 0.05 A	0.05

四、常用材料

1. 黑色金属材料

附表 C4.1　黑色金属

标准编号	名称	牌名	性能及应用举例	说　明
GB/T 700—2006	普通碳素结构钢	Q215 (A2、A2F)	金属结构件,拉杆,套圈,铆钉,螺栓,短轴,心轴,凸轮(荷载不大),吊钩,垫圈;渗碳零件及焊接件	Q 表示普通碳素钢,215、235 表示抗拉强度。括号内表示对应的旧牌号
		Q235 (A3)	金属结构构件,心部强度要求不高的渗碳或氰化零件;吊钩、拉杆、车钩、套圈、汽缸、齿轮、螺栓、螺母、连杆、轮轴、楔、盖及焊接件	
GB/T 699—1999	优质碳素结构钢	10	这种钢的屈服点和抗拉强度比较低。塑性和韧性均高,在冷状态下,容易模压成形。一般用于拉杆、卡头、钢管垫片、垫圈、铆钉这种钢焊接性甚好	牌号的两位数字表示平均含碳量,45 号钢即表示平均含碳量为 0.45%。含锰量较高的钢,须加注化学元素符号"Mn"。含碳量≤0.25%的碳钢是低碳钢(渗碳钢)。含碳量在 0.25%~0.60%之间时碳钢是中碳钢(调质钢)。含碳量大于 0.60%的碳钢是高碳钢
		15	塑性、韧性、焊接性和冷冲性均极良好,但强度较低。用于制造受力不大、韧性要求较高的零件、紧固件、冲模锻件及不要热处理的低负荷零件,如螺栓、螺钉、蜡条、法兰盘及化工贮器、蒸汽锅炉等	
		35	具有良好的强度和韧性,用于制造曲轴、转轴、轴销、杠杆、连杆、横梁、星轮、圆盘、套筒、钩环、垫圈、螺钉、螺母等。一般不作焊接用	

续 表

标准编号	名称	牌名	性能及应用举例	说　明
GB/T 699—1999	优质碳素结构钢	45	用于强度要求较高的零件，如汽轮机的叶轮、压缩机、泵的零件等	
		60	这种钢的强度和弹性相当高，用于制造轧辊、轴、弹簧圈、弹簧、离合器、凸轮、钢绳等	
		15Mn	它的性能与15号钢相似，但其淬透性、强度和塑性比15号钢都高些。用于制造中心部分的机械性能要求较高且须渗碳的零件，这种钢焊接性好	
		65Mn	强度高，淬渗性较大，离碳倾向小，但有过热敏感性，易产生淬火裂纹，并有回火脆性。适宜作大尺寸的各种扁、圆弹簧，如座板簧，弹簧发条	
GB/T 1298—2008	碳素工具钢	T8、T8A	有足够的韧性和较高的硬度，用于制造能随震动工具。如钻中等硬度岩石的钻头，简单模子、冲头等	用“碳”或“T”后附以平均含碳量的千分数表示，有T7～T13，平均含碳量为0.7%～1.3%
GB/T 1591—2008	低合金结构钢	16Mn	桥梁、造船、厂房结构、储油罐、压力容器、机车车辆、起重设备、矿山机械及其他代替A3的焊接结构	普通碳素钢中加入少量合金元素（总量＜3%）。其机械性能较碳素钢高、焊接性、耐腐蚀性、耐磨性较碳素钢好，但经济指标与碳素钢相近
		15MnV	中高压容器，车辆、桥梁、起重机等	
GB/T 3077—1999	合金结构钢	20Mn2	对于截面较小的零件，相当于20Cr钢，可作为渗碳小齿轮、小轴、活塞销、柴油机套筒、气门推杆、钢套等	钢中加入一定量的合金元素，提高了钢的机械性能和耐磨性；也提高了铁的淬透性，保证金属在较大截面上获得高机械性能
		15Cr	船舶主机用螺栓，活塞销，凸轮，凸轮轴汽轮机套环，以及机车用小零件等，用于心部韧性较高的渗碳零件	
		32SiMn	此钢耐磨、耐疲劳性均佳，适用于作轴、齿轮及在430℃以下的重要紧固件	
		20CrMnTi	工艺性能特优，用于汽车、拖拉机上的重要齿轮和一般强度、韧性均高的减速器齿轮，供渗碳处理	
GB/T 1221—2007	耐热钢	1Cr18Ni9Ti	用于化工设备的各种锻件，航空发动机排气系统的喷管及集合器等零件	耐酸，在600℃以下耐热，在1 000℃以下不起皮
GB/T 11352—2009	铸钢	ZG310—570（ZG45）	各种形状的机件，如联轴器，轮、汽缸、齿轮、齿轮圈及重负荷机架	“ZG”是铸钢的代号，括号内是旧代号

续 表

标准编号	名称	牌名	性能及应用举例	说　明
GB/T 9439—2010	灰铸铁	HT150	用于制造端盖、汽轮泵体、轴承座、阀壳、管子及管路附件、手轮;一般机床底座、床身、滑座、工作台等	"HT"是灰铸铁的代号,后面的数字代表抗拉强度,如HT200表示抗拉强度为 200 N/mm^2 的灰铸铁
		HT200	用于制造汽缸、齿轮、底架、机体、飞轮、齿条、衬筒;一般机床铸有导轨的床身及中等压力的液压筒、液压泵和阀体等	
GB/T 1348—2009	球墨铸铁	QT500—15 QT450—5 QT400—17	具有较高的强度耐磨性和韧性。广泛用于机械制造业中受磨损和冲击的零件,如曲轴、齿轮、汽缸涛、活塞杯、摩擦片、中低压阀门、千斤顶座、轴承座等	"QT" 是球墨铸铁的代号,后面的数字表示强度和延伸率的大小,如QT500—15表示球墨铸铁的抗拉强度为 500 N/mm^2,延伸率为15%
GB/T 9440—2010	可锻铸铁	KTH300—06	用于受冲击、振动等零件,如汽车零件、农机零件、机床零件以及管道配件等	"KTH""KTB""KTZ"分别是黑心、白心、珠光体可锻铸铁的代号,它们后面的数字分别代表抗拉强度和延伸率
		KTB350—04 KTZ500—04	韧性较低,强度大,耐磨性好,加工性良好,可用于要求较高强度和耐磨性的重要零件如曲轴、连杆、齿轮、凸轮轴等	

2. 有色金属材料

附表 C4.2　有色金属

标准编号	合金名称	合金牌名	性能及应用举例	说　明
GB/T 5232—1985	普通黄铜	H62	适用于各种伸引和弯折制造的受力零件,如销钉、垫圈、螺帽、导管、弹簧、铆钉等	"H"表示黄铜,62表示含铜量60.5%~63.5%
GB/T 1176—2013	38黄铜	ZCuZn38	散热器、垫圈、弹簧、各种网螺钉及其他零件	"Z"表示铸,含铜60%~63%
	38-2-2 锰黄铜	ZCuZn38 Zn2Pb2	用于制造轴瓦、轴套及其他耐磨零件	含铜57%~60%,锰1.5%~2.5%,铅2%~4%
	3-8-6-1 锡青铜	ZCuSn3Zn8 Pb6Ni1	用于受中等冲击负荷和在液体或半液体润滑及耐腐蚀条件下工作的零件,如轴承、轴瓦、蜗轮、螺母,以及1MPa以下的蒸汽和水配件	含锡2%~4%,含锌6%~9%,铅4%~7%,硅0.5%~1%
	10-3 铝青铜	ZCuAl10Fe3	强度高、耐磨性、耐蚀性、受压、铸造性均良好。用于在蒸汽和海水条件下工作的零件及受摩擦和腐蚀的零件,如蜗轮衬套等	含铝8%~11%,铁2%~4%

续表

标准编号	合金名称	合金牌名	性能及应用举例	说　明
GB/T 1173—2013	铸造铝 合金	ZAlSi12 ZL102(代号) ZLCu4 ZL203(代号)	耐磨性中上等，高气密性、焊接性，切削性，用于制造中等负荷的零件，如泵体、汽缸体、支架等	ZL102 表示含硅 10%～13%余量为铝的硅合金
		ZAlSi9Mg ZL104(代号)	用于制造形状复杂的高温静载荷或受冲击作用的大型零件，如风机叶片、气缸头	
GB/T 3190—2008	硬铝	2A12 (LY12) 2A11 (LY11)	适用于制作中等强度的零件，焊接性能好	2A12 含铜 3.8%～4.9%、镁 1.2%～1.8%、锰 0.3%～0.9%余量为铝的硬铝。括号内为旧牌号

附表 C4.3　非金属材料

标准编号	名称	牌名或代号	性能及应用举例	说　明
GB/T 5574—1994	普通 橡胶板	1613	中等硬度，具有较好的耐磨性和弹性，适于制作具有耐磨、耐冲击及缓冲性能好的垫圈、密封条、垫板	
	耐油 橡胶板	3707 3807	较高硬度，较好的耐熔剂膨胀性，可在－30～＋100℃机油，汽油介质中工作，可制作垫圈	
FZ/T 25001—1992	工业用 毛毡	T112 T122 T132	用作密封、防漏油、防震、缓冲衬垫等	厚度 1.5～2.5mm
QB/T 2200—1996	办钢 纸板		供汽车、拖拉机的发动机及其他工业设备上制作密封垫片	纸板厚度 0.5～3.0 mm
JB/T 8149.3—1995	酚醛层 压布板	PFCC1 PFCC2 PFCC3 PFCC4	机械性能很高，刚性大耐热性高。可用作密封件、轴承、轴瓦、皮带轮、齿轮、离合器、摩擦轮、电器绝缘零性等	在水润滑下摩擦系数极低(0.01～0.03)
QB/T 3625—1999 QB/T 3626—1999	聚四氟乙烯 板 聚四氟乙烯 棒	PTFE	化学稳定性好，高耐热耐寒性，自润滑好，用于耐腐耐高温密封件、填料、衬垫、阀座、轴承、导轨、密封圈等	
GB/T 7134—1996	有机 玻璃	PMMA	耐酸耐碱。制造一定透明度和强度的零件、油杯、标牌、管道、电器绝缘件等	有色和无色
JB/ZQ 4196—1998	尼龙 6 尼龙 66 尼龙 610 尼龙 1010	PA	有高抗拉强度和良好冲击韧性，可耐热达 100℃，耐弱酸，弱碱，耐油性好，灭音性好。可制作齿轮等机械零件	

注：FZ 是纺行业标准；JB 是机械行业标准；QB 是轻工行业标准。

五、常用热处理和表面处理

附表 C5

名词		应用	说明
退火		用来消除铸、锻、焊零件的内应力,降低硬度,便于切削加工,细化金属晶粒,改善组织,增加韧性	将钢件加热到临界温度以上(一般是710～750 ℃,个别合金钢800～900 ℃),保温一段时间,然后缓慢冷却(一般在炉中冷却)
正火		用来处理低碳和中碳结构钢及渗碳零件,使其组织细化,增加强度与韧性,减少内应力,改善切削性能	将钢件加热到临界温度以上,然后用空气冷却,冷却速度比退火快
淬火		用来提高钢的硬度和强度极限。但淬火会引起内应力使钢变脆,所以淬火后必须回火	将钢件加热到临界温度以上,保温一段时间,然后在水、盐水或油中(个别材料在空气中)急速冷却,使其得到高硬度
回火		用来消除淬火的脆性和内应力,提高钢的塑性和冲击韧性	回火是将淬硬的钢件加热到临界点以下的温度,保温一段时间,然后在空气中或油中冷却下来
调质		用来使钢获得高的韧性和足够的强度。重要的齿轮、轴及丝杆等零件是调质处理的	淬火后在450～650 ℃进行高温回火,称为调质
表面淬火	火焰淬火	使零件表面获得高硬度,而心部保持一定的韧性,使零件既耐磨又能承受冲击。表面淬火常用来处理齿轮等	用火焰或高频电流年将零件表面迅速加热至临界温度以上,急速冷却
	高频淬火		
渗碳淬火		增加钢件的耐磨性能、表面硬度、抗拉强度及疲劳极限。适用于低碳、中碳(C＜0.4%)结构钢的中小型零件	在渗碳剂中将钢件加热到900～95 ℃,停留一定时间,将碳渗入钢表面,深度约0.5～2 mm,再淬火后回火
氮化		氮化是在500～600 ℃通入氨的炉子内加热,向钢的表面渗入氮原子的过程。氮化层为0.025～0.8 mm,氮化时间需40～50 h	增加钢件的耐磨性能、表面硬度、疲劳极限和抗腐蚀能力。适用于合金钢、碳钢、铸铁件,如机车主轴、丝杆以及在潮湿碱水和燃烧气体介质的环境中工作的零件
氰化		氰化是有820～860 ℃炉内通入碳和氮,保温1～2 h,使钢件的表面同时渗入碳、氮原子,可得到0.2～2.5 mm的氮化层	增加表面硬度、耐磨性、疲劳强度和耐蚀性。用于要求硬度高、耐磨的中、小型及薄片零件和刀具等
时效		低温回火后,精加工之前,加热到100～160 ℃,保持10～40 h。对铸件也可用天然时效(放在露天中一年以上)	使工件消除内应力和稳定形状,用于量具、精密丝杆、床身导轨、床身等
发黑 发蓝		将零件放在很浓的碱和氧化剂溶液中加热氧化,使金属表面形成一层氧化铁所组成的保护性薄膜	防腐蚀、美观,用于一般连接的标准件和其他电子类零件

三种硬度字母代号:

布氏硬度　HB

洛氏硬度　HRC

维氏硬度　HV

参考文献

[1] 焦永和. 机械制图[M]. 北京：北京理工大学出版社，2003.

[2] 大连理工大学工程画教研室. 画法几何学[M]. 7版. 北京：高等教育出版社，2011.

[3] 大连理工大学工程画教研室. 机械制图[M]. 7版. 北京：高等教育出版社，2013.

[4] 刘朝儒，彭福荫，高政一. 机械制图[M]. 北京：高等教育出版社，2006.

[5] 侯洪生. 机械工程图学[M]. 北京：科学出版社，2012.

[6] 窦忠强，续丹，陈锦昌. 工业产品设计与表达[M]. 北京：高等教育出版社，2009.

[7] 蒋寿伟，强敏德，蒋丹. 现代机械工程图学[M]. 北京：高等教育出版社，2003.

[8] 刘炀主编. 现代机械工程图学[M]. 北京：机械工业出版社，2011.

[9] 田凌，冯涓. 机械制图[M]. 2版. 北京：清华大学出版社，2013.

[10] 中华人民共和国国家标准. 机械制图-国家标准汇编[M]. 北京：中国标准出版社，2011.

[11] 李学京. 机械制图和技术制图国家标准学用指南[M]. 北京：中国标准出版社，2013.

策 划 人：陈岚岚　王晓丹
责任编辑：刘　颖
封面设计：七星工作室

XIANDAI GONGCHENGTUXUE

策划中心
电　话：010-62282784
E-mail：374977499@qq.com

ISBN 978-7-5635-4906-1

定价: 52.00元